# 羊皮卷

THE SCROLL MARKED

【美】奥里森·马登 等◎著　白雯婷◎编译

中国華僑出版社

**图书在版编目（CIP）数据**

羊皮卷 /（美）马登等著；白雯婷编译. — 北京：中国华侨出版社，2013.9 （2021 .8重印）
ISBN 978-7-5113-4091-7

Ⅰ. ①羊… Ⅱ. ①马… ②白… Ⅲ. ①成功心理－通俗读物 Ⅳ. ①B848.4-49

中国版本图书馆CIP数据核字（2013）第226926号

**羊皮卷**

著　　者：［美］奥里森·马登 等
编　　译：白雯婷
责任编辑：姜　婷
封面设计：异一设计
文字编辑：白海波
美术编辑：宇　枫
经　　销：新华书店
开　　本：1020毫米×1200毫米　1/10　印张：36　字数：449千字
印　　刷：唐山楠萍印务有限公司
版　　次：2014年1月第1版　2021年8月第4次印刷
书　　号：ISBN 978-7-5113-4091-7
定　　价：59.00 元

中国华侨出版社　北京市朝阳区西坝河东里77号楼底商5号　　邮编　100028
法律顾问：陈鹰律师事务所
发 行 部：（010）88866079　　传　　真：（010）88877396
网　　址：www.oveaschin.com　　E-mail：oveaschin@sina.com

# 前言 Preface

在阿拉伯沙漠地区流传着一个古老的关于羊皮卷的故事：两千多年前，有一个叫海菲的孤儿，靠为主人喂养骆驼过着贫穷而卑贱的生活。后来他爱上了一位富商的女儿，强烈的爱情促使他急切地想改变自己的境况，他立志要“当一个全世界最伟大的商人，最有钱的富翁，最成功的推销员”。他的真诚和激情感动了他的主人——富甲一方的皮货商柏萨罗，为了试验海菲意志的坚定，柏萨罗交给海菲一件昂贵的袍子，让他到偏远的小镇上去推销。但海菲失败了：出于怜悯，他把袍子无偿送给了山洞里一个即将冻毙的婴儿。当海菲两手空空、满心羞愧地返回时，一颗明星一直跟随着他，在他头顶上闪烁。柏萨罗意识到这是上帝的启示，原来海菲就是他一直寻找的传人。于是柏萨罗交给海菲10张神秘的羊皮卷，并告诉他：“每一张羊皮卷都记载着一种原则、一种规律，或者说一种真理……如果懂得这里面的原则，那就可以随心所欲拥有想要的财富。”在羊皮卷的鼓舞下，海菲离开了主人，正式开始了独立谋生的推销生涯。在漫长的奋斗过程中，海菲矢志不渝地身体力行羊皮卷中的原则。若干年后，他实现了自己的志愿，成为当时世界上首屈一指的富豪，并娶回了热恋已久的姑娘。

每个时代都会产生自己“最有力量的文学”，这种文学代表着时代的最强音，刚健、豪迈，鼓舞人们奋起拼搏。两千多年前10张古老的羊皮卷使海菲从一穷二白走向成功。在当代，《世界上最伟大的推销员》的作者——美国杰出企业家、作家、演说家奥格·曼狄诺与海菲也有类似的经历，他也是在“羊皮卷”的激励下获取成功的。

奥格·曼狄诺一生历尽坎坷。1924年，他出生于美国东部一个平民家庭，在28岁以前过着平静的生活，完成了正常的教育并成立了家庭。此后，他的内心世界发生了剧烈转变，他无法再安于长久以来的平淡生活，开始像一匹脱缰的野马一样毫无理性地瞎撞，酗酒、打架斗殴、夜不归宿……无所不为。最后在一次冲动中犯下了不可饶恕的错误，并因此失去了一切——家庭、工作、房子，赤贫如洗一如乞丐。突如其来的变故引起了曼狄诺深切的忏悔和反思，他决心寻找支配人生命运的种种法则，并以此获取人生本应享有的成功、财富和幸福。

一次，奥格·曼狄诺到教堂向一位神父忏悔自己的经历，并表达了自己的决心。神父深受感动，给了他许多安慰。临别时，神父递给曼狄诺一部《圣经》和一张小纸条，并说道：“孩子，你要寻找的答案都在里面。”回来后，曼狄诺激动地打开纸条，上面罗列着一些书名：《投资自我》（奥里森·马登）、《积极心态的力量》（诺曼·文森特·皮尔）、《自己拯救自己》（塞缪尔·斯迈尔斯）、《思考致富》（拿破仑·希尔）、《向你挑战》（威廉·丹佛）、《思考的人》（詹姆斯·E. 爱伦）、《钻石宝地》（拉塞尔·赫尔曼·康威尔）、《最伟大的力量》（马丁·科尔）、《从失败到成功的销售经验》（弗兰克·贝特格）、《唤起心中的巨人》（安东尼·罗宾斯）。曼狄诺如获至宝，他没有钱购买，便搜遍全城所有的图书馆，把这些书一一借来，每天在固定的时间反复阅读。渐渐地，他心中的迷雾消散了，信心、勇气和力量在他的血液里复苏。他坚信已找到了支配命运的法则，决定立即付诸行动。他曾在第一张羊皮卷中写道：今天，我开始新的生活。今天，我爬出满是失败创伤的老茧。今天，我要用全身心的爱面对世界……在以后的时间里，曼狄诺从最简单、最底层的工作做起，一步步往上攀登。他做过卖报人、推销员、业务经理……他愈挫愈勇、百折不挠，以强有力的手扼住了命运的咽喉，终于在35岁时创办了自己的企业——《成功无止境》杂志社，实现了多年的梦想。

1968年，44岁的曼狄诺已功成名就，但他仍然珍藏着当年神父赠给他的那张纸条，正是这张纸条改变了他的命运。为了让更多的人掌握成功的秘诀，他决定将纸条上列出的书辑录成一册，命名为《羊皮卷》公开出版。如今，《羊皮卷》已被译成几十种文字，在全世界广泛发行，产生了深远的影响，被誉为“全球成功人士的启示录”“超越自我极限的奇书”，人们不分国界、不分地域、不分民族、不分肤色、不分性别、不分年龄、不分学历、不分贫富，都在读这部书，从中汲取着信心和力量的养分。毫无疑问，《羊皮卷》堪称人类成功史上最为璀璨的明星。

# 目录

Contents

## 第一卷　投资自我



## 第二卷　积极心态的力量

## 第三卷 自己拯救自己



## 第四卷 思考致富



## 第五卷 向你挑战

## 第六卷 思考的人



## 第七卷 最伟大的力量



## 第八卷 从失败到成功的销售经验



## 第九卷 唤起心中的巨人

第一卷

# 投资自我

[美] 奥里森·马登 著

# 第一章
# 说话是一门无与伦比的艺术

哈佛大学校长查尔斯·威廉·埃利奥特，在职期间曾经说过："在对一个淑女或绅士的毕生教育中，我认为只有一种智力开发是必要的，那便是精确而优雅地运用母语进行交流。"

几乎没有一种能力，能够比善于交流更能让我们给别人留下一个好印象，特别是那些并不完全了解我们的陌生人。

从不善言语到能说会道，乃至依靠出众的交际能力，自如地吸引听众的注意，从容地取悦他们，让他们听得津津有味、意兴盎然——这整个过程将是一次凭借自我奋斗脱颖而出的磨炼，一段通过努力获取巨大成功的历程。要知道，健谈不仅能使陌生人对你产生好的印象，在赢得友谊方面，也常常是一种不可忽视的力量。它将为你敲开一扇扇心灵之门，使你在各种各样的团体里面引起关注——在你不名一文时，这将助你迅速提高社会知名度，不断为你揽来客源；等你小有成就后，这还能为你跻身上流社会铺路筑桥，因为上流社会的人都崇尚艺术和情调。能说会道的人都深谙以有趣的方式叙述各类事件，他能够娴熟地驾驭语言，让语言变成一种艺术的交流，迅速激发听众的好奇心。与那些在其他能力相差无几、唯独口才略逊一筹的人相比，这类人显然拥有巨大的优势跻身上流社会。

懂得说话艺术的人，甚至比真正的艺术家，更容易得到众人的欣赏。所以，对于艺术家而言，先修好说话这门艺术，似乎必不可少。因为不论你在其他艺术领域的成就有多大，假如不能娴熟自如地运用自身的专业知识和经验与他人进行很好的交谈，那么又有多少人能真正懂得你艺术里表达的东西并真心欣赏你呢?

如果你是一位音乐家，不论你多么有天赋，或是耗费多少时间来完善自己的技艺，不论你付出多少心血，假如你不善于用语言艺术表达自己，那么终其一生，恐怕仍只有极其少数的人能欣赏到你的音乐。

或许你是一位杰出的歌手，曾周游世界却苦于没有展示才华的机会，甚至自身所学无人问津。那么，你有没有想过通过语言去表达自己，向世界推荐自己。不论你身在何地，处于何种社会，也不论你到达人生的哪一站，要得到别人的支持和理解，有一点终究是不变的：你得开口说话。

或许你是一名画家，多年来一直追随许多艺术大师，并刻苦作画无数。然而，除非你技艺超群，有能力在著名的艺术沙龙或画廊的墙壁之上展现自己的画作，供世人欣赏赞美，否则你的所有心血恐怕都将付诸东流。但是，倘若除作画之外，你还懂得交流的艺术，那么，每一个和你打过交道的人，都会看到一幅关于你的人生画卷。这幅作品，比你其他任何一幅画卷都重要，因为这是你自幼年学语时起至今仍在倾力绘制的巨作。任何一位欣赏过这幅作品的人都能判别出，作者究竟是一个只知信笔涂鸦的学徒，还是真的大师。

事实上，你也许已经拥有很多伟大成就，甚至拥有一所富丽堂皇的豪宅或是一笔巨额资产，而这些并不为人所知。但是，如能善于言辞，那么，你的才华和魅力将深深打动所有与你交往过的人。

健谈者永远都是社会的宠儿。每个人都希望邀请某某夫人参加自己举行的宴会，仅仅因为她擅长交际。她总是那么善于取悦大家。也许她有很多缺点，但人们仍然欣赏她的交际能力，这是因为：她是那么能说会道。

那么，怎样才能让自己变得能言善辩呢？

倘若哪位教育家能努力将交际变为一门课程，那么它将成为一件成功路上的开拓利器，威力无穷。你可以先听听一位在社交界获得成功的著名女政治家给自己门生的建议："多交谈，经常地交流。至于交谈些什么，并不重要，但你一定要保持心情愉快和放松。只要做到这一点，你谈及的任何话题都不至于使别人觉得尴尬和无聊，即便与你交谈的是一位渴望别人献殷勤的少女，也不会产生那样的感觉。"

确实，她的提议非常有道理也相当实用。多与人交谈，便是学习说话技巧的诀窍所在。对于那些不习惯社交场合、缺乏自信以及在社交场合中无法融入别人的交谈之中的人来说，这种办法无疑能帮助他们打开自我封闭的心门。

当然，任何缺乏思想的谈话，任何不愿尽力去尝试的谈话，任何不够清晰、简练、有效地自我表达，都将成为某种喋喋不休的胡扯瞎聊，充其量不过是寻常的街谈巷议。自然，这样的交谈完全无助于人们发现那些埋藏于心灵深处的美好事物。它们被掩藏得如此之深，一般的表面功夫岂能将它们发掘？

## 谈吐体现人的修养

成千上万的年轻人，一边对自己身边攀升更快的同伴眼红，一边却继续浪费着自己宝贵的晚上和节假日。平时，他们什么都不会说，除了那些最轻浮、最浅薄、最空洞的言语——这些愚蠢话语，非但不能提升他们的幽默感，相反，只会打击他们的理想、消磨他们的意志，使他们对美好生活的各种憧憬化为泡影。这是因为，这样平庸的谈话只会让他们日渐习惯于各种肤浅而毫无意义的思考。令人遗憾的是，在大街上、在公车上、在其他任何公共场合，随处可闻这些轻率无礼的粗鲁言语。

"我敢和你打赌。""你吹什么牛？""我可不知道！""我讨厌那个人，他让我很难受。""这简直让人不能忍受。"诸如此类的各种粗俗言语，平日里不绝于耳。

人如其言，说话比什么都更能直观地反映出你的教养。你的一言一语时刻都在向他人透露自己的修养究竟是高雅还是粗俗。与人交谈时，不管是否愿意，你的人生经历将为听众所知悉。你的一切秘密将因谈话的内容和方式而泄露，一个真实的你在言语间一览无余。

没有其他的成就或造诣能和格调高雅的畅谈一样，经常而有效地为你的朋友带来如此大的快乐。毫无疑问，语言天赋相比那些为多数人所掌握的其他才艺，的确是一项更加重要的技能。

为什么我们中大多数人在谈话时表现笨拙？因为我们没有将说话视作一门艺术。我们对费尽心血地去训练说话技巧，感到不耐烦。我们不爱读书，也怠于思考，表达时多半缺乏条理。我们在潜意识中认为：比起每次发言前先考虑如何用文雅、从容和抑扬顿挫的语音语调来交谈，随意地交谈，显然要轻松得多。所以，我们总是漫不经心地说着母语。

此外，言辞笨拙者往往喜欢寻找各种理由为自己的懒惰开脱，好让他们不用为自己的弱点羞愧和内疚。而他们的借口无非是"语言能力怎么能靠后天努力而提高"，或者"健谈者都天生好口才"之类。果真如此的话，那么是不是那些金牌律师、一流医师、成功商人都天生拥有好口才。但事实上，这些成功人士之中，并没有谁能够不经刻苦勤勉而有所作为。取得任何伟大成就所必须付出的代价，那便是花费时间和精力去努力。

一旦拥有好口才，我们将向成功靠近一步。很多人都喜欢把自己取得的进步和成绩更多地归因于善于交谈的能力。这种在交流时牢牢抓住对方注意力的技能，具有无穷的威力。相反，那些笨嘴笨舌、吐词不清的人虽然心里明白自己要表达些什么，却总是无法用一种合乎逻辑、生动有趣的语言清晰地加以表述，从而难以吸引对方的注意力。如此一来，他们注定要处于劣势。

我认识一个生意人。他在语言艺术上的造诣已经达到相当高超的境界，人们纷纷把同他交谈看作是艺术盛宴，是美的享受。在他的言语之间永远有一种清澈而明快的美在流动着。他的话措辞精美、字字珠玑、品位雅致，让人一听便知是经过仔细斟酌的。这种语言的魅力，足以让每个听众都为之倾倒。他一生的所有闲暇几乎都用在阅读优美的散文和诗歌上，完全将谈话当作一门高雅的艺术，勤加修习。也许你认为自己太贫穷卑微，抱怨生活中缺少机遇；也许残酷的生活让你饱受折磨，心灵不断在希望和失望间徘徊；也许，为了维持全家人的生活，你不能到学校接受正规教育，更不敢奢望能有机会修习音乐等艺术。但这些都不至于阻碍你成为一位深受听众欢迎的健谈者，因为只要有心，你说每一句话的时候都是一次练习表达的最好机会。每一本你读过的书、每个与你交往的健谈者，也都会对你的练习有所帮助。

关于应该怎样表达这种问题，很少有人思考过。在交谈时，他们习惯于不假思索：脑海中最先浮现的那些词句总是脱口而出，几乎从不考虑遣词造句，更不用说酝酿一些简明动听、清晰有力的句子了。

与人交流有时候要看机遇，当我们遇到真正的语言大师，我们会发现交流就像是享用一顿盛宴或参与一场狂欢。这时候，想到自己竟将人类赖以相互沟通的媒介——语言——这门“艺术中的艺术”弄得一团糟，我们便不禁惭愧万分。与语言大师的相遇，让我们从这种沉醉中醒来，为自己昔日粗鄙而拙劣的言辞感到既困惑又尴尬。也正是这些语言大师，让我们领略到：相对其他艺术来说，语言的价值是无与伦比的。

我曾经到温德尔·菲利普位于波士顿的府邸做客。他具有令人神魂颠倒的人格魅力和渊博而深邃的学识，也懂得登峰造极的语言艺术——他的嗓音富有韵律，他的言语充满流动的魅力，他的措辞明亮而清晰。这一切都令我难以忘怀。他在我旁边的沙发上坐下来和我亲切交谈，像遇到一个多年的老校友一般。我生平从没有听过如此优雅的英语，从他口中吐出的每个单词、每个句子都是那么自然！我后来还遇到过几位英国人，他们的字里行间也透露出一种神奇的力量：“仿佛他们的言语中都有一个魂灵，能够对周围的所有倾听者施以魔法，使他们陶醉。”玛丽·埃·利物摩尔、朱莉娅·沃德·豪和伊丽莎白·斯图亚特、费尔普斯·沃德，以及前哈佛校长埃利奥特等人都拥有这种令人惊叹的语言魅力。

当然，这里的语言魅力并不是只仅仅拥有漂亮的措辞。真正让人愉快的谈话，还是要看谈话的内容和思想。有内涵的谈话才是耐人寻味且富有意义的。我们都认识一些人，他们能运用精致优雅的语言和流利顺畅的措辞进行表达。这些人谈话时总是字字珠玑，使我们产生较深的初始印象。但他们的技艺不过如此而已。他们言语的内涵不足，不能用在形式之外进一步打动我们，也无法激励我们行动起来。在听过他们谈话之后，我们还和以前一样，并没有产生要在这个世界上有所作为的决心。这样的谈话，是缺乏意义的。相反，真正懂得谈话和交流的人，他们虽然话语寥寥，但字字沉重有力。这些话语不断刺激我们的头脑，让我们有醍醐灌顶的感觉，仿佛浑身充满了无穷的力量。

## 学习演讲，推销自己的最好方式

曾几何时，语言的艺术已达到一个远远高出当代的水平。那时候，人们除了演讲，几乎没有别的方式来交流彼此的思想。当时的社会既没有发行量巨大的日报或杂志，也没有任何形式的期刊。人们只能依赖口头的交谈来传播各种知识。

而今天，现代文明环境下的变革导致了今日语言艺术的衰落。人类陆续勘测到珍贵矿床中蕴藏的巨大财富，并利用无数的发明和发现敲开了一扇通往新世界的大门，还有种种伟大抱负所产生的巨大推动力——所有这些都在潜移默化地改变着我们的语言。在如今这个报纸和期刊大行其道的年代，当所有人只需花上几个美分便可收集过去需要数千美元才能得到的新闻和信息时，人们要做的只是坐下来，埋头于一张晨报、一本书或是一份杂志中，不再需要和从前一样，通过口头交谈进行信息的交流；在这个“闪电般表达”的时代里，在这些热火朝天的年代中，当所有人都热衷于攫取财富和争夺权位时，我们已经无法停下手中忙碌的工作，我们没有时间作出深刻的反思，更没有闲心提高我们的语言能力。

如今，想发现一个优雅而有教养的健谈之人已经非常困难。甚至，能听到有人用当年华美的措辞说几句高雅精致的英语，都已是一种奢侈。

当然，如果我们愿意，在当今的社会要提高自己的语言能力，其实有更多的途径。随着印刷成本日渐低廉，最贫穷的家庭也只需花上数美元便可获得中世纪时王公贵族们才能负担得起的读物，而这对于我们提高自己的语言修养是一个好消息，尤其对穷人们来说。阅读好书，不仅能开阔眼界和传播全新的理念，更能增加一个人的词汇量——这对于提高交际能力能起到极大的辅助作用。如果词汇量贫乏，就算拥有不错的想法和主见，也很难将其明确地表述出来。因为缺乏足够的辞藻来修饰自己的想法，自然无法使其变得更具吸引力。最后谈话只能变成不断地重复表达，不断地在原地绕圈圈。每当他们想用一个特别的词汇来确切地表达某个意思时，总是感到词穷，就算绞尽脑汁、搜索枯肠，到头来仍然一无所获。

所以，如果你渴望成为一个善于交谈的人，首先必须乐于并善于阅读。在阅读中，不断拓展自己的视野、增加自己的词汇量。如此一来，便能让自己语言更有内涵、也更漂亮。与此同时，尽力跻身于那些接受过良好教育的、有修养的上流人士的社交圈，也是一种不错的方法。如果你总是故步自封，和这些群体相隔离，那么，即便你顺利地从大学毕业，恐怕也永远不能成为一个健谈者。

当然，语言能力的提升，并不仅仅只是靠增加阅读量和扩大社交圈就可以实现的。语言的提升是一个不断训练的过程，而这个过程需要毅力，更需要勇气。我们都对那些胆小羞怯的人抱以同情。当他们试图表达些什么而不能言语时，他们总是表现出沉闷的思绪和可怕的压抑情感。怯懦的青年学生在为演讲做准备时，往往会深刻地体会到这种心理上的煎熬。事实上，即使是伟大的演说家，他们在初次登台发表公众演讲时都曾有过类似的经历，并且大多对自己大量的失误和笨嘴笨舌深感羞耻。然而，要成为一个演说家或一个健谈者，只能不断练习简洁、文雅地表达，除此之外，并无其他捷径。

当我们在表达时，或许会发现自己的想法转瞬即逝，或许会发现自己因为结结巴巴而词不达意，但不要因此放弃。要相信，即便接连遭遇失败，只要能坚持下来，那么，付出的每一分努力都会改善自己的谈吐方式，使其变得越发流畅。不论是谁，只要能坚持不断地练习，便会以出人意料的速度克服天赋的不足，改变羞涩的个性，最终渐入佳境，娓娓道来，谈吐从容。

我们经常看到形形色色的身处困境的人们，比如很多饱识之士在公众聚会上总是沉默寡言。每当大家一起讨论一些重大问题时，他们总是静静地坐在那里，始终保持沉默。而实际上，他们远比那些借如簧巧舌获得大家追捧的人要见多识广。

为什么这些能力超群、学识渊博的人在公众场合中总是沉默寡言。原因很简单：他们并未掌握语言的艺术，不会将内心的想法以一种生动有趣的方式加以表达。相反，另一些人虽然不如他们聪明，却能很好地吸引在场人士的注意。这是因为他们尽管才学不高，却能够生动地表述自己知晓的事情。倘若这些有识之士碰巧在上述场合遇到熟人，会感到非常耻辱和尴尬。因为在那样的场合，他们竟然一言不发，不对其中某个话题发表任何睿智的意见。

很多人——特别是那些学者们——似乎都认为尽可能多地获得有价值的信息以武装自己的头脑才是生命的真谛。当然不断武装自己的大脑，让自己更有才华和能力，是很重要的。但是，适当地展现自己这些能力，也是必要的。尤其应该以一种引人注目的方式予以表达，进而得到整个社会的认可、欣赏和信赖。这就像一颗外表粗糙的钻石，不管它多么有价值，都不重要。我们无须过多解释和描绘它内在的稀有和珍贵，它的巨大价值总会有所体现。然而，在被打磨、抛光以前，在光线射入其内部，发出多年来一直隐藏的夺目光辉以前，没有人会赞赏它的美轮美奂。谈吐之于个人，就好比切割、抛光的加工过程之于这颗钻石一般。打磨和雕琢本身不能给钻石增添任何价值，却可以彰显出钻石的内涵。

所以，学会用一种沁人心脾的方式与人交流，这样才能更好地展示自己的学识，也能够从交谈中更广泛地汲取知识。也许我们是一位卓有成就的学者，有着极高的学术造诣，通晓历史和政治；也许我们在科学、文学、艺术等领域闻名遐迩，但是，如果我们只是独享自己的才识而不与人交流，那么我们终究无法登堂入室，也无法百尺竿头更进一步。

可怜天下父母，有多少人费尽心思地培养孩子各项思维能力、艺术才华，却唯独对提高孩子说话这门绝妙艺术忽略或漠视。比如，很多家长忽视孩子对母语的学习，或者听任孩子肆意糟蹋英语。这种做法实在是令人堪忧！

坚持优雅、睿智和生动地聊天，比其他任何方式都更能锤炼孩子的心智和性格。坚持用清晰的语言和明快的风格表达自己的想法是非常好的训练。虽然能言善辩的人受的教育不一定很高，但在我们眼中，他们都是如此优秀。面对这些一直努力修炼语言的人，许多大学毕业生总是抬不起头来，只能沉默不语，面有羞色。

学校的教育不过是在数年的时间里，每天花费几个小时来教育和培养学生。然而，说话却是一门终生的学问，需要毕生坚持锻炼，才能在这门学科的修习中获得终身教育最有价值的那部分。

其实，说话的过程，不仅仅可以向他人展现自己的才华，还能启发我们发现自己的各种潜力。语言具有启迪思维的惊人功效。我们在说话的过程中，意识到人生中尚未开启的各种机遇和资源。如果我们善于交谈，擅长取悦别人，牢牢地吸引住他人的注意力，我们便会更多地反思我们自己。这种反思的力量将大大提高我们的自尊和自信。

没人会知道自己到底拥有多大的潜能。只有在全身心投入到向别人表达自我、展示自我之后，整个人的灵感才豁然开朗，变得才华横溢起来。每个健谈的人都能从听众身上感受到自己之前不曾领略的力量，而这股力量往往能激起新的灵感，让人发现生命中新的契机，并抖擞精神，全力以赴。仿佛化学反应之中两种物质化合产生新物质一般，在人与人的交流中，思维的碰撞和心灵的沟通都能催生新的力量。

当然，人与人的交流，并不是一味地宣传鼓吹自己。若想成为受欢迎的发言者，首先应学会做一个有耐心的听众。这意味着一个人必须首先学会自我控制，善于接受他人的观点。有时候，缺乏耐心去倾听，比自己谈吐笨拙更糟糕。我们无法静下心来，无法兴致勃勃地陶醉在演讲者带来的故事或新闻之中。相反，我们总是因为对讲话的人缺乏尊敬而无法保持安静，四处张望，用手指在椅子或桌子上不停地叩击，将怀表盖弄得噼啪作响；我们坐立不安，仿佛无聊之至，急于离场，甚至在别人结束发言之前便打断其讲话。事实上，我们总是急功近利，以至于除了抓紧时间争夺权势和金钱之外，我们内心已经失去其他期盼的东西。生活永远处于一种狂热和不安分的状态之中，培养言谈的风度和文雅的措辞在我们心里只是一个不现实的梦想。“我们太紧张太认真，名言警句和巧言善辩的才学我们可学不来，再说也没有工夫。”

## 语言的力量源自哪里

急功近利是美利坚民族性格的显著表现之一，而整个世界正在被这种观念所同化。若是不能帮助我们获得权势和职位，不能给我们带来财源和金钱，任何事物，都无一例外地会让我们心生厌烦。对于朋友，我们不愿意花时间和他们交流思想、分享乐趣。相反，我们倾向于将他们视为一架梯子上的诸多梯级，并喜欢根据其能够为我们的事业带来多少顾客、委托人或是客户；为我们的书作带来多少读者；能否有能力帮助自己得到某个垂涎已久的职位等等，来衡量他们的价值。

这是一个充满浮躁和喧嚣的时代，一切都讲究高效而快捷。从前，想成为一个智者的忠实听众，追随其左右，一直被视为一种奢侈。但比起最摩登的讲演和任何书本上的知识，这样的行为更为精彩。因为性情的触碰和交流像磁石一般有吸引力，而智者富有风度的魅力和高尚的人格将令我们神魂颠倒。从智者的谈吐之间汲取知识的甘露，对于那些热切期盼接受教育的饥渴的灵魂来说，简直如同享用丰盛而美味的筵席一般。

但是在今天，一切都是那样快捷。我们没有时间在街上驻足，更没有闲心彼此致以得体的问候。这样的问候再也不可能是文雅的鞠躬，最多只是一声“你好”，或伴随迅速点头示意的“早安”。一切都得让位于内心膨胀的物欲，我们已无暇顾及自己的举止是否文雅和有风度。

富于骑士精神的安逸悠闲的岁月已经和现代文明挥手作别，从此一去不返。而其间蕴含的巨大魅力也随之消失殆尽。取而代之的是新潮的“个人主义”精神。时下，我们可能会痴迷于戏剧《特洛伊》，夜夜成群结队地涌入剧院或其他娱乐场所。我们太忙碌，没有时间完善自我，养成优雅的风度；也没有时间去创造自己的娱乐方式；也无法如从前的人们那样，在业余时间培养自己的幽默感和及时行乐的处世哲学。一如那些需要靠导师帮忙才能通过考试的大学生幻想买到“现成的教育”，我们付钱给那些表演幽默和逗乐的演员，然后坐下来，捧腹大笑。

生活变得越来越虚假和造作，正日渐远离其自然的本质。昔日那种精致美好的生活方式已经灰飞烟灭，而我们丝毫不曾意识到，还自顾自地以一种可怕的速度驱驰着“人类文明”这辆机车。我们身上那些举止自然、话语诙谐、彬彬有礼和卓尔不群的人格魅力——那些值得珍惜的高贵品行，如今早已了无痕迹。

我们已不复拥有往日悲天悯人的同情心，这是我们语言能力的日渐衰微和颓废的重要原因之一。我们太热衷于名利，以致于变得太自私。我们局限于自己的那片小天地之中，终日只顾着埋头于自己的价值提升之中，以至于作茧自缚、对他人冷漠而麻木。可是，如果我们缺乏同情心，就永远不要指望成为一个真正意义上的健谈者。因为，缺乏与他人和谐共处的能力、无法融入他人生活的人，怎可能成为一个优秀的倾诉者或倾听者呢？

沃尔特·贝赞特曾高度评价过一位享有巨大声誉的智慧女性。他称赞其为健谈之人，虽然这位女士平常话语并不多，但她善于倾听他人。她身上所拥有那种热忱和怜悯之心，驱使她始终如一地帮身边众多胆小羞怯之人展示出最美好的一面，并努力使他们畅所欲言。人们之所以将她看作一个有魅力的、能说会道的女性，便在于她拥有一种唤醒他人美丽心灵的能力。她具有驱散别人内心恐惧的能力，因而人们都愿意向她敞露心扉。

如果你也希望像这位女士一样有亲和力，就必须在谈话时先学会平易近人，投其所好，通过言语的交流深入他人内心，打动每一位听众。如果你不能激发听众对它的兴趣，那么不管你对谈论的话题了解得多么透彻，终归是徒劳无功，一切努力都将付之东流。

当人们拥挤在一个俱乐部的走廊里热情洋溢地进行交谈，或者围聚在一起聆听一场普通的招待会的时候，有些人却因为陷于主观的心绪，而习惯远远地围观，并流露出沉默和无助的眼神，这是多么可悲的情形。他们在不停地思考，但是他们永远只思考他们的事业，除了事业还是事业。他们绞尽脑汁地思考怎样才能更快一点儿——揽到更多的生意，为更多的客户服务，拥有更多的读者，或是住进更华美的豪宅，替更多的病人进行诊断。相比去思考怎样打动别人的心，他们更愿意不停地思考怎样才能出人头地。他们一切的所作所为不过是在向世人宣告：自己已经打消想要成为善于交谈者的念头。他们总是显得高不可攀，始终保持冷漠与矜持。这是因为他们的心里除了自私与自利，再也容纳不下别人。除了他们的事业和自己的那个社交圈这两件事情，他们对其他事物都提不起兴趣。如果你与其谈论这两类事物，他们会立即眉飞色舞起来；但是，对于你的事情、你的志向、你的疾苦或者你需要何种帮助等问题，他们从来漠不关心。身处这样一个狂热、自私和无情的社会，人与人之间要进行高尚脱俗的言谈，是一件多么不合时宜的事情！

伟大的演说家之所以伟大，在于他们的言谈总是那么得体——生动诙谐而又不至令人生厌。只有做到不伤害到他人的情感，更不应数落他人的隐私，才有可能取悦他人。有一些人，他们擅长煽风点火，总是激活我们心中的魔鬼。每次他们出现时，都会在言谈中激怒我们。与之相反，有些健谈者拥有一种与众不同的天性，他们能凭借自己这一天性碰到我们内心最美好的地方。他们总是试图尽力消除我们心中的不快。和他们交谈，我们心灵之中一切自然、甜蜜而美好的事物总会被唤起，而心中那些敏感而脆弱的地方会被慢慢淡忘。

林肯便是这样的一位健谈者。更确切地说，他是一位语言大师，他能使身边的所有人都感受到自己的亲切与平和，吸引他们的注意。他态度诚恳而不乏机智，即便素昧平生之人也乐意和他交谈；他颇具幽默感，会引用自己的经历和各类笑话，使听众感到既亲切又自在，并且毫无保留地向他开启心扉。这也正是他赢得更多的民心的重要原因之一。

当然，林肯身上的那种幽默感，并不是每个人都能拥有。每个人并非生来就拥有这种逗人发笑的本领。若一个人明知自己缺乏幽默感，却要勉为其难地尝试博取他人的欢笑，往往会弄巧成拙。

真正的语言大师不会拘泥于事实的真相和证据，不管这些多么重要。活泼明快的语言才是绝对必要的因素。真相、数据，这些沉重严肃的话题总是沉闷乏味，令人打不起精神，甚至产生厌倦；而太过轻浮的话题又会让你的听众感到不屑和恶心。

因此，第一，交谈时亲切自然，话题力求轻松活泼，是成为一个善于言辞的健谈者必须修炼的第一步。发自内心的真挚、热忱与同情心能够感动在场的所有人，也是牢牢吸引住听众的注意的最佳办法。所以，你还得富于同情心，能适时地展现心中的善良和诚挚，而且能运用语言的魅力激起听众心灵上的共鸣，唤起他们对你的浓厚兴趣。如果你表现出一副高高在上、冷漠无情的姿态，那么，你永远无法吸引他人的注意。

第二，想要拉近自己和听众之间的距离，就应该坦诚地面对他们，将自己胸怀宽广、慷慨大方的天性和虚怀若谷的心境呈现在他们眼前。只有将心比心，并体现出自己的真诚，他们才能对你开诚布公。任何一位成功人士，不论他从事哪一行业，都应该由衷地自我表达，让心声变成生动有趣而掷地有声的语言。他绝不会去向一个陌生人炫耀自己的家底，展示自己的成就。因为，他的价值会从他不经意的谈吐和风度中自然流露出来，令人肃然起敬。

第三，你应该胸襟广阔，宽以待人。任何心胸狭窄、吝啬小气的灵魂都不可能成为语言大师。一个总是对别人的品位、正义感和审美观指手画脚的人，永远不可能得到认可。对这一类人，你只会合上自己的心门，横眉冷对。你的吸引力与热心肠与他们没有任何干系，彼此间的谈话也只会是例行公事，单调、呆板、了无生趣。

第四，善于利用优雅而风趣的措辞，能让你的语言更具吸引力。否则，不论你衣装多么堂皇，身价有多高贵，不论你的天赋有多绝伦，接受过多么良好的教育，在别人眼中，你都不过是一个沉默寡言的无趣之人。

第五，还有一点需要特别注意。说话是一个传递信息并彼此共鸣的过程，并不完全在于说话者本人能否准确、流畅地表达自己的思想，还在于你所表达的思想、信息能否为听众所接受并产生共鸣。所以要提高自己的说话水平，增添自己的说话魅力，不仅要将话说好，关键还要以同情心拨动听者的心弦。

回顾我们的生活，有些人仅仅寥寥数语，却掷地有声，产生魔力；而有些人长篇大论甚至慷慨激昂，可就是难以提起听者的精神，这是为何呢？

很简单，因为前者能了解人们的内心需要，能设身处地地站在对方的立场，为对方着想。因此他们的话总是充满真诚，也更容易打动人心。

真诚的语言是最感人的，虽然它们朴实无华。

# 第二章
# 美是最好的教育

当野蛮人侵入希腊时，他们亵渎希腊的神庙，摧毁众多完美的艺术作品。尽管如此，风行全希腊的美感，还是仍然在某种程度上深深打动了他们。诚然，希腊那些被入侵者破坏了的精美的雕像，仍散发着美的精神。这种精神不但拒绝衰亡，相反，还改造了这些野蛮人侵者的内心，唤醒了他们灵魂深处那股沉睡的力量。表面上看，希腊时代的艺术已经逝去，实际上，罗马时代的艺术却悄然从前者的躯壳中诞生，美选择了以一种形式复活。能为伍尔坎（Vulcan，罗马神话中的火与锻冶之神）锻造铁器的库克罗普斯（Cyclops，希腊神话中的独眼巨人）即使获得再生，也无力阻挠伯里克利（Pericles，古雅典政治家）——这位为整个希腊铸造理想的伟人——前进的步伐。比起菲迪亚斯（Phidias，雅典雕刻家）和普拉克西特（Praxiteles，雅典大理石雕刻师）手中的凿子，野蛮人手中用来摧毁希腊雕像的棍棒显得羸弱无力。

在罗马人征服希腊，将其艺术珍宝运回罗马城之前，整个意大利半岛几乎不存在任何艺术作品。事实上，罗马文明正是借助希腊文化艺术，才得以蓬勃发展的。正是罗马人从希腊运回来的那些名作——《马头》《法尔内塞公牛》《大理石雕农牧神》《垂死的角斗士》《拔去脚上荆棘的男孩》等等，借助精美绝伦的意大利产大理石的修饰和表现，第一次唤醒了罗马人心中沉睡的艺术天赋和审美观，让罗马艺术光辉璀璨。

数百年前，曾有人问过柏拉图（Plato，古希腊哲学家）这样的问题：“最好的教育是什么样的？”哲学家的回答是：“最好的教育，是将一切美好的事物及其所能呈现的完美形式都展现在受教者眼前，使其在肉体和灵魂上都能获得美的享受。”

人的一生并不都是圆满、甜蜜、健康而繁荣的。而拥有一颗热爱一切美好事物的心灵，能让我们勇敢地走过荆棘越过难关，走向我们期待的美好生活，从而拥有完满而精彩的人生。

人是杂食性动物，只有从各式各样的食物中广泛摄取营养，才能健康成长。不论哪种元素在食谱中被省略，人的生命中都会表现出相应的损失、遗漏和缺陷。这种道理不仅仅适用于体格的成长，对于心智的成长也是一样的。忽略精神食粮和物质食粮中的任何一种，都不可能成长为一个完整意义上的人。我们也不能只注重灵魂的滋养，却让我们的体肤挨饿；同样，我们不能只知补养身体，却忽视灵魂忍受饥饿的折磨。如果对其中任何一方面有所偏废，我们都难以成为一个身强体壮而又心智健全的完整的人。

当孩子们得不到足够且适宜的食物时，当他们的头脑、神经和肌肉得不到足够的营养时，他们的成长发育必将失去平衡，甚至出现某种缺陷。

比如说，如果孩子不能从食物中获取足够的磷酸钙，那么他的骨骼将无法发育强壮而坚固。他们将可能由于骨架脆弱，骨质松软，很容易患上佝偻病；如果缺乏磷酸盐——这种构造脑部组织和神经系统的营养物，他的整个机体就会患病，而大脑和神经也会出现发育不完全和缺乏能量的症状；如果他的饮食中缺乏氮元素或生肌物质，其肌肉组织便会松垮。

发育中的孩子需要广泛摄取各种营养才能使自己更加强壮和健美。同样的道理，人类在进步发展的历程中，也需要各种精神上的食粮来滋养自己的心灵，使其变得坚强、积极和健康。

我们的祖国地大物博、资源丰富，这极大地刺激了整个民族对于财富的强烈欲望。但是，这种欲望一旦无休止地膨胀，我们便可能在获取高度发达的物质财富的过程中，付出更为高昂的代价。只有物质文明和精神文明同时兼顾、全面发展时，我们的民族才能够真正兴旺发展、长盛不衰。

所以，我们国家在对青少年儿童的教育培养中，一直号召德智体美劳全面发展，也正是这个道理。仅仅只把精力花在体力和智力的训练上是不够的。如果一个人对自然界和艺术领域之中蕴藏的美不能有所感悟和欣赏，那么，生命就好似一个死气沉沉的国家，没有鸟语花香，也没有色彩和音乐。这样的国家再强大，也缺乏吸引力，因为它缺乏天赐的仁慈和恩惠去修饰自己的力量。

当一个人懂得发现和欣赏身边的美好事物，那么他将随时随地被这个世界打动。相反，当他面对一幅伟大的艺术作品而无动于衷，当他表情木然地目睹夕阳下的美景时，可以想见，他的人性必定是不健全的。

这个世界并不缺乏美，只是野蛮人不懂得欣赏美。即使他们对饰物爱不释手，也无法证明他们的审美才华有所提升。他们只不过是顺应自己的动物性本能和激情罢了。

上帝造物之初，用音乐填充其每一角落，用美景铺满整个世界，让陆地、海洋和天空都充满魅力。他这样做并非一无所求——人类便是这个世界之所以婀娜多姿的最好诠释。但是随着文明的进步，人们的欲望在膨胀，各种需求在积聚，人类自身的才能不断增强，直到文明发展出最高的表现形式，我们才发现自身对于那些美好而高度发展的事物是有着多么强烈的渴望和热爱。

已故哈佛大学教授查尔斯·埃利奥特·诺顿，这位同时代最杰出的思想家，曾经认为美在人类最高尚本性的形成过程中起到了极大的作用。而一个社会是否称得上文明，完全可以依据其建筑、雕塑和绘画领域的造诣作出评价。

总之，无论对于一个人还是一个国家，若想健康全面地发展，拥有发现美的能力，永远是不可或缺的。美的教育，至关重要。那么，怎样让自己拥有发现美的能力呢？

如果想成为一个眼界更为广阔的人，就不能满足于自己那片小林地里的辛勤耕种，而应该走出去，去开拓林外更辽阔的大地。对于任何形式的商业利润或物质利益的追逐，只能给人性的发展提供非常狭小的空间，而且通常会是人性中自私和粗俗的一面。

## 投资美好

对美的热爱，是一种不可替代的力量，会让你升华人性，并让生活更加丰富。对一个孩子而言，在一种缺乏对美的追求、金钱至上的环境下成长将是其最大的不幸。他们受到的训练在灌输一种错误的理念：生之为人，其意义不在于获取高贵的情操、大丈夫的气概和幸福美满的生活，而在于攫取更多的金钱、权势和土地。

那些心智尚未成熟的孩子们，在精神世界尚未定型、尚能被任何善良或邪恶力量所塑造之际便受到如此谬误的教育，试想他们那幼小的心灵怎能不横遭扭曲和折磨？他们的人生怎能不偏离正确的轨道？从此以后，他们便将人生目标锁定在低俗的物欲追求之上——这样的做法是多么的残忍！

我们理应给孩子们创造一个美好的环境，让他们更加健康和全面地成长。我们必须抓住一切机会，唤起他们对美好事物的注意。唯其如此，他们的整个人生才称得上丰富，他们才能拥有美这笔无价之宝。

人生中所能进行的最好的投资，莫过于培养对美的鉴赏力。这种能力会给你的人生旅途增添彩虹般绚烂的色调和持久的欢乐。它不但能极大地增加人们的幸福感，还能提高人们的工作效率。如能在孩子年幼时就帮助其塑造良好的品格、培养更高尚的情操、更敏锐的审美力和更纯粹的性情，看着他慢慢学会用各种表达方式抒发心中对美的热爱，将是多么令人欣慰的事情！

关于培养孩子的审美能力，从而让孩子的成长得到升华并受益匪浅，有个著名的事例可以证明。芝加哥的一位小学老师在学校里给自己的学生准备了一个“美之隅”。她给长沙发椅铺上具有东方格调的毛毯，用彩色的玻璃装饰教室内所有的窗户，在墙上悬挂各种精美的照片和油画，其中甚至还有一幅《西斯廷圣母》（*Sistine Madonna*）。用这些颇具美感的装饰，她建成了这一“美之隅”。在这个属于他们自己的、静谧而美好的小洞天之中，孩子们陶醉于美之中，感受着美带来的独特魅力。在这里，他们每天都能亲切地感受到美好事物的熏陶，他们的言行举止，不知不觉间，也变得文雅、高尚，更加细致而体贴。其中有一个淘气的意大利籍小男孩，曾一度被视为不可救药，但在“美之隅”中待了些时日，居然迅速转变为一个温文尔雅的乖孩子。这连老师都为之惊讶。有一天老师问他为什么最近这么乖。小男孩指指墙上的圣母画像，说道：“怎么能让那么美的人看见我在做坏事！”

由此可见，个性的形成，主要依靠日常生活的耳濡目染。想要拥有美好的个性，便需要不断从美的事物中汲取精华。大自然数以千计的各种鸟啼、虫鸣和溪流声，风儿穿过树林的飒飒声，鲜花的芬芳与山间草木的气息，这一切都潜藏着美的元素。对于一个真正意义上的人的发展，这些甚至比书本知识、学堂教育更加重要。如果你不曾通过视觉或听觉感受到生命的美好，并激发自己的审美力，那么，恐怕你的天性会变得冷酷、呆板和无趣。

审美是人类借以与造物主对话的纽带。在面对这个庄严、宏伟和完美的大千世界时，只有陷入沉思，我们的灵魂才有机会接近那种神圣的美。也只有在那样的时刻，我们才能感知到内心深处无穷的创造力。在人生漫长的华彩乐章中，其他任何事物都不能像审美力这样发挥巨大作用。

所以，我亲爱的朋友，给自己的每一天增添些许美好吧——你的人生必将与众不同。你会发现，“美”本身是多么的不可思议，它能开拓你的眼界，指引你到达任何名利都无法载你到达的地方。所以，不要一味只顾着填饱肚子，而让你的灵魂挨饿。

给灵魂一些美好的感动，让人生充满美好吧。这将会给你带来丰厚的回报。不管你的身体多么强健，不管它能否胜任日复一日辛劳的工作，你的心灵总有需要吐故纳新的时候。一年365天，如果你每天的经历都一成不变，每天的精神食粮总是千篇一律，那么终有一天，你的人生将了无趣味。

那么，怎样让我们的灵魂时刻保持年轻活跃的状态呢？审美能力可以帮助我们。审美能力的不断成长，将促使我们不断完善自己的人生、提高生活质量，并保证我们能获得成功、感受幸福。

罗斯金（Roskin，19世纪英国艺术评论家）便是一个在追逐美的过程中享受人生的例子。对美的孜孜以求，使他在保持进取之心的同时，还额外拥有了宽宏大量的开阔胸襟。对于美的热爱，使他的一生都充满了令人惊叹的魅力与温情。美总是让他激动不已，让他的生活热情澎湃，与此同时，他的心灵也得到了净化，灵魂获得了升华。他的每一篇作品都具有无尽的热诚、真挚的激情与非同一般的意义，而这一切都源自他对自然和艺术之美的不倦追求以及对人类和自然的完美诠释。

有人说：“不论在工作中还是在休闲时，当我们更多地发现生活、自然、我们自身以及我们的孩子身上的真善美时，我们将更真实地感觉到上帝的仁慈。”美的本质具有神性。只要你发现人生的美好，上帝便会与你同在。

在《圣经·新约》中有无数证据可以表明，耶稣基督热爱世间的各种美好，特别是自然界的美。他曾经说：“想一想那些田野中的百合花吧！它们既不能缚物，也不能编织；然而，即便是所罗门（Solomon，以色列国王）身上所拥有的万般荣耀，恐怕也不及一朵百合灿烂和瑰丽。”

在壮丽河山背后，在百合与玫瑰背后，在一切令我们心醉的美景背后，自有一颗动人的爱美之心和千古不变的唯美原理。原野上每一朵盛开的花儿，天空中每一点闪耀的星光，都召唤着我们去探索美的本源，指引我们去寻觅那位创设世间万千美好的造物主。

美不仅能够促使我们不断完善自己，并感受真与善，对美的追求，还将对人们生活的稳定和谐起到重要作用。我们常常忽略身边美好的人与事对我们自身的影响。也许他们在我们的生活中出现得太频繁，以至于不能引起我们的重视。但是，每一次气势壮美的落日余晖，每一张美丽清秀的脸庞，每一幅绚丽多姿的经典画作，每一片妩媚动人的芳草地——不论身在何处，不论邂逅何种形式的美，都将陶冶和升华我们的情操和品性。

所以，保持心灵对美的敏感非常重要。因为美能使你精神振作、生气勃勃，美能赐予你无尽的活力、有益你的健康，美能让你感受上帝的仁慈和伟大，美能让你和亲朋好友更加融洽地相处，并让世界变得和谐而稳定。

可是，我们的生活方式却趋于扼杀人们细腻的情感，一切具有魅力的高雅之美都受到阻挠。这种生活方式过度强调物质的价值，却忽视了在其他一些国家正在繁荣发展的美学——那里的人民大多深信：金钱并非万能。

如果我们仍然执迷不悟，任由我们的社交才能、美感和身上一切高尚的事物陷入沉睡甚至衰亡，而将全部才华、精力都视为能收获金钱的种子，播撒到人生这片田野上，那么我们就不要指望能拥有精彩而和谐的人生。果真如此的话，我们其他一切才华和天赋恐怕都将衰退，我们只会培养那些能为自己带来利益的技能。我们在现实生活中总是急功近利，我们总是忽视身边的美好事物，这难道不令人感到可悲和可鄙吗？一旦人性中善良高雅的一面得不到发展，那么，低俗而粗鄙的另一面必将潜滋暗长，不断蔓延。人类终将因为忽视生活中的一切高尚美好，而付出惨重的代价。对此，我们怎能不屑一顾，漠然置之？

“当脑海中持有某种憧憬，当心中拥有某种理想，你便会依着这憧憬与理想去创造自己的生活，依着它们去改变自我。”要知道，使人类得以和动物相区别的，是内心的崇高理想，而不是那些身外之物。

所以，人类要继续发展，就必须投资美好。与智力的开发一样，美感和性情的培养有着同等重要的意义。不论是在家中还是在学校，我们的孩子都将接受这样一种教育，美是造物主所赐予我们的最珍贵的一份礼物。美是一种神圣的教育手段和一方净土，我们应该让其永远保有纯洁和令人愉悦的本质。

让人生充满美好，这是最明智的投资，它可以陶冶你的情操，让你的灵魂从拜金主义的枷锁中解脱出来，培养你对真善美的敏锐感觉。它可以唤起我们心中最高尚、最真挚、最温馨的情感，让我们无论身处何处，无论遭遇何事，都可以品味到生活的甘美。恐怕在整个一生中，再没有其他哪笔投资能获得更丰厚的回报了。

世间万物无时无刻不在启迪和告诫我们：生命中的美好不在别处，恰恰在我们心中。绿树、芳草、夕阳、山峦……一切事物都蕴含着美，等待着我们去感悟它们的魅力，探索它们的秘密。如果你有一双训练有素的眼睛，那么，在每一枚绿叶或是鲜花上，在每一片草场上或麦田间，你都会领略到那种能令天使也动容的美。对于经过熏陶的耳朵而言，森林和田野的泛音、潺潺溪流的旋律，这一切都是无法用言语形容的美妙的自然之声。它们不仅让耳朵觉得舒服，更让心感到快乐。

由此可见，要让自己的人生变得更美好，我们就要坚定而敏锐地抓住一切机会，去发现美体会美，而不是为了金钱去扼杀自身最高尚、最宝贵的东西。只要执着地追求美好，你就能感受它的优雅，领略它的魔力。而你的神情举止，也因为一切关于美的想法和理念，而流露出不一样的韵味。也许你从事贸易行业，也许你的职业是室内装潢，但不管你的职业是什么，如果你有一颗爱美之心，你将成为一个真正的艺术大师，而不再是一个只能靠手艺吃饭的工匠；你的品位将获得净化和提升，生活从此变得多姿多彩。

与现状相比，美将会在未来的人类文明之中发挥更为重要的作用。这是毫无疑问的。当今社会正变得日益商业化。如今诱惑我们的是，在这片遍地机遇的热土上各种各样巨额的物质利益；而让我们苦恼的是，我们竟然轻易将那些更加高尚的人生追求抛诸脑后。我们之中有很多人已经循着本性中那贪婪、兽性的一面，正在和我们纯真的灵魂离得越来越远。他们终其一生，也不过活在一种较低层次的生命状态之中。他们终究无缘窥见更美好、更有价值的生活，也不能让自己的生命和灵魂更上一层楼。这是多么可悲的事情。因为纵使物质再丰厚，这样的灵魂依然贫瘠。

而世界上唯一能够消除灵魂饥渴的，是美。只有美可以将甘露和阳光赐予每颗心。我听过一个曾浪迹天涯的老人讲述了这样的故事：他在一次搭乘火车前往西部的旅途中与一个老妇相邻而坐。他注意到妇人时不时将满满一瓶类似粗盐般的粉末往车窗外倾倒一空，之后再从自己的手提包里舀出一些粉末将瓶子盛满。老人对此感到好奇，便对妇人说出心中的疑问。原来，妇人是一位花卉爱好者，多年来始终笃信一句箴言：“请沿途散播鲜花，因为你或许永远也不会再次踏上同一条旅程。”所以，老妇人习惯在乘火车旅行的路上撒播花种。后来，她的花种发芽开花，铁轨沿途的风景也因此变得更加美丽。正是因为她将心中对美的热爱化作现实中的努力，在沿途所经的任何地方都不忘撒下花种，才让许多道路得以美化，沿途的风景也焕然一新。

如果人人都像这个老妇人一样，沿着自己的人生旅途一路撒下美的花种，对一切美好的事物能够执着地追求，那么这个世界将变成多么美好的天堂！所以，美这种神奇的力量，不仅仅能让自己一路上收集点点滴滴的感动，同时，也能够把这种感动播撒到世界每个角落，让这世界日渐美好。

因此，无论你多么忙碌，无论你的审美神经多么笨拙，请不要放弃每一个可以感受美的时机。在你感到生活过于单调无聊的时候，不如去乡间度假。那会是多么绝妙的一次找寻美好、培养审美力的机会！当你敞开心扉，去感受乡间的风景，这样的一次休假就好比去参观造物主那绚丽多姿的画廊一样。那些树儿花儿，那些山峦与幽谷，那些麦田和原野，还有那些溪流……你将从那些风景中获得一笔无价的财富，发现一种令天使都神魂颠倒的美好。而这些美景，永远只对那些懂得欣赏它们的人，那些能捕获它们的信息并深深为之吸引的人们开放。

不要吝啬自己的时间，不要让工作填满你的日程表。如果你未曾感受过大自然之美的神奇力量，你便错过了生命中最高雅的欢乐。我曾有幸去约塞米蒂山谷（Yosemite Valley，美国加州中部国家公园）游历。乘坐公共马车行走在数百英里崎岖的山路上，我几乎没有片刻时间能够安稳地坐好，道路的颠簸令人精疲力竭。然而，当著名的约塞米蒂大瀑布及其周围的秀美景色映入眼帘，当我在日出前赶到山顶俯瞰无限风光，当那轮红日从云霞中喷薄而出，身心的困顿与疲惫也随之一扫而空，我不禁惊叹于眼前的这幅风景画卷竟有着如此惊世骇俗之美。面对着这样的一种过去前所未有、终生难忘的崇高、宏伟和壮美景象，我不禁热泪盈眶，感觉整个心灵都在颤抖，精神境界也随之升华。

在这样的时刻，试问有谁会怀疑造物主依自己的形象创造的人类不及大自然美好？又有谁不会对大自然的鬼斧神工深深思索？

## 美丽只能源自自我

性格的美、举止的魅力、言辞的高雅、不凡的风度，是每个人都渴望的。然而，这一切并不是与生俱来的，我们中多数人的仪表和言行何其丑陋、何其粗俗！但是，这一切不能怪罪于上帝，也不能怪罪于父母或其他什么人，唯一能对我们自身的仪表负责的，是我们自己。没有人可以对自己的仪表漠不关心。

但是，如果我们想让自己的外在更有魅力，首先应学会修身养性，努力使自己变得更有内涵。因为我们内心的每个意向，每个欲念，都将通过面部表情的细微变化显露无遗，无论是美还是丑。即使你拥有最美丽的外表，但当你心中产生任何不和谐或任何可能伤害到他人的想法时，你的表情也将扭曲，变得面目狰狞，令人憎恶。

正如莎士比亚所言："上帝赐予你一张面容，而你为自己造就另一张。"内心的情绪可以随意创造善恶与美丑。温文尔雅的性格对于心灵能否感悟更高形式的美十分重要。现实中，众多平庸的面貌，正是这样的性格变得可爱而亲切。与之相对应的，乖戾的性情、恶劣的脾气和嫉妒之心则足以毁灭任何天使般的面容。偏见、自私、嫉妒、浮躁和优柔寡断——这些不当的思维习惯，在你的面容上造就的条条皱纹，它们不能用化妆品、按摩、药物去消除，只能靠源自内心的美的力量。

美丽源自内心。高尚而亲切的思想，不仅能够让你在谈吐上显得风度翩翩，也能让你的身体显得更加精致而健美。拥有美好的心灵，那么你的浑身将散发出一股非凡的魅力和优越的气质，而这些要远比一切外在美更令人着迷。

我们见过很多这样的女性，虽然相貌平平，但是，凭借人格上的魅力，她们却给世人留下了不可磨灭的印象和美感。她们借助形体和言语，向世人展现灵魂的高尚，并将其转化为一种风尚。优雅和崇高的灵魂，可以使最平淡的面容也变得妩媚动人起来，这是多么神奇的魔力。

曾经有人在谈起范尼·肯布尔（Fanny Kemble，肯布尔家族成员，英国演员、剧作家、诗人，以扮演莎剧角色朱丽叶闻名）时这样评价她："虽然她身材矮胖，面容发红，但她身上散发出的那种无与伦比的高贵气质，使我无法忘怀。我生平从没见过拥有如此威严气质的女性。当你站到她的面前时，无论你拥有多么美丽的外表，都注定黯然失色。"

诚如安托万·贝利尔所说："世上没有丑陋的女人，只有不知如何使自己看上去更可爱的女人。"最高形式的美存在于每个人的心灵，那是超越一切相貌和形体美之上的美。任何一位女性，都完全可以通过秉持美的理念，通过培养慷慨、乐观和无私的精神，使自己变得更美丽。这种理念告诫世人不要一味肤浅地追求美丽的外表，而要努力实现心灵之美。

慷慨大方、乐善好施和仁慈宽厚，使所有真正意义上的人性之美都有一个共同的本源。这一本源将使人神采奕奕，青春永驻。人性对美的渴望和追求注定要燃起生命的辉煌。外在美不过是一种身体对于心中的惯常想法和主要动机的外化，是心灵美的一种表现。所以如果一个人心灵美，那么一切表情、举止也会变得优雅美好，那么无论身在何处，都将给他人留下温文儒雅、谦谦君子的好印象。这样的气质和风度可以掩饰任何相貌上的缺陷甚至残疾。

很多相貌平平的女孩终日郁郁寡欢，若有所失，抱怨自己不像天生丽质的美女那样受欢迎。事实上，她们的相貌并没有自己所想的那么难看，她们过于夸张了自己的缺陷。别人也许根本不曾留意到她们的一些小缺点，她们的担忧只源于她们过于敏感。实际上，倘若这些女孩子能克服多愁善感的毛病，学会从容处世，那么她们完全能通过后天的努力，变得更善解人意、开朗活泼和慷慨大方。这样一来，她们在相貌和体形上的缺陷便能因性格和智慧上的光辉而得以弥补和掩饰。

当然，我们不能否认喜爱漂亮的脸蛋和柔美的身段，但那些因为心灵的美好而变得润泽光亮、富有生气的面容，我们更加欣赏。这样的面容能唤起人们心中那些接近完美的理想，那是造物主树为典范的理想模式，我们怎能不对此情有独钟呢?

我们最亲密的朋友中，拥有出众相貌的也许并不在多数，但是他们身上的美好品质能够激起我们对他们的热爱和钦佩，唤醒了我们心中对友谊的渴望。最高形式的美是一种能为我们心灵带来光明的美好理想，它不具有任何物质的形式，只不过以一些特定的事物为象征表现出来。

对于最高形式的美的追求，将使你的人生不至虚度，无悔无憾。而每个人也渴望自己能拥有最高形式的美。然而，人们往往将这种对美的挚爱之情，局限在外表形式之上，而忽略了更深层次的意义。不错，形式、色彩、光线和声音都使我们的世界更加美丽，但是那些扭曲的心灵无法看到这些美。只有拥有高尚灵魂和精神的人才能领会它们，也只有这样的心灵才能激励我们不断超越自我，乐观向上地生活。

但是，心灵的美总是难以定义，有时候也更难坚持。所以，渴望完美的我们，试图将抽象的心灵美具化和物化，借助那些最能具体表达或最符合人类审美标准的人或事，来展现我们的美好。但是，这些对外表和物质上的美的顶礼膜拜，热情追捧，并不能让我们真正感受到美的真谛和力量。

心灵上的完美，才具有最宏伟的力量，才能在最单调的环境中创造诗情画意；人性上的完美，才拥有最宽厚的慈悲，能将缕缕阳光传送至世间每个阴暗的角落。

如果没有这些美的缔造者，这些心灵的激励者，没有这些在任何场合之下勇于表达美好的魅力人士，我们的生活又将何其悲惨和平淡?

如果没有那些感悟着生命之神圣的伟大灵魂，没有他们的坚持表达和对生命中各种和谐美好的诗篇和乐章的看重，整个人类又将何去何从?

对美好事物的感知力能为你带来更多的愉悦和幸福，这是任何成就、性格和品德都无法做到的。人世间的种种丑恶侵蚀着一些孩子的天性，使他们变得粗鄙而残忍。而唯有对真善美的热诚，方能从丑恶中拯救这些可怜的孩子，让他们抵挡住无数的诱惑。年轻时受到的美育和艺术的熏陶，曾使多少人在道德败坏的边缘迷途知返，在罪恶的深渊前悬崖勒马!

## 从小就开始投资美

对于培养孩子对美的热爱和敏感，家长们总是缺乏足够的耐心，其实这是很不负责任的。他们没有意识到：从相片到墙纸，家中的一切事物，都会在孩子幼小而敏感的心灵上打下烙印，都会对孩子的成长产生影响。家长们不应该错过任何让孩子欣赏艺术作品的机会，应该经常为孩子诵读名家的诗歌或散文。这些都将给孩子的心中灌输美好的思想。在世界上一切伟大而神圣的思想和感情的熏陶下，孩子们也将被感动，塑造他们的性格，为他们毕生的幸福和成功打下基础。

不论是那些在贫民窟长大的小孩，还是那些有钱人家的子弟，他们心中对于美的强烈渴望都一样。“穷人对于食物的饥饿感，”雅各布·埃·里斯（Jacob A. Riss，美国新闻记者，社会改革家）这样说道：“远不如他们对美的饥渴感和需求强烈，也不如后者那么难以获得满足。”每颗心灵对美的渴望和感知都是与生俱来的，但这种天赋需要借助眼睛和耳朵来实现，否则便会退化甚至消逝。

里斯先生时常从自己位于长岛的家中带上一些鲜花，前往纽约摩尔布里大街去看望那里的“穷人”。“可他们从没到过那里，”他说，“每次走到距离渡口不到半个街区的地方时，我会被一伙孩子拦截，他们不时发出怪叫声，吵着要我手中的花，扬言不会让我再往前走一步，除非我也给他们一束花。而每次当他们‘得手’之后，便小心翼翼地握着花溜之大吉，跑到一个安全的地方，幸灾乐祸地欣赏自己的战利品。后来，他们甚至把一些大大小小的婴孩也拉入伙。当我拿着这些金灿灿的花朵站在这些婴孩面前时，他们的眼睛发出光彩，瞪得又大又圆。我隐隐约约地感觉到，这么美的花或许他们以前从未欣赏到，这些花对于他们有着前所未有的吸引力。看起来，越是那些年纪小的、贫困的小孩，便越渴望得到这些花，所以每次我的花都给了他们。这种情况下，谁还会忍心拒绝一颗爱美的纯真的心呢？

“而也正是在那一刻，我才更深刻地体会到，那些贫苦的人心中有另一种渴求，相比报纸上报道的有关他们身体遭受的饥饿以及他们正渴求的温饱，这种对美的渴求更为强烈。而透过这种渴求，我看到他们心中闪耀的善良天性。对美的渴求——天性中这团熠熠生辉的神圣火花，能将他们从任何罪恶中解脱出来。他们的灵魂因为这份渴求和理想，得到净化和升华。当这些孩子哭喊着向我索要花束时，他们正以自己所能实现的唯一方式告诉我们：如果我们漠视这些贫民窟的孩子精神上的贫困，如果我们任由那片本该鲜花盛开的地方，充斥着肮脏、丑恶、泥泞的现实，那只能表明，我们自己的精神世界同样一贫如洗。对于其他生物，若没有了灵魂和理想，也许还能照样生活，照样成长，但作为一个真正意义的人，没有灵魂则如同行尸走肉，对于生命、对于周围的世界，几乎都毫无意义。岁月蹉跎，当人老去的时候，没有灵魂的人留给这个世界的，将只剩下如贫民窟那般黑暗的污渍。

“所以，时至今日当我们涌入贫民窟去为穷人们建造房屋，当我们将苦难的孩子送进幼稚园，当我们在学校里挂上艺术大师们的画作，当我们教会贫穷的母亲们装饰那些屋子，当我们为孩子们建造明亮的教室和崭新的公共建筑，当我们在那些曾经阴暗污秽的地方种满花草，当我们教那里的孩子们跳舞、游戏，让他们乐在其中时……那是多么美好的景象啊！我们努力地清除污迹，以解除自己身上背负的债务。如果不这么做，那么这笔因公民责任心缺失而背负的心灵之债，恐怕会令我们的双肩更沉重，比任何社会甚至整个国家长期以来所背负的债务都要沉重。我们除了不停地为自己可悲的冷漠偿还巨额债务外，别无出路。”

尊敬的富人们啊，你们可知道，无数贫困的孩子生活在纽约的贫民窟里。假如有一天，当这些孩子们进了你们的起居室，当他们面对其中华丽的油画和昂贵的家具瞠目结舌、不知所措时，你们能否意识到，相比他们，你们自己对美好和高雅的敏感相当迟钝。你们早已为物欲和贪念所扼杀，你们已经永远无法像他们一样，感知身边的美景了。

世界充满了美好，但我们大多数人看不见身边的这些美，因为我们正在失去对美的洞察力。我们的眼睛没有接受过美的训练，我们对美的感知力没有得到开发。我们就像那位站立在透纳（Turner，英国画家）身边的女士，面对他那幅著名的风景作品，惊愕地呼喊：“哎呀，透纳先生，您作品里所描绘的那种风景是在哪里，我怎么未曾发现啊？”

“可您不是希望自己能看到它们吗，夫人？”画家这样回答她。

想一想，为了追逐金钱和权势，我们已将多少珍贵的乐趣挡在了生活的大门之外。透纳在风景画中所看到的大自然的奇迹，难道你不想一睹为快吗？罗斯金（Ruskin）在夕阳西下时的光景，难道你不想亲自感受吗？往自己有限的人生里注入更多的美好，难道不是你这辈子渴望的吗？可正好相反，有时候你对世俗的名利无休止地追求和对他人的自私而无情地索取，让你的天性变得粗鄙不堪、萎靡不振，让你对美的洞察和感知荡然无存。

那些接受过美感教育的人，那些从小便煞费苦心去培养高尚的灵魂和爱美之心的人，是幸运的，因为他们拥有了一笔无法剥夺的宝贵财富。

## 欣赏他人的所有

“与其勉强追逐那些自己不能欣赏的事物，毋宁尽情欣赏那些我所不能拥有的事物。”

在《世界公民》一书中，戈德史密斯描写了这样一个故事：有一次，一个富有的高官走在路上，他浑身上下都装饰着辉煌耀眼的钻石。突然，人群中一个陌生人向他表达了殷勤的感激。那个高官受宠若惊地叫道：“朋友，您这是什么意思？我可从没给过您任何珠宝啊。”“不错，您是没有赐给我珠宝，”这个陌生人回答道，“可是您让我看到了您身上的珠宝，让我欣赏到我所没法拥有的珠光宝气。对我们而言，这是您佩戴它们的唯一用途。所以，您没有给我珠宝，我依然对您感激不尽，因为您的佩戴，我轻松地欣赏到美。”

类似的例子，在以往的文学作品中并不少见。在华盛顿·欧文作品中为读者所熟悉的那位法国侯爵，在谈论杜伊勒利宫和卢森堡公园的林荫小径，将其当成自己在城市的娱乐场所；谈论凡尔赛宫和圣克卢宫，把它们视作自己的乡间休假地，借此慰藉自己失去城堡的失落感。“当我在这些精致的花园中漫步时，”他说，“我只需把自己想象成园子的主人，这些花园便在瞬间归我所有。园中所有快乐的游客都是我的嘉宾，而我却无须劳心费神去招待客人。我的这些地产都是完美的无忧宫殿，没有人会来打扰我这位主人，客人们尽可随心所欲。整个巴黎城都是我的剧场，不断有精彩的大戏为我上演。每条街道上都设有为我准备的餐桌，无数的侍者争先恐后地跑来为我服务。当我的仆人们殷勤地侍候我时，我可以打发他们走人，也付给他们酬劳。在我转身忙于其他事务时，我不用担心他们偷走我的家产，或者做错事。基本上，”说到这里，年迈的绅士露出一丝微笑，风趣地说，“看看现在所享受的一切，再对比一下自己从前的一切苦难和不幸，我认为自己拥有万贯家财。”

乐于欣赏他人拥有的，持有这一观点的还有罗伯特·L.斯蒂文生，他曾经将自己收藏的油画和家具打成包裹，邮寄给一个即将成婚的宿敌，然后写信给一个朋友。他告诉这位朋友，自己的心情就像一个被拘禁多年的奴隶终于摆脱了奴隶主的控制一般。他说：“我恳求你，不要自己担风险。我敢保证，你根本没有多少工夫和心情去欣赏一幅油画。等你什么时候有闲情逸致时，直接去画廊欣赏好了。在此之前，倒不如让那个势利小人去拂拭那幅油画，让他好好保管它们，直到你的到来。”

为什么这些杰出的人物在贫困潦倒、令人生畏的环境下，还能拥有如此珍贵的精神财富？而有些人却空有那么奢侈豪华的物质条件，精神上却一贫如洗？

这完全是一个有关价值衡量的问题。拥有了欣赏美的能力，我们便拥有了这个世界的美，即使这些风景的所有者并不是我们。当我们经过他们的花园，当那条条林荫道、片片芳草地的秀丽景色尽收眼底时，我们不正是拥有那美景的主人吗？他人的一纸地契是无法剥夺我们感悟美好的权利的！那些田园风光的胜景，那些溪流和草地的秀美、夕阳的壮丽、山谷的幽静、鸟儿的歌唱，都逃不过我们的视听耳闻，都被我们揽入心中。

上帝赐给我们的最好礼物，是无论何时何地都能收获欢愉、自得其乐的能力。它能让我们的生命之路更为宽广，能使我们的天性变得更为高尚，能让我们的人生经历更为深刻，能激发自我修养的力量。

有些人总是显得顽固和多疑，他们的个性卑鄙、吝啬、冷漠而且短视，从来不曾向世界袒露心胸，去感受自身的美好，让自己的天性与大自然进行交流。他们心胸狭窄，以致他们无法包容和欣赏别人，他们的人生便注定在困苦和艰难中度过。

而事实上，获得生命中那些有价值的财富和美好，唯有心存仁厚，以及懂得宽容和慷慨。

我认识一位生活在纽约的女士，虽然身材矮小且双脚先天残疾，但她拥有人见人爱的魔力：温柔、亲切、开朗而端庄。她用心爱人也懂得尊重人，所以无论走到哪里，都是那么的受欢迎。

这是她的真诚、无私和热情，掩饰了外表的缺陷，并打动了每个遇见她的人。这样的一种高尚品质，足以令我们每个身体健全的正常人感到惭愧。

我还认识一位男士。他虽然生活困窘，却比任何一个我认识的富人还要幸福。而这只不过是因为：早在年少时，他便懂得欣赏一切美好事物，即使那是别人拥有的。正因为这样的高境界，无论在怎样的情况下，他都从不会对任何人心生嫉妒。相反，他总是对那些拥有财富和美好的人心存感激。他的灵魂是那么温馨而可爱，他的身上具有那种向四周散发阳光和快乐的魅力，让其他任何一个灵魂都为之感动。

所以，不论你是多么的贫穷和不幸，都没有关系，你仍然拥有权利去享受世间那价值连城的艺术作品和美轮美奂的稀世之宝。至于是否拥有它们，已经与你的幸福和快乐无关了。看一看我们这座著名的城市吧，在这座我们花费无数资财建造和修缮的奇迹之上，建造着无数私人的庭院、花园和随处可见的美景，耸立着多少宫殿般的公共建筑和典雅的居民区，而所有这一切，你都能免费欣赏，哪怕你可能一无所有。

不要认为自己一无所有，便连欣赏美的权利也放弃。如果没有学会在身无分文之时去欣赏世界的美好，那么你便错过了修炼情操和丰富阅历的一个绝好机会，也会与你一直期盼的幸福擦肩而过。要知道，幸福的秘密在于保持心情的愉悦，知足常乐。“不安于现状，永难满足的人总是贫困；而那些珍惜眼前所有，同时又能欣赏他人所拥有的人，才是富有的人。”

基于对我们人生的负责，基于对幸福的渴望，我们应该从孩提时期就接受这样一种教育：不论自己的处境多么微贱，都能从他人所拥有的财富、美好和经历中感到满足。应该趁年少时，培养自己爱美的天性、培养敏锐的洞察力；学会宽容、学会体会万事万物蕴藏的真、善、美。而所有这些，都将使我们视野更开阔、性情更高尚、人生更美好。

# 第三章
# 个人魅力源自良好性格

布莱恩、林肯、罗斯福……这些伟大的名字足以博取人们最为激情高涨的欢呼，正是这些人身上拥有的这种难以形容的非凡品质，当我们在听到这些如雷贯耳的名字时，才会如此疯狂和痴迷。正是这种伟大而高贵的气质，使得克雷成为他的选民心中的偶像。也许有人认为卡尔霍恩更伟大，但他不能像克雷那样，将民众“沼泽中的磨坊学徒”般的热情唤起。或许韦伯斯特和萨姆纳更为杰出，但他们也无法像布莱恩和克雷那样，把民众心中的烈火点燃。

一个历史学家曾这样说道：“要评估科苏特对人民的影响，我们首先得测量出这位演说家的身材，然后再将测量的皮尺向上延伸，直到测出他的魅力。”如果我们的直觉足够精密，我们的眼力足够敏锐，我们不但可以测量出一个人的魅力，还能对其同学、朋友的前途作出更准确的预测。对于他们所取得的成就，我们几乎从来没有把他们的个人气质和魅力作为一个原因来考虑，我们总是想当然地认为，那只是因为他们的能力超群。而事实上，这种个人的气质在他们的成功路上起着不可或缺的作用，甚至比智力和教育的作用更重要，这种气质能直接影响到一个人的进步和成就。回顾我们的经历，总有这样的一类人，他们或许才智平庸，却能凭着高雅的气质和潇洒的风度很快超越他人——那些远比他们更聪明、更有天赋的人。

对于个人气质的影响力，我们不妨做个形象的比喻：有的演说家发表演讲时，铿锵有力的语言能像旋风一样托载起在座的每位听众，然而等到他的演说集出版，竟很少有读者再为之感动。因为演说集只有冷冰冰的文字，缺少了他现场演讲时的个人情感。这类演讲者的影响力，完全是依靠他们的个人气质。

个人魅力是一种神奇的天赋，它可以改变最强硬的性格，甚至可以掌握一个民族的命运。

拥有这种个人魅力的人是相当幸运的。我们总是不经意间受到那些拥有这种神奇力量的人的影响。每当他们出现的那一刻，我们仿佛见到了伟人。他们开阔了我们的视野；他们让我们感到浑身充满无穷的力量；他们打开我们心中那把未曾打开的希望之锁；他们让长期以来压在我们心中的那块石头终于落地，令我们体会到一种从未有过的坦然。

不仅如此，这种人身上的魅力，让我们不自觉地想和他们亲近，不自觉地敞开心扉。当我们和这些人交流时，即使只是初次会面，我们也会为自己的变化感到吃惊。我们的语言比以前任何时候都要更清晰、更生动，忽然之间，我们便能说会道了。他们让我们看到了一个更伟大更完美的自我。他们能让我们展现自己最好的一面。在他们身边，仿佛转瞬之间，我们的人生变得更加高尚和有意义起来，我们心中充满空前强大的动力和渴望。也许不久之前我们心中还满是忧伤与气馁，但他们身上散发出的人格魅力像闪电一样照进我们的人生，照亮我们那些潜藏已久的才能，我们的悲伤和绝望便一扫而空，取而代之以欢乐和希望。至少在那一刻，我们有脱胎换骨的感觉。先前那种缺乏目的和追求的生活，那种死气沉沉的平庸生活，已经消逝在我们的视野中。从此，我们下定决心，将被激起的潜力，将满腔的热忱，重新投入到新的人生目标的追求之中。

和这些人的接触和交流，即使只是片刻，我们在心智和灵魂上的力量也会获得大幅提升，就像当一台发电机变为两台时，电线中的电流强度翻倍一样。他们身上散发的魅力是那么吸引人，令我们流连忘返，生怕一离开就会失去心中那股新生的力量。

相反，有时候，我们也会遇到截然不同的另一类人。与他们交往，让我们的热情消退，让我们的生命枯萎，让我们将自己锁在自己那个小圈子里面。每当他们靠近时，我们便感到一阵寒意，即使身处仲夏的季节，也仿佛遭受凄厉的北风的袭击。一种枯萎而吝啬的感觉，一种仿佛能在瞬间使我们变得弱小的感觉，迅速席卷我们的心灵。我们将明显地感到身上的气力和心中的希望正逐渐丧失。只要这些人在场，我们的脸上就不可能出现笑容，就像在出席葬礼时不可能开怀大笑一般。只要他们在场，我们便会觉得浑身不自在。我们身上的一切激情，都在他们阴郁恶毒的气质的笼罩下转瞬冷却。好比眼前明媚的阳光被一大片乌云迅速遮住一样，他们的阴影笼罩在我们头顶，让我们眼前一片茫然，心中充满莫名其妙的不安。

这些人对我们的事业和前途漠不关心，说得更严重点儿，与这样的人交流，甚至会危及我们的信念和理想。他们的出现，只会令我们的情感变得麻木，徒增消极厌世的情绪。当他们接近我们时，我们的目光和志向会在无形中变得短浅而粗鄙，人生的热忱和激情也将为之褪色。我们只能依靠自我激励来坚决捍卫心中的希望和雄心。

如果我们对这两种性格进行比较，便不难发现其间的主要区别：后者待人冷漠，缺乏同情心；而前者心地善良，宽以待人。当然，那样的一种翩翩风度，那样强烈的人格魅力，主要还是与生俱来，它能让在场的每个人都为之倾心。但是，我们也不能否认后天的努力和修炼，可以成就那样迷人的魅力。那些能坚持大公无私和舍己为人的人，其实很多都是始终坚持行善积德的人。他们将鼓励和帮助别人看作一大乐事，并借此来提升自身的修养和魅力。这种人，无论走到哪里，即使谈吐举止没有大家想象的那么优美文雅，也仍然能给身边的人带来积极的影响，受到大众的欢迎与拥护。每个与他们接触过的人都会为他们的言行而感动，进而激励自己不断向上。而大众也会将信赖和爱戴作为回报，献给这些伟大的人。其实，只要努力，我们每个人都能靠后天的修行培养出这种高尚的人格。

对于每个人身上都具有的这种无法捉摸、难以言状的神秘气质，我们通常称之为个性或人格。一般而言，相比那些可以衡量大小或评判优劣的能力和品质来，它的威力要更大。

造物主赋予许多女性这种完全与美丽外表无关的、充满吸引力的气质。而且，往往在那些相貌平常的女性身上，这种气质会有更多的体现。众所周知，在过去的法国，在沙龙上起引领作用的，是那些气质高贵的女士，而不是一国之君。

在社交集会场合，当人们的交谈变得拖拉冗赘、大家逐渐了无兴趣的时候，如若突然有位聪慧过人又富于魅力的女士出场，那么，整个沉闷的局面会被立即打破。在场的每个人都会被她吸引，并将与她攀谈视为无上的荣耀。而这个女人未必相貌出众，只是她有不凡的气质。

不过，拥有这种气质的很多女人并不大清楚这种气质的来龙去脉。她们只是知道自己拥有这种品质，却既不清楚它从何而来，也不懂得如何描述。虽然和诗歌、音乐、艺术等的天赋一样，一个人的气质总是与生俱来，但仍然能通过后天的修炼获得提升。

其实，大多数具有磁性的人格魅力，都是源于优雅而精致的风度，以及机智而得体的举止。除此，自身良好的判断力和丰富的常识也是必不可少的。最后，也不要忘记努力培养高雅的品位。如果你的品位和别人的大相径庭，那么，想要不伤害到他人的感受，几乎是不可能的。

## 培养优雅风度，提升成功概率

人的一生中可以进行几笔巨额投资，其中之一便是成就优雅的风度、高尚的举止、施惠于人的艺术和慷慨大方的情感。这笔投资的收益绝对比金钱投资所得的回报要大得多，所有的大门都会对具有这些性格的人打开，因为他们拥有使人开朗快乐的能力。无论身在何处，他们都将是炙手可热的叱咤红人，绝不只是受人欢迎而已。

不论何时都尽力与人方便的，是很可贵的品格，也将帮助年轻人实现人生中的升迁或发迹。林肯的成功也要归功于这样的品质：无论什么样的场合，他总是那么的平易近人、和蔼可亲，那么的古道热肠、乐于助人。他的法律合伙人赫恩登先生曾说过："每当拉特利奈客栈客满时，林肯总会将自己的床位让给旅客，而自己却跑到店铺里，拿一卷花布当枕头，在柜台上将就着过上一宿。"渐渐地，无论大家遇到什么麻烦，都乐意去找林肯帮忙。也因此，林肯的名声越来越大，并深受人民的拥戴。

对别人有求必应、尽力相助，这需要一种宽广的胸怀和高尚的风度。而一旦拥有这种胸怀和风度，那将是一笔巨额的资产。试问普天之下，还有什么能比这种永远受人爱戴和尊敬的人格魅力更可贵的呢？人们总会看中这种品质，各行各业皆是如此：它能给政治家带来政绩；给内科医生带来病人；给律师带来案源。不论你将来进入哪一行业，想要受人欢迎，那么务必要培养这种品质。它能影响乃至取代资本的地位，其作用往往胜过大量艰辛劳动。所以，对它作出再高程度的重视也不算过分。

有些人天生具有吸引生意、顾客的能力，正如磁石天然具有吸引铁屑的力量一样。一切事物似乎都顺着他们，就好像铁屑由于受到吸引而纷纷指向磁铁一样。

这类人在生意场上，总是能够事半功倍，财源滚滚。他们似乎不费吹灰之力便取得了事业上的成功。朋友们都把他们的成功归因于好运气。但是，如果我们仔细地分析他们的发迹史，便会发现：他们身上那种磁石一般的吸引力，才是他们成功的最关键原因。他们是靠自己独特的人格魅力，赢得了所有人的心。

如果对自己的成功史进行一番总结，许多人都会惊讶地发现，很多时候，是自己长期养成的谦恭有礼和其他受人欢迎的品质，为自己赢得成功。如果没有这些品质，那么，即使拥有再高的学识智慧，接受再好的职业训练，也不足以给他们带来如此巨大的成功。这是因为，如果一个人令人生厌、举止粗鲁、言辞无礼，他在职场上便常常受到客户的质疑和猜忌，更不用谈赢得别人的认可和支持了，合作成功也就无从谈起。

相反，那些温文尔雅的人身上永远散发着一种独特的魅力，这使得他们总是受人欢迎，很少遭人拒绝。不论你有多么忙碌，多么焦虑不安，也不论你多么厌恶被打扰，他们的魅力总能得到你的偏袒。不知何故，面对这些拥有令人愉悦个性的人，你总是无法硬起心肠。

这种人在与人初次交往时能给他人留下极好的印象，在与新客户接触时像熟知多年的故交，在获得他人认可和好感的同时，都极少冒犯别人的品位或是引起任何偏见。一旦具有了这种能力，巨大的成就、高额的薪资和好运气便会自然而然地来临。每个人都希望自己拥有这样的一种能力。那么怎么做呢？

培养一个好的名声，对此将是十分有意义的。它可以令你的心智迅速成熟，可以塑造你的个性，可以大大提升成功的概率。不仅如此，好名声还将让你广结朋友，也将大大有助于你未来的成功。即使在银行倒闭、恐慌来临、生意萧条的日子里，有可以和你共患难、默默支持你的朋友，这也将是一笔无价资本，足以令你重整旗鼓，东山再起。

那么，怎样拥有好的名声，怎样才会受人欢迎？首先，需要学会慷慨无私，学会控制自己的脾气，做到待人彬彬有礼、和蔼可亲、温文尔雅。其实，在你试着变得谦恭和尊重他人的过程中，你便已经迈上了通往成功和幸福的捷径。

其次，保持热情和快乐的个性，也是赢得别人欢迎的一大秘诀。因为充满活力的人，看上去总是更具有吸引力。如果你的身上散发出可爱与希望的光芒，那么，人们便会乐于与你为伍。毕竟，我们每个人都在找寻阳光，远离阴暗。相反，面对总是愁眉苦脸的人，人们只会皱起眉头避而远之。所以，在与人见面时，在与人握手时，在和人交谈时，请时刻保持微笑，那会让你看上去更明媚、更阳光、更具魅力。

人们总是被那些讨人喜爱的品质所打动，而对各种令人生厌的个性避而远之。成就受人欢迎的好品行有其内在的法则：彬彬有礼之人总能取悦他人，而粗俗野蛮者只会遭人反感。对于那些不辞辛劳提供帮助的人，我们往往心生好感。他们的乐善好施和同情心总能让我们感到安慰。

所以，请认真修习这些为人处世的艺术。它能够使你的心怀更宽广，让你变得更有同情心，让你更好地表现自我。在所有生来就有的权利之中，恐怕没有什么比天生便具有极高的人格魅力更令人欣喜的了。

如果在家庭或学校的教育中忽略了这些，将会是很不幸的事情。因为，在很大程度上，我们的成功和幸福都有赖于它们。也许我们的知识面很广阔，但是，如果我们不能同时展现出我们的慷慨大方、富有同情心，而只是展示给别人尖酸刻薄。那么，我们可能连那些尚未开化的粗野之人都不如。我们的人生终将在狭隘和沉默中平庸度过。

很多人之所以备受大家欢迎，是因为他们竭尽全力训练优雅的风度和提高个人素质。有些人天性不善交际，但如若他们常常出入社交场合，在这些方面多加努力，假以时日，他们一样能够创造奇迹。

## 通过社交向他人学习

当我们与那些极富人格魅力的人交往时，我们内心深藏的、不为我们所知的力量，会被他们的强烈个性唤起。试问当一个人多次感受到这样的一股伟力时，当他的才华和能力获得磨砺，变得锋芒毕露时，对他来说，还有什么事情是无法实现的呢？那些演说家在听众面前展现出的强大能力，其实也是从听众身上汲取而来的。但他们永远无法做到像化学家在实验室里那样，使用数个烧瓶从化学物质中提取出所有的能量。只有通过交流和化合反应，新的创造和力量才能获得发展。

很少有人意识到，那些与我们一同工作的人，对于我们的成长和成功起着何等重要的作用。一个优秀的伙伴，将激励我们尽情施展我们的才华，将让我们的人生迸发出希望的光芒，并在精神上支持和鼓舞我们不断奋进。

我们总是高估了从书本上获得的知识和技能。书本上的知识固然可贵，但源自心灵间的交流的另一类知识则更是无价之宝。事实上，大学教育的主要价值，在于学生之间的相互交流、相互鼓励；在于一帮志同道合的年轻人的互相帮助和互相支持。在相互间思维火花的碰撞之中，他们的才华和潜能被不断发掘出来；在相互的竞争中，他们从此树立起更远大的理想。与此同时，一扇扇希望之窗就这样被打开，他们的未来也由此充满无限的可能。

两个志同道合的人也经常会在彼此身上发现自己以前从未发现的力量。这就像两种没有任何相似点的物质在发生化合作用后能生成第三种更强大的物质。许多作者将自己最得意的著作或是最经典的言语归功于自己的朋友，因为是他们激起自己沉睡的潜力。艺术家们大多都有过这样的经历：在某个人的鼓励下，或是从某位大师的作品的启发下，他们突然获得了灵感，心灵为之触动，激发出一股追求永恒的力量。

当一个人拥有志趣相投的好友时，他的人生便宛如开始了一次发现之旅，从此以后，随着和朋友们的交往不断深入，他将不断从他们身上获得启迪或激励，从而找到多年来一直潜藏于自己心中的新大陆。这是因为旁观者清，我们所遇到的每个人都会或多或少看到我们身上的一些本性，这很可能是我们自己看不到的。透过朋友这面镜子，我们将能够更客观地认识自己、发现自己。从而更快地找出我们的缺点和不足，及早地自我完善和自我提升，在丰富自己人生阅历的同时，踏上成功之路。

一旦我们懂得从别人身上反观自己、从别人的经历中学习经验，那么，我们将收获更多惊喜，你会为此惊叹不已。

一个人如果能抓住机遇打动社会各个阶层的人士，他便可以变得更成熟；一个人如果能够在志同道合者身上学到一些东西，他将更快地成为该领域的专家。所以，不要错过和我们同类型的人，特别是和那些社会地位高于我们的人打交道的机会。因为他们身上总有很多值得学习的东西可以帮助我们迅速提升自我，让我们变得更有魅力、更有风度。

每当与人交往时，如果你能将他视为一座宝藏，并且认为这座宝藏可以丰富你的人生、开阔你的眼界、使你成为一个真正意义上的“人”；如果你打算将社会视为一所完善自我、培养优秀的交际素质、开发自己因疏于联系而休眠已久的脑力的一所学校，那么，你会发现，原来社会既不是你想象的那般厌烦和无聊，也并非毫无益处。从此你就不会再认为自己每次在客厅陪客人是在虚度光阴。

## 培养坦率热情的性格

无论年轻还是年老，坦诚与率真都是最令人欣喜的性格。那些具有开朗而直率的性格，不会想方设法掩饰自己弱点和错误的人，总是受欢迎的。凭借自己的坦率和单纯，他们将激发别人以同样的方式为人处世；因为心胸宽阔、慷慨大度，他们总能够激起人们的爱慕和自信。

坦率热情具有吸引他人的力量，与之相反，行事隐匿只会惹人厌恶。当一个人倾向于掩饰自己时，往往会招致怀疑和不信任。这一类人总是沉默寡言、城府极深，和他们相处就像在深夜乘坐一辆公共马车旅行一般，虽然在出发时一切顺利，可是总感觉前方潜藏着某种隐患。与那些拥有率直的阳光个性的人相比，我们始终无法对他们抱以充分信赖。出于对这些未知的危险的不安，我们往往显得十分不自在。这类人也许并没有可以怀疑的地方，也不一定像我们想的那样阴险，相反他们最后可能对我们也足够真诚和率直，但是我们仍然不能确定，更不敢相信他们。在我们眼中，他一直是一个谜，因为现实中他总爱戴上一张面具，他努力隐藏自己的每一处缺点。如果他一直控制自己，掩饰下去，我们便永远无法看到他的真实面目。不论他多么彬彬有礼，多么和善殷勤，我们就是无法消除心中的成见。相反，我们只会更强烈地怀疑他斯文的举止背后会藏有某种不可告人的动机。

相比之下，那些开诚布公、心怀宽广的人又是多么的不同！他们总是能够真诚地承认自己的过错并加以改正。他们的个性中有些不好的地方，也总是能被看到，而我们也乐意为这些白玉微瑕留点儿余地。他们的心灵健康而真诚，心胸广阔而积极。他们那么迅速地赢得了我们的信任，而我们又是那么深爱着他们，原谅他们的失误或缺点。因为坦率而单纯——这两种他们身上所特有的品质，将大大有益于他们成长为最高尚的一类人。

在美国南达科他州的布莱克山区，曾经住着一位微贱的矿工，他身边的每个人都很尊重和爱戴他。当一个英国矿工被问及为何当地的居民都热爱这位工友时，他们这样回答道：“因为他是一个好人，有一颗真诚坦率的心。与他交谈，你总是觉得很安心，而找他帮忙，你也会很放心。

他总是那么热情善良，每个找他帮忙的人都不会失望。”

相比这位朴实而卑微的矿工，一群来山区淘金的年轻大学毕业生和年富力强的壮汉，却没有谁能够像这个矿工一样赢得大家的信任。虽然他不懂得那些烦琐的社交礼仪，甚至连一句合乎语法的话都不会说，连自己的名字都不会拼写，但他仍然彻底地征服了每个人的心，以至于那些受过高等教育的人或是有着良好修养的人都自愧不如。凭着人们的爱戴和拥护，他当选为一镇之长并被派往立法机关。而这一切的原因，都在于：“他是一个好人，古道热肠。”

可见能否得到信任和尊重，并不是看我们的学识或身份地位，而是看我们的品性和心肠。

# 第四章

# 投资社交：帮你完成很多金钱不能完成的事情

切斯特菲尔德君主认为，令人愉快的技巧既是最优秀的天赋，又是一种极强的社交能力。倘若你想受人欢迎，就得让别人对你感兴趣。最重要的是，你必须是个有趣的人。如果你个性木讷、生活乏味，那么别人不会对你感兴趣，甚至可能避开你。相反，如果你乐观积极，和善可亲而且乐于助人，如果你能一直保持这种积极的处世态度，人们自然都乐于和你交往，而不是试图回避你。毋庸置疑，你会变得越来越受人欢迎。

不仅要让别人对你感兴趣，你也要让别人觉察到你对他们很感兴趣，这是吸引人的最好方式。切不可抱着有所图的想法去做这件事情，而是要真正感兴趣，否则你的诡计很快就会被发现。如果总希望他人以自己为中心，对自己的事感兴趣，只知道一味谈论自己和自己的成就，人们会渐渐对其敬而远之。换言之，这种人并没能做到取悦他人。

此外，学会宽容和欣赏别人，也是受人欢迎的一种好方法。如果你总是趾高气扬，对别人的所作所为吹毛求疵的话，那么毫无疑问，你在人群中一定不会受欢迎。

或许有人会认为，这些社交礼仪的繁文缛节太做作。他们也认为，如果一个人内心真诚，又有男子汉气概，并且能够实事求是，那么不管他的外表是多么的笨拙和粗鄙，他都会受人欢迎。

某种程度上而言，这种观点非常正确。但是，假如把一个人比作一颗钻石，确实，天然钻石也是真正的钻石。可是在经过精雕细琢之前，即使它价值连城，又有多少人愿意佩戴它，又有多少人能够欣赏它？对大多数非专业人士来讲，他们甚至不能将这颗钻石与普通的鹅卵石分辨开来。钻石的价值和美丽取决于耀眼华美的切面，而只有经过切割和加工，它们的光泽才有可能展现在世人面前。

由此可见：也许一个人身上有很多闪光点，但是当粗鲁笨拙的形象掩盖了这些优点时，那么，纵使他有再高的内在价值，也难以被别人发现和认可。除了那些少之又少的、独具慧眼的“伯乐”之外，几乎没有人能发现他的这些潜质。所以，对于具有“天然钻石”般素质的人而言，教育和社交上的学习与训练，就像是一系列精雕细琢的钻石加工过程。倘若他能吸取文化中的精髓，学会举止文雅，努力培养自己的人格魅力，那么，他的个人价值将会大大提升。

## 吸引力

想要改变对他人的第一印象，这是难度极大的一件事。在和别人初次见面时，对方的形象在我们的脑海中在不时地变化着。我们密切地关注着对方的优点和缺点。我们不自觉地观察着对方的一言一行，并且在潜意识中按自己的标准对其作出评判。每一言、每一行、每个礼节甚至每一个声调，对所有这些信息，我们的大脑都飞速地接收、分析、得出结论。我们不仅会很快地对他人作出评价，而且会在日后对这些评价固执己见，因而，想要完全改变对一个人的初次印象，几乎是不可能的。

粗枝大叶、举止粗鲁的人，通常得花费极大的代价来改变别人对于自己的糟糕印象。他们一次次地解释和道歉，但收效甚微。因为，他们留给别人的第一印象已经根深蒂固。相比之下，这些道歉和解释的力量是那么微不足道，完全撼动不了别人已经形成的“偏见”。因此，给人留下一个良好的第一印象至关重要，尤其对于渴望得到他人赏识的年轻人。如果与人初次交往时，总是留下不良的印象，无法取得别人的信任，自身价值也会被贬低，这恐怕将成为一个人成功的巨大障碍。相反，如果向他人展示压倒一切的大丈夫气概，如果能突出正直与高尚这些品质，那么你会给人留下良好的第一印象，并赢得他人的信任，对于自身日后的发展将有不小的作用。

有这么一种人，在社交聚会中，极少有人愿意和他交往，甚至对他避而远之。他发现身边那些能力不如自己的人却广受欢迎，而自己却总是无法融入到社交圈中。当大家都在谈笑风生时，他却独自在一旁沉默无语，即便偶尔有一次他吸引了大家的眼球，那也是由于某种外部原因。好景不长，很快他又回到一个人的世界中。无论在哪种场合，他都极少受到邀请。虽然他才华过人，工作努力，但心情始终不能快乐起来。也许，连他自己都不明白为什么会如此不受欢迎。

其实，原因很可能只有一个：自私是让他不被接纳的罪魁祸首。他只会为自己打算，却不肯花心思去关注别人，每次和别人交谈，他的话题从来都不会离开自己。对整个社会来说，他就像一根“冰柱”，既不能给人以温暖，也不具有吸引力。

每个人都是一块具有强大的吸引力的“磁铁”。阻碍他在社交上获得成功的原因，在于他没有掌握产生魅力的秘诀。他只知将磁铁的力量集中到个人目标上。而一旦这块“磁铁”只为自己考虑，就只能使自我陶醉，却无法吸引他人。甚至那些拜金主义者，最后会变成一块“金钱磁铁”，一门心思扑在钱上。的确，他们挣了不少，但除此之外他们一无所有。而其他一些品行不端之辈，则变得更加堕落。

与这类人形成鲜明对比的是另一类人，他们不仅生性善良，而且乐观开朗，他们富有同情心，总是对别人充满兴趣，他们心胸宽广，能够包容别人，在付出爱心后不求回报，大家觉得和他们相处就像和亲人在一起一样亲切。他们周围的人都喜欢他们，欣赏他们。他们像磁铁一样吸引着身边的每个人。

为什么会这样呢？先让我们来看看人与人之间这种吸引力或排斥力是怎样产生的。当我们对一个人产生好奇时，常常会出自本能地观察他们的人品。在了解其主要品格后，我们立刻就可得知：这个人既不独断专横，也不性情孤傲，是个慷慨、开明而又宽宏大量的人，他总是有求必应，与别人没有隔阂，自己也没有什么秘密。这是一个有魅力有爱心的人，值得交往。相反，如果我们发现一个人是冷漠无情、唯利是图的人。他是一块只能吸引自己的磁铁。对我们而言，他不具备任何吸引力。我们都会回避他，厌恶他，而不愿意和他打交道。

许多人不能被人接纳，是因为他们总是禁锢在自己的世界里，迷失在自己的琐事之中。久而久之，他们也就和外部世界失去了联系，他们的同情心也会随之日渐丧失。他们并没有意识到，长期的孤僻生活和对他人的漠不关心会使他们的吸引力逐渐衰退，同情心日益枯竭。除非及时醒悟过来，否则他们将成为人群中的冰山，其存在也只会让周围的人顿生寒意。

所以，一个人只有在设身处地为他人着想时，才会产生吸引力，才不至于受到别人排斥。只有更多地给他人以关注，才能拉近彼此的距离。如果能不以自我为中心，并能站在别人的立场上，急人所急，想人所想，那么别人对自己的关心会立竿见影地体现出来。收获爱的唯一方式是付出爱，爱心能让所有自私自利变得不堪一击。所以，请多为他人着想吧，不要一味地为自己考虑。学会爱戴和尊敬他人，真诚地向他人伸出援助之手，只有这样，你才会受到爱戴和欢迎。

## 融入社会，从整体中汲取力量

人类社会是一个有机整体，没有谁能在离群索居的情形下过上正常的生活，因为美好的生活是以社会群居为前提的。人与人之间具有千丝万缕的联系，这些联系至关重要。个人一旦与社会相隔离，便立刻变得渺小起来。无论在生活上还是思想上，人们都在相互影响。某个人之所以伟大，常常是因为他能够向周围的群众学习，又能将自己的思想和理念播撒到他人心中。

群体之于个体，就像是藤茎对于葡萄一样重要。葡萄之所以甜美，是因为藤茎不断为它输送土壤中的营养物质。当藤茎的滋养被切断，葡萄就会丧失往日的新鲜透亮，变得淡而无味；当一串绿葡萄被人从藤上摘下的那一刻起，它就开始枯萎，毫无价值。那些认为葡萄能离开藤茎独自存活的想法是没有任何意义的。一旦能量之源被切断，它便会停止生长。换言之，它将走向死亡。

人类社会就是这样的一条葡萄藤，而个体就是藤上的一串串葡萄，一旦与母藤相分离，葡萄就会枯萎。正如吉卜林所说："狼的力量来自团结的狼群。"在人类社会中，有些东西并不是每个个体都具备的。如果与大众相分离，个人便丧失了这股强大的力量。这就好比一颗钻石，其之所以昂贵，是因为其中的微粒紧凑集中。如果其中的分子、原子相互分离，整颗钻石就无法形成。同样的道理，不管是谁，无论他才能多么卓越、引人注目，都必须站在社会这个大平台上，与其他社会成员不断地交流，才能获得无尽的能量。

和对物质食粮的追求一样，人类在汲取精神食粮时也需要丰富的组合。而个体要获得充足的、自己需要的精神食粮，就要频繁地参与到社会交往中。如果切断一个孩子与外界的所有交流途径，多年后他就会沦为白痴。倘若个人与整个人类社会相隔绝，个人的心智将不断退化和迟钝。

一个人从食物中所汲取能量的数量、质量和种类，决定一个人是否健康强壮；同样，一个人和别人在精神、道德以及其他方面进行交往的广泛程度，也决定着一个人是否能力卓越。如果脱离了人类这个大集体，个体在自己的人生之旅中将弱不禁风。

曾经有宗教组织尝试着建立一些大型的道德机构，将人们限制在修道院来阻断个人与外界的一切交流，然而结果证明他们失败了，因为这些做法都妨碍了造物主意图实现全人类同心同德的宏伟计划。

人与人之间强有力的心灵感应，是通过思维或心灵来传递的，其间散发的能量，常人无法衡量。同样，任何试图激发、增强或是摧毁它的做法也属徒劳无功。其实有很多方法，可以给人类灌输全新的积极意识。如果我们忽视其中任何的一种，都会导致自身能量的丧失和思维功能的衰退。人体的五种感官可以将获得的印象和信息传递到内心世界中，但它们只占身体器官的极少数，还有其他不易度量的、尚且不为人知的心灵感应，帮助人们更好地思考。借助耳朵或眼睛，我们可以尽情地汲取能量，但这能量并非来自听觉或视觉神经。就一幅经典油画而言，其之所以经典，既不在于画笔的浓淡深浅，也不是因为其独树一帜的风格和形式，而在于那些隐藏在画布背后的东西，在于作者本人的个性中所透露出来的非凡能量，在于其与生俱来的天赋或人生阅历。

我们身心的不断成长，很大程度上有赖于心灵从各处汲取能量，而这光靠本能是无法实现的。我们需要从社会的阅历，与他人的交流中，慢慢学习，并积极汲取，直到化为我们自身的能量。

## 发现他人优点

能够发现别人身上的闪光点，成为他人的"伯乐"，通常也更容易获得别人的信任和尊重。这不仅是有益于他人的行为，也将让自己受益匪浅。

如果一个人宽宏大量、思想健康，能迅速发现他人身上的优点，那么他必定大受欢迎。相比之下，心胸狭隘、喜好贬损他人、一味吹毛求疵的人，很容易让人厌恶。因为任何美丽的东西都不能进入他的视野。这种人以诋毁和打击他人为乐，从没想过要去赞扬或激励他人。如果别人拥有无可否认的优点，他们会因为嫉妒而想方设法将其优点最小化，会通过恶意假设、强烈抨击或是其他途径对别人的优秀品质大加质疑。

请注意，这种只知轻视他人、找人缺陷或是含沙射影、好为人师之人，永远都是危险的。他们根本就不值得信任。所以，只要听到有人在贬低别人，你就应该马上警惕起来，告诫自己不要和这种人交往，除非你能帮他改过。如果有人当着你的面取笑别人的失败，千万不要在这类人面前得意忘形、自吹自擂，否则当你失败时，他便会用同样的方式来对待你。这种人切不可深交。真正的朋友应是相互支持的，不应在背后揭人短处或诋毁中伤，更不应该拖人后腿。

当然，不可否认，我们总是固执地、无意识地凭偏见看待他人。我们看待我们的亲朋好友——这些我们喜欢的人，我们总觉得他们是那么优秀，我们往往倾向于夸大他们身上的优点。俗话说“情人眼里出西施”，也是这个道理。相反，对于我们不喜欢的人，我们总觉得他们刻薄吝啬、粗俗卑劣，也不愿意帮他们改正缺点。因为在你心中，他们的品性已经确定，已经无可救药了。其实，这些看法，都是过于主观，存在片面性的。每个人身上都有优缺点，如果我们真想公平而客观地去看待每个人，就应该试着去发现他们身上的优点，并帮助他们改正缺点。比如，如果能在他人身上看到高尚的品格和远大的志向，就应该帮助他们不断挖掘这些品质，直到他们将那些卑劣的、不值得尊重的地方去除。

事实上，人与人之间这种无意识的相互作用，几乎无时无刻不在发生。它们在很大程度上对个人的成长起着举足轻重的作用。

## 正视性格，完善自我

有些人天生有优越感，总觉得自己各方面都很优秀；也有些人生来自卑，觉得自己什么都不如人。其中不少人认为自己继承了父母的一些偏好或怪癖。父母基因中好的不好的，都将在他们身上得到重现，甚至扩大。他们老是浮想翩翩，希望父母的优点能在自己身上无限放大；他们老疑神疑鬼，害怕自己继承了父母身上不好的基因。对于那些他们不喜欢的性格特征，无论是真实的还是虚构的，他们都很敏感，从来不愿提及那些特征，甚至一听到就惊慌失措。

其实，许多性格都是他们虚构或是通过想象夸大出来的。而一旦他们为此牵肠挂肚、忧心忡忡，这些个性也就很可能真的弄假成真了。另外一个需要注意的地方是，性格并不是先天决定的，而是需要靠后天培养的。只有不断地完善自我，才能拥有好性格，而不是幻想着父母给自己多好的基因。

那么，怎样改善自己的性格呢？

改善自己的性格，最好的方法是努力重视自身优点，忽视任何可能的缺点。造物主根据自己的形象创造了我，而完美的造物主不会创造有瑕疵的我，我的优点很真实，而我所认为自己身上所具有的那些怪癖和缺陷都是不真实的。当然，如果你总是自高自大，就更需要保持一颗平常心，时刻提醒自己：我并非独一无二，我只是茫茫人海中平凡的一只小舟，造物主既不曾为我留下任何瑕疵，也不会赋予我任何不好的性格特征，因为他希望每个人都是“和谐”的。只要能牢记这一点，只要坚信自己和普通大众没有什么不同，自卑的人就会重拾自信，自大的人就会放下傲慢，把那些反常的东西忘得一干二净。

比如，面对自身的腼腆和羞怯，不要一味地逃避，也不要因此过于担忧，而是应该试着找到自己的其他闪光点，勇敢地踏出与人交往的第一步。如果仅仅患有幻想的疾病，是可以轻而易举地被治愈的，只要你将腼腆羞怯驱逐出自己的脑海，坚信没有好事者会有闲心来关注自己，因为各人都忙于自己的目标和抱负，无暇关注他人的一举一动。

我认识一个喜欢胡思乱想的女孩，她相当地敏感和自卑，她总是为自己平淡的容貌和不雅的举止而感到烦恼，并因此悲观、沮丧。当她没有受邀和那些更有魅力的同伴一起去参加晚会或其他娱乐活动时，她会感到受了冷落，并因此忧心忡忡好几个月，甚至在精神上濒临崩溃的边缘。

她的一个好朋友知道此事后，前来开导她说：是否拥有吸引力，是否受人欢迎，不是天生的，也不是不可以改变的。只要敢于超越那些曾让她自卑的瓶颈，勇敢地走进人群中，展现自己的闪光点，那么原本想象出来的那些缺点便会消逝。

听了好朋友的话，她决定试一试。从此她不再过分地看重外表，努力忘记那些认为自己是丑陋不堪的人的想法。相反，她牢记自己是上帝意旨的体现，神在自己身上埋藏了金子，她下定决心要让这些金子发光，要将那些神圣的优点展现出来。这么一想，她整个人便彻底改变了。即使会有人暗示说她其实真的不受欢迎，而且的确是比较丑陋的，但她对此都持否定态度。她坚信自己是最受欢迎的和最有魅力的，也相信自己会变得越来越有魅力。

她尝试任何可能的途径来丰富自己的知识，比如阅读经典著作、学习各门课程等；她抓住每一次提高修养的机会，努力使自己变得更有品位；对于穿着打扮和行为举止，开始有意识地重视，并学习各种社交礼仪。可能有人会说：一个不受欢迎的人，其穿着和行为都是无关紧要的，再怎么注重外表，不受欢迎的人仍旧不会受到欢迎。但是，这些都是无稽之谈，当她开始着装得体，当她开始谈吐不凡，当她变得优雅而有品位时，她不再是让人讨厌的人。相反，她蜕变成了吸引人的“花蝴蝶”：无论走到哪里都引人注目；大家喜欢她的微笑和幽默感；她经常受邀外出，现在已经能和那些她曾经嫉妒过的、比她更有魅力的女孩媲美了。在很短的时间内，她不仅克服了障碍，而且在自己的社交圈中成为最有魅力的女性。

之所以取得这样的成果，是因为她用坚强的决心和惊人的毅力移除了脚下的绊脚石，用不懈的努力克服了各种致命的障碍。而排除万难之后，她也没有停滞不前，而是仍然不停地追求自身的全面发展，以弥补外表的缺陷。

我们应该牢记：性格是可以修炼的，只要我们渴望去实现它，只要我们肯努力奋斗去收获它，那么我们身上的缺陷将会有超乎寻常的转变，而且这种转变具有惊人的能量，它可以改变我们的人生，让我们活得更美好。

## 训练说话的嗓音

托马斯·温特沃思·希金森说：“如果把我和很多人一起关进一间黑暗的屋子，那么，光凭他们的嗓音我就能判断出其中有哪些人比较温顺。”没有什么事物比嗓音更能反映一个人的教养和文化程度。说话的语音语调，可能关系到一个人是否受欢迎，以及能否在社交中赢得成功。

据说在古埃及历史中，为了避免法官受声音的干扰而动摇立场，法庭只接受书面的诉求。在宣读裁决时，遵循“上帝就是真理”的说法，庭长只能静静地触摸一下被告。

既然一个人的嗓音如此关键，我们便应该重视这方面的教育和训练。如果我们的孩子在家里和学校没有得到相关的培训，岂不是一种羞耻，甚至是一种罪过吗？倘若接受过良好教育的孩子，原本前程似锦，却因粗俗无礼，话语咄咄逼人，嗓音极不友善，而阻碍了他人生的前进，这是多么遗憾的事情。

但是，美国的一些学校发现：尽管学校已教会学生如何去追求美好的生活并传授他们文学、数学、科学以及艺术等等各个学科的知识，但是他们仍然与人交谈时粗声粗气、嗓音生硬，从而引起别人的反感。这一点对于女性，尤其如此。许多接受过高等教育、才华横溢的年轻女人，嗓音却仍然尖锐刺耳、粗鄙不堪，以致稍微敏感一些的人根本不愿和她们交谈。

可见，有意识地修炼我们的嗓音是多么重要。事实上，经过适当地控制和调节，嗓音是可以变得非常动听的。听着那些清脆动人、吐词清楚的声音，就像聆听一件绝妙的乐器在演奏，简直是一种享受！嗓音的魅力是无遮挡的，能很好地表明一个人的个性是否有涵养，是否迷人。

我认识一位女士，尽管她相貌平平，甚至有一点儿丑陋，但无论何时何地，所有人听她说话都津津有味、意犹未尽，原因就在于她那极富魅力的嗓音。相反，我曾听到有些女性在公众场合里无所顾忌地大声说话，让人神经紧绷、顿生反感。每逢这样的场合，我多半会对她们敬而远之。

所以，从今天起，努力训练你的嗓音吧，用一副纯净柔和、训练有素的嗓音去反映你的文化素养，用抑扬顿挫的嗓音去表达你的心声。拥有一副好嗓音，对于大多数人，尤其对于女性朋友来说，那将是多么宝贵和神圣的一笔财富！

# 第五章
# 交际技巧带来的奇迹

处事精明是一个非常微妙的词汇，很难给它下个定义，也很难培养这种能力，但对于那些想迅速而稳健地融入社会的人来说，它是绝对必要的。

有些人拥有精明的判断力，而且已经达到一种既可以自由地表达自己的判断，又不致冒犯别人的境界。很显然，这种人在社交场合中总是左右逢源、无往不胜，他们几乎从不需要为说过的话而付出代价。

另外一些人，则恰恰相反。很多时候，尽管他们的初衷是好的，但是，不论他们说什么，总是不可避免地会惹人反感，很容易让人产生误解。这主要因为他们不懂得审时度势，他们时常在无意间伤害别人。如此一来，他们总是事与愿违，无所适从，好像手中握有一个线团，却从来都找不到它的活结，不但不能理清，最后反而将线团扯成了一团乱麻。

因处事不精而造成的损失，又有谁能算得清呢？

仅仅因为没有培养起这种处事能力而造成友谊出现裂痕、客户流失、资金受损等情况的人可谓到处都是。商人失去客户，律师失去了委托人，医生失去了病人，报刊失去了读者，神职人员失去了讲道坛，教师失去了讲台，政客失去了民众，这一切的根源，都是因为他们处事不精。

大错不断，小错连连。我们经常可以看到这样的情形：很多人空有一身才华却无处施展。岁月蹉跎，他们的能力和才干被白白浪费，因为他们缺乏那种难以形容的、微妙的素质——我们称之为处世之道，他们不懂得在适当的时候做正当的事情，从而导致自己无辜地去承受这些致命的错误。

不管一个人的才能多么卓越，如果他缺乏精明的处世之道，如果他不能学会表达得体，不懂得见机行事，那么他纵有一身本事，也难以发挥出来。也许你接受过高等教育，也许你在某方面天赋过人，也许你精于自己的专业，但日复一日，你的才学始终是“英雄无用武之地”；可是，如果你处事精明，并能运用上天赐予的天赋坚持到底，那么，终有一日，你会受到重用，实现梦想。

许多人正是凭借着精明的为人处世的能力收获成功，即使他们才能并不出众，却常常要比那些不谙世事的天才们要收获更多。在商界，处事精明是一笔宝贵的资产，尤其是对那些大城市里的商人来说，精明的处事方法和为商之道，在招徕客户、赢得生意上面，起着举足轻重的作用。

一位地位显赫的商人，把处事精明列于其成功秘诀的首位，然后才是积极热情、精通商业知识和衣着得体。下面这一段是一位商人发给顾客的信，也是处事精明的一个例子：

“我们衷心感谢阁下提出的所有不满建议，并将立即采取措施与以完善。”

看到这里，再想想那些总是因为处事不当而赶走大批客户的人吧，面对这样的情况，他们不是感谢对方的抱怨，而是找各种理由逃避客户的不满。这就是懂不懂得精明处事的区别。

可见，处事精明的人，都懂得敢于面对别人的批评抱怨，并得体地解决它们，而不是逃避。此外，处事精明的人，会努力地赢得同伴的信任，和他们成为彼此忠诚的朋友。因为唯其如此，他才会在商业或其他领域中大获成功。好朋友常常会在关键时刻给我们的事情予以关注，不遗余力地为我们的产品进行宣传，会详细报道法庭上的审判过程，或是盛赞我们高超的医术；当我们名誉受到诽谤时，他们会站出来为我们辩护，谴责诽谤者。曾经有这样一个年轻人，他资质平庸，却早早做上了美国参议员。他之所以能取得成功，其最主要原因便在于懂得与人交往的艺术。

可是，如果我们处事不精明的话，是很难得到友谊的回报的，相反将可能受人排挤，无法与人融洽相处。如果是这样，我们将很难和他人合作，而且总是招致他人的偏见。

我认识一个人，尽管他有成为伟人的潜在可能，也具备一个领导者所应具备的素质，但他从来都不能很好地与人相处。相反，他总是引起别人的抵触情绪，甚至因此毁了自己的整个人生。他经常做错事，说错话，经常不知不觉伤害了别人。他的工作效率低下，又处处冒犯他人。因为对于“处事精明”一窍不通，他几乎一生都在困苦潦倒中挣扎，却始终无力改变自己的命运。

## 说话不可太直率，要有所保留

说话拐弯抹角，喜好要手腕的人是不可靠的。相比之下，那些拥有坦诚而率真品格的人总是引人注目，因为这种品格是诚实和耿直的象征。人们似乎更愿意相信那些直言不讳、直来直往的人。

但是，这些人也很难获得什么成功。不错，大家相信他们的诚实，但常常会质疑他们的处事力、判断力和领悟力。他们不懂得圆滑世故，他们说话有时不经大脑，也常常忽视听者的感受，因而总是惹祸上身。所以，那些以口无遮拦为荣的人，通常不会有很多知心朋友，也不会有成功的事业。毕竟，人们通常会回避他们，避免在他的话里受到伤害。

“一个管理上的细节问题也会遇到阻碍，而即使你费很大力气也是无法克服的。”另一个作家说，“一个处事精明的男人不仅会充分利用他所熟知的东西，也懂得去利用各种他不懂的东西。这样一来，他可以很熟练地隐藏自己的无知并赢得更多的信任，而不至于成为那种只知炫耀自己才学的目光短浅者。”

马克·吐温说：“事实总是值得珍惜的，但我们在运用事实的时候，也应有所保留。”

当法国大革命发展到高潮时，激动的百姓涌入巴黎街道。一支小分队的士兵受命前往增援某条街道。他们的指挥官下令：“谁不让开，就马上开火！”一位年轻的陆军中尉认为这样直接而直率的命令，很可能会引起群众的不满，也会伤害群众的感情。于是，他主动请缨前去说服百姓。他骑马来到人群前，脱下帽子，用商量的语气对民众说：“女士们先生们，请散开吧，我们只受命对暴民开枪。”市民们心服口服，立刻就像施了魔法般散去了。没有任何伤亡，一切恢复了平静。

由此可见，站在听者的立场上去思考，恰如其分地表达我们的想法，常常会起到事半功倍的作用。相反，直率地表达我们心中的想法，而忽略听者的感受，则可能引起群怒，对于办事相当不利。

## 幽默是交际的润滑剂

幽默，它能化解压迫感，它让我们经常忍俊不禁，它让我们在不经意间就被劝服。幽默，也是处事技巧中的一种。

有人曾经说过：“所有的鱼都会受到钓饵的诱惑。”既然如此，那么，不管那些善于交往的人显得多么另类，只要他们抓住机会，就能立刻吸引在场的所有人。

在一所国立学校，老师批评了一个喜欢捣乱的8岁爱尔兰小男孩，这个小男孩不肯承认错误。老师说：“我看见你了，杰里。”“是的，”男孩不假思索地应道，“可是，您漂亮的黑眼睛似乎不太同意您的说法呢！”这位小男孩的天真幽默，把老师逗笑了，竟舍不得批评他了。

政治家如果能适当运用幽默，将能在外交过程中，轻松地应付各种提问和“刁难”。

顾维钧先生当年出任驻美国公使。有一次，他参加华盛顿的国际性舞会。当时，一位美国小姐和他一起跳舞，忽然间，那美国小姐问顾维钧：“请问，您喜欢中国小姐，还是喜欢美国小姐？”顾维钧面带微笑地回答说：“凡是喜欢我的，我都喜欢她！”顾维钧的这一幽默妙答，既礼貌又敬人，也不会造成“顾此失彼”的窘境，真是位高手！

法国有一位政治家，他一向以幽默闻名。一天，一位英国太太问他：“法国女人是不是真的比其他国家的女人更迷人？”他毫不犹豫地说：“那当然了！因为巴黎的女人20岁时，美如玫瑰；30岁时，也像情歌一样迷人；而40岁时就更完美了。”那位英国太太又问：“那么40岁以后呢？”他微笑着说：“太太，你知道吗，一个巴黎女人，不论她多少岁，看起来都不会超过40岁啊！”

看吧，幽默就是有这样的魔力。有幽默感的人，更受欢迎，也更容易交到朋友，因为他们的独特方法能赢得大家的支持，他们能将自身最美好的一面展示给大家。言谈中，他们总能够让大家感到轻松愉悦，有他们在的地方，也常常充满欢声笑语。

所以，从现在起，培养你的幽默感吧，试着乐观地看待生活中的每件事，发现事物之间有趣的联系。只要坚持不懈，有一天当你面对窘境或刁难时，你也可以利用幽默一笑而过。

## 交际技巧助你成功

良好的交际能力，能帮助资质平庸者驾驭他人。而如果缺乏这种能力，纵使天才也可能无法做到。

一个其他能力都出类拔萃的女人，如果缺乏这种敏锐的社交能力，就只能默默无闻守在家里，日复一日地重复无聊的家务。相反，一个才能普通但处事精明的女性，也可以成为社会的领导者，发挥巨大的影响，甚至超过政客或其他行业里众多才华横溢的男性。

我曾经在这样一个家庭里待过。妻子所做的事情在我看来简直就是日常生活中的奇迹。由于繁重的工作，丈夫压力很大，也总是焦躁不安。每天早上，仿佛所有的一切都可能惹恼他。他总是手拿一张报纸急匆匆地进入餐厅，如果一旦早餐还未准备好，或是发现食物还很烫，他就会暴跳如雷。而下班后，他经常选择到酒吧买醉，一直喝到深夜才回家。这样的丈夫，很容易让一个小家庭整天都不得安宁，仆人们也会被他的厉声斥责而吓得不敢动弹。

不过，幸好他的妻子拥有很强的交际能力去应付这些突发情况。无论她的丈夫多么暴跳如雷，她总能够用平静而温和的语调去平息风暴。有时如果食物不合他的胃口，这个男人会愤怒地将食物乱扔一气，但是耐心的妻子会主动替丈夫找到开脱的理由，说这是因为他的工作太紧张，不能迟到的原因。丈夫听到妻子处处站在他的立场上说话，心里也便为自己的行为感到内疚。如果丈夫对冲调好的咖啡不满意，她会微笑着把杯子端走。几分钟之后，再从厨房里端出一杯热气腾腾美味可口的咖啡来，这样丈夫很快就会恢复平静。

这位妻子用自己的温柔和善良来解决这些棘手的问题，她的那些话语、包容，就像一缕阳光，将光明、温暖和美丽洒满每个角落。举这个例子，并不仅仅想说明这位妻子多么贤惠多么宽容，而是想说这种“以柔克刚”的技巧，在我们交际之中能发挥很大的作用。它将化解矛盾，缓解冲突，而最后对方也会因为我们的这种修养，而心平气和地与我们对话。

良好的交际技巧，不仅让我们能够更顺利地与人沟通，也会对我们的工作起到积极的作用。

如果一位医生能主动关心病人，那对于病人来说，这关照可以起到药物所不能达到的功效。许多病人之所以过早去世，很可能是医生或亲人不善于交际造成的，医生或亲人某种消极的语言暗示，可能会让病人失去康复的信心。试问一个心情低落、整日愁眉苦脸的医生，一个不懂社交的大夫，怎么可能助人恢复健康呢？只有那些积极乐观的医生才能成为病魔的克星。

患者应当远离那些让人心情低落、让人沮丧、让人希望破灭的事物。而医生的到来对他们来说往往会是一种鼓舞。医生应该愉快而充满自信地对待病人，因为他的出现对病人来说是一种很大的鼓舞，能给病人以希望。一个粗暴无礼、冷酷无情的医生将成为病人的灾难。事实上，一个医生的社交能力和工作态度，比起医术来更为重要。

比如，一个病人得了绝症，懂得交际技巧的医生，不会马上向病人透露这一致命的信息，因为他们知道这会使得病人看不到任何希望。虽然，结果迟早会被病人知道的。但是，过早地宣布事实只会将病人推向死亡，或是削弱他们与病魔作斗争的意志力。生硬而残忍地把生命中那些残酷的真相和盘托出，将产生不可言喻的痛苦。相反，振奋人心的鼓励确实能帮助很多人跨越生死的界线，能拯救许多生命。

不善于交际，不但不利于我们的工作，很多时候还将影响到一个人的威望和美誉度，对于伟人也不例外。即使是大名鼎鼎的拿破仑，因为在谈话中表露出粗俗和自私的语气，很多女士不仅对此感到害怕，也很反感。雷诺夫人任职于一家大公司，是当时最漂亮、温文尔雅的女性。她一直是宫中贵妇们嫉妒的对象。拿破仑见到她时就曾对她说："你知道吗？夫人，其实你年纪已经相当大了。"而她当时还只有28岁。她优雅地回应道："高高在上的您和我交谈，这本该成为我的荣耀。可是，我却要被这句难听的话折磨很久。"

这样的人还有很多。他们都不愿意去理会自己不关注的人。如果有人因为习惯或个性稍微触犯到他们，他们便不屑和这个人打交道，甚至会口出恶言，将自己的不满表露无遗。如果他们不得以和自己不感兴趣的人共事，他们的冷漠和无情可能会让那个人不寒而栗，或是要些手段令他感到不舒服，很快对方也会和他们断绝来往。

如果我们不愿意变成这么孤僻的人，就要努力使自己变得合群，要对我们不感兴趣的人给予关注，这就是世界上最好的处世准则。即使对于我们不感兴趣甚至排斥的人，也要找到他们值得关注的地方，以此为切入点开始彼此的谈话和交流。对一个有智慧、有素养的人来说，从每个人身上找到一点儿自己感兴趣的东西并不是件难事。

当然，对于很多人来讲，如果对一个人第一印象不好，便很难说服自己与其进行深入的交谈。这也是人之常情。但是事实上，我们仅仅源于一个初次印象而产生的偏见，是很主观的，可能会造成很多遗憾。我们经常会发现：我们和那些起初看不惯的人，后来也成了好朋友，虽然开始我们觉得对方看上去既没有什么魅力，也找不到任何共同点，甚至彼此还有冲突，但是这些都是起初的误解和肤浅的偏见。既然如此，我们至少应该公平一点儿，公正地对待别人，而不要直接下结论说不喜欢他。一个善于交际的人，不会因为这种偏见，而轻易放弃与一个人的交谈。

不仅如此，善于交际的人，还常常会设身处地为他人着想。当有人对他们的想法持否定态度时，他们不会轻易排斥或抱怨对方，而是宽宏大量地去倾听，因为他们知道对方有不一样的想法，一定有其合理的地方。他们会试着站在对方的立场去思考问题，然后试着去理解对方，并衡量出事情的利弊与得失，甚至在必要的时候做出让步。

所以，与一个善于交际的人交往是件轻松愉悦的事情，即使是初次会面。因为他们总是处处为你着想，并借助他们极佳的交际能力，让你迅速融入一个社交场合中。不管场面多么尴尬或紧张，他们都能让你马上感到自在，觉得仿佛身在自己家中一般。这就是善于交际者的表现：他能让一个羞涩懦弱、没有社会经验的人立刻得到放松。而这也将让他拥有更多的朋友，并拥有凝聚各种朋友的力量，这将非常有利于他得到别人的支持和获得成功。

# 第六章
# 朋友是一笔巨大的人生财富

"我有一个朋友！"这比世界上任何事情更温馨更可贵！财富的多寡丝毫不会影响他们的忠诚。相反，在我们身处逆境时，更能体会到珍贵的友情。

在美国内战爆发的年月，当人们讨论各位总统竞选人的资格时，曾有人这样评价林肯：“林肯一无所有，除了身边的一大堆朋友。”确实，林肯当时十分潦倒。在竞选州立法机关职位时，他甚至连一套体面的西装都没有；在当选总统之后，他为了把家搬到华盛顿，四处举债。但是，幸好他拥有一帮不弃贫择富的朋友，在他穷困艰苦的日子里，给予他物质和精神上的支持。

朋友是一笔优良的资产，他们彼此间有默契，志趣相投，同甘共苦，相互扶助。还有什么能比这种为忠于友谊的奉献更美好、更高尚的呢？如果没有那些富于才干、始终如此热心协助和支持他的朋友，特别是他在哈佛大学求学期间结识的那一帮好友，那么，纵有过人的才智，西奥多·罗斯福亦不可能取得如此伟大的成绩，能否成功当选美国总统也很难说。不论是在参选纽约州州长，还是在后来的竞争美国总统的过程中，他的同学朋友始终在为他尽力奔忙。他在南部区和西部区拉到了成千上万的投票，几乎全凭他在“莽骑兵团”时所结识的朋友的帮助。

想一想，如果拥有一批总是记挂着我们的、意气相投的朋友，如果他们时时刻刻为我们着想，始终甘心为我们奉献，这意味着什么呢？他们总在我们背后，默默地支持我们；他们总在我们有困难的时候，挺身而出。当我们受诽谤和中伤，他们总是站在我们这边，帮忙消除人们的偏见；当我们因为失误而犯错误，他们总是以耐心的劝说，设法让我们重新走上正轨，敦促我们积极向上！

如果没有朋友，我们之中将有多少人遭遇生活的不幸！当我们面对这世间的种种苦难与悲惨时，是他们给我们温馨的安慰和援助；当我们的名誉受到诋毁和伤害时，是他们替我们挡风遮雨！当我们生意萧条时，是他们为我们带来顾客和生意……朋友就是上天给我们的最佳恩惠！

当你看到一个朋友试图在默默地替自己掩饰各种弱点和伤疤，保护自己免遭各种苛刻无情的批评，同时却热情地宣传自己的各项美德时，你难道不会对他们心生敬意吗？这个世界上还有什么比拥有这样的朋友更美好的事情，还有什么能比他们的情谊更高尚的呢？

真正的朋友，在我们自暴自弃之时，他们也从不言放弃，而是始终如一地支持着我们！我认识一个男人，因为酗酒和恶习而被亲人逐出家门，但是他的一个朋友仍然不愿意放弃他。甚至在这个男人被父母和妻儿放弃之时，这个朋友依旧忠诚地守护在他的身旁。当他夜晚出去买醉时，这个朋友总是跟随着他，多次在他醉得摇摇晃晃、不省人事时搀扶他回家，防止他冻死在路上。除此之外，还数次去贫民窟寻找他，使他免遭警察的拘捕。在这种伟大的友爱的感化下，这个堕落的男人最终迷途知返，重新回到家中，过上了有尊严的生活。这种奉献的价值，又岂是金钱所能衡量的？

朋友的援助之手，或者一句富于同情心的友好的话语所带来的鼓舞，改变了多少人的人生啊！如果没有朋友，他们将丧失生活下去的勇气。在我们遭受别人的误会与谴责时，只有朋友能坚信我们的清白，并始终激励我们要尽力而为！朋友之间的信赖和忠诚是驱策我们奋进的永动机。

西德尼·史密斯（Sydney Smith，1771～1845，英国国教牧师，《爱丁堡评论》的创立人）曾经说过：“友情将生命之旅灌注勃勃生机。爱人和被人爱是人生最大的幸福。”

若不是朋友的鼓励帮助我们渡过难关，今日的那些成功人士，恐怕有很多已经在昨天人生的关键时刻放弃努力了。比如，在我们创业之初，如果不是朋友的支持和理解，或许我们的生意将无人问津，我们自己也可能半途而废。因此有人曾说：“命运是由友谊决定的。”

如果仔细分析那些功成名就者的人生，我们会发现，他的成功秘诀如此有趣而有益。

我曾试着对这些人中的一位做过长期而认真的职业研究。他的成功，至少有20%是因为他拥有非凡的交友能力，并拥有一帮能同甘共苦的朋友。早在孩提时代，他的交际才能便崭露头角，他的魅力吸引了很多忠诚的朋友，他们乐意为他做任何事情。这奠定了他一生的人脉基础。后来，当这个人踏入社会，开始职业生涯时，曾经结交的这帮朋友给他带来了巨大的帮助：这些友情不仅为他的事业打开了无数扇非凡的机遇之窗，还帮助他声名远播。

综上所述，正是朋友的热心相助和真心付出，才让人们在成功路上一往无前。但是，很多人忽略了这一点，他们过于自以为是，把取得的各种成绩归功于自己的超强能力。他们认为，自己与生俱来比别人更加聪敏、睿智，所以取得了成功；他们没有意识到，事实上成功的背后是朋友不辞劳苦的帮助和锲而不舍的鼓励。他们沾沾自喜而忘记了感激友谊、感恩朋友，这是非常可悲的。

C.C.克尔顿说过："真正的友谊就像健康一样，只有当你失去它时，才会明白它的价值。"所以，珍惜你拥有的友谊吧，不要等到失去了才懊悔。

## 选择益友，真心相交

"做个朋友遍天下的人"这句话没错，但是不能为了让自己朋友遍天下，便不分良莠，滥交朋友。择友时，务必慎重再慎重！因为朋友们的性格和名望将对你的一生产生显著的影响。多和那些强于自己的人交朋友。这些人并不一定比你富有，但在修养和完善自我方面一定有其过人之处。他们往往受过良好教育，学识渊博。如能和他们交上朋友，你将取长补短，大有获益。这种友谊能使你心中的理想得到升华，激励你奋发向上，出人头地。

如果你习惯与各方面都不如自己的人做朋友，他们将打消你的抱负，使你的理想磨灭，慢慢沦为泛泛之辈。我认识很多年轻人，他们也拥有一大帮朋友，但这些朋友并不能激发他们树立更崇高的理想。近朱者赤近墨者黑，最后，他们很容易和这样的人在一起走向堕落。

朋友和熟人对自己的人生有着强大的塑造力，甚至那些只是通过书信往来的远方的故知，都会对我们的个性产生无法抹去的影响。所以，不要毫无选择地交朋友，交友不慎将对我们祸害无穷，而交上一个良友，将使我们受益终生。

那么，怎样判断一个人是损友还是益友呢?

对于一个素昧平生的人，我们完全可以通过研究其身边的朋友而判断他的为人。他是否守信，是否奸诈，我们都能从他们身上略知一二。应当留心那些没有多少朋友的人。你会发现，他一定是有某种问题。如果他为人不错，便会拥有很多朋友。

选择了与一个人做朋友之后，我们便应该真心相待。交友前慎重是应该的，但一旦成为朋友，便不应有猜疑和嫉妒。

塞涅卡曾经说过："面对真正的朋友，不应有任何保留。"获得真正的友谊是需要时间的，但当你作出决定，便意味着你们从此必须将心比心。友谊的真谛在于全心投入，将朋友看得重过自己，为了朋友不惜舍生取义。所以，在交友前请务必深思熟虑，三思而行。志同道合的人总是容易找到的，但是，能够生死与共的朋友却往往难以寻觅。

也只有那些能够为朋友两肋插刀，为了友情情愿献出自己生命的人才能得到这样的生死之交。这是一次注定将获得丰收的耕耘。那些整日只知蝇营狗苟地追名逐利之辈是无法得到真正的财富的。他就像一个播下谷种后满心只想着收割致富的农人。他不去给土壤施肥，因为他不能看到种子的收成。这与其说是一个关于我们如何与他人和谐共处的问题，不如说是我们应该为他人付出多少的问题。

此外，在对待朋友方面，我们不能对他们太过苛求和期望过高。曾经有个作家，这样说道："当你找到知心朋友时，请更多地理解他们。如果你一味强求他们，希望他们的所作所为完全符合自己的要求，最后可能适得其反，甚至失去一个好朋友。当我们想要求朋友时，我们应该先严格要求自己，与朋友互相鼓励、共勉共进。只有这样，友谊才能天长地久。"

## 真正的贫穷是没有朋友

在大多数美国人艰苦奋斗的生活之中，最悲哀的莫过于在对金钱的狂热追逐中对友情的残酷扼杀。对于真正意义上的友谊的形成，这种热火朝天、行色匆匆的现代化生活，没有任何积极意义。我们每个人的心中都充斥着过度膨胀的野心和欲望，无时无刻不想着如何去获得大量的资源与无数诱人的机遇。面对前方巨大的物质诱惑，人性中自私、残忍的一面暴露无遗，我们争先恐后地涌入这个致命的杀戮之地。友谊在我们的生活中已无立足之地。

我们根本没有时间去培养高尚的友谊，除了与那些能够帮助我们实现目标的人结为“利益同盟”之外。

而这样做的结果就是，我们只结交有权有势有钱有地位的“朋友”，因为只有他们才能对我们慷慨，给我们提供帮助。我们的大脑中生有硕大的“金钱腺”。在它不断生长扩张的过程中，我们逐渐丧失了自身无价的财富。我们已经将我们的友谊、才能、精力和时间——一切可能的东西都物化为金钱和商品。终于，在我们变得富裕的同时，却失去了太多的其他东西。成千上万的富人除了拥有他们自己的小生意圈之外，一无所有。他们的心智和脑力已无法继续向上发育，成为更高层次的人。在挣钱的本领上他们虽然一流，在其他方面却只能是二三流。他们拥有富裕的物质生活时，精神生活却一片贫瘠。虽说每天一大帮人在觥筹交错，看似朋友成群，事实上，其中能称得上真正意义上的“朋友”，又有多少？

一个人活在这个世界上，如果拥有大量财富，却缺少真正的朋友，内心始终孤独无依，那将多么令人悲哀和心寒啊？如果为了获得成功，我们背弃了朋友，牺牲了友谊这一神圣的事物，那么，这样的成功，还能称得上成功吗？我们认识的富人比比皆是，可是真正懂得友谊的可贵之处者，又有多少呢？

当我们荣华富贵、锦衣玉食的时候，这些朋友总是对我们“不离不弃”。可是，一旦我们变得潦倒和困窘，这些所谓的“朋友”便会无情地弃我们而去。这些建立在金钱关系上的友谊，只会让我们看到世态炎凉、体会人情冷暖，根本不可能给我们带来温暖和感动。

我认识这样一个人，他曾自以为拥有真正的友谊。可是，当有一天他突遭变故，变得一无所有时，昔日那些和他甚为友好亲密的“朋友”纷纷弃他而去。面对他们的无情，这个可怜的人是那么的哀伤和失望，以至于几乎丧失了理智。

所幸，一个曾经为他工作过的工程师依然忠实地守护着他，倾囊相助；他的两个老仆人也从银行取出自己所有的积蓄，他们让他拿着这笔钱从头来过。正是靠着真心朋友的帮助和支持，他重新站起来，不久便东山再起。

能够拥有几个关爱我们，为我们着想的真正的朋友，将是多么令人高兴和有趣的一件事情！西塞罗（Cicero，公元前106—公元前43年，古罗马政治家、雄辩家、著作家）曾经说过：在人类从不朽的天神那儿获得的恩赐之中，没有任何一笔恩赐能够比友谊更美好、更令人可喜的了。但是，友谊无价，它不能用金钱买到，而是有赖于人们的用心培养。如果你因为忙于追逐名利而渐渐疏远了自己的朋友，那么多年之后，请不要一厢情愿地指望你们之间的友谊能够回到过去，重新开始。一分耕耘，一分收获。试问谁曾有过不经付出便得到贵重之物的经历呢？

华盛顿曾说过：“真正的友谊，是一棵缓缓生长的植物，只有经受住无数次的风雨和灾难的打击之后，‘友谊’才有资格被称之为友谊。”所以，不要吝啬你的时间和精力，用心去栽培你的友谊之树，那是这个世界上千金不换的东西。

只有那些甘愿为别人付出的人，才能得到真正的朋友。他们或许物质上并不富有，但是精神上是富有的。比起那些物质丰裕、精神贫穷的人，他们的人生要有价值得多。

## 利益之交不可靠

永远不要相信那些将友谊视为交易的人。他们对友谊进行“投资”，只不过是为了有朝一日能够利用你。

有一种新的友谊正变得越来越流行，这就是“生意伙伴”。这种类型的友谊是建立在金钱之上的利益关系。而正是这样一种自私和利己的动机，让这种时髦的友谊类型充满着危机。它之所以危险，在于它常常借着生意和利益弄虚作假、混淆视听，我们很难辨别出真正的朋友。

我认识这样一个人，他不喜欢交朋友，更不愿意在友谊上面付出时间和精力。然而为了自己的生意，他努力地和自己的生意伙伴亲密接触、培养友情。他看起来对每个人都很友善。与他初次接触的任何一个人都会认为自己交到了一个真正的朋友。但事实上，他只不过是在这些初次见面的场合对那些可能日后能帮助自己的人大献殷勤而已。这种所谓“友情”的目的，只不过是在给自己的前途提供方便。

这种始终戴着一副利己的眼镜的人，实在可耻可恨。在纽约城这座大都市里，生活着很多这样的人，他们致力于将友谊变为一种交易，从中牟取私利。他们努力地提升自身的魅力，以便像磁石般能够快速而有力地将周围的人吸引到自己周围。很多不谙世事的人，很容易被他所吸引，天真地把他们当作好朋友甚至是人生知己。但事实上，这种人之所以不断地和他人建立友谊，只不过是因为这样的做法能够给他们带来回报，为他们带来名利和权位，带来更多的客户、顾客。他们自始至终都在编织着一张网。等到牺牲者发现这张网的那一刻，他才明白自己已经深陷其中，无法自拔了。这样的一种交友方式，是非常危险的，因为它将扼杀真正的友谊。

所以，一个珍视友谊、想拥有纯粹的友谊的人，应该尽量避免利益之交。既不要把别人当作自己向上攀爬的阶梯，在自己爬到目的地之后，便无情地将梯子踢倒，这很可耻；也不要被别人当成利用的对象，在实现他们自己的利益后，便扼杀友谊，这会让我们很受伤，何必呢？

将这个道理推而广之，珍视友谊的人还应当避免和朋友进行交易，特别是在向朋友借钱时更应如此。人性之中比较显著的一点便是：有些人几乎愿意为我们做任何事情，而我们也总是可以在不失去他们的信任和友谊之余，寻求他们的任何帮助，但是所有这些帮助中，唯独不包括借钱。因为虽然借钱时开口容易，但背后却隐含着彼此微妙的心理变化。有些人在借给别人钱之后，总不免对他们抱有一些鄙视的情感。这虽然并不适当，但现实如此。这些人几乎可以原谅别人的任何事情，唯独对他们在金钱和物质上的求助例外。我们也许得到了金钱或是物质上的帮助，却为此付出了太大的代价：我们和朋友之间的关系由此变得疏远起来。

由此看来，不要让友谊跟现实的利益过多地沾边，尽量给友谊一个乌托邦，不求物质上的支持，不要利益上的交易，只作为一个感情的寄托、一种心灵的归属，给我们精神层面的理解、鼓励和帮助。

## 友谊是温暖心灵的阳光

不论你的成就多么巨大，也不管你是否见识广博，如果你不能与别人建立频繁而亲密的联系，如果你不能培养对他人有同情心和好奇心，如果你不曾与朋友同甘共苦、互相帮助，那么，你的生活将始终无依无靠、形单影只，而你的人生始终会在寒冷的冬天中度过。

我认识这样一个年轻人，他没有知心朋友，由于难以忍受寂寞，甚至想到过自杀！但是没有人对于他的孤立无援感到奇怪，因为他的品格是那么的为人所憎恶。他是一个吝啬、卑鄙、自私、贪婪而又消极厌世的人，他一毛不拔，小肚鸡肠，却对别人总是心存偏见，总是喜欢批评别人。甚至当别人做了一点儿好事，他总禁不住质疑他人的动机，而不问自己为什么没有朋友。

很多人之所以不能和别人建立起真挚的友情，是因为他们身上缺乏那种能够吸引别人的高尚品德。如果你品质卑劣，就不要指望其他人会在乎你。

牢固的友谊是建立在合群、慷慨和真诚的基础之上的。最吸引人的，莫过于宽宏大量、宽厚仁慈和乐于助人。如果你总是冷酷而严峻、不能容人；如果你缺乏大度和诚恳之心；如果你心胸狭窄、固执己见、缺乏同情心而又卑鄙低劣，那么，请你不要指望那些拥有慷慨大度、宽宏大量的高尚品质之人会和你为伍。如果你希望结交一些有着崇高灵魂的朋友，你必须自己首先加强修养，成为一个宽容、慷慨之人。乐观向上和乐于助人的性格以及传播欢乐和愉快的心情都能促进友谊的深入发展。

当你开始提高自我修养，培养可贵的品质，为增加吸引力作出努力时，你会惊奇地发现，有无数新朋友络绎不绝地靠近你。

对于追求最高尚的友谊的人而言，一个朋友是否对真理孜孜以求，是否有正义感，绝对是至关重要的。对于正义和真理，我们总是肃然起敬，因为这是我们天性的一部分。即使公平和正义可能刺伤我们，让我们痛苦不堪，但是一个公平和正义的朋友，还是会备受我们的尊重。那种经不起正义和公平的考验，在真理和事实面前趋于萎缩的友情，是不会像那种真正的友谊一样拥有令人赞叹的价值的。

那么怎样拥有一段真正有价值并能温暖人心的友谊？或许下面这些话语能给你一些启迪。

“当你拥有一个这样的老友时，你要对他的慷慨付出心存感激。同时受人恩惠，便当涌泉相报。请用自己的行动向他表明，你也同样是他幸福和快乐的源泉。”

“友谊总是伴随着关爱而发展。真心朋友从来不是一朝一夕便能获得的。只有那些经过时间考验的老友，才会和你在年轻时相遇，然后并肩走过悠悠岁月。”

“真正的友谊就像那稀世珍宝，当你积极看待它时，请小心呵护它，不要做出任何损害它的行为，因为破裂的友谊会成为两个人一生都唏嘘不已的伤心往事。”

“没有什么能比一颗感恩的心更值得珍视了，同样，没有任何事情会比忘恩负义更能伤害到朋友之间的情谊。”

总之，友谊能够持久，更多的是依赖于志同道合、相互尊敬和相互欣赏，而不是靠一时的激情。最持久、也最投入的友谊是那种建立在互相尊重又不丧失自己原则的基础上的。

博韦说：“如果你的朋友不忠不义，那么他们会像影子一样，当我们在阳光下行走时，与我们寸步不离，而一旦我们走入黑暗，便在转瞬间弃我们而去。”

一个人的成就究竟有多大，不是以他拥有的财富来衡量的，而是以友谊的数目和质量来衡量的。不论他积聚了多少财富，如果他结交的朋友寥寥无几，那么他一定在品德的某一方面存在巨大的缺陷。我们应该教育孩子，世界上最神圣的莫过于拥有一个真正的朋友。应该训练他们从小培养结交朋友的能力。没有其他事物能够像这种训练一样，开阔他们的胸襟，磨炼他们的品性，使他们的人生变得更加丰富和精彩。

# 第七章
# 自我教育——阅读

耶鲁大学校长哈德利曾经说过：“在现实生活中的各个阶层的人，经商的人、运输业的人，或者制造业的人，告诉过我说他们真正想从学校得到的是——能够拥有挑选书本的能力，从而有效地使用书本。而这种知识的获取首先最好是在任何房间里都提供一些优秀的书本。”

聪明的学生从学校生涯里收获最多的，就是识别各种知识类别的图书。从图书馆中挑选出那些对生活最有帮助的书本，这是一种很有价值的能力。这就如同一个人挑选工具去获取知识一样。

我们读书应该有选择性。有些书值得读，且应该精读、认真地读；有些书则不读也罢，甚至不应该读。区别对待，这是一种明智的做法，因为并不是所有的书都是有益的。我们应培养阅读品位，有选择性地读书，远离有害图书。

读一本好书，我们常常会在不知不觉间获得指引我们积极向上的力量和灵感。而读一本品位低下的书，我们就仿佛在吸入致命的“毒药”，隐藏在书本里面的“毒药”是极其危险的，因为它是如此善于伪装：从表面上，邪恶的事物都有美好的外表。虽然书中看似没有任何粗俗的单词，但是它们隐藏着邪恶的思想。

印度有一位博学之人，某一天他在家中读书。当翻开书本的某一页时，突然感到指尖一阵刺痛；一条很小的蛇从书页上掉落下来，在他看不见的地方慢慢爬行。这位博学者的手指开始肿胀，接着胳膊也开始胀大，一个小时之后，他便毒发身亡了。

又有谁能意识到，家庭的藏书中也隐藏着“毒蛇”呢？它们会毒害孩子的思想，改变他们纯真的个性。倘能在年少时读一些好书，今日那些身陷囹圄的罪犯们，恐怕绝大多数会走上一条截然不同的人生之路。

有这样一个故事：克拉克在一座大城市里见到四处张贴着醒目的告示：“所有男孩都应该读一读关于西部平原上的暴徒兄弟的传奇经历——他们成功地进行了抢劫和谋杀，这些奇特的、毛骨悚然的冒险经历是前人所不能相比的。定价5美分。”次日早晨，克拉克博士在报纸上读到：“7名男孩因入室行窃而被捕，该盗窃团伙洗劫了4间商铺。其中的一个头目只有10岁大。”追踪报道发现，这7名男孩几乎每一个都在前一天用5美分去买了告示里的那本书。而最终这本书将他们推向了犯罪的深渊。

这样的例子不在少数。《落基山脉的恐怖杀手——红眼迪克》及类似的一些书，曾经毁掉了多少青年的一生啊！在没有翻开这些毒书之前，书里的一切内容似乎都是甜蜜、美好而有益的。但是，一旦你去阅读了，这些书便会像毒蛇一样潜藏进你的脑海里、心里，侵蚀着你原本美好的心灵和伟大的理想。它会引诱你对那些被禁止的愉悦产生更多的欲望，直到对一切美好、纯洁和健康的事物失去兴趣。这些疯狂的作品只会腐化你的精神，让你将所有的公正和道义弃之不顾，在人生的各个禁区铤而走险。

一个小伙子曾经得到了一本充斥着粗鄙不堪的文字和插图的书，之后不久他便递给了自己的同伴传阅。数年之后他告诉朋友：如果能回到过去，他宁愿用自己的一半所得来消除那本书的毒害。因为那些轻浮庸俗的故事书不但不能给人带来道德上的教育，还深深地毒害了他认识的一个开朗的年轻女孩的思想。她的思想逐渐腐化，她对生活的理想和抱负已经彻底改变。这时她已经对污垢熟视无睹，对生活中那些健康的一面视而不见。她唯一的乐趣就是阅读那些堕落的、不健康的文学作品并沉迷于幻想之中，无法自拔。

如果我们沉迷在轻佻和肤浅之中，那么我们原本健康的思想将迅速受到毒害。一本书如果不能真正地反映生活，没有任何纯粹或健康的哲学，对家庭没有任何帮助的话，那么即便它们还算不上真正的邪恶，也没什么积极作用。花费那么多时间去阅读，只是一种浪费。要当心那些能够动摇信心的书。要小心这些作家：他们会逐渐侵蚀你对男人的信念和对女性的尊重，动摇你对家庭的神圣信念，嘲笑你的宗教信仰，并逐渐破坏你对道德义务和责任的意识。

我们的时间很宝贵，要用来多多阅读那些能催促人们进行自我反思的书，以及能让你变得更自信，也更信赖他人的书。当你阅读这些具有建设性意义的书本时，它们就是建设者。不过你要避免把它们的思想拆散。

总之，读那些不思进取的书，是有百害而无一利的。要阅读那些有益身心的好书和让自己积极向上的好书，让自己成为更优秀的人，为社会贡献自己的力量。

## 在家庭中营造良好的读书氛围

家庭是个人获得人生中启蒙教育的地方。在这里，我们养成习惯，并且会一直影响着我们的职业生涯，乃至我们的一生。在家庭环境下进行的有规律地、持续不断地智力培训，可以影响到一个孩子的一生。

但是，有的家庭，因为家中某个家庭成员的影响，整个家庭的习惯便会被彻底改变。他们把大量宝贵的时间，浪费在打牌、开玩笑、看肥皂剧等等无关紧要的事情上，却忽视了阅读或学习。

很多拥有雄心壮志的孩子们，他们曾渴望通过读书或学习来提高自己，然而，由于受不好的家庭环境的影响，他们提高自我素养的途径被阻断。在家里时，家人从不付出任何努力去完善自我，不去树立更高的理想，都把晚上的时间用来说话逗乐。家人偶尔翻翻书本，也只限于惊险小说，没有谁去阅读那些有益的书。这些家庭的孩子们，即使他们拥有远大抱负，但是作为家庭中唯一有理想的成员，他们很孤立，甚至总是遭到他人的耻笑和嘲笑。最终他们只得放弃。

相反，如果一个家庭能建立起自我学习的习惯，那将是非常令人欣喜的事情。这对于这个家庭的每个成员来说，都是相当幸运的。因为他们不仅能在家中找到志同道合者，可以彼此交流和分享，而且他们的阅读和学习时光也会轻松快乐，和平时玩游戏一样。

我认识一个新英格兰家庭，所有的孩子和父母亲住在一起。一家人坚持每个晚上定出一部分时间学习或进行其他形式的自学。他们拥有固定的游戏和休闲时间。晚饭之后，他们每个人都能自由地进行各种消遣，但整个娱乐时间加起来只有一个小时。当学习时间到来时，整个房间会立刻安静下来，甚至一根针掉下的声音都可以听到。每个人都在自己的房间阅读、写字，或者进行各种各样的脑力工作。不允许任何人讲话或者打扰其他人。每个人都必须保持安静，不得打扰到其他人，即使有人由于厌烦或其他原因而不想学习。建立一个理想的、适合学习的环境——这是他们拥有的共同理想。

可想而知，在这种轻松、欢快与和谐的气氛下，每个家庭成员都会乐于学习，并把读书和学习当成一件快乐的事情。每位家庭成员都会慢慢拥有积极向上的心态，并激励自己去追求更美好的事物。

如果一个家庭拥有这样的学习氛围，那么培养出来的孩子一定是出色的。要知道，我们在培养孩子的过程中，不仅仅要让孩子健康强壮，也要不断帮助孩子去充实他们的知识、去完善他们的精神世界。最好的家庭，是能把家里变成一座“图书馆”，让孩子徜徉其中，汲取知识的食粮。一个没有书本期刊报纸的家庭就如同没有窗户的房子，不能给孩子更舒适更广阔的呼吸空间。

奥利弗·温德尔·霍姆斯用“沉溺于图书馆中”来形容自己童年时代经常做的事情。亨利克雷说他母亲用在浴池工作挣得的钱供他买书。如果能给孩子提供诸如字典、百科全书、历史类和工作实务类书籍，以及其他各种有价值的书籍，那么他们会不知不觉地接受教育——这并不需要付出很高的代价，并且还可以让他们学到与自身年龄相符的很多知识。当然，也可以让孩子在学校、研究所或者学院学习，不过那需要花费相当于这些书本价格10倍的金钱。

除此之外，如果家中收藏好的书籍，那么整个房间都会因此而生辉，对孩子们产生吸引力，他们愿意待在这个令人愉快的地方；而那些被忽视了教育的孩子却急着逃出家门，随波逐流，落入各式各样的陷阱和危险之中。把孩子引入到书籍的氛围中去是很好的，让他们经常地使用书本、触摸书本，让他们熟悉书籍的封面和标题。一个聪明的孩子能够从好的书本里面汲取非常多的养分，这是多么让父母开心的事情。

所以，为了孩子的成长，也为了自己的提升，创造一个良好的家庭环境，让孩子在这里找到学习的感觉，陪孩子一起享受阅读的乐趣。

## 书籍让人摆脱无知和野蛮

作为学校教育的替代方式，家庭教育具有前所未有的实惠和便利，值得一试。各个领域的知识都以最富于吸引力和最有趣的方式呈现于我们前面。今天，我们可以在成千上万的美国人的家里找到世界一流的文学作品，而半个世纪之前，它们还只能为富人阶层所拥有。

令人非常遗憾的是，当美国人应该完全摆脱无知时，他们却不懂得珍惜如此优越的环境，没有抓住时机去接受教育和完善自我。的确，在当今世界，绝大部分的优秀作品都会以短小的形式发表在时髦的期刊、杂志上。最伟大的作家将大量的时间花在旅行和调查的单调工作上，花在对文章素材的收集上。杂志出版商们花费了数千英镑，而读者却只用10或15美分就能买到。这些作品是伟大的作家数月甚至数年的辛勤工作和调查研究的结晶，而读者们却对它们不屑地付之一笑。

曾经有个纽约的百万富翁——一位商界名流，带我去参观他位于第五大道的豪宅。在那套富丽堂皇的大宅子里，每间房都是建筑师、装潢师和家具商倾力打造的艺术杰作。他告诉我，单单卧室的装修就花去上万美元。墙上的油画更是价格不菲。房间内摆设着一件件昂贵的大型家具，奢华的装饰布料显示出主人的财大气粗。当你在房间内地毯上行走时，感觉自己仿佛在亵渎一件圣物一般。他用财富来满足自己对舒适、奢侈和虚荣的欲望，但是他的家里几乎没有一本书。试想，如果一个孩子在这样一种家庭环境下成长，只会过分沉迷于优越的物质生活，而精神却极度匮乏——这将是多么可悲的情形！他告诉我：他年少时家境贫寒，为了生存下去，他把身上所有值钱的东西包进一条红色手帕，只身去城市打拼。他说："我是一个百万富翁，但是我想告诉你，我宁可用今天所取得的一半家产去换取一份合格的教育。"

很多富人向他们信任的朋友诚心坦白：他愿意贡献出财富的大部分——如果必要的话可以是全部——去看到自己的儿子成为一个男子汉。养尊处优的生活最终只会让他们挥霍败家，不断堕落，甚至走向犯罪之路。他们想让孩子们从这种人生轨迹当中逃离出来；他已经认识到：在自己给孩子提供的优越的物质生活之余，却没有提供那些能够挽救儿子以及让自己的心灵免受折磨的财富——那些值得收藏的好书。

在这个世界上有一种财富，最贫困的技工和劳工能够轻松拥有，而古代的国王却不能取得的——那就是博学、睿智和有修养的心灵。在这个到处都是报纸和便宜的书本杂志的时代，我们没有任何借口让自己的心灵仍然处于一种无知、粗鲁的原始状态。

在今天，假如你能发挥自己的聪明才智，那么，即便身患残疾之人，也能凭借努力得到真正的财富来丰富人生，与那些有修养的人交往。一个人即使再贫穷，也仍然有机会得到这些财富，使自己不断进步。书籍可以使我们的眼光更长远，心胸更宽阔，能让我们摆脱野蛮和无知，踏入庄严的知识王国。

玛丽·沃特尼·蒙塔古夫人说过："没有什么消遣比阅读更便宜，并且也没有它的持续时间长。"好书能够提升人的品位，净化人的心灵，把人的注意力从低俗趣味当中指引出来，提升到一个更高的思考和生活的平面上。

约翰·拉伯克先生曾说："英国人把本该花在书本上的时间和精力花在了监狱和警察上。"

这就像是一个奇迹：家境贫穷者反而和最伟大的哲学家、科学家、政治家、军事家、作家们相交——他甚至不需要花费什么；身居陋室的平民也能通过阅读了解整个国家的过去和现在，体会到自由和浪漫，以及人类进步的点点滴滴。

卡莱尔曾说："唯有汇聚书籍方能成就大学。"遗憾的是，数以千计的男女老少，虽然胸怀大志，精力充沛，却不幸错过了接受学校教育的机会。由于教育的缺失，他们总是觉得自己低人一等，好像身患残疾一样。他们没有体会到这种缺失的意义，也没有那些改变自身命运之人身上的强烈求知欲——倘若因为种种原因，你无法接受学校教育，这并不是多大的不幸——你仍然可以通过阅读来弥补这一遗憾！

在求职时，你是否遇到过一位受过良好教育的、目光敏锐的雇主呢？你没有必要费神去告诉他你读过哪些书，因为他们往往更关注你的表情和口才。在面试的宝贵时间里，如果你言语笨拙，词不达意，雇主立刻会知道：你对他没有价值，因为你不能合理安排有限的时间。他也知道，数以千计的年轻男女，每天都在为工作和职责而忙碌，但是他们借助有效而系统的阅读计划，也能挤出时间来思考世界的变化。

切尔西的塞奇曾经说过："从古到今，在人们创造的事物之中，书籍是最重要、最奇妙、最有价值的了。那些用黑色墨水将事情记载在拙劣的小片纸张上的形式，从每日的报纸到神圣的希伯来经书，它们无所不能。"

科内尔·舒曼总统曾经自豪地指着家中藏书室说，这些书都是在自己还是一个穷孩子时，靠多年省吃俭用攒钱买的。

伟大的德国教授奥坎只能用无盐土豆招待阿加西教授，但他并不为此感到羞愧。因为这样他可以省下钱去买书。

乔治三世国王经常说，律师们懂得的法律并不比其他职业的人要多，但他们知道哪里才能找到那些法律法规。

怎样在书中找到指定的要点是很实用的技能——从金融学的观点来看，这种技能价值极高。从形式上想要掌握这种技能，我们首先应深入了解书籍，然后与之建立友谊。

詹姆斯·弗里曼·克拉克说过：“当我在思考这样一个问题时——书本为世界贡献了什么，它们正在改变着什么，它们是如何使我们保持希望，如何唤起我们的勇气和信念，减轻我们的伤痛的；它们让那些家境贫寒的人们重新有了梦想，将遥远的古代和世界各国连接在一起，书籍创造了一个美丽的新世界，它们从天堂带来真理——我会给这份礼物以永恒的祝福。”

## 挤出时间，坚持阅读

对于自己喜爱的事物，我们大部分人都会想方设法地挤出时间。如果一个人想要完善自我；如果一个人渴求获得知识；如果一个人享受着阅读所带来的快乐，那么他就能找到各种机会。

只要有赚钱的意愿，你就会拥有财富；只要拥有雄心壮志，你就能挤出时间。

我们不仅需要作出决定，而且要坚决行动，将那些无关紧要的、仅仅只是享乐安逸的事情先搁起来，转身去追求最重要的、有益于我们自身发展的事情。生活充满诱惑，如果你贪图一时的安逸，把时间浪费在闲谈或琐碎的会谈中，却将花在阅读上的时间一减再减，一推再推，那么可能会牺牲美好的明天。相反，有一些人，他们合理地计划时间，在做好本职工作之余，坚持挤出时间来阅读学习，他们有朝一日会成就大事。对此，历史就是一个明证，看看那些曾在人类历史长河中留下深刻烙印的伟人们，他们都懂得时间的珍贵，都善于分配时间，将时间更多地用在有益的阅读和自我提升上面。

即使在最忙的时候，生活中仍然有大量时间被浪费掉。但如果作出合理分配，这些被浪费的时间就能发挥出很高的价值。

很多家庭妇女每天从早忙到晚，她们想当然地认为自己没有时间去阅读书籍、杂志或者报纸，但是有种观点很惊奇地表明：只要能更好地完成本职工作，她们就可以腾出很长的时间，将事情按轻重缓急排出顺序可以极大地节省时间。我们当然能够去安排自己的生活计划，让自己有一定的时间来进行自学和提高我们的生活质量。我们并不需要等到其他所有事情都完成之后，才来考虑学习这件事。

所以，从现在开始，挤出生活中、工作中的零碎时间，将它们有效利用起来。当你想感受一种令人愉快的消遣方式，去培养一种新的乐趣时，你将体验一种从来不曾经历过的感觉，它可以通过阅读优秀的期刊来获得，但是每天都要有规律地阅读。不要一开始就试图阅读过多，那样会使自己很快地疲惫。每次只阅读数页即可，但是一定要每天坚持。如果你确定自己很快就能享受阅读的乐趣——养成阅读习惯，它就会迅速给你带来极大的满足感和真正的乐趣。

## 读书要有目的性

在健身房，我们经常会看到这样一类人，他们情绪低落，漫无目的，只是从一个项目换到另一个项目：先举重一到两分钟，再拿起哑铃，然后扔掉，接着在单双杠上摇摆一到两次……他们麻木地完成系统训练课程，至于是否能达到锻炼身体的各处肌肉的目的，他们似乎已经忘记了。这样做无疑既耗费体力，又浪费时间。

更糟糕的是，当这些人从健身房里出来时，由于缺乏目的性和持续性，使得他们不仅没有增加反而损失了肌肉能量。

想要通过在健身房的锻炼来增强身体素质，都必须制定系统的训练程序，而且要坚定地执行。无论男人还是女人，如果想要达到锻炼效果，都必须把精力和能量投入到锻炼项目中去。

智力训练，与身体的锻炼是一个道理，只是在形式上有所不同。全面性和系统性对前者而言非常必要，对于后者也同样适用。如果想从书籍中获取更多的知识，那么在阅读时就应带有目的性。如果你坐下来无精打采地翻开一本书，却没有任何目的，那么，阅读除了浪费时间外，还会让你泄气。这就像一个人雇了一个男孩，然后告诉他一切都可以随心所欲：早上想起床就起床，想工作时就工作，想休息时就休息，若是感到疲倦，就可以走开。

断断续续地阅读，效果并不好。这是因为当人的精神或注意力没有高度集中时，人的思维并不活跃，而是处在一种懒惰的幻想之中，胡思乱想。这是一种消极的阅读方式。以这种方式阅读，根本无须经过思考，长此以往，人的智力必定会下降，大脑的反应也将日渐迟钝，人类将没有能力掌握重要的原理和解决困难的问题。

如果想通过阅读来增强和提高智力，就必须集中注意力去读一本书，把它读懂读透，而不能对书本浅尝辄止。千万不可以这样的方式看书：将书一本接一本地拿起和放下，随便在此处和彼处读读，或者翻开目录便快速地寻找结尾。

同时，对于一本你想从中汲取知识的书，你应该努力避免在劳累和疲倦时阅读它。如果这样做，你将一无所获。在阅读时，请保持精力充沛，并尝试从全新的视角，积极而灵活地揣摩书中的内容。

带有目的性的阅读会给人带来最大的满足，使人的眼界变得更广阔，将内心的各种无知和固执，各种遮蔽思想的乌云和妨碍进步的绊脚石一扫而光。想想自己读这本书是为了什么，想了解什么东西，想获得什么知识，通过这样的思考，便能更有针对性地阅读，在阅读中多给自己提问题，并从书中找答案。这种书本与人之间互动的训练，能迅速而有效地使你集中注意力，并能让你阅读得更有效率，思考得更有深度，无论视野还是思维，都会在阅读中得到极大地提升。

## 勤于思考，把知识转化为自身的力量

书本里的知识绝不仅仅局限于文字表面。通过阅读时的思考，你可以从字里行间得到某种启发。这才是其真正的价值所在。如果你能联系自身的生活，认真思考书中的内容，你干枯的心灵便能从作者的思想里汲取养分，就如同从炙热的土壤中吸收水分一样。此时你身体的潜力会像土壤中的微生物或种子一样，能够萌芽并产生新的生命。但是，假如你并不是真的想要读书，假如你的阅读动机并不是对知识的渴求和对广阔深奥的文明的渴望，那么你永远不可能从书中得到很多收获。

很多人都对读书有这样一种看法：如果他们永远都保持阅读的习惯——只要一有空闲就去看书，那么他们一定受过良好的教育，拥有丰富的知识和深刻的见解。这其实是个误解。就如同指望多吃饭就能成为运动员一样，这是不靠谱的。假如只是一味地阅读，填鸭式地吸收，而不能通过思考转化为自己的知识，那么阅读只是一种消遣，未必对生活有多大意义。

在我看来，最愚笨的傻瓜，正是那些只知一天到晚死读书，却思想僵化，从来不去思考的人。即便有片刻的悠闲时间，他们也会马上拿出一本书来读。换句话说，他们在不停地"进食"知识，却食而不化，没有能力将其消化或吸收。

我认识的一个年轻人便养成了这样的阅读习惯。他每天书本、杂志或者报纸几乎从不离手。他总是在阅读，在家里，在汽车里，在火车站。他对知识有着极度的感情。虽然他这样也获得了很多知识，但是由于受这种填鸭式方法的影响很久，他的思维能力好像有所减弱。

每个读者都应该把密尔顿的话谨记于脑海中：

"对于那些坚持阅读的人而言，阅读并不会给他们带来更高层次的精神和判断，不确定性和未决定性仍然存在：书籍具有深刻的内涵，而读者却往往是浅薄的；书本中各类或纯朴或迷人的琐事，就如同孩子们在海滩上拾到的漂亮的鹅卵石一样，值得我们去提取精华。"

思考比阅读更有必要。每次阅读后进行思考，就好像食物的消化和吸收过程一样，能够源源不断地为大脑输送力量。如果你像麦考利、喀莱尔、林肯一样博览群书，又善于思考，那么，通过阅读你将受益匪浅。

约翰·洛克说过："阅读只能给我们提供知识，而思考则能把知识化为己有、为己所用。"

任何一个读者若想从书中汲取更多的知识，首先就必须学会思考。光掌握书本知识是不够的，因为这还不能让我们的心灵获得力量。

我们吃下的食物，如果在没有被完全消化和吸收并化为血液中的营养物质前，没有转化为大脑或其他组织的一部分之前，是不会产生能量或形成细胞组织的。同样道理，如果我们的头脑中装满的只是那些毫无实用价值的知识，就会像一个房间里堆满家具和古董一样，只会让房间变得杂乱无章和拥挤不堪，丝毫没有价值。只有在大脑消化和吸收了所学的知识，并将其转化为思想的一部分之后，知识才会转变为力量。

如果你想成为一个智者，那么请养成良好的习惯：在全神贯注地阅读书本的同时，应该经常合上书本坐下来思考，或者站起来边走边思索。不论哪种方式都好，但一定要开动脑筋——沉思，斟酌，反复地琢磨，不断地回想书中的内容，并联系实际试着去解决生活中遇到的一些困惑和疑问。

知识只有被吸收到头脑里，然后运用到日常生活当中，之后，才能真正成为你自己的知识。当你第一次阅读时，它只是属于作者的。只有当它和你融为一体时，它才会是你的。

## 用书籍唤醒心中的力量

格雷戈里曾经说过："你不会在藏书室发现'年轻的生命之泉'和'永恒的青春'，而是在自己身上，在自尊心和责任心的觉悟下，发现生命欣欣向荣和枝繁叶茂的力量。"

书本最大的优点并非我们所记住的内容，而是它们的启发以及培养品格的力量。

"阅读一本好书是很重要的一件事，因为依靠书籍，我们唤醒了心中的力量，反抗岁月带来的颓废，从而让生活更加美好。"

人与人之间的差别，通常在于他们对事物的感悟，在于他们内心的力量，而并不在于他们所拥有的能力、所受教育和掌握的知识。仅仅拥有知识并不意味着拥有力量。因为在知识还没有成为你自身的一部分之前，它并不具有力量。它并不能在紧急情况下变成一条绳索，对你起到救助的作用。

一个人在成长过程中必须自觉接受教育、坚持阅读，并联系实践，将所学的一切知识转化为能力。只有这样，才能有助于我们的生活和人生，有实践意义的知识比那些书本上的理论要来得更有价值。

对于这点，几乎没有人能比格莱斯顿有更好地理解。他是一个多才多艺的博学之人，其生活一直往返于在书本和现实当中。他知道哪些书能对一个人起作用，以及一个爱阅读的思考者应该做些什么。凭借着他广泛的阅读和深刻地思考，他唤醒了内心强大的力量，也超越了许多同辈的人。在他的职业生涯中，他曾经晋升为上议院议员，接触到了政治的顶端，并且还在向上发展。

正是书籍唤醒了他内心潜藏的无限力量，让他的人生一往无前。那么，或许有人会说，是不是只要做足够多的阅读，就能开发出自身的无限潜能。事实上，并不是这么简单。走马观花式的阅读，即使阅读很多书籍，对于我们的心智的发展和潜力的开发，也没有多大的作用。相反，如果能深入地阅读几本好书，并能从中受到启发，则能够开发出自身的强大力量。

这里有一个例子可以说明这个问题。韦伯斯特还是一个男孩的时候，书籍还是非常稀有的物品，非常珍贵，他从来不敢奢望能有机会博览群书——哪怕只是将那些好书读上一次。但是，凡是他所读过的书，其中的思想都被他牢牢地留在了记忆中，或者是反复阅读，直到它们成为他生活的一部分，最后变成他实现人生理想、取得成功的力量储备。

所以，读书时请不要囫囵吞枣，要全神贯注地投入，带着自己的思考去阅读，在阅读中联系自己的生活，慢慢品味和吸收。只有这样，才能在阅读的过程中，不断地去启发心智，唤醒内心无穷的力量。

# 第八章
# 自我完善比接受教育更重要

教育，通常指学校教育，是人类依靠书本和教师来实现心智发展和成熟的一个过程。然而，有些人由于没有受教育的条件或是错失了这个机会，而从未接受过教育。对于这种情况，要发展心智和提升自己，那就需要自我教育和自我完善。我们身边存在着众多完善自我的机会，也有着大量有助于完善自我的资源，诸如：免费的图书馆、质优价廉的书籍、夜校等。所以，以缺乏资源为理由而不进行完善自我，都是缺乏说服力的。

回首半个世纪乃至一个世纪之前，我们发现，人们要获取知识遇到过诸多困难。那时学习条件和现在有着天壤之别，那时候图书馆、书店没有像现在这么普遍，图书出版业也不像现在这么发达，物质环境更没有现在这么舒适。那些想提升自我的人，在每天的繁忙工作之余，借着昏暗的烛光，克服身体上的疲倦全神贯注地投入学习，其中的艰辛可想而知。但是，就是在这样艰苦的条件下，还是有许许多多的仁人志士取得了杰出的成就。这不得不让人惊叹和佩服。甚至，有一些成功人士在面临着身体上的障碍——眼疾、肢体残疾或其他的病痛时，也顽强地克服了这些困难，锲而不舍地学习。

相比之下，我们的学习环境优越，完善自我的机会众多，书籍等资源汗牛充栋。但我们获取的知识却少之又少。难道我们不该以此为耻吗？

我们不仅要扪心自问：对改进自我，我们是否真的充满渴望？如果你有这样的渴望，那么只要战胜了自己，战胜那个玩物丧志的自己，就能成功地完善自我。看闲书、打扑克、玩台球、讲故事、盲无目的地闲逛等，这些无聊且毫无意义的事情，不应该占据我们宝贵的时间。我们应该把这些时间好好利用起来，学习有用的知识，趁早提升自己。对于那些力求完善自我的人来说，“在他们的道路上有一头狮子”，这头狮子就是自我放任。为了不断地进步，他们必须坚决地战胜这头狮子。

人们年轻时利用休闲时间的方式，往往为以后的人生定下了基调。它让人知道他们的内心是否已经死亡，或者他们是否把人生仅仅当作是一次享乐的旅程。

我无须知道一个人平日在做什么工作，只要知道他晚上的时间在做什么，我就能够预测他未来的状况。如果他把玩乐消遣放在第一位，那么他未来的人生将碌碌无为，只知享乐，没有追求。反过来，他若把玩乐消遣视作自我放任，不愿意这样无意义地消磨时间，而是将这些有限的时间用来学习无限的知识，那么他的一生将会取得成就。

很多年轻人或许还没有意识到玩物丧志的危害。当你把整个晚上或休假的时间任意地挥霍掉的同时，你的品格也在逐渐堕落，对于你品格的塑造毫无益处。如此一来，你一不留神就落后给了自己的竞争对手。如果你能够好好审视自己，就会发现在玩乐上浪费了那么多时间是多么可悲的事情。如果一直这样放纵自己，有朝一日将后悔不及。

正确的做法是把休闲时间用于阅读和学习，这也正体现了你高贵的品性。历史上有许多利用休闲时间来进行学习的著名事例。玩乐对于成功人士不具有强大的吸引力，他们更愿意利用一切可利用的时间来学习，哪怕牺牲一部分睡眠时间和进餐时间。

伊莱休·伯里特，美国著名的慈善家、语言学家和社会活动家。在当年极其艰难的环境下，他坚持不断地学习和完善自己，最终创造了巨大的成功。若将今日的年轻人置于与他同样的环境，恐怕能成大器者寥寥无几。16岁时，伊莱休·伯里特在一个铁匠铺当学徒，他整个白天在辛苦地工作，甚至有时还需要加夜班。但是，在这样艰苦的情况下，他还是不忘时刻充实自己。每天早上，当那些有钱人家的孩子或者贪于玩乐的孩子还在床上伸懒腰、打哈欠、刚将眼睛睁开的时候，年轻的伯里特就已经抓住了这一机会在学习了。他还随身携带一本书在口袋里，一有空闲就拿出来看，他利用了任何可利用的时间来学习，点滴的时间也不放过，休息天也看，晚上看，甚至连吃饭的时候也在看。而对大部分人来说，这些时间都常常是随意流逝、不加利用的。由于对知识的饥渴和对自我完善的追求，他战胜了前进道路上的一切障碍。一位富有的绅士曾提出资助伯里特去哈佛读书，但是被他拒绝了。他认为自己能够自食其力得到教育，即便每天需要花上12～14个小时的时间在铁匠铺里工作，但只要愿意，总是能够挤出时间学习的。的确，他是一个有坚定决心的孩子。他抓住工作间隙中点滴的空暇时间，并将它们当作黄金一样珍惜利用。他与格拉德斯通一样，都相信现在若是浪费时间，自己就会退步；而现在节约时间，以后就会有大的回报。果然不出他所料，在铁匠铺上班之余，他用自己挤出来的零碎时间，仅在一年时间里就掌握了7门外语。在如此艰苦的环境下取得如此惊人的成绩，始终令人不可思议，也令人敬佩得五体投地。

因此，我们应该知道，我们没能取得成功，是因为我们缺乏勤奋，而不是因为我们缺乏能力。有许许多多的例子可以证明，很多职员要比他们的雇主能力更强，脑子更聪明。但是，这些聪明的职员们却无心改进自己的能力，他们把时间和金钱都花在玩乐消遣上了，他们的头脑被享乐主义所占据而无暇自我完善。等到他们年纪越来越大时，他们就越发意识到自己这一生只能靠给别人打工为生，继而开始埋怨自己运气不好，没有机遇。正所谓“年少不努力，老大徒悲伤”。

## 利用现有资源提高自己

现今，我们到处可以看到很多年轻的男女做着级别很低的工作。很大程度上，那是因为他们没有重视教育，没有集中精力学习，这样的后果就是他们只能做一辈子的小职员。而他们的雇主通常也认为，年轻人学写一手好字或掌握职业发展所必需的基础学科没有什么价值。这种无知，对于许多在工厂、商场或者办公室上班的年轻男女来说，是一种祸害。这将让他们停滞不前，从此日复一日做着低级的机械化工作。事实上，在教育机会良多的今日，那些年轻人本应让自己得到良好的教育，但他们没有，这是一件令人悲哀的事情。

有许多天资不错的女孩，她们把人生中最富有青春朝气的那段时光，全都花在无意义也无激情的工作中。她们觉得没有必要去抓住可以使自己获得更好岗位的机会，也没有必要去发展自身的才智。她们过早地放弃了自己，放弃了现有的可提高自己的资源，从而导致她们人生的失败。她们失败的原因就在于，年轻时没有意识到学习也是一项任务，错误地认为学习毫无价值。因为她们觉得所有这些都远不如嫁一个好丈夫，而从没想过要依靠自己的力量生存。在学校里，她们不去学习有效理财，不去学习基础技能，不去找寻适合自己的事情并努力使之发展为将来的职业。然而，生活中有许多例子都证明了试图以婚姻来保障以后的生活是不可靠的，真正靠婚姻取得幸福的只是极少数。

类似的弊端也在年轻人身上普遍体现。他们不舍得倾注精力去发展自己的事业或实现自己的理想，而只希望能够每天工作几小时，干点轻松的活儿，又能得到丰厚的报酬。在他们的一生中，他们考虑最多的，不是如何锻炼自己，使自己有所进步，而是如何去玩乐。

许多职员都羡慕自己的雇主，希望也能拥有自己的事业，可以雇用他人。但是，一旦他们知道必须付出极大的努力才能改变现状时，就自觉选择了放弃。他们喜欢闲庭信步，喜欢过一种轻松自在的生活。但是我们要知道，为了能够获得更好的岗位，为了领取更丰厚的薪水，是需要不断努力拼搏进取的。

许多人都存在这样的问题，那就是他们不愿意因追求将来的所得而放弃当下的享受。他们更喜欢好好享受当前的生活，不愿意花时间来完善自我。他们虽然渴望干出一番事业，但这个渴望不够强大，若是需要其他代价去换取，他们便吝啬去争取；他们也渴望有所成就，但这个渴望并不足够强烈，若是必须牺牲一些当前的享乐，他们宁可放弃。

众所周知，只有努力拼搏，才能获得更好的生活。不思进取，则一无所获。大部分人都在抱怨生活碌碌无为。其实，他们本来有能力改善自己的生活，却因缺少热情和决心而未能做到。这些人宁愿轻轻松松地过着卑微的生活，也不愿付出必需的努力。

“如果没有机会，那就创造机会。”一个人若有了完善自我的打算，并对此做出了安排，那么他就能找到可利用的机会。这里就有一个来自于我们身边日常生活中的例子。

有一个爱尔兰人，将近20岁的时候，还不会读书写字，因为他所处的地方根本没有学习的机会，那里盛行享乐主义和放纵的生活。于是他选择了背井离乡，并通过学习黑板报掌握了一点儿阅读能力。后来他在军舰上获得了一个乘务员的岗位。为了学到更多的知识，为了更快地成长，他选择到船长室去工作。他的衣服口袋里随时装着一本小便笺簿，当自己听到新词的时候便能随时随地把它记录下来。有一天，长官看到他正在记录，便怀疑他是一名间谍。最后，当这名长官从其他长官那里了解了事情的原委之后，他深受感动，就设法给了这个年轻人更多的学习机会，而这些机会让这个年轻人有了一个更好的锻炼和学习的平台，也促使他能够很快得到晋升，最终在海军部队里赢得了一个显赫的职位。

如果你能像这位海军官员一样，未雨绸缪做好各种准备，那么在通向成功的道路上，你将先人一步。千万不要在年轻的时候将学习视作无关紧要的事，认为没有必要花精力去学习。如果有这样的想法，等到迟暮之年，你会发现自己的人生是多么失败。

## 能否成功取决于年轻时候

世界上所有伟大的事情都是通过自我提升和完善来实现的。许多年轻人都有着远大的目标，但是由于自己资历不够，就故步自封甚至退缩了。他们希望老天能够帮他们一把，于是开始守株待兔。可是，一分耕耘，一分收获。没有努力，而祈求运气，是可耻的。只有靠长期不懈的艰苦奋斗，才能够踏踏实实获得成功。

正如上面我们所讲述的故事一样，大部分人忽视了许多可用来完善自我的机会。而那些天资聪颖的人则能够发现和把握这些机会，因此即便他们总能够比常人取得更加杰出的成就，即使他们处于不利的境地。

我认识一位州立法机构官员，他有一个缺陷，就是英语发音很不好。听他说话会是一件很痛苦的事情。但是他通过自己的学习和努力，拥有了出类拔萃的专业才能和无比广阔的知识储备。而正是这些优点超越了他的缺陷，让他在法律界、政治界都颇有成就，并受人敬重。

在华盛顿，还有许多这样类似的例子。一个人若想具备常人所不具备的才能，若想成为人中豪杰，就必须趁年轻的时候接受良好的才智教育，或者进行不懈的自我教育和提升。不然，他也只能在低级的岗位上度过一生。要知道，一个人若是有80%～90%成功的可能性，但由于他没有受过好的教育或训练，他成功的可能性将大大降低，甚至还不到25%。这将多么令人遗憾，甚至让人感到终身耻辱。

这里有一个例子，足以令我们感到惋惜。有一个博物学家，他有着远大的志向，在自然学方面很有天赋，他所掌握的自然历史知识远比周围的任何人丰富。但是，当他想尝试表达自己独特的见解和发现时，他遇到了难题。由于年轻时没有受过系统的教育，自己也没有在学习上倾注足够的精力，他早期学到的词汇少得可怜，他几乎不能写出一个语法正确的句子，也不能运用文字记载自己的观点，更不用说把自己的见解变成著作留存下来。这些语言知识的局限性，限制了他才能的发挥，阻碍了他迈向理想的步伐，让他感到无比痛苦和懊悔。这些都是因为他年轻时忽视教育的重要性造成的。

可见，一个人在年轻的时候，能否重视教育，能否让自己迅速提升，对以后的人生起着至关重要的作用。

我经常收到很多来信，其中很多人告诉我，他们因为错过了受教育和学习的最好时机，现在的生活和工作处处受到羁绊。对此，我感到相当的难过。尤其是在读那些年轻人给我的来信时，我可以看出他们都思维敏捷、天资聪颖，但由于缺乏教育，他们能力的发展受到了极大的限制，我真的觉得很惋惜。

有一位年轻的女士写信诉说，由于她早期没有受过良好的教育，现在做事经常遇到困难。因为她的语句经常出现语法及拼写错误，她甚至害怕写信给那些知识渊博的人。从她的信中可以看出，她的天资不错，但是由于缺乏教育，常使自己处于困境。这完全是由于年轻时的掉以轻心而导致现今的苦恼，我们很难找出能有比这更加不幸的事情了。

从这些来信中，我可以看出这些原本有天赋却未接受教育的人，好比是一颗粗糙的钻石，他们潜藏着无限的能量，却因未经雕琢，而不能展露光芒。他们错过了那段在学校学习的最佳时光，便等于浪费了与生俱来的聪明才智，因而只能平庸地度过一生。当然，若他们能够及时觉悟，并开始努力学习，也有可能取得成就，但要从当下就开始行动，不要再错过宝贵的时光。

对于年轻人来说，只拥有天赋，却没接受教育，将可能错过很多好机会，将会给一生留下遗憾。比如，应聘岗位时，仅仅拥有天赋和才智，而没有足够的学历，将可能连面试的机会都没有。而那些天资并非相当出色，但接受了更多更好的教育，经过勤奋学习和充分准备的人，最终将成为最后的胜利者。这样的事情随处可见，有些人天资聪颖，但缺乏教育，因而也只能够在低级的岗位上工作。他们或没有学好英语，不能很好地与人交流；他们或无知，不能够撰写一封出色的信函。总之他们潜在的能力没能展示出来，因而只能表现平庸。所以，要想让自己的一生不至于碌碌无为，请从年轻时就开始努力吧。

## 终生学习

植物的生长需要土壤、阳光、空气慷慨地提供养分。但是，植物自身需对它们加以吸取，然后其叶子、花朵、果实等部位才能够将这些养分转化成纤维或其他物质。如果不将这些养分转化利用，那么供给也将失去意义。换句话来说，土壤、阳光、空气不会给植物提供机体直接组成材料，只会给植物提供生长所需的养分，植物需要靠自身去转化合成。植物要想越快地生长，就必须从越广阔的土壤里吸取养分。

同样的道理，大自然给予我们不竭的资源，让我们充分利用。她非常慷慨。但是，如果我们对她的馈赠不加以转化或利用，我们就会发现供给中断了。同时我们自身也变得更加弱小和低能。如果我们不利用自己的肌肉和大脑，大自然终会将其收回。正如我们不使用某个技能时，该技能将退化；我们停止锻炼自己的力量时，力量就会消失。

我们只有通过充分利用现有资源，才能运动不止，生生不息，并逐渐发展强大。

这条生长的法则适用于很多地方。比如，一个大学毕业生在离开学校数年后，他若想对他所受的教育进行一番炫耀，会惊奇地发现他没什么可以炫耀的了，除了文凭。因为由于长久不用而被遗忘，大学所学的知识被大自然收回了。

你所具有的力量和才能如果长久不使用，那么力量和才能就会失去。或许你会以为：通过了考试之后，所学知识就会在脑子里永远扎根。这简直是异想天开。一旦你停止使用这些知识，它就会慢慢被遗忘直至消失。要是只利用其中的一部分，那么被利用的部分就能保存下来并有所增加，但其余的部分就蒸发消失了。所学到的东西永远不可能像刚学到时那样保持新鲜。

如果你没有意识到这一点，那么就只会退步。有许多大学生，在他们毕业10年之后发现，他们几乎遗忘了大学四年所学的所有知识，几乎没有什么东西在时间里沉淀下来。这是他们对所学知识不加利用的结果。然而这些大学生仍不断这样安慰自己：“我接受过大学教育，拿到大学文凭，我已经具有某些才能，我一定能够在社会上有所作为。”但是曾经接受的教育、已经到手的文凭，丝毫不能帮助你保存你所学的知识，唯一的出路只有不断利用知识。

任何事物，你要么失去它，要么使用它。保存力量的秘诀就在于运用。力量不加以运用，力量也会逐渐失去；能力不加以利用，那么能力就会消失。

如果斧头生锈了，使用的时候就需要花更多的力气。完善自我的工具就掌握在我们自己手中，我们要做的就是使用这些工具。不要等到知识遗忘了，才来温习和利用，付出更多的努力，那就要花更多的时间。

所以，从你意识到这个道理开始，坚持终身学习，不要让知识在毕业后戛然而止，终身学习没有终点，只有坚持。一开始，进步或许会比较缓慢，但只要坚持，就会看到成果。

“直线是不断延伸的，而感知是不断深入的。”只要我们辛勤地付出了，那么在适当的时候我们就会有所收获。若是没有付出，那自然也没有收获。

## 挖掘潜能，提升人生价值

爱默生曾经说过：“世界不再是一团淤泥，而是钢铁工人手中的原材料。人类必须在严酷的风暴中，为自己锤炼出一个全新而稳固的世界。”

如果你拥有“原料”，不管它是布匹、钢铁还是天赋，充分利用它，有朝一日，这些普通的“原料”会提升为无价之宝，你就能获得巨大的成就。

有这样一个故事，一个铁匠学徒外出时，看到路边有一根未经加工的生铁棍。凭着自己极少的经验和知识，他能预测到的这个生铁棍的最大价值，只不过是把这根生铁棍锻造成一块马蹄铁。根据他的分析，这块粗糙的生铁充其量每磅只值二三美分，依靠他粗壮的肌肉和粗糙的技艺，锻造后的生铁的价值，顶多从1美元提升到10美元。但是，这么低微的收入让他很不屑，他认为根本不值得自己花上太多时间去付出劳动。即使锻造好了，也没有什么值得庆贺的。

过了一会儿，走过来一位受过稍高训练的刀匠，他的能力和悟性都略高一筹。他的眼光比学徒稍远一些，因为他学过许多通过加热或热冷交替增加金属的强度和硬度的回火技术，而且拥有必备的工具，如打磨和抛光用的转轮以及用来退火的熔炉。刀匠问学徒：“这就是你的估值吗？给我吧，凭借头脑和技能，我们可以将这块生铁做成什么，我会用行动向你展示。”他先把铁棍拿去熔合，碳化成钢，接着抽拉出来进行铸造和回火，然后加热到白热，插入冷水或冷油中以提高其韧度。接着，刀匠谨慎而耐心地打磨着。当这些工序都完成以后，他把生铁锻造成的刀拿到铁匠学徒面前，炫耀这个价值2000美元的战利品。只会将铁棍制造成马蹄铁的学徒看得目瞪口呆。对于学徒来讲，刀匠的境界和技艺已经很高了，生铁的价值也已经获得了很大的提升。

但是，这时走过来另一个工匠，他看了这把刀，笑着说：“如果没有别的好办法，拿它来做刀身自然是不错的。不过，我对生铁有些研究，知道还有更高级的方法可以将它加工成更贵重的东西。它的价值绝对比现在的高出不止一倍。”

这位工匠的领悟力更高，受过的训练更充分，技艺更加精湛，这些都使得他的视野更宽广，理想更远大，自然也就看得更远，超越了马蹄铁和刀身——他可以用肉眼将这块生铁制造成为显微镜下才能看清的最纤细、最精密的编织针。比起马蹄铁或者刀身，那些肉眼无法看见的编织针，要求更精密的技能和更精巧的工艺。他的产品比起刀匠的价值又提升了数倍，而他也认为这块铁片的所有价值已经被自己开发殆尽了。

但是，山外有山，人外有人。接下来的这位工匠，凭借更好的训练、更精细的方法、更大的耐心、更高的技能，让自己的产品轻松超越了之前的马蹄铁、刀身和编织针。他将这块生铁做成了钟表的精密发条。相比其他人只看到马蹄铁、刀身和纺织针，只看到其潜在的数千美元的价值，能看到生铁有上万美元价值的人，对自己富有穿透力的眼光感到自豪与得意。

可是谁也没想到，一个技艺更高超的艺术家出现了，他告诉大家这块生铁还没有实现最高的价值。他说自己可以给生铁施加魔法，创造更大的奇迹。他知道一些高端的冶金技巧，可以控制生铁并使之变得有弹性。这种方法全世界并没有多少人能掌握，但是他可以。他说，在给钢铁回火时把握时机，在钢铁即将变得坚硬和锋利之前，可以让它变成为一块“柔软”的金属。而这块铁棍将拥有全新的固有性质——柔软而有弹性。大家都觉得太不可思议了。

利用铁棍这种柔软的性质，这位眼光长远、富有洞察力的艺术家想到了用它来做弹簧。他懂得如何使流程臻于完美，也明白怎样提升金属的内在结构。对于他而言，即使是一根纤细的钢丝也可以拥有神奇的力量。他在生铁上施加了许多道提炼和回火的程序，历经无数的艰辛劳作，他实现了自己的预想，成功地将其变成一卷精细到肉眼几乎无法看见的弹簧丝。他改进每一道钟表发条的制造工序。他将这块生铁的价值提升到100万美元，而这相当于同等重量的金块的40倍！

然而，还有工艺精湛绝伦的工匠，他用这根铁棍生产出来的产品更是鲜为人知，甚至于百科全书和字典里都无法查阅到。他从这根铁棍截取了一小块，用精致的技巧和令人叹为观止的精度，进一步开发出铁棍的潜在价值。相比前面制造钟表发条和弹簧，他的产品要昂贵许多倍。他用铁棍的一小块做出了一套牙医用来拉抽牙龈神经的、带有精密倒钩的器械。其价值高达25000美元以上。按一磅（约合454克）金子价值大约在250美元，粗略地算，同等重量的这样一堆纤细的、带倒钩的细钢丝，其价值恐怕要在黄金的100倍以上了。

这听起来很神奇，但也许还有其他的专家能进一步提升这件产品的价值。总之，在这块金属被不断拉细，直到其颗粒在空中漂浮以前，我们无法预测它还有多少开发的空间？或许那是无穷尽的。

当然，任何潜力和价值的开发，都不是一蹴而就的事情，需要通过眼睛、双手和感知的训练、依靠决心和勇气、通过持久地辛勤劳作才能实现。

一块粗糙的金属在经过加工和锻造，在价值上尚且能够获得如此神奇的提升，那么，对于一个人的潜力的开发，谁又能设定出限度呢？况且，在提炼一块钢铁上面，顶多只有数十道工序，然而一个人心智和个性的发展，却可能有成千上万种选择，其中蕴含的可能性，可能开发出来的潜在价值，将是无法预估的。

不过，一块钢铁只不过是没有生命力的、依靠外力施加改变的东西。而人却是一个自身不断相互作用和反作用的力的集合体，而且个体自身拥有真正统治力和控制力，这将决定着一个人的人生选择和发展方向。所以，在无限的可能和潜质面前，最终的决定因素不是其他人或物，而是人本身。

人的天赋有大有小，这些看似与一个人的成就息息相关，其实并无直接关系。一个人想要获得最终的辉煌成就，最重要的不是靠天赋，而是依靠终生的教育和历练，依靠自身对理想的不懈追求和不断地努力，将“人生”这块生铁进行熔合、锤炼和塑造才能达到的。

一块生铁若想变得更坚固、更纯粹、更有弹性和柔韧性，能够用来成就任何一位工匠的梦想，能够实现更高的价值，那么这块生铁就必须经受一次次的打击和锤炼。正像那块生铁一样，我们的人生，如想实现自身最高的价值，也需要经过千锤百炼。那些忧虑和渴望的折磨，那些炼狱般的天灾人祸，那些逆境和困难的考验，那些反对者的打击，那令人心寒的回绝……所有的这一切，都是通往成功的必经之路。只有克服和战胜它们，最后才能攀上成功的最高峰。

正如不同的工匠看到那块生铁身上的价值不尽相同一样，每个人的人生价值都可能大相径庭。如果我们能看到的只是马蹄铁或者刀身，那么付出再大的努力和奋斗，我们终其一生也无法制造出精密的弹簧丝。而唯有视野广阔、志存高远，用自己的感悟力和洞察力看到自身潜在的最高价值，并以艰苦奋斗的决心，忍受各种严峻的考验，付出汗水和泪水，方能有朝一日换来成功的喜悦。

那些目光短浅的人，终究无法升华自己的人生价值。这些失败者和平庸之辈，他们无法达到完美，反而可能走向罪恶的深渊。就像一块生铁会被某些化学物质所腐蚀，并因此生锈和丧失价值一样，如果长期怠于加强自我修养和完善，一个人的品性也会逐渐败坏和恶化。

但是，很多人认为相比那些有天赋的人，自己天资过于愚钝，很难实现较高的人生价值。其实这是一种自卑自贱的想法。就像一块马蹄铁也会变成精致的弹簧丝一样，只要我们有决心，有毅力，不辞辛劳地学习，锲而不舍地锤炼，必定能够完善自我、提升价值。看看昔日的学徒印刷工富兰克林、纺织工人哥伦布、奴隶伊索、刀匠之子多姆斯典恩斯、乞丐荷马、普通大兵塞万提斯、砌砖工人本·约翰逊、还有潦倒的车匠之子海顿……他们都是凭借着努力与毅力，提升了自己的能力，拓展了自身的价值，直到出人头地。

科学数据表明，不论男女，每100个孩子在出生之初，其天资上的差异其实并不大。然而，其中可能就有这样一个孩子，尽管他的天赋并不比别人好，甚至还不如人，但是他从不抱怨自己运气不佳，也极少杞人忧天，他比别人更早地懂得学习锻炼，不懈努力，那么当其他99个孩子享受当下或困惑未来时，这个孩子却在默默地将自己的价值提升了100倍、500倍，乃至1000倍。

同样一块粗糙的大理石，有些人心中会联想到美丽纯洁的天使，而有人心中却只想象出丑陋可怕的恶魔。同样的一块材料，有的人能用其建成宫殿，而有的却只能搭起陋室。能否实现人生这块“材料”的最高价值，完全取决于你自己。

如果你有远大的志向，如果你有坚定的决心，如果你有足够的勇气接受磨砺，那么经过无数次淬火的考验，你定能炼成真金。

第二卷

# 积极心态的力量

[美] 诺曼·文森特·皮尔 著

# 第一章
# 改变从自己开始

人生可以是篇华美的诗章，迎着旭日和风赞颂美好的一切；人生也可以沉浸在哀婉的咏叹中，只有灰烬与寒冬相伴。你会选择哪一种？积极向上，或是消极抑郁？

为了你的家人，以及你心中渴求的绚烂光环，你必须奋发有为，而让种种阴郁的念头离你而去。

## 从改变自己做起

对于志向远大之人，改变世界才是生活的首选目标。可要记住，首先要改变的是你自己。如果你是正确的，那么你的世界也会是正确的。拥有一颗积极的心远胜过一切虚荣，困难与压抑终将在你的世界中隐退。

当然，每个人总会有弱点——伤感、失望、恐惧、愤懑，种种情绪挥之不去；你还会酗酒，为了女人哭泣。为什么许多人会深陷于自卑情绪中而痛苦呢？其实他们的真正弱点便是“不想成功”。所以，他们便有意无意地强调自己的弱点，似乎处处都不如他人。可无论是什么，我可以明确地告诉你，你终究不应该被打倒。

事实上，每个人的性格中都有优点和弱点。问题是，你所强调的是“硬币”的哪一面？你靠什么来生存？后者会让你愈来愈弱。看到优点，你将会愈来愈坚强。只要你愿意，扼住弱点的咽喉，深情注视你的优点，你终将是强者。这也是一种信仰——用崭新的思想改造陈旧的身躯。

再者，更多的时候，你是在自我想象中贬低自我。正确接受自我才是改造的关键。自卑的人总是让目光沉寂在寒噤中，他们只能看见那些想象中的弱点。他们挑选出小缺点，然后又费尽心机使自己相信，“因为这个弱点，所以不能成功”。成功、快乐和坚强，这些美好的字眼距离自己并不遥远，你完全可以主宰自己。一旦迎向光芒，温暖就此升腾，而自卑的阴影将会抛诸脑后。

更多的人介于成功与失败之间，他们的弱点便是气馁。他们总在成功的前一刻停下脚步，有时仅仅需要多坚持一秒，便可以获得成功。多么可悲！这时他们所需要的，也仅仅是换种态度，用积极的信仰去武装自己。

事实上，你的生命可以变得更坚强、更富光彩。坚强的信仰、深刻的理解和无畏的奉献将会为你开启人生之门。你会精力充沛地表现出卓识远见，进而影响你身边的人，改变自己的世界。

## 积极应对人生困境

我想告诉你，有一种幸福的人，他们总能有正确的方法解决人生问题。他们遵从简单而实际的方式，用一次次的成功去获得幸福。这些人也极其平常，无论哪一点都与你我无异，面临相同的问题，在种种平常的烦恼中寻找出路。但他们总有恰当的应对方式，解决各种困扰。其实，把握住恰当方式，你我也会同样幸福。

解决人生问题之前，先要衡量我们自身，有没有具备解决问题的力量，再做出切实计划，然后才能付诸行动。但更多的人往往缺乏这种计划性，面临人生抉择时无能为力，他们在精神情感上毫无准备。

一位董事长曾告诉我，他完全相信“人的紧急应对能力”。这个理论的确可以成立，人在遭遇紧急事情时确实具备特别的能力，这种能力潜伏在日常生活中，一旦发生事故，便能发挥出来。

聪明的人可不会让潜力虚耗，他们会在在日常生活中发挥出来。所以，在处理日常事务时总比常人更有效率，更富精力。他们从不惧怕遭遇难题——“你碰到了一个难题？那很好！”为什么？因为解决了一个个的难题，就意味着取得了一个个的胜利，成功之梯上的阶梯便为你铺就。取得了一个胜利，就增长了一些智慧。聪明的人每碰到一个难题，就会积极地抓住它，让自己成为一个善良而富有智慧的人，这就是成功。

任何人都会遭遇难题，顺境总伴随困惑而生。宇宙遵循着自然规律在不断变化中，并不因为你的柔弱而生怜悯。对你来说，成败完全取决于心态。用你的睿智去控制你的情绪，用积极向上之态度去左右环境的变化。你能规定命运的走向，用积极奋进之心应对种种变化，一切终将归于圆满。

作家罗威尔曾说：“人世之不幸如同一柄利刃，可以为我所用，也会让我们鲜血淋漓。那要看你握住的是刀刃还是刀柄。”被困难的稻草压垮，还是重新点燃生命之火，这取决于我们的态度。可要准确握住刀柄，或许并不容易，你需要合适的方法。懂得利用技巧去点缀人生，才称得上智者。

在处理困难之前，我必须告诉你，人生之所以精彩而没有落入平庸的深渊，正是得益于这些看似可怕的困难，你应该感到高兴的事情。无论困境如何面目狰狞，它总是不可缺少的养分，培育着人生之树，刺激我们的向上之心。可以说，正是这个辉煌的标记展现出人生的精彩，恰如勋章闪烁一般，愈多愈见持有者的卓越不凡。

面对难题，你只需沉着应对。可如果你的内心无法保持冷静，你就只能败下阵来。急躁不安的我们总是急切地想着应对之法，内心颤动不平——必须采取某些行动。可当你心慌意乱时，想要找出理性的答案似乎不太可能。唯有平静的心灵才能诞生出理性的光芒。

所以，我要强调这点，学会用沉默来应对困境。卡莱尔曾说过：“沉默是走向伟大的初始。”以沉默来调整你的心灵，让睿智得以浮现。主要的诀窍是让你自己能完全放松，深入信仰的静谧中。如此便能冷静思考，困境自然会迎刃而解。

另一个处理困境的诀窍是，绝不放弃、绝不后退。当诸事不顺而你也疲于应付时，你该怎么做呢？你必须努力不懈，对未来有所憧憬，以诚意信仰之心去坚守成功。伟人之所以能彪炳史册，便是由于他们的坚持，身处困境却不堕信念。

获得胜利的另一个因素是信心——“相信你能，而且你一定能。”信心恰如利器，当你握紧它时，胜利近在咫尺。人之所以被击败就是因为心灵陷入困顿，自认为疲弱。学会相信自己，上帝会伸出援助之手，困难终可征服。也许你一时还不够强大，但不要忘记，成长是你的本能，心灵会日渐强大。换句话说，你可以比一切困境更为强大。

积极向上之心教导我们，请停止与自己的对抗，用强势的心态替代羸弱的灵魂。困难只是成长的滋养物。俄罗斯有一句谚语：“铁锤能打破玻璃，更能铸造精钢。”愿你如钢铁般坚强，以千百次锤炼去磨铸你的意志和力量。

杰出的领导者都会遵循这条人生哲学。艾森豪威尔总统永远铭记他的导师——自己那位睿智的母亲。她的明智源自虔诚的宗教信仰，用自己的诚挚信仰去塑造子女，赋予他们强大的精神意志力。根据艾森豪威尔的回忆，一家人在安静地玩牌，可他总在埋怨自己的手气。这位母亲教导他“接受自己的牌，那是你抓来的，生活也就如此”。

# 第二章
# 幸福与自信：成功者心中的力量

比起成年人来，儿童最懂得享有幸福，在生活的某些方面，他们可以被看作专家。而那些能够始终保有赤子之心，以致垂暮之年尚能安享生活之美的人，更可称得上是一种天才。年轻人所特有的天赋便是，他们知道如何把握幸福，只是这种天赋太易消磨。生活之繁复，让我们的精神日趋衰老，让我们在迟钝和疲倦中失去纯真。

## 保持一颗年轻的心

“幸福是什么？”我九岁的女儿伊丽莎白给出了自己的回答：

“告诉你吧！幸福是我身边的每个人。我的玩伴们使我感受到幸福，还有我的老师，我喜欢学校里的每个人。还有，我喜欢上教堂，在礼拜日遇见的那些人。我爱家里的人，我的姐姐弟弟，我的爸爸和妈妈，在我生病时他们都关心我，家里有了他们才会温馨。”

这便是伊丽莎白的幸福。在她的回答中，无论是和她玩耍的朋友（这是她的伙伴），还是经常去的地方，比如学校（这是她读书的地方）和教堂（这是她做礼拜之处），最后是她生活的家庭——姐弟和父母。这就是幸福，极其单纯但又是最为高尚的生活方式。

我也曾向少男、少女们提出相同的问题，并认真记录下他们的答案——如此美妙，愈发让我感悟到生活之美：

“有一只雁子在水面游动，把头探入水中，清澈的湖水倒映着它的洁白羽毛；水流飞溅，前行的船身迅速地划过湖面；跑得飞快的列车；伸长臂膀的工程起重机；小狗的眼睛……”

“倒映在河上的街灯；树叶上洒满阳光，其间隐漏着红色的屋顶；烟囱中冉冉升起的长烟；红色的天鹅绒；从云间透出光亮的月儿。”

虽然这些答案并没有清晰地告诉我们，那一刻他们的全部感受，但这些只鳞片羽无疑是美丽的，甚至可以说是宇宙所营造出的精美殿堂。想要触摸这华美殿堂的一角，请记住：荡涤尘俗，让心灵在清澈中窥见浪漫的眼神，保有赤子之心，用单纯的生活培育平凡的幸福。

## 让幸福成为习惯

“我觉得幸福，这只是一种习惯罢了。”事实上，是我们自己制造了不幸，心中惯常的想法会决定人生的方向，当然，我们也可以创造幸福。有一位名人说：“困苦的人总在愁苦；心中欢畅者，则常享盛筵。”这便告诫世人，培养愉悦之心，会让生活成为一场欢宴。幸福只是一种习惯，它是生活的累积，作为生活的主人，我们完全可以刻意造就一场动人的幸福。

如何让幸福成为习惯，需要借助思维的力量。请先拟订一份清单，记满有关幸福的所有畅想，每天都去看看，让不幸的想法从此摒除，代之以幸福的念头。当白昼重新来临，不妨先在床上舒畅地想着，让一天以幸福开始，感觉静静地流转在心中，描绘出一幅幸福蓝图，去迎接所有挑战。如此一来，不论你遭遇何事，你都会积极面对，甚至将困难与不幸扭转为幸福。当然，倘若你一再告诫自己：“事情不会那么顺利的。”你便是在制造自己的不幸，“不幸”已经将你围绕。

幸福需要和谐的人际关系，多多了解别人。要知道别人不可能和你完全相同，不同的思考方式，不同的喜好都会带来差异。当你认识到这一点，你便能积极地与人相处，急人之急，应人之需。

不要苛求他人，要知道，磁铁互相吸引，正源于相反的两极能够互补。为人也是如此，性格相反往往可以成为挚友。一个乐观向上，雄心勃勃的人不会缺乏能力与意志力。可当他碰到一个极容易满足而时常表现出羞怯情绪的人时，他们似乎成了相见恨晚的朋友。也许对方的机智和谦逊正是自己最好的补充，甚至对方的缺乏自信心也成了优势。他们联合以后，便可融合各自的优点，缺点也就互相抵消了。同一个性格恰好相同的人结了婚，他们一定会感到幸福吗？答案也许是“不”。

再看看孩子与父母的关系。许多不幸的家庭中，孩子们并不了解、也不尊重他们的父母。这是谁之过？是孩子的，还是父母的，或者是双方的？

语言交流极其重要，既能相互吸引，也会造成对立。你可以被认为是一个绝妙的人！可有些人不是这样想。他们反应不当吗？还是故意抱有敌意？可不要忘记，他们同你一样理智，他们也总是通情达理。他们那些令人不愉快的反应，可能是你造成的，你的所言所行确实失当了，也许仅仅是你那不友善的语气透露了心中的想法。要认识到这点并不容易，可要想改变，你就要主动地改正错误，这或许更加困难——但是你能做到这一点。别人既然不喜欢你说话时的语气态度，你就得注意，避免再次冒犯别人。

即使是他人的过失，莫名其妙地向你怒吼，让你心中不快。那你怎么回应，你如果也用那种声音对别人叫喊，他的感受也是一样的。所有人的反应都是如此，不会因为关系亲密就会改变，哪怕是你的家人或是亲友。

即便你出于好意又受人误解，请不要急躁，再次表明自己的真实意图，消除误会。你喜欢被人称赞，也喜欢被人铭记。将心比心，如果你称赞别人，写一封短信表达自己的思念之情，他们一定也会高兴。

分离既久，唯愿鸿雁传书，一封封满含情意的书札将会让焦躁的分离变成心灵的蜜月。许多分居两地的人之所以能步入婚姻殿堂，正是因为信笺传递着他们的爱情，而无视空间的阻隔。

书信是一种绝佳的交流方式，增进理解，培养感情。它有一个绝佳的优势，不必面对尴尬的场景，可以自由地表达各自的真实感受。这不受任何制约，马克·吐温在婚后依旧书写情思，传递他对妻子的深厚情谊，他们并没分离，他们在家中依旧用这种方式过着真正的幸福生活。

信笺是提炼思维的最好方式，你把思想提炼在纸上，可以借助回忆过去、分析现在，你会越来越清晰地描绘未来图景。一旦提起笔你就欲罢不能。当然，书信需要往来，为了方便别人回信，你可以提些问题，让他也成为作者。你就可以体验到收信人的欢乐。

你可以让收信人按照你的指引进行思考。经过周详地考虑写好信件，收信人读你的信时，信中令人鼓舞的思想将不可磨灭地深印在他的记忆里，而他的理智和情绪就会沿着你指引的路径前进。

## 拥有美好的姻缘

对于某些人来说，婚姻是一座迷宫。能够进出自如，安享婚姻的乐趣是一种成功。当人们建立起亲密的关系，这就意味着，双方能互相鼓励，互相合作，共度幸福而健康的人生。在这种和谐的婚姻关系中，子女们也会倍感温暖，互敬互爱。家庭本应是播撒幸福的场所。

婚姻中的男女往往面临许多敏感的困惑。两个不同的人彼此调整成为一种亲密的结合，这可绝不能期待运气，必须建立起明确而实际的计划，双方借此得以成熟。而子女们也能享有充实而圆满的幸福人生，这正是婚姻的目的。快乐的婚姻能让夫妻及子女获得最大的满足。

我们常听到婚姻的双方抱怨彼此。比如缺乏共同兴趣。丈夫每天一大早上班、下午六七点钟回来。他从不把一天的工作情况讲给妻子听，妻子也不感兴趣。而妻子呢？她每天的生活就是逛街、购物。又总喜欢把这些琐事一一讲给丈夫听，不管丈夫认为这些有多么无聊。结果，彼此的兴趣差异越来越明显，两个人越来越难以沟通。许多女性有意或无意地将自己视为一件艺术品。

婚前受到父亲的照顾，结婚之后，这个保护者的角色理所当然由丈夫取代，如同一个长不大的孩童。在这种心态驱使下她们想处处受到宠爱。婚姻的全部，便是丈夫要提供幸福，而她只需要享有一切。但是，事与愿违，没有哪个丈夫愿意扮演爸爸的角色。他期待的伴侣是成熟的女性，对于生活能有共同的奉献。如此一来，妻子因为观念错误，而对丈夫有了强烈的不满，他们的婚姻便面临解体。

夫妇间要培养成功的婚姻，关键在于双方都要成为成熟的人。“好莱坞式的爱情”总用花前月下的动人场景感染着我们，可放在现实中，这种浪漫的观念已经危及我们的婚姻生活。

两性间的兴奋可以造就幸福婚姻，可许多年轻的夫妇却偏执地认为，性即爱情，当性的兴奋消去，爱情也将丧失。他们不肯在性以外取得协调。夫妻双方性关系失调，的确会造成严重的后果，可生理方面的关系绝不是婚姻生活的全部。性行为不能视作单纯的生理行为，更是两个人精神上合二为一时的神圣行为，是爱情之中最高尚、最纯真的情绪表达。《圣经》上说：“汝等合为一体。”请你注意，我们讨论性爱一事，正是因为婚姻生活中的精神因素是如此重要，它才是真正的力量来源。有了积极的精神力量，我们才能克服婚姻中的所有难题。

沦为自己的俘虏最为不幸，遭遇自卑感的侵袭，背负不幸命运的重荷。如此的人生，还能得到拯救吗？毫无疑问，自信足以克服自卑，若能采取适当的措施，痛苦也可轻易地去除。

## 改变自卑，自信让自己更有力量

自卑从自我的精神中萌育，而为何形成，其原因又扑朔迷离，也许始自孩提，又或者是别的什么因素造就。

有一位企业家相当看好公司内的一位年轻人，想大力栽培他以成为事业上的助手。这位年轻人能力卓著，可有个缺点却阻碍了他的前途——他太多话，无论什么秘密，只要让他知晓，必然泄露无疑。他因此无法参与公司的机密，前途堪忧。

经过心理分析，这位年轻人之所以守不住秘密是由于自卑。换言之，他是为了弥补自卑感才忍不住向他人透露秘密，以炫耀自己。原来，公司里大都是相当优秀的大学毕业生，然而这位年轻人却没有他们幸运，他自幼生长在贫穷家庭，没能进入大学校门。因此，自觉出身贫寒的他为了与伙伴取得平等地位，无意中用炫耀来弥补自我压抑的潜在意识。

这位年轻人多次参与公司的重要会议，也经常陪同上司参加各种会议。因此，他能轻易地得知有关资讯。这些所谓的内幕消息便成了年轻人炫耀的法宝。这的确满足了他本人的自我表现欲望，在同伴钦慕的眼光中，他感到了前所未有的成功。

幸而他遇见了一位知人善任的企业家。当董事长注意到年轻人这项缺点时，便给予了他适当的工作职位，让他既发挥才能，也逐渐了解到自己的性格弱点，不再泄露秘密。经过自觉自省，年轻人终于能够恢复自信，终担大任，成为公司的精英分子。

自卑感往往躲藏在我们人格的深处，笼罩在迷蒙的过去，在我们的人格理念中，足以构成成长障碍。其形成因素多样，或者是由少年时期所遭遇的感情挫折、甚或被某些记忆深刻的环境左右，在这些内外交集中灵魂困顿不已。

举例而言，你有一个近乎天才的哥哥，在他优异的成绩面前，你总是无颜以对。一个看似简单的事情，极有可能成为你终生的包袱，每当信心稍有所动，它又会将你死死压住——你觉得自己这辈子再怎么努力也不及他的一半。你给自己画了一个无形的圆圈。从此，你如同自缚的蚕蛾，不敢期待炫目的阳光。事实上，那些在学生时期总获得优等成绩的人，日后未必能成为大人物。究其原因，他们的学业成绩成了成长道路的羁绊，迈出校园后，他们便停止了追求，很难有优异的表现；反倒是那些在校成绩平平的人，一心想在社会上博得一席之地，于是努力不懈，成为佼佼者。此番事例比比皆是。

病态的自卑感侵蚀着我们的心灵，让怀疑心态根深蒂固地左右着我们的生活。以坚定的信仰充斥内心，方能遏制它的肆意蔓延！这种做法虽然听起来并没有什么惊人之处，但是它的确能让你的灵魂更加纯净有力。坚定的信念会给予我们莫大的帮助，不再有不安和软弱，长久以来由于消极的观念所设置的障碍，也终将破除。但是必须要注意的是，一定要抱定信念持之以恒，方能真正地完成自我。

困难一旦累积，任何人都会耗尽心力，让自己不断衰弱而濒于崩溃。就如同身悬半空，你只能窥见身下的无尽深渊，早已不知道双腿还能攀缘。失魂落魄之下，你的所有能力均化为乌有。此时，能拯救自己的唯有冷静，务必重新衡量自己，评估自己的所有“资产”。如果能够以合理的态度应对，无疑会有助于你认清事实，进而化解困境。

我们遭遇到的任何困境，无论多么糟糕，甚至近于绝望，若能以正确的心态应对，其后果或许并不那么可怕。由此我们得出一个结论，决定事情走向的是你自己，不妨问问自己：我对这件事情怎么看呢？千万不要在采取措施之前，已经在心态上败下阵来。如果能秉持自信和乐观之心，你便极有可能克服逆境，直至反败为胜。

这是一个相当特别的人，不仅拥有卓越的才干，更是时刻显得充满自信。他是公司的伟大人物，简直无人能比。每当同事们陷入困境，他便会立刻施展自己的魅力打消他们的悲观念头，继而冷静地分析，引导他们重新审视问题。可以说，他是这家公司的“精神导师”，是一切乐观氛围的创造者。事实上，他的最大能力就是拥有自信。自信是一个成功人士必备的优良品质，它能让人客观冷静地看清事实，避免为病态的自卑感所控制。是成为自己的主人，还是沦为自卑的奴仆？正是我们所面临的重大抉择。我们需要矫正心态，保持积极健康的心态，才能不堕“牢狱”。

因此，当你有了挫败感，感觉颜面尽失时，不妨冷静地坐下来，在纸上记录下思想。不要肆意地诅咒，不妨把你的对立面赞颂一番，集中心思去应对挑战。用这种方式激发内心的力量，全力以赴地扭转局面。

自信往往只是某些人的习惯，他们的思想意念储存着能量。以心灵的至大之力去应对生活的纷纭复杂，正是生命强者的写照。而羸弱的灵魂总是亲近失败的念头，自然输掉了人生。不妨让阳光照进胸膛，也能泰然处之地看着潮起潮落，借蓬勃之生命谛听宇宙之静谧，这该是一次多么美好的生命历程啊！贝希鲁金曾说过：“放肆起来吧！你将手握至伟之力量。”这本就是诚挚的信仰程度，愈纯净地信仰自己，愈能清晰感觉生命力量的潮汐往来。

让信仰的力量扎根心底，让静谧的自信去除疑惑。这便是我寄予大家的期望。

# 第三章

# 人际关系：激励自己与他人的力量

有付出才会有获取，赢得他人的喜爱，总需真诚地付出。如若另有所图，你虚伪地表达喜爱之情，终将无所得。当然，以诚相待并不容易做到，习惯于自我生存，太多的人丧失了一种基本能力——喜爱他人的能力。

## 真诚地喜欢他人

缺少真挚情感，光靠嘴巴，你永远不会喜欢上别人。然而对幸福的人而言，这非常简单，“喜欢别人”只是一种简单的生活方式。我却不会就此轻视这种能力，它是训练有素的标志，是一种成熟思维的特有产物，唯有积极向上之人才配拥有。对于这样的人来说，他们不只是积极地对待自我，同样积极地对待他人及世界，他们不会只关心自己。在这些人心目中，以自己的付出赢得他人的敬重，应该是生命意义之所在。哲学家威廉·詹姆斯说：“希望得到他人的敬慕，这便是人性中最强烈的欲望。”人人都是如此，他人也希望得到你的敬慕。可如果过度地着眼自己，你又怎么会有精力去关心别人呢。既然如此，你也休想得到他人的关怀。

要真正地关心别人、用爱来激励他们。爱是一种奇妙的药剂，它使施与者和接受者都变得更加美丽。虽然不求回报，双方的心灵总归得到滋润。或者，这就是衡量友情的最佳标尺。最好的朋友总会让你变得更加优秀，他们用真情培育你的潜质。由此，你便可以识破假象，寻找最为珍贵的感情。同样，当你帮助他人达至善境，你自然赢得他人的敬重，愈是在艰难的处境，你的理解和耐心愈加能打动别人。

行动和语言是思想的前驱。而行动有时甚至比语言更为明晰。借助直接的表现，我们完全可以绕过虚假的言辞，达到心灵的契合。可不幸的是，我们有时又错过了真挚的言语，不知道倾听也是一种艺术。当别人处在困境，我们不是时刻都需要提出建议，也许只是需要沉默，一种简单的姿态就可以把耐心与宽容传达给对方，这便是一种爱。

受欢迎的人大多也拥有特殊魅力，他们知道如何理解别人，让别人接受自己。他们知道，过分的自我是友爱的壁垒，也是压垮自己的负荷。那些生活的失败者，常常不懂得正视自己和他人，总会遭遇挫折，内心愈加痛苦，他人便成了地狱。他们缺乏必要的交际能力。

经常关心他人，既是一种施与，也是对自己的恩赐，这无疑会增加你获得成功和幸福的概率。你可以向他们提供建设性的意见，当然这是建立在诚心倾听的基础上。帮助别人是一门艺术，一旦深入其中，你必能在别人持久的关爱中寻找到幸福。

## 不要轻易发火

所有受欢迎者有着同样的优点，也拥有相同的特质。他们脾气温和，超越凡俗，不事纷争；他们生活积极，优雅诙谐。与之相处，当是一种绝大乐趣。他们的内心早已充斥着上帝赋予的优雅，沉着冷静地应对世事。

萨迪·邦克夫人就是这样的人。65岁高龄的她，仍被别人誉为“飞行祖母”。这个称谓源于她的梦想——自由地翱翔蓝天。三年前，她开始为少年时的梦想奔波，不停地学习、训练，终于拿到执照。难以想象，本该安享晚年的她，没有坐着躺椅，与儿孙嬉戏，现在却开着自己的飞机开始了艰辛的旅行。也许是嫌弃单人飞机的翅膀太过短小，无法直冲苍天，她又去做个桀骜的大鹰——考取了驾驶波音机的资格。据她所说，每人都应该驾着飞机上下翻飞。也唯有她有这样的自由，一旦心情不好就驱车去机场，把飞机开到7000英尺的高空。习惯了陆地上狭小视野的我们无法想象那种宏阔的场景，周围的一切开始延伸。她说：“当你在高空俯视大地时，万物都变得活泼，甚至连地面竖直的人也如同从林工蚁一样灵活了。”

我不能就此鼓励大家也去俯瞰大地，我们大都无法用这样的方式排解忧郁，但我们还有心灵。想象一下，我们的灵魂正在升腾，世俗纷扰正如原本宽广的大地一样，在脚下匍匐，在延伸后低小起来，这便是心灵境界的超越。你的心境愈加高远，外界的烦扰愈加对你无力，与你相处，他人也能分享到这种心灵自由的快感，所以你完全可以保持超脱的心境。

遭遇批评，你又何必动怒，狭小的境地正在伤害着你的感情。尝试那种升腾的感觉，你一定会欣然接受，如同俯瞰大地一般处之泰然，这便是积极的思维方式。把别人的批评转化为激励，用阳光播撒大地，你一定能吸引更多的朋友。前总统赫伯特·胡佛一度成为美国人批评的重点，几乎所有的人都对他的言行嗤之以鼻。可现在身为政界元老的他，受到两大政党的尊崇。是什么让他挺过困境，无视争议，冷静地奔向人生目标的呢?

请听听总统的回答：“每个人都有自己的头脑。当我决定从政时，已经仔细思考过了。我知道从政意味着什么，也准备好付出任何代价。我将遇到最尖锐的批评，即便如此，也不能阻止我的从政之路。所以一切都在我预料中，碰到再尖刻的批评我也不感到惊讶。有所准备，并能积极应对了。”答案似乎就是三个字——“平常心”。保持平常心，我们便能以正确的心态正视之，无畏批评，不受伤害。

即便遭遇尖刻的攻击，你也尽量保持和缓的神情，以行动传达你的爱。就像《圣经》中所说的那样："要爱你的仇敌，为那逼迫你的人祷告。这才是天父的子民，阳光照耀善者，也照耀歹人。雨露施予好人，也予不义之人。"践行这些箴言，你会收获神奇的效果。它可以使你在面临痛苦时，仍保有一颗平和宁静的心。而别人在无意攻击后，观你此行，自当为你所折服。事实上，人人皆会爱人，都有同情之心。你的不幸遭遇当然会打动别人，而你的善意行为更会征服众心。受批评者以德报怨，以爱待人，他所赢得的朋友远比树立的敌人为多，即使不明真相者与你为敌，当总归获知真相。爱你的敌人本来只是善待他人的一部分，也是获得敬重的最巧妙方式。要知道恨一个人很容易，而你就会神情沮丧，这本身就是对自己的惩罚。一旦品尝到失败和痛苦的滋味，你距离爱与幸福就会更加遥远。

与那些优异的人相处，你会折服于他们的向上向善之心。他们极善于引导别人，为别人带来希望，用勇气和力量完善他人的品质。而勇气、力量和希望正是我们久已渴望的良好品质。所以，当我们受到精神上的鼓舞，又怎能不牢记这些人的恩惠呢？他们是有着真正信仰的人，依靠坚定不移的信念予我们分享信念的伟大力量。

如果你期望得到别人的喜欢，不妨做一个内心强大的人，用你坚定的信仰来鼓舞他人的士气。你所给予他们的额外灵感，既能赐与他们力量，又能将炙热之情传导于心。如此，你将会在他们的心灵中永远占有一席之地。

## 发现他人的优点

也许有人会怀疑，人人均不相同，也不可能都是性格完善的人，想要喜欢每个人根本不可能。固然，我们不是天生就喜欢他人，我们的爱心也是在不断培育中。但是，如果愿意了解对方，你不难发现——上帝在每个人的心中都投下一抹阳光。其实，每个人都有其可贵的一面，你可以发掘，直至让那抹光亮迸发出来。

生活中常见这样的人，他对于某些人常存有强烈的憎恶感，而他本身又树敌众多。身处这样的境地，自然急欲改善，否则任由其恶化，不免酿成恶果。他尝试着，一点点发现别人的优点，哪怕是最令他憎恶的人的优点。他做了记录，又反复翻阅看，直到深入内心。结果他的糟糕情绪果然得到改变。既然这样，他又开始想办法改善彼此之间的关系，他做了许多种方案，又慢慢地付诸实践。如此一来，他竟惊讶地发现，那些恶言以对的人也对他报以微笑。到这时，他开始怀疑过去的做法，他无法理解过去的所作所为。

由此看来，如果你一直因为人际关系而神情紧张，毫无疑问，你完全可以改善。此时最重要的是，下定决心，积极主动地改变，一点点做起，直到有一天你会发现一切都发生了变化，你成了一位广受欢迎的人物。

## 维护他人的自尊

尊重他人，你自然会受人尊敬。一般而言，人们都有着一块不可侵犯的领地，他们都是不计代价的保卫者，自尊是任何人的最终底线。因此，一旦自尊遭受侵犯，即便收到对方道歉，大部分人都不会选择妥协，冲突的双方终归在不可弥补的峡谷两侧怒目相视。

谨记这个教训，如果你能时刻顾及别人的自尊，处处为别人着想，同为守卫者的你，自然会在各自的心上搭起最为坚固的桥梁。比如，当大伙正在围桌谈笑时，有人为了助兴说了笑话，全场顿时大笑。然而，正在气氛融洽的当口，突然听到这样的话语："这的确是一则有趣的笑话，不过在上个月的杂志里就登过了。"或许只是为了表现其优越感，而在表现自己的背后却是对他人的侵害。他所获得的评价是什么呢？而那个说笑话的人，此时又作何感想呢？后者如同劫掠者，粗暴地剥夺了别人的东西，其行为本身就充斥着暴力——他毫不顾及别人的感受，不留余地地夺走前者试图建立的地位。此举对于前者而言，不啻是一次打击，颜面有损又心情不快，甚至会涉及自尊。至于那些在场的听众，相信会有客观的尺度，既不会称赞后者的“博学”，也不会提高后者的地位。

顾及他人，尊重他人当是立身之本。为人之道便在于为人着想，善于改变立场以求得心灵上的沟通。唯有此番作为，才能受人尊敬。

## 激励自己，也激励他人

我们不替任何人作出决定，仅仅是一些鼓励就已经足够了。激励他人，让他们自助和自主行动。换句话说，我们的激励能刺激人们的内心，借助他们的内部动力达成目标。这些内部动力包括本能、热情、情绪、习惯、态度、冲动、愿望或想法，等等。

人人都渴望获得殊荣，我们便用希望点燃他们内心的力量。而我们自己却不需借助他人之力，先得激励自己，用积极之心培养优良品德，并形成自己的固有习惯。然后，你就能把握自己的命运。

之所以要写这本书，是因为我们一贯受到消极意识的侵害。当然，先得明白一点，消极意识并非没有益处，它是人类生存所必需的，在人类进化的历史中，借助它的庇护，我们能够将伤害减小到最低。

那么我们的观点是否出现裂痕，前后矛盾？不是的，我想，我们先要客观地审视自身，才会得出清晰的答案。如果能够调整好消极情绪，它对我们个人很有益处。事实上，正是消极意识阻止人类绝灭。如同磁铁拥有负极一样，这些消极的东西，反而能避免他人消极意识对于我们的攻击。

尽管在现代，人类社会显得高雅而文明，然而人类本身曾经长期处于缺少教养的蒙昧时代。在原始状态，人类普遍处于消极的痛苦环境中，人们需要用这些消极的力量，来抗拒他所面临的罪恶。社会发展起来，愈是有教养、愈高雅和愈文明，个人也就愈不需要这些消极的东西了。而现在，一个通情达理的人就该抱着积极的心态去面对一切。

弄清这些事实有助于我们对自身的深刻理解，现在再让我们认清这些消极因素。且以愤怒、憎恨和恐惧为例。愤怒和憎恨并不都是糟糕的东西，当正义充盈，出于对邪恶的强烈反对，义愤便涌入心头。当国家被敌人攻击，我们有义务保卫自己的国家，保护弱者，需要我们拿起武器发泄对于战争狂人的愤恨，以此来洗刷战争的罪恶。既然是拯救人类宝贵生命的行为，我们就视为良好品德。甚至出于必要，我们以屠杀来制止屠杀，以便完成这个使命，都可以被接受。在现今社会，警察维护治安的职责行为，与这些爱国战士的高尚举动一样，都合乎高尚道德。这便是利用消极的情绪达成人生价值的典范事例，其形式本身也许并不会得到单独认可，然而在特殊情境里又是如此必要。

至于恐惧，往往是我们适应陌生环境的必备工具。它会在必要时刻通过某些情绪上的变化发出警告，我们就会保护自己免遭潜在的危害。这并不是懦弱者的必然标尺，你可以确信，即使是最勇敢的人身处在陌生环境，也必然会经历一种下意识的胆怯，这是人类的天性。而面对恐惧的不同方式，才是勇敢者与懦弱者的分水岭，勇敢者即使意识到不利，也会积极地直面恐惧，消除恐惧对他的消极影响。

## 控制自己的情绪

我们是情感动物，这是人类区别于其他动物的明显标志。而人类的本领更在于，用成熟的理智去控制情绪。人类的心理拥有意识，因为自觉，所以可以保持自我免受外界的摆布。理智愈是成熟，其能力也愈加强大。也就是说，你愈是文明、有修养，就愈能控制好自己的情绪。

情绪的弥散特性注定其变化多端，仅凭理智不一定总是准确支配。我们的行为受到理智的引导，也会反馈回来，让理智得以校正。再者，其直接有效的优点也便于情绪调整。故而，把行动和理智结合起来，更有利于情绪的控制。当我们遭遇恐惧，或者其他有害的情绪，借此就能消除。

要想有效地达成目的，不妨使用自我暗示，也就是说，给自己下个命令，不断重复。假设你想要成为勇敢的人，多次暗示后，即使你怀有恐惧，其影响力也会逐渐减退，“记住，要勇敢！”

要成为勇敢的人就需要勇敢的行动，借助行为的力量，激励自我。

无论出于何种目的，你都需要了解自我，如此，你的激励行为才会收到效果。请牢记人类行为的十种基本动机。它们是：自我保护的愿望，爱的情绪，恐惧的情绪，性的情绪，死而求生的愿望，谋求身心自由的愿望，愤怒的情绪，憎恨的情绪，谋求认识和自我表现的愿望，获得物质财富的愿望。

懂得人性，你才会采取有效措施取悦他人，这是激励别人的前提，十分重要。要知道，你的人生扮演着双重角色——既是激励者，也是被激励者；既当双亲，又当孩子；既是教师，又是学生；既是销售员，又是顾客；既是主人，又是仆人——你总是在两种角色中不断转换。

父母大都善于激励孩子，托马斯·爱迪生就深知母亲的慈爱。当孩子感觉到温暖而可靠的信任时，他便沉浸其中，用出色表现回报父母。因为他不必将自己定位成弱者，费尽心机地躲避自己身处的恶劣环境，免遭伤害。他完全不必分心，心情舒畅地以全部心力去探索成功的可能。坚强的信任感已经支撑起，他拥有强大的灵魂力量，这就是信任之可贵。故而，爱迪生说：“我的母亲造就了我。”

用信任的方法激励别人，正是这段文字想要表达的箴言。然而信任也有所不同，善于传递积极力量，它才会有存在之意义，如若，它所包含的仅仅是消极意识，那么不理会也罢。消极的信任没有力量，正如同不善观察者徒生双眼一样。因此，请在你的话语中表明信心，坚定地告诉别人：“我知道你会成功的，所以我们都站在这儿，见证你的出色表现。”当你对别人抱有信心时，他很难辜负于你。

前文说到，书信是很好的交流方式，你可以借助信件来传达信息，它是表达个人思想和激励别人的极好工具。任何人收到信件，都会在阅读的片刻受到感染。如果你想激励别人，不妨写下充满温情的话语，用几条建议来达到目的。

假定你为人父母，你的子女远在异地求学，你就适用这种交流方式。甚至可以取得别的办法所不能及的效果。请看我们列出的条目，这些在信中都可以做到：

1. 塑造孩子的性格。

2. 毫不费事地讨论一些问题，尤其是那些当面难以启齿的隐忧。

3. 准确表达内心思想。现在的孩子并不愿意接受直接的劝告，父母当面营造的紧张氛围也无助于事情的解决。然而，他们看见书写端正、语调亲切的书信，就很有可能接受其中所提出的劝告。而一封含蕴隽永的书信很可能被孩子们反复阅读，从而深谙父母的人生智慧。

再如上司与下属的相处中，行政经理给他的雇员写封诚挚的慰问信，就有可能激励他们的工作热情。雇员致信感谢，双方都会受益匪浅。

一个人用写信的方式仔细思量，指导收信人的行为方式，同样也会有助于自身的完善。道理极为明晰，你在信中提出一个问题，就可得到一种答案，你的广告效应也就达到了。

## 如富兰克林所说

富兰克林说，他的全部成就，归功于一个公式。请看看他给我们开列的13张卡片。第一张卡片的标题是：“热情”。附上警句“要热情，就要践行热情”。威廉·詹姆士作为伟大的心理学家，已经令人确信无疑地证明了：情绪不能立即降服于理智，但情绪总能听命于行动。以生理的确定性为基础，行动本身又影响着我们的心理发展。用行为明确地传达自己的思想，你就能激励他人。

那么，怎样付诸行动？现在请跟我一起做，用热情的语调鼓动你的听众，用热情的举动支援你的朋友。为了能热情地谈话，请按下面的7点意见去做：

1. 大声地讲话！如果你的情绪已经紊乱不堪；如果当你站在听众面前怕得发抖，请大声地讲话。

2. 加快速度！当你的语速加快，大脑也在飞速运转，你的心理强度便在加大！集中精力快速阅读，用读一本书的时间，你就能读两本书，并且获得更透彻的理解。

3. 用语气加以强调！要强调重要的词，假设你的听众正等待你的指示，而发令者当然要尽量表明态度。强调那些对你或你的听众而言，显得十分重要的词汇，比如经常用“你”这样的词，就能时刻提醒对方，他要认真听讲。

4. 语气适当停顿！在书面文字中需要用顿号、逗号、句号或其他标点符号的地方，做出适当的停顿。这样，你就可以获得戏剧性的静默效果。伸缩自如的语调恰如美妙的旋律，让听众沉迷其中，也可以让他们能赶上你的思想。久而久之，你们能达成一种默契，比如，在你想要强调的词后面停顿一下，他就会意识到你在提醒。

5. 让声音带着微笑！这样，你大声而迅速说话时，就能避免发音粗哑，不至于在无形中触怒对方。面容和蔼，眼含微笑，就能使你的话音包含着微笑。

6. 抑扬顿挫！如果你讲话的时间较长，又想要对方充满耐心，这一点就很重要。你能改变音高和音量，你能大声讲话，如果你愿意的话，你还能间歇地改变成谈话的语调，伴以低沉的语调，你就会又一次引起别人的注意。

7. 不要着急！当你镇定自若时，你的语调就会充满热情。

# 第四章
# 我们要面对的敌人应该是自己

我们可以清晰地看见世界，却很少有人能用心观察。我们只是在表象的迷雾中徘徊，而本质总淹没在水底。更多时候，我们就如其他动物一般仅仅获取了生理上的印象，却无法领会宇宙的奥秘。当生理视觉出现缺陷时，我们会向医生求助，而谁又能想到，心理视觉也会被扭曲。当心理视觉被扭曲，你便只能在一层虚假概念的薄雾中东奔西窜，鲁莽又不知所措地伤害着别人。如同眼睛的生理弱点一般，心理视觉也会有近视和远视——正相对立着折磨我们。

## 心理观察也有近视和远视

如同近视的人易于忽视远方的物体，某些人从来不知道未来的模样。他们只注意身边的问题，从不为将来着想。也许有时仅需要做些准备，那些不断涌现的机会就会赐予他辉煌，但他们总是错过。不懂得展望未来，为今后的生活制订计划，这就是心理近视患者的典型表现。有心理近视的人只能看见鼻子底下的东西，在他的远方，无论是灯火辉煌还是绿叶成荫，他毫无知觉。没有远眺的欲望，他们也不可能有计划地创造明天。时间对他们来说，仅仅意味着被动等待，毫不懂得去思考时间的价值。而当他们疲于应付的时候，便又一次将心灵捆扎在荆棘中。对于这样的人，我们多希望能帮助他们，给他一颗安静地心，不要在眼前的浮躁中失去睿智，远处有更新的图景，那里才是宏伟的去处。

心理远视者，恰恰又陷入了空想，未来对他们来说，美好却无法触及。因为他们看不见近前，梦想世界的阶梯无法搭建，生活将永远因此断裂。因为他只能看到远处的东西，却让脚下的机会白白走失了。而活在当下的我们又怎么经受住这等损失？盯住眼前，又能展望未来的人将会得到丰厚报酬。想想那些发明家们，他们正是发现了眼前的问题，进而考虑到别人的需求，一个个实用的创造就诞生了，哪怕是一个巧妙的发卡，也能为他们收获可观的酬金。看看你的周围吧！要学会观察！也许宝藏就深埋在你家的后院里。处理日常事务时，如果遭遇到困境感到苦恼时，不妨看看近前的情况，筹划一下事情的进展。这时，你就会知道，一颗健康的心灵该有多么宝贵，能够洞察眼前，又可以触摸未来乃是我们最壮观的成就。

当然，需要指出一点，观察是一种能力，可以习得也会忘却，像任何复杂的技艺一样，必须勤加练习。

## 用心灵洞察他人

我们大都很自信，智慧赋予我们非凡的勇气，可面临困境时，才会发现，我们从未仔细审视过自己。我们像个盲人一样，毫不知情。比如一位自以为称职的教师，他总认为自己既懂得教育，也知晓人情。但他可能从不知道自己学生的优点，也看不见他们将来的前景，某些潜在的能力可能就此被埋没。

当然，每个人都需要改进，我们并非生而卓越者，蜕变伴随着我们的一生。再伟大的人也可能长期徘徊在疑虑中。丑小鸭在没有看到春光之前，它还在灰黑色的世界中游荡。不过，一旦他们窥见心灵的智慧，知道信心的可贵，并就此展示潜藏已久的才能时，他们会很快达成目标。

有一个孩子，他一直是老师眼里的“愚笨的、昏庸的蠢货”。爱迪生在回忆起童年的不凡遭遇时，总是称赞他的母亲。她是一位洞察心灵的引路人，她维护了孩子的热情期盼。爱迪生说：“我的母亲给我的影响使我终生受益。她总是亲切地安慰着我，富有同情心，又准确地指引我的生活。”这种建立在洞察心灵基础上的信任，往往让困惑者得以重新审视自己，正视自己的才干。也正是源自母亲的传递，爱迪生用激情去浇灌着自己。而正是这种审慎的态度，让他感受到了洞察力的可贵，他认真地思考，以创造人类的未来。

仅仅依靠听闻未必能够用心其中，倾听却会让你洞察一切。请你精心应用这一原则，在生活中汲取精华，使睿智成为灵魂的一部分。当你见到新鲜的东西，就请问问自己：“为什么？”用心去体察它，你可能会有惊人的发现。

## 把握崭新机遇

当我们用心去接纳崭新理念，重新审视事物时，我们心中会涌现许多想法。也许并不立刻被人接受，甚至会被视为狂妄。这些可能会吓倒我们的想法，会给我们带来巨大财富。遵循理智的号召，行动起来！

这个故事的主人公叫作哥尔德斯通，一位普通的珠宝商。恰逢经济萧条，一切都成了变数。而哥尔德斯通“看到了”好机会——他获悉日本可以生产美丽的人工珍珠，售价也低于天然珍珠。他和妻子爱斯瑟，变卖了所有的资产，动身到东京去。不景气的市场已经让他们所剩无多，幸而，他们还有崭新的计划和乐观的未来——他要把日本人工培养的珍珠推销到美国去。他们夫妇会见了日本珍珠商协会的领导人喜田村先生，要求喜田村先生给他10万美元的贷款。在经济萧条时期，这是一个惊人的数字。然而几天之后，喜田村先生同意了。珍珠销售也很好，他们就此发家。

几年后，他们决定自己养殖牡蛎（又是一个别人所未能看到的机会）。但问题是，牡蛎的死亡率高达50%。“我们如何才能避免这个巨大的损失呢？”他们问自己。经过许多研究，哥尔德斯通夫妇采用医学方法，把牡蛎的外壳擦洗净，借助简单的医学消毒法以减少牡蛎受感染的危险。“外科医生”们用一种液体麻醉药使牡蛎松弛，然后把一粒微小的片丸塞进牡蛎，逐渐形成珍珠的核心。他们再把这些牡蛎置于水箱中。每四个月检查一次。通过这种技术，他们的牡蛎存活率高达90%。

我们再一次看到了洞察力的不凡效果。他们的成功源于精心地观察。这种人类所特有的能力，远远比视网膜接收光线要复杂得多。我们不仅要看见表象，还要经过反复地思考，为此做出解释，一切微妙的变化便会产生。

学会观察，我们可以抓住更多的机会，在以前看来这实在不可思议。积极地向生活求教，让知识不只是停留于感知，以行动去征服人生，这就是成功之道。

## 克服心病，让人生更健康

综合各方面数据，有50%～75%的现代人曾遭受精神疾病的困扰。虽然情况轻重不一，却都使他们的生活痛苦不堪。有许多人千方百计寻找良方，可惜的是，并没有出售这类药品的店铺；此种药品也无法以我们所知的形态存在，不是液体，也不是固体。

然而，上帝早已为我们写下处方——在信仰的粉末里掺杂上乐观的药水，这就是最佳的特效药！

科罗拉多医科大学的富兰克林·耶伯博士认为，一般症状中，可以确诊为气质性病变的占到1/3；由情感刺激和身体病变共同导致的占到1/3；剩下的1/3很明显属于单纯性的精神疾病。《精神与肉体》一书的作者富兰达斯·丹巴斯博士也提出相同观点：问题不在于疾病是由于什么而引起，无论肉体的或感情的，但它们都属疾病。

事实上，经历过疾病的人，大都有着同样的经历，糟糕的情绪（怨恨、憎恶、恶意、嫉妒及复仇等等）往往会恶化我们的病情。如果从纯生物学的角度观察我们，肉体上的化学反应构成身体的全部。然而，这种化学反应往往因为某种特定的“催化剂”（我们的心理作用）而产生变化。比如，长期处于兴奋状态会让机体迅速衰弱。概括说来，精神境况事关我们的健康。因此，如果你的健康情况不甚良好，我建议你慎重分析，究竟是哪里出了状况，可别以为只是吃错了东西。你必须认真地反省，最近是否憎恨过某人，或者在心中藏着小小的妒忌，排除了它们，你才能重新获得健康。

须知不当的食物可以腐蚀肉体，灰色的情感也能腐蚀灵魂。凡是疾病，都足以造成持久的破坏，精力低下，工作无力，凡此种种，你绝无幸福可言。

论及不良情绪的危害，我们不能不说到其中最为常见的一种——愤怒。这种情感发起无端，又最具破坏力。因为一件小事，我们失去了美好的一天，这样的事情屡见不鲜。可如果出于愤怒而伤害了他人，那后果将不堪设想。它的到来湮没了智慧，分裂了信仰，让我们慈爱宽大之心不在。在这样蒙昧的心智下，将会发生多少或大或小的悲剧。可见，我们需要采取措施，尽可能将其遏制。下面我将为诸位提供一些建议，希望可资借鉴。

第一，愤怒是一种炙热的感情，来去匆匆，极喜欢借助你充沛的精力产生爆炸效果。因此，当感情逐渐炽热时，提醒自己，设法冷静。但该如何冷却情感呢？一般说来，你需要调动自己的意志力。人在生气时会紧握拳头、大吼大叫、肌肉紧张、身体僵硬（从心理学来说，你已经在做战斗准备）。因此，你需要将这种战斗准备中断掉，用明澈的心智将激情冷却，重新审视情况，一切并非要用极端方式去解决。在举止上你也要作出调整，用意志力去控制音量，设法伸直手指，强迫自己先坐在椅子上，甚至闭上眼睛躺下，用这种姿势去休息片刻。

第二，反复提醒自己：“不要做些无聊的事，这毫无用处。要冷静处理！”这时，设法祈祷，如果在心里压抑不住，不妨高声地念诵出来。

第三，愤怒通常是由小事引起，长久累积而成。事情本身很微小，累积起来的力量却威力巨大，终于如烈火般地燃烧起来，使我们完全失去理性。因此，当你感到愤怒时，不妨做些记录，无论巨细。借此，将它们及时排解开来，将愤恨写在沙粒上，一旦风起，你又回归平静。

第四，愤怒堆积时，请逐次化解，不要企图一次就赶走所有的愤怒，那样反而损伤耐心。

第五，训练自己，即使在愤怒如潮时，也能延缓片刻，随时留出时间自省："这件事是否值得自己生气？这样做了我会不会丢脸？会不会就此伤害了朋友？"为了能及时反省，请让自己树立这样一条信念："不管什么事，冲动毫无意义！"

第六，如果发生危及感情的事，应当尽早解决。既然无法忍受，就不必漠视，以至于郁结成怒火，愈是因此闷闷不乐，愈会加大愤怒的可能。请及早沟通，把矛盾消除掉。你要知道，如果听之任之，伤口只能愈来愈痛，心灵一旦有了创伤，总有糜烂的一天。

第七，不要抱怨，开心才是正道。与其在郁结中自缚，不如打开心胸，让怨气随风消散。找到一个值得信赖的人，把你的抱怨完全吐露出来，倾诉殆尽，你就能将其忘却。

内疚本来是通往美德的门户，我们为过错而忏悔，并因之而改善自我。我们不妨将愧疚感视为人类演进的保护者，因为它的帮助，我们分清是非，明辨黑白。你可以想象一下，如果一个人做了错事，却毫不内疚，他将会如何？

经历了祖先的传承，我们的基因中蕴藏着这种情绪，我们视其为价值的向导，在生活中不断重复。我们知道，道德标准随历史演进而日趋完善，而我们能有这样的傲人成就，便是因为我们掌握着指针——违背了道德标准就会感到愧疚。当然，出于历史发展的局限，社会道德标准并不完善。而那些社会先驱便勇于探寻，他们不惧怕旧有的道德约束，因为理智照耀下的愧疚感指引了他们。因为坚信真理，他们不会为触动腐烂的旧习而感到愧疚。

既然说到这里，我们得重申，一种负面情绪往往是把双刃剑，利弊如何，还要看持有人的态度。尽管它能激励人的美好德行，可前提是，人们要能积极应对。如果只是单纯难受，一直无法排解，其负面效应就会显现：强烈的自责、挫折感、无法释怀，进而演变成心理障碍。可以预见，一旦处理不好负面情绪，就会后患无穷。

伟大的心理学家弗洛伊德在长期病理研究中，曾发现：一些人长期生活在负面情绪的阴影中，这些致病因素里就包括愧疚感。弗洛伊德是正确的。因为内疚情绪常常不容易被人发觉，即使是当事人，它深埋进人们的心里，直至爆发。它的可怕之处在于，能在无声无息中激发人们的自毁程序：受害者用种种手段残害自己，以赎清罪过。很幸运的是，当中世纪的殉教方式逐渐淡去，今天很少有人会采取极端方式惩罚自己。可我们也不能忽略因此而带来的苦痛，即使是潜意识中的自残行为也足以剥夺个人的生存权利。我们并非没有应对之策，如若能尽早发觉潜意识中的危险情绪，用意志力逐渐祛除之，一切都会消弭在萌芽中。

愧疚感本身并不意味着苦痛，只要当事人能具备良好品德，就不会受到丝毫伤害。人的天性中往往存在着对立面，初生的婴儿很少注意到别人，他们"为所欲为"，不妨称之为天性中的自私。但是，当他们长大成人，就会逐渐顾及他人的感受，懂得与别人分享世界。道德修养就是一个此消彼长的过程，我们的愧疚感始终与之伴随。如果人们的道德修养处于正常水平，他只需要遭受内疚感的轻轻刺痛。比如，年幼时一次调皮行为，又或者年轻气盛的一句恶语，这些都不为过。一旦不能跟上正常成长的脚步，等到大错铸成，你便只能等待严惩。愧疚感迫使我们不断反思：选择快乐的人生，还是无尽的忏悔呢？这全看你自己了。

## 黑色的恐惧

恐惧，是黑色的夜，四顾无人，让你在惊慌失措中陷入无尽的迷惘。当人们无法控制周边的环境，就会因为无力而陷入惊慌，这就是恐惧心理的由来。你可以回想自己的童年经历，是否被人置于高高的阶梯中不知所措，是否在无意间点燃后院的柴火，是否被人遗忘在车库里孤单无助。幼儿无法应对突然而至的境况改变，往往借助哭泣呼唤父母的帮助，也借以抗拒恐惧的侵袭。成年后，你无缘无故地突然觉得心跳加快，这时的感觉会怎么样，生命受到威胁？恐惧感顿时冒上心头。而当你前去拜访重要客户，却发现忘记了相关文件，眼看就要失败，很可能就此遭到解雇，这时的感觉又会如何？你会察觉，个人的能力无论怎样增长，也无法应对那些麻烦事。幼儿如此，成人也是如此。

现代人类也是如此，本以为随着科技发展，我们已经能深入宇宙。可隆隆运转的机器并没有帮助我们多少，我们依然无法主宰世界。也常常因此陷入恐惧，甚至无法主宰自己的内心世界。

不知是否出于自怜，我们被称为“受惊吓的一代”，实际上我们确实是迷失在这个“恐惧的世纪”（法国文豪加缪的说法）里。这种世纪性的通病深深刻印进普通人的心中，我们用艺术品，用交响乐，用文字去表现时代的焦虑。的确如此，这可不能简单地理解为原始社会的遗存，我们的祖先从没遭遇过如此沉重的危机——原子武器正高悬在我们头顶，也许可以在它的攻击下存活一时，但高度污染后的地球也会夺取剩余的生命。我们再也不会有未来，忧虑无所不在。原始人类听到剑齿虎的嚎叫，还能有生还的机会，他们可以逃开，也可以用木棒石块合力打死老虎。可我们，即使享用着美酒佳肴也时刻提心吊胆，也许一场小小的车祸——仅仅因为爆胎，就会夺走一切。

我们该怎么办，惶惶不可终日？很明显，为此而花费大量时间和精力极不明智，我们要面对的敌人是自己。困扰我们的正是难以名状的焦虑感，以及由此引发的恐惧。如果我们想找出根源，再去清除这些恐惧感，只能徒劳无功。毕竟，保持相当的警惕性才会避免遭受失败，而在某些人心中，这就意味着步步惊心。其实，我们根本不知道自己在害怕些什么，恐惧并非来自一种具体的可以言明的威胁。它看不见摸不着，像笼罩在我们头上的阴云，给我们的生活投下浓重的阴影。唯一可行的办法就是自我解放：恐惧的敌人是快乐，不妨在警惕感的保护下，增添些乐观的思维。毕竟，它能让眼前的生活变得美好。既然能做个身心愉悦的人，何乐而不为呢？

# 第五章
# 立即行动起来

“立即行动起来！”缺乏自我激励成为某些人的痼疾，他们很需要这句话语，不妨抄录在自己的心里，以示警醒。当它下意识地闪现出来，你就该立即行动。如此，便可以养成一种良好习惯，即使是一些小事，也要做出有效反应。这样，一旦发生了紧急事件，或者机会来临，你同样能做出强有力的反应。

## 现在就行动，改变你消极的态度

假如你应该给某人打电话，出于习惯迟迟拖延，请“立即行动”。又假定你准备在6点起床。然而，当闹钟铃响时，你睡意仍浓，请“立即行动”。可如果起身关掉闹钟，又回到床上去睡，久而久之，你很难准时起床。习惯之不同完全可以决定你今后的人生走向。建功立业的关键在于积极争取，勿让惰性毁弃每个愉快的清晨。

乔根入住华盛顿的魏拉德旅馆，账单已经有人预付。可是，上帝同他开了一次危险的玩笑——他发现钱包不见了。刚刚到达美国，还没有享受这个优雅的假期。乔根完全可以就此放弃美国之行，幸而我们的主人公非同寻常。

“现在和昨天一样，除了钱包我什么也没有损失。那时我很愉快，现在我应当也很愉快。刚刚到达美国，我有权在这个伟大的城市里享受一个假日。”他步行出发了，参观了白宫和国会大厦，爬上华盛顿纪念碑的顶部。虽然少去了几个地方，可站在巨大的博物馆里，他还是看得很仔细。随身带了一些花生和糖果，细细咀嚼，又让旅程免于饥饿和单调。

当他回到丹麦后，回忆起这段美好的旅程——徒步参观华盛顿，“那一天变得极有意义”，他没有在无谓的自我责罚中度过。乔根很懂得生活的智慧，眼下才是最重要的，必须在逝去之前，把今天抓紧，好好度过每段时光。

故事有个令人喜出望外的结果。五天后，乔根的钱包、护照被找到了，华盛顿警察局将原物送还给了他。

现在会不期而至，伴随它的突兀行径，还会诞生一个更为神奇的结果——上帝赐予我们的灵感。而我们处于自我防护的本能，在胆怯中放弃了这一恩赐。我们有时会为自己的疯狂念头而颤抖，这些突然而至的东西珍奇却又显得荒唐无稽。毫无疑问，遵从一个未经试验的想法需要勇气。然而正是这种勇气，却会让灵感迸发出最美的火光。

我们可以看看纽约皮货商的女儿露丝和她妹妹爱丽娜的故事。“我父亲是一个失败了的画家，”露丝说，“他有才能，总为生计所迫，无法静心创作，最终在低水平的劳作中耗尽心力。”然而，在父亲的熏陶下，她们具备了优异的美术鉴赏力，成了朋友们的艺术品咨询师。她们建议朋友应当买什么样的装饰画，把自己的藏品借给朋友们欣赏，这个家庭有着浓郁的艺术气息。

一天夜里三点钟，爱丽娜唤醒了露丝，她被精彩的梦想打动，并且惊叹不已。“不要争论，但我有一个极好的想法！我们马上结盟。”“结盟？”露丝睡意未消。“对，我们一起努力，还可以跟别人一起合作，出租画作！”露丝同意了，这是一个极好可又很冒险的想法：名贵的画作可能会丢失，从而引来一系列法律诉讼，以及索要保险赔偿。可就在当天，她们开始工作了（朋友们并不完全赞同）——筹措了300美元的资金，说服了父亲把皮货店的底层提供给她们。

“我们从珍藏的图画中选出1800幅，装在画框中。”露丝回忆说。父亲为女儿们的莽撞感到忧伤，从心里并不赞同这次毫无把握的冒险，残酷的经营现状也冲击着她们。但她们坚持了第一个年头，还在四处奔波。她们的公司称为“纽约流动画廊”，大约有500幅图画常年出租给公司及个人，形形色色的艺术爱好者光顾她们的店面，有医生也有律师，更会引来家庭的其他成员。最为惊奇的是，她们的一位老顾客竟然曾经蹲过牢狱，在马萨诸塞州忏悔所中待了8年之久。当初，得知有这样一个特别的业务，他很谦卑地寄信索取，其实并不抱太大希望。他提供的住址太过敏感，他仅仅支付了运费，画作就免费寄至。监狱当局为了回报这个画廊，致信以示感激，正是她们提供的画作使几百个囚徒可以近距离触摸高贵的艺术品，而他们的心灵也纯净了许多。露丝和爱丽娜从一个想法出发，开创了精彩的事业。其结果不仅成就了她们，更增添了他人的幸福。

“立即行动！”学会在生活中，用迅疾的反应圆你最初的梦想，即使看似荒诞，也终成现实。可当你犹豫片刻，这些想法就会在脑海里不断盘旋，然后会被贴上大大的标签——“不着边际”，从此你休想妄谈什么建功立业，再简单的事情也不会做成。

记住这句警言：“立即行动！”它是点燃动力的火花，你的厚重潜质，会就此迸溅光彩；生活的方方面面也会就此改变；那些想做又不敢做的事情，就此实现。至于些许小事，再不会拖延你前进的步伐。抓住宝贵的时机——一旦失去，你将后悔终生；打电话给你的敌人，让你们和解。不管你曾是什么人，也不用考虑你将会怎样，一经行动，命运便握在掌中。

## 亲近财富，把握财富

不管是谁，无论你的年龄、文化程度和职业如何，你都有能力获取财富。人天生是财富的制造者，所不同的是，一些人亲近财富，而另一些人排斥财富。

所以阅读以下章节，请先问问自己，你想致富吗？你排斥财富吗？

走进成功者的创业历史，我们常常发现：他们的成功并非偶然，他们也不是因为一时冲动而走上奋斗之路，我们可以追溯到他们的过去，一直到拿起书籍的那一刻。成功者都善于学习，他们从不低估书籍的力量。书籍是一种工具，说它能塑造灵魂也许太过玄虚，但当你身处黑暗，它确实能照亮你的生活。借助它的鼓励，你能大胆地走进一个别开生面的境界。

留出一段时间，静心思考，警戒愈高远的人愈能亲近财富。正是在十分宁静的情况下，我们才能想出最卓越的主意。所以，请不要抱怨为此而耗费的时光，“无所事事”有时会创造更大的价值。勤于思考，正是人类建设宏伟事业的基石，由此及远，我们才会见到不断出现的美景。

替自己留下一个计划，你的一天有1440分钟。将这个时间的1%——仅仅14分钟——用于学习、思考。养成这个良好的习惯，你就会惊奇地发现：无论任何时候，在任何地方，你都会获得创造性的想法。比如洗刷碗碟时抬头看着窗外，骑在自行车上的时候，甚至躺在浴缸安适地闭目养神时，你都可以成为一名敏锐的思想者。有了创意后，你只要拿起纸笔，记录随时来到你心中的灵感。爱迪生那样的天才也就是这样做的，说起来，纸笔该是人类曾经发明的最伟大的杰作，简单却又无可替代。

学习的目的在于看清自己，而要创造财富，你必须学以致用，树立适合自己的目标。很多人都认识到树立目标的重要性，却不知道如何做好这一步。那么请牢记以下4件重要的事项：

第一，写下你的目标。当你书写时，你的思维活跃，目标会自然地浮现在眼前，清晰而又深刻，给你留下不可磨灭的印象。

第二，确定时限，安排通往目标的时间表。这一点至关重要，你可以按部就班地向目标迈进。

第三，把你的目标定得高一些。达到目标的难度愈大，而你付出的努力似乎也愈加巨大，你为达到这个目标所付出的精力也就愈加集中。

第四，胸怀大志。敢于仰视星空的人，会有若星空一般的胸怀。而成功者所能达到的成就，正在于胸怀与抱负。故而，请树立一个更高的目标，不断地向自己提出更高的要求。

此外，若能给你的目标规划制定出详细的蓝图，那就更易操作了。

## 消极的心态会排斥财富

人们渴望财富，可谁会愿意将它们拒之门外呢？诚然，有愿望，却还需用心争取。成功者之所以创造世界，正因为他们有着广大的胸襟。而失败者，却总在消极自责中拒绝前行。许多人距离成功仅一步之遥时，却受困于孱弱的心灵，只能停下脚步。

这个故事的主人公叫奥斯卡，一位石油公司的探测员。1929年的下半年，他在俄克拉何马城西部沙漠地区已经待了好几个月，尽管当时气温高达43℃，但他已经成功在望。这位麻省理工学院的毕业生制造了新式探矿仪器，仅仅是一些旧式工具，比如探矿杖、电流计、磁力计、示波器、电子管什么的，经他改造却成了效率极高的“金钥匙”。他的卓越才干得到初步展现，只需静静等上一段日子，他就功成名就了。然而，奥斯卡所在的公司破产了，他失业了。既然前景黯淡，他决定踏上归途，可这意味着所付出的努力就此化为乌有。沮丧与疲倦包围着他，在火车站等车的几小时里，他百无聊赖地架起探矿仪器。无法置信，上帝跟他开起了玩笑，仪器上的指针旋转——车站地下蕴藏有石油。哦，可怜的奥斯卡可不想相信这一切，该死的玩笑，他在盛怒中踢毁了那些仪器。“这里不可能有那么多石油！这里不可能有那么多石油！”他十分反感地号叫。也许我们可以把这一切举动归因于“魔鬼”的指示——奥斯卡太过于沮丧，就此与宝藏擦肩而过。俄克拉何马城地下埋有石油，甚至可以毫不夸张地说，这座城就浮在石油上，而他丢弃了这个全国最富饶的石油矿藏地。

奥斯卡的糟糕境遇为我们留下了深刻印象，他似乎用失败的泪水告诫后人：总有沮丧的人主动拒绝财富，财富创造者必须抱着积极的心态，方能百折不回。

## 靠有限的资金也能得到财富

“获得财富，这是成功人士的标志。而想取得成功又谈何容易，那些做梦也想得到的财富并不会凭空得来，而且我一无本钱，二无机会，怎能得到财富？”这些话语可能代表了多数人的立场。想成功，却苦于没有资本，无法踏上关键的一步。

在这里，我想跟大家分享我的意见，也许凭借不多的金钱我们也能有所作为。请看我的三条建议：第一，从你赚得的每1美元中节省下10美分来；第二，每6个月去银行提出储蓄金拿去投资，你会收到更多的利息；第三，当你投资时，请听取银行家的忠告，安全投资才不至于丧失本金。让我们再重复一遍：以上3条正是面向普通人的致富原则。对我们而言，从赚得的每1美元中节省10美分，并进行安全投资，就能得到安全和财富，这样做似乎并没有什么困难。应当何时开始呢？何必等待，干吗不从现在就做起？下面，请看看一个普通人的经历，他健康，也曾有过种种尝试，然而此时他已50岁。当他遇见拿破仑·希尔——这位成功学的资深导师，又一次感觉到了机遇："你能富裕。你的前程远大。但必须有所准备，抓紧可以利用的机会，重新拾起斗志。"有趣的是，这几句似乎空泛的话却让他信心倍增，他确实很用心地创业了。5年后，这个人还是不太富裕，但他已经摆脱了贫穷，偿还债务的同时已经有了小笔投资——资本都是节约所得的。

## 借用他人资金

小仲马在他的剧本《金钱问题》中说道："商业？这是非常简单的事，就是借用别人的资金去做自己的事情！"是的，商业并不那么复杂，只是简单地吸取资金，再以此生利。富兰克林是这样做的，立格逊是这样做的，希尔顿是这样做的，所有的商业大亨无一例外地遵循这一规则。这与你富裕与否并无关联，即使你很富裕，也不应该放弃每一次融资机会。不很富裕的我们，更应如此。

当然，在这个问题上应该慎重，你的行动要合乎道德，不诚实的人是不能够得到信任的。遵守信用，你方能受人尊敬，别人才会将资金暂借与你。诚实远胜过其他品质之处，在于其无法掩饰的纯洁性——诚实与否，会自然而然地体现出来。你的言行举止，甚至细微表情，都会被人关注，即使是最漫不经心的观察者也不例外。不诚实的人总会露出马脚。而对于曾经辉煌的企业，一次不道德的行为就足以断绝它的全部努力。因为各个行业不可避免需要流动资金，而他们的财富又建立在银行信贷的基础上，信誉不失，他们便可以用担保得来的钱获取更大利益。然而，一旦信誉有失，银行家会被迫向他们追讨贷款，而由此导致公司市值下跌，在一系列恶性循环中，他们会因无力偿还信贷而致破产。也就是说，商业财富的根基是商业信誉，丧失信誉也就会丧失财富。可以说，道德标准足以衡量你的事业水平。

对于那些依赖贷款的人来说，必须牢记一点：按期偿还欠款。经济交往应当遵循既定规范，如果你不能在借贷期取得足够利润，你便偿付不了本金及相应利息，你也不会获得下一次的放贷机会。因此，不能盲目借贷，应当认真计算你所从事行业的收益情况和借贷周期的关系。罔顾事实，你就会陷入信贷恶化的泥淖。当你借用他人资金时，你一定要做好还款计划。如果你已丧失了部分财富，甚至一贫如洗时，也不必太过沮丧。借贷周期并不是坏东西，你善于利用的话，就可以东山再起。关键在于你要有勇气，在适当时机毫不犹豫地奋起。美国富翁们很少有没有经历过失败的，可他们都没有因为胆怯而停留片刻，从自己的教训中获得教益后，他们获得了更大财富。

积极的心态能带来非凡的勇气。商业行为也可比喻成探险，在成功的殿堂外探寻一组神秘数码，以此打开成功之门。而你会一次次失败，最初的急切慢慢被灰色心境所笼罩，你可能哭泣，就此放弃。借用他人资金并非易事，这不仅就技术层面而言，更是考量我们心态的一次挑战。有一位薪酬不菲的青年销售经理写道："我有一种感触，自己站在硕大的金库前面，你已经快要打开暗门，只缺一位密码还在摸索中。人人都会觉得自己距离成功仅一步之遥。"贫穷和富裕的距离并不遥远，希望我们的文字能助你一臂之力。

## 富兰克林给予我们的忠告

富兰克林于1748年写作《对青年商人的忠告》一书，其间提到："金钱是一种可资利用的东西，借助它的特有属性——金钱可以生产金钱，其孳生物不断，使得资本拥有无穷魅力。"至于投资的重要性，他说道："每年6英镑，你既可以在日常花销中慢慢消耗掉，对你而言，它们可有可无。如果积攒下来，把它不断地积累到100英镑，你就可以借助担保进行投资，这时它便是真正的100英镑，这就是资本的开端。"富兰克林的忠告适用于任何时代。商业规则并不因年代推移而变更，你可以按照他的忠告，从几分钱开始，不断地积累，在资本的叠加增值中，不断得到更大回报，直至百万，甚或更多。

希尔顿酒店管理公司声名显赫，而他们起步时仅仅依靠数百万美元的信贷（当然，希尔顿拥有良好的信誉），开始在一些大机场附近建造豪华旅社，提供便捷的停车服务。借助诚实的美誉，他建立起自己的商业帝国。诚实是一种美德，在希尔顿的商业历程中，它扮演了非凡角色。

# 第六章

# 无论你是谁，你都可以很幸福

人生是否幸福，只有当事者知道，并不完全由外界条件所决定。无论你的职业待遇是否优厚，也无论你的性别，你都可以很幸福。也许你是一厂之长，或者只是一名普通工人，这都没有关系。医师和护士，律师和助手，教师和学生这些看上去主次分明的社会关系都无关紧要。只要你有寻找幸福的能力，你就能找到。幸福是一种心态，你的心态是为你所有，受你控制，又何必受外界因素干扰呢？

善于满足，便能寻找幸福。做些寻常事情，从中发现你"天然的才能"，循着天性所引导的路径，你就很容易从生活中找到快乐。即便接受一项你并不喜爱的工作，也不必就此沮丧，只要慢慢适应，积极工作。当经验逐渐丰富，对工作应付自如的时候，你就再次找回了幸福。

## 在工作中寻找快乐

如果把我们的时间分为两块，除去夜晚，我们要把大部分白昼花费在工作上。如果工作不顺心，我们还有幸福可言吗？在这里我得说说别人的故事：阿赛姆的幸福故事。

阿赛姆是幸福的人，他很爱自己的工作。阿赛姆是谁？他做什么工作？他是夏威夷族长的后裔，如果在过去，他可以做一个显赫的土著酋长，现在他只是一名普通的公司职员——夏威夷办事处的销售经理。

阿赛姆热爱自己的工作，因为他对工作驾轻就熟，既有旺盛的热情，也有熟练的技能。即便遭遇困境，也会专心思考，借助详细计划来克服困难。至于他如何能长久保持良好心态的，阿赛姆归因于自己的好学不倦。阿赛姆经常阅读励志书籍，以此激励斗志，琢磨思想。他提出了3个很重要的原则：

第一，使用警句自我激励，以控制自己的心态。

第二，确立目标。盲目从事，你便无法认清事态。如果你的雄心广大，就把目标定得高些，你的成就也将愈大。

第三，要想取得成功，就必须了解行业状况，懂得行业的发展规律。必须定期总结，以便于研究和思考，制定出合适的规划。

阿赛姆实践了这些原则。他研究公司的销售手册，将此贯彻在自己的销售工作中：制定出较高目标再力争达到。每天早晨他告诉自己："我很健康！我热爱我的工作！在这里我大有作为！"健康有为的他取得了惊人的销售业绩。当阿赛姆确信自己可以轻松胜任销售工作时，就把众多销售员召集到身边，以其所学传授给众人。阿赛姆用最新的销售方法训练他们，让他们树立长远的目标。

每天早晨阿赛姆小组都聚会一次，热情赞颂道："我很健康！我热爱我的工作！在这里我大有作为！"然后开怀大笑，互相拍拍背，祝贺一天的好运气。相互鼓励之后，众人开始了一天的忙碌，好去收获崭新的业绩。这些人所制定的销售目标，远远超出了同行的预期，甚至让资深的销售人员都感到吃惊。而每逢周末，销售员们递交销售报告时，我们才知道这不是空谈。机构老总们都为此兴奋不已。

阿赛姆和他所领导的团队真的很愉快，尽管高目标意味着巨大的压力，然而他们有理由高声欢笑，原因也并不复杂：

第一，技艺娴熟，深谙销售之道。他们深刻了解行业规律，运用起来得心应手。

第二，他们定期确定目标，并能努力达成目标。他们知道：只要用积极的心态去干，就能达到预期的目的。

第三，他们借警句来激励自我，持续地保持积极心态，但从不流于空谈。

第四，他们圆满完成工作，享受随之而来的快乐。

## 因心而生的不同结果

情况正是如此：阿赛姆以积极之心激励属下，在心灵的传递中找到了共有的快乐。如前文所述，心态受人控制，能力也随之变化。且看看你的周围，注视一下那些工作优异的人，再看看那些整天垂头丧气的家伙。他们有什么不同呢？懂得寻找幸福的人总会有能力，很好地控制心态，以满腔热情投入工作之中。他们总在寻找快乐，遭遇不顺，他们并不躲避，而是选择在不断摸索中让情况得到改变。他们不会沉迷于既得成就，而是盯紧前方，努力学习工作知识，以期更好地投入到工作中。他们正是雇主的宠儿，也是自己的宠儿。

而痛苦者往往自寻烦恼，徒然伤神。因为一时的不快，他们停住了脚步，只能在徘徊中错失又一次良机。真的，他们宁愿处于疲惫中，也不愿意打起精神改变环境。请看看他们的抱怨：营业时间太长、午餐时间太短、老板太执拗、公司没有给足够的假日或奖金。有时他们竟然会抱怨一些不相干的事，例如，汤姆每天都穿同样的衣服；会计员字迹不清，等等。他们失去了笑容，工作和生活都黯淡无光。心灵在消极地逃避中左右碰壁。

在此必须说明，工作难易与工作是否快乐并不挂钩。你的幸福感完全由心态决定，不妨将心态比喻成果核，不同的种子结出的果实自然不同。如果你想获得幸福，就请控制你的心态，用阳光般的热情去创造幸福。如此，你的工作会饶有趣味，你会用更多的微笑和成果去回报自己。

成功者往往出身贫寒，他们可能出售过苏打水，或者刷洗过汽车，当过劳碌的清洁工。然而一位天资聪颖、雄心勃勃的青年人终究不会被埋没，这些普通的行业将成为他们远大前程的第一步。也许，平凡的过去恰恰激励着他们，这些工作仅仅是他们达到某种目的的手段。一旦确立了远大目标，他们就会知道，无论工作怎样辛劳，只要有助于他的最终成功，都会欣然接受。成功的代价固然昂贵，而与灿烂的未来相比较，他们总能承受。

更多的人可能早早厌倦了这些单调而又寒酸的职业，沮丧的情绪逐渐蔓延，毒害了生活，也碾碎了未来。可不付出代价，又怎能收获？激励斗志才会永不满足。这两种人都不满足于现状，前者抗争，后者怠工，而根源在于心态迥异。

贝克（富兰克林人寿保险公司前总经理）说过："你们不要满足于现状，也不要因此而心灰意冷，而要奋进。这种不满足造就了我们，人类的历史一次又一次地昭示其不朽的业绩，变革由此而生。为了这个原因，我希望你们抱有迫切感，意识到自己正需要改进和提高，进而改变你周围的世界。"因为不满足，我们从弱者变成强者，从苦难走向幸福，从贫穷走向富裕。

犯下了错误，你又该怎么办呢？事业不会顺利到随心所欲，你总会出些纰漏：事情办砸了；

别人误解了你；甚至糟糕到家庭也出现不和。当一切似乎都是黯淡无光时，看似毫无办法，你又该怎样做呢？你有选择的权力：或者无所作为，听任嘴中呛满了苦恼的味道，又或者默不做声地逃离。可我们最希望看见的是什么？坐下来冷静思考，想想你还有哪些有利条件，你还需要些什么，距离改变还差几步，你都要有所觉察。然后，积极行动起来，既然逆境中同样孕育着机遇。你为什么要白白错过？种种逃避方式只会让一切恶化。如果缺少勇气，请你想想那些曾经战胜过的困难，那些遭遇过的巨大困难。用不幸的经历来鼓舞自己，既然你曾经坚强，你会依旧坚强，成功和幸福总会眷顾勇敢者。

永不满足，不满足于平庸的现状，也不满足于懦弱的等待。故此，我们可以看见一个又一个伟人的诞生。想想吧，爱因斯坦不满足，因为牛顿的定律不能解答他的问题，所以他不断地探究，终于提出了相对论。如果说牛顿照亮了中世纪的迷雾，爱因斯坦又展示了现代人的聪颖。我们找到了击破原子的方法，懂得了质量与能量可以互相转换，我们成功地踏足外部空间。这些只是源自那一刻爱因斯坦心中萌发的不满。

## 你适合这项工作吗

个人素养不同，拥有不同的个性，能力各有长短。但就自身潜力而言，很难有高下之分。可见，能力并不能决定我们的事业成就。在这里我要提出一个理论：态度决定命运。其实与前文所言一脉相承，甚至有些重叠，当然我们的侧重点有所不同——该如何对待工作环境。

大多数人将爱憎分明的感情因素带进了工作：这个环境让我感到愉快，那个环境让我沮丧。结果必然是：我能做好前者，后者我注定干不下去。恰恰是这种倾向毁坏了我们的前程。我们没有绝对权力决定自己的工作环境，当你做不称心的工作时，就会从心里抵制它。如同一块倔强的坚冰，你永远不愿融化在盒子里。过于分明的情感倾向会让你和工作环境格格不入。

究竟是改变盒子的形状，去迎合冰块的需要，还是让冰块融化成随遇而安的清水，填满盒子呢？答案不言而喻，可惜太多的人不愿意改变一下态度。你的个性和才能很难改变，但不能说，你不适合某个工作。工作环境和你之间只是缺少黏合剂——一个适合的态度。态度改变，环境也就变了。其实所谓环境是个很主观的概念，你改善了，一切自然会改善的。令人愉快的情境中，你便能拥有一席之地，你的地位以后还能继续提升。

保持你的美德，改变你的旧习，这本身就是人生品德的提升过程。品德磨砺大都伴随着精神冲突，一个旧有的我阻碍了前进道路，那么请坚持，付出点儿代价，其收益却巨大而深远。有了这种改变，你不再质问自己：我适合这份工作吗？也无须为失眠和烦躁所折磨，更无须怀疑过去和将来。优良的品德胜于美好却短暂的外表，更带来无尽之财富。

## 健康长寿的力量

我们都不能否认健康对于一个人的重要性，健康包括多个方面，比如个人的生理卫生和心理卫生以及所处社会的卫生安全等。我们要足够重视我们的健康，因为你只有拥有生理健康、心理健康和道德健康，你才能更为平衡地取得成功的事业。

如果你拥有了健康，你就更容易拥有积极的心态，进而在你的生活和工作上都充满了活力。你可以在起床后对着镜子对自己说："我每天过得愈来愈好。"你要相信，这些表现积极态度的话语，并不是华而不实的语言。

通过我们在生活中的体会，我们都明白，积极心态有利于人的健康；消极心态则可能引发疾病。所以，如果你的心中有消极思想，这将是一件危险的事。

我们很多人都面临着巨大的压力，很多人内心都在被挫折、恐惧或罪恶感侵蚀。而这一切，也让我们的健康受到损害。所以，清除你内心的消极想法和不健康思想，可帮助你保持健康。

在现在的美国，心脏病是最为致命的杀手。引发心脏病的原因除了不健康的生活方式之外，那就是急躁和愤恨不满的情绪。一位美国政坛元老就曾说过："有两件事对心脏不好：一是跑步上楼，二是毁谤别人。"这两件事情，特别是后一条，不仅影响你的身体健康，也影响你的心理健康，自然它也会影响你的人际关系。所以，学会宽恕很重要。一旦有一颗宽恕的心，你就会体谅他人，平和的心境会对你的一切产生奇妙的效果。

其实，除了在心态上保持积极，你还要在语言和行动上有积极的表现。许多心理学家说，多使用积极的表述，也有利于身体健康。语言文字对我们的情绪、行为乃至健康也是有影响性的。如果你对自己的身体感到悲观，经常用消极的话语来描述你的健康，这可能会让你的身体也出现某些消极的症状。也许你听说过"臆病"，有的人并没有病，然而一旦外界的信息暗示自己可能有病，不自信的人便会出现相应的症状。这就是消极的心态影响身体健康的最好例证。

全美精神治疗协会前任会长卡特博士曾在一次演讲会上说，个人所持的态度对自己的健康有影响。他解释了语言的影响。如果有人说："我今天不会生病。"他认为这仅是半积极的态度。真正的积极态度应该这样说："我感觉今天比昨天好。"这才是积极的语言表达，表示你内心拥有一种更健康的想法。卡特博士还说："积极、正面的态度的作用，有着科学的事实的依据，这些与生物学、心理学、医学等有关。正确地运用积极的态度将有助于改善你的健康，使你精力充沛，倍感幸福，从而在各方面取得成功。最重要的是这让你的心境平和，并且延长你的寿命。"

下面是一位名医师的建议，他认为坚持肯定的态度对身体健康会有所帮助。这些都是积极的话语，记住要每天坚持训练自己的思想，以积极的态度考虑问题。

第一，我的身心是一个系统的整体，我身体每个器官的活动与上帝的意愿完全一致。

第二，我的整个身心都是健康的，我的想法健康，感知健康，目标也是健康的。

第三，我明天一定会过得更好。

当你在运用这些积极话语之后，你将会很惊讶地发现自己可以享有新的能量及活力。

你不要让你的思想和精神过早疲惫、生病或老化。所以你应改变你对自己的看法。你应该相信自己是健康的，而且遵守并实行各种健康的法则。这样，你就很自信地拥有充沛的活力。

柏拉图有句名言："你不可以尝试只救身体而不救灵魂。"一定要记住这句话。健康不仅是身体的健康，还有你的灵魂、心理健康。

## 珍惜你的健康

一位事业颇有成就的汽车销售经理情绪非常糟糕。因为他经常感到自己呼吸急促、心跳很快、喉咙哽咽。他悲观地认为自己命不久矣，虽然他的家庭医生说他仅仅是因为劳累才会出现这些症状，只要适当休息就可以恢复健康了。可是他仍然不相信，他甚至为自己选购了一块墓地，还为自己的葬礼做好了一切准备。虽然他在家休养了一段时间，心中的恐惧也没消失，当然这些症状也没消失。这时他的医生劝他到科罗拉多州去度假。

那里有怡人的气候，壮丽的山河，但是这位销售经理仍然在恐惧之中。一周后，他回到家里，等待死神的降临。

在这个时候，我遇见了这位等死的人。我劝他到诊所去做一个全面检查。诊所的医生给他做了全面检查。最后发现他仅仅是因为呼吸了过多的氧气才会这样。他听到这个结果自己都忍不住笑了。医生告诉他解决的办法："当你感觉到呼吸困难、心跳加快的时候，你可以暂时憋住呼吸，让自己的呼吸正常。"结果他的心跳和呼吸变得正常了，喉咙也不再哽咽了。

其实这都是因为这位汽车销售经理过度的猜测，才会让自己小小的毛病有了死亡的感觉。当然，并非所有的疾病都能这样简单地得到解决。有时候需要你运用更多地机智，才能找到效果较好的疗法。然而，归根到底，一切的方法都需要你以积极的心态作为支撑。

本地报纸报道了一起交通事故：因为急着赶去参加葬礼，一辆汽车以不可思议的时速169千米行驶，最后导致车胎爆炸，车上6人全部丧生。这是多么值得我们警示的悲剧：我们曾经自以为强大的生命在转瞬之间就遭遇横祸。所以，健康的另一大保证是安全。

生活在这个安全事故频出的社会，你不仅要保证自己的身体和心理的健康，如果你想活得更久，还要注意安全。没有了生命，本书中所谈的一切都没有了意义。事实上，安全第一是积极心态的象征。由此，你该听取这个建议：要机敏，要有强烈的生存愿望。

注意安全是我们必修的人生课，就拿交通安全来说吧。作为行人，要遵守交通规则，小心那些因不守交通规则带来的危险。当你作为乘客时，要坚决地拒绝乘坐酗酒的司机驾驶的汽车，要坚决地拒绝乘坐有安全隐患的汽车。你不要为了争取所谓的时间，从而失去了生命所有的时间。

# 第七章
# 帮助他人与自我充实的力量

激励他人是一种善行，有时我们不必借助物质条件，就能拯救他人。要知道，面对种种困境，一种壮丽的信念足以凭借。我们赋予他人信念，并非要得到报偿，也无须他们的赞美。这不同于实有物品的传递，我们导引方向后，可以就此沉默——要对自己的善行保密。如果你这样做了，祝福随之而来，报酬也必不可少。

只要愿意，每个人都能以己之力来帮助别人，无关贫富。如果你以为只有富有的人才应该伸出援手，那你就陷入了可悲的境地，你将丧失信念，毫无热情。不管你处境如何，做什么工作，心中都应有炽烈的愿望：帮助他人。如此，你便不再为自己的私利而存活。

善行总会被人铭记，请看看这个真实的故事。出于善意，我们将隐去当事人的真实姓名。美国儿童俱乐部正寻求募捐，工作人员找到了他，请求捐赠，他拒绝了。

“滚出去！”他说，“我病了，讨厌人们向我要钱！”工作人员扭头就走，刚刚走到门口，他又停住脚步，平和地说道：“您不想为这些可怜的人分担疾苦，但是我还是祝福您，愿上帝保佑。”说罢他就迅速离开。看吧，一个缺少同情心的人却受到他人祝福，也许那位工作人员曾有过一时的激怒，可他又转瞬间意识到：这是个可怜的人，他很少受到别人的关爱。也许这个人不缺少金钱，可惜他的心房久已干枯。

将善心馈赠他人，并非徒劳。过了几天，那个人敲响了儿童俱乐部的房门：“我可以进来吗？”他递上了一张50万美元的支票。面目可憎并非人的本来，他做出了高贵的行为：赠以巨款，并且不愿留下姓名。听听他的感言吧：“我不希望孩子们知道我的名字，因为我是一个罪人。”罪人，他确实曾经犯下过大错，可这并不会遮住光亮，因为他悔悟了。但你更要明白一点，他捐助钱财还有深意，孩子们得到关爱，不必犯下他所犯过的错误。

我们也不富有，就像那位儿童俱乐部的工作人员一样，但是你能祝福别人，分享你的爱心。伟大事业并非都由财富堆砌而成，而你也能在需要给予的时候慷慨解囊。

爱心不可捉摸，却是我们最贵重的财产；其效用无法形容，却是我们拥有的最伟大的力量。这本是我们生而具备的，没有人能拿走它。而它又非某些人所独有，在你我之间自由流动，当你将它分享，你会收获更多。无须怀疑，你可自行求证：给路人一次微笑，你会收获微笑；予友人一次问候，你会心存馨香；向父母道一声感激，你会觉察发自内心的温暖。用喝彩声装点他人的“赛场”，将希望之火传递给迷惘之人，而你将受到众人的称赞，你会在微笑中度过，而鲜花也因此温柔。

给予别人财富，我们就是富有者。精神的力量存在于交流中，不因为分享而折损，却在感染中蓬勃。而你还愿意生活在自我的孤独中吗？与别人分享是莫大的美德，何必将美德拒之门外。

# 请做一位幸福的“富人”

在生活中，做一个幸福的“富人”，你会享有快乐的人生。这是本节提出的一种生活方式，或者说是一个法则——富足法则。

富足是个十分奇妙的词，它代表安全和舒适。看见这个词语，我们又联想到了金钱，似乎富足只意味着拥有无数金钱。事实并非如此，富足是一种人生态度，与幸福本是孪生姊妹。当你不再抱怨时，幸福会如潮水般涌向你。人生之美好全在于我们的心境，我们本来就是富翁——拥有健康、友情、亲情，等等。

抱定这种态度，你的人生远比想象的更充实、富足。因为富足，我们更愿意付出，既然接受了人生的馈赠，付出一点儿又算什么。你务必将这个观念牢牢记在脑海里，一遍又一遍地念，直到它成为你的思维模式的基本组成部分。所以，我再重复一次：要接受人生的馈赠，你必须先有所付出。怎么强调都不过分，拥有正确的心态，我们就可以改变自己的境况，而且这适用于任何人。造物主创造天地时，为我们播撒了无尽的财富，制造贫困与失败却并不在他的计划之中。很遗憾，人类鲁莽地干预了上帝的创造。因此只有抱定坚定的信仰，上帝才会再予馈赠。自我奉献、关心他人，是“富人”的义务，也是他们感谢自己的惯常方式。我们只要有感恩之心，就会有充裕的时间和金钱去帮助他人。

将这种法则付诸实践常会萌生奇迹。想想我们曾提及的那些人，他们的经历不正说明了这点吗？上帝时刻俯视他的子女们，只要我们做好准备，恩赐就会来到。你要做的仅仅是寻回失落的心灵，并以此为契机，长期抱有富足之心，将其视为人生的常态。

当然，如果真是轻而易举，怎么还有那些悲泣的“贫儿”。困难何在？大概是我们久已忘却上帝的意旨，心灵早已苍白。那么首先请明确，富足之心需要长久培养，在生活中不断灌输这一观念，直到它成为一种习惯。我们还要懂得生命的真谛，正确对待生命，为自己勾画出蓝图，使之更有价值。再者，我们不是单个的生命体，我们是诸人的拯救者。把自己视作光明的发端，好运由我们承接，再转交他人，我们绝不做贫穷的导火线。最后，请将你的想法与人分享，让别人也这样思考、这样行动。因为只有他们感到富足，个人才会拥有永久的富足，我们本是整体。必须提及，先行者会受到更多馈赠。谁最先实行富足法则，最早为他人服务，谁就能长久保持活力。

富足法则并不具备魔力，践行者的态度才具有决定作用。敢于敞开心胸，不再胆怯，坚定地迎接美好的未来，如此，你才能获得改变。自然，限于私利者必先改变立场，否则只能混杂在同等困苦的人群中。如果你依旧生活在吝啬、狭隘而又贫乏的思维模式中，你怎会交际到幸福的人群，但当你能大胆勇敢地走出第一步，挣脱灰色思想的覆盖，你的世界就会萌生出绿意。请记住：一个人如果只会为金钱、财富或其他世俗之物而祈祷，那么，富足之境就永远不会来到。你为何而祈祷？请听听我的答案：为拥有智慧和卓识而祈祷，为具备敏锐的洞察力而祈祷。思想和洞察力才是生命之树上最灿烂的装饰物。事实上，你的头脑中充盈着智慧之时，富足之境便已在你的心中，崭新的出路也就此铺开。

丧失信仰的人毫无前途可讲，机遇再也不会眷顾他，自以为贫穷便会继续贫穷。看看那些喜欢原地转圈的人，他们和那些有着非凡能力的人一样，但是他们安于现状，从不敢提问也不愿意思考，偶尔会有些抱怨。遇到失败，他们自然会找理由搪塞，有时甚至将其归结于命运。可是，还拥有青春和活力的人们，竟然就此耗费了珍贵的生命。因此，为了让生命闪烁光彩，就一定要去思考，找回信仰，以便在光亮的心境里创造生活。思考，然后付诸实施，好运便会如潮水般向你涌来。

情感的富足最为重要，有了梦想，我们才有能力取得物质上的丰美。信仰、思考与付出正是这一法则的三大支柱，支撑起生命与未来。如果今天你正过着富足的生活，你便在本章中回味生活之可贵；如果正在抱怨中挣扎，请重新选择适合你的态度，按此行事，不用太久，你的生活将变得无比丰富。

## 成就伟大的事业

一位母亲失去了唯一的孩子：一个美丽而活泼的公主，她刚刚度过14岁生日。孩子是母亲的希望，生命借此传承，而命脉相依的情感更难言尽。可以想象这是一位多么悲情的母亲，如若她继续在哭泣中回味过去，我们也只能报以同情，却无能为力。幸而这位母亲有着崇高的信念，她明白徒然伤悲无济于事，而投身于伟大的事业，正是排解悲伤的最佳方式。我们无权放弃自己的生命，当然也无权损伤。

今天，她和美国千千万万的妇女在一起，正为着理想而活。她说，每个人都有义务去奉献社会，作为世界的一员，应该让这个世界因为自己的存在而变得更加美好。正是由于她怀着如此美好的信念，我们不能不为之动容。我致信给她，请求她谈谈自己，希望能在这种信念下获得教益。她的回答是："我并没有忘却那个可爱的天使，失去爱女的痛苦如此深刻，令人麻木，我将它深深地埋入心底。她在挚爱中孕育，在挚爱中成长，她是我们的整个未来和一切希望。全能之神从我们手中夺去了这唯一的孩子，我们的损失无法估量。光明之火在我们心中熄灭，生命也失去它本来的温度。你无法想象，生活竟变得空泛无味，所有甜蜜的东西都在那一刻变得苦涩。"听到此刻，我们只能感受到无尽的哀伤，就如冬日的阳光都已在暴风雪中萎缩颤抖一样，看不见出路。

"我丈夫也沉入悲伤，我们似乎永远逃不脱牢笼了，幻想与自责笼罩在我们心头，而我们却一直受到良心的盘问——为什么会这样？可我们也知道这是一个永远得不到回答的问题！我的丈夫辞去了工作，为了排遣心中的痛苦，我们卖掉了房子，到处旅行。可悲伤是团迷雾，我们还得面对严峻的现实，总不能等到忘却一切的时候，我们才回转过来。慢慢地，虽然这个转变过程极其漫长，可我们还是开始转变了。我们不是最不幸的人，而这样四处寻找安慰却毫无所获，不正是因为我们太过于自我，忘记了信仰吗？花费了几个月的时间，我才开始接受这个事实：我们所拥有的一切，包括快乐、健康等等，这都是全能之神给予的祝福，我们不该就此沦落，忘却生命的职责。"是的，她的转变如此艰难，却更能揭示出信仰的伟大力量。

"由于上天的恩赐，我的丈夫对我如此挚爱；由于上帝的赐予，我能生活在伟大的国度里；由于我的朋友总不会忽略我，我还生活在温情之中；而我的五官赋予我感知这一切的能力。我不能视而不见，要感谢一切美好的事物，我要向全能之神表示感激，现在我要秉持信仰，顺从上帝的指引。全能之神虽然夺去了我最亲爱的孩子，但作为补偿，他给了我一种仁爱之情，我会将仁爱之心抛洒在社会的每个角落，这个社会给了我工作机会，我就要为人类留下遗产，以代替我可爱的女儿。"

请问，还有谁能比这位母亲更能理解生命的真谛，请以她的愿望作为本节的结束语吧："现在，我最热切的愿望就是——所有遭受丧亲之痛的人们，都能去帮助他人，以此找到慰藉和宁静。"是的，这位仁爱的母亲在崇高的信念中找到了慰藉和宁静。

## 美好的金钱

莎士比亚谴责过金钱的腐朽，丑恶的金钱和崇高的信念真的如此对立吗？如果我要将之等同，你可能会驳斥我：怎么能够把它们相提并论呢？这里我不得不慎重地讨论起这个问题——"金钱难道不好吗？"

答案之一是：很糟糕，钱财是万恶之源。这句话源自何处，我们想起了圣人的启示——《圣经》说："贪财是万恶之源。"一字之差，用意却截然不同。罪恶不与金钱有关，反倒是我们的贪婪给它带来恶名。而那些本就被挫败感笼罩的人们，借此发泄着不满。事情大概是这样的，本人吃惊地观察到，凡是因为自己的过失而徘徊沮丧的人，总喜欢诅咒别人，包括金钱。他们认为金钱是有害的，故而毒害了社会，进而"完美"地解释了自己的失败缘由。他们对于金钱的片面看法饱含着不负责任，因此，我们得改变这一看法。

社会离不开财富，金钱是社会正常运转的必需品，借助它的交换功能，我们才得以维持幸福的生活。金钱就其本身而言，正是追求幸福的至伟能量。当然我们可以用之造福社会，也可以凭借其为祸万端，但这与金钱本身无关。我要提及一些可敬的人：亨利·福特（Henry Ford）、威廉·里格莱（William Wrigley）、亨利·多尔蒂（Henry L.Docherty）、约翰·洛克菲勒（John D.Rockefeller）、托马斯·阿尔瓦·爱迪生（Thomas Alva Edison）、爱德华·菲伦（Edward A.Feline）、朱利叶斯·罗森瓦尔德（Julius Hohenwald）、爱德华·包克（Edward J.Bok）、安德鲁·卡内基（Andrew Carnegie）。正是这些人捐出自己的财富建立基金会，慈善事业才能如同火炬，由他们手中传递出，一直传递到今天。借助这些价值数十亿美元的基金，我们的教会和学校才得以维持。这些基金会每年都为此支出2亿美元，金钱就是这样造福着我们。既然这样，你还能指责金钱万恶吗？

为他人而活便能造就自己，这不是空谈。在此，我们要认识一位特别的人物，他的故事同样感人。故事的主人公欧文·鲁道夫，这是一位善良的先生，一生致力于儿童救助事业。他这样做也是为了自己，为了回报那些曾经帮助过他的人。

欧文·鲁道夫兄弟出生在芝加哥的贫民区，儿时的他们和一群同样困苦的孩子们穿梭于陋巷，终日颠沛流离，为生存而奔波。一天，儿童俱乐部在这一区开办了，原址是一所废弃的教堂，他们获得了拯救。

欧文解释道："除去我们兄弟，其他人都在坐牢。如果不是由于芝加哥儿童俱乐部给我们提供工作，我们也会坐牢的。"这对兄弟俩经常出入这所俱乐部，借助仁爱的力量，他们免于堕落。至今，欧文都在感激儿童俱乐部为他们兄弟俩所做的一切，也为此选择了他的终身职业——帮助那些住在贫民区的孩子们。由于他的努力，芝加哥各个儿童俱乐部都收到了大量的捐款。也在他的热心感召下，许多有影响的人都投入到这项事业中来。

"我觉得我要偿还债务，这项工作仅仅是一种象征，我要偿还上帝的恩赐，他让我们兄弟俩得以成长。请参观一下儿童俱乐部，这是多么有意义的地方。孩子们在那儿得以成长，得到他们所需要的，而这些又是我们必不可少的。"现在，有成千上万的人投入他们的爱心，耗费时间和金钱，帮助美国的儿童们，以实践他们对上帝的承诺。看完这个故事，你的生活是不是也有了变化，那些受崇高信念感召的东西正飘进你的心中。

请以一首感言作为本章的结局，愿仁慈的主再次眷顾我们。

如果尽你所能，不让谎言损害你的荣誉，从不放弃你的义务和责任；如果你懂得主的呼唤，让思想和躯体永葆纯洁；如果你能为了他人的利益而站起疾呼；如果失败能够激励你的斗志，以非凡的勇气去争取成功；如果你能愉快地工作，决不偷懒或逃避困难；如果你忠诚地做好工作，为自己赢来机遇。

如果你不任意挥霍，以便自己能在世上自谋生活，还不忘记慷慨地救助他人；如果你日行一善，为了伟大事业持续提供资助，而不期望获得报答；如果你对所有的人都友好，对于每个活着的男人和女人，不管种族、肤色或信仰，都视作亲爱的兄弟姐妹；如果你对所有的人，特别是对贫弱者和不幸者，都报以诚挚的问候；如果你能忠诚对待所有人，忠于你的家人、你的工作和你的祖国；如果你能以生命履行对于祖国的神圣职责；如果你至今依旧保持身体健康，头脑清醒，品德端正。

如果你的生活达到了这些标准，就已得到了打开财富城堡的钥匙。现在，只需问自己准备得如何。

## 自我充实：增长生命的能量

能量是万物运行之始，生命起源之基。尝试过能量充盈时的快感吗？早晨刚一起床，你就能迅速进入角色，急切地要征服又一个目标，这种感觉何等畅快！你能做到吗？面对眼前的任务，你是否只有离开早餐桌时的急切与慌乱；看到工作台，你能否感觉到通身发热，急于投入工作？

如果还没有做到，你就缺少些东西——生命的活力和生气，这就是我们的能量。缺少能量，一天刚开始你就已经感到疲乏，在拖沓混乱中，勉强度日，你的生活像团黏液，无法摆脱又毫无乐趣可言。

人的心理状态事关成败，可当我们异常疲劳的时候，却总是有心无力。诚然，那些积极美好的东西很有吸引力，我也知道应该用积极的状态去赢得胜利，可我的身体疲乏，意志自然消沉。由此可见，身体能量太过低下，我们的生活就面临困境。故而，欲取得成功，你就得学会如何保持好良好的状态——得学会给自己“充电”。我们的动力总有盈衰，一味苦干并不会取得成功，有时我们需要休息。当你躺在椅子上，端起一杯咖啡，极目望远，未必会耗费多少时光。可休息好了，身体重新恢复，你就可以找回健康的心态，疲乏和消沉也就如浮云般自然飘散。疲劳常常如一颗沙粒，必要时弯下腰，从鞋里倾倒出来。“电池”充盈，你就可以发动起全部马力，以智慧和热情赢得比赛！

当周期衰减，丰富的感情渐渐淡去，你就该考虑去充充电，千万别让疲惫趁机侵占身体。是的，为了维持肌体平衡，你要锻炼不辍。有了好的身体，才会有充裕的精神能量，你还需要补充足够的营养，以维持身体健康。有了物质保障，你还不能掉以轻心，不开动的大脑也会陷入混沌，你还需要阅读书籍，从中汲取精神养料，以保持你精神上的持久活力。

换种形象的说法，你需要两种类型的能量：一种是维持身体所需，另一种是滋养精神智慧。前者易于理解，而后者大都被人忽视。然而，论及对于人生事业的帮助，后者又比前者要重要得多，因为精神瘫痪，身体必将陷入绝境。人体需要休息，这不仅就身体机理恢复而言，更是因为静谧的环境可以诞生智慧。它同锻炼自身一样，都是保持充盈能量的秘诀，只是我们在盲目与慌乱中很少顾及。要知道身体也会枯竭，体力并非没有极限，精神一样会有崩溃的可能，如果你不给自己留点空闲，你的身体会就此走向“死亡”（就精神而言，也需要新的智慧）。

## 精神也会断电

在坟墓里做一个最富裕的人不是件光荣的事，当你为了私利早早耗尽宝贵的生命力，实在是件可悲的事。你可以是最出色的科学家、医生、职业经理人，可当你就此离去，你的亲人会怎样？你用短暂的一生带给他们什么？难道只是为了让自己躺在精美的大理石棺椁里，却让他们悲伤地献上花束？何况，你还有天生的使命，你还要尽到自己的社会职责。

过度的劳累耗去生命，是件多么可悲的事。可我们往往忽视了一点，生命虽在，精神却渐趋消亡的人，不是一样折磨着他的亲人吗？可爱的家人，你的父母双亲，你的妻儿给你带来幸福，你却要禁锢在精神疗养院里，这会给他们带来多大的悲哀呢？将六尺之躯停放在一层如茵的绿草之下，与此何异？为了个人利益而耗尽毕生，如此行径自私而愚蠢，即使是尚不省事的孩童也会懂得休息。可怜的人们为何如少年般倔强，为着一些凡俗利益过早地消耗着生命，至死也不肯承认。

当你的精神力量日趋耗尽时，健康会出现危机，你的优良品德也日渐消退，代之以苍白的面容。人不能如机器一般，能量耗尽还能有重启的一刻，你的生命只有一次，你的灵魂堕落，便很难回复。请珍惜生命，暂时停下忙碌的脚步，松弛一刻，让灵魂得以休眠！

请仔细对照，以便衡量你的精神力量：嗜睡，过分疲倦；缺乏机智，好猜疑；易发脾气，好侮辱人，对人怀有敌意；敏感，易受刺激，爱挖苦人；神经过敏，易于激动；生活在烦恼、恐惧与嫉妒之中；性情急躁，过分自私。如果真是如此，你的“电池”就应该充电了，请牢记，人不能在衰竭的边缘才想起自救。那时，你早已丢弃美德，步入沉沉的暮年了。

## 我们需要补充“维生素”

远在非洲，居住在海岸地带的部落要比内地居民更为强壮，其精力也更充沛。不同的饮食习惯影响了他们：靠近大海的人们以捕鱼为生，可以获取更多蛋白质；内地部落从事耕作，而农作物可没有这么好的功效。所以沿海居民显得更有活力。

再看米尔斯的研究成果：巴拿马地峡一带的居民因为缺乏维生素B，使得发育迟缓，影响了他们的智力水平。这些居民所赖以为生的动植物中都缺乏这种维生素。当科研人员把硫胺（维生素$B_1$）添加到他们的食物中时，许多人得以重生，变得更有活力，性格也活泼得多。

身体需要足量的维生素，这是生活常识。我们拿着各种烹饪指南，用以指导饮食。我们还学习种种营养学知识，条件允许，我们还会定期做身体检查。现代社会的人们早已认识到健康的重要性。你的身体需要维生素，可又有多少人将目光投射得更远些，去看看你的精神状况。不健康的精神状态同样缺乏“维生素”，你需要阅读足量的书报，获取知识，培育情感。而且，人的心理不同于健康，我们还要考虑到消化问题，肠胃患病可以吃药，心中的意念太多，你又有什么良药可医呢？

如上节所言，心理能量需要不断填充，每个人都有一块高能“电池”。有了它，生命力才得以流转。我还要补充一点，有时这块“电池”也会短路——低迷情绪有足够的破坏力。及时摄入精神养料足以预防。如果能做到，那么你就拥有充沛的精力，以及无限可能。

已故的出版业巨头莱吉尔曾阐发过同样的观点：不必要的损耗足以毁灭前程，这些不良情绪包括忧虑、憎恨、恐惧、狐疑和愤怒。他说：“所有这些造成惊人破坏力的元素也能被利用，懂得生命智慧之人会将其转换成动力。”为了阐明他的观点，我们不妨将人的能量体系比作发电机组：红色的火焰在炉内吼叫；锅炉里的水在沸腾；蒸汽正不知疲倦地推动活塞；巨大的发电机转动，金光灿灿的铜质线圈正在飞速旋转；绿色和蓝色的火花在电刷下面交互闪耀；粗大的电缆一根根架在空中，数不清的配电盘正卖力传接，将电流输送到全城各地。这副图景熠熠生辉，因为每个部件都在正常运转。可如果出现一点儿差错，比如，将沉重的电缆接入水池，锅炉没变，发电机没变，可全部电力都已化为乌有，升降机再也不能运行，机器无法开动，世界堕入黑暗。

由此得出结论：两个人用同样的方式、同样的付出，从事着同样的工作，保持心情畅通的人就会成功，而接错线路的那个只能失败。如前文所述，人类区别于其他动物，在于他有自觉的意识，他有理智。既然有能力去控制自己的情绪，又何必让一点儿不快酿成悲剧。为何我反复强调学习的重要，因为愈是文明、愈是高尚、愈有教养，就愈能控制自己的情绪——前提是，你得愿意这样做。

即便你已经处在那个错误情绪的控制之下，心力交瘁，你也有能力及时改变。奋力扳开一个道岔，指挥你的能量流向正途。人的潜能无穷，能用完善智能指挥之，你便是强者，如果总在冲突中虚耗，你便日渐羸弱，步入暮年的时候，你又以什么理由来慰藉终生碌碌所带来的遗憾呢？

# 第八章
# 坚持：精神与毅力的力量

你的脑海中不能有这样的思想：我可能会失败，或者是我不可能取得胜利。如果你的脑海中残留着这样的思想，那么，我将要对你提出这样的忠告：赶紧把它从你的脑海里抹去，否则你必会因它而招致失败！

我们在前面讲述的成功故事都可以说明这个道理，因为这些成功者从来都没有这种主动放弃的思想。他们在成功之路上不屈不挠，所以才克服了那么多困难，走向了成功。如果你能以慎重的态度去思考、研究这些案例，并且效仿、学习这些成功之人的成功精神，你也会和这些人一样积极，你也有可能克服那些阻碍你前进的困难。

## 不因失利而气馁

现在我们来讲一个很久以前的故事。这是国际网球冠军冈萨雷斯的真实故事。冈萨雷斯原本只是网坛的一个无名小卒，在一次淘汰赛中，不料天空飘起了小雨，这让他无法完全发挥实力。虽然他的实力并不出众，在比赛之前就有体育记者评论他的球技颇有缺陷。不过他还是有着自己的技术特长，正如这个记者所评论的那样，冈萨雷斯具有超强的发球技巧和截击的技术。

但是这些都是技术层面上的，关键在于，冈萨雷斯具有不屈不挠的精神。他凭借自己的稳定性和耐力在雨中鏖战。赛前并不看好他的人们在比赛的时候惊讶地发现，这名网球选手“从来不因比赛的不利情况而气馁”。这是赛后媒体对他的评价，毋庸置疑，正是这种精神，帮助他赢得了胜利。

很多人在顺境时有着良好的力量，但是一旦遭遇逆境或者不利的情况，他就会顿减或丧失面对困难的能力。因此，如何让你在逆境中越战越勇才最为关键。而让你保持有战斗力的精神力量就是不因逆境而气馁的坚持。

在此，希望你记住，没有跨不过去的坎，没有不能克服的困难。你知道聪明的人如何克服困难吗？一位朋友告诉我：他遇到困难时，他不是直接向困难奋力冲过去，而是在困难的周围徘徊，看看有没有克服的办法。“如果这个方法行不通的话，我就寻找其他的办法。你知道条条大路通罗马，所以要一直找到出路为止。”接着他补充说，“我是跟着我的信仰一起走出去的。”

他的做法可谓是克服困难的真理：面对逆境，寻找各种方法克服困难，同时心中有虔诚的信仰。

但是，并不是每个人都这么善于克服困难，特别是我们的潜意识经常误导我们。当你面对困难时，你的潜意识就会唤醒你曾犯过的错误，这些不愉快的经历就会闪现在你的脑际。其实，这就是你的潜意识在制造消极的心态。因此在你的思绪过程中，潜意识可能会误导你的思考方向和结果，最后甚至会让你放弃努力。

那我们如何扭转潜意识的误导呢？最好的方法就是以积极的立场和认知灌注于潜意识中，让你的思考得出积极的想法。这样，你就是在自己的潜意识里灌溉真理之花，这些真理之花将会让你收获真理的成功。

当然，你先要摒除那些潜藏在大脑里的消极思想或者想法。你可以这样试试，比如当你的大脑出现消极的想法时，你要对自己的这些想法作一番仔细的分析，这会得到让你感到十分诧异的结果。

很多人都有这样的消极想法。如“下雨天我无法做事了”“我想，我办不到那件事”“这个工作我大概无法胜任，因为我会忙不过来”等。但是你若是试着换个角度去思考，用积极的想法来面对，结果就不一样了。如：“哦！我相信我可以做好的”，或是看见天空布满乌云时，你会带着雨伞说：“我原本就知道会下雨！”

上面那些“消极心态”都是我们生活中经常出现的，也许你会认为出现这些小小的想法无所谓，至少它并没有影响你的远大理想。但我们千万不可忽略“积少成多”的道理。当你的生活中不断出现“消极心态”时，它会不知不觉地渗入你的思想深处，并且腐蚀着你的积极心态和行动能力。你可千万不要低估这些消极心态的力量，它们甚至会在不久之后使你陷入“无能症”的泥沼中。

曾经我偶尔也会说点儿似乎无关痛痒的消极话语，但是发现这些消极思想正在我的内心扩张。于是，我开始下定决心，首先告诉自己，不能说消极的话，然后是尽力不要出现消极的想法。我知道对于这种消极的心态，最好的消除办法是积极。以肯定的心态来面对任何事情，事情就会很顺利。我能够胜任这项工作，肯定不会失败。你甚至可以将这些积极的想法，喊出口或者写在你经常看见的地方。这样做，就好像这些话语、字条在呼应你心中的积极力量，因此你会感到一切都会如你预计的一样顺利地进行。

我曾看到一句引擎油的广告词："洁净的引擎是力量的供应源泉。"我想广告词的创意者肯定拥有积极的心态，我相信这对他的事业必定产生积极影响。我们也可以将这句话推演下，洁净的心是力量的供应来源。所以，请洗净你消极的思想，赋予你本身一颗洁净的心吧！

此外，克服困难时，你还可以采用"不相信失败"的哲学之道。大多数时候，人们面对困难时，总是会想到负面的、消极的结果。这就是一种惯性的心态，这种心态是你克服困难的障碍。

概而言之：困难并没有你想象的那样难以克服，只要你有积极的想法。

也许在你建立积极想法时，还没多少信心，但是只要你持续保持这种想法，你必能获得成功。

## 以弹性的认识了解事物

我们面对困难时，不必过于执着这个问题。就像你在沼泽地行走，你不能太用力，你要灵巧地渡过。如果我们对近代至今的美国人作一番心理分析的话，我们会发现有三位哲人对美国人的心理产生了巨大的影响，他们是爱默生、梭罗、威廉·詹姆斯。爱默生的人生哲学观点是："人格能够接触到宗教的力量，并从那里创造出伟大的成就。"梭罗则如此表示："在心理描绘成功的蓝图是我们完成事情的秘诀。"威廉·詹姆斯指出："在进行一切事物时，你对它的信仰影响最大。"这三位哲人的教诲其实可以总结为一句话，那就是美国人所具有的一种特质——"不向困难低头，创造那些看似不可能的奇迹"。

当然，我们也深受美国的开创者富兰克林的影响，他创造的人生原则影响了我们。也许你不知道，另一位开创美国的伟人托马斯·杰斐逊和富兰克林一样，为自己制定了一套人生准则，这是他一生修养的必修课。其人生准则之一是"经常以弹性的想法来认识事物"。我认为这是一条极为睿智的人生格言，它让你不用直接抗拒困难。因为直接的抗拒可能引起物理学上所谓的"摩擦"或者"断裂"。而弹性的认识则是灵活的认知，你用灵活的思考去面对消极的力量时，你不会遇到太大的阻力，你会慢慢减弱、消磨掉消极的心理力量。

请你认真记住这句话，我相信你今后在生活中肯定会应用到此则哲言。即使你开始时可能会遭遇失败，也必能反败为胜，再度获得成功。

## 坚持：以积极、自然的方式

一名专业棒球队的投手在近40摄氏度的高温中参加比赛，他消耗了巨大的精力。但是他快速地恢复了精力，继续比赛。而这继续的动力就是他内心虔诚的宗教信仰，他在不断地祷告。他认为祷告可以更新他的力气，所以他有充沛的力量完成比赛。他认为，如果我们的体力在比赛中透支了，但是只要我们的心还没有屈服，那么我们就还可以继续战斗下去。以他本人为例，他不知疲倦的力量来自他坚定的信仰。

不论你是否有着坚定的信仰，其实你也可以找到催促你不断前行、不知疲倦的力量。比如你的目标、你的热情或者理想。

我有一位朋友，他是俄亥俄州一家大工厂的实业家，他说在他的工厂里最好的工人是能与工作的机械规律相协调的那些人。

他断言工人如果在工作时能与自己的机械规律协调，那么这个工人在下班时就不会觉得疲倦。他表示，你若爱机械、了解机械，那么你将会明白它所具有的规律。

那种规律，与身体、神经和心灵的规律是一样的。在我们的生活中，到处充满计算机、打字机、办公室、汽车的节奏规律，以及你的工作节奏，为避免疲劳、保持精力，最重要的是要感觉自己已经进入各种基本的节奏中。

健康的身体就是我们的动力来源。通常的情况，如果一个人摄取适当的营养、有适当的运动和充足的睡眠，没有过度耗损体力，而且平时关注自己的身体状况的话，他的身体就能长期产生令人惊讶的力量。当然，除此之外，还要拥有充分均衡的感情生活和平和、积极的心理，他就能保持精力。反之，其精力都难以让自己保持很好的状态。

如果我们评价一个人："他是个自然的人。"这就是说他与大自然完全调和。他没有任何妄念、心理上的纠葛、身心的不调和，不会给自己找借口，当然更不会让自己有不安的情感。这种人的生活和工作很有规律，可以说数十年如一日。正因为有着与身体的自然相协调的关系，这种人的能量源源不断。

本质说来，人也是大自然的一分子，所以我们的生命运动也要符合大自然的规律。我们仔细看看那些历史上的伟大人物，他们都有做大事的能力，也都是能与大自然和谐一致的人。他们都很注意自己的感情及心理的调和，所以能够激发出创造卓越成就的能量。

如果你很多精力都浪费在一些消极情绪上，比如忧虑，甚至是某些罪恶的想法和行为时，我想这些会对你的精力造成不良影响。因为如果一个人被忧虑或者其他的消极情绪占据着，那他的精神肯定不会很好，活力也无法唤起。从而在工作上萎靡不振，甚至会想放弃工作，而变成昏昏欲睡、有气无力的样子。

所以你应该在你的内心除掉罪恶和忧虑等消极情绪，让积极的情绪以及虔诚的信仰和坚定的信念照耀你的心灵，让你充满能量。记住：消极情绪会消解你的精力；而你需要积极的情绪来面对每一天。

# 第九章
# 心境平和也是一种力量

在现代忙碌的生活节奏中，很多人都是满怀焦虑与怨怒，以致浪费了宝贵的精力，更使得日常生活变得紧张异常，有时感觉自己度日如年，有时又不禁感慨时光如梭。

其实，若是你想让自己人生过得更有意义，你就应该停止这种随着社会波动的浮躁心理，你应该抛弃焦虑与怨怒。你应该拥有平和稳定的心境，下面我会详细和你谈谈，如何达到这种静如止水的生活节奏。

## 改变你的快节奏生活

现在的社会生活就是一个超速运行、不曾停歇的机器，而处于这部机器中的我们，必然也面临许多压力。我们应该如何改变呢？

首先你应该尽量选择步行，而且要避免快速地步行。现在的人们乐于享受日益发达、快捷的交通工具，我们一切的生活、事业都处在现代高速公路之上，我们在不知不觉中过着超速的日子。但是，我们不得不承认，这些快速的节奏让我们的身心吃不消，很多人也因此而损害了自己的身心健康，甚至心理被日益繁重的工作和生活压迫得出现问题，比如出现越来越多的抑郁症患者。一般的公司白领，每天都坐在狭小的办公室里，没有什么活动量，但是大脑和心理活动在高速地运转着。所以很多时候，我们都是拖着疲惫的身体过着急速运转的生活。所以在这种快节奏的高压情况下，一旦挤压到了我们承受的临界点，势将造成我们身体和精神上的崩溃。

如果你想避免造成这种不良的后果，你应该开始适当降低生活速度。因为我们的身体不是机器，如果过分透支我们的身体，每天都忙碌于工作和生活，得不到一刻的休息的话，身体首先会出问题；然后心理也产生不平衡的状态，感情容易失调。这仅仅是一个人的问题，如果一个民族、一个国家也像这样处于高速的焦虑之中，就会影响其发展进程。

## 回归大自然的呵护

现代社会也有浮躁和让人痛苦的一面，特别是那些都市里的噪声及紧张更令人难以忍受，生存于此的我们常常患上城市病。更为严重的是，这种城市病甚至已扩散到乡村。所以，当你在工业文明的城市里感到压抑、生活充满机械时，你应该回归大自然，去那里享受大自然的呵护。

在一个忙碌的夏天，我和妻子逃离了紧张的城市，来到森林中游玩。我们开始在优美的墨享客湖山上小房子中休息。墨享客原就是“天空中的翠湖”之意，在几万年前地层大变动时，造成了高高的断崖。这里海拔2500百米，我们可以俯瞰美国最美的自然公园。在森林里，一个宝石般的翠湖舒展开来，我们就呼吸在这绿树碧水之中。

当我们正陶醉于优美的大自然乐章之中时，不远处却传来刺耳的乐曲，这是在城市迷幻的灯光下最常听到的爵士乐曲。伴随着音乐，三个年轻男孩从树丛中钻出，其中一个手里提着一架收音机。这些来自都市中的年轻人，用城市的噪声污染了森林，真是大煞风景！我本想劝他们关掉那些垃圾音乐，静静聆听大自然的乐曲。但是转念一想，人们都有自己的自由，我没必要以我的好恶去限制别人。最后还是任由他们，直到他们离去，消失在森林之中为止。

有的时候，我们并不需要专门从大自然中去寻找。我们只需要在城市生活中保持着自然的生活节奏，适当休息和享受生活的美好，让自己的身体自然健康。

## 没有你们，地球仍然旋转

很多时候，我们不懂得舍得的道理，所以会在紧张的社会生活中失去自我。我现在要敬告各位的是，你要自己试着作出改变，你要降低你的生活步调，让你的身体赶得上你的进程，让自己的心情恢复平静，不再焦虑暴烈，保持稳定与和谐。

曾经有一位颇有成就的企业家，因为过重的精神压力，不得不向心理医生求诊。医生劝他多多休息，这位企业家愤怒地抗议说：“每天都有很多工作等着我去完成，我哪有时间休息。我每天都要提着满满一大包的文件回家继续工作，毕竟除了我，别人也无法承担这些业务。”医生对于企业家的生活方式表示诧异，便问道：“那么多文件，你必须要在当天晚上审阅、批示吗？”“那些都是必须处理的急件。”企业家有些不耐烦。“难道没有人可以帮你忙吗？你没有助手吗？”医生问。企业家很直接地说：“不行，只能经过我的审阅和批示才能保证质量，而且这些都是必须要处理的，要不然公司怎么办呢？”

最后医生给企业家开了一个治疗的方法：每天散步两小时；每星期空出半天的时间到墓地一趟。然后医生问企业家：“你看你能不能做到呢？”企业家对于第二条感到很怪异，问：“为什么要在墓地待上半天呢？”

“因为当到墓地里走走时，你会看到那些逝去的人们。其实他们很多人活在世上的时候，跟你一样忙于工作，认为世界没有了自己就无法运转，认为全世界的事都得扛在双肩。但是，如今他们全都永眠于黄土之中，而且你也会有一天加入他们的行列。即便是没了你们，这个地球仍然在不停地运转，这个社会和很多公司也在继续存在，当然也还有很多人像你一样拼了命地工作。我希望你在墓地里，仔细凝视那些墓碑，反省一下自己的生活。”医生的这一番话让企业家惊醒，他听从了医生的建议，开始放缓生活的步调，而且将公司的权力下放，转移到各个职能部门。他知道生命的真义是无法用急躁或焦虑的方式感受的，只有在平和的心境下，他才能比以前活得更好，自然事业也会蒸蒸日上。

## 从容才能安全、快速到达彼岸

现代社会是一个讲求速度和效率的社会。我们以为只要有了速度，效率自然会得到提升，其实并不尽然。某大学皮划艇队冠军队长告诉我："我们的教练常提醒队员，要想赢，就需要慢慢划桨。因为太讲求速度的话，就会破坏船行的节拍；而一旦搅乱节拍，你的速度就会慢，甚至不进则退，而且想要恢复正常的节奏就会感到很费力。"

同样，对于我们的工作也是如此，特别是现在的工作大多是集体协作，急躁可能会产生更多的错误而拖累工作。所以在工作中，最好是以正确而从容的步伐前进。唯有如此，我们的心灵和灵魂才会获得平和的力量，以沉稳的智慧指导神经及肌肉从事工作，如此一来，胜利也终将属于你。

既然我们懂得了平和心境的力量，那么我们究竟应该如何达到平和呢？那就是持之以恒的健康生活方式，从你最细微的事开始，无论是洗澡、刷牙、运动，都要以平和的心态完成。此外，你还要让自己有一个平和的心境来反省自己，所以不妨找一些空闲的时间从事洗净心灵的活动，比如静坐。这是一个很好的反省自我的方法。当你的心神从忙碌的时间回到只属于自己的安静时刻，你可以在心里思考自己是否太执着于速度。想象自己身处大自然中，感受高山峻岭、夕雾的峡谷、鲤鱼跳跃的河流、月光倒映的水面这些场景，你的心灵也会随之沉醉、净化。你要将一天作为一个轮回，所以最好是每天睡觉前，你可以让自己的神经和身体放松，让自己的心得到平静。或者是你在工作的时候，感到心慌意乱，特别是周遭都是匆忙的步伐时，你最好的办法就是完全停止一切活动，适时地放松自己吧！

## 心理排水作业

我们很多人在睡觉时，带着白天的思虑和苦恼，其实这样会影响你的睡眠，甚至你的潜意识在继续操劳。所以晚睡的时候，你一定要使自己的心灵留有短暂的空白。也就是在你睡眠前，最好是睡前5分钟，放空自己的想法，让自己轻松入睡。毕竟，再多的问题也只能等到明天再处理。

所以，如果你在睡前不排空心里的一切"忧虑"，这些烦忧将阻塞你心灵的活动，妨碍脑和精神力量的散布。如果你能够让自己的心灵暂时空白，那些烦恼就不会浸入你的潜意识，也就不会让你深陷疲惫的睡眠了。为排除忧虑，不妨善加利用你创造性的想象。

你可以将你的忧虑和烦恼想象成郁积了一天的水池，你要排除不安和忧虑时，就像打开水龙头让这些水流光，这样你就感觉自己的所有的担忧都释放出去。这就是心理学治疗常用的排水作业。它对于那些在梦里还操心着工作的人相当有效。

有时候我们是被自己想象的忧虑干扰，其实想象也是治愈忧虑的特效药。想象可不是简单的幻想，它创造的景象都是从你实际生活中来，也会让你在实际生活中取得显著的效果。

## 砍树工人的智慧

有的时候，让我们烦恼操心的事情并不是简单的一项，它可能是一个庞杂的系列。这个时候你就要运用一些策略。你可以像砍树工人那样，最好是先砍掉这棵"忧虑树"的小枝，然后慢慢接近树干，最后再砍倒这棵"忧虑树"的主干。

其实这个道理，我也是从伐木工人那里学来的。记得有一次，几个工人来到我的庄园中砍倒了一棵树。这棵生长了50年的大树在树林的中间，我害怕这棵倒掉的大树会挂到周围的树，从而损失太大。我看到的实际情况却是这样，工人们拿着电锯来到树前，先砍掉大树枝，还将树的上端也砍掉了，最后只剩下中央巨大的主干被轻易锯倒，也没损伤周围的树木。最后树木被井然有序地运往了伐木场。

事后工人告诉我："若不先砍掉树枝，大树倒下去可能会伤害到附近的树。树弄得愈小，愈容易处理。”同样，在你的心灵庄园里，可能也生长着这样多年来成长的“忧虑大树”。如果你要处理这棵大树，那你首先必须尽量剪掉它的枝丫。而你实际上要做的，最好的方法就是在你表现烦忧和急躁的时候，要尽量在言语上少表示烦躁和过度地操心。

因为你的语言体现着你的内心活动，你的话语中透露着急躁，而你的内心就是如此，所以你要少说急躁的话。之后你要尽量控制内心出现的这些想法。当你的脑海中浮现操心的念头时，你就应该立刻以信仰的想法和表现立刻除掉它。例如，我们会忧虑：“不知道我能不能及时赶上火车。”与其忧心地说这种话，还不如提前出发。

# 第十章
# 改变心态，就能改变生活

威廉·詹姆斯曾说过：“我们这一代人最伟大的发现是，若改变我们本身的心态，我们就可以让生活本身发生变革。”这就是说，我们的想象力构建的世界可以成为事实。所以，把你脑袋里那些陈旧的、疲惫不堪的和消极的想法全部洗去吧！然后将信仰、爱和善意，特别是那些具有独创性的想法充满你的心和大脑。因为这些神奇而新鲜的想象力，可以让你的生活和工作更加有效，也许会彻底改变你的生活。

## 想象力改变环境

古代伟大哲人之一马克斯·奥雷留斯说过：“人的生涯乃是由他的思想所造成。”这句话如果换成一位当代心理学家的话，你会更加明白，他说：“在人的本质中，如果我们有想成为那样的倾向，我们就可能真成为那样。”

这似乎有些夸大心理的力量，但我们不得不承认确实如此。很多人悲观地将自己的未来想成是失败或不幸，最后也就是在不幸的失败中度过；但也有人很乐观地想到今后的自己会成功而获得幸福，其后果然也获得了相应的幸福。我在这里要说，人不能屈服于外在的条件或环境，而是要让你内心的想法主宰你的人生。每个人的想法对其都有很深的影响力，所以你要珍惜你那些积极、乐观的想法，不要畏惧世俗认为它们过于新奇。曾经沃特·迪斯尼先生想要修建一个童话世界似的公园，很多人都对此表示怀疑。可是现在的迪斯尼在全世界都很受欢迎。好的想法就是好的创造力，如果你对未来或者某个领域也有新的想法，你也能创造出完全不同的状态。换而言之，你的思考可以激发你的创造力，而且鼓励你为此而努力。

记住，人不是受困于环境的动物，你不要屈服于你所在的环境。因此，如果你要改变环境，那你必须先改变想法，你要在你的内心中描绘出理想的环境。你要付出努力，让你脑子中的想象成为现实，而且深信它一定会到来。

## 俯视泥土还是仰观蓝天

如果一个人有着创造性的想法，他还能持续地坚持和勤劳地付出，我想，这就是一个成功者。其实不管任何职业，你去留心那些做出成绩的优秀人士，他们都有着自己独特的见解。

著名工程师亨利·恺撒曾给我提及一段往事。他曾经负责河堤的护岸工程，可是一场暴风雨翻滚着洪水，就将所有的运土机掩埋在泥土下了，而且更糟糕的是以前完成的工程也完全被破坏掉。洪水退去后，他到工地去查看现场。工人们都忧心地看着泥土及被掩埋的机器，向他忧心忡忡地说：“你看看四周吧！全是一望无际的泥海。”他却笑着说：“不，我没看到泥土。我只看到蓝天白云，只要天气很好，泥土就会干燥，你们就能轻易地发动机器，重新开始工作了！”的确，那次工程就这样随着机器的重新启动，慢慢完成了。

当你低头看着目前的困难时，你可能一筹莫展。但是当你放眼未来，也许就可以找到机会。我再给大家介绍一位朋友，他是贫穷出身而获得成功的人。你无法想象，他曾经只是一个笨拙而害羞的乡下青年，但是他拥有独特的个性，敏锐的头脑。现在他已成为一位杰出人物，我曾问过他成功的原因是什么。他回答我：那就是他面对问题或者困难时的态度和想法。他给出了以下的几条，你可以借鉴学习。

第一，当出现问题或者困难时，我以我的心志尽全力去粉碎它。

第二，我会由衷地向上帝祈祷，我相信信仰的力量。

第三，我会在我的心中想象不久的将来，成功时的模样。

第四，经常反省我的所想所做是否正确。如果我的想法有错误，那么行为也会跟着错，所以我要不断反省、改正自己的想法和行为。

第五，我坚持一项原则，那就是：与他人分享获得的成功。毕竟，很多工作都是大家协作才能完成的。

第六，随时保持积极想法，这是克服困难，达成一切目标的最基本原则。

## 具备积极想法的5种方法

我们都知道了积极想法的力量，我们也试着将自己的消极心态转化为积极的心态，从而把新的独创性想法解放出来。那么如何让自己的内心持续地拥有积极的想法呢？我在此给你5种方法，你若能耐心地去做，必然会产生良好的效果。

第一，你要保持乐观。你要对任何事保持着积极的希望，不管这是工作、生活还是身体健康或者人际关系。请你务必充满乐观的态度。也许你已习惯了某些悲观的看法，而且你内心已经向环境屈服，认为自己无法改变。我希望你，试着用积极的想法来改变，当然我们不能期望骤然改变，但只要你坚持就能渐渐地脱离消极的想法。

第二，就像滋养自己的身体一样，你也要好好滋养你的精神。你应该有着积极、健康的想法，排除那些罪恶、急躁的想法。这样，可以让你的想法和行动都变得更为积极。如果你有着宗教信仰，那么你可以请求上帝帮你净化思想。

第三，慎重交友。我们知道物以类聚、人以群分。你朋友的想法可能会影响你，你的想法也会因为朋友的态度而受影响。所以你要仔细看看你的朋友是否拥有积极的想法。但也不要放弃有消极想法的朋友，你应该用你的积极和乐观感染他们，让他们逐渐消除内心的消极。

第四，如果你出现了消极的想法和态度，请你以积极而乐观的心态来化解它们，而不是与其激烈地冲突。

第五，如果你有宗教信仰，那么你可以多做祈祷。因为一旦你心中存有虔诚的信仰，你的信念就会更为坚定。

总之，如果你想要过上更好的生活、取得更伟大的成功，那么请驱除你内心不健康的想法，而是用新的、充满活力的、强烈信仰的心态取代它。因为这些积极的心态拥有巨大的能量，它们可以激发出你的潜能，更有力地触摸到美好的未来。

第三卷

# 自己拯救自己

［英］塞缪尔·斯迈尔斯 著

# 第一章
# 天助自助者

从长远来看，国家的价值在于组成这个国家社会个体价值的实现。

——约翰·斯图尔特·密尔

我们过于相信制度，而忽略了人类自身的能力。

——本杰明·迪士累利

“自助者，天助之”已被众多人类实践所证实，是句至理名言。自助精神体现在生活的众多方面，是个人成长进步的源泉，是构成国家强盛的真正源泉。从效果上看，外界的支持经常显得软弱无力，而内在的支持才是生命真正的动力。你为一个人或阶级做了什么，从某种程度上讲，反而消磨了他们自力更生的动力和需要。在一个管理过度、指挥过度的国家，其必然趋势是使人们不能自立，更加无助。

即使是最完善的制度，也不能给予人积极有用的帮助。或许，制度所能做的最有意义的事情就是给予人们发展自我与改进个人状态的自由处境。但是，人们往往相信他们的幸福和成绩是通过制度的手段而不是自己的行为来获得的。因此，我们经常大大地高估了作为人类进步之保障的立法价值。尽管我们每隔三五年选举一两个代表来执行立法权。但无论他们多么地尽心尽力，人们的生活和天性却并没有受到积极的影响。而且人们日渐懂得，政府的功能是消极和有限的，而不是积极和无限的。政府的职能主要在于保护人们的生命、自由和财产安全。如果司法公正的话，它能保护人们享受他们的劳动果实，无论是脑力上的还是体力上的，而他们无须付出多大的代价。然而，再严厉的法律也无法使懒惰之人变得勤勉自持，使奢靡之人变得未雨绸缪，让嗜酒之徒变得清醒如初。这种改变只有通过个人的节俭和自律才能完成，即通过好的习惯而不是依靠更大的权力去改变。

## 伟大的民众铸就伟大的国家

我们发现，一个国家的政府通常是组成国家的个人的写照。位高于人民的政府不可避免将被拉回到人民的位置；同样，位低于人民的政府早晚要被提升到人民的位置。自然而然地，一个民族的集体性格总是能符合立法和政府的水平，正如水总是能找到平衡一样。高贵的人将受到高贵的统治，无知的人则受到无知的统治。事实上，所有经验都证实：一个国家的价值和力量并非依赖它的制度形式，而是取决于其子民的天性。因为国家仅是社会个体的集合而已，而文明自身也只不过是个人发展问题，即组成社会的男人、女人和孩子的发展问题罢了。

国家的进步是个人勤勉、正直的结果，正如国家的衰败是个人懒惰、自私和邪恶的结果一样。我们通常所谴责的社会邪恶，在很大程度上，则源于个人生活的堕落。尽管我们企图通过法律手段尽量减少甚至根除它们，但是，它们会以各种各样的形式死灰复燃，除非个人生活及民族天性赖以存在的环境得到彻底改进和根本改善。如果这种观点是正确的，那么我们就可以得出结论:爱国和博爱精神不是通过改变法律和修改制度产生的，而是通过鼓励人们独立自主、完善自我的行动而产生的。

## 心灵被囚禁的民族无法获得真正的自由

当人们只听凭自己内心力量的召唤时，外部的一切就显得无能为力了。最死心塌地的奴隶并不是被专制制度下无恶不作的暴君所统治的奴隶，而是被无知、自私和邪恶统治的奴隶。一个充满奴性的民族仅通过权力或制度的改变是无法获得真正的自由的。只要人们还迷信政府是自由唯一的救世主，那么任何变革都是没有实际意义的，自由将仍由政府掌控。要改变这种状况需要付出巨大的代价，而且这种改变在很长一段时间里对曾经身处奴化幻觉的人们并不会产生太大的实际和持久的效果。自由必须建立在个人性格这个坚实的基础之上，这也是社会安定和国家进步的唯一有效保证。约翰·斯图尔特·密尔说得很对，“只要允许个性的存在，专制主义则受到有效抑制。不论以什么名义出现，任何毁灭个性的东西都是专制主义”。

## 最坏的偶像崇拜形式

关于民族进步的问题总有一些古老的谬论。有些人呼唤恺撒式的救星，其他人则呼唤以民族力量的强大作为救星，另外还有些人则寄希望于议会议案。我们都在等待恺撒的降临，一旦恺撒降临，人们就欣欣然地“拥戴他，跟从他”。这条教义简单来说就是由救世主为民做主，人民坐享其成。如果以这样的教义为指导，它必将毁灭民众自由的良知，迅速为任何形式的专制主义铺平道路。恺撒主义是人类偶像崇拜中最坏的形式，是对权力的绝对崇拜，其恶果不亚于对财富的绝对崇拜。一个民族应该倡导的健康向上的信念就是自救自立的精神，只要人们领悟这一点并把它付诸行动，恺撒主义将销声匿迹。自立精神与恺撒主义是直接对立的，正如雨果对笔和剑二者关系的论述，“其中一个会杀死另外一个”。

至于说相信民族和议会法令的力量，也只不过是一种迷信罢了。爱尔兰一位伟大爱国者威廉·达刚曾在首届都柏林工业博览会的闭幕式上发表讲话：“老实说，在我的印象中，我从不记得我的同胞提及‘独立’一词。我听到的多是他们如何从这里、那里或另外什么地方去获得独立，或者把希望寄托在我们身边的外国人身上等论调。我承认与外国人交往给我们带来的巨大好处，但我的内心常深深地感到，我们工业的独立必须依靠我们自己。我相信，只要我们鼓足干劲儿、勤奋努力，我们将会遇到良好的机遇，我们将有一个无限灿烂的明天。我们已经迈出了步伐，但我们必须明白，坚韧不拔才是成功的巨大动力与保证。只要我们豪情满怀，不断前进，我深信，用不了多久，我们将和任何其他国家的人民一样舒适、一样幸福、一样独立。”

任何国家都是无数代人精神与物质劳动塑造而成的，是各个阶层、各种处境下吃苦耐劳的人民塑造而成的。他们是土地的耕耘者、矿山勘探者、发明家、发现者、制造业者、机械师、艺术家、诗人、哲学家和政治家。他们一代接一代地努力，为缔造自己的国家作出奉献，推动着社会不断地向前发展。这一代又一代高尚的伟大劳动者——文明的缔造者——在混乱状态中创造出了工业、科学和艺术的秩序，同时也使一个民族成为一种宝贵财富的继承者。这些宝贵的财富是我们祖先用精湛的技艺和勤劳所创造的。这些财富在我们的手中得以耕耘，并传承给我们的后继者。在此过程中，我们要使它毫发未损，而且有所增加。

## 生活是一场“士兵的战斗”

自助自立的精神不仅是个人行为的动力，而且一直都是英国人民一个显著的性格特征，是我们民族力量的真正源泉，也是衡量国家力量的真正标准。在大众之中总有一些脱颖而出的杰出人物起着领导作用。但是我们民族的进步则要归功于成千上万的无名小辈。尽管在战争史上只有将军们名垂青史，但在很大程度上，战争的胜利是通过普通士兵们发挥个人的勇猛和英雄主义才赢得的。同样地，生活也是一场“士兵的战斗”。

普通民众是最伟大的创造者，普通人对文明和进步的影响跟名垂青史的伟人们一样伟大。其中绝大多数人们终其一生默默无闻，他们对人类文明进步的影响力虽然无法与那些有幸名垂青史的伟人们相比，但是，即便是最卑微的人，也可成为同胞勤奋、节俭、诚实的典范，对祖国的美好未来产生深远的影响。因为他的生活和品行潜意识地影响着别人的生活，并在未来的时代被推广为典范。

## 日常生活让人获得更多智慧

经验表明，充满活力的个人主义对他人的生活和行为能够产生强有力的影响，并成为对人们最好的现身说法的教育。与此相比，学校、学院和大学给予人们的教育仅能算是最简单基本的文化启蒙而已。最影响人们的教育是日常生活的教育，它来自我们的家庭、街道、商店柜台、生产车间、织布机、耕地、财务室、手工作坊，在拥挤嘈杂的人群中。这是对社会成员最好的教育，即席勒所谓的“人生历程的教育”。它表现在人的行为、品行、自我修养、自我驾驭等方面，并为人类提供了行为规范，使他们胜任自己的工作并履行好自己的人生职责。

这是一种无法从任何书本或大量学术训练中获得的教育。培根用他那惯有的颇具分量的语言说道：“学习并不能教会人们如何运用知识。而是知识以外的智慧教会人们使用知识，而且，智慧只能通过观察获得。”这句话道出了生活的真谛，也道出了教育本身的真谛。所有的实践都证明它的合理性，并强有力地说明：人们更多地是依靠工作而不是靠读书来完善自我。也就是说，是生活而不是书本，是行动而不是研究，是性格而不是传记不断推动着人类的发展。

## 伟人传记是人类的福音书

伟人的传记，特别是那些仁人志士的传记，无疑是最具启发意义的，为他人提供帮助、指导和动力。有些佼佼者的传记无异于给人类带来福音——它教给人类和世界一种高尚的生活、高尚的思想和积极的生活态度。这些有价值的榜样充分展示了自立、坚韧、奋斗和坚守良知的伟大力量。这高贵的人性不可或缺的组成部分，是个人自我发展的动力。它以铁的事实证明了自尊和自强的影响力：它能使那些出身地位卑微的人为自己赢得令人尊敬的实力和稳固永久的声望。

## 自古贫贱出贤能

科学、文学和艺术界的伟人们——伟大思想的圣哲和宽宏心灵的主宰——他们并不是不食人间烟火的仙人，也并非属于什么特殊阶层，他们同样来自学校、车间、农舍——来自穷人的茅草屋，也来自富人的大厦。甚至上帝的一些伟大的使徒也是来自“社会的最底层”。最穷苦的人有时也会位及巅峰，在他们的成功道路上，没有不可逾越的障碍。很多时候，这些困难反而成为他们最好的帮手。因为这些困难能激发他们劳力和坚忍的力量，激发他们可能被湮没的潜能。战胜困难并取得成功的鲜活例子不胜枚举，这恰恰证明了那句箴言“有志者事竟成”。著名的例子有：理发匠出身的杰勒米·泰勒成为最完美的神学家；理查德·阿克莱特爵士成了水力纺纱机的发明者和棉纺织业的奠基人；腾特顿成为英国上议院最卓越大法官之一；特纳成了最伟大的风景画画家。

没有人确切了解莎士比亚的出身到底怎样。但是毫无疑问，他出身于一个社会底层的家庭。他的父亲是一个屠夫兼牧场主。据说莎士比亚年少时当过梳毛工，有些人说他在学校当过门卫，后来代人捉刀。他似乎“不是一个具体的人，而是全人类的缩影”。他描写海洋的措辞是如此地恰当精确，以至于一位海军军官还断定他肯定当过水手；而一位神职人员则从莎翁作品中的种种细节推断他以前很可能是一位神职人员；一位出色的相马手则坚持认为莎士比亚以前是个马贩子。莎士比亚是个当之无愧的演员，广泛的生活经验和观察为他积累了丰富的知识，使他一生中“扮演了很多的角色”。任何时候任何情况下，他都是一个细心的学生及勤奋的工人。而且直到今天，他的著作对英国人品格的形成仍具有强大的影响力。

## 艰难困苦是人生成功不可或缺的条件

上述所有例子表明，要取得杰出成就就必须依靠个人奋发向上，好逸恶劳的懒惰品行必然与出类拔萃无缘。正是勤劳的双手和大脑才使得人们富裕起来——有教养，有智慧，就会有成功。一个人即使出生于富裕人家，社会地位很高，他也得通过艰苦努力靠实干才能获得稳固的社会声望。人们可以继承几英亩土地，但不能继承知识和智慧。富人也许可以雇用别人为他们干活，但却无法雇用别人来替自己思考，更不可能买到任何形式的自我修养。事实上，勤奋是成功的唯一途径。这种说法在某些富人的经历中得到了验证，就如同在德鲁和吉福特的经历所验证的一样，他们的学校就是补鞋店的摊位；休·米勒也是一样，他的人生大学就是克洛马迪的采石场。

很显然，富裕和安闲不一定使人有最好的教养。相反，社会的发展一直都离不开社会底层的人们。安逸和奢华的生活不能培养人们战胜困难的勇气，也不能给人以顽强拼搏的力量。事实上，贫穷并非不幸和痛苦，通过坚持不懈地实干，不幸也可以成为一种幸福；它能激励人们奋发向上，勇敢地去战斗。虽然有些人追求享乐、自甘堕落，但是，那些意志顽强的人则会从中获取力量、信心和胜利。培根说得好：“人类没有很好地理解他们的财富，也没有很好地理解他们的实力：对于前者，人们竟把它信奉为无所不能的东西；对于后者，人们又太不把它当一回事，对自己的实力太缺乏信心。自力更生和战胜自我将教会一个人从他自身能力的水池中汲取动力，从自己的实力中品尝到甜蜜的面包。劳动是生存的根本，信赖自己，做良善之事。”

## 亦有富者多豪杰

富裕容易使人放纵和堕落，这是人性使然。但是，一些生来衣食无忧的人仍然能蔑视享乐，艰苦奋斗。因此，绝大多数的富人仍然能够奋发努力地工作——他们“鄙视享乐而生活在辛勤劳动的时光里”。值得庆幸的是我们国家的富人阶层都不是懒汉；因为他们为这个国家恪尽职守，无私无畏，甚至在国家危难之时付出更多。值得称赞的是，在帕尼苏拉战役中，有一个陆军中尉带领着他的骑兵团独自穿过了湿地和沼地。今天，塞巴斯托波尔荒芜的斜坡和印度烧焦的土地见证了他们勇敢顽强的斗志和自我牺牲的精神。众多的贵族同胞们，他们拥有社会地位和财富，但仍然冒着风险，活动在为祖国服务的一个或多个领域。

就是在和平时期，在哲学和自然科学领域，富人阶层中也不乏出类拔萃之人。例如，大名鼎鼎的现代哲学之父培根，以及科学家沃塞斯特、波伊勒、卡文迪希、塔尔波特和罗斯。罗斯也许可以被认为是贵族阶层中一位伟大的机械师；如果他不是出身贵族的话，他将会摘取发明家的桂冠。他熟知铁匠的工作，据说一个不了解他身份地位的制造商曾说服他当一个大型制造车间的班长。著名的罗斯望远镜就是由他组装而成的，这无疑是当时最杰出的仪器。

但是，贵族中涌现的最为杰出的人物恐怕是在政治和文学领域。在这些领域里获得成功同在别的领域里一样，也只能靠勤奋、实干和学习。杰出的部长或议会领袖，肯定是最辛劳的工人，如巴麦斯顿、德比、罗素、迪士累利和格拉斯通。这些人也许没有从《十小时工作法》中得到多少益处，没能享有工作不超过10小时的权利。然而，在议会最繁忙的时候，他们总是加班加点，夜以继日地干。当今最具代表性的人莫过于罗伯特·皮尔爵士了。他在连续进行脑力劳动方面具有非凡的能量，且从未吝啬过自己在这方面能量的发挥。事实上，皮尔爵士的人生经历给我们树立了榜样：即使一个普通人也可以通过勤奋实干完成很多事情。在他当国会议员的40年里，他的工作量异常庞大。他是一个脚踏实地的人，无论做什么，都能做得很出色。他发表的所有言论，无论是口头的，还是书面的，都证明他所说的每一句话都是经过深思熟虑的。他总是精益求精，尽可能满足各种不同听众的胃口。此外，他还具有深刻的洞察力和强大的意志力，用坚定的双手和眼神指挥行动进展的能力。从某些方面讲，他超越了同时代的绝大多数人。他与时俱进，年龄的增长没有给他带来什么不便，却使他的个性走向更加成熟丰满。他很开明，敞开心扉接收各种新观点。尽管许多人认为他过于谨小慎微，但他不允许自己因循守旧，因为那会麻痹许多受过教育的心灵，旧时代的遗物有可能只是遗憾。

布莱汉姆勋爵的辛勤工作更是有口皆碑。他为社会服务超过60年。在这期间，他涉猎过很多领域——法律、文学、政治和科学——而且在所有领域都取得了卓越成就。他是怎么做到这一点的，这对许多人来说至今仍然是个谜。有一次，有人要求塞缪尔·罗米利爵士从事某种新的工作，他抱歉说自己没有时间。"但是，"他补充道，"可以去找布莱汉姆这个人，他看起来有用不完的时间。"这其中的秘密在于，他从不让自己有一分钟的空闲；而且他有着钢铁般强健的体魄。当大多数人到了他这个年龄的时候都已经退休颐养天年了，布莱汉姆勋爵却展开了一系列有关光线规律的精确调查活动，并把他的调查结果呈献给来自巴黎和伦敦的众多科学读者。与此同时，他又在新闻界发布了论文草稿《科学的人和乔治三世统治文献》，并在上议院中继续关注法律业务并进行政治辩论。西德尼·史密斯曾劝他别老是把自己投身于要3个强壮的人才能完成的工作和事务中。但是，布莱汉姆就是如此地热爱工作——习惯不间断地工作——无论多么繁重的工作，对他来讲都不在话下。他对自己在工作上表现卓越的渴望是如此强烈，以至于有人说，如果他的人生岗位是擦皮鞋的话，那么，在他成为全英格兰最好的擦皮鞋匠之前他是绝不会满足的。

巴威尔·利顿爵士则是另一个具有相同社会地位但仍勤奋工作的人。很少有作家能同时在不同领域都取得卓越成就——小说家、诗人、戏剧家、历史学家、散文作家、演说家和政治家。他工作起来踏踏实实，一步一个台阶，不贪图享乐，时刻饱含热情和斗志，并不断超越自己。从勤奋这个角度来说，在仍然健在的英国作家中很少有人写过数量那么多，质量那么高的作品。巴威尔的勤奋可以说是无以言表了。在社交"活跃季节"，他完全可以去狩猎，去射击，去休闲娱乐——频繁出入各种俱乐部和欣赏戏剧，旅游观光，住乡间别墅，享受应有尽有的珍藏，追求乡间户外无穷无尽的乐趣。还可以到海外旅游，去巴黎，维也纳或罗马——所有这些对一个爱好玩乐和富有的人来说都是非常具有吸引力的，谁也不愿辛辛苦苦地工作。尽管有着这么多令人快乐的诱惑，而且对他而言也是轻而易举的事情。巴威尔却没有跟其他有钱人一样。他拒绝了这种享乐的生活方式，继续追求一种文人的生活方式。与比隆相似，巴威尔艰辛努力创作的首部诗词《杂草和野花》是个败笔。他再次努力的成果是部小说《福克兰》，同样也是失败之作。如果他是个意志薄弱者，早该放弃创作了。然而巴威尔却坚持着。他继续创作，坚持不懈，不达目的誓不罢休。通过不断努力，广泛阅读，他从失败的阴影里走出来，最终走向成功。继《福克兰》之后，他在一年之内写出了成功的作品《伯尔哈姆》。从此笔耕不辍，30多年来写作了一系列成功的作品。

迪斯雷利先生的公职生涯同样为我们树立了一个勤奋和苦干的榜样。像巴威尔一样，他是在文学领域取得第一个成就的。他也是在遭受了一系列失败的打击之后才获得成功。他的作品《阿尔罗伊的神奇传说》和《革命的史诗》遭到人们的冷嘲热讽，甚至被人们视为满纸荒唐。但他继续从其他方面努力。《康宁斯比》《西比尔》和《坦康雷德》便是他创作出来的精品。作为一个演说家，他在国会下院的首次演讲也是个失败，被人们戏称为"比阿德尔菲的滑稽剧还要厉害的尖锐叫声而已"。虽然他的每句话都慷慨激昂，人们都报以"哄堂大笑"，庄严的事情完全成了一出闹剧。最终，他以颇有预见性的语句来结束了这个插曲。自己那充满学识的演说遭受到别人的冷嘲热讽，在苦恼之际，他大声疾呼："我已经尝试过很多事情，而且最终都成功了。现在我不讲了，但总有一天，你们会洗耳恭听我的演讲。"这一天终于到来了。迪斯雷利是通过勤劳和实干获得成功的，在世界第一次绅士大会上发表了扣人心弦的演讲，展示了他的力量和决心。迪斯雷利的成功完全归功于他的勤奋和努力。他与其他许多年轻人不同，迪斯雷利先生遭遇失败后没有一蹶不振，也没有自暴自弃，而是继续勤奋努力，发奋工作，重新再来。他认真查找毛病缺点，仔细地研究听众的性格，不知疲惫地练习演说的艺术，努力丰富议会知识。为了成功，他忍受着一切，成功终究是到来了，尽管来得慢了点。最后议员们同他一起开怀大笑，而不是对他冷嘲热讽。早年他失败的记忆从公众的头脑中消逝，最后，公众一致认为他是议会里最成功和最有感染力的演说家之一。

## 别人的帮助不可或缺

虽说个人的勤奋和实干是成功的保障，但同时我们应该承认，接受别人的帮助对我们的人生历程也很重要，甚至是不可或缺的。诗人沃兹沃斯说得对："自助和受助这两个事物，虽然看起来是相互矛盾的，但他们无法分开，有效结合才是最完美的——高尚的依赖和自立，高尚的受助和自助。"所有的人，终其一生，都会因被抚养和受教育而多少受人恩惠；真正优秀的人和强者往往是最乐意接受和承认这种帮助的。例如，法国作家阿列克西斯·德·托克维尔的人生经历。托克维尔的家世很好，父亲出身法国一个颇有名望的贵族，母亲则是马拉舍伯公爵的孙女。巨大的家庭影响力使他21岁就被任命为凡尔赛审计法官。但是，可能是觉得自己的才能不足以胜任那个职位，他决定放弃，独自开创未来。"真是个愚不可及的决定。"也许有人会这么说。但托克维尔勇往直前。他辞去职位，决定离开法国到美国游历。此行的成果就是后来出版的他那本伟大的《论美国的民主》。对于托克维尔在游历中的那种孜孜不倦的精神，和他一起游历美国的朋友古斯塔夫·德·波蒙是这样描述的："他的本性就是勤快，无论是在旅行中还是在休息时，他的头脑一刻也没有休息，总在活动……同阿历克西斯在一起，聊得最投机的问题都是最有用的问题。他最不能容忍的就是无所事事或虚掷光阴，哪怕是浪费一点点时间都使他如坐针毡。"托克维尔在给朋友的信中写道："生活中，人们没有一刻是完全停止行动的。外在帮助和个人的内在努力同样都是必不可少的，否则，我们只会增长年龄而不成熟智慧。生活在世上的人好比在寒冷地区艰难跋涉的旅行者，他走得越高远，就走得越快，永不停歇。心灵最严重的病变就是冷漠，为了抵抗这种可怕的罪恶，人们不仅需要内在精神力量的支持，也需要与生活上的朋友携手共进，共渡难关。"

尽管德·托克维尔有力地论述了充分发挥个人吃苦耐劳和独立精神的必要性，但他更充分地肯定了人的一生中都会或多或少地得到别人的帮助或支持这一事实的价值。因此，他时常充满感激地承认他的两个好友德·克尔格雷和斯托菲尔所提供的帮助——前者给托克维尔精神和智力的帮助；后者从道义上支持和同情托克维尔。对德·克尔格雷，托克维尔写道："你是我唯一信赖的人，你的影响对我的一生都会起作用。许多人影响过我，但没有一个人能像你那样影响我的基本思想和行为准则。"德·托克维尔也从不掩饰他对自己的妻子玛丽深深的感激之情，她良好的脾气和性格使得托克维尔能够成功地进行他的研究。托克维尔确信，一个具有高贵心灵和气质的女人会在潜移默化中提升她丈夫的品性，而一个低级庸俗的女人只会败坏她丈夫的心灵。

## 自己是自己最好的救星

总而言之，人类的品格是受各种潜移默化的影响而塑造成的：榜样和观念的影响，生活和文学的影响，朋友和邻居的影响，我们所生活的环境的影响，先辈精神的影响，我们继承了他们品德言行的优秀遗产。我们必须承认这些影响，但我们也必须清楚，一个人的发展进步主要靠自己，无论他人的帮助有多大，从事物的本质属性来讲，自己才是自己最好的救星。

# 第二章
# 命运总是站在勤奋的一边

财富来源于勤奋。谁能把握时间，就像一粒粒种子那样，不断从大地母亲那儿汲取营养，辛勤耕耘，持之以恒，谁就能成就大业。

——达维隆

人生的伟大成就往往是在平凡的生活中通过简单的方式获得的。日复一日的平凡生活，尽管有种种牵挂、职责和义务，但它仍然能为人们提供各种最美好的人生经验。对那些勇于开拓者来说，生活总会给他们提供足够的发展机会和自我提高的空间。踏实肯干是通往人类幸福的必经之路。那些持之以恒，忘我工作的人往往最能成功。

## 天才就是耐心

人们总在责怪命运有眼无珠，其实命运本身却不如人们那样盲目。那些脚踏实地的人都会发现：命运总是站在勤奋的一边，正如大风大浪总会帮助好的水手那样。即使探究人类最高深的奥秘也需要最平常的品质，如专心致志、讲求实际和不屈不挠，即使最杰出的天才也离不开这些品质。事实上，那些伟人并不相信天才的力量，用于实践和坚忍不拔才是成功的关键。甚至有人把天才定义为仅仅是常识的精华或浓缩。一位杰出的教师兼大学的校长说天才就是不懈努力的能力。约翰·福斯特认为天才就是点燃自己智慧之火的力量。波芬说："天才就是耐心。"

## "我总是想它们"

牛顿毫无疑问是世界一流的科学家。然而，当有人问他，到底通过什么方法获得这些伟大非凡的发现时，他谦虚地回答说："我总是想它们。"还有一次，牛顿这样介绍他的研究方法："我脑子里总是想这个问题，反复思考，慢慢地，由最初的第一缕曙光到豁然开朗。"牛顿是这样，其他伟人也是这样，他们的盛誉就是靠勤奋、专注和毅力获得的。即使休息也只是换个题目来研究，放下一项研究又开始下一项。牛顿曾对本特利博士说："如果我为公众做了点儿什么的话，那要归功于勤奋和善于思考。"另一位伟大的哲学家开普勒在谈到自己的研究和成绩时也曾这么说："正如古人所云'学而不思则罔'，对此我深有体会。对所研究的东西勤于思考才会逐渐深入，我常常如此，直到最后全心思都投入其中。"

## 勤奋和坚韧创造奇迹

单靠勤奋和毅力就能取得非凡的成就，这使许多杰出人物开始怀疑人们所说的天才是否存在。天才比人们通常认为的要稀少得多。因此伏尔泰认为天才与常人只有一步之遥。贝克莱甚至认为所有人都可能成为诗人和演说家。热罗德斯则相信每个人都能成为画家和雕刻家。如果真是如此，在意大利雕塑家卡诺瓦去世后，那位古板的英国人就不会向卡诺瓦兄弟问这个愚蠢的问题了："他是天生的吗？"洛克、海尔特斯和狄德罗认为所有人的天赋都是一样的，真正使人们智力水平不同的是每个人的不同追求。最杰出的人都是最勤奋的人，没有全身心的投入，没有艰辛的劳动，无论如何也产生不了莎士比亚、牛顿、贝多芬或者麦克尔·安格罗。

化学家道尔顿（1766–1844）不承认自己是什么天才，他认为自己所取得的一切成就都来源于勤奋和积累。约翰·亨特曾自我评论道："我的心灵就像一个蜂巢，总在嗡嗡作响，仿佛一片混沌、杂乱无章，实际上一切都规整有序，而且储满了从大自然中辛勤采回的精华。"只要翻一翻伟人的传记，我们就会发现，那些杰出的发明家、艺术家、思想家和各行各业的杰出人物在很大程度上都把他们的成功归于不屈不挠的勤奋和实干。他们是点石成金之人，也是惜时如金之人。年轻的迪斯雷利认为成功的秘诀就是精通所学科目，持之以恒地倾心钻研是达到这个目的的唯一途径。因此，对世界影响最大的人，严格地讲，并不是那些天才，而更可能是那些资质平平却勤奋异常、不知疲倦之人；不是那些天资卓越、出类拔萃之人，而是那些在自己的岗位上勤勤恳恳、埋头苦干之人。一个寡妇在谈到她那聪明异常而又粗枝大叶的儿子时曾叹息："唉！他天生没有耐性，又怎能成大器。"在生存竞争中，缺乏毅力恒心，天才也难于超越平庸之辈，甚至智力迟钝之人。正如意大利谚语所云："走得慢但不停歇的人才是走得最远的人。"中国民间也有句俗语："不怕慢，就怕站。"

因此，关键的一点就是培养良好的工作品质。一旦养成良好的工作品质，在激烈的竞争中就很容易取胜了。"熟能生巧，业精于勤。"没有这种品质，甚至最简单的技艺也无从掌握，取得成就更是完全不可能的。已故的罗伯特·皮尔正是靠这种训练有素的平凡但伟大的品格，才成为英国参议院中赫赫有名的人物。当他还是个小孩时，他父亲就让他站在桌子边练习即席背诵，即席作诗。他总是尽可能多地背诵一些礼拜日的训诫。开始没有多大进展，但他坚持不懈，终于训诫的全部内容他几乎倒背如流。后来，在议会中他常常以无与伦比的口才驳倒对手，这真是令人叹服。但几乎没有人能想到，他在辩论中表现出来的惊人记忆力正是以前他父亲严格训练的结果。

## "时间和耐心能使桑叶变成织锦"

在最平凡的事情上反复实践也能产生奇迹。拉小提琴看似轻而易举，然而要达到炉火纯青的地步，需要长时间反复练习。一个年轻人问卡笛尼学拉小提琴需要多长时间，卡笛尼说："每天12小时，连续练12年。"俗话说：勤奋是金。一个芭蕾舞演员要经过多年艰苦训练才能练出优美的舞姿，才能出类拔萃。泰祺尼准备她的晚上演出之前，她常常得接受父亲两个小时的苛刻训练。她本该筋疲力尽地倒下，但她还要换服装、擦洗、准备，全然不觉劳累。舞台上轻灵如燕的舞步，让人赏心悦目。但是，这成功来之不易。练功的辛酸苦辣，想必泰祺尼体会最深。

然而，进步是循序渐进的，成功不会一蹴而就。生活如同走路，千里之行，始于足下。德·迈斯特说过："懂得等待就是成功的最大秘密。"没有播种就没有收获，耐心等待才有收获的喜悦；最甜的果子往往成熟得最晚。东方有一句格言："时间和耐心能把桑叶变成织锦。"

有乐观的态度才能有耐心的品质。愉快是一种可贵的工作态度，它使人轻松自如。正如一位基督教主教所说："平和是基督徒的基本品性。"所以，愉快和勤奋是智慧的本质。它们是成功的生命和灵魂，同时也是幸福的源泉。或者人生的最大快乐就在于干净利索地完成一个工作，力量、信心和其他种种优秀品质都仰赖于此。当塞迪·史密斯在约克郡的弗士顿勒克区当教区牧师时，尽管他觉得自己不能胜任那份工作，但他依旧欣然前往，并决心尽心尽力去做。他说："我已下决心喜欢这份工作，我尽量去适应它，这比装腔作势、满腹牢骚、忧心忡忡强得多。"当霍克博士离开利兹去从事一项新工作时，他说："无论我在哪儿，我都以上帝的名誉发誓，我会竭尽全力工作。如果我找不到一份工作，那么我会自己创造一份。"

那些为大众谋福利的人往往特别需要更大的耐心和更漫长的等待，他们的努力往往不能立竿见影。他们播下的种子有时会深埋于寒冬积雪之下，也许春天还未来临，冬雪还没融化，那些辛勤播种的人就已长眠地下。并非每个为大众谋福利的人都像罗兰·希尔那样，能在有生之年，看到自己的伟大思想开花结果。亚当·斯密在古老而又黑暗的格拉斯哥大学精心耕耘多年，播下了社会改良的伟大种子，奠定了《国富论》的基础。但他的果实获得丰收已是在70多年以后了，而且至今还未全部收获。

## 让希望成为生命的支撑

没有什么能弥补希望的空洞，没有了希望就没有了一切。“当我失去所有希望的时候，我怎么能工作出色？我怎么能幸福？”一位伟大而又痛苦的思想家说。最欢快、最有勇气、最有希望的传教士之一卡瑞在印度时，他一个人干三个执事的活是常有的事，他几乎很少休息。卡瑞本人是一个鞋匠的儿子，木匠的儿子韦德和织布工的儿子马塞姆是他的助手。经过努力，一所富丽堂皇的神学院在塞尔姆波建了起来，16个分站也建了起来。《圣经》被他们翻译成了16种文字，在英属印度播下了一场道德革命的种子。卡瑞从不因为自己低贱的出身而感到羞愧。一次，在总督的桌边，他听到对面的一个官员问另外一个，卡瑞是否曾经是鞋匠。那声音很小，卡瑞却听得清清楚楚。“对，先生，”卡瑞立即说道，“我以前就是一个鞋匠。”有一个众人所知的逸事说明卡瑞小时候特别倔强。有一天爬树的时候，他脚一滑，跌到地上，摔断了腿。他不得不在床上休养了几周，当他刚刚康复，走动不用别人搀扶时，他所做的第一件事就是去爬那棵树。卡瑞一生都是靠这种勇气从事他传教士的事业，他干事雷厉风行，决不退缩。

## 第一次靠的是乐趣，第二次靠的是热爱

哲学家杨格博士有一句名言：“别人能做到的事你同样能干。”只要他自己决定要做某事，他就决不中途退缩。据说有这样一件事，他第一次骑马是跟巴克里先生的孙子一起，后者是个著名的运动员。当面前的这位马术师骑马从一道高栅栏上一跃而过时，杨格希望自己也能一跃而过，却从马背上掉了下来。杨格二话没说，又跨上马背进行第二次尝试，可是又失败了，不过这次他抓住了马脖子，没被抛出去。第三次，他成功了，他骑马一跃而过。

身陷逆境的鞑靼人学习蜘蛛不达目的誓不罢休这种精神的故事家喻户晓。美国鸟类学家奥多本讲述他自己与此相仿的一段经历时，说：“我曾经描绘了200多幅鸟类原画，然而遭遇的不幸几乎使我放弃了鸟类学研究。我详细记述这件事，只想表明热情是多么的重要——我无法用其他字眼来形容我的坚韧——能使人战胜各种难以想象的困难。我在哈德逊——俄亥俄州肯塔基的一个小村子待了几年。后来因为有事去了费城，临走前，我把我绘制的草图小心地放进一个木制盒子里保存起来，交给了一位亲戚，并再三叮嘱他要妥善保管，不要损坏了这些东西。几个月后，我回来了，连续几天与家人畅叙天伦之乐，随后，我询问那只箱子。我多么想见我的宝贝，我内心多么的激动呀。亲戚把木箱拉出来，打开一看，一对挪威老鼠已占据了整个箱子，在满箱子的碎纸屑中哺育了一群幼鼠，仅一个多月时间，它们好像已居住千年之久。一股无名之火冲上心头，一连数天，我极其烦躁，度日如年，只得睡觉解闷。昏睡了几天之后，我又恢复了理智，重新鼓起勇气，背上枪，带上笔和笔记本，就当什么也没发生过，高高兴兴地向山林出发。一想到我可能比原来画得更好，我就忍不住高兴。不到3年，我又完成了自己的作品，档案柜又满了。

伊萨克·牛顿先生也有同样的遭遇。一只名叫“钻石”的小狗把他桌子上的油灯弄翻了，牛顿辛勤工作多年的精确计算成果瞬间被毁。据说这次意外使这位哲学家身心俱损，非常痛苦，理解力衰退。卡利里先生在写作《法国革命》第一卷时，也发生了同样的事。他想把手稿送给一位有文学素养的邻居仔细审阅，结果邻居不小心把手稿扔在客厅的地板上，忘了。几周之后，出版商催着要稿子，他急忙派人去取，邻居莫名其妙。经过一番仔细调查，才弄清了事情的原委。原来，家里佣人把稿子当成“废纸”丢到厨房和客厅壁炉里烧掉了！当卡利里知道后，他目瞪口呆，茫然不知所措，但为时已晚，无法补救，只好下决心重新开始写作。可是原来没有打草稿，

所有实事、观点都只从尘封的记忆中搜索。起初创作这一著作是一种乐趣，而第二次重写时就成了一种痛苦和折磨了。然而他在这种煎熬中，以顽强的毅力完成了该书的重写任务，为后人树立了坚韧不拔战胜困难的榜样。

许多的杰出发明家一生也是持之以恒、不屈不挠的。乔治·史蒂芬孙曾给年轻人演讲，他经常把自己的建议总结成一句话告诫他们：“不达目的誓不罢休。”他花了15年时间改进火车头，最后在莱希尔取得了决定性成果；瓦特发明蒸汽机用了30年时间。在科学、艺术和实业界的每个行业里都有同样感人的事迹。其中最有趣的或许要数尼尼微大理石花纹的发现了。这种刻在碑石上的箭形书写符号是自马其顿征服波斯以后早已失传的楔形文字。

## 有职业的伟大文学家

文学家中也不乏具有非凡毅力和百折不挠品质的人。瓦特·司各脱先生就是最典型的代表。他的坚韧品格是在一个律师事务所培养起来的。当时他从事抄写工作，一干就是几年，这种工作十分枯燥乏味。但瓦特想，既然是我的工作，我就有责任尽心尽力把它干好。白天烦琐的公务让他觉得晚上属于自己的时间倍加珍贵，他通常利用晚上的时光读书和研究。他曾开玩笑说，作为一个文人所必需的扎实稳重而不是浮躁的品质正是在他从事抄写这一工作中逐渐养成的。每抄一页纸能赚到3分钱，有时一天他能抄120页，能够赚到3元6毛钱。有时候，他用这点儿微薄的额外收入买一点儿零散的书籍，如果不是辛辛苦苦加班加点地干，他肯定买不起书。

到了晚年，瓦特仍然以自己有份职业而自豪。与很多所谓的文人不同，他认为那种愤世嫉俗、无视日常生活责任的人与所谓天才毫不相关。相反，他认为花点儿时间干些实事是有益于人的自我发展的。这对于那些好高骛远的人来说，似乎尤为重要。瓦特本人曾担任爱丁堡议会的议员，他每天准时到议会，签发各种文件，办好该办的事情，而早餐前则是文学创作时间。洛克·哈特说：“最可贵的是，在瓦特创作最活跃的时期，他每年总要有大约半年的时间踏踏实实地干工作。对于自己的本职工作，他兢兢业业，从不懈怠。”必须靠自己的职业而不是靠“创作”来谋生过日子，这是瓦特为自己定下的规矩。有一次他说：“我认为文学应该是业余爱好，不能靠它挣饭吃。尽管文学创作的收入来得容易，但不应该成为我日常生活的来源。因为文学是件很严肃的事，只有心与情浇铸而成的作品才富有感染力，这种感染力与金钱没有任何关系。”

瓦特非常珍惜时间，从不浪费一分一秒。他最注意培养的习惯就是守时。如果不是这样，他根本不会在繁忙的工作之余完成如此浩繁的文学创作。他给自己定下一条规则：当天的信件当天处理，除了那些必须经过调查研究的信件。毫无疑问，这大大提高了他的办事效率。他每天早晨5点起床，点起炉火，然后认真地洗漱穿戴。6点钟，他准时坐到桌前开始写作。所有文件都整整齐齐摆在桌子上，各种参考文献也整齐有序地放在地板上。此时，只有一条可爱的小狗瞪着明亮的眼睛望着他辛勤地工作。当9、10点钟家人围在一起吃早饭时，他已经干了很多活儿了。用他自己的话说，已经干完大半了。尽管瓦特一辈子勤勤恳恳、孜孜不倦；尽管他学富五车、学识渊博；尽管他成就惊人，但每当谈到他的成就和能力时，他总是谦逊地认为这并没有什么。有一次他这样说道：“我这一辈子，曾无数次为自己的无知和浅陋而苦恼，常常有‘书到用时方恨少’的感觉。”瓦特在说这话时，字字诚恳，使人感慨良多。

的确，真正的智慧总是与谦虚相连，真正的哲人必定像大海一样宽厚。一个人懂得越多，就会认识到自己知道的越少。这是一条人类认识的规律。曾经有一名三一学院的学生认为自己已“学有所成”，向老师辞行。这位老师深谙自己学生的底细，看着这位自信的学生，老师感慨道：“其实，在学问方面我刚刚入门。”有这样的箴言“一桶不满半桶摇”。浅薄的人总是扬扬自得，自以为无所不知、无所不能，其实他们无一精通。而渊博的人却总感到学海无涯，学无止境，总是谦虚地说：“我唯一知道的事情就是自己一无所知。”牛顿就如此，他评价自己说，自己只不过是一个在大海边拾到几只贝壳的孩子，而真理的大海他还未曾接触。

# 第三章
# 无论干什么，均需全力以赴

一颗勇敢的心能一往无前。

——雅克·邱维埃

世界属于勇者。

——德国箴言

对于他所从事的每一项工作，他都全身心地投入，自然就成就斐然，硕果累累。

——《编年史》第二部第三十一章第二十一页

一位古代斯堪的纳维亚人在一篇著名演讲中，精彩地概括了条顿人的性格特征。他说："我既不崇拜偶像，也不信奉鬼神，我唯一相信的就是自己肉体和精神的力量。""要么我去寻找一条别人走过的路，要么我自己另辟蹊径。"这一充满智慧的古老格言，描绘了日耳曼人自立自强的个性特征。时至今日，这仍然是日耳曼后裔区别于其他民族的一个显著特点。事实上，斯堪的纳维亚神话中带着一把随时用来敲打的锤子的上帝形象就是他们精神的最好反映。见微知著，从一些小事中可以看出一个人的性格，甚至从一个人使用榔头的方式也可以推断出他力量的大小。因此，一位声名显赫的法国人在他的朋友提出到某地定居和购买土地时，他简练精准地描述了那里居民的个性特征。他说："到那儿做买卖得加倍小心，我了解那儿的人。从那里到我们巴黎兽医学校来的学生在解剖实验中敲击动物的砧骨都不用力，他们缺乏的是力量，而不是心术。如果在那儿投资，不会得到令人满意的回报。"这段经过认真思考的话，反映了一个有心人对当地居民敏锐的观察，它也极其有力且生动地说明了这样一个事实：个体的力量汇聚成国家力量，个人的力量赋予他所耕耘的土地以价值。诚如一句法国格言所说："人类的力量，正是大地的力量。"

力量在土地耕种中占据重要位置；而在人类对价值的追求中，坚韧不拔的决心则是一切真正伟大品格的基石。决心使人们勇往直前，不怕艰难困苦，不怕单调乏味，一步步攀登人生的阶梯。在这种过程中，各种令人沮丧和危险的磨炼造就了天才。在任何追求中，达到成功所需要的不是过人的天赋，也不是杰出的才干，而是对目标坚持不懈地追求和勤劳坚定的意愿。目标不仅会产生实现它的能力，而且还会产生充满活力、不屈不挠为之奋斗的意志。因而，意志力可以说是一个人的核心品质。一句话，意志力就是人类本身。它给人们每一个行动提供推动力，为每一次努力输血打气。它是人们种种努力的灵魂，是人们真实希望的基础。正是它使得生命芳香弥漫。在战争修道院的一顶破头盔上铭刻着一条格言："希望就是力量。"这是每个人都应记取的格言。赛亚克的儿子说："懦弱使人悲哀。"的确，没有什么财富比顽强的心灵更加珍贵。即使一个人的努力最后惨遭失败，他也会因为自己的尽心尽力而问心无愧。在庸庸碌碌的生活中，没什么事情比一个人与困难搏击更感人、更美好的了；我们看到一个人满腿鲜血、四肢失灵，却奋勇前进，我们为其欢呼喝彩。

对于年轻人来说，如果他们的愿望和要求不能及时地付诸行动和成为事实，那么它就会成为心灵的病菌。然而，要达到目标，正如许多人那样，不应该只是耐心等待机会的来临，"到平凡的布柳彻最后成为普鲁士的元帅"，而且还必须坚持不懈地奋斗和百折不挠地拼搏，就像在滑铁卢击败拿破仑的惠灵顿将军一样。一旦有了良好的目标，就应该毫不懈怠地去努力实现它，并且坚定不移。在生活中的绝大多数情况下，艰难困苦是对心灵品质最好的锻炼。阿雷·谢弗尔说：

“在生活中，只有全身心地努力才能结出丰硕的果实。努力，努力，再努力，这就是生活。在这方面，我可以骄傲地说我做到了，没有什么能够动摇我的信心和勇气。一般来说，如果一个人具有强大的精神动力，一个高尚的目标，那么一定能如愿以偿。”

休·米勒说过，他所受到全面教育的唯一学校就是“广阔的社会，在那儿，艰难困苦是最严厉而又最为崇高的老师”。那种三心二意、浅尝辄止的人终究会失败。如果我们凡事都坚持到底，那我们一定会有圆满的结果。瑞典的查尔斯九世在年轻的时候就坚信意志的力量。每当儿子在艰巨任务面前遇到困难的时候，他总是摸着儿子的头大声说：“你能行，你一定行。”像其他习惯一样，勤奋用功的习惯也容易慢慢养成。如果一个能力平庸的人，在某一时间，只要全身心地、不屈不挠地投入某一工作，他也会取得很大的成绩。福韦尔·伯克斯顿深信成功来源于工作方法和勤奋刻苦，他坚信《圣经》的训诫：“无论你干什么，均需全力以赴。”他把自己的成功归于“一门心思地做一件事”。

没有勇敢的奋斗，就不可能获得真正有价值的成就。人们把自己的成长主要归功于积极的奋斗和战胜困难的坚强意志。而且，令人吃惊的是，许多貌似绝无可能实现的结果，经过人们的努力，最终出人意料地变成了现实。热切的渴望本身就会把可能变成现实，我们的期望往往就是事情成功的前提。另外一方面，胆小懦弱、犹豫不决者却往往被事物的表面吓倒，主要因为看上去事情就是很难实现的。据说，有一名法国军官常常在自己的公寓附近散步，并且总是喜欢叫道：“我要成为法国的元帅，成为一个伟大的将军。”他的这种强烈愿望是他成功的先兆；因为后来这个年轻军官确实成了一名杰出的司令，并最终成为法国的元帅。

## 木匠和法官的故事

正是人的意志——目标的力量，而不是其他，使人们能够如愿以偿。虔诚的信徒总是习惯说：“无论你想要什么，你都能得到，因为这就是我们意志的力量，上帝与我们同在，无论我们想成为什么样的人，只要真心实意地相信，最终我们会如愿以偿。如果一个人没有谦虚谨慎、耐心细致和自由自在的渴望，那么，他将无法实现自己的意愿。”据说有个木匠，有一天在他特别认真地给一个官员修理椅子的时候，有人问他为什么这样认真，木匠回答说：“我希望这把椅子经久耐用，直到我成为一名官员坐到上面。”说来奇怪，这人后来果真成了一名官员，坐上了这把椅子。

对于意志自由问题，不管逻辑学家得出什么样的理论结论，实际上，每个人都可以自由无束地在善与恶之间进行选择。人不只是一根随波逐流的稻草，更是一位游泳好手，既可以劈波斩浪、勇立潮头，也可以独立把握自己前进的方向。没有什么绝对的东西可以完全地束缚我们的意志，我们能感觉并且清楚地认识到我们没有被束缚住，我们可以自由地行走。如果不这么想的话，我们所有的良好愿望都会化为泡影。我们的事业和生活方式，虽然有家庭准则、社会调解和公共制度的束缚，但是我们仍然坚信意志是自由的。如果没有这种信仰的话，哪里还有什么责任可言？教育、忠告、布道、谴责和改正有什么作用？如果法律不是人们的普遍信念，如果人们不自觉地遵守它，那么，法律又有何用呢？在我们一生中的每时每刻，我们的良心都在声明我们的意志是自由的。它是完全属于我们自己的东西，我们是否赋予它正确的导向完全在于我们自己的选择。不是习惯和诱惑主宰着我们，相反，是我们主宰着习惯和诱惑。当我们向它们屈服的时候，良知也会告诉我们要抵抗。我们只要相信自己主宰习惯和诱惑就可以了，不需要别的什么。

有一次，莱蒙内斯告诫一个无忧无虑的年轻人说：“现在，你已经到了该自己做主的时候了，否则，将来你只能在自掘的坟墓之中痛苦哀号，连推开墓门的力气都没有了。”对我们而言，最容易养成习惯的是意志力。因此，我们要学会养成坚强果断的意志，稳定自己的生活，不要让它再像凋零的落叶，在风中四处飘零。

## 伯克斯顿给儿子的忠告

伯克斯顿坚信只要年轻人能形成强大的决心并持之以恒就能无所不能。伯克斯顿在给他的一个儿子的信中写道："现在，你已经到了该对自己的人生方向作出选择的关键时刻了，你必须证明你的原则、决心和勇气。否则，你就会养成无所事事、漫无目的和效率低下的习惯和性格。而一旦你沦落到如此地步，你就会发现很难再振作起来了。我相信年轻人想做什么就可以做成什么，因为我自己就曾经那样过……我生活中的大多数乐趣和成功都是由于我在你现在这个年龄时所作的转变。如果你现在能下定决心并且持之以恒做一个勤勉用功的人的话，在你的整个人生中，你都会为你今天明智的决定而感到欣慰和愉快。至于意志，如果不考虑方向，它就是持之以恒、坚定不移和百折不挠。但是，很显然，凡事都取决于正确的方向和良好的动机。如果你追求的方向是感官的快乐，那么，坚强的意志很可能就是可怕的魔鬼，而聪明的才智则是它卑贱的奴仆。但是，如果你追求的是善良美好的东西，那么，坚强的意志就是造福人类的君主，而聪明才智就是人类的侍臣。"

## 意志的力量

"有志者，事竟成"是一句至理名言。一个人如果有了决心，他就会凭借这种决心克服前进途中的各种障碍，取得最后的成功。我们如果相信自己能够成功，往往就会成功，因为成功的决心往往具有无穷的力量。苏瓦诺性格特征的力量就在于他的意志。他和大多数性格坚强的人一样，都对意志的力量高声赞扬。他总是对失败者说："你没有坚定的意志。"同黎塞留和拿破仑一样，在苏瓦诺的字典里是没有"不可能"一词。他最憎恨"我不知道""我无能为力"和"不可能"这几个词。他会大声地喊："去学，去做，去试。"为他立传的作家曾经说，他为世人树立了一个光辉的榜样，证明了增强活力和锻炼能力在一个人身上所能发挥的巨大作用，而这些活力和能力的萌芽就在人的内心深处。

## "不可能"是傻瓜字典中的字眼

拿破仑最喜欢的一句名言是："真正的智慧就是果断的决心。"他不同寻常的一生更是生动地展示了坚强的意志和坚定的信心的重要作用。他全身心地投入到自己的事业中。有一次，有人报告说，阿尔卑斯山挡住了军队的去路，他下令道："我没看见阿尔卑斯山。"于是，一条穿过西普隆德岛的道路被开凿出来，在这之前那个地方几乎不可攀越。他说："'不可能'这些字眼只有在无能的人的字典中才能找得到。"他是个精力旺盛的人，有时候4个秘书，都被他折腾得精疲力竭，包括他在内，每个人都马不停蹄地工作。他的精神深深地感染了其他人，给其他人的生命注入了新的活力。拿破仑曾经说："我的将军们都是从泥潭里锻炼出来的。"但是，这一切都没有意义，因为最终，拿破仑极度的自私自利毁了他自己，也毁了法兰西，使得法兰西成为无政府状态的牺牲品。拿破仑的一生给世人留下的教训是：权力，如果不用来造福人类，不管它被如何运用，对统治者来说都是贻害无穷。同样，如果只有知识和才智，而没有美德，那么，知识和美德也只不过是恶的化身。

## "责任"成就的伟大品格

惠灵顿将军的确是位名副其实的伟大的人物。他不仅坚毅果敢、持之以恒和百折不挠，而且，他还拥有了拿破仑所不具备的自我克制、勇于承担责任和强烈的爱国精神。拿破仑的目标是"荣誉"，而惠灵顿将军和英国海军大将纳尔逊一样，他的格言是"职责"。据说，在惠灵顿将军的命令中从未出现过“荣誉”一词，相反，在他的命令中常常出现“职责”一词。什么苦难也不能吓退惠灵顿，相反，困难越大，他的力量也越大。在伊比利亚半岛的战争中，他所表现出来的耐心、毅力和决心可以成为历史上最惊人的记录。在这场艰难的半岛战争中，他克服了足以让人发疯的苦恼和令人难以想象的困难。在西班牙，惠灵顿不仅展现了作为军事家的天赋，而且也展示了作为政治家的才能。尽管他的脾气非常暴躁，但是，强烈的责任感使他克制自己。对于身边的人，他的耐心似乎永无止境。他的伟大人格因为他的雄心壮志、决不贪婪和豪情满怀而越发光芒四射。伟大人物总是个性极强的，并且，在许多方面他们资质超凡。惠灵顿将军同样如此，作为将军，他和拿破仑一样有统领三军的帅才，和克莱夫一样思维敏捷、果决和勇敢；作为政治家，他和克伦威尔一样睿智，和华盛顿一样廉洁、高尚。惠灵顿将军之所以能名垂青史，是因为他能在艰苦卓绝的战争中，巧妙地指挥战斗；因为他坚韧的精神；因为他的英勇无畏、自我忍耐。

## 力量总在果敢和决心中显示出来

力量总在敏捷的反应和果断的决策中显现出来。当非洲协会问勒德亚德他什么时候可以启程前往非洲时，他脱口说道：“明天早上。”布鲁彻敏捷的反应和果断的决策使得他在普鲁士军队中获得了“先知元帅”的绰号。当有人问约翰·杰维斯，也就是后来的圣·文森特伯爵，准备何时归舰队时，他立刻回答道：“立刻动身。”克林·坎贝尔被任命为印度军队最高统帅时，有人问他什么时候赴任，他立即答道：“明天。”这敏捷的反应和果断的决策是他后来建立赫赫战功的基础。因为在战争中，如果能利用敌人的错误，果断决策，迅速行动，往往就能取得胜利。拿破仑说：“在阿科纳，我用25个骑兵赢得了胜利，因为我抓住敌人疲乏的时机，给每个骑兵发了一只喇叭，让他们整日地吹，使敌军慌乱起来。两军交战犹如二人对抗，一方的混乱就是另一方的机会。我抓住了这个有利时机，不费吹灰之力赢得了胜利。”他指出：“机不可失，时不再来。一旦贻误了战机，就会一失足成千古恨。”他宣称，他之所以能够打败奥地利人，是因为奥地利人不知道抓紧时间，在他们磨磨蹭蹭之时，他已击败了他们。

## 让梦想变成激情

在上个世纪，印度成为英国人展示力量的舞台。在征服印度的过程中，有一长串令人尊敬的杰出名字，除了克里夫到哈夫洛克和克莱德，还有韦尔斯利、梅特卡夫、奥特伦、爱德华和劳伦斯。另一个伟大而又声名显赫的名字是沃伦·黑斯廷斯，他有着坚强意志和不知疲倦的非凡精力。他出身于有一定历史的名门望族，但是，这个家族对斯图亚特王朝的忠心却没有得到相应的回报，反而开始衰败，统治了数百年的德勒斯福德庄园也落入他人之手。在德勒斯福德居住的最后一代黑斯廷斯家族的第二个儿子被推荐为教区牧师。许多年之后，在这位牧师的住宅里，他的孙子——沃伦·黑斯廷斯来到了人世。沃伦·黑斯廷斯在庄园的学校里，和农民的孩子们同坐一条凳子，开始了学习之路；在他的先人们曾经拥有的田野上玩耍嬉戏。哈斯廷家族的忠诚和勇敢开始在他的头脑里生根发芽，幼小的他开始雄心勃勃。据说有一个夏天，那时黑斯廷斯只有7岁，他躺在一条流经庄园的河岸上，暗暗发誓一定要把自己家族失去的财产夺回来。那是个小孩的天真幻想，然而，那一幻想却变成了现实。梦想在那一刻变成了激情，在他的生活中深深地扎下了根。从孩提时代到成人，他的显著特性是：以一种平静的心态和不屈不挠的意志力去追求他的梦想。他成为那个时代最具影响力的人物之一，他夺回了家族的地产，重建了家园宅第，恢复了门第的昔日风光。历史学家麦考来评价说：“在热带的阳光的照耀下，他统治着5000万亚洲人。虽然他也关心着那里的战争、金融和立法等等，但是他仍然念念不忘德勒斯福德，在他善恶相济、毁誉参半的政治生涯结束之后，他回到了德勒斯福德，直至终老。”

## 靠品质打胜人生的每一次战斗

查尔斯·纳皮尔爵士是又一位曾在印度执政过的胆识过人、意志非凡的人。他曾在谈到一次战斗中所遇到的困难时说道："它们只能让我的脚站得更坚定。"他所指挥的米亚利战役是战争史上的一大奇迹。他带着只有400名欧洲人的2000人的队伍，但是，敌军却是由35000人组成的一支装备精良的比罗基人军队。显而易见，双方力量悬殊。但是，纳皮尔始终相信自己和自己的军队，在纳皮尔的鼓励下，每个将士都英勇顽强、奋勇杀敌。最终，比罗基人以20：1的绝对人数优势反被打得溃不成军。正是由于拥有了英勇无畏的气势、坚韧不拔的精神和百折不挠的毅力，纳皮尔赢得了这场战争。事实上，每场战争的胜利者都是靠着这些品质才获取胜利的。在比赛中，一步领先往往就能赢得整个比赛，在战斗中，多坚持5分钟拼杀的勇气和毅力往往就能赢得整个战斗的胜利。即使你的力量不如对方，但只要你有耐心、全力以赴，你就有可能打败对方。斯巴达对他的父亲抱怨手中的剑太短，他的父亲对他说："你往前一步，你的剑不就长了吗？"

纳皮尔身先士卒，以他英勇顽强的英雄精神激励士兵。在军队中，他和任何一个普通的士兵一样努力地工作。他曾说："最伟大的领导艺术，就是和其他人一样平等地分担工作。作为一名军队将领，只有全身心地投入工作，才能取得胜利。越多的麻烦，付出劳动就要越多；越危险的形势，显示出的勇气就要越大，直到解决全部问题。"一位在卡奇山战役中跟随过纳皮尔的年轻军官曾这样说："当我看着他这么大年纪还纵横驰骋在马上时，我就想我作为一个年轻力壮的小伙子，更加不能荒废时间。只要他一声令下，哪怕就是堵炮口，我也会二话不说就做。"这句话后来被纳皮尔知道了，他说这是对他的最好回报。

# 第四章
# 对待金钱的态度检验一个人的智慧

不是为了要将它藏入金库，
也不是为了要有仆人服务，
而是为了独立的人格尊严，
和不受别人的奴役之苦。

——彭斯

借钱从来伤两家：借出者常常失去本钱和友情；借进者使勤俭治家的神经变得麻木迟钝。

——莎士比亚

不要轻率地对待金钱——金钱能反映人的性格特征。

——E.L.布尔沃·利顿

检测一个人才智高低的一个最好的方法或许是——一个人对待金钱的态度——包括赚钱、存钱和花钱。虽然金钱不是人生的主要目的，但是，对待金钱的态度是十分重要的，不能随随便便地忽视。毕竟，从很大程度上说，金钱是获得个人安康和社会福利的途径。事实上，人性中的一些最优秀的品质与金钱的正确使用紧密相关，例如，除了节俭的美德之外，还有慷慨、诚实、公正和自我牺牲精神等。但是，与此相反地，也有像唯利是图的人所表现出来的那样，如贪婪、欺诈、不公正和自私等。还有滥用和错用了金钱的人所表现出的浪费、铺张、挥霍、奢侈等。正如亨利在他的《生活备忘录》一书中所指出的："所以，在赚钱、积蓄、开支、送礼、收礼、捐钱、借进、借出和遗赠等方面所反映出来的正确的行为原则和方法是一个人完美品格的代言人。"

舒适是生活在世俗的环境中的每个人都尽力追求的目标。因为它满足了人类的基本物质需求，而满足基本的物质需要是发展人性中更完美的方面所必需的。它也使每个人拥有了为自己家人的发展提供物质基础的能力。《圣经》中说到，假如没有这些物质基础，这个人会“比一个不信教的人更坏”。因此，这不仅是我们义不容辞的责任，也是我们获得尊敬的正途。人们对我们的尊敬是因为我们能抓住机遇获得成功，从而给他们提供了更好的物质生活条件。为实现这种目标所要求的努力本身就是一种教育，会激发人的自尊感，会使他变得精明强干，并培养出耐心、坚韧等美德。一个克勤克俭、谨慎稳重的人一定是一个有远见的人，因为这个人不仅能考虑眼前，还必须考虑得更远。约翰·斯特林指出：“培养自我克制的最坏教育也强于培养其他品质的最好的教育。”无巧不成书，罗马人用了同一个词“美德”来命名勇气。勇气是战胜自我的高贵品德。

## 美德第一课——自制

自我克制——是为了将来的利益而牺牲当前的享乐的最需要学习的一课。这一课是为了使人们能发挥出他们所赚的钱的最大价值。然而，我们周围有很多这样的人，在丰衣足食的时候并未想到将来可能的紧迫。平时都大手大脚地把赚的钱吃喝挥霍掉，往往到最后才发现自己囊中羞涩，迫不得已只能节衣缩食。这也是社会上一些人贫困潦倒、生活凄惨的一个重要原因。伦敦市长约翰·拉塞尔在接见一个代表团的代表们时谈道：“你们完全可以相信工人阶级在酗酒方面的支出绝对超过了政府对他们征收的赋税。”但是，我们必须承认，即使“自我克制和自救”，也难以避免穷人聚集在地方政府周围求助，其中失业是最重要的社会问题之一。现在，由于经济状况的原因，爱国主义似乎成为了只有独立的产业阶级才能付诸实施的东西，而不再被认为是普遍应具有的美德，这种现象实在是令人担忧。萨缪尔·迪欧这位颇有哲学素养的制鞋商说道：“平时精打细算、省吃俭用是安度困难时期的最好方法，这比任何国会通过的改革方案都更有效。”苏格拉底曾说：“那些想转动世界的人首先必须先转动自己。”中国有一句古语说道：“修身，齐家，治国，平天下。”

确实，人们都知道改革我们身上的坏习惯或许比改革教堂和国家还要更难。要改变遗风陋习，似乎从别人那儿开始会比从我们开始会更容易接受些。

## 浪费是自己加给自己的赋税

对于那些花钱不为将来打算的人来说，他们只能永远软弱无能、无所依赖地生活在社会的最底层。因为他们不自尊，所以他们也就不可能赢得别人的尊重。当经济出现危机时，他们只能是四处碰壁。那些平时连一点点也不愿意积蓄的人，突然遭遇大难时，可能会得到别人的怜悯，但是作用不大。想想将来妻儿老小的命运，他们感到不寒而栗，如果他们还有良心的话。科布登先生曾经对工人说过：“这个世界一般分为两个阶层——节俭阶层和挥霍阶层，即注重积累的人和拼命消费的人。所有有益于人类文明和人类幸福的成就的完成，包括所有的房屋、厂房、桥梁和轮船的修建，都归功于那些注重积累的人。而那些挥霍完了自己资产的人往往都成为了节俭阶层的奴仆。这是自然规律，也是理财规律。如果我说有哪个阶层的人不深谋远虑、精打细算，而是游手好闲，也能改善自己的生活状况。那我就是地地道道的骗子。”

布莱特先生于1847年在罗彻德尔工人集会上的告诫也表达了同样的信念，他说：“就诚实而言，在每个阶级中都能找到，并且谁也不比谁逊色。”他接着说道：“对于任何人，如果他想保持目前较为优裕的状况，或者想改变目前较为糟糕的状况，唯一切实可行的办法是培养并践行勤劳、节俭、克制和诚实的美德。即使考虑自身精神和肉体的状况，一个人如果想要改变自己不满意和舒服的困境并没有什么捷径，而只能培养并践行这些美德。人们会发现，正是通过这种方法，自己周围的很多人得到了进步，不断地改善自己的生活状况。”

没有什么理由可以让我们认为一般工人不能有所作为、享有荣誉、受人尊敬和生活快乐。整个工人阶级（除了极少数人之外）都该是节俭、有德行、见识广博和健康状况良好的，就像他们中的一些人一样。既然他们中一些人可以做到，那么其他人也应该可以做得到。每个国家都应该有这样一个通过自己的日常劳动而生活的阶级，这是上帝的安排，而且，毫无疑问这种安排是明智的，也是正确的。现实中，这个阶级中出现的不节俭、不满足、不理智和不幸福，不是上帝设计的，而是由于他们自身的软弱、放纵和刚愎自用。要使劳动群众不需要通过压低别人，而是通过把他们的宗教、智慧和美德提高到同一水准而上升为一个阶级，最有效的方法就是让他们产生健康的自助自救精神。蒙泰恩指出："道德哲学不止适用于声名显赫的人，同样适用于普通个人。在每个人身上都反映着人类的精神。"

当人们展望未来的时候就会发现等待他的主要有3件事：失业、疾病和死亡。前二者他还可以逃脱，但是最后一个却是不可避免的。然而，对于一个明智的人来说，不论哪一种事情发生，他都应该预料到并且尽可能小地减轻压力，因为这不仅是为了自己，也是为了那些依靠自己的人们。因此，诚实地挣钱和节俭地使用是极为重要的。正当赚钱，吃苦耐劳、不辞辛苦、不受诱惑，就能得到回报；而合理消费，就需要精明审慎、富有远见和自我克制，这些都是刚毅果敢性格的真正基础。金钱可以代表很多毫无价值和实际用途的物品，也能够代表许多富有价值的东西；它不仅代表食物、衣服和感官的满足，也代表了个人的自尊和独立。因此，对于工人来说，积蓄是抵御欲望的防护墙，是他安身立命的保证，使他带着快乐和希望等待更美好的一天的到来。在这个世界上，人们努力去获得一个更为牢固的地位，包括人的尊严，因为它使得一个人变得更为强壮，生活得更为美好。从长远来看，它赋予了他更大的行动自由，使他积蓄力量奔向美好的未来。

## 生活简朴才能独立

一个人如果总是在欲望里徘徊，那么他离成为奴隶也就不远了。他绝不可能主宰自己的人生，而是慢慢沦为别人的奴隶，听从他人的指挥。因为他不能勇敢地面对现实，所以他避免不了会有些卑躬屈膝。一旦身处逆境，他要么靠别人的施舍，要么靠救济。如果他丢了工作，他就无计可施了。

为了独立，生活朴素节俭是必不可少的。节俭不需要什么超人的勇气，也不需要什么杰出的美德，只要有一般的力量和普通人的能力就可以了。实际上，节俭只不过是将管理中的秩序原理运用于家庭事务：它意味着悉心经营、符合规则、精打细算和避免浪费。上帝也主张这种节俭原则，他说过"把剩下的零碎东西收拾起来，别糟蹋了"。万能的主也不会轻视生活中细小的东西。在他向众人展示他的无边法力的同时，也意味深长地教导人们要做到物尽其用，力量就在细致当中。

节俭也意味着将来抵御眼前的欲望，在这个意义上，也代表了人的理想优越于动物的本能。节俭完全不同于吝啬，因为节俭才能使人表现得慷慨大方。因为节俭使得人不再崇拜金钱，而只是把它当作一个有用之物。正如迪安·斯威夫特所说的："我们脑子里必须有钱这个概念，但也不能一门心思都是钱。"节俭犹如谨慎的女儿，克制的姊妹和自由的母亲。显而易见，节俭就是适度，适度的家庭幸福和社会福利。总之，节俭是自我拯救的最好展现。

弗兰西斯·霍拉开始独立生活的时候，他的父亲告诫他说："我希望你事事开心如意，但是，我还是要劝导你要注意节俭。因为节俭是任何一个人必不可少的美德。浅薄的人可能会轻视它，但是，节俭会使你独立，而独立应该是每个精神高尚的人所应当追求的崇高目标。"在这一章开头我摘引了彭斯的诗，说的也是同样的道理。但是，遗憾的是，他是思想的巨人行动的矮子，只会高声歌唱而不付诸行动。他躺在病床上即将告别人世之际，他给一位朋友写的信中说到："天哪！克拉克，我感到糟透了。我最大的一块心病是彭斯可怜的寡妇，还有他那6个无依无靠的孤儿。”

## 量入为出才能进退自如

每个人都应该量入为出。要做到这一点的要求就是诚实。因为，一个人如果不诚实地按照收入过日子的话，那么他必定是虚伪地依赖着其他人的收入过日子。那些花钱大手大脚的人，往往是等到他发现钱的真正用途时，为时已晚了。这些习惯挥霍浪费的人天生可能是一个大方的人，但是，最后也只能变成一副寒酸相。因为他们贪图一时的安逸享乐，花天酒地，挥霍无度；今天花明天的钱，结果债台高筑，严重影响了自己行动的自由和人格的独立。

培根勋爵有一句关于节俭的名言：需要精打细算的时候存些小钱要比赚些小钱更有效。那些随手扔掉的零钱和一些不必要的支出积累起来也是一笔财富。那些浪费的人经常抱怨这个世界对他们不公平，但是，其实他们才是自己的最大敌人。如果一个人连跟自己都不能成为朋友，他还能指望谁可以成为自己的朋友呢？一个人只有考虑周全、生活适度节制，他的口袋里才会有剩余的钱可以去帮助别人；与此相反，一个人如果挥霍浪费、缺乏远见，那么他就永远没有机会去帮助别人了。那些心胸狭小的人是极端的短视，一般也不能取得成功。正如我们常说的：“一分钱的心胸，绝对换不来二分钱的收获。”和诚实守信一样，慷慨大方和宽宏大量也是生活和交往中最为重要的原则。尽管在《韦克菲尔德教皇》一书中，津肯松每年都以各种方式欺骗他心地善良的邻居——弗拉姆勃朗，但是，正如津肯松所说的：“弗拉姆勃朗财富越来越多，而我却穷困潦倒并进了监狱。”日常生活中的无数事例都说明，慷慨大方和诚实守信能铸造人生的辉煌。

## 瘪口袋立不直

有句格言说：“瘪口袋立不直。”同样，一个负债累累的人也是挺不起腰杆的。对于一个债台高筑的人来说，说真话是很困难的，因此说，债务的背上就是谎言。由于负债者不得不向债主编造借口来拖延偿还债务的时间，这也就是他撒谎的原因。第一次找一个正当的理由来逃避债务是很容易的；但结果往往就变成，一而再再而三地寻找理由来逃避债务。不用多久，这位不幸的负债者就会债台高筑，不管他以后再怎样地勤奋也不能自由。负债的第一步就是说谎的第一步，只要有第一次负债，就会有第二次负债，随后债务接二连三，接踵而来，谎言也是接踵而来，如此恶性循环。画家海顿从借钱的第一天起，就认识到了“谁陷入负债，谁陷入悲哀”。他在日记中记述着：“我开始负债了，我以前是从未有过的。或许，只要我活着，我就怎么也摆脱不了它们。”他的自传痛苦地描述了令他尴尬难堪的金钱问题，使他极度的精神沮丧、丧失工作能力和蒙受了巨大的羞辱。海顿曾给一位加入海军的少年这样一段忠告：“只能通过借债而获得的享受，决不要去干。决不要去向别人借钱，因为这会使人堕落。但不是说你不能借钱给别人。只是要注意：如果你借钱出去将会无法收回的话，就千万不要借。切记，无论在任何情况下都不要向别人借钱。”一位名叫费希特的穷学生，甚至拒绝接受贫穷的父母亲所提供的借款。

约翰逊深信轻易负债会毁灭一个人。他的看法是很有见地的，值得我们牢记。他说：“不要认为债务只是一种负担。你会发现它更是一场灾难。因为贫穷不仅剥夺了一个人行善的权利，而且它也剥夺了你做好事的手段。……首先，你要注意的是不要向任何人借债。无论你拥有什么，消费的时候都不能倾囊而出，下定决心摆脱贫困。贫穷是人类幸福的敌人。它破坏了自由，使一些美德成为空谈。节俭安逸是所有善行的基础。一个连自救都不可以的人是绝不可能帮助别人的。我们只有有了能力之后才能帮助别人。”

每个人都有责任正视自己的事务，并且在花钱方面量入为出。收入和支出这种简单的算术有着极大的价值。精打细算要求我们的开销必须低于自己的收入，而不能高于收入。量入为出必须认真拟订并切实地执行一个生活的计划。约翰·洛克曾经指出：“一个人只有时时留心自己的日常事务，定期进行收支结算，才能克制自己的欲望，不至于入不敷出。”惠灵顿公爵对他的所有收支都有一个精确而详细的账目。他对格雷格先生说过：“我十分重视自己结算账单，并且我也建议大家都这样做。以前我经常让一个自己觉得信得过的人去做这件事。但是，有一天早晨，竟有几个催债人来讨一两年来的债务。原来，这家伙竟然拿了我的钱去投机而没有去结清我的账款。从此，我就自己结算账单了。”对于债务，他的意见是：“债务会把人变成奴隶。我知道没有钱的滋味，但我决不让自己陷入债务之中。”华盛顿即使当了美国总统，他也和惠灵顿一样都是详细记录收支情况，他对家人的花费也是仔细查看，以防消费超出自己的收入水平。

海军上将杰维斯·圣·文森特伯爵在谈起他早期奋斗的时候，就讲到绝不借债的故事。他说：“我的父亲以不多的收入养活我们家整个大家庭。他曾经给我的全部钱财就是在我的人生道路刚开始时给的20英镑。我在海军基地享受了一段相当优裕的日子后，钱被花光了。我想再向父亲借20英镑，但是，遭到了父亲的拒绝。这让我感到极为耻辱，我发誓：除非我有十足把握偿还债款，不然的话我决不再借钱。我一直遵守着这个诺言。从那时起，我就迅速改变了自己的生活方式，自力更生，充分利用部队发给的津贴过日子，并且过得很宽裕。我自己清洗、缝补衣服，还用床罩做了一条裤子。我一直小心谨慎地按照自己的收入水平过日子，尽可能地节省自己的津贴，以挽回我的名声。等有了一定的积蓄以后，我开始承兑汇票。”杰维斯整整忍受了6年的物质匮乏带来的各种困难。但是，他履行了自己的诺言，保持了自己做人的骨气。正是靠这种良好的品质和坚毅果敢的性格力量，使他成为了一位高级将领。

## 现代病：奢华与虚荣

休姆先生曾在众议院指出英国人的生活消费太高了，尽管这引起人们哄堂大笑，但是一针见血。中产阶级的生活水平虽然没有超过他们的收入水平，但已经快要接近了，照此下去，会对整个社会产生极为不良的影响。人们都望子成才，步入上流社会，但结果往往是事与愿违。他们只追求时尚华美的衣服，沉溺于声色犬马，挥霍浪费，而这些东西绝不是一个果敢坚毅和拥有绅士风度的人应该拥有的。结果就是，一大批华而不实、俗不可耐的年轻虚伪之徒被培养出来。外表装出绅士派头，却掩饰不住其诚实品质的丧失。这样的人想成为有教养的绅士，这是一种多么可怕的奢望！他们似乎是“受人尊敬的”，其实只有庸俗的外表才是如此。他们没有勇气按照上帝的要求踏踏实实地生活，而是按照荒唐的时髦方式生活，自欺欺人地生活在虚荣之中。在社会这个竞技舞台上，人们拼命地争抢，一切高贵的自我克制的品质和美丽的天性都受到无情的蹂躏。所有的挥霍浪费、任何悲惨生活和倒闭破产，都来自于这种不必要的想向人炫耀的虚荣心。人们的欺诈行为所带来的严重后果已经以各种方式表现出来，人们宁愿表现不诚实也不愿意正视贫穷。人们崇拜金钱，疯狂地追逐财富，对失败破产者毫不怜悯同情。因此，连带着多少个无辜的家庭因此而遭殃。

## 拒绝诱惑就是拒绝堕落

在每个年轻人的一生中，诱惑无处不在。屈服于这些诱惑不可避免地将产生不同程度的堕落。屈服于这些诱惑会使得他们的天性在一定程度上发生扭曲。而勇敢坚决地用语言或行动表示出“不”就是摆脱这些诱惑的唯一有效的方式。他必须当机立断，不能犹犹豫豫地考虑原因。因为在犹豫中年轻人往往就会陷入困惑。其实，“不作决定，本身就是一种决定”。我们最好的祈祷就是：“主啊，教导我们不受诱惑。”然而，诱惑总是考验年轻人的意志力。并且，只要你屈服了一次，你的意志力就越来越弱。勇敢地去抵制，当机立断会给生命以力量；有了几次的抵制之后你就会形成习惯。意志力的基础在于人早期所养成的习惯。因为精神机器主要是通过习惯这个媒介来传播其发生的作用，良好的习惯就会减少道德内在的伟大原则的磨损。那些潜移默化地影响着的良好习惯，是构成人的道德准则的重要组成部分。

休·米勒曾经说过如何依靠自己意志的力量，在年轻时摆脱了一次强烈的诱惑，拯救了自己，尽管那时的生活十分艰苦。他那时还是个石匠，他和同事一起喝点儿酒是常有的事。有一天他喝了两杯威士忌，可当他回到家里，打开爱不释手的《培根散文集》时，那些文字在他眼前摇摇晃晃，他已经无法控制自己的意识了。他说："我喝得糊里糊涂，这是极不理智的，我把自己带到了堕落的境地。我不应该这样毁灭自己。下决心不喝酒，虽然牺牲了肉体感官的快乐，但是，我意识到不能牺牲自己的理智去迁就感官。在上帝的帮助下，我成功了。"这样的决心成了他一生中的重大转折点，并且为他将来性格的形成奠定了基础。休·米勒如果不是及时地摆脱了这种诱惑，或许已惨遭毁灭。每个青少年都需要时时对这种生活中的暗礁保持高度警觉。诱惑与挥霍浪费一样也是青少年成长过程中最危险的敌人。瓦尔特·司各脱爵士常常讲："在所有的邪恶中，酗酒与伟大是最水火不容的。"不仅如此，它与节俭、正直、健康和诚实的生活也是水火不容的。一个不能克制自己的年轻人就必须戒酒。约翰逊博士的事情是一个典型的事例。谈及自己的习惯时，他说："我不能克制自己，但是我可以戒。"

### 如何同不良习惯作斗争

与坏习惯作斗争，我们不仅要小心翼翼，还要达到一种更高的道德境界。一些机械的方法，比如发誓，对戒除坏习惯是有一定效果的。但是，重要的是要确立更高的行为准则，并且努力去加强和纯化这些准则。为此，一个年轻人要剖析自己，将自己言行举止与行为准则加以对照。了解自己越多的人，往往对自己的自信心变得越来越少，越来越感到自卑。但是，你会发现这种做法是十分有益于你抵御当下的诱惑的，对于使你将来成为一个伟大而高尚的人也是十分有益的。这是提高自我素质的最高尚的工作，因为"真正的荣耀，来自于自我战胜。否则，征服者就变成了奴隶"。

### 劳动着，光荣着

不论从事哪种工作，只要这个工作是正当的，都会给人带来荣耀，绝不会使人降低身价和蒙受耻辱，无论是耕种土地，制造工具，纺织棉纱还是站柜台。一个年轻人可能会经营木尺或量度丝绳，除非他的心胸像尺子一样狭窄，或者是像丝绳一样见识短浅，不然的话从事这一职业并不会让他丢脸。福勒曾经说过："那些有正当工作的人不应该感到羞耻，而是那些没有合法职业的人应该感到害臊。"大主教海尔也曾说过："无论是从事体力劳动还是脑力劳动，劳动都是美的。"那些从卑贱的职业走入上层社会的人不应该感到脸红，而应该为自己所克服的种种困难而倍感骄傲。一位在年轻时候当过伐木工人的美国总统，被人问到他的战袍是什么，他自豪地答道："一副衬衫袖套。"有一次，一位法国医生带着恶意耻笑尼森斯的大主教弗利彻，刻薄地谈起他的出身，因为他年轻时曾造过蜡烛。弗利彻回答道："如果你也出生在我那样的环境里，现在你估计仍然是个做蜡烛的。"

# 第五章
# 最好的教育，是自己给予自己的教育

人人都受过两种教育：一种是受教于他人，另一种则更为重要，即受教于自己。

——吉朋

世上有畏难而退者乎？则其终无所成就。有身陷困厄而勇往直前者乎？则其必无往而不胜。

——约翰·亨特

智者勇者直面困难并征服它。懒者愚者在辛苦危险面前瑟瑟发抖，越是害怕越束手无策。

——罗伊

瓦尔特·斯科特爵士曾说：“一个人所受的最好教育，是自己给予自己的教育。”已故的爵士本杰明·布罗迪先生对这句名言非常赞同。他过去常常庆幸自己对自己的职业教育。每个在文、理科或艺术领域内的成就卓越者都是如此。学校里获取的教育仅仅是一个开端，其价值主要在于训练思维并为以后的学习和应用打下基础。一般说来，别人传授给我们的知识远不如通过自己的勤奋和坚韧所得的知识广泛牢固。靠劳动获得的知识将成为一笔财富——一笔完全属于自己的财富。它给我们留下更生动、更深刻的印象，仅凭接受别人的教育是达不到这一点的。这种自学方式不仅能产生前进的能力，更能培养力量。一个问题的解决有助于掌握其他问题的解决方法；而这样，知识也就转化成为才能。我们自己的积极努力是非常重要的，有了这一点，即使没有学校，没有书本，没有老师，没有死记硬背的功课，我们也将获得知识和力量。

最好的老师都愿意承认自学的重要性，并鼓励学生凭借自己的能力来获得知识。他们更多地是磨炼学生而不是直接告诉他们现成的答案，并努力使学生在积极的工作中摸索经验。这样，学生就不仅是被动地接受零零散散的课本知识，而是获得了更高的生存智慧。这就是阿诺德博士工作中的宗旨，他竭力使学生依靠自身积极的努力发挥自己的能力，而他本人则仅仅是引导、指教和鼓励。他说：“我宁愿把孩子送到凡帝门的地里务农，在那里他必须自耕自给，自谋生计，也不愿把他送到牛津大学享受安逸舒适而不好好利用自身的优势。”在另一个场合他还说：“如果真有令人钦佩之事，那就是看到天性愚笨的人受到上帝的恩赐，得到诚恳、真挚、勤勉的培育，由此变得聪明起来。”当提到这样的一个学生时，他说：“我要向他脱帽致敬。”有一次在勒汉姆，阿诺德在教导一个非常迟钝的男孩时，话语有点儿尖锐。结果这个学生抬起头直视他的眼睛，说道：“您为什么生气呢，先生？事实上，我已经尽了最大的努力了。”多年以后，阿诺德常常对他的孩子讲起这件往事，并告诉孩子：“我一生从未感受到如此的震撼，那种眼神，那些话语，我永远也无法忘记。”

## 惠灵顿公爵打赢滑铁卢战役的地方

我们在前文中列举了很多出身卑微但成绩卓著的文学家或科学家，可以明显看出，劳动与智慧不是水火不容的。适度的劳作使人心灵健康，对人的体质也同样有益。劳动之锻炼身体，正如学习之培育心智；社会的最好状态就是它既能为每个人提供工作，也能让每个人拥有一定的闲暇。甚至有闲阶级也不得不参加劳作，有时是为了摆脱空虚无聊，而更多的情况则是他们无法抗拒的本能需要。他们有的到英国乡村捕狐狸，有的到苏格兰山上打松鸡，而更有许多人每年夏季去瑞士登山闲逛。公共学校都会举行划船、跑步、板球、田径运动，因此青年人既学习了知识，又锻炼了身体。据说惠灵顿公爵曾经在伊顿公学——在那里他度过了青年时代——看到男孩们在操场上生龙活虎地活动，他无限感慨地说：“就是因为在那儿，我才打赢了滑铁卢战役！”

## 马尔萨斯给儿子的劝告

丹尼尔·马尔萨斯激励他上大学的儿子在尽最大努力勤奋学习的同时，还要积极参加体育锻炼。因为这是保持旺盛的精力，同时也是享受智力愉悦的最好方式。他说：“了解自然科学与艺术知识可以愉悦心灵，开发智力。我希望板球也能对你的心灵起到这样的作用。我很希望看到你把身体锻炼得棒棒的。我认为在锻炼了身体的同时，在很大程度上人的精神也得到了愉悦。”伟大的神学家杰里米·泰勒指出了积极劳动的意义，他说：“不要无所事事，把一切时间都利用起来，做些积极有益的事情。一旦身心没了寄托，贪欲就会填补空白，而身心健康的人可以抵制各种诱惑。在各种活动中，体力劳动是最有意义的，它可以驱除心魔。”

## 不健康带来不快乐

人生的成功更多地依赖于身体健康，这一点并不为一般人所知。霍德森在一封给英国朋友的信中写道：“我相信，如果说我在印度过得很舒心，从身体上讲，这得归功于我的好胃口。任何行业中持续工作的能力在很大程度上都必须取决于健康的身体。因此参加运动，甚至仅将其当作脑力劳动的调节方式就显得尤为必要。很可能就是由于忽视身体锻炼，我们在学生中经常发现这样不良的情绪：不满足，不快乐，不活跃，异想天开，轻生厌世。这种倾向在英国被称作拜伦主义，在德国则被称作维特主义。凯宁博士也注意到在美国这种情况越来越多。因此他指出：“我们的年轻一代中有太多的人在绝望的情绪中成长。”对这种年轻人的症状，唯一有效的治疗方法就是让其参加体育运动、工作和体力劳动。

## 理想社会

让年轻人练习使用工具可以使他们学会生活常识，还教会他们使用双手和膝臂，熟悉有益健康的工作，积累实际工作的经验，提高实际工作的能力；给他们灌输实干能力的思想，让坚韧不拔的精神最终在他们心中生根发芽。在这点上，严格地说，与有闲阶级相比，所谓的工人阶级占有明显的优势——他们在早年就不得不在机器生产或其他工种中辛劳地作业，因而才手脚灵活，体格健壮。所谓体力劳动阶级最大的劣势不在于他们从事体力劳动，而在于他们完全成为体力劳动的奴隶，忽视了知识的学习和智力的提高。有闲阶层从小就教育孩子：劳动是卑贱的，要避而远之，长大后更是蔑视劳动，因此他们四体不勤，五谷不分；而贫苦阶层的人们，自小生长在从事体力劳动的队伍中，长大后大都目不识丁。然而，把体力训练、劳动和文化教育有机地结合起来，也许就能避免上述两种极端现象，国外的种种尝试表明采用一种更健康的教育体制是完全可行的。

## 聪明的大脑依赖健康的身体

专业人员的成功在很大程度上也取决于他们的身体健康。一位作家曾说：“伟大人物的伟大之处既在于他们的头脑，也在于他们的身体。”对一位成功的律师或政治家来说，拥有健康的呼吸系统和接受良好的教育同样必不可少。心肺功能的健康是保持大脑活力必不可少的条件。律师只有经过势均力敌的激烈法庭辩论的磨炼才能登上事业的顶峰；政治家呢，只有在拥挤的议院里发表亢奋冗长而蛊惑人心的演讲之后方能飞黄腾达。因此律师和国会领袖在工作中需要表现出比才能更重要的耐力和活力。

## 出色是对勤奋的报偿

拥有健康体质是必要的，但也必须认识到，在人才培养中，智力培养同样至关重要。“勤劳是制胜法宝”这句名言只有在掌握知识的前提下才是真理。知识的大门是向一切人敞开的，没有无法跨越的困难。查特顿有一句经典话语：“万能的上帝把人送到了世界上，给人足够长的胳膊让他们在遇到困难的时候能抓住任何东西。”学习与工作一样，勤奋是最重要的。我们不仅必须要趁热打铁，而且要一直不停敲打，直到使它变热为止。精力旺盛和持之以恒的人会细心利用每一次机会，在懒散者不屑一顾的时间里努力学习，那他一定会在自我教育中取得很大的成绩。就是凭着这种精神，弗古逊身上裹着一张羊皮爬上高山，学习天文；斯通在做雇用园丁时学习数学；德鲁在修鞋的间隙中研究最深奥的哲学；而米勒则在采矿场做临时工的时候自学了地理。

正如我们所说，乔舒亚·雷诺兹爵士就非常相信勤奋的力量。他坚持认为所有通过孜孜不倦勤勤恳恳工作锻炼自己能力的人都将创造佳绩，变得优秀；天才的道路就是埋头苦干，艺术家技艺的纯熟是无止境的，而有止境的是他自己付出的汗水。他并不相信所谓的灵感，只相信勤奋。他说："出色是对勤奋的报偿。""如果你有出众的才能，勤勉将不断增强它；如果你才能平庸，勤勉会弥补它。勤奋可以创造一切，没有勤奋将一事无成。"福韦尔·柏克斯顿爵士也同样相信学习的力量。他谦虚地说，只要付出双倍的时间和努力，他将和其他人一样出色。他坚信平常的方法加上不寻常的努力可以创造奇迹。

罗斯博士曾说："一生中我认识几个人，我相信，有朝一日他们会被人们认为是天才，因为他们勤奋刻苦，专心致志。"天才是通过成就反映出来的，没有成就的天才就像盲目的信仰，是一篇没有号召力的圣谕。然而杰出的成就是用时间和辛劳创造的，而绝不是靠异想天开得来的。每一伟大的成就都是经过艰苦的磨炼创造出来的。才能是从劳动实践中来的。任何事情都没有那么容易，甚至连走路，一开始也是举步维艰的。演说家演讲时眼里不停地闪烁着智慧的火花，妙语连珠，富有哲理，他们是经过了无数次耐心的重复，经过了无数次失败才有这样的结果。

## 真刻苦才是真聪明

一般说来，绝大多数人都希望获得自学能力，但不愿付出辛苦。约翰逊博士认为："学习上缺乏耐心是当代人的主要缺陷。"这句话对现在仍然适用。我们或许并不相信有什么"贵族的"学习途径，但是我们似乎深信有一种"大众的"方法。我们苦苦寻觅省力的学习方法，努力寻找学习科学的捷径，学习法语和拉丁文企图一蹴而就。我们模仿那些时髦的女士，她聘请老师来指导学习，条件是他不要用语法和分词来折磨她。我们以同样的方法学习物理。学化学就靠听一小段有趣的实验讲演，吸进笑气，看见绿色的水变成红色，磷粉在氧气中燃烧，我们就得到这么点儿皮毛。尽管它总比什么也不知道强，但是毫无价值，而我们还沾沾自喜地美其名曰"寓教于乐"。这样的学习没有任何意义，与其说是学习，不如说是儿戏。

不经过艰苦的努力就想获得知识，这不是真正的教育。这样的学习虽然费了脑筋，却不能提高智力，更不能丰富人的心灵。它只能是一时功利性的学习，产生一种对知识的渴望和机敏。但是，由于缺乏比娱乐更高的目的，它终究是没有真正好处的。在这种情况下，知识只是一种浮光掠影，是敷衍了事，此外无他；实际上这种靠感觉的方式就是聪明的享乐主义的表现，这不是智力。因此许多只能被活力和独立性激起的最出色的思想，现在却在沉睡着，很少被生活召唤过，除非大难突然降临，它才会从睡梦中惊醒。此时，苦难和灾难激发了人的勇气和灵感，反而成为人们的一种幸运。

被"寓教于乐"蒙骗的年轻人很快会排斥勤奋的学习方式。为了在运动嬉戏中学得知识，他们急功近利、急于求成，扎实的精神随着时间的推移烟消云散，最后什么也学不到。这种浮躁浅薄的学习态度对他们的心灵和性格都将产生恶劣的影响。罗伯特曾说："三心二意的学习方式和吸烟一样有害，而这也为懒惰提供了借口。它最使人滋长惰性，也最使人软弱无能。"

这种恶习不断滋长着，而且以各种各样的方式存在着。它最小的危害是让人变得肤浅；最大的危害是对脚踏实地的劳作深恶痛绝，使人意志消沉。如果我们真聪明的话，就应该向先人们一样勤勤恳恳。因为勤奋现在是而且将来也是创造一切有价值东西所必须付出的代价。我们必须积极地朝着一个目标努力，并且必须耐心地等待劳动的成果。所有积极的进步都是渐进的，满怀信心且积极热情的人总有一天会得到回报。坚持不懈地努力必将使他积极地去实现自己的任何目标，使他做出更大的贡献，得到人们更多的尊重。自我教育要持之以恒，因为学无止境。诗人格雷说：“劳动是快乐的。”伯兰杰则说：“用坏了总比放烂了好。”阿诺德问：“我们永远没有停步休息的时候吗？”“永不言止”是马尼克斯·圣阿尔德贡德毕生的座右铭。

## 知识只有与仁慈和智慧结缘才有意义

只有把全部的能力充分发挥出来，我们才会受到人们的尊敬。充分发挥一种才能的人比同时拥有10种能力的人更受人尊敬。的确，天生有过人的智慧和拥有世袭的巨额财产一样，其中并没有什么个人的美德可言。然而，怎样运用那些能力？如何使用这笔财产？一个人可能盲无目的地积累大量的知识，但是，知识必须与仁善和智慧相结合，并且表现出崇高正直的品格，否则便毫无意义。佩斯特拉齐甚至认为智力训练就其本身来说并没有什么价值，所有知识必须根植于正确把握的意志之中。获得了知识确实可以避免一个人在生活中走上邪道，但根本不能在任何时候都防止自私自利的邪念，除非有正确适当的准则和良好的习惯做后盾。因此，在现实生活中我们的确能发现许多这样的例子：知识渊博的人，性格却完全扭曲变形；饱读经书的人，却没有实际生存的智慧，给我们的是反面的教训而不是正面的榜样。今天我们经常说的一句话就是“知识就是力量”，但其中也反映了狂热、专制和野心。知识如果不能被正确地运用，那么它只会助纣为虐，社会也会堕入罪恶的深渊，恐怕就比地狱好不了多少了。

也许，如今我们夸大了文化教育的重要性。我们已习惯性地认为，有了很多的图书馆、科研机构和体育馆，就说明了我们已经取得了很大的进步。这些设施的确对自学有帮助，但同时也会阻碍个人达到自学自教的最高境界。有可随意使用的图书馆，但未必学到了东西，就像有了财富未必就慷慨一样。毫无疑问，我们拥有了伟大的设备，但一个人只有通过自己的观察、专注、坚韧和勤奋才能更加智慧通达。记住了，知识跟理解知识并把它变为个人的智慧是完全不同的，后者需要实践的磨炼，而不能靠死读书本。而死读书往往会沦为对他人思想的消极接受的方式，其中很少或者根本就没有积极主动的思维活动。这种阅读方式只能浪费人的头脑，只能带来一时的热情，对丰富思想和充实心灵没有丝毫意义。许多顽固者还抱着这样不切实际的想法，以为他们正在训练自己的心智，而其实却不过在玩一种低级的消磨时光的游戏，其好处最多也莫过于因此使得他们没有时间去为非作歹罢了。

## “知识”和“智慧”

还有一点我们也应当时刻铭记在心：从书本中获得的经验，尽管宝贵，实质上仍只是知识的积累；而取之于生活的经验才是智慧之源，一点儿智慧也要比众多的知识更有价值。伯林布鲁克爵士说得很准确：“那些不能直接或间接使我们成为更好的人或更好的公民的学习，充其量不过是一种闲适的游戏，而以此获得的知识无非是一种可信的无知而已，此外无他。”

有启发性地阅读尽管是有益的，但也不过是启迪心灵的一种方法，与实际经历或榜样对塑造个人性格的影响来相比要逊色得多。在广大民众懂得读书写字之前，英国就培育出了许多智慧、勇敢而诚实的智者。大宪章就是由一群没有多少文化的人们用他们自己的符号谱写的。虽然他们并不熟练文字表达的原则之道，但他们懂得如何理解、尊重并勇敢地保护这些原则。英国自由的基础正是由这一群没有文化却无比崇高的人们奠定起来的。因此，我们必须承认，教育的首要目的并非仅仅是用他人的思想填充自己的脑袋，使他们成为别人思想的奴隶和接收器，而是要拓展个人的才智，使他能够在任何生活环境中应付自如，成为对社会有用的人。许多精力最充沛，贡献最大的人物没读过什么书，勃兰得利和斯蒂芬森成年后才学会读书写字，但他们成就卓著；约翰·亨特20岁时还不识字，但他做的桌椅能与最好的木匠相媲美。这位伟大的生理学家曾在一次课堂上指着眼前的一块标本这样对他班上的同学讲：“我从没有读过书，假如你想在你的专业领域里作出成就的话，你必须做实际研究。”当有人指责他忽视书本学习的时候，他说：“我会教他们在死尸上研究，这是任何死的语言中都没有的东西。”

因此，重要的并不是你掌握了多少知识，而是你掌握知识的程度和目的。掌握知识的目的应该是丰满智慧、改善修养；应该是使我们更向上、更幸福、更有用；在追求更高人生理想的时候，使我们更善良，更热情，更能干。“当人们一旦染上一味欣赏崇拜的恶习之中，而从不关心道德时——宗教理念和政治信仰即是道德品性的具体表现——那么他们就难免会有各种各样的堕落。”我们必须亲身实践，而不仅仅停留在满足于阅读别人的东西，思索把玩别人曾是如何、又曾做过什么。我们必须把生活当作最好的启迪，将行动作为最好的思想来源；至少我们应该能够像里克特宣称：“我已尽己所能，无愧于心了，任何人都不应该再向我要求更多。”磨炼自己，把握自己，在上帝的帮助下发挥自己的聪明才智，这是每个人的神圣义务。

## 论自尊

自律与自制是实践出真知的基础；而它们又根植于自尊。有了自尊，才有希望，有了希望，才能创造奇迹。希望——力量伴侣，成功之母，也是源于自尊。最为谦逊之人也许这么说：“尊重自我，发展自我，这是我生活中真正的义务所在。作为社会这一伟大的体系中不可或缺和负责任的一分子，我属于社会和上帝，我有责任不滥用自己的身体、心灵和本能。相反，我要让自己的每一点力量都充分地发挥出来。我必将努力扬善除恶，使自己的品性尽善尽美。”我会自尊，也会尊重别人，而别人也必将会尊重我。因此，尊重、公正、秩序，这是法律要保障的原则。

自尊是一个人身上的最高贵的外衣，最能升华人的思想。毕达哥拉斯最智慧的格言之一是在其《金玉良言》中要求学生去做的“尊重自我”。在这一崇高思想的激励下，他不会因淫欲而堕落肉体，也不会因盲从的思想而玷污自己的心灵。这一品行，推及日常生活，便成为各种各样的美德之根本——洁净、庄严、贞洁，具有高尚的道德和虔诚的宗教信仰。米尔顿曾说：“虔诚而公正地尊重自我乃是一切有价值的美德善行的源头。”思想上的自贬不仅侮慢了自我，也侮慢了他人。有什么样的思想，就有什么样的行动。如果一个人轻视自我，他就会精神萎靡不振；因此，如果一个人要振奋精神，就必须尊重自我。适度的自尊让最卑贱之人傲然而立，贫困也会因此而倍显高尚。一个穷人在物质诱惑面前岿然不动，不会用备下的行为玷污自己的灵魂，确实令人敬佩。

狭隘地将自我修养仅仅看成一种出人头地的手段，这种认识未免玷污了这个词汇。如果以这种观点来看，毫无疑问教育是时间和精力的最好投资之一。在任何行业，知识都能使人更易于适应环境，都能改进工作的方法，并使之心灵手巧、富有效率。善于同时运用双手和大脑进行工作的人目光更加敏锐，力量更加强大——或许这是人类智慧能珍惜的最令人愉悦的感觉。自立自强的力量会与日俱增；相应地，自尊也会与日俱增，它们为抵制各种诱惑提供了有力的武器。他将怀着一种崭新的兴趣看待社会及其运行；他将更富于同情之心，怀着同样兴致地为他人、更为自己工作。

第四卷

# 思考致富

[美]拿破仑·希尔　著

# 第一章
# 只要我们能梦想的，我们就能实现

## 靠“意念”成为爱迪生事业伙伴的人

心想才能事成，思想决定一切，这话一点儿也没错。当一个人的思想意念和其目标、毅力以及渴望财富等物质的炽热欲望交织在一起时，它是能产生无穷威力的。

在很久以前，埃德温·巴恩斯就发现，一个人可以通过他的思想来致富，即思考可以致富。这一结论萌发于他渴望成为爱迪生的事业伙伴的强烈欲望，然后逐渐积累形成。

巴恩斯所怀揣欲望的最大特点便是“明确性”。他追求和爱迪生一起共事，而不是仅仅停留在为他工作的层面上。如果仔细体会欲望转化为现实的这个过程，你会更好地明白本文的致富原则。当这种欲望或者思想冲动第一次出现在他的脑海中时，他并不具备实现这个欲望的条件。两大难题横在了他面前：一是他连爱迪生都不认识；二是连去新泽西州奥兰治的火车票都买不起。

一般情况下，这种阻碍足以让很多人丢弃自己那显得有些奢侈的愿望。但巴恩斯不同，他的欲望是如此地非比寻常！

## 发明家与“流浪汉”

他径直来到爱迪生的实验室，宣称要加入这位发明家的事业。数年后，爱迪生回忆起巴恩斯第一次出现在自己眼前的情形时，说道：“他站在我面前，乍看起来就是一个十足的流浪汉。但他面部的表情在强烈地告诉我，此人有一种坚定追逐目标的执着。凭我多年观人用人的经验，我知道，如果一个人真正想得到一件东西，并且愿意用整个未来做赌注，那么他一定会得到。所以我决定给这人一个机会，既然他已向我显示出他那不屈不挠的决心。而后来的事实证明我做了一个很正确的选择。”

巴恩斯先生能获得在爱迪生办公室工作的机会，这种事业开端并不是依赖于一个人的外表相貌，而这恰好是他的劣势。实质上起决定作用的，是他的思想，他的意念。

第一次会面时，巴恩斯并没有立即成为爱迪生的事业伙伴。他只获准在爱迪生的办公室工作，而且薪水非常微薄。

几个月过去了。从表面上看，巴恩斯心中那个远大的目标似乎没有丝毫进展。但在他的心里，思想意念上已经发生了很大的变化。那就是他越来越渴望能成为爱迪生的事业伙伴，这种情绪得到不断地加强。

心理学家说过：“如果一个人足够渴望做一件事，那他一定能做成。”这句话非常正确。对巴恩斯而言，他已决心去做爱迪生的事业伙伴，而且他愿意为了这个目标付出孜孜不倦的努力，直至目标实现。

他从未对自己说：“算了吧，这有什么意思呢？还是换个推销员之类的工作吧。”相反，他对自己这样说：“我来这里的目的，就是要成为爱迪生的事业伙伴。即便是倾其一生、付出所有，我也愿意为之努力。我一定要实现这个目标。”他果真兑现了对自己的诺言。如果一个人确立了明确的目标，并且矢志不渝地去追求，就会创造一个完全不同的人生。

当年的巴恩斯可能并没有如此清晰地意识到这个道理，但他那颗守候一个单纯愿望的心，是那般坚不可摧、不屈不挠，以至于注定了他能铲除一路障碍，赢得梦寐以求的机会。

## 不是机会不来，而是它善于伪装

当机会来临时，巴恩斯并不能料到它会以何种方式出现。这就是机会的狡猾之处。它习惯于从后门溜进来，并且常常戴着“不幸”或“失败”的面具。也许正因为如此，多少人都曾与真正的机会擦肩而过。

当时，爱迪生刚好完成了一项新发明，是一件叫作“爱迪生口授机”的办公设备。不过他的推销人员并不看好这个新生事物，没有多大热情。这时，巴恩斯察觉到他的机会来临了！它是如此的悄无声息，而且除了巴恩斯和爱迪生以外没人对此感兴趣，这个机会就藏匿在这样一台奇怪的机器中！

巴恩斯相信自己能成功销售“爱迪生口授机”。于是他请求爱迪生给他这个机会，爱迪生答应了。他果真卖出了机器。

实际上，他做得非常成功。于是爱迪生和他签订了进一步在全美推广机器的合约。通过与爱迪生的事业合作，巴恩斯发了财，不过他成功的意义并不局限于此，他还向世人证明了一个更为重要的道理：一个人真的可以“思考致富”。

我并不知道，巴恩斯当初的梦想在他心里究竟值几个钱，也许是二三百美元？不过现在看来，无论值多少钱都已经微不足道了，因为他获得了另一笔更宝贵的智慧财富。这笔智慧财富的精髓就是：“遵循惯有原则，强化思想意念，配合积极行动，就可以催生你渴望的物质财富。”

巴恩斯就是靠着自己的强烈意念与伟大的爱迪生成了事业伙伴，而且走上了发财致富之道。如果抛却他明确的目的和坚强的意志不谈，那在梦想开始的时候他的确是一无所有。

## 成功就是你肯走完最后一步

失败最常见的一个原因是：人们容易被暂时的挫折所蒙蔽，而主动败下阵来。每个人都会或多或少地犯这个错误。

在淘金热时期，达比的叔叔也染上了黄金热。因此他跟随叔叔到西部去淘金，希望能发大财。他并不知道，很多时候，人类大脑这个矿藏的含金量远比地下的高得多。他圈出一块地，拿起锄头和铁铲就开始埋头挖掘。

辛辛苦苦地挖了数周后，他终于看到了闪闪发光的矿石。可遗憾的是，此时他缺少将矿石运出地面的器械，所以只得悄悄地把矿藏又掩盖起来，然后顺原路回到了马里兰州的威廉斯堡。他把这个重大发现告诉了亲友和一些邻居。他们凑足了钱，买了需要的器械并运到西部。达比和叔叔回到了矿区继续挖掘。

第一车矿石挖掘出来，运到了一个冶炼厂。结果证明，他们找到的矿区是科罗拉多最丰富的矿藏之一。再有几车矿石就能偿还欠下的债务，然后就可以等着享受滚滚而来的大笔财富了。

矿井越挖越深，达比和叔叔寄予的希望越来越大。然而，意想不到的状况发生了。金矿的脉络消失了！他们的希望落空了，聚宝盆已不复存在。他们继续挖掘，试图从绝望中重新找回金矿，结果却是徒劳无功，失望而归。

最终，他们决定放弃。

他们把器械卖给一个旧货商，得了几百美元，然后乘火车回了家。那个旧货商找来一位采掘工程师察看矿区，然后进行了估算。工程师推断说，矿主之所以没有继续开采到金矿，是因为他们不了解“断层线”的知识。根据估算结果，只要再挖3英尺，达比和叔叔就能重新找到金矿的脉络。天啊，金矿就在3英尺之下！

而那位旧货商懂得不能盲目放弃，并且咨询了专业人士的意见，所以采掘了那座矿藏，最终获利数百万美元。

## 永不放弃，就是踏着挫折往上走

过了很久，达比先生终于发现一个人的欲望可以变成黄金。于是他开始从事推销人寿保险工作，这为他弥补了损失，甚至赚回了好几倍的收益。

达比时刻牢记，自己在距离黄金只有3英尺的地方停止了努力，因而错失了巨额财富。他告诉自己："我尽管在离黄金还有3英尺的地方停止了努力，但现在如果我向客户推销保险，别人说不需要，我决不会轻易放弃。"这一教训让他在自己执着的事业中取得了巨大收益。

达比成了少数几个每年卖出寿险超过百万美元的人之一。他将自己这种持之以恒的精神归功于在金矿开采事业中得到的失败教训。

任何人在取得成功之前，必然要遇到很多暂时的挫折甚至失败。如果一个人遭遇了失败，最容易顺乎自然的决策便是放弃。而事实上，大多数人也都是这样。

全美500位最成功人士的经验告诉作者，他们最伟大的成功在于，面临失败时他们能坚持再迈出一步。失败是个充满讽刺意味的骗子，它总是尖酸而狡猾，喜欢在成功将近时伸腿将人绊倒。

## 老磨坊里5毛钱的故事

达比从"挫折大学"毕业后，决心从采掘金矿的失败教训中重新站起来。不久后，他就有幸得到了一个机会，证明"不"并不代表"不可能"。

一天下午，达比在一座老式磨坊里帮叔叔磨面。叔叔经营的大农场上住着很多租田的黑人农民。这时候，门轻轻地打开了，是一个黑人佃农的女儿。她走进来，站在门边。

叔叔抬起头，打量了一眼那个孩子，径直喊道："干什么？"

那个孩子怯生生地答道："妈妈说她要5毛钱。"

"没有，"叔叔说，"回家去吧。"

"是，先生。"那个孩子答道。但她站在那儿没动。

叔叔继续忙手上的活，没留意那个孩子仍站在那儿。当他抬头看到她还没走时，冲她吼道："我说过让你回家！赶紧走，不然我拿鞭子抽你啊！"

小女孩说："是，先生。"但她还是一动也没动。

叔叔将要倒入磨面机的谷物一把放下，顺手操起一根木棍，满脸怒气地朝小姑娘冲过去。

达比屏住了呼吸。叔叔的脾气十分暴躁，这下小女孩恐怕是免不了一顿痛打了。当叔叔迈到女孩儿跟前，只见她猛然向前跨出一步，直视着叔叔的眼镜尖声喊道："我妈妈就要那5毛钱！"

叔叔竟停下来，盯着女孩，一会儿便慢慢收下棍子，摸了摸口袋，掏出5毛钱给了这个孩子。

女孩儿紧攥着钱，一步一步挪回门边，但眼光一直停在这个刚刚被她征服的人身上。她走后，叔叔坐在一个木箱上，两眼呆呆地望着窗外，就这样过了10多分钟。他怀着难以名状的心情回想着刚刚这一幕，似乎夹杂着一种敬畏。

达比当时也在思考。这是他有生以来第一次看到一个黑人小孩沉着冷静地战胜一个成年白人。她是怎样击败他的呢？是什么让他的叔叔消除了怒气，变得像鸽子一样温顺？这个孩子有什么神奇的力量可以控制当时的局面？这些以及其他类似问题在达比的脑海中闪过，但是直到多年后他向我讲述这个故事时，才找到了答案。

很巧的是，作者也是在那个故事发生的老磨房里听到了这个不同寻常的故事。

## 关于一个孩子的神奇力量

我们站在那间发霉的老磨坊里，达比先生又一次讲起了那次特殊的胜利。最后他问我："你说究竟是怎么了？那个孩子拥有何种神奇的力量，竟然那般彻底地打败了我叔叔？"

其实这个问题的答案就藏在本书写到的原则中。答案详尽而完整，其中既有细节，也有指示，方便每个人去理解、去运用那个孩子无意中得到的那种力量。

只要注意观察，你就会发现帮助那个孩子取得胜利的神奇力量。在下一章中，你会认识这种力量。也许就在这本书的某个地方，你突然有所觉悟，接受并认同了这种强大的力量。在接下来的某一章甚至就在第一章，你可能就会认识到这种力量。要么它是以一种观点的形式出现，要么表现为一个计划或目的。值得强调的是，它会将你过去所遭受的挫折或失败重现在你眼前，让你反省自悟，这其中得到的教训足以使你赢得过往失败里失去的一切。

当我向达比先生讲述那个黑人小孩在不经意间运用了某种力量时，他马上想起自己30年来做寿险推销员的经历。他坦承，自己在这一领域的成功，在很大程度上归功于那个孩子的举动带给自己的启示。

达比先生说道："每当遭到客户的拒绝，我的脑海里就开始重现那个静静立在老磨坊里的孩子，她眼中坚定而耀眼的光芒。然后我重新告诉自己'我一定要卖出这份保险'。事实上我售出的每一份保险几乎都遭到了人们起初的拒绝。"

他还回想起自己开采金矿时距离成功近在咫尺的失误。他感慨道："那次经历就像塞翁失马，借此也可以因祸得福。它告诉我，不管一件事有多困难，都要坚持做下去。懂得了这个道理，就没有做不成的事。"

很多从事寿险推销的人应该都会读到达比、达比的叔叔、小女孩以及金矿的故事。作者想对他们说，正是受惠于这两次经历，达比才能实现100多万美元的寿险年销量。达比的经历其实平凡而简单，并无太多过人之处。然而这两次履历对他来说和生命本身同等重要，因为它们揭示了人终其一生苦苦追寻的意义。他能从这两次戏剧性的体验里获益，与他善于总结经验教训的习惯是分不开的。但是，倘若一个人没有精力也没有意识去分析失败中潜伏的成功智慧，那他该如何取得成功呢？是该从哪里、该用何种方式来将失败催化成成功呢？

可以说，本书对以上疑问做了全面深刻的解答。

## 一个正确的观念能够指向一条正确的路

答案就藏在这13项原则里。不过请记住，读的时候，促使你感叹思索生活之奇妙的这些问题的答案，可能就在你的脑海里，可能它就是在阅读的过程中忽然闪现在你脑海里的某种观念、计划或者目的。

要取得成功，你必须首先具备一个正确的观念。本书的原则包含了产生有效观念的方法和途径。

在具体阐述这些原则之前，我们认为你应该先体会下面这个重要的提示：

当财富到来的时候，它来得如此之快，如此之多，不禁使人心生疑惑，在过去那些一贫如洗的日子里，它们都躲到哪里去了？

这个说法让人惊诧，尤其是联想到人们的通常看法，认为人只有努力工作、持之以恒时才能致富，更感觉诧异。

当你开始接触思考致富的方法时，你会顿悟致富在伊始之初是一种心态的调整，是一个明确的目标，而不是你通常以为的勤奋的工作。我们大家都渴望知道，如何才能培养自身聚财的心态。我花了25年来研究这一点，因为我也想知道"富人是如何发财的"。

掌握了这一理念的原则后，仔细观察，并且着手将这些原则一一付诸实践，之后你的经济状况就会开始改善，你所做的一切就会朝着有利于你财富积累的方向发展。觉得不可能吗？完全可能！

人们总是太过于习惯说“不可能”，这是人类的主要弱点之一。人总是看到哪些法则没有用，哪些事情办不到。本书是写给那些一心追求成功，希望借鉴他人成功的法则，并愿意不惜一切实践这些法则的人的。

心怀成功意识的人必定能获得成功。

失败钟情于那些放任自己而产生失败意识的人。而放任自流、轻言失败的人，真的会失败。

本书是为了帮助所有渴望寻求改变、渴望化失败意识为成功意识的人。

人性的另一个弱点，就是人们喜欢用自己的惯有印象和观念去评价所有的人和事。读到这里，那些认为自己的思维习惯已经湮没在贫穷、不幸、失败和挫折之中的人，恐怕不会相信自己能思考致富。

这些不幸的人让我想起一位到美国芝加哥大学来接受美式教育的中国人。一天，哈珀校长在校园里遇到这个年轻的东方人，于是停下脚步和他聊了几句。校长问他，美国人让他印象最深刻的是什么？

中国学生说：“嗯，是你们的偏见。你们总是斜着眼睛看人！”

对中国学生的这种看法，我们该如何看待呢？

我们总是不愿坦承自己知识范围的局限性，觉得说不懂是件羞耻的事情。不过，也存在别人的视角出现偏差的可能，毕竟我们是两个国家的人，是有区别的。

## 成功的第一步就是知道自己想要什么

当亨利·福特决定制造著名的V8汽车时，他打算造一台内置8个汽缸的引擎，并让工程师进行设计。然而，设计图是画出来了，但工程师们认为要实现一个8个汽缸的引擎体是不可能的。

福特说：“无论如何，要想办法造出来！”

工程师们答道：“可是，这不可能！”

“尽管去做，”福特命令他们，“不管花多少时间，一定要做出来。”

工程师们开始工作了。要想继续待在福特公司工作，他们除了硬着头皮做别无他法。6个月过去了，毫无进展。又过了6个月，还是毫无进展。工程师们尝试了能够想到的每一种方案，但就是不行，也就是说“不可能”。

接近年底，福特来检查工程师的工作，他们还是告诉他，根本无法完成他的命令。

“接着做，”没想到福特仍然这样说，“我就要这样的引擎，一定要实现它。”

于是他们只能继续努力，然后，好像突然出现了奇迹，他们终于发现了生产奥秘。

福特的决心再一次获胜了！

对这个故事的描述还不够详尽细致，但其本质内容和精髓引人深思。渴望思考致富的人，不难从这个故事中发现福特成为百万富翁的秘密。

亨利·福特之所以能获得成功，是因为他深谙成功的法则并能够对之加以利用。而原则之一就是“欲望”二字，很简单，就是知道自己想要什么。如果你有缘读到这本书，请记住这个故事，并思考描述福特取得巨大成就的句子。如果你能很好地做到这一点，并且将福特致富的这些原则运用到适合自己的行业中，你也能取得像他这般显耀的成绩！

## 为何命运只掌握在你自己手中

当伟大的诗人亨利（Henley）写下这样的句子：“我是自己命运的主宰者，是自己灵魂的统率。”他是在启迪我们：我们缘何是自己命运的主宰者，是自己灵魂的统率，只因我们拥有思想，而且我们有能力控制它。

他其实是在告诉我们，支配人类行为活动的意念能够将人的大脑“磁化”，这些“磁石”以一种不为我们所知的方式将我们引向与意念一致的力量、人和环境。

他也是在告诉我们，要想获得大笔财富，必须依靠对财富的强烈欲望来磁化我们的头脑；必须用“金钱意识”武装自己，直到对金钱的欲望强烈到驱使我们制订出获取财富的明确计划。

但是亨利是个诗人，不是哲学家，所以他只是在字里行间揭示了一个伟大的真理，而其中更为具体的哲理还有待后人去挖掘。

随着时间流逝，真理自会浮出水面。现在可以确定地说，本书中的原则涵盖了我们掌握自身经济命运的所有秘密。

## 改变你命运的原则

好，现在让我们来看第一个原则。读这本书的时候，我们要持有一种虚心求学的态度，并记住，这些原则不是某一个人的发明，而是大多数人经验智慧的共同结晶。这些原则已经在很多人身上应验，你也可以让它们为你所用，给你带来长期收益。

你会发现做到这一点很容易，根本不难。

若干年前，我在西弗吉尼亚州塞勒姆市塞勒姆大学的毕业典礼上发表演讲，重点强调了这一原则的重要性（第二章将讨论这一原则）。当时毕业班上的一名学生决心运用这一原则，并使它成为自己人生哲学的一部分。后来，这个年轻人成了国会议员，就是当时富兰克林·罗斯福总统府中的重要人物。他后来给我写来一封信，信中明确表达了他对第二章即将讲述的某原则的看法。我把这封信附在下面，作为第二章的引言。

亲爱的拿破仑：

我在出任国会议员期间，这份职业让我有幸发现了普通人存在的问题，所以我写这封信来谈谈我的心得，以帮助那些应该得到帮助的千千万万人。

1922年，您在塞勒姆大学的毕业典礼上发表过演讲，当时我还是一名毕业生。在演讲中，您讲述的一个观念深深植入了我的脑海，让我有机会从事为国民服务的事业，而且如果我未来取得了任何成就，它们都将在很大程度上归功于您的这一观念。

回想昨天，往事仿佛历历在目。演讲上，您生动地讲述了亨利·福特的故事。他没受过正规教育，没有钱，也没有有权势的朋友，却最终攀上了事业的巅峰。在您的演讲还未结束的时候，我就下定决心，无论跨越多少艰难险阻，也要闯出自己的一片天地。

成千上万的年轻人将在今年和今后几年离开学校。就像我当初从您那儿得到帮助一样，他们也需要得到一种切合实际的鼓励。他们不知道下一步将走向何处，该做什么，如何开始今后的生活。您可以告诉他们，因为您已经帮助过不计其数的人解决了这些问题。

在今天的美国，有太多太多人想知道如何将致富的理念变成实在的金钱，而且他们都是白手起家，没有经济基础。如果说有人能帮助他们，那么此人非你莫属。

如果您会出版此书，那么我很想在出版后就立即得到一本有您亲笔签名的书。

此致

诚挚的祝福

詹宁斯·伦道夫

1957年，也就是距上次演说35年后，我很高兴再次获得了在塞勒姆大学发表毕业致辞的机会。就在那一次，我还被塞勒姆大学授予荣誉文学博士的学位。

从我的两次演讲到后来，我见证了詹宁斯·伦道夫一路上的成功，从国内知名航空公司的高级经理人，到极度鼓舞人心的优秀演说家，到代表弗吉尼亚州的国会参议员。

所以，只要你想得到，你就做得到。

# 第二章
# 有渴望，才有希望

## 一切成就的出发点，此乃思考致富的第一步

50年前，在新泽西州的奥兰治，当埃德温·巴恩斯从货运火车上下来时，外表看起来像极了一个流浪汉，但他怀揣着国王般的雄伟大志！

在沿着铁轨前往爱迪生办公室的途中，他边走边想象接下来的场景。他真的站在爱迪生面前，请求爱迪生给他一个机会，让他实现那个魂牵梦绕的强烈欲望，即成为这个伟大发明家的事业伙伴。

巴恩斯的那种欲望不是一种希望，也不是一种祈求，而是一种热切的激动人心的欲望。这种欲望的力量超过了一切，清晰而明确。

数年后，巴恩斯再度站在了爱迪生的面前，办公室还是初次会面的那间，但这一次，他的欲望变成了现实，他成为了爱迪生的合作伙伴。这个他抱持一生的理想终于实现了。巴恩斯之所以成功，是因为他明确了自己要追求的目标，并愿意倾其所有、不遗余力地朝这个目标奔赴。

5年后，巴恩斯苦苦追寻的机会才出现。除了他自己，几乎在所有人的眼里，巴恩斯充其量不过是爱迪生事业车轮上的一个齿轮罢了。巴恩斯却打心底里认定，从自己和爱迪生开始工作的第一天起，他就时时刻刻认为自己是爱迪生的事业伙伴。

这个例证告诉我们：一个明确的欲望具有无穷的威力。巴恩斯实现了目标，因为他想成为爱迪生事业伙伴的欲望胜过了一切。他制订了达到目的的计划，同时破釜沉舟，切断了所有退路。他的欲望从未减弱过，直到这种欲望变成一生的执着追求，最终成为现实。

在前往奥兰治的时候，他没有这样想："我要说服爱迪生给我一份随便什么样的工作。"而是这样认真地告诫自己："我要见到爱迪生，并明确地告诉他，我想成为他的事业伙伴。"他没有说："如果我不能和爱迪生共事，还可以考虑别的机会。"而是告诉自己："在这个世界上，我只想做一件事，那就是成为爱迪生的事业伙伴。我要破釜沉舟，用我一生的前途作为赌注，去实现这个目标。"

他没有给自己留下任何退路，或者成功，或者绝路。

这就是巴恩斯成功的秘诀！

## 一种置之死地而后生的智慧

很久以前，一位伟大的统帅就其面临的形势作出了一个决策，而这个决策确保了战事的胜利。当时双方的兵力情况是敌众我寡，如何在兵力悬殊的情况下取得战役的胜利？他让士兵上了船，然后驶入敌国。当士兵们下船完毕，卸下装备后，他下令将来时乘坐的所有船只全部烧毁。在战役打响前，他对士兵们说道："大家看到了，我们的船只已全被烧毁。这就是说，除非我们取得胜利，否则我们不可能活着离开这里！"

结果他们真的胜利了。

在任何领域，只要想取得成功的人都必须拥有这种破釜沉舟的勇气和心态，敢于不留退路，逼迫自己拥有必胜的决心。

也只有通过这样，置之死地而后生，才能在战斗中保持一种强烈的求胜心态，这也正是保障成功的根本。

## 愿望不能带来财富，只有用意志行动起来

在芝加哥大火发生后的第二天早晨，一群商人站在斯泰特大街，看着眼前仍在冒烟的店铺。这里曾经琳琅满目，如今却是一堆灰烬。他们集合起来共同商议对策，是就地重建？还是离开芝加哥前往更好的地方另起炉灶？最终，他们达成一致：离开芝加哥。不过有一个人例外，他选择留在芝加哥。

决定留下重建的商人叫马歇尔·菲尔德，他指着自己店铺的遗迹说："诸位，就在这个被烧掉的地方，我要建立起世界上最兴隆的商店，不管它再发生多少次火灾，我都决不动摇。"

这一幕已经是100年前的久远事件了。而事实上，他的商店成功开设了，而且至今仍在那里，外形上它像一座丰伟的纪念碑，正象征着一种心态，一种强烈欲望所催生的刚毅力量。对马歇尔·菲尔德（Marshall Field）来说，当初最容易做到的，无非就是和他的那群商人同行一样，选择离开芝加哥。当生意艰难、未来黯淡时，商人们选择了更容易起步的道路。

而马歇尔·菲尔德与其他商人是不同的，也正是这个不同决定了结果是成功还是失败。

每个人到了用钱的年龄都越发觉得钱的重要性，都渴望自己是个有钱人。然而愿望不能带来财富。但是如果他有一种欲望，并且将这种渴望财富的欲望转化为坚定的意念，然后制订一套明确的计划，再加以决不失败的毅力做后盾，他就一定能成功。

## 欲望变财富的6个步骤

要想将渴望财富的欲望变为真切的财富，有如下6个明确而实际的步骤：

第一，估计下自己渴望得到多少钱。仅仅只是想"我想要好多好多钱"是不够的。要说出一个确切的数字。（这种确定性来自于心理学，下一章将对此加以讨论。）

第二，明确自己为了想要的财富能付出多大努力。（"天下没有免费的午餐"。）

第三，确定得到财富的日期。

第四，制订一个实现梦想的明确计划，不论是否做好准备，都立刻开始执行。

第五，列一份详细的清单，写下你想得到的金钱数额、得到这笔钱的最后期限、需要付出的代价，以及获得这笔财富的详细计划。

第六，每天把这份清单读两遍，睡觉前读一遍，早晨起来读一遍。读的时候要确信自己可以并且马上就可以得到这笔财富。

在以上6个步骤中，第六个步骤尤其重要。人们可能会抱怨，没有实际拥有财富，怎么会想象到自己已经有了钱？但是，如果你对财富拥有足够多的欲望，那么你就会真的认为自己能拥有那样的财富。目的是让你感觉到，你想得到钱，让你坚定地相信，你一定会得到。

## 要想获得自己渴望的财富，必须要有对金钱炽热的欲望

对于那些尚未了解人类心理活动原则的人，可能会认为这些不过是一堆不切实际的建议。如果我现在告诉不相信这6项原则的人们，它们是来自安德鲁·卡耐基的智慧结晶，他们也许会重新考虑是否相信。因为卡耐基出身贫贱，开始之初也不过是一个普通的钢铁工人，但他后来赢得了百万以上的巨额财富，这其中必定受惠于这些原理的指示。

如果再告诉他们，这6个步骤已经历过爱迪生的亲身验证，估计他们会更愿意从中寻获启发。爱迪生认为，这6个步骤不仅是积累财富的必经之路，还可以运用于任何其他目标的实现。

践行这些步骤无须艰辛的劳动，也无须所谓的牺牲，不会使你荒唐可笑，也不会使你妄自尊大。但是，要成功地运用这6个步骤，需要足够的想象力来让你看到和明白，财富的积累绝不能靠偶然和运气。一个人必须认识到，要得到巨大的财富，必须首先拥有梦想、希望、愿望、欲望和计划。

读到这里，你至少应该完全理解了，要想获得自己渴望的财富，必须要有对金钱炽热的欲望，必须要足够相信自己一定能实现，否则都是空谈。

## 机会就在身边，只要信念坚定

渴望致富的我们应该知道，在当今这个竞争日益激烈的世界，它越来越需要新思想、新的行为方式、新的领导者、新发明、新的教学方法、新的营销方法、新书籍、新文学、新的电视特色和新的电影创意。想得到新的、更好的事物有一个前提，那就是你必须具备明确的目的，清楚自己需要什么，并用强烈的欲望去追逐它。

渴望积累财富的我们应该记住，世界上真正的领袖人物，他们能在机会出现以前，就能把握住蕴藏于其中的无形力量——意念，并把这种力量（或者说这种意念的冲动）转化为摩天大厦、城市、工厂、机场、汽车以及给人们提供方便、使生活更美好的任何形式。

如果你渴望积累自己梦想的财富，就不要受任何人影响从而嘲笑梦想家。要在这个日新月异的世界里成为大赢家，必须学习过去那些伟大开拓者的精神。他们的梦想赋予文明应有的价值，他们的精神是我们国家的生命血液。

有了这种精神，你我才能有机会去发掘、去展示我们自己的才能。

如果你想做的事情是正当合理的，而且你对此信念坚定，那么尽管无所顾忌地去做吧！去放飞你的梦想！如果遇到暂时的挫折，不要在乎“别人”怎么说，因为“他们”可能不知道，每次失败都蕴含着成功的种子。

爱迪生梦想制造一盏用电控制的灯，然后着手将这一梦想付诸行动。即便是遭遇了一万多次失败的打击，他仍然不言放弃，坚持着把梦想践行成了实实在在的现实。脚踏实地的梦想家决不轻言放弃!

惠兰梦想开一家连锁烟草店，便立即开始将梦想转化为行动。现在联合烟草连锁店已经遍布美国的大街小巷。

怀特兄弟梦想造一架能在空中飞行的机器。如今，全世界的人们都见证了他们这个伟大梦想的实现。

马可尼梦想找到一种借助空气这种无形力量来控制信息传递的方法。他的梦想并不是天方夜谭，现在全世界每一台收音机、电视机都是他这个梦想的结果。有一点你可能很感兴趣，马可尼的“朋友”曾把他关起来并送往精神病医院接受检查，因为他宣布自己发现了一个原理，能不通过电线或其他看得见的直接通信手段，而只借助空气传递信息。相比之下，今天的梦想家们的境遇可是幸运多了。

当今世界的每个角落里都藏有机会，而这是过去的梦想家所不能奢望的。

## 制定远大的目标和追求财富，并不比接受不幸和贫穷更困难

对“想成为什么人”“想做什么事”的一种强烈欲望，是梦想家起飞的基点。梦想从来不会在冷漠麻木、游手好闲、不思进取的人心中产生。

记住，所有取得成就的人并不是一帆风顺，他们要历经无数次艰苦卓绝的奋斗之后，才能到达梦想的彼岸。那些成功人士的生活转折点通常源自某个危机时刻，经过这种危机的考验，他们才能认识到另外一个自己。

约翰·班扬由于对宗教持不同观点被关进监狱，遭到了严刑拷打，之后写出了英国文学史上的佳作《天路历程》。

著名作家欧·亨利也曾遭遇极大的不幸，被囚禁在俄亥俄州哥伦布的监狱的日子里，他发现了自己在文学方面潜藏的巨大智慧。被不幸所赐，他发现了“另一个自我”。他充分施展自己的想象力，最终发现自己竟然可以成为一个优秀的作家，而非一个可怜的罪犯或囚徒。

查尔斯·狄更斯的第一个职业是往鞋油罐上贴标签。

初恋的失败深深刺痛了他的心灵，让他成了世界上最伟大的作家之一。他的爱情悲剧激发了他的成功之作《大卫·科波菲尔》的产生，随后又创作了一系列其他作品，给读者们展现了一个丰富、广博的世界。

海伦·凯勒刚出生不久就成了失明的聋哑孩子。尽管她遭遇了巨大的不幸，但她通过自己的行动将自己的名字牢牢刻在了历史的伟人篇上。她的生活经历表明，没有人能被打败，除非是这个人自己接受了失败的现实。

罗伯特·彭斯是个目不识丁的乡下孩子。他饱受贫穷之苦，长大后还成了酒鬼。但是他并没有继续自甘堕落，他爱上了写诗，他在诗中栽种了美丽的思想，拔掉生活中的荆棘而以芬芳的玫瑰代之，人们的世界因为他而更加美好。

贝多芬是个聋子，弥尔顿是个盲人，但是这并不妨碍他们的名字与日月星辰同在，因为他们拥有梦想，并把梦想变成了条理清晰的思想。

“想得到”和“准备接受”其实是两个不同的概念。一个人只有相信自己能得到某物，才会“准备接受”它。这种心态叫信念，而不是希望或愿望。信念只会诞生于宽广开阔的胸怀，一个自我封闭的人是不会激发出信心、勇气和信念的。

记住，制定远大的人生目标、追求富足的物质生活，并不比接受不幸和贫穷更困难。一位伟大的诗人曾在自己的诗句中表达了这个永恒不变的真理：

我向生活索取一个铜板，
生活的给予却极不情愿，
无论我在黑夜如何乞求，
却只能对着微薄的收入无言。
生活就是一个雇主，
它会按照你的要求给付，
而一旦自己定了薪酬，
就要把工作担负。
我的追求不高，
却惊异地知道，
原来我的所有要求，
生活都会慷慨回报。

## 信念有如天助

本章写到这里，我想给大家介绍一位我认识的最不同寻常的人。第一次见他是在他呱呱坠地几分钟后。他出生时没有耳朵。连医生也只能无奈地解释说，这个孩子也许一生聋哑。

我拒绝相信这个医生的断言，我有权这样认为，因为我是这个孩子的父亲。我当时做了一个决定，也产生了一个想法，但我没有告诉别人，只把这些埋在了心里。

我的信念使我相信，我的儿子在将来一定可以听得见，也可以说得出话。怎么才能做到呢？我坚信一定有办法，我也知道自己一定会找到这个办法。我想起爱默生的不朽话语：“事物的发展会告诉我们真理，我们只需遵循它。它会给每个人以指示，只要悉心聆听，就会得到真谛。”

什么真谛呢？信念！对，就是信念！我的信念不是别的，就是不让儿子做个聋哑人。对这个信念，我从未有过丝毫的犹豫。

我是怎么做的呢？我要在儿子没有耳朵的情况下，想方设法把寻求视听方法和途径的强烈信念传达到他的大脑里去。

等到孩子懂事时，我就拼命给他灌输视听的强烈欲望，希望借助自然之道让这种根植于心的欲望变成实实在在的现实。

我脑海里反复翻腾的这些想法，从未告诉过任何人。

每天我都在心里重温自己许下的诺言，一定不让我的儿子成为聋哑人。

儿子慢慢长大了，开始逐渐注意到周围的事物，有了微弱的听力。到了一般孩子学习说话的时候，他压根儿还没有想说话的任何征兆，但是从他的表现来看，他能听到一些声音。这就是我一直追求的效果。我相信，只要他能听到哪怕一点点声音，那就有更大的听力进展潜能。后来，出现了一件完全出人意料的事情，这个事情给了我希望。

## 每一种逆境都隐藏着相同的优势

我们买了一部留声机。儿子第一次听到音乐时就入迷了，而且立即把留声机据为己有。有一次他反复地在播放一张唱片，竟连续播了近两个小时。他站在留声机前，用牙齿咬着留声机的边缘。直到几年之后，我们才明白他自己形成的这种习惯有什么意义。因为当时我们从未听说过“骨骼传导声音”的理论。

他占有留声机不久后，我发现，当我的嘴唇接触到他耳朵后面的乳突骨说话时，他竟然能清楚地听到我的声音。

当我确定儿子能听清自己的声音后，我立即开始把听和说的欲望注入他的大脑。我很快发现，儿子开始喜欢听睡前故事。于是，我开始着手精心编造一些故事，旨在培养他的自立能力、想象力，以激发一种“能听见声音、能做正常人”的强烈欲望。

我在讲其中一个故事的时候，特意加进一些新鲜的、戏剧性的色彩。因为这个故事是我精心编造的，目的是在他心中植入这样一个观念，即不幸并非负债，而是一项无价的资产。虽然我接触过的许多哲理书都在告诉我“每一种逆境都隐藏着相同的优势”，但我必须坦承的是，在当时，究竟如何将这种逆境转化为一笔资产，我是毫无头绪的。

## 6分钱赢得一个新世界

当我分析总结这些教育孩子的经验时，我发现儿子对我的信心和那些令人惊叹的故事结局有很大的关系。他对我告诉他的事深信不疑。我这样告诉他，相较于他的哥哥，他有一个非常难得的优势，这个优势将会表现在许多方面。例如，学校老师会因为注意到他没有耳朵而特别关照他，对他也更和蔼。他们的确也是这样做的。我还给他灌输了另一个观念，就是等他长到可以卖报纸的时候（他哥哥已经是报业商人了），他的优势会让他的处境比哥哥更有利。因为，如果人们看到一个小孩，虽然没有耳朵，却依然聪慧、勤奋时，很可能会给他一些额外的小奖赏。

在他将近7岁时，我们对他心灵的教化方法第一次开花结果。连续几个月，他都一直在央求妈妈允许他去卖报，但他妈妈一直没有准许。

最终他自己制造了这个机会。一天下午，当家里只剩下他和佣人两个人时，他从厨房的窗户偷偷溜了出去，跃至地面，一个人开辟自己的新世界去了。他向附近的鞋店借了6分钱作为本钱，开始卖报纸，卖掉后，再投资，然后再卖，如此反复，直到天黑。结账后，还掉借来的6分钱后，他还净赚了4角2分钱。晚上我们回到家后，发现他已经在床上睡着了，手里还紧紧攥着那挣来的4角2分钱。

他妈妈掰开他的手，拿出铜板，忍不住眼泪盈眶。真是一种百感交集的滋味，她为儿子人生的第一次胜利而哭。我的反应则恰恰相反。我开心地笑了，因为我知道，我在儿子心中深深植下的自信已经开始赢得成功了。

在儿子的第一次商业实践中，他妈妈看到的是一个耳聋的孩子，冒着生命危险跑到街上去挣钱。我看到的则是一个勇敢、进取、自立、自信的小生意人，他对自己的能力增添了百分之百的信心，因为他凭着自己的开创精神从事生意，而且获得了成功。他让我感到欣喜，因为我知道，他向我们证明了自己的品质和能力，这会支持他独立一生。

## 耳聋的孩子听见了

在听不见老师讲课的情况下（除非近距离大声说话），这个耳聋的孩子读完了小学、中学和大学。他没有上过专门的聋哑学校。我们不让他学手语，执意让他过正常人的生活，和正常的孩子交往。为此我们曾和学校的老师们发生过几起激烈的争论，但我们从未放弃过这个决定。

上高中时，他曾试用过电子助听器，但似乎没起什么作用。

大学毕业前的最后一个星期，发生了一件事，可以称得上是他的人生转折点。一次偶然，有人送给了他一台电子助听器，让他试用。他并不热衷，因为屡次的失效让他失望。后来，他拿起助听器，漫不经心地戴上，摁下开关。结果，奇迹出现了，他一生渴望的正常听觉竟成了现实！生平第一次他真的听见了，而且听得和正常人一样清楚。

这个助听器彻底颠覆了原有的世界，这让他欣喜若狂。他立即找到一部电话，拨给妈妈，清楚地听到了她的声音。又过了一天，他生平第一次在课堂上听到教授们清晰的授课声。他生平第一次轻松地和他人谈话，而不必请他们提高嗓门了。他真真切切地拥有了一个全新的世界。

“欲望”已经开始有了回报，但胜利还不够彻底。这个孩子仍需找出一个明确而实际的方法，以把这种缺陷化为等价的资产。

## 信心加上强烈的意念，可以使任何一件事实现

儿子当时还体会不出那件事的意义，只是兴奋地陶醉在新世界的各种声音给他带来的快乐里。他给助听器的制造商写了一封信，满怀激情地描述了他的体验。去信感染了制造商，因此儿子收到了去纽约一趟的邀请。到达后，有人带领他参观整个工厂。

他和总工程师谈着话，向他描述自己感受到的全然不同的世界。这时，一个预感，一个构想，或一个灵感——随你怎么说都行——闪进了他的脑海。这股强烈的意念冲动帮助他找到了化缺陷为资产的途径，并且因此收获了双重利益——金钱和数千人的幸福。

这个意念冲动就是，他想将自己体验的全新世界告诉给数百万未受益于助听器的聋人，这也许能给他们带来巨大的帮助。

他进行了一个月的详细研究。在此期间，他分析了整个助听器制造商的市场营销制度，并且想出了和全世界所有聋人进行沟通的渠道和方式，以便和他们分享自己发现的全新世界。这项工作完成后，他依据自己所做的工作和发现，制订了一个两年计划。当他把这份计划提交给这家公司时，立刻获得了一个可以实现自己抱负的职位。

开始上班时，他完全没想到，自己注定会为成千上万名聋人带来希望和实际的解脱。如果没有他的帮助，那些人将一辈子生活在无声的世界中。

我深信，如果不是我和他的母亲殚精竭虑地塑造他的内心世界，布莱尔一生不过是一个普通平凡的聋哑人而已。

当我在他心中深植想听、想说、和正常人一样生活的欲望时，那股冲动对他产生了一种奇妙的影响，促使老天爷为他筑起一座桥，跨越了他的心灵和外界之间的沉寂鸿沟。

真的，要把炽烈的欲望变为现实，经历的道路必然是曲折的。布莱尔渴望正常的听觉，现在他真的拥有了！他与生俱来的残疾缺陷，如果是一个没有明确欲望却又意志薄弱的人，这种情形很可能会使人走上街头流浪。

他还小的时候，我在他心中深植的小小“善意谎言”，使他相信自己的不幸会变成一笔资产，利用这笔资产可以使他获利，如今事实证明了这个善意的谎言是正确的。这里有一个真理：信心加上强烈的欲望，可以使世间任何一件事情——不论正当与否——都能得以实现。这些道理是任何人都可以免费获得的。

### 向生命要求得越多，你从它那里获得的也越丰富

有关舒曼·海因克的一段简短报道，揭示了这位杰出女性得以成为著名歌唱家的秘密。我在下文引述了这段文字，因为文章中强调的正是“意念”。

在事业之初，舒曼·海因克小姐拜访了维也纳宫廷歌剧院的乐队指挥，请他帮忙试听自己的嗓音。但指挥没有试听。他看了看这个笨拙、寒酸的女孩，不屑一顾地对她说：“你相貌平平，又没有特色，还指望在歌剧界获得成功？我的孩子，放弃这个念头吧！不如买架缝纫机，去找个工作做来得现实。你是永远都不可能成为歌唱家的。”

这个结论未免太过武断了。维也纳宫廷歌剧院的指挥固然非常了解歌唱的技巧。但他没有体会过一个人心中的欲望若是执着不改，会造就多么无穷的力量。只要他对这种力量稍有了解，便不会拒一个天才于门外，还对其加以轻视和斥责了。

几年前，我的一位生意合伙人病了。他的病情一天天加重，最后不得不送到医院接受手术。医生告诉我，他活下来的机会极其渺茫。不过那只是这位医生的意见，我的病人朋友并不这样认为。

在被推走前，他虚弱地在我耳边说：“别听他的，老兄，过几天我就会出院了。”当时护士看着我，一脸遗憾。后来，病人真的安全度过了危险期。事后，他的医生说：“是他自己的求生欲望救了他。要不是他拒绝接受死亡，早就挺不过去了。”

我深信有信心支持的欲望的威力，因为我见过这种力量曾将出身低微的人，推向权力与财富的宝座；见过它从死神手中夺回生命；见过拥有它的人们，在遭受数百次不同的打击挫折后，仍能高奏凯歌；我更见过，即使造物主让我的儿子生活在一个没有耳朵的世界里，却仍不能妨碍他去获得正常、快乐和成功的生活。造物主从不展示意志那神奇、有力的特性，它在炽烈欲望的冲动下，隐藏了“某种东西”，它绝不承认“不可能”这类字眼，也决不接受失败的事实。

意志的力量是无穷的，除非你相信它是有限的。贫穷与财富，都是意念的产物。

向生命要求得越多，你从它那里获得的也越丰富！

# 第三章
# 信心是心智的催化剂

### 要相信梦能成真，此乃思考致富的第二步

信心是心智的催化剂。当信心和意念融合时，产生的震波会立即传递到潜意识，进而转化为相应的精神对等物，然后激起无穷智慧。

信心、爱、性，这三类情绪在人类所有重要的积极情感中力量最为强大。当它们相互交融时，会对人的思想意念产生极其特殊的影响，直接抵达潜意识深处，催生一种强烈的精神力量。

## 信心就是一种心态

人类在将自身的欲望转化成实际财富的过程中，自我暗示发挥了不可磨灭的重要作用。我们来看这样一段话。信心是人的一种心态，它可以通过自身对潜意识的不断肯定和反复暗示而获得。简而言之，靠自我暗示能创造信心。

例如，我们想想自己为何要研读此书。目的很明确，就是希望获得一种能化无形意念为实质财富的能力。如果你能按照本书中“自我暗示”和“潜意识”这两章中的指引去实践，那么你的潜意识会相信你能真正获得你渴望的一切。在“信心”和“潜意识”之间，会达成一种互动。因此“潜意识”会反馈给你“信心”，从而帮助你制订出实现所有欲望必需的明确计划。

信心就是一种心态，在你读完本书，深谙这里面的13个原则后，你将获得按自己意愿来培养信心的能力。换言之，信心是建立在这些原则的应用基础上的，是一种可自发产生的心理状态。

自发培养信心的唯一途径是，给自己的潜意识持续、反复地下达肯定的命令。

下面这段话也许能够帮你更好地理解反复强化潜意识的作用。一位著名的犯罪学家曾经说过：“人们在第一次接触罪恶行为时，通常会感到恐惧和憎恶。假若人们持续接触罪行一段时间，他们会逐渐习惯，变得更加容忍和无所谓。再持续更长时间的话，人们最终会拥抱罪行，并会被其左右。”

基于同样的道理，只要将任何一种意念反复灌输给潜意识，而不管这种意念是好是坏，这些意念最后都会被接受并产生相应的回应，再通过切实可行的步骤，最终化意念为事实。

说到这里，我们再来思考这样一句话：所有的感性情绪（意念）与信心结合后，都会立即转化成相应的实质对等物。

意念中的情感或“感觉”，是赋予意念活力、生命和行动的重要因素。因此，当信心、爱或性这3种情绪与任何意念冲动相结合时，其产生的强大力量是任何一种单一情感所不能匹敌的。

其实不只是与信心相结合的意念冲动，凡是与任何积极情感或消极情感相结合的意念，都会到达并影响我们的潜意识。

## 没人“注定”应该倒霉

综上所述，我们不难理解，通过潜意识，消极的破坏性的意念冲动，以及积极的建设性的意念冲动，都会转化为各自相应的实际反映。可以说，这也说明了为什么在这个世界上总有那么多人逃脱不了所谓的“不幸”或“倒霉”这一奇特现象。

成千上万的人总认为自己的贫穷失败是“命中注定”，在他们看来掌控自己命运的是一种自身无法控制的未知力量。他们不明白，其实自己就是这股神秘未知力量的主人。正因为心怀一种消极的信心，它所抵达的潜意识催生了相应的实质对等物，这才是造成他们“不幸”的真正元凶。

我们再强调一次，如果你不断地将自己所求的欲望，无论是金钱还是其他实质对等物，反复传递给潜意识，那你真的能从中得到自己所想。当人处于某种强烈的期望之中或一种深信不疑的状态时，他渴求的变化还真的会出现。所以说，决定潜意识活动的，是一个人的信心，或者信念。

我们通过自我暗示的原则来“哄骗”自己的潜意识时，是不存在任何障碍的。我也是通过这种方式“哄骗”了我儿子的潜意识。

为了使“哄骗”更加真实，可以假想自己已经得到了苦苦追求的东西，这样更有利于你对潜意识发号施令。

在自信的情绪下给潜意识下达的任何命令，都能以最直接最可行的方法来执行，并被转化成对应的实际物质形式。

当然，我已经说了很多，让你做好准备，可以开始通过亲身体验或行动，去获得将信心与任何传达给潜意识的指令相结合的能力。实践方能出真知，纸上谈兵是起不到任何功效的。

请激发出自身的积极情感来支配你的精神，尽量抵制和排除那些消极负面的情感，这是你必须具备的最基本态度。

只有在积极情感下产生的这种精神，才最利于信心的萌生。以这种方式支配的精神，可以随意地对潜意识发号施令，潜意识会立即接受并采取行动。

## 信心，也能源自自我暗示

多少年来，宗教家们一直教化在苦难中挣扎的人们，要对这、对那“有信心”，并且还传授了各种教规、信条，但他们没有告诉人们怎样才能拥有信心。因为他们没有告诉人们，“信心”是一种心态，它可以通过自我暗示的方式得到。

我们将用最通俗的话来阐述该原则的内涵，希望通过它能让你建立不曾有过的信心。

要相信自己。

开始之前，再一次提醒自己：信心是一剂“永恒的万灵药”，它赋予意念冲动以生命、力量和行动!

让我们把下面几句话大声读出来！两遍，三遍，四遍，甚至更多遍!

信心是通往财富之路的起点。

信心是所有奇迹的基础，也是所有无法用科学来解释的神秘现象的基础。

信心是防治失败的一剂良方。

信心是一座桥梁，通过它能将人类的有限意念转化为无穷的精神力量。

## 人的大脑会不断吸引与内心意念相和谐的震波

要证明自我暗示的魔力很简单，因为它就隐藏在自我暗示的原则中。因此，让我们把焦点集中在自我暗示上，去了解它究竟是什么，它能带来什么。

众所周知，如果一个人不断对自己重复同一件事，那么无论这件事是真是假，最终我们都会相信它。谎言重复千遍，也会变成事实。每个人会有不同的表现，是因为每个人心中起支配作用的意念各有差异。人可以有意地在自己心中灌输一种意念，该意念一经与情感相结合，就会形成一股强大的推动力，从而指引、控制他的每个举止、表现和行为。

下面的句子是个非常重要的真理：

意念与任何情感相结合，都会形成一种“磁力”，这种力量能吸引其他类似或相关的意念。

这种经过情感染色的意念，就像一粒种子，在肥沃的土壤里生根、发芽、成长、不断繁衍，直到原来那颗小小的种子发展出无数颗的同类种子。

人的大脑会不断吸引与内心意念相和谐的震波。人放在大脑中的任何原有的思想、观念、计划或目标，都会吸引很多同类，并将这些“同类”和自身力量合并、发展，直到成为控制并引发个人动机的主宰者。

现在，让我们回到起点，以便了解如何将观念、计划或目标的原始种子种在心里。传递信息的过程其实十分简单：任何观念、计划或目标都可以通过无数次的意念活动深植于心。所以我让你写出自己的主要目的或确定的首要目标，然后反复地背诵和记忆，直到这些声音的震波到达你的潜意识。

下定决心抛弃一切逆境的影响，重建你的人生秩序。

盘点内心的资产与债务，你会发现自己最大的弱点就是缺乏自信。借助自我暗示的原则，这种心理障碍就可以克服，怯懦也可以化为勇气。可以通过十分简单的行为来运用自我暗示的原则。你可以把积极的意念冲动记下来，然后诵读记忆，直到它成为你脑子里潜意识的一部分。

## 建立自信的“5部曲”

第一，我知道，我有能力实现人生中的明确目标。所以，我要求自己坚持不懈，勇往直前，我发誓自己一定要将这种信念化为行动。

第二，我知道，心中的主宰意念终会以外在、实际的形式表现出来，并逐渐转化为各项实际的对等物。所以，我决心每天用30分钟集中思想，思考我究竟要做个怎样的人，从而在心中形成一幅清晰的自我图像。

第三，我知道，通过“自我暗示”原则，我心中任何积存已久的欲望，最终一定会以某种实际方式表现出来，直至达到目标。因此，我决意每天用10分钟来培养自己的信心。

第四，我已经清楚地写下一生中所确定的主要目标，我一定要坚持到底，培养自信，直至成功。

第五，我完全明白，财富与地位只有建立在真理与正义的基础上，才会持久。因此，我决不去做任何有损他人利益的事。我要充分展现自身的力量，赢得他人的协助与合作，实现目标。我会乐于为他人服务，这样他人也会为我所用。我会摒弃仇恨、嫉妒、自私和讥讽，我要对人充满爱心，因为我清楚一个消极的人将永远与成功绝缘。我会信任他人、信任自己，从而换取他人对我的信任。我要在这份自信宣言书上签上自己的名字，每天诵读，长记于心。我坚信它能影响我的思想，指引我的行为，帮助我成长为一个拥有自信的成功者。

在这5条的背后，蕴含的是一个没有名字的、尚未被解释的自然法则。不过这无关紧要，只要对其加以积极利用，它就能引领我们取得荣耀和成就。反之，如果我们破坏性地应用它，它也能给人类带来毁灭和灾难。因此，这个道理很好地回答了这样一个事实：为何许多人一生坎坷，多灾多难，挨不住贫穷，扛不住挫折，生活中充斥着数不完的不幸和悲痛？原因就是他们选择了消极的态度来进行自我暗示。而这种解释的根本基点是：所有类型的意念最终都会转化成对应的实际表现。

## 自我暗示是一把双刃剑，既可以推你到波峰，也可以拉你至谷底

人类的潜意识区并不知道区分积极的意念冲动和消极的意念冲动。我们向潜意识输入何种指令，它就通过意念冲动，达成什么任务。潜意识既可以随时把受恐惧驱使的意念转化为事实，同样也可以立即把受到勇气或信心驱使的意念转化为事实。

电力主宰着工业巨轮的运转。倘若你建设性地利用它，电力会做出有益的贡献；倘若你用之不当，电力也会夺去一个人的生命。同样，一个人对自我暗示原则的理解程度和运用方向不同，它既可能带你走向从容和富足的人生，也可能把你引向不幸、失败和死亡的深渊。

就像水能载舟，亦能覆舟。风亦能使帆船东行或者西驶。自我暗示原则也是一把双刃剑，它既可以推你到波峰，也可以拉你至谷底，就看你如何操纵这张“思想之帆”了。

通过合理运用自我暗示，任何人都可能登上意想不到的成就巅峰。下面这首诗就很好地揭示了这个原理：

假如你认为会失败，其实你已经败了；
假如你认为会不敢，那么你当然踟蹰不前；
假如你想获胜，却自认无力制胜，
那么毋庸置疑，你注定与胜利无缘；
假如你认为会输，那么你已经输了。
纵观世界，我们发现，
有志者事竟成——原来一切都关乎于心态。
假如你认为自己出类拔萃，那么你就是如此，
你志存高远，

你相信自己，
胜利终会垂青于你。
人生的赛场并非总呼唤更快、更强，
最后的胜利属于那个相信自己能行的你！

## 唤醒沉睡的天赋

在人天性的某个角落里，沉睡着一颗成就的种子。如果将其唤醒并使之行动，它能把你推向你从未想象过的人生之巅。

正如音乐大师能让美丽的音乐从琴弦上流淌出来一般，你也能唤醒在大脑中沉睡的天赋，让它带你到达理想的彼岸。

亚拉伯罕·林肯在40岁以前，他的事业上还没任何起色。他曾是个名不见经传的无名之辈，直到一次重大的经历闯入他的生活，才唤醒了他的心灵深处和脑海里沉睡的天赋，为世界塑造了一位真正的伟人。那次融合了悲痛和爱欲的经历，源自林肯一生唯一爱过的一位女子——安妮·拉特利奇。

为大家所熟知，“爱”的情感和“信心”这种心态极具相似性。

因此，爱很容易将一种具体的意念冲动转化为对等的精神力量。在研究期间，作者通过分析数百位杰出人物的生平和成就发现，每个人的背后几乎都有一个女人的爱情在默默地支持着他。

假如你想求证信心的力量究竟几何，不妨研究一下运用过这种力量的人所取得的成就。

让我们看看信心赋予了著名的印度圣雄甘地何种力量。此人为人类文明树立了信心潜能的典范。虽然甘地没有一般传统的力量作为工具，如金钱、战舰、军队和战争物质等，但他比同时代的所有人都更善于运用自身潜能。甘地没有钱、没有家，甚至没有像样的衣着，但他有一种力量。他是怎样得到那股力量的呢？

他的这股力量来自于他对信心原则的理解，而且通过自己的能力，他奇迹般地把信心移植到了两亿人的心中。

甘地影响了两亿人。他使大家团结一致，创造了万众一心的奇迹。

除了信心，世上还有哪种力量可以创下如此伟岸的成就？

## 构想造就财富

经营一个企业需要信心与合作。在此分析一个事实，供人们充分了解企业家和商人创造财富的方法。想必读者会有兴趣，而且会从中受益。这个事实是：想要获取财富，你就必须懂得先有付出后有回报的道理。这则事例发生的时间是1900年，当时正是美国钢铁公司成立之初。在阅读这个故事时，请你把这些基本事实记在心中，你会逐渐体会到，构想是如何转变为巨额财富的。

假如你也经常思考究竟要如何聚集巨额财富，那么这个美国钢铁公司组建的故事将对你产生深刻的启迪作用。假如你对意念致富感到怀疑，这个故事应该也可以化解你的疑虑，因为在这个故事中，你可以明显地看出书中原则应用于其中的明显痕迹。

## 价值10亿美元的精彩演说

1900年12月12日晚，约80位美国金融界的显贵聚集在纽约第五大街的大学俱乐部宴会厅里，为来自西部的一位年轻人接风。当时没有多少人意识到，他们即将目睹美国工业史上最有意义的一则插曲。

爱德华·西蒙斯和查尔斯·斯图亚特·史密斯到匹兹堡访问期间，曾受到查尔斯·施瓦布的热情款待。为了表示感谢，他们特意为来自匹兹堡的施瓦布安排了这次晚宴，将这位年仅38岁的钢铁业人士介绍给东部银行界。但他们可不希望施瓦布吓跑与会人士。事实上，这两位接待者也曾警告他，这群自命清高的纽约人很难对演说感兴趣。而且，如果他不想令斯蒂尔曼、哈里曼和范德比尔特之流厌烦的话，最好说一段15至20分钟的客套话，然后就此打住。

即使当时坐在施瓦布右侧以示尊重的约翰·皮尔庞特·摩根原本也只是打算短暂停留，只为宴会助助兴添点气氛而已。就新闻媒体的角度而言，大家对此事也无过多关注，更没打算在第二天的报纸上报道相关要闻。

晚宴上，两位主人和显赫的宾客们像往常一样用完了七八道菜。

宴会期间客人们言谈甚少，即使聊到了某些话题也十分有限。这些银行家和经纪人，很少有人见过施瓦布。虽然他的事业已在莫诺加和拉河（*Monongahcl*）沿岸蓬勃发展，但很少有人对此做过关注。然而，就在晚宴即将结束，摩根及其他宾客们正准备离去时，他们却被施瓦布所震撼。而一个价值10亿美元的新生儿——美国钢铁公司，就在此时诞生了。

当晚施瓦布在晚宴上珍贵的一席话未被记录下来，这不得不说是历史的一大遗憾。

不过，施瓦布向来不是一个讲究华丽辞藻的人，因此他的讲话可能也只是“家常话”的水平而已，某些地方甚至不合文法，但他演说里应该充满了隽语与机智。然而，这席谈话对于那些据估计值50亿美元身价的宾客们，却有着一股如电流般强大的力量和效果。他长达90分钟的发言结束之后，在场的人都沉迷于这番发言的魔力之下。事后，摩根又把他引至窗下，两人坐在并不舒服的高脚椅上，双腿垂悬，谈了一个小时。

施瓦布显然将其个人魅力展现得淋漓尽致，但更为重要而且影响更深远的，是他为美国钢铁公司制订的完整、清晰的计划。也曾有很多人想吸引摩根继饼干、电缆、糖、橡胶、威士忌、石油或口香糖等领域的合并后，快速合并一个钢铁托拉斯。投机商约翰·盖茨曾极力怂恿，但很遗憾他没有得到摩根的信任。芝加哥的股票经纪人莫尔兄弟、比尔和吉姆，曾成功合并过一家火柴托拉斯和一家饼干公司，但在这件事上也遭到了失败。虚伪的乡村律师艾伯特·加里，也曾想促成这件事，但他的分量又不足以引人注意。最终，施瓦布的雄辩征服了摩根，让他看到了一个很冒险但可以使金融业和钢铁业都阔步向前的发展情形。而这项计划在得到认可之前，曾被人们视为金钱狂想者的白日梦。

早在上一代人的时候，商业大盗约翰·盖茨在钢铁业，合并吸引数千家小型或者经营不善的公司，重组成为大型且具有压倒性竞争力的公司。例如，美国钢铁与电缆公司。不仅如此，他还与摩根共同创建了联邦钢铁公司。但是和安德鲁·卡内基及其53位合伙人拥有、经营的庞大垂直托拉斯相比，其他那些合并的公司简直是小巫见大巫。

摩根非常清楚，即使大量的小公司不断合并，它们也丝毫不能削弱卡内基的势力。这位古怪的老苏格兰人也认为这不会威胁到他的公司。他站在壮观的施基伯古堡（Skibo Castle）高处，看着摩根的小公司跃跃欲试地想侵入自己的事业版图的时候，最初他还感到很有趣，可随着事态的发展卡内基逐渐产生了憎恨情绪。直到有一天，摩根的企图终于浮出水面时，卡内基内心充满了愤怒的情绪，他要报复。他决定复制对手拥有的每一家工厂。此前，他从未对电线、管道、电缆或板材有过任何兴趣。他只是把生钢卖给那些公司，让它们将原料制成自己想要的成品。而现在，有了施瓦布这位得力干将，他打算将敌人彻底击败。

从另一个方面说，也正是通过查尔斯·施瓦布的演说，摩根找到了并购方案存在问题的答案。就像一位作家所说，一个没有卡内基的托拉斯，就不称其为托拉斯，就像干果布丁上缺少了干果一样。

施瓦布在1900年12月12日晚上的谈话，虽然不构成保证，但无疑传达了一个信号，至少也是一个建议，亦即庞大的卡内基企业有可能归入摩根旗下。他在讲话中论及了全世界未来对钢铁的需求，效率的重组，专业化，削减不景气的工厂和集中发展蓬勃产业，矿砂运输的成本节约，管理和行政部门费用的节约，以及开拓海外市场，等等。

此外，他还指出了在座的人当中一些商业海盗式的惯常掠夺行为是错误的。施瓦布强烈地谴责了这种有意促成垄断、哄抬价格，利用特权为自己赚取丰厚利润的行为。他告诉听众，这种垄断制度的缺点在于，在一个需求需要得到不断开拓的时代，它反而限制了市场的发展。施瓦布认为，应该通过降低钢铁成本的手段，来建造一个不断扩充的市场；还应开发钢铁的多种用途，从而抢占世界贸易领域的市场份额。事实上，虽然施瓦布还没有意识到他主张的正是现代的大规模生产的雏形。

大学俱乐部的晚宴就这样结束了。摩根回到家中，仔细盘算着施瓦布提出的美好愿景。施瓦布则回到匹兹堡，继续为卡内基经营钢铁业，加里和其他人则回去继续守着他们的证券报价机，等待着下一个交易行动。

不久以后，事情就接踵而至。摩根大约花了一个星期品味咀嚼施瓦布摆在他面前的一碟子理由。当他确信结果不会对财务造成任何不良影响时，他派人去请施瓦布来，结果发现那个年轻人非常腼腆。施瓦布表示，卡内基先生如果发现他最信任的公司总裁竟然和华尔街的巨头摩根暗自频频联系，可能会不高兴。因为卡内基曾经下定决心，永不踏上华尔街一步。于是，中间人约翰·盖茨提议，如果施瓦布“碰巧”在费城的百乐威饭店（Bellevue Hotel）的话，摩根可能也会“碰巧”在那里。但当施瓦布赶到约定地点时，摩根却不巧在纽约的家中卧病不起。于是在这位老人的一再邀请下，施瓦布来到了纽约，出现在这位金融家的书房门口。

现在，有些经济史学家宣称，他们认为，这出戏从头至尾，都是安德鲁·卡内基一手导演的。无论是邀请施瓦布的晚宴上那次著名的谈话，还是周日夜晚施瓦布和金融大王的会谈，都是这位狡猾的苏格兰人精心的布局。然而事实正好相反。当施瓦布被召去纽约洽谈该笔生意时，他甚至不知道这位叫卡耐基的小老板能否听从抛售的提议，尤其是卖给诸如摩根这群不太讨人喜欢的人。但施瓦布前去商谈时，的确带着他亲笔写下的一组数字，每个数字都代表了他对每家钢铁公司的实际价值及获利能力的估值。他把这些公司视为新钢铁业的星空中闪亮的明星。

4个人彻夜地研究这些数字。为首的当然是摩根，他对金钱的神圣审判权坚信不疑。陪同他的是他的贵族伙伴，罗伯特·培根，一位学者，也是一个绅士。第三位是约翰·盖茨，是摩根眼里很不屑的投机商，在这里不过是当作工具罢了。第四位就是施瓦布。他对钢铁制造和销售的了解，胜过当时的任何人。

整个会议从头到尾，都从未质疑过匹兹堡的数字。假如施瓦布说一家公司值多少钱，那它就只能值那么多。他还坚持只并购自己题名的公司。按照他的合并构想，不会有任何多余的空间，即使是自己的朋友，想让摩根实力雄厚的双肩扛下他们的公司，他也不会同意的。

黎明时分，摩根站起来，挺直了背。现在只剩下一个问题了。

“你认为你能说服安德鲁·卡内基卖掉他的公司吗？”摩根问。

“我可以试试。”施瓦布说。

“假若你能成功说服他抛售公司，那我们就达成此笔交易了。”摩根说。

到目前为止，事情还算顺利。但卡内基愿意出售吗？

他会要求出价多少？会是施瓦布估价的3.2亿美元吗？他会要求何种付款方式？普通股还是优先股？债券？现金？没有人能筹募到3亿多的美金。

1月，在西切斯特的圣安德鲁斯高尔夫球场霜冻的石南荒地上，施瓦布和安德鲁打了一场高尔夫球。安德鲁全身裹着毛衣御寒，施瓦布则和往常一样，高声谈话，以振作精神。但对于生意上的事，谁都只字未提。最后两个人来到附近的卡内基农庄，在温暖舒适的房间里落座之后，施瓦布才拿出令大学俱乐部80位百万富翁倾倒的说服力，把他的美好承诺和盘托出，比如舒适的退休生活和数不清的财富，这些足够让这位老人享受到在社交中肆意开支的安逸了。卡内基投降了。他在一张纸条上写下一个数字，交给施瓦布说：“好，我们按这个价抛售。”

这个数目大约是4亿美元，是以施瓦布提出的3.2亿美元为基础，再加上两年内价值8000万美元的资本增值来确定的。

后来，在横渡大西洋的客轮的甲板上，卡内基懊悔地对摩根说：“早知道我应该向你多要1亿美元。”

“如果你多要，你也得到了。”摩根愉快地回答。

当然，此话一出，立刻引来一阵哄笑。一位英国记者报道说，外国的钢铁界对如此大规模的并购“非常震惊”。耶鲁大学的校长哈德利则宣称，如果不立即规范托拉斯行为，在“未来25年内，华盛顿也许会诞生一个皇帝”。但是，精明的股市操纵者基恩，却已将强劲的新股票推行上市，以致所有虚值——有人估计约为6亿美元——眨眼间便被吸纳了。这样，卡内基得到了他的数百万美元的资金，摩根财团在“混乱”中获得了6200万美元的利益，而所有的“兄弟们”，从盖茨到加里，也都得到了数百万美元的回报。

38岁的施瓦布也分得了他的那一杯羹。他被任命为新公司的总裁，并继续掌控该公司的经营大权，直至1930年。

### 财富始于意念

亲爱的朋友，上文发生在这个大企业身上的伟大交易，向我们证明了意念是可以转化为现实中的实际等价物的。

这样一个庞大的企业组织，是在他的心里架构起来的。这个组织合并了其他钢铁厂，带来了财务稳定。这个计划同样诞生在这个人的心里。他的信心、欲望、想象力、毅力，是促成美国钢铁公司的最宝贵的投入要素。在公司依法设立后，整合得到的钢铁厂和机器设备不过是一笔附加值。我们若加以仔细思考，便会发现一个事实：仅仅是将各厂整合施行统一管理这项措施，就能给公司的财产价值带来近6亿美元的增长。

也就是说，查尔斯·施瓦布的这一构想，加之其对摩根及相关人士的信心影响，一共价值6亿美元。

仅仅是一个构想，却是一个惊人的利润数额。

美国钢铁公司的经营业绩蒸蒸日上，日渐辉煌，成长为全美财力最雄厚、实力最强大的公司之一。有数千名员工为它工作，不断开发钢铁的新用途，逐步拓展钢铁新市场。可以毫不夸张地说，施瓦布凭借这个构想着实赚到了6亿美元！

财富真的始于意念！

财富增长的规模会受到一个人思想意念的限制，而通过添加信心可以很好地消除这种限制！当你准备向生活索取时，不论索取什么，都要记住这一点，如果成功地做到这一点，你就可以以满意的价格得到想要的东西。

# 第四章
# 所谓信仰，即积极的自我暗示

### 通往潜意识的桥梁，此乃思考致富的第三步

所有的暗示和自行实施的刺激，通过5种感官而到达大脑，都可称为“自我暗示”。从另一个角度讲自我暗示就是对自己的暗示。它是一种沟通的媒介，介于产生意念的意识部分与产生行动的潜意识部分之间。

通过一个人的意识产生的主导意念（无论是消极的还是积极的并不重要），自我暗示的原则

会自动将这些意念传达给潜意识，并对它产生影响。

人生来就具有通过自己的五官完全控制到达潜意识内容的能力。但这并不意味着，人人都能从容地应用这种控制力。相反，很多人贫穷一生，就是因为他们并没有学会应用它。

总结说来，可以把潜意识比作一片沃土，作物的种子可以在其上茁壮成长。但如若没有种上你想种植的作物种子，那么杂草就会肆意丛生。自我暗示其实是一种自我控制，通过它，个人既可以在这片潜意识的沃土中埋下创造性意念的种子，也可以由于漠视而任由破坏性的意念像疯草一样蔓延丛生。

## 想象、体会金钱握在手中的感觉

在“欲望”一章里，我们讲到6个步骤的最后一步，是每天把自己写下的梦想大声朗读两遍。朗读你对金钱的欲望，并且试图去想象、体会金钱握在手中的感觉！按这些指示去做，你能获得一种自信，促使你将欲望目标传递给潜意识。

反复强化该过程，你就会自动形成化欲望为金钱对等物的意念习惯。

仔细地重读一遍，加以体会。读完后，再仔细阅读“精心策划”一章中教你组建“智囊团”的4项要求。只要将这两项要求与自我暗示的内容进行比较，你自然会发现这些要求和应用自我暗示原则有关。

因此，要记住，为了通过朗读来培养自己的财富意识，请大声地朗读你的欲望。而且要避免只是朗读字表面的意思，这是毫无意义的，你必须将自己的情感或情绪融入其中。

这一点的确非常重要，所以我们在多章里都反复提及。大多数人也正是缺乏对这一点的了解，所以在利用自我暗示原理的时候，达不到预期的效果。

寡淡而平静的字句阅读影响不了潜意识。如果不将充满激情和信心的意念或有声文字注入潜意识，那么你期望的效果就会落空。

第一次尝试时，如果无法成功地控制、指挥你的情绪，也别气馁。记住，天下没有免费的午餐。你不能欺骗自己，当然也许你很想这样做。想获得影响潜意识的能力，其代价是坚持不懈地应用在此前提到的原则。付出微薄的代价，不可能得到你想获得的能力。你，只有你，来决定你为之奋斗的回报（即金钱意识），是否值得你为之辛苦地付出。

你能否很好地运用自我暗示原则，在很大程度上取决于你能否专注于已有的欲望，取决于它是否已让你魂牵梦绕。

## 不可等计划明确后，再依赖计划去获取想象中的财富

当你开始实施第二章提到的与6个步骤相关的提示时，将有必要使用专注原则。

我们针对如何有效利用专注力提出一些建议：当你进行到6个步骤中的第一步时，即“在心中确定你想得到金钱的准确数目”时，闭上双眼以集中注意力，用专注力将意念集中在金钱的数目上，直到你能真切地看到那笔钱的样子。每天至少重复做一次。就像“信心”一章的要求那样，做这些练习的时候，一定要想象自己真正拥有了那些钱。

当一个绝对自信的指令反反复复，一遍又一遍地传达、呈现给潜意识时，潜意识就会顺理成章地接受，这被看作是一个实事。以此说来，可以考虑对潜意识耍个合理的“小把戏”。由于你自己深信不疑，你可以使潜意识相信，你一定要拥有你所看到的财富，相信这笔属于你的财富正等着你来认领。如此一来，潜意识里自然会形成具体的计划，供你去获得属于你的财富。

把上一段提出的思想传达给你的想象力，看看你的想象力能或者会作出什么反应，以实现你的欲望，让你制订出积累财富的可行计划。

切不可坐等计划明确出现后，再依照计划去获取想象中的财富，而是应该想象自己已经拥有

这笔财富，强化自己的潜意识去提出一项或多项计划。密切注意这些计划，等它们一出现，就立刻付诸行动。计划出现时，它们可能通过第六感，以“灵感”的形式“闪”入你的内心。要重视它，而且在感受到它时，立即作出回应。

6个步骤的第四项，要求你“制订一个实现梦想的明确计划，然后立刻开始执行”。你应该用上一段所说的态度遵循这项指示。在实现欲望的过程中，不能相信你的“理智”，要制订出积累财富的计划。因为，你的理智有时会怠惰，如果完全依赖它，可能会得到令你失望的结果。

当你闭着双眼时看到希望得到的财富时，也同时要注意到自己正为得到这笔财富在提供服务或卖出商品。

这一点尤为重要。

## 刺激潜意识的3个步骤

现在，对第二章提到的与6个步骤相关的指示加以总结，再结合本章所讲述的原则，整理如下：

第一，在一个不容易被干扰或打断的地方，最好是晚上躺在床上时，闭上双眼，大声朗诵你写的那份声明。要尽量让你听到自己的话，其中包括你想积累的金钱数量、时限以及为得到这笔钱，打算提供的服务或卖出的商品。

履行这些指示时，要想象自己已经有了这笔钱。

举例来说：假设你是一名销售人员，通过付出个人的服务，打算在5年后的1月1日积累5万美元，那么，你的自我目标声明应该这样写：

在××年1月1日前，我将拥有5万美元。在此期间，这些钱将不断以不同的数额来到。作为一名销售人员，为得到这笔钱，我愿尽我所能提供最有效的服务，提供尽可能多和最优质的服务（描述一下你打算提供的服务或商品）。

我相信我将拥有这笔钱。我现在眼前就可以看到这笔钱，手也可以触摸得到，我的信心十足。为了得到它，只要我提供想要付出的服务，它就会立刻转化为等值的利益。我在等待一个可以获得这笔金钱的计划，一旦计划出现，我将立刻行动。

第二，每天坚持不懈地进行这一过程，直到有一天你得到了这笔期待已久的金钱。

第三，把一份你写的声明放在早晚都看得到的地方，并且在睡觉前和起床后朗读，直到记住为止。

其实，这样做的目的是应用自我暗示原则，给自己的潜意识下达命令。特别要记住的是，潜意识只会对情感化的指示和“用心”传达的指示起作用。

所有情感中最强烈、最具效果的一个就是信心，请遵循“信心”一章中的要求来做。

最初，这些要求可能看起来很抽象，但是不要因此受到干扰。不管一开始看起来多么抽象或多么不实际，只管按照要求去做就是。假如你在精神上和行动上都能严格按照指示执行，那么，眼前的世界就是你的世界。

## 智力的奥秘

人的天性之一就是对新事物的怀疑。但是，如果遵循上述指示，你的怀疑将很快被信念所取代，并逐渐地转化为信心。

许多哲学家都曾说过，人是自己命运的主宰者，但他们大多没有说明为什么人是自己的主宰。本章透彻地说明了人之所以能主宰自己的人生定位，尤其是经济地位的原因。

因为人具有影响自己潜意识的力量，所以人可以成为自己的主宰，成为自己所在环境的主宰。

将欲望转化为金钱的实际过程涉及自我暗示原则的应用。自我暗示是一种触及并影响潜意识的媒介。其他原则只不过是运用自我暗示原则的工具。不论何时请时刻牢记，在运用本书的方法时，自我暗示原则发挥着举足轻重的作用。

读完全书后，请回到本章，用实际行动来完成以下指示：

每天晚上大声朗读这一整章，直到你完全相信“自我暗示”原理是完全可靠的，并且深信它会帮助你实现一切梦想。朗读的时候，遇到对你有帮助的句子时，请在句子下面用铅笔标记出。

严格地遵照以上指示，你就能完全理解并掌握成功的法则。

每种逆境，每次失败，每个心痛，都蕴藏着同等或更大收益的种子。

# 第五章 知识具有吸引财富的力量

## 个人的经验或见解，此乃思考致富的第四步

知识可分为两类：一类是一般知识，另一类是专业知识。

一般的普通知识尽管种类丰富、内涵广博，但对个人财富的增长起不了多大作用。就如著名学府里各科系的教授们，他们基本掌握了人类发展史上纷繁复杂的各种普通知识，但他们并未因此获得多少财富。那是因为他们专长于知识的传授解惑，而不是专门思考如何组织和运用知识。

只有将知识组织起来，并通过切实可行的行动计划，巧妙地向积累财富的目的迈进，知识才具有吸引财富的力量。人们常常误解“知识就是力量”这句经典名言，正是因为没有意识到上述道理。知识，仅仅是潜在力量，需要人们对其加以组织利用，并在实践过程中贯穿明确的目标和行动计划，它才能成为真正的力量。

教育机构的一个缺陷是，它传授给学生知识，却不能成功地教会学生如何组织和运用知识，发挥知识的力量。这也是所有教育制度的弊病。

说起亨利·福特，大多数人会惯常地认为他是个没受多少“教育”的人，因为他接受正规“学校教育”的时间很短。其实这是一种错误的观点，原因在于大家不能深谙“教育”一词的真正含义。“教育”这个词起源于拉丁文“educo”，意思是由内向外的培育和发展。

因此，一个受过教育的人，不一定就是拥有丰富的一般知识或专业知识的人。但一个受过教育的人，一定是一个思想心智得到了充分发展的人，他能设法获得自己想要的任何东西而不损害他人权益。

## “无知者”也可以成为百万富翁

“一战”期间，亨利·福特在一份芝加哥报纸的社论篇中被称作“无知的和平主义者”。福特先生当然不赞成这种说法，控告该报纸诽谤他。法庭审判案件时，报社律师在辩护中让福特本人走上了证人席，借此向陪审团说明福特的无知。律师用一系列问题刁难福特，就是为了证明即使福特拥有相当多关于汽车制造的专业知识，但就整体而言，他仍然是无知的。

律师向福特提出了几个刁难的问题：

“本尼迪科特·阿诺德是谁？”“1776年，英国为平定叛乱出兵美洲，派出军队的具体人数是多少？”福特在回答后一个问题时说道：“我不清楚英国具体出兵的数字，但我了解到派出的数目远大于回去的士兵的数目。”

随后，一连串类似的问题把福特惹烦了。当被问到一个非常无礼的问题时，福特倾身向前直指着提问的律师说道：“如果我真想回答你刚刚提出的这个愚蠢问题，以及刚才你的系列问题，我可以告诉你，只需按下我办公桌上的一排按钮中的任何一个，就会有相关助理人员立即出现在我面前。只要我需要，他们可以替我回答所有有关我事业的问题。现在，能否请你告诉我，当我身边随时有人能提供我所需的任何知识时，我为何要在脑子里塞满一堆普通知识，专门用来回答你这种问题？”这是一个十分精彩的妙答，严密的思辨逻辑让人赞叹。

律师顿时哑口无言。法庭上的所有人一致认为：能给出这样对答的人，绝非一个无知之辈，反而是位有识之士。真正有学问的人知道如何在所需之时获得知识，也知道如何把知识组织起来，形成明确的行动计划。亨利·福特拥有他的智囊团，凭此他也拥有了他所需的任何专业知识，进而成为美国最富有的人之一。至于他自身没有掌握这些知识，此时也无关大碍。

## 你能得到自己需要的任何知识

只有当你准备好某种服务、商品或职业等方面的专业知识，你才能确信自己有能力将欲望转化为物质，才能借以积累财富。有可能你所需要的专业知识，其宽泛度和复杂度都远远超出了你的能力或意向。在这种情况下，你可以通过组建自己的“智囊团”，用以弥补自身的不足。

想要积累大笔财富的人，离不开对专业知识的充分组织与合理运用，但是致力于积累财富的人，不一定要自身拥有这些知识。

有些人本身并未受过必要的“学校教育”，根本无法提供自身所需的所有专业知识，但他们有别人没有的发财致富的宏图壮志。对这些人来说，上面这段文字可以给他们希望和鼓舞。因为觉得自身没受过“教育”而自卑的人不在少数。其实，如果一个人懂得组织和领导一个掌握了致富所需的丰富专业知识的“智囊团”，那么他本人就和这个群体中的任何一个成员一样有知识。

托马斯·爱迪生一生在学校受教育的日子不过3个月，但你能说他没有知识吗？而且他更没有死于贫困。

亨利·福特在学校还没上到六年级，但他通过自己的努力，取得了令人瞩目的经济成就。

专业知识其实是一种可获得的最丰富、最廉价的服务形式！

如果不相信，不妨查阅一下任何一所大学教授们的工资单。

## 获取知识有哪些途径

首先，要明确你所需的专业知识以及需要这些知识的目的。在很大程度上，你人生的梦想，你努力的目标，都是帮助你界定所需知识的标准。解决完这个问题之后，第二步是准确了解掌握各种知识的途径有哪些。其中最主要的来源有：

第一，自身的经验和教育。

第二，从与他人合作共事中汲取的经验和智慧。

第三，高等院校。

第四，公共图书馆（以书刊为载体的系统知识学习）。

第五，专业培训课程（例如，夜校和函授方式）。

获得知识后，下一步工作是组建和运用知识，通过制订一个切实可行的计划，使这些知识为你的伟大目标发挥出最大的力量。如果你单为获取知识而获取知识，那么知识本身并不具备价值，它只有在目标实现中才能体现出价值。

倘若你希望接受进一步的教育学习，首先要明确自己为什么要获取知识，即获取知识的目的，然后去思考有哪些获取知识的可靠途径。

所有领域的成功人士毕生都在马不停蹄地努力获取所需的各种知识，用来服务于他们的人生目标、业务发展或专业需要。那些失败者总是错误地以为对知识的追求止步于离开学校。其实，学校教育只是为未来获取实用知识铺垫了道路而已。

哥伦比亚大学就业中心前任主任罗伯特·P.莫尔在一则新闻报道中强调：专业化是今天社会发展的大势所趋。

## 做专才比死读书更重要

用人单位尤其偏爱在特定领域具有专业才能的人才，比如受过会计学和统计学培训的商学院毕业生、各类工程师、新闻记者、建筑师，以及优秀的领导者和具有公关交际能力的高级人才。

相比读死书的规矩学生，那些积极参加学校活动、为人随和、交友广泛、学业进取的学生有着绝对的比较优势。

他们的能力得到了全面锻炼，所以很可能他们中有些人已经得到了几个职位选择，有的甚至多达6个职位选择。

一家大型实业公司的领导者在给莫尔先生的信中，谈及了未来大学毕业生人才的有关话题。他说：我们的最大兴趣是寻找那些在管理上有突出能力的人才。因此，我们看重的是个性、智力和人格素质，而不是特定的教育背景。

## 建议设立“实习制度”

莫尔先生建议设立一种“实习制度”，让学生在暑假到办公室、商店和各行各业进行实习。他认为，通过两到三年的大学教育学习，应该要求每个学生选择一门面向未来的课程，防止学生满足于在非专业课程的学习中放任自流。

他说：“高等院校必须面对这样一个事实，即各行各业现在需要的都是专门人才。”他认为现行的教育机构应该承担主要的职业指导与选择责任，这些责任的落实应该得到监督。

对那些需要补充学校专业教育的人来说，最可靠、最可行的求知途径是夜校学习班，这在很多城市中都有设立。而函授这种学习方式，在全美只要是邮件能够送达的地方，都设有函授学校，它能提供覆盖面极广的函授课程教学与培训。函授学习的一大优势是它的灵活性，学生可以利用自己的业余时间进行学习。如果函授学校进行精心安排的话，它的另一个优势是学校能大力提供咨询便利，这对那些需要专门知识的学生有着十分重要的意义。无论你住在何处，都可以从中受益。

## 只有付出代价后，才能懂得珍惜

任何不经过努力、不付出代价而得到的东西，都不能给人带来成就感。因此，也往往很难得到珍惜。也许正因为如此，我们才在公立学校的大好条件和机会中收获甚微。在通过函授学校学习特定专业课程的时候，一个人可以得到自律，在某种程度上弥补在免费获得知识的时候所浪费的机会。函授学校是组织有序的商业机构，学费低廉。因此，也不得不要求学生及时缴费。

在缴费代价的作用下，学生不论成绩优劣，都会读完全部课程，若是没有这些付出的激励，有些学生可能会中途辍学。不过函授学校从来无须过度强调这一点，因为它们的收费部门在决策、速度和善始善终的习惯上，为学生做出了最好的培训典范。

我是从45年前自己的经历中获知了这种效益。当时，我申请了一项在家学习的广告函授课程。大约是经历了8～10次课后，我冒出了中止学习的念头。但学校还是不断地给我寄来了账单。他们不管你是否要继续，都会坚持催你缴费。

我仔细盘算了一下，既然无法避免缴纳学费，从法律的角度上说的确如此，那我应该要完成这份学业，才对得起我花的钱。当时我有一个很深刻的感受就是，学校的这种收款制度未免太严密了。但我在以后的生活中逐渐认识到，那才是我免费享受的最有价值的培训部分。

因为必须缴费，我坚持学习完了整个课程。由于我不情愿地接受了广告课程的培训，后来我在生活中发现，那个函授学校的高效收款制度如果用钱这种形式来衡量，那么它的价值是不可估量的。

## 走向专业知识之路

就全世界的公立学校制度而言，据说美国的最为先进和完善。但是人类有个奇怪的弊病，那就是他们只珍惜那些需要付出代价后才能得到的东西。

美国的免费学校和免费图书馆并没有很高的人气和利用率，就因为它们是免费的。这也是许多人毕业工作后认为有必要接受再培训的主要原因。这也是许多雇主重视有函授学习经验的雇员的主要原因。经验告诉他们，任何一个愿意牺牲业余时间而在家学习的人，他的身上通常具备做领导者所必需的某些素质。

不想补给知识的人有一个弱点，那就是不思进取这个通病！而挤出闲暇时间用来自修的人，尤其是那些领取固定薪水的人，很少会满足于久居低层职位。他们用行动为自己开辟了一条晋升之路，清除了前进道路上的障碍，赢得了有权给予他们机会的人的青睐。

函授自修学习的方式尤其适合已工作者。因为离开学校后，他们发现必须补充专业知识，但又无暇重回学校学习。

斯图亚特·奥斯汀·威尔原来的专业是建筑工程，他也一直从事这个行当。但是经济大萧条时代的来临，很大程度地限制了市场机会，他也难以获得自己所需的收入。他分析了自身条件，决定改行从事法律工作。他重新回到学校，学习法律专业的相关课程，培养自己成为一名企业律师的资格。他结束专业学习后，通过了律师资格考试，后来建立了一个收入颇丰的律师事务所。

也许有人会说“我无法回到学校继续学习，因为我要养家糊口”，或者“我年龄太大了”之类。那么我可以告诉你，当威尔先生重回学校时，已经过了不惑之年，他也要养家糊口。此外，由于威尔先生在各大学选择讲授的科目中挑选了高度专业化的课程，所以他仅花2年时间就完成了大部分法律专业学生要用4年完成的学业。因此，知道如何获取知识的人是值得拥有回报的。

## 简单的主意也能带来财富

让我们分析一个具体实例。

一个杂货铺的售货员突然失去了工作。由于有些记账经验，他进一步学习会计方面的专业知识，接着开始经营起自己的生意。从他以前为之工作的杂货铺开始，随后相继与100多位小商人签订合同，每月给他们提供记账服务，收取较低费用。他很快体会到了这个创意的实用性，他接着发现需要在轻型货车上开设一间流动办公室，然后他在这间办公室里装配了现代记账设备。而他现在组建了一个“车轮”上的办公队伍，雇用了大量助手，努力让那些小商人用最少的钱获得最佳的记账服务。

这单略显独特的成功生意，是专业知识和想象力共同作用的结果。就在去年，光这位生意人所缴纳的所得税，就是当年被解雇时薪酬的10倍。

这个成功的企业，其起点就是一个构想！

由于我有幸给这位失业的售货员提供了那个构想，现在我想，如果我有幸再提出一个构想，那么创造更大的收入也未必是空想。

当那位售货员听到我为解决他失业问题所提出的计划时，他脱口而出：“我觉得这个主意不错，但我不知道该如何去实践它，使其成真。”

换言之，有了这个构想后，他苦于不知如何推销自己的记账知识。

这样，又产生了另一个必须解决的问题。在一位打字姑娘的帮助下，他的构想得到了较为专业的整理，做出了一本引人注目的手册，介绍了新记账系统的优点。所有的系统内容都清晰整齐地名列其中，贴在一个普通的剪贴簿内。它就像一个无声的促销员，有效地向潜在客户介绍了这项新业务的内容。事实上是，没过多久，这位簿记员赢得了应接不暇的记账业务。

## 寻找理想工作的真经

在这个世界上有成千上万人需要推销专家的服务，这些专家在帮助你推销个人服务时，能为你提供一份很有吸引力的宣传手册。

下面要介绍的构想源自一个紧急需要，但它最终并未停留在只为一个人服务上。创造该构想的女主人具有非常敏锐的想象力。她设想能为成千上万有需要的人提供个人服务的营销指导，而这个需求足以产生一个新行业构想。

由于第一个“推销个人服务准备计划”取得了立竿见影的效果，这位精力充沛的女人受到了激励。于是，她转而开始为自己的儿子解决相同的问题。她的儿子刚刚大学毕业，但因为不知道如何有效地推销自己的服务而未谋得工作。她为儿子设计的求职计划，是我见过的所有个人推销服务计划案例里最为出色的范例。

这本计划手册完成后，涵盖了50页精美印刷的资料内容，并且逻辑组织很合理。该计划手册介绍了她儿子的天赋才能、教育程度、个人经历以及各种数不胜数的其他信息。这份计划手册中还全面介绍了她儿子渴望得到的职位，并用漂亮的文笔勾画出为胜任这一职位所拟定的工作计划和打算。完成这本手册耗费了数周的时间。在此期间，她几乎每天都让儿子到公共图书馆，查询能让自己的服务实现最大价值的资料。她还让儿子到未来雇主的竞争对手那里，收集有关他们经营方式的重要资料，这对于拟定他所渴望职位的工作计划很有价值。在工作计划之后，手册里还陈列了7~8项符合未来雇主目标和利益的绝佳建议。

## 不一定要从最底层做起

有人可能会问：“找工作为什么要这么麻烦？”

答案是：要把一件事情做好就不能怕麻烦！那位女士为了儿子的利益所作的计划，帮他在第一次面试时，按照他既定的薪水找到了理想的工作。

此外，还有一点非常重要：这个职位并不要求他从最底层开始做起。一开始，他就担任初级主管之职，领主管级薪水。

“为什么能够如此？”

一个很重要的原因便是，这个年轻人所采用的精心策划的求职手段，为他节约了至少10年的时间。如果他真要“从最底层开始做起”，恐怕还真需要10年的时间来抵达他现在获得的初始位置，而这一升迁还需要依赖运气。

从最底层开始做起，然后慢慢往上爬的想法，听起来似乎很有道理。我们不赞成这种理念，是因为太多的人都是从最底层做起，很难争得崭露头角的机会，所以绝大部分人还是工作在底层。另外，长期以底层的立场看待问题，往往是让人灰心丧气、黯淡失意的，时间久了会磨掉一个人的抱负和锐气。

这种我们称作“听天由命”的情形，就是认命。我们会习惯于每日琐事，渐渐忘却了想要摆脱和抛弃的愿望。这就是有必要跨越底层一两个级别来起步的另一个原因。这样做，我们会习惯于关注周边环境和事物，观察他人如何获得进步，从而在发现机会的时候能够抓住它。

## 化不满为动力

丹·贺尔宾的经历就是上述思想一个最好的例证。他上大学的时候，就已经是著名的圣母队的经理。该球队曾于1930年获得全国橄榄球赛的冠军，而当时指挥球队的是已故的纽特·洛克尼。贺尔宾大学毕业时正逢经济大萧条，找工作变得尤为艰难。因此，在投资银行业和电影业虚度了一段时光后，他找到了第一个看似有前途的工作：推销电子助听器，从中赚取佣金。贺尔宾知道，谁都可以从事这种性质的工作。但对他来说，这份工作可以为他打开机会的大门。

将近两年，他一直干着一份自己并不喜欢的工作，如果他对这种不满不采取任何措施的话，那么他永远也不会超越那份工作。他是如何做的呢？首先，他瞄准了公司销售经理助理的职位，并且成功地谋求到了这一职位。登上那个平台后，他比一般人更有优势，因而能够发现更大的机会。而且，这个职位也让机遇降临到了他身上。

贺尔宾在销售助听器的业务上创造了辉煌的纪录，致使他所在公司的对手，Dictograph公司的董事长安德鲁斯对贺尔宾这个年轻人——这个从历史悠久的Dictograph公司抢走大笔业务的人很感兴趣。他约见了贺尔宾，经过会谈后，贺尔宾跳槽到该公司新任助听器部门的销售经理。然后，为了考验贺尔宾的能力，安德鲁斯特意离开公司到佛罗里达待了3个月，任贺尔宾在新工作中沉浮摸索。但贺尔宾没有沉没！纽特·洛克尼那种不服输的精神激励他全力以赴地投入到工作中，所以后来他理所当然地被推选为公司副总裁。这个职位是多数人不辞辛苦地工作10年才可能赢得的荣耀，而贺尔宾仅用了6个月的时间就实现了这个目标。

通过这个故事，我想强调的重点是，不论一个人是升至高位，还是屈居低职，其实都是自身控制环境的能力决定的，只要他愿意控制的话。

## 你的同事是宝贵资源

我还要强调另一点，成功或失败，很大程度上都是“习惯”的发展结果。我相信，丹·贺尔宾和美国历史上最伟大的橄榄球教练之间的密切关系，在他心中埋下了一颗求胜欲望的种子，因为圣母队也是凭借这种求胜的欲望才得以创下举世闻名的成绩。的确，英雄崇拜能使人进步，如果我们崇拜的人是胜利者的话。

我认为，无论是在成功还是失败的环境中，与同事之间的相处都是一项非常重要的因素。在我的儿子布莱尔与丹·贺尔宾磋商职位定位时，我的这一观点得到了很好的证实。贺尔宾先生给我儿子的起薪只是另一家对手公司的一半。

在这个抉择上我以父亲的身份对其施压，并劝导他接受与贺尔宾先生共事的机会。因为我相信，和一个不向逆境妥协的人共事，密切接触，是一项永远无法用金钱衡量的资产。

低层职位对任何人来说，都是单调、沉闷、无利可图的。所以我才一再强调，要主动制订周密计划，竭力避免从底层干起。

## 利用专业知识实现构想

为儿子准备“个人服务推销计划”的那位女士，现在受到了全国各地人们的委托，他们都希望这位女士也为自己制订一个“个人服务推销计划”，他们渴望成功推销自己，赚取更多回报。

这位女士帮助人们在相同的劳动付出条件下挣得更多的报酬，但不要以为她的计划仅仅是巧妙的推销术。事实上，她同时兼顾了个人服务的买卖双方的利益，而且计划是按照这一目标拟订的。因此雇主虽然支付了较高的薪水，却可以预计这些服务带来的丰厚回报。

如果你富有想象力，而且想为自己的个人服务寻求更有利可图的出路，那么这个提示或许正是你一直寻找的激励。这个构想带来的巨额收入，甚至可能远高于那些接受过多年大学教育的普通医生、律师或工程师的收入。

一个好的主意本身就是无价之宝。而专业知识是任何优秀主意的背后支撑。可惜的是，很多人拥有丰富的专业知识却缺乏好的创业想法，因而与巨额财富擦肩而过。正是由于这一事实，帮助人们顺利出售个人服务的人，有了普遍的需求，而且这一需求仍在不断增长。

能力意味着想象力，它能使专业知识与创业构想相结合，形成合理的计划，从而获得财富。如果你富有想象力，那么这一章提供的启示，足够成为你追求财富的起点。

记住，专业知识遍地都是，而创新构想不是人人都有！

# 第六章

# 想象力：没有想不到，只有做不到

## 生产智慧的工厂，此乃思考致富的第五步

想象力其实就像个工厂，人类的所有计划都是在这里被创造出来的。借助想象力，欲望的冲动得以成形、塑造并被赋予行动。

人们常说：没有想不到，只有做不到。

借助想象力，人类在过去50年间发现和驾驭的自然力量，超过了此前全部人类历史时期的总和。比如，人类征服了天空以及太空，这是飞翔的鸟儿也无法企及的。人类还在数百万英里之外，分析并测量了太阳的重量，并且通过想象力，测定出太阳的组成成分。另外，人类在运动速度上也有所突破，现在能以600英里以上的时速旅行。

在合理范围内，人类唯一的局限，在于想象力的开发与使用。然而，人类想象力的开发与使用尚未达到极致。

人类只是发现了自己的想象力，而且开始以其最基本的方式来应用而已。

## 想象力的类型

按照想象力的功用，我们可以将其分为两类：综合性想象力和创造性想象力。

综合性想象力：通过这种能力，人可以把旧有的观念、构想或计划重新组合，推陈出新。这项能力没有任何创造，它只是将经验、教育和观察作为材料进行加工。综合性想象力是发明家进行创作的基础，也最为他们所常用。但其中也有一些例外的“天才”，当依靠综合性想象力无法解决问题时，他们会转向创造性想象力来寻求突破口。

创造性想象力：通过这种类型的想象力，人类的智慧能在有限的知识上得到无限扩充。我们常说的“预感”和“灵感”正是通过这种创造性想象力获得的。所有的基本构想或新构想也正是通过这种能力产生的。

创造性想象力是自发作用的，我们会在下一章讲述其具体方式。这种能力只有在意识高速运转的情况下，才会发生作用，比如思维意识在受到“强烈欲望”的激烈刺激时。

创造性想象力越使用越丰富，其开发程度决定了其丰富程度。

商业、工业、金融各界的领袖们，以及艺术家、诗人和作家等大家之所以创造了夺目的成就，是因为他们在综合性想象力的基础上充分发挥了创造性想象力的功效。

综合性想象力和创造性想象力都需要经常开发运用，以增进其灵敏度。这个原理就像人体的肌肉与器官一样，都是越常用越发达。

欲望只是一种意念，一种冲动，不够明晰，而且容易消逝。在转变为实质对等物以前，它是抽象的，没有任何价值。在将欲望转化为金钱的过程中，综合性想象力的使用频率要高得多，但你也不能因此忽视了在某些特殊情况下，仍然需要创造性想象力的协助。

## 人的想象力久而不用就会变得迟钝

人的想象力久而不用就会变得迟钝，若是勤于应用，你的想象力就会变得活跃、敏锐。想象力因为被闲置可能沉寂下来，但它不会消逝。

首要任务就是先集中发展综合性想象力，因为这是化欲望为金钱的过程中比较常用的能力。

通过一个或多个计划可以把看不见、摸不着的欲望冲动转化为实际、具体的事实、金钱。而这些计划的形成必须借助于想象力，其中，综合性想象力发挥了极为重要的作用。

完成了整本书的阅读之后，从第一章开始，运用想象力，制订一个或多个计划，以便将欲望变为财富。制订计划的详细要求，几乎在每章中都有描述。而后，立即采取行动去执行符合你需要的指标，注意，一定要形成书面计划。这样，模糊的欲望就有了具体的模样。将前面这个句子再读一遍。大声而且缓慢地念出来。记住，在将欲望和实现欲望的计划写成文字时，实际上你已经实现了将一系列意念转化为其等价的实物过程，迈出了颇为关键的一步。

## 作为一种意念冲动的欲望就是一种无形的能量

你生活的世界以及其他物质，甚至包括你自己，都是自然演变进化的结果。细微的物质按照一定规则组织排列起来，形成了进化的过程。

还有一点，而且是更重要的一点，这个地球、你身上数十亿细胞中的每个细胞以及组成物质的原子，皆始于一种无形的能量。

作为一种意念冲动的欲望就是这样一种无形的能量。

当你开始有欲望这种意念冲动，想去聚积财富时，你就是在利用一种“物质”，这种物质和大自然创造出地球及宇宙万物，包括使你产生意念冲动的身体和头脑，所用的物质都是相同的。

运用这一亘古不变的法则，可以源源不断地创造财富。因此，我们必须首先学会并掌握这些法则。作者希望通过不断重复，从各个可能的角度，来讲述积累所有巨额财富共同使用的秘诀。尽管看来奇特而且似是而非，这个“秘诀”却不是什么秘密。大自然本身就是这个真理的显而易见的体现。在我们居住的地球上、天上的星座、天空中肉眼可以看到的行星、我们身外的元素、每片叶子以及举目所见的各种生命形式，无一不是如此。

下面的原理对于你理解想象力这一概念将起到十分重要的作用。然后，再次阅读并且分析它时，你会发现自己的思路更清晰了，而且也更能全面地理解它。你在阅读的过程中要切记，不要中途停止，更不要迟疑，直到将此书读过至少3遍以后，自然就可以参透其中之义了。

## 构想是想象力的产物，也是财富的出发点

构想是所有财富的出发点，构想也是想象力的产物。让我们看几个曾经创造了巨额财富的构想，并期待通过这些例子从中学会如何利用想象力来积累财富。

### 魔法壶神话

50年以前，一位乡村医生赶着马车来到了一个小镇上，拴好马后，他从后门悄悄地溜进药房，与一名年轻的药房伙计进行了一笔交易。

医生和伙计在配药柜台后面，窃窃私语地谈了一个多钟头。然后，医生来到门外的马车旁

边，从车上取下一个旧式茶壶和一个搅拌用的大勺子，放在药店后面。

药店职员检查过茶壶后，从口袋里拿出一卷钞票交给了医生，整整500美元，这个伙计的全部积蓄。

医生交给他一张写有秘方的纸条。秘方价值连城，但对于乡村医生来说却不值一文。医生和年轻的伙计都不知道，使用这个神秘的方子究竟会使这个壶里汩汩流出什么样的财富。

乡村医生极为乐意用500美元的价钱来出售那一套设备。年轻伙计则愿意孤注一掷用所有积蓄来换取这样一个秘方和一个旧式茶壶。他无论如何也没有想到，他的这笔投资换来的是桶桶黄金，这个旧式茶壶简直就是他的阿拉丁神灯。

实际上伙计买到的就是一个构想，旧式茶壶、木勺和秘方都是偶然的东西。关键是伙计在秘方中添加了一种无人知晓的成分才导致了奇迹的发生。

看看你能否猜到，年轻人究竟在那个秘方里面添加了什么东西，而使得茶壶满溢出黄金来？虽然这个故事听起来充满神话色彩，但确确实实这是一个始于构想的真实故事。

让我们看看这个构想带来的惊人财富。全世界的每个角落，数以百万的消费者都在消费着这茶壶中流出的东西，它过去很值钱，现在依然如此。

这只老茶壶现在是全世界最大的食用糖消费者之一，它为那些从事甘蔗种植以及提炼销售的商贩们提供了赖以生存的市场。

这只老茶壶每年消费数以百万计的玻璃瓶，因而给大批玻璃工人提供了就业机会。

老茶壶还给美国数目庞大的店员、速记员、广告撰稿人以及广告专家提供了工作。几十位艺术家创造出精美的图片，来描绘产品特性，也因而名利双收。

老茶壶导致一个南方小城市的翻天巨变，摇身成为南部的商业之都，城市的各行各业以及每位居民都是它的间接受益者。

现在，这一构想的影响力惠及全世界各文明国家，它源源不绝地流淌出财富，送给那些接触到它的人。

老茶壶的财富建立起了一所卓越的学院，数以千计的年轻学子在这里接受培训，走向成功。

如果那只老茶壶里的东西会说话，它一定会以各种语言说出令人兴奋的浪漫故事，诸如爱情罗曼史、商业传奇以及每天受到它激励的职场男女的不凡故事等。

至少有一则罗曼史是作者所知道的，因为作者本人就是故事的见证者。而故事就发生在离药店伙计购买老茶壶的地点不远处。作者就是在那里遇到了人生的另一半，并生平第一次听到这只旧式茶壶的神奇故事。当作者向她求婚，请求她“无论好坏”全盘接受他这个人的时候，他们喝的就是那只老茶壶中的产品。

不管你是谁，不管你在什么地方，也不管你从事什么职业，每当你看到“可口可乐”这几个字的时候，请记住，这个产生了巨额财富、广泛影响力的商业帝国，曾经仅仅是一个药店伙计的构想。而药店伙计阿萨·坎德勒添加在秘方中的神奇成分别无他物，那就是——想象力。

暂时停止阅读，仔细回味一下这个例子。

还要记住，书中描述的致富步骤是一种媒介，通过它，可口可乐的影响力才能扩展到每个城市、乡镇、村落以及世上的无数大街小巷；还要记住，任何你创造出来的构想，都可能如同可口可乐的构想一样具有价值性和合理性，都可能再一次创造席卷全球的财富记录。

## 有志者事竟成

下面的故事告诉我们什么叫作“有志者事竟成”。我从已故的教育家兼牧师——弗兰克·冈萨拉斯那里懂得了这个道理。当时，他正在芝加哥的畜牧区进行他的传道事业。

冈萨拉斯先生在就读大学期间，发现当下的教育制度存在诸多弊端。而且，他认为要想纠正这些问题，就必须自己当上校长。

为了实现他的理想，他决定组建一所不受传统教育方式影响的大学。

要实行这个计划需要100万美元！他到哪里去筹集这笔钱呢？这个问题一直萦绕在他心头，困扰着这位雄心勃勃的年轻牧师。

事情远比想象中的困难，他一筹莫展，没有任何办法。

每天晚上，这个念头都要随他入梦，早晨和他一起醒来。无论走到哪里，这个念头总是如影随形，挥之不去。

他由此陷入了这个念头的困扰中，直到最后，被这个“意念”完全占领。

作为学者兼牧师，冈萨拉斯先生和任何成功人士一样认识到，“明确的目标”是起步的必要出发点。并且他认为，明确的目标会激发出无限的热情、活力和力量。

道理总是简单易懂，可实施起来就困难得多，他始终找不到获得这100万美元的方法。遇到这种情况，多数人会说：“算了吧，构想虽好，筹不到100万美元，又有什么用！”然后选择放弃。这的确是大部分人会说的话，但冈萨拉斯博士并没有这么说。他所说的话，以及他所做的事，意义非常深远。下面我正式介绍一下冈萨拉斯先生及其事迹，他自己是这样描述的：

一个星期六下午，我坐在房间里，心里想着该如何筹钱，以实现计划。我用了两年的时间去想这个问题，却从未采取任何行动！

现在该是行动的时候了！

彼时彼刻，我下定决心，一定要在一周内获得所需的100万美元。具体该如何开展我还难以确定。但难能可贵的是我给自己确定了获得这笔钱的时间期限，就在我下定决心，要在一定时间内获得那笔钱的一刹那，一种强烈的自信心涌上心头，那是我以前从未有过的感觉。我内心似乎有个声音在说：“如若早点儿下定决心，或许钱已经筹到手了！”

事情进展异乎寻常地快。我打电话给一家报社，宣布我第二天早上将要讲道，题目是《如果有100万，我会用来做什么？》。

而且，我立刻着手准备这次布道词。坦白地说，这个任务并不难，因为两年来，我一直在为这次布道做准备。

我早早地准备完毕，想到100万美元即将到手，就信心满怀地睡着了。第二天早上，我起了个大早，走进洗手间，朗读布道词，然后屈膝祈祷，希望这次布道能引起某个人的注意，让他提供我所需的这笔钱。

祈祷时，潜意识里我再次觉得这笔钱一定会筹集到。我满怀兴奋地走了出来，却忘了带布道词，直到站在讲坛上正要开始讲道时，才发现了这一点。

回去取稿子已经来不及了。然而值得庆幸的就是我没有回去取稿子，其实，这个稿子早已在我心中。当我起身讲道时，我闭上双眼，真真切切地诉说我的梦想。我告诉他们，假如我手中有100万美元，就可利用它来实现我的梦想。我把心中的计划描绘给他们听，我要筹集资金修建一所优秀的教育机构，教授他们使用的知识，启迪他们的智慧。

当我讲完坐下来时，从倒数第三排缓慢地站起来一个人，向讲台走来，伸出手说：“牧师，我喜欢你的布道。假如你有100万美元，我相信你一定会实现你的承诺。为了证明我对你的信任，如果明天早上你能到我的办公室来，我就给你100万美元。我的名字叫菲利普·阿穆尔。”

年轻的冈萨拉斯果然从阿穆尔先生那里拿到了100万美元。他用那笔钱建立了阿穆尔理工学院，即现在的伊利诺伊理工学院。

正是由于有了起先的构想，才有了后来的100万美元。而支撑这个构想的欲望在年轻的冈萨拉斯心中整整酝酿了近两年。

但是值得注意一个事实是：当他下定决心并且制订了实现目标的计划之后，36个小时内，他就得到了这笔钱。

在年轻的冈萨拉斯之前或之后，许许多多的人也都有过类似的念头。但是，他的特殊之处在于：在那个值得纪念的星期六，他将模糊不清的想法具体化，明确地说出：“我要在一星期内得到那100万美元！”

时至今日，冈萨拉斯获得百万美元的原则仍然适用！这一原则也可以为你所用！

## 创意如何生成财富

请观察思考阿萨·坎德勒和弗兰克·冈萨拉斯博士两人的共同点。那就是他们都熟悉一个道理：要想将创意变成财富，你必须拥有明确的目标和具体可行的计划。

倘若你还认为唯有勤奋和诚信方能致富，那你赶紧放弃这种想法！因为它是错误的！事实上，巨额财富的累积绝非是勤劳这支单一力量促就的。你所能获得的财富，一定是对你明确需求和切实计划的回应，而不是你所想象的勤劳、机会或运气。

一般来说，构想是凭借想象力驱使行动的一种意念冲动。所有杰出的推销员都知道，构想可以售出卖不掉的商品。一般的推销员不明白其中的道理，所以他们只能是一般的推销员。

一位廉价书出版商得出了一项值得所有出版商思考的发现。这个发现便是，市面上许多人买的是书名，而不是书的内容。只要为一本滞销书替换掉那乏味的书名，即使对书的内容不作任何改变，该书的销售业绩也可以飞涨到百万册以上。他只不过是撕去印有不具卖点书名的封面，重新贴上了颇具"票房"效应的书名封面而已。

这个看起来很简单的做法实质上就是一种创意构想的运用，是想象力发挥作用的成效。

构想没有标准价格。构想的创造者可以自订价格，如果你聪明灵活，也一定可以得到理想的价格。

每笔巨额财富的故事，其实都始于构想创始人与构想推销人的默契合作。卡耐基身旁簇拥着一群能为其所不能的人，他们创造构想，实际推动构想，使卡耐基及其他人获得了令人难以置信的财富。

无数人在一生中都抱着守株待兔的想法，等候着幸运的"机会"送上门来。我们不否认好运的确可以诞生机会，但最可靠的计划不能靠运气。一次幸运的确给我带来了人生的机会，但在机会变为资产之前，我所倾注的是25年不懈的努力。

"机会"使我幸运地遇到了卡耐基，并得到他的鼎力合作。那一次，卡耐基在我心中植入了一个构想，就是将创造成就的原则组织为成功哲学。这25年的研究成果使得千万人因之受益，在实际应用该门哲学的人群之中涌现了许多致富的例子。起点其实很简单，那就是任何人都能创造出来的构想。

可以说卡耐基赐给了我幸运的机会，但成功所必需的坚定的决心、明确的目标、实现目标的欲望以及25年的坚毅努力来自哪里呢？其实，一般的欲望不可能战胜失望、气馁、暂时挫折、批评以及"白费时间"的一次次自我提醒。唯一可信赖可依靠的是一种强烈的欲望，一种萦绕于心、挥之不去的意念！

当卡耐基先生最初将这个构想植入我的心中后，我需要努力地培育它、呵护它，促使它继续滋长。逐渐地，构想在本身力量的作用下迅速强大，后来竟会反过来引导我、关照我、激励我。构想的确就是这样。最初是你赋予构想以生命力、行动和指导，然后，它们逐渐发展了自身的力量并据此去扫清所有障碍。

构想是一股无形的力量，它是通过有形的大脑产生的，但这股力量之强大远胜于大脑本身的力量。即便当创造构想的头脑化为尘土之后，构想依然生命长青。

# 第七章
# 任何行为都不要无计划地做出

## 化欲望为实际行动，此乃思考致富的第六步

你已经懂得，人们创造或获得的任何东西都是以欲望的形式开始的。欲望是这一旅程的起点，从抽象到具体，然后进入想象力工作室。在这个工作室里，实现欲望的计划得以创造产生和组织整理。

前面教你如何采取6个明确、实际的步骤，作为化欲望为金钱的第一个行动。其中一个步骤就是要形成一个或多个明确、实际的计划，并通过这些计划实现欲望。

下面，我们来教你如何制订实际可行的计划。

第一，根据需要集合一群人才，以积累财富为目的，着手筹备和实行计划。在这里，你要运用本书后面章节中讲到的“智囊团”原则。（请务必遵守该项指示，切莫忽视。）

第二，组成“智囊团”之前，你首先应决定向团队成员提供何种利益回报，以获得他们的合作。没有人愿意在没有任何报酬的情况下无限期地工作，也没有一个聪明人会在无利可图的情况下要求或期望他人为自己工作，当然报酬不一定都以金钱形式存在。

第三，每周至少安排两次“智囊团”成员的会议，可能的话可以多次，直到你们同心协力完成你的致富计划为止。

第四，使自己与“智囊团”中的每个成员保持和谐关系。假如你不能严格遵循这项要求，将可能遭遇失败。没有完善的和谐关系，就无法应用这项“智囊团”原则。

另外，请牢记下面的事实：

你正在从事一项对你很重要的工作，要确保成功，必须拥有完美无缺的计划。

你必须借助他人的经验、知识、能力与想象力。因为所有成功积累财富的人都毫无例外地运用了此种方法。

没有人可以不需借助他人的协作努力，单凭自己的经验、知识、才能等来积累巨额的财富。在积聚财富的努力中，你所采取的计划应该是你自己与全体智囊团成员共同的心血结晶，你计划的全部或一部分，也许是你自己构拟的，但那些计划书必须经过“智囊团”小组成员通过，方可付诸实施。

## 第一个计划失败了，再试第二个

如果你采用的第一个计划不成功，再拟一个新计划；如果新计划再失败，那么再换一个，依此类推，直到找出有效的计划为止。而大部分人通常不会选择这么做，这也是他们遭遇失败的最根本原因，即缺乏足够的勇气和毅力来不断创造替补的新计划。

要牢记这个事实：如果缺乏实际有效的计划，即使最精明的人也无法成功致富，甚至无法完成其他任何事业。另外，当计划失败时，还要记住，暂时的挫折并不代表永远的失败。它表明你需要对你的计划做进一步的修改和完善。所以，请继续拟订新计划，重新开始。

暂时的挫折只意味着一件事：显然你的计划中有某些缺陷。无数的人一生陷入贫穷和不幸的

沼泽难以自拔，原因就在于他们缺乏一个尽善尽美的财富积累计划。

你的成就之大不可能胜过计划的完美。

詹姆斯·希尔开始努力筹措资金，建造横贯东西的铁路时，也曾遭遇过暂时的挫折。但后来，他通过新计划转败为胜。

亨利·福特在开创汽车事业的初始阶段，以及后来的事业辉煌期都曾遭遇过失败的侵袭，但他重新拟订计划，继续朝经济上的成功迈进。

每当看到他人发财致富或事业成功时，我们经常只看到他们的胜利，而忽略了他们在成功前克服的各种挫折。

支持这一哲学的人总需经历一些暂时的挫折，才能有望致富。当你遭受失败时，请把它当成是一种警示，它在提醒你：你的计划尚不完善，你只需重新拟订计划，就可以再度奋起，奔向渴望的目标。如果你因遭遇一时的失败而轻易言弃，那你就是个"半途而废的人"。

"半途而废者与胜利无缘，而真正的胜利者是不可能半途而废的。"把这句话用大字写在纸上，放在早晨上班、晚上睡觉前都看得到的地方。

挑选"智囊团"成员的时候，尽力挑选那些能屡败屡战的人。

有些人愚蠢地认为，只有钱才能赚钱，其实这是不对的！

如果你运用书中的原则，欲望是能转化为金钱的，所以欲望才是赚钱的媒介。钱本身，只不过是无生命的物质。它不会动、不会思考、也不会说话。但当一个人强烈渴望得到它、召唤它时，它却能"听得到"，然后应声而至。

## 推销个人服务

不管采取何种方式，制订合理、巧妙的计划都是成功致富的必要条件。下面就为那些需要以推销个人服务起家的人提供详细的行动指南。

实际上，但凡积累巨额财富的人，都是从以获取报酬为目的的个人服务销售开始的。如果一个人没有财产，那除了销售个人的创意想法与个人服务以换取财富之外，还有什么办法呢？

## 做聪明的追随者

总体而言，世界上有两种人，一种是领导者，另一种是追随者。无论你从事何种行业，从一开始就要决定，自己打算做一名领导者还是一名追随者。两者之间的报酬差距可是天壤之别，尽管许多追随者仍爱做着拿领导者薪水的白日梦，但这一点是永远不会实现的。

做一名追随者并不丢人，但是，一直都当追随者就不那么光荣了。大多数领导者也是从追随者开始起步的。之所以能成为领导者，是因为他们是聪明的追随者。

笨拙的追随者会不可避免地沦为无力的领导者；能有效追随学习领导者的人，通常能迅速获取知识以培养自己的领导才能。聪明的追随者有很多优势，其一就是拥有向领导者学习的机会。

## 成为领导者的条件

以下是成为领导者的重要条件：

1. 勇气

在深刻理解自身从事职业的前提下，具备坚定的信心和巨大的勇气。没有任何一位追随者愿意接受一个缺乏自信与勇气的领导者的支配。聪明的追随者不会长期受这种领导者的控制。

2. 自制力

无法控制自我的人永远无法控制他人。自制力可以为追随者树立有力的榜样，从而引起聪明追随者的努力效仿。

3. 正义感

如果一位领导者没有公平与正义感，他就无法指挥追随者，更难以持久地赢得追随者们的尊敬和服从。

4. 果断的决策

政策摇摆、举棋不定表明对自己没有信心，这种犹豫不决的人无法成功地领导他人。

5. 明确的计划

成功的领导者必须对自己的目标形成一个明确的计划，并严格督促其执行。一个领导者如果只凭主观臆测行事，而没有实际、明确的计划，就好比一艘无舵的航船，迟早会触礁。

6. 不为了工作而工作

作为领导者，必然要付出的代价就是必须以身作则，甘愿比手下人做更多地工作。

7. 个性魅力

一个散漫、草率的人不会成为成功的领导者。领导权需要得到尊重。不重视培养优秀品质和个性魅力的人得不到部下的尊重。

8. 同情与体谅

成功的领导者必须对部下有同情心。此外，他还必须理解部下，体谅和帮助解决他们的困难。

9. 掌握细节

成功的领导者需要掌握领导职位涉及的各项细节。

10. 勇于负责

成功的领导者必须甘愿为部下所犯的错误与过失承担责任。假如他企图推卸责任，那么他根本就不具备一个领导者的资格。假如部下中有人犯了错误且无法胜任他的职位，领导者就必须承认这是自己的过失。

11. 善于合作

成功的领导者必须明白和运用团队合作的原则，还要引导部下也这样做。领导地位需要权力，而权力需要合作。

领导方式有两种：第一种也是最有效的一种，是建立在部下的理解和支持之上的领导；第二种是强迫式领导，即无法得到部下的支持与认同。

历史上的诸多例子表明，强权领导不会持久。封建帝王与独裁者的没落与消亡就是最明显的例子，它说明人们不会无限期地盲目顺从霸道领导。

拿破仑、墨索里尼、希特勒等人就是强权领导的例证。

他们的领导权已经灰飞烟灭。建立在追随者认同基础上的领导才是唯一可持续发展的领导方式!

人们可能会暂时顺从霸道的领导，但他们并非心悦诚服。

新的领导方法，应认同本章上述的11项因素以及其他一些因素。以这些因素为基础建立领导权的人，在任何领域都能得到施展领导才能的机会。

## 领导失败的十大原因

现在我们来看看导致领导失败的10个主要错误。知道“什么是不该做的”与“什么是应该具备的”同等重要。

1. 无力把握全局

高效的领导者需要有组织和控制全局的能力。真正的领导者决不会因为过于忙碌而无法完成领导者分内的工作。无论是领导者还是部下，如果承认自己“过于忙碌”而无法根据情况的紧急程度而对全局计划作出适当地调整，就等于承认了自己的无能。成功的领导者必须具备掌握全局的能力，这就意味着，他必须培养将事务向下分工的习惯。

2. 不愿从事卑微工作

真正伟大的领导者可以做任何事情，只要是他要求部下做到的，自己也可以做到。

3. 缺乏实际行动

在这个世界上，不会因为你“知道”了很多，就会给你报酬。只有那些愿意身体力行，或者能督促别人去身体力行的人才能得到相应的报酬。

4. 害怕部下超过自己

如果对部下产生恐惧，担心自己的职位会受到威胁，那么，这种担心迟早会演化为现实。能干的领导者会培养接班人，并且乐意将此职位的任何细节托付给他。只有这样，领导者才可能分身掌管全局，并能同时注意到多项事务。有能力托付他人事情的人所得到的报酬往往比事必躬亲的人得到的报酬丰厚，这是永恒不变的事实。有能力的领导者不但可以利用自己的专业知识和人格魅力提高下属的工作效率，而且可以使下属的工作大大优于平时。

5. 缺乏想象力

没有想象力，领导者就没有应付紧急状况的能力，就无法制订有效领导部下的计划。

6. 自私

把下属的功劳全部占为己有的领导者是不会受到欢迎的。真正伟大的领导者不会邀功。他乐于将任何荣耀归于部下，因为他知道，得到这些赞赏和肯定会促使他们更加努力地工作，效果远远超过了金钱的作用。

7. 放纵无度

部下不会尊重一个放纵无度的领导者。同时，任何一种放纵都会损害领导者的耐力和活力。

8. 不忠

这一点或许应该是导致领导失败的首要因素。如果领导者不能对公司、同事（包括上司和部下）忠诚的话，他将无法久居领导地位。不忠会把一个领导者的形象诋毁得粪土不如，招引来种种蔑视。不忠在各行各业中都是失败的主要因素。

9. 强调领导“权威”

有能力的领导者不应该用权力来压迫下属，而应该采取古老的方法。企图在部下心中巩固“权威”的领导者，是霸道的领导者。真正的领导者根本没有刻意突显权威的必要，只需要在行为上表现出同情、体谅、公正以及对工作的胜任等即可。

10. 看重头衔

能干的领导的尊重绝不是靠自己的领导“头衔”赢得的。太注重头衔的人通常是因为他别无其他可夸耀之处。真正领导者的办公室随时对想进去的人开放，而且他的办公区域不拘形式、朴实无华。

以上是领导失败的比较普遍的原因，缺少其中任何一项都足以招致失败。假如你有志于成为一名优秀的领导者，那么请仔细研究这份清单，确保自己不会犯这些错误。

## 需要“新型领导方式”的广袤领域

在结束本章之前，请再注意这几个潜在的领域。在这些领域中，旧的领导方式渐趋过时，新型领导者则有着无限的机会。

1. 政治领域

一个永远需要且迫切需要新型领导者的领域。

2. 银行界

因为它正处于行业大变革之中。

3. 产业界

未来在产业界能够持久的领导必须视自己为准公共性质的公务员，其职责是在不损害个人或团体利益的情况下经营公司。

4. 法律、医学和教育界

这些领域在一定程度上还需要新的领导者，这一点在教育界尤为严重。未来教育界的领导者必须寻找有效的方法，教导学生如何“应用”在学校所学的知识。教育必须多讲实践，少讲理论。

5. 新闻界

这些只是目前新型领导者或新型领导风格找到机会的部分领域。如今的世界是瞬息万变的，这表明，改变人类习惯的媒介也必须顺应变革需要。这里所说的媒介，比其他因素更能决定文明的趋势走向。

## 应聘渠道

下面所述是多年来经验的积累。在很长一段时间它们已经有效地帮助过数以千计的人推销他们的个人服务。经验表明，以下媒介是最直接、最有效的渠道。它们能让个人服务的买卖双方获得双赢。

1. 职业介绍所

必须精心挑选信誉良好的职业介绍所，它们能向求职者出示令人满意的业绩记录。但是这样的职介所相对较少。

2. 报纸、商业刊物的广告

应聘秘书或一般工作的人可通过分类广告得到满意的结果。寻求主管级工作的人为了吸引雇主们的注意，可以采取登醒目广告的方式。制作这种广告可以求助于设计专家，因为他们专长于在广告中注入足够的卖点以获得回应。

3. 个人求职信

这种信通常写给特定的公司或个人，也就是最有可能雇用你的对象。这些信应该保持通篇整洁有序，并亲自签名。随信应附上经由专家审核或过目的完整的“简历”或求职者的资历摘要（参看“书面简历应该提供的信息”）。

4. 熟人引荐求职

如果有可能，应聘者应尽量通过共同的熟人来接触未来可能的雇主。这种接触方式特别有利于那些欲觅主管经理级职位，但又不愿意“叫卖”自己的人。

5. 当面自荐

有时候，如果求职者毛遂自荐，主动表示愿意为可能的雇主服务，可能效果更佳。这时应递上一份完整的书面简历，方便雇主与同事就你的简历情况展开讨论和斟酌。

## 书面简历指南

简历应该像律师准备将开庭的案子一样精心准备。除非求职者本身有准备这种简历的经验，否则最好请教专家，求助他人以达到目的。成功的商人会雇用懂得广告艺术及心理的人，以展现出商品的优点。同样，推销个人服务也是如此。以下信息应该在简历中有所体现：

1. 教育背景

简明扼要地叙述曾上过的学校、专业以及选择此专业的缘由。

2. 工作经历

假如曾经做过与应聘职位相关的工作，应充分陈述，并写明以前雇主的姓名和地址。切记，一定要把你胜任该应聘职位的特殊经验交代清楚。

3. 推荐信

事实上，每个公司都渴望能了解应聘者以往的工作记录和经历。在简历中应该附上下列人士的复印信函：

（1）以前的雇主。

（2）教过你的老师。

（3）值得信赖的著名人士。

4. 本人照片

附上一张本人免冠近照。

5. 明确自己的应聘职位

不要只说申请工作，而不明确说明应聘哪个特定职位。如果说“任何一个职位都可”，那么只能表明你缺乏专业资格。

6. 说明你胜任某个职位的资格

详细列举出自己认为能够符合该特定职位的理由，这是申请表中最为重要的部分，这一部分将决定你被重视的程度。

7. 提议接受试用

这看起来是个很基本的提议，但经验证明，它至少经常能赢得一个试用的机会。假如一个人对自己的资格非常自信，那么你缺少的就是一次适用的机会了。同时这也能充分地表明你相信自己胜任这一工作。因为它至少表明：

（1）你深信自己能胜任这一职位。

（2）你确信在适用结束后能够被录用。

（3）得到这一职位的决心。

8. 对应聘岗位的业务有所了解

申请一项工作之前，应充分研究与此工作相关的知识，彻底地熟悉这门业务，并在简历中叙述你对此行业已有的认识。

此举将令人印象深刻，因为它表示你有想象力，而且对此职位真正感兴趣。

记住，谙熟法律的律师未必能够赢得官司，准备充分的律师才可以做到。假如你适当地准备并充分地陈述理由，那么你在一开始就已经成功了一半。

不要担心简历过长。雇主在招聘一位求职者上所下的功夫并不比求职者花费得少。事实上，雇主之所以能够成功就是因为他们具备挑选合格助手的能力。

基于此，他们当然想得到所有的资料。

此外还要记住一点：一份整洁悦目的简历，足以表现出你是个做事细心、肯下功夫的人。我曾帮几位客户准备过简历，由于这些简历非常出色，结果使应聘者不需面谈就获得了工作。

完成简历之后，要把它们整齐地装订起来，在封面上书写或打印成如下格式的标题：

个人资格简历

申请人：罗伯特·史密斯

拟聘职位：布兰克公司总裁私人秘书

每次递交简历时只要把相应的名字更换一下即可。

这种明确应聘公司名称的方式一定会引人注意。把简历清晰地打印在纸上，并做一个活页封面，如果应聘的不止是一个公司，适时在封面上替换公司名称。将照片贴在简历上。严格落实以上提到的要求，并可根据自己的想象力进行一定的修改。

成功的推销员一定懂得第一印象的重要性，懂得用心修饰自己。你的简历就是你的推销员。要想求职时在雇主面前留下深刻的印象，你就必须给它穿上一套漂亮的外衣。如果你寻找的职位值得拥有，那么就应该用心去追求。而且，如果你把自己推销给一个雇主的时候，用个人特点打动了他，那么你最初得到的薪水要高于用通常的求职方式得到的最初薪水。

如果你的求职方式是广告或职业中介，那么请代理人使用你的简历作为推销媒介。这样代理人和雇主才能更好地了解你。

## 如何得到理想的职位

每个人都希望得到自己最为喜欢的工作。画家喜欢涂抹颜色，手工艺者喜欢动手，作家喜欢写作。缺少这些天分的人则钟情于工商业。现代社会的优点就在于为我们提供了广泛的就业选择，耕作、生产、营销还有其他专门职业。

1. 确定自己想从事哪一种职业。如果没有这样的职业，也许你可以自己创造一个。

2. 明确自己想在什么公司或为哪个人工作。

3. 研究未来雇主的政策、人事和晋升机会。

4. 剖析自己的天分和能力，明确自己能做什么，然后设法展示自己能够提供的个人优势、服务和构想。

5. 不要只想有个“工作”。不要想是否有机会，不要抱有“你可以给我一份工作吗？”这样的惯常想法。应该关注自己能做什么。

6. 一旦你心中有了计划后，就应该立即找一位有文字经验的人把它写在纸上，要做到条理分明、内容详尽。

7. 把计划递交给有权雇用你的人，剩下的事就由他来决定了。

每个公司都希望得到能够提供构想、服务或者“关系”的有价值的人才。这个过程可能需要花费几天或几周的额外时间，但这样做取得的收入、晋升机会和被认同的程度不可忽视，这也许是数年低薪而辛苦的工作都无法得到的。这样做有很多好处，最主要的益处在于它能让你节省5~10年的时间来实现自己的目标。每个一开始就这样做或者“半路”采取这种做法的人，经过精心策划，也会取得事半功倍的效果。

## 推销服务的新方法

为了将来取得最大利益而推销自我的人，必须认识到雇主与雇员的关系正在向一种合作伙伴关系发展。

雇主与雇员的未来关系会包括：

1. 雇主

2. 雇员

3. 二者共同的服务对象

之所以说这种个人推销的方法新的原因有很多。首先，未来的雇主和雇员都是受雇者，他们共同的事业是有效地为大众服务。过去，雇主与雇员之间总是针锋相对，为了待遇争执不休。实际上，最终受害的是他们共同的服务对象——大众。

当今商业中的典型口号是“礼貌”和“服务”。它们不仅适用于那些雇主，更适用于那些正在推销个人服务的人。因为归根结底，雇主与雇员都受雇于他们服务的大众。如果不能提供良好的服务，那么他们将失去为大众服务的良机。

曾经有一段时间，查煤气表的人会毫无礼貌地重重敲门，力量大得简直可以把门上的玻璃震碎。门一打开，他就会不请自入，径直闯进去，脸上透露的满是抱怨：“怎么这么久才开门？”然而这一切正在发生变化，查表人现在变成了“愿为您效劳”的绅士。

大萧条时期，我为了研究煤炭工业衰败的原因，在宾夕法尼亚无烟煤区住了几个月。正是由于煤矿经营者与雇员之间互不妥协，才导致了煤炭价格的提高。最后他们终于发现，自己为燃油设备的制造商和原油产销者带来了可观的业务。

这些事例引起了人们的注意，正是我们的行为决定了我们目前的处境。这一因果原则不仅支配着商业、金融和交通运输，也同样掌控着个人的经济地位。

## 你的“QQS”评价如何

我们已清楚地说明了如何在有效而长期推销服务方面取得成功。只有充分研究、分析、理解和应用那些原因才可能有效而长期地推销个人服务。每个人都必须做自己个人服务的推销员，所提供服务的质、量和服务中表现出的精神，在很大程度上决定了一个人的工资和受雇期限。个人服务得到有效推销是指，在得到满意的工资和愉快的工作环境前提下，长期被雇用。要有效推销个人服务，就必须采用并遵循“QQS”公式，即质量（Quality）、数量（Quantity），以及适当的合作精神（Spirit），加起来等于完美的服务推销术。不但要记住“QQS”这个公式，更重要的是把它变成一种习惯！

下面我们来分析一下这个公式，从而准确理解这个公式的含义。

1. 服务质量的意义应该解释为，凡是与你职务相关的每项工作，哪怕是各种细节，也要用最有效的方式去解决。

2. 服务数量应该理解为，一种随时提供力所能及的服务的习惯，目标在于通过实践和经验培养更高的技能，以提高服务数量。这里的重点还是“习惯”二字。

3. 服务精神则应该解释为能促进同事和上下级之间合作的友好的、和谐的行为习惯。

要想维持长久的市场，仅仅是足够的服务质量与数量是不够的。你提供服务的行为或精神，才是决定你的薪水与工作能否持久的重要因素。

安德鲁·卡内基在讲述成功推销个人服务的因素时，特别强调服务精神这一点。他反复多次地强调和谐相处的必要性。

他甚至强调，无论一个员工的工作量有多大或工作质量有多高，如果他不具备和谐的工作精神，他都不会雇用这样的员工。卡内基先生坚持使用个性愉悦、随和的人。在他的帮助下，许多符合他标准的人成为了巨富，而不符合标准的人则没有机会。

我们已经强调了愉悦的个性的重要性，因为这个因素能使人在饱满的精神状态下为他人提供服务。

如果一个人具有令人愉快的个性，且能以和谐相处的精神为他人服务，那么这些资产足以弥补服务的质与量上的不足。但是，事实上，没有任何一种东西能成功地取代令人愉悦的行为。

## 服务的资本价值

如果一个人的收入全部来自于推销个人服务，那么他以及他所遵循的规则将和贩卖商品的商人别无二致。

我们之所以强调这一点，就是大部分以推销个人服务维生的人错误地认为，他们不必如同贩卖商品的商人一样遵守相应的行为准则和责任。

积极的服务型推销已经代替消极推销成为时代的主流。

大脑的实际资本价值可能取决于你创造的收入（通过出售自己的服务）。年收入可以估计为资本价值的6%，因此，年收入乘以6%，就是服务所得的资本价值。金钱只占每年的6%，金钱的价值，不及大脑的价值，通常比大脑的价值低得多。

因为大脑永远不会因为经济不景气而贬值，而且这种资本也不会被窃取或被花费掉。所以如果聪明的大脑能够得到有效销售，那么它比推销商品创造的资本价值更大。此外，经营企业必备的资本如不与智能的大脑相结合就会如沙丘般毫无价值可言。

## 成功总有相同之处，失败却各有原因

生活之所以有悲剧就是因为人们热切地尝试却屡遭失败，而和极少数成功人士相比时，失败的人占压倒性的大多数。

我曾对数千名对象进行过分析，其中有98%归于“失败者”的行列。

分析表明，失败的主要原因有31项，而致富原则有13项。本章将讨论这31项失败主因。阅读这些条目时，将它们与自己一一对照，以便找出有多少失败因素阻碍你取得成功。

1. 遗传性先天不足

对于天生有智力缺陷的人，几乎没有什么办法可以弥补。但值得庆幸的是，这是31项失败因素里，唯一一项无法通过个人努力轻易弥补的缺陷。

2. 没有明确的奋斗目标

一旦失去了奋斗的中心目标或明确的努力方向，就没有了成功的希望。我分析的人当中，有98%的人正是因为不具备这一条才导致了他们的失败。

3. 缺乏志向与抱负

我们认为，如果对凡事漠不关心，不想在人生中求发展，不愿付出代价，那么这样的人也将成功无望。

4. 教育不足

与其他相比，这种缺陷相对比较容易弥补。经验表明，那些“自力更生”或“自学成才”的人通常是最有教养的人。要使一个人有教养，需要的不只是大学学位。有教养的人懂得在不侵犯他人利益的前提下，去获得自己想要的东西。有知识不等于有教养，有教养的人还要懂得有效而持久地应用知识。人之所以能够得到报酬，不仅仅来自于他知道的多少，更在于他曾亲自实践了知道的一切。

5. 缺乏自律

自律来自自我控制。这意味着人必须控制所有的消极思想。只有先控制自己，才能控制环境。自制是人类面对的最艰巨任务。如果无法战胜自我，就会被自我征服。当你站在镜子面前时，你就仿佛看到了自己最好的朋友，同时也是你最大的敌人。

6. 健康状况不佳

没有健康，就享受不到取得卓越成就的喜悦。健康不良的很多原因是可以掌握和控制的。其中的主要原因有：

（1）过度摄取无益健康的食物。

（2）错误的思考习惯，消极的思想行为。

（3）不良的性习惯或过度沉溺于性。

（4）缺乏适当的体育锻炼。

（5）由于各种原因，导致新鲜空气供应不足。

7. 童年时期不良环境的影响

“树苗不扶正，长大必歪斜。”大部分有犯罪倾向的人，都是由于童年时期不良的环境和交友不慎才导致了他们的错误行为。

8. 拖拉

这是失败最普遍的原因之一。隐匿在每个人心中的拖拉陋习，总是时刻如影随形，伺机破坏一个人的成功机会。多数人一生失败，正是因为一直都在等待“适当时机”，好开始做那些值得做的事情。不要等待，根本就没有“适当”的时机。立刻开始，先利用身边能得到的工具做起，中途还会遇到更好的工具。

9. 缺乏毅力

不管做什么，很多人都是虎头蛇尾，不能善始善终。此外，人们一遇到失败，就容易放弃。毅力是不可取代的。把毅力当座右铭奉行到底的人，会发现“失败老人”终将疲惫，自行退出。失败永远无法和毅力相对抗。

10. 消极的个性

因为消极的个性，而将别人拒于千里之外者，不会有成功的希望。由于消极无法促成合作，当然无法获得成功的力量，自然得不到成功。

11. 对性冲动缺乏控制

性的力量是所有驱使人类采取行动的动力中，最为强大的力量。因此必须将其转化为可以控制的能量。

12. 无法克制“不劳而获”的欲望

这种投机本能导致了上百万人的失败。1929年华尔街股市大崩盘就是一个例证。统计数据表明，在华尔街股市大崩盘事件中，数百万人就是怀着投机心理，想借着股票的买卖差额大捞一把，结果以破产告终。

13. 缺乏果断的决策力

成功人士之所以能成功是因为他们能果断决策，而后如果有必要则再慢慢改进。而失败者与之相反，往往犹豫不决，花很长时间作出的决策，结果是很快就需要修改，频繁地修改。犹豫和拖拉是一对双胞胎兄弟。只要找到其中的一个，就一定能找到另一个。所以必须趁它们没有将你完全束缚在失败的车轮上时，果断地把它们消灭。

14. 有一种或多种“基本恐惧”

在本书的最后一章专门对这些恐惧进行了针对性地分析。有效推销个人服务时，你必须控制这些恐惧。

15. 择偶不当

择偶不当是导致婚姻失败的一个普遍原因。婚姻关系使两个人保持亲密的接触。如果婚姻不和谐，失败会接踵而至。择偶不当所带来的不幸和痛苦足以摧毁人的所有雄心抱负。

16. 过度谨慎

不主动抓住机会的人往往只能捡别人挑剩的机会。俗话说“过犹不及”，过度谨慎和不够谨慎都不可取。人生本来就充满了偶然成分。

17. 事业伙伴选择不当

这一点是很多人事业失败的主要原因。推销个人服务时，应该认真选择雇主，好的雇主是智慧和成功的化身，能够激励人。我们会无意中效仿身边的人，所以要选择一位值得效仿的雇主。

18. 迷信与偏见

迷信不仅代表了恐惧，更是无知的表现。成功人士心胸宽广，无所畏惧。

19. 错误的职业选择

从事不喜欢的职业，不可能取得成功。推销个人服务的最关键一步，是正确选择一个职业，并全身心地投入。

20. 目标不专

“万事通，万事松。”要把全部精力集中在一个明确的目标上。

21. 肆意挥霍的习惯

挥霍浪费的人之所以不能成功，是因为这样的人永远都不能摆脱对贫穷的恐惧。应该养成良好的习惯，定期从收入中拿出一定比例，留做后用。存在银行中的钱让一个人在推销个人服务的谈判中更有底气。没有钱做后盾，就必须接受别人的安排，而且还不能有怨言。

22. 缺乏热情

热情不仅意味着说服力，更具有一种感染力。一个人如果拥有热情，并能适当控制热情，往往会受到人们的欢迎。

23. 偏执

心胸狭隘的人是很难取得任何进步的。偏执从另一个角度讲，就是不积极获取知识。最具破坏性的偏执是那些涉及宗教、种族和不同政治观念的偏执。

24. 放纵

最有害的放纵形式是暴饮暴食、放纵性欲。哪种形式的放纵对成功来说都是致命的。

25. 不善于合作

多数人丧失生活中的位置和机遇就是因为不善于合作，而不是其他原因。任何明智的商人或领导者都不会容忍这个问题。

26. 轻易得来的东西

不经过长期努力而轻易得到的东西（比如富人的子女以及继承财富的人的所得）常常是导致失败的致命因素。一夜暴富比贫穷更可怕。

27. 欺骗

诚实是一种不可替代的品质。如果是受到某种环境所迫，一时撒了谎，是可以谅解的。但是，如果一个人蓄意说谎，则无可救药。他的行为迟早会被发现，他付出的代价可能是失去信誉，甚至失去自由。

28. 自私和虚荣

这些缺点就如闪亮的红灯一般，警示人们不敢靠近，是妨碍成功的致命因素。

29. 猜测而不思考

大多数人往往很不注意事实，他们喜欢根据猜测或仓促得出的“结论”行事。

30. 缺乏资金

这是初次创业者失败的普遍原因。没有足够的资金储备做后盾，就无法承受失败的打击，无法在逆境中生存，从而建功立业。

31. 在这里你也可以列出一些你自己遭遇过的其他失败原因

失败的这31项原因是人生的悲剧的证明，那些努力过但遭遇失败的人真正品尝了这些人生悲剧。如果能请了解你的人与你共同审视这些失败因素，并与你的情况一一对照，那么对你无疑很有帮助。如果由你自己来做的话，对你也会有所帮助。多数人往往是当局者迷，旁观者清，无法看清自己。

## 你知道自己的价值吗

古人云：“知己知彼，百战不殆。”如果想成功地推销一种商品，就必须了解这种商品。推销自己也是如此。必须清楚自己的弱点所在，才能设法弥补或彻底摒弃。必须了解和熟悉你的实力，才能在自我推销时充分展现自己。

只有通过准确地分析，才能充分了解自己。

一个年轻人向一个知名企业的经理申请工作，结果却暴露了自己都不了解自己的缺陷。起初他给对方留下了良好的印象，最后经理问及他的期望薪酬时，他的回答竟是：不确定，没有一个明确的数目。于是经理说：“我们先试用一周，再来定夺你的薪水标准。”“我不同意，”求职者回答道，“因为我希望在这里得到的薪水高于现在任职的地方。”

在目前的职位上商谈薪水的调整或另谋他位时，必须确保自己的价值高于目前得到的报酬。索取金钱是一回事，因为谁都想得到更多。但是自己的价值完全是另一回事！很多人错误地把自己的价值等同于自己所要求得到的金钱。其实个人的经济要求或希望与一个人的自身价值完全无关。你的价值完全取决于你提供服务的能力或激励他人提供服务的能力。

## 自我分析

正如商品的年度盘点一样，为了有效推销个人服务，每年对自我进行分析是非常必要的。缺点的减少和不断的进步都应该在年度分析中体现出来。在人生的道路上，一个人要么就是进步了，要么就只能是后退或原地不动。当然，一个人的目标应该是不断前进。年度分析应该体现是否取得了进步，进步有多大，还应体现是否有所退步。对个人服务的有效推销，需要人不断进步，即使这种进步只是一小步。

年度分析应该在年底来做，这样就可以根据分析结果，把需要改进的内容添加到新年计划中。自我分析时，为了保证答案的准确性，针对以下问题进行过自我询问之后，还应该请他人帮助自己检查一下。

## 自我分析测试题

1. 今年我实现了自己所制定的目标了吗？（应该每年制定一个明确的年度目标，作为人生主要目标的一部分。）

2. 我所提供的服务是我能力范围内的最佳服务吗？我还能继续改进这一服务吗？

3. 我是否尽我所能地提供了最大的服务量？

4. 我的工作是否一直保持着和谐与合作的精神？

5. 我是否让拖拉的习惯降低了工作效率？对我的工作效率有多大程度的影响？

6. 我是否改进了自己的个性？是如何改进的？

7. 我是否矢志不渝地坚持了自己的计划？

8. 我是否在所有情况下都果断明确地作出了决策？

9. 我是否存在6种基本恐惧中的任何一种或几种，并且降低了工作效率？

10. 我是过度谨慎，还是不够谨慎？

11. 我的同事关系处理的是否和谐愉快？如果不够愉快，有多少责任是属于我的？是否全部在我？

12. 我是否因为不够专注分散了自己的精力？

13. 在面对所有的问题时，我是否保持了宽广包容的胸怀？

14. 我在哪方面的工作能力有了提高？

15. 我有放纵的习惯吗？

16. 在公众面前或私下里，我是否表现出任何形式的自私？

17. 我对待同事的行为是否能赢得他们的尊敬？

18. 我的观点或决定是基于猜测，还是基于准确地分析和思考？

19. 我是否遵循了合理安排时间、预算支出和收入的习惯？在这些方面，我是否太过于保守？

20. 在无益的事情上，我浪费了多少时间？而本来可以用这些时间做更有意义的事情？

21. 为了在新的一年里提高自己的效率，我应该怎样重新安排时间，改变习惯？

22. 我是否因为做过良心不允许的事情而内疚？

23. 在哪些方面，我做的工作比职务所要求的更多更好？

24. 我是否表现出过不公平？在哪方面不公平？

25. 如果我的服务对象是自己，我会对得到的服务满意吗？

26. 我是否选择了合适的职位？如果不合适，为什么？

27. 我的服务对象对我的服务满意吗？如果不满意，原因在哪里？

28. 按照成功的原则，我应该得到什么样的评价？

看完了本章所提供的问题之后，你应该已经准备制订一份切实可行的个人服务推销计划的知识。在本章中，详细介绍了包括领导者的主要素质、领导失败的常见原因、领导机会的领域、各行各业失败的主要原因，以及在自我分析中应该向自己提问的重要问题等制订个人服务推销计划所必需的原则。

正是因为每个通过推销个人服务开始积累财富的人都需要这些信息，才讲的如此详细。那些失去财富或刚刚开始积累财富的人，只能通过提供个人服务来创造财富。因此，为了使个人服务能够换取最大的报酬，他们有必要掌握这些所需的信息。

完全了解、掌握本章传达的信息，不仅有助于推销个人服务，还有助于提高分析、判断他人的能力。而且这些信息对人事主管、招聘经理和其他负责选拔员工和维持企业效率的管理者，都显得十分有用。如果对这种说法有所怀疑，不妨拿出纸笔回答那28道自我分析问题，以证实其可靠性。

## 只要肯付出，就可以凭借自己的力量生存于世

积累财富的自由和机会是每个诚实公民都有权享有的。如同猎人可以选择猎物聚集的地方打猎一样，我们同样可以选择财富聚集的地方致富。

如果你真的想要追求财富，那么绝对不要忽视那些富庶的国家，仅仅是这些国家的女性每年花在口红、胭脂和其他化妆品上的钱就在五六百万美元以上。

如果你真的渴望致富，一定认真考虑那些每年消费数百万美元香烟的国家。

千万不要急于离开一个人们愿意甚至渴望每年拿出数百万美元看橄榄球、棒球和职业拳击赛的国家。

值得注意的是，上面提到了的部分奢侈消费品和非必需品，只是一小部分积累财富的渠道。但是要知道，生产、运输和销售这几个行业，就可以提供稳定的工作给几百万人，这些人的服务得到丰厚的报酬后，他们就又可以自由地购买奢侈品和必需品。

要特别记住，交换商品和服务的背后可能隐藏着积累财富的大量机会。任何人和任何事物都不能阻止你为这些事业而努力。

一个能力出众、训练有素、经验丰富的人，他一定可以积累大笔财富。如果没有这么幸运，也可以积累少量财富。任何人只要肯付出，就可以凭借自己的力量生存于世。

所以，机会就在眼前!

它已经展现在你面前，等待你走上前来，尽情选择，制订计划，付出行动，坚持到底。提供服务的机会是社会赋予每个人的权利，让每个人都可以根据提供的服务价值而取得相应的财富，绝对没有不劳而获的财富。

成功无所谓理由，失败不需要借口。

# 第八章

# 有决心赢，就已经赢了一半

## 克服拖拉，摆脱犹豫，此乃思考致富的第七步

通过对2.5万名男性和女性的失败经历进行调查，分析结果显示：在导致失败的31项主要原因中，缺乏决心位居首位。

没有决心就会拖拉，拖拉成为人人都需要克服的共同敌人。

通过阅读此章，你可以检测一下自己能否迅速而明确地下定决心。然后你也可以对书中讲述的原则进行思考并付诸实践。

我曾以数百位财富积累超过百万（美元）的富翁为研究对象进行过分析，结果得出了这样一个事实：这些人都无一例外地遵循果断作决定的习惯。即使后来有需要调整和变动的地方，也可以再进行修改。而那些没有发财致富的人，却都陷入了迟疑犹豫、朝令夕改的习惯怪圈。

迅速、果断的决策能力也是著名的亨利·福特的一个突出品质。

这种鲜明的个性特点甚至为他赢得了“顽固”的名声。福特曾在试图制造世界著名的T型车（世界上最难看的车）时，遭到了所有咨询顾问和众多客户的劝阻。但正是因为他这种顽固的决心和个性，支撑他坚持到最后，造出了T型车。

也许福特的改变做出得太慢，但另一方面，车型还没等到有必要修改的时候，他的坚定决策就创造了巨额财富。

我们不否认福特这种近乎顽固的果断决策习惯难免有失偏颇，但实际上这种习惯还是要远胜于那种犹豫不决的习惯。

## 意见是这个世界上最廉价的商品

生活中绝大多数不能致富的人们，通常是因为过于听信他人的意见而犹豫不决，任由报纸和周围人的观点牵着自己的鼻子走。

可以说，意见是这个世界上最廉价的商品。人人都有一箩筐意见等待诉之于他人，如果你恰巧又是一个乐于接受者的话。倘若你在作决策时易受他人影响，那么你很难做成任何事，更别提化欲望为财富了。

如果你过于容易受他人意见的左右，那么你很难坚持自己的愿望。

当你决心践行本书中的原则时，要学会自己做主并自始至终地坚持它。不要过于相信和依赖他人的参考意见，除了极少数你特别信赖、志同道合的人以外，最好不要告诉他人。我们的亲人和朋友出于善意往往会给我们提很多意见，譬如说一些无恶意的幽默式嘲讽，但事实上这些意见真的会拖住我们前行的决策。甚至别人无意的一句嘲讽或一个善意的提议，都可能摧毁你的自信，这也是很多人陷入自卑的原因。

要习惯用自己的头脑作出决策。我们经常需要通过他人获取想要的事实或信息，请你在这样做时务必悄悄的，以免暴露自己的意图。

有些人才疏学浅或一知半解，却喜欢在他人面前装作大有学问。这种人通常说起话来滔滔不绝，却不善于倾听。

如果你想培养果断决策的能力，那么就睁大双眼，竖起耳朵，闭上嘴巴。言论的巨人常常是行动的矮子。如果总是夸夸其谈却不留心倾听，很容易错失收集有用信息的机会；还会将自己的目的、计划公之于众，让对你心怀不良的人有机可乘。

另外，在一个真正博学的人面前，只要你一开口，你到底是满腹经纶还是虚有其表都一展无遗。其实，真正的智慧往往身披谦虚和沉默的外衣。

记住，不只是你，我们身边的每个人都在同样殚精竭虑地谋划着自己的致富之道。如果你轻易失言，等于就是将自己的计划与对手共享，最后等你恍然明白他人如何得以捷足先登，却为时已晚。

所以，守住沉默，用心倾听，懂得察言观色，是你需要做出的第一个决定。

你可以找一张纸，写下“先做后说”4个字，置于每天可以看到的地方，用以自省自勉。

换言之，这句话也可以理解成“说得好不如做得好”。

## 要自由还是死亡

作决定所需的勇气大小往往是衡量这个决心价值大小的标准。历数过往任何成就文明基石的伟大决定，无一不是需要冒着死亡的危险的。

林肯决心发表著名的《解放黑人奴隶宣言》这一让美国黑人获得自由的讲话时，就已经充分意识到，这一举动会招致成千上万人的拥护或者抵制。

苏格拉底也作了一个勇敢的决定，他接受了那杯毒酒，而不肯放弃自己的信仰。这一决定带动人类社会发展往前推进了1000年，并赋予了那些当时未出生的后代人们以思想和言论自由。

美国南北战争期间，罗伯特·李将军脱离联邦，坚持南方的道路，这也是个勇敢的决定，因为他知道，这个决定会让他献出生命，也会牺牲其他人的生命。

## 56位勇敢的冒死者

对于每个美国公民而言，1776年7月4日在费城由56个人签署的那份文件是一个极其勇敢而重大的决定。这份签有56个人名字的文件，意味着如果最终没能为每个美国人赢得自由的权利，这56个人就会被全部施以绞刑处死。

这份伟大的文件你应该耳熟能详，不过你可能没有仔细体悟过文件背后的另一层道理。

我们都记得那份重要文件的签署日期，却很少有人知道作出那个决定究竟需要多大的勇气。是的，我们非常熟悉书写在课本上的历史，记得每一次战斗的日期，记得每个牺牲者的姓名，记得约克镇和乔治·华盛顿。而我们却不知道这一个个日期、人名、地名之后蕴含的真正力量。其实，早在华盛顿的军队抵达约克镇之前，那股保证自由的无形力量就已经形成了。

然而，历史的书写者似乎完全忘却了这股伟大的力量，这股使得一个国家得以诞生、为全人类树立了独立自由榜样的力量。这显然是一种悲哀。之所以这样讲，是因为我们每个人都需要借助这种力量来横越人生的障碍，获得该有的回报。

让我们简单回顾一下催生这股力量的历史事件。故事起因于波士顿事件。1770年3月5日，在街上巡逻的英国士兵全副武装，欺压百姓，引起了人们的痛恨和不满。终于，他们忍不住开始发泄心中的愤恨，朝街上的士兵们抛掷石块，大声喊骂。结果，英国士兵的指挥官一声令下："上刺刀，杀！"

战斗打响了。结果伤亡十分惨重。这更加激起了人民心中的愤怒情绪，于是地方议会（由地位较高的殖民地公民出任）召集会议，开始商量行动对策。议员们积极献策，其中有两个叫约翰·汉考克和塞缪尔·亚当斯的议员提议，必须采取主动行动，大家联合起来将英国军队逐出波士顿。

值得铭记的是，正是这两位议员的大胆提议，让美国人民享有了今天的自由。在当时的危急情势下，做出这一决定需要多大的勇气！

休会前，塞缪尔·亚当斯受命前往拜访英国军队总督哈奇森，要求英国撤兵波士顿。

他的要求被批准了，军队撤出了波士顿。但事情并未就此了结。它创造了一个注定改变人类整个文明趋势的历史环境。

## 组建智囊团

在这个故事当中最为重要的因素就是理查德·亨利·李，在他和塞缪尔·亚当斯频繁的书信联系中，毫无保留地表达了他自己所在殖民地人民的忧虑和希望。通过这种方式，亚当斯认识到，如果在13个州之间保持相互通信，或许有助于产生解决问题所需的通力合作精神。1772年3月，波士顿事件两年后，为了改善英属殖民地之间的友好合作关系，亚当斯向议会提出了在各个殖民地建立通信委员会的设想，并明确委任了各殖民地的通信员。

这就是给每个人带来自由力量的开端。智囊团已经组成了。亚当斯、李和汉考克就是其中的成员。

在通信委员会成立以前，殖民地居民一直都与英军做着如波士顿事件似的无组织对抗，没有得到任何好处。他们个人的不满并未被集中起来，他们没有一个智囊团的集体领导，所以每个人的思想、意志和力量没有朝着一个既定目标努力，不能彻底地解决与英国人之间的问题，直到亚当斯、汉考克和李等成立通信委员会，这一事态才得以解决。

这时候，英国人也没闲着。他们也做着自己的规划，组建自己的“智囊团”。他们的优势是拥有资金与组织有序的军队。

## 一个改变历史的决定

英皇室任命盖奇接替哈奇森担任马萨诸塞州的总督。新总督上任后第一件事就是派使者拜访塞缪尔·亚当斯，试图阻止其与英军对抗。

下面是盖奇派出的使者，芬顿上校与亚当斯之间的对话，通过这个对话就能看出当时的事态。

芬顿上校：“亚当斯先生，如果能停止您与政府的对抗，盖奇总督授意我来向您保证，总督会给您满意的报酬（试图贿赂拉拢亚当斯）。总督建议您不要再给陛下带来不悦。您的行为已经触犯了《亨利八世法案》，依照这个法案，总督有权决定是把您送到英格兰接受叛国罪的审判，还是接受包庇罪的审判。但是如果您能改变自己的政治路线，那么带给您的不仅仅是极大的利益，还能与英王修好。”

有两种选择摆在塞缪尔·亚当斯面前。要么停止对抗，接受带给他个人的好处，要么冒着惨遭绞刑的风险继续对抗！

很明显，亚当斯必须立即作出一个关系个人生命安危的决定。亚当斯坚持要求芬顿上校保证将他的答复原封不动地转达给总督。

亚当斯的答复是：“请你告诉盖奇总督，我相信我会一如既往地保持与国王陛下的良好关系。个人利益的诱惑不会让我放弃对国家的责任。

还要告诉盖奇总督，塞缪尔·亚当斯给他一个忠告——不要再侮辱一个已经愤怒的民族的情感。”

盖奇总督收到亚当斯的刻薄答复后，怒火冲顶，立即签署了一份公告。公告内容如下：“在此，我以陛下的名义昭示天下，对于那些愿意放下武器、重新做守法公民的人我们会宽容地原谅他，但对于塞缪尔·亚当斯和约翰·汉考克这样罪大恶极的人，理当重罚，绝不原谅。”

彼时彼刻，亚当斯和汉考克所处的环境十分危急，四面楚歌。政府的愤怒迫使他们二人作出了另一个同样危险的决定。他们迅速把能够信赖的支持者们召集在一起开了一个秘密会议。会场准备完毕后，亚当斯锁上门，把钥匙放在自己的口袋里，然后告诉所有的出席人员，在会议的决定产生之前，任何人都不许离开房间。会议的主体就是组建殖民地居民的议会。

这番话说完，立即引起了一阵骚动。有人担心这种激进做法的可能后果，有人质疑与皇室对抗的决定是否明智。但是在这个房间中的汉考克与亚当斯确实展现得极为镇定，毫无畏惧。在他们的影响下，其他人终于同意，通过通信委员会，在1774年9月5日在费城召开第一次美洲大陆会议。

1774年9月5日是一个值得纪念的日子，它比1776年7月4日更为重要。因为如果没有召开大陆会议的决定，就不会有独立宣言的签署。

大陆会议召开第一次会议之前，北美大陆弗吉尼亚的托马斯·杰斐逊正在为出版他的《英属美洲的权利概览》（*Summary View of the Rights of British America*）一书而苦恼。杰斐逊与邓莫尔勋爵（皇室外派驻弗吉尼亚的代表）的关系，与汉考克和亚当斯与他们总督的关系一样紧张。

就在著名的《权利概览》发表之后不久，杰斐逊得知，他将因为背叛皇室政权而遭控告。面对这种威胁，杰斐逊的一位同僚帕特里克·亨利大胆地说出了他的想法，并以一句将永远流传的经典名句结束了讲话：“如果这叫作叛国，那么就叛国到底吧！”

正是这样一些没有权力，没有地位，没有军事力量，没有资金的人，能严肃地考虑殖民地的前途命运。从第一次大陆会议召开起，两年后，直到1776年6月6日，理查德·亨利·李以主席身份站出来，他的提议震惊了全场。他说：“先生们，我提议，这些联合的殖民地应该也有权成为自由独立的国家并脱离英国皇室统治，完全脱离与大不列颠的所有政治关系。”

## 记载在册的重大决定

李的惊人提议激起了与会者的激烈讨论，最后李渐渐失去了耐心，经过几天的辩论，他又一次起身，用清晰坚定的声音宣布：“主席先生，这个问题我们已经讨论了几天时间。这是我们可以选择的唯一路线。我们为什么还要再拖延下去？为什么还要如此犹豫不决？让我们在这个快乐的日子里创建美利坚合众国吧。让她站起来，不再被蹂躏和压制，重建和平与法律的统治。”

李因为家人重病不得不回到了弗吉尼亚，而他的提议还没有最终投票通过。临走前，他把自己的事业交给了他的朋友托马斯·杰斐逊。杰斐逊答应为此努力，直到采取有助于这项事业的行动为止。不久，会议主席（汉考克）决定成立一个委员会，指派杰斐逊为主席，起草独立宣言。

经过长时间辛苦的劳动之后，委员会起草了这份文件。如果大陆会议通过了这份文件，假如殖民地与大陆会议的战斗（这是接下来肯定会发生的事）失败，那么每个在这份文件上签字的人，其实就是签署了自己的死亡判决书。

文件拟定后，6月28日，大陆会议宣读了这份草案。经过几天的谈论和修改最终定稿。1776年7月4日，托马斯·杰斐逊无畏地宣读了这份最重大的书面决定。

在人类历史进程中，当一个民族有必要解除其与另外一个民族所强加的政治约束，并立世界各国之列，享有独立与平等的权力时，基于对人类崇高意志的尊重，他们应该宣布驱使他们独立的事业理想。

杰斐逊宣读完毕，大陆会议投票通过了这份文件。56个人在这份文件上签字，把他们的生命赌注压在了这个重大决定上。

通过对《独立宣言》背后的这些事件的解读，我们有理由相信，这个在全世界享有权力和威望的国家，就诞生于这个56人智囊团的决定。有一个事实尤其应该引起我们的注意：正是他们的决定，保证了华盛顿军队的胜利，因为这个决定的精神已经深入每个战士的心中，成为他们心中的一种战无不胜的精神动力。

值得我们思考的是，赐予美国自由的这种力量，也是我们个人在独立掌控自己命运时所需的力量。从《独立宣言》这个事件中，我们总结出催生这种力量的6个宝贵原则，它们是：欲望、决心、信心、毅力、智囊团和精心策划。

## 有所想，才能有所得

从上文这个故事以及组建美国钢铁公司的故事中，我们目睹了意念转化为事实的道理。这给我们的启示是：强烈欲望所产生支配的意念，往往会通过行动转化为现实的对等物。

探索秘诀时，不要侥幸存在奇迹，因为根本没有奇迹。等待你的只有永恒的自然法则。如果你是一个有信心有勇气的人，这些法则肯定能为你所用。这些法则可以给一个国家带来自由，也可以给一个人带来财富。

能迅速决断的人，往往能得到自己想要的东西。各行各业的领导人正是拥有这种宝贵的品质才能够位高权重。他们的言行之间微微泛出想要抵达的目的，世界自会留待这类人开天辟地。

犹豫不决的坏习惯通常滋生于少年时期，伴随于一个人的小学、中学以至大学的生活，逐渐发展成一个异常顽固的习惯。

这种犹豫不决会时刻掺杂于一个人的抉择，比如职业的选择。当然，如果这个职业真是属于他自己的选择的话。一般情况下，刚出校门的学生会抱着一种找到什么工作就从事何种职业的心态。找到什么就做什么，其实是犹豫不决的习惯在作怪的缘故。在今天这个为生计而忙碌的时代，100个人里面，98个人安于现有职业是因为自身缺乏选择工作的决心，也只是惯于优柔寡断的常态。

下决心需要勇气，有时甚至是需要极大的勇气。

那56个人在决心签署《独立宣言》时，他们是把自己的性命当成了赌注。而那些决心寻求自己所渴望的职业、追求自我人生价值实现的人，他们不必用生命作为赌注，但他们的赌注是经济上的稳定。如果你不期望、不需要，也不计划、不留意诸如经济自立、发财致富、理想抱负、知识地位之类的事，那你也永远不会得到它们。如果你能用塞缪尔·亚当斯那般争取殖民地自由的精神来追求财富，那你一定能发财致富。

说得再好，想得再多，也不如一次实际行动。一个具有迅速、果断决断力的人，倘若能明确自己的追求目标，往往能获得常人想要的东西，以及常人得不到的东西。

# 第九章
# 毅力：不断前进，终将成功

## 坚定信心，不懈努力，此乃思考致富的第八步

在将欲望变为金钱的过程中，毅力是个不可或缺的因素。毅力的基础是意志力。

当意志力和欲望进行适当的结合，它们会产生一种不可抗拒的强大力量。有志积累巨额财富的人往往被别人视为冷漠无情，其实这是对他们的一种误解。他们将自己的意志力与毅力融合在一起，并用欲望作为实现目标的保证。

多数人一遇到挫折和不幸就会放弃自己的目标。在任何逆境面前不低头不退缩的人毕竟是少数，但这少数人能坚持不懈地朝目标迈进，最终得以实现自己的愿望。

"毅力"一词并没有超乎寻常的含义，但这种品质对于一个人的性格，就像碳素之于钢一样重要。

要想获得财富，必须掌握本书涵盖的13个关键要素。

所有渴望致富的人，必须对这些理念和原则加以思考理解，并且靠毅力来保证它们的实现。

## 试一试你的毅力

如果你阅读本书的目的是为了汲取其中的知识并让它们为你所用，那么本书第二章的那6个步骤，就是对你毅力强弱的考验。根据一般情况，读完本书的人里面只有2%的人会形成自己的明确目标，并制订实施他的详细计划。如果你不属于这2%的人，那你很可能在读完之后和大多数人一样，将书中的原则道理抛之脑后，然后继续你本来的生活模样。

缺乏毅力是失败的重要原因之一。一项对数千人的调查研究表明，缺乏毅力是大部分人的共同弊病。想要克服缺乏毅力这个积习，需要很多努力，但最根本的决定因素是这个人的欲望强烈程度。

继续往下读，读完本书的结尾后再回到第二章，将那6个步骤立即化为行动。你是否愿意遵循这些要求，能清晰地反映出你积累财富的欲望。如果对这些要求反应冷漠，那么说明你还不具备应有的"金钱意识"，因而也不可能积累财富。

财富流向那些随时准备接纳它们的人，就像河水终归大海一样。

如果你认为自己毅力薄弱，那么请认真阅读本书第十章"智囊团"，让自己身处一个智囊团队的协助下，借助他人的合作式努力来获得毅力。在"自我暗示"和"潜意识"这两章中，也谈

及了许多培养毅力的方法。请按照这些方法去做，直到你的习惯能把你欲望目标的清晰蓝图传达给潜意识。做到这一点后，你就再也不会受到缺乏毅力的困扰了。

不管你是醒着还是睡了，潜意识总是处于工作状态，片刻也不会停歇。

## 主宰你的是“金钱意识”还是“贫穷意识”

偶尔或间歇式地遵循这些原则没有任何用处。要得到满意的结果，需要你持续地运用它们，直到它们成为你的固定习惯。此乃培养“金钱意识”的唯一途径。

贫穷钟情于安于贫穷的人，类似地，财富青睐主动追获财富的人。没有金钱意识的人，其思想容易被贫穷意识自发统治。贫穷意识是不需要有意培养的，它会自动萌生和发展。但金钱意识不同，除非一个人天生拥有，否则只能通过刻意培养的方式获得。好好体会上述思想，你就会明白毅力在积累财富过程中所发挥的重要作用。如果一个人没有毅力，那么很可能他还未开始就已经失败。拥有毅力，才会胜利。

一场噩梦也能带给你关于毅力价值的启示。你躺在床上，半梦半醒，感到窒息压抑。你无力翻身，一动都动不了。这时候，你意识到，必须找回控制肢体的力量。通过意志力的不断努力，你终于可以活动一只手的手指了。你继续不断地活动手指，然后便获得了控制手臂的力量，最后，你竟然能举起手臂了。然后，遵循同样的模式，你也能控制另一条手臂的活动。接下来，你可以自由地活动一条腿了，然后是另一条。终于，凭借你极大的毅力，你完全控制了整个肌肉系统，从噩梦中“挣脱”出来。“奇迹”就这样一步一步地显现了。

## 如何从思维惰性中“觉醒”

你会发现要从自己的思维惰性中“觉醒”，需要和从噩梦中“挣脱”出来一样的步骤。

起初可以慢一点儿，然后渐渐提速，直到完全掌控自己的意志力。不管进展有多慢，都要坚持不懈。只要有毅力，就能成功。

如果你精心组建了自己的“智囊团”，那么其中定有一个人能帮助你获得毅力。有些致富者就是采取了这样的方式，因为他们认识到这样做的必要性。他们具备坚忍毅力的习惯，是由于身处的环境无时无刻不在逼迫、驱使他们，他们必须坚忍不拔。

那些形成毅力习惯的人好像上了失败保险。无论经历多少挫折，他们总能到达理想的彼岸。有时，好像冥冥之中有个隐形的指路人，它的任务就是检验一个人能否经得起挫折的考验。那些跌倒了再爬起来继续前进的人，最终会到达目的地，全世界都会为之欢呼，“太棒了，我就知道你能行！”过不了毅力这个关卡，这个隐形的指路人不会轻易让任何人品尝到成功的滋味。如果你经受不起这个考验，那么你注定与胜利无缘。

凡是经得住毅力考验的人都会得到丰厚的回报，不管他执着于怎样的目的，他都能够一一实现。这可以算作一种补偿奖励。比物质上的补偿更加宝贵的是精神上的奖励，他们经历了这个过程就会明白一个道理：即每一次失败的背后都有一颗孕育着同等收益的种子。

## 把失败踩在脚下

凡事也有例外，也有人根据自身的经验懂得了毅力的重要性。在他们眼里，失败只是暂时的，他们凭借炽热的欲望和执着的追求使失败转化为成功。如果从旁观者的角度来看，我们会发现，绝大多数人陷入失败的深渊后，就再也爬不起来。只有少数人把失败的惩罚视为强大的动力。令人欣慰的是，他们从不甘心接受生活中的逆境。但是，这种支持人们面对挫折时依然努力抗争的力量是不可见的，也是多数人心存怀疑的地方。这种力量，就是我们所说的毅力。我们只能说，如果一个人没有毅力，那他在任何事业上都不会获得成功。

写到这里，我抬起眼来目视前方。在不到一个街区远的地方，是神秘的百老汇，它是“希望破灭的坟墓”，也是“机会的舞台”。世界各地的人都纷涌而至，希冀寻获到名声、财富、地位、爱，或者人类称之为成功的任何东西。偶尔，会有人从众多的“淘金者”中脱颖而出，那么全世界都会传闻又有一个人在百老汇走红。但是百老汇并不是如此轻易能够被征服的。只有那些永不言弃的人，才能够成为“她”眼中的人才、天才，才会得到她丰厚的奖赏和回报。

于是我们可以说，这样的人发现了征服百老汇的秘诀。

秘诀其实无异于这样一个词，那就是“毅力”。

我们来看范妮·赫斯特的奋斗历程，在这个过程中你会发现毅力这个秘诀的重要作用。

范妮·赫斯特用毅力征服了百老汇这条“白色大道”（形容百老汇大道入夜后的星光灿烂——译者注）。1915年，她来到纽约，希望靠写作来发财致富。这是一个熬人的漫长过程，赫斯特用了整整4年时间才得以实现目标。她从第一次经历中了解了纽约人的生活。她白天写作，晚上憧憬希望。每当前景一片黯淡时，她从不这样打消自己的念头：“好吧，你赢了，百老汇！”而是依然充满斗志：“很好，百老汇，你的确是打败了许多人，但他们不包括我！我一定要你输给我！”

她在首稿见刊之前曾遭到一家媒体多达36次的拒绝意见，但最终她破茧而出，让读者认识了她。一般人在遭到第一次拒绝时，很可能就会放弃继续写稿，这就像许多行业中的一般人一样。然而她在这条道路上奋斗了4年，因为她下定决心一定要成功。

接着生活给了她巨大的回报。魔咒已被打破，范妮·赫斯特经受住了这个“无形指导者”的考验。此后，出版商络绎不绝地登门造访，带来的是滚滚财源。后来，电影猎头发现了她。此时，财富纷纷而至，颇有势不可当之势。

简而言之，你已经知道了毅力能让人取得成就。范妮·赫斯特并不是例外。不管一个人从何处聚集了大笔财富，但有一点至少可以肯定，这个人必须首先有毅力。百老汇对任何一个乞丐都会施舍一杯咖啡和一个三明治，但对于那些追求远大梦想的人，则必须让他们付出巨大的毅力代价。

凯特·史密斯如果读到这里，一定深有同感。她站在麦克风之前已经唱了很多年，没挣到钱，也不用说有什么身价。百老汇曾对她说：“如果你能握住麦克风，就来拿吧。”终于，那个快乐的日子来到了。后来百老汇不耐烦了，说：“给你又有什么用？不知道什么时候你就会被打败，我建议你开个身价，然后为之去奋斗吧！”史密斯小姐最终向百老汇要了一个大价钱。

## 毅力是一种可以培养出来的心理状态

毅力是一种可以通过培养而获得的心理状态。与其他心理状态一样，毅力的形成也需要明确的动力因素，它们包括：

1. 明确的目。培养毅力的第一步，也许是最重要的一步，就是知道自己想要什么。强烈的动机会驱使人克服任何困难。

2. 欲望。如果对追求的目标充满强烈的欲望，那么相对容易形成与维持毅力。

3. 自信。相信自己有能力实施这项计划，并激励自己坚持执行该项计划直至实现。

4. 明确的计划。条理清晰的计划，哪怕计划不周或并不完全可行，也会激励人的毅力。

5. 认清自我。知道自己的计划非常可靠，再加上经验或间接知识，会激励人的毅力。如果不“认清自我”，而只靠“猜测”，就会毁掉一个人的毅力。

6. 合作。人与人之间的相互理解、同情和密切合作可以培养毅力。

7. 意志力。养成为实现既定目标而集中精力制订计划的习惯，可以培养人的毅力。

8. 习惯。毅力是习惯的直接产物。大脑发出指令，让人完成每天要做的事情，并且记住这些经历，而且使思想成为每天经历的一部分。就拿恐惧这个人类最大的敌人来说，它也可以通过有意强化勇敢行为来克服。

## 毅力测试

结束毅力这个主题之前，来测试一下自身的毅力素质如何。依据上述8条因素，逐条对照来检查，看看自己缺少哪些项。这样做能够使你更好地认识自己。

在这里，你会找到阻止你取得卓越成就的真正敌人。

在这里，你不仅能找到毅力不足的“症状”，还能找出造成这个弱点的根深蒂固的潜意识原因。如果你真心希望了解自己，认识自己的能力，那么请认真对待下面的清单，公正客观地进行反省和检讨。所有希望拥有财富的人，都必须克服下列弱点：

1. 不能认清并确定自己想要的究竟是什么。

2. 有原因或无故的拖沓，且常常用一大堆借口或托词作为遮掩的外衣。

3. 对获取专业知识毫无兴趣。

4. 犹豫不决，在所有的情况下都推诿责任，不敢正视问题。

5. 出现问题时，习惯靠推卸责任来代替积极寻求解决办法。

6. 自满。这是一种很难克服的顽症。

7. 缺乏热情。通常它的表现是，一个人在任何情况下都很容易妥协，而不是积极面对逆境，与之抗争。

8. 因为自己的错误责备别人，消极被动地接受逆境。

9. 由于缺乏明确的动机，因而没有强烈欲望。

10. 只要一遇到挫折，就迫不及待地放弃（由于6种恐惧中的一种或多种）。

11. 缺乏条理清晰、分析详尽的书面计划。

12. 构想或机会出现时，无动于衷。

13. 只有愿望，而无行动。

14. 安于贫穷，而不努力致富。缺乏雄心壮志，不愿意去追求自己想要的东西，不能做真正的自己。

15. 总是寻找发财致富的捷径，而不想付出应有的努力，通常表现为赌徒心理，总是幻想一夜暴富。

16. 害怕批评，易受别人的想法或言行影响，不能制订并实施自己的计划。这个敌人位于所有缺点之首，因为它通常隐匿于人的潜意识之中，我们很难发现它的存在（参见有关“恐惧”一章）。

## 害怕批评是多数构想最终沦为泡影的根本原因

让我们看一看害怕批评的症状。因为人们害怕遭受批评的心理，多数人甘受亲人、朋友和其他人的影响，无法过上自己想要的生活。

比如，因为害怕修正一段错误的婚姻会招致批评，不少人虽然选错了人生伴侣，即便吵吵闹闹是家常便饭，他们也愿意勉强地度过痛苦而不幸的一生。任何有这种担心的人都知道它的无穷后患，因为它会毁掉人的斗志，让人失去进取的欲望。

很多人走出校门后便疏于进一步接受教育，因为他们害怕批评。

又有多少人（无论男女）喊着责任的名号，让亲人毁掉了自己的生活，是因为他们害怕批评。其实，责任，并不需要任何人毁掉自己的抱负，剥夺追求自己想要的生活的权利。

在生意中人们不敢冒险去追逐机会，因为害怕如果失败会遭到别人的批评。在这种情况下，人们对批评的害怕比对成功的渴望程度更为强烈。

太多的人不愿设立远大的目标，甚至不认真选择职业，因为他们害怕亲人和朋友说：“不要好高骛远不切实际，免得遭人笑话。”

当时，安德鲁·卡内基建议我用20年时间总结一部个人奋斗的成功学理念时，我的第一反应就是害怕人们会如何评说我。

卡内基的建议为我设定了一个与我以往的成绩远远不成比例的目标。几乎不加思索，我的脑子里就准备好了各种托词和借口，其实说到底，还不都是因为害怕批评。我听见内心里另一个自己这样说：“我不行的，这是一项太过艰巨的任务，需要投入太多的时间。而且，你的家人会怎样看待你？你将以何为生？目前还没有人组织过一套成功学理念，你凭什么说自己能行？你是什么人，竟有这么大的口气？不要忘了自己是干什么的，你懂得什么理念？别人会想这个人疯了（确实如此），要么为什么以前从没有别人做过这样的事？”

诸如此类的想法通通涌入脑海，让我不得不考虑、迟疑。

这时候，好像全世界的注意力突然间转向了我，都在嘲笑我，劝我打消这个经卡内基先生提议而萌生的念头。

当时，在我的抱负还没有完全控制我之前，我完全有机会扼杀它。后来我观察了生活中的人们，发现大部分人的构想在刚形成时都是一个没有生命力的婴儿。如果你不赋予其明确的计划和及时的行动，它就不会获得生命的气息。呵护一个构想要从它的萌生之初开始。只要它存在一分钟，就要给它一分钟生存的机会。害怕批评是多数构想最终沦为泡影的根本原因，它使构想永远也无法发展到计划和行动阶段。

## 机遇也需要预订

很多人认为，物质上的成功依赖于幸运的机遇。我们不否认这种观点在一定程度上的正确性。但那些完全依靠运气的人只会迎来大失所望，因为他们忽视了成功的一个必备因素，那就是需要做好各项准备，以预订机遇。

经济大萧条时期，喜剧演员W.C.菲尔兹损失惨重，丧失工作，没有经济来源。而且他过去赖以生存的方式（杂耍）也已没有市场。再加上他年逾花甲，在许多人眼里，已经是一个老年人了。他渴望东山再起，因而主动要求在一个新领域（电影业）里做义务工。然而他的事业举步维艰，因为他不幸摔伤了颈部。在大多数人眼里，这已经到万念俱灰的地步了，但是菲尔兹依然坚持不懈。他相信，只要他坚持下去，机遇迟早会降临到自己头上。最后，他果然得到了机遇，但靠的不是侥幸。

玛丽·德雷斯勒将近60岁时，发现自己落魄潦倒，身无分文也没有工作。她也去寻找机遇，并且抓到了机遇。她的毅力让她在晚年获得了惊人的成功，而且是在这个世人眼里已过了实现抱负的年龄。

埃迪·坎托在1929年的股市崩盘中赔掉了所有的钱，但他凭借自己的毅力和勇气，以及一双与众不同的眼睛，最终为自己赢得了一份每周1万美元的工作！的确，如果一个人有毅力，即使不具备其他宝贵品质，也能得到好的发展。

人们唯一可以信赖的机遇是自己创造的。这种机遇是毅力和目标的结合体。

随机调查一下你最先遇到的100个人，你询问他们生活中最想要的是什么，其中会有98个人答不上来。如果你进一步追问，有些人会说“安全”；很多人会说“金钱”；有几个人会说“幸福”；也有人会说“名誉和权力”；还有人会说“社会认同感，诸如生活舒适、能歌善舞、精于写作等”。但是他们都不能明确地解释这些说法，或者给这些模糊愿望的实现计划作一个大致的说明。财富不会回应愿望，而只能通过欲望的力量，借助持久的毅力，来回应明确的计划。

## 培养毅力的4个步骤

培养毅力有如下4个步骤。这些简单的步骤无须渊博的智慧和知识，也无须太多的时间和努力。它们是：

1. 在强烈欲望的驱使下，建立明确的目标。

2. 制订明确的计划，并化之以行动。

3. 不受消极懈怠思想的影响，包括来自亲人、朋友和熟人等负面思想的影响。

4. 与能鼓励你履行目标和计划的人结交同盟。

不管在什么领域取得成功，都需历经这4个步骤。本书理念的所有原则都出于一个总目的，就是让你把这4个步骤变为自己的习惯。

遵循这4个步骤，就可以掌握自己的经济命运。

遵循这4个步骤，就可以获得思想自由和独立。

遵循这4个步骤，就可以实现小康或成为巨富。

遵循这4个步骤，就可以帮你迎来机遇。

遵循这4个步骤，就可以将梦想变为现实。

遵循这4个步骤，就可以帮助你战胜恐惧、沮丧与冷漠。

遵循这4个步骤的人一定会得到巨大的回报。它让一个人掌握了自己的命运，主动向生活去索取自己所要求的价值。

## 克服困难不在于能不能，而在于想不想

是什么神秘力量促使坚毅的人克服困难？毅力是否可以在人心中激化某种超乎寻常的心灵反应，使人获得超自然的力量和智慧？

在观察了亨利·福特等人之后，我心中不禁浮现出这些问题。亨利·福特完全是白手起家，伊始之初除了毅力之外是一无所有，后来却缔造了大规模的工业王国。托马斯·爱迪生只受过不到3个月的学校教育，却成为世界上首屈一指的发明家，他凭借毅力发明了留声机、电影放映机和灯泡，更不用说其他50多种有用的发明了。

我很荣幸能仔细地观察福特先生和爱迪生先生，通过我的深入研究分析，发现在他们两人身上几乎找不到除毅力之外的其他任何可以导致惊人成就的特质。这可是经过一番千真万确的了解之后才得出此结论的。

# 第十章
# 智囊团：集体智慧的活力

## 以集体智慧的结晶作为驱动力，此乃思考致富的第九步

无论是成功还是致富，力量都是至关重要的条件。

如果缺少足够的力量提供支持，计划就只能被束之高阁而变得毫无意义。本章和大家一起讨论如何获得力量以及运用力量的方法。

力量可以定义为：有组织、巧妙地运用知识。这里所说的力量，靠的是“有组织的努力”，这种努力足以将个人欲望实现为金钱之类的对等物。“有组织的努力”是指两个人或更多的人，

基于合作的精神围绕着同一个明确目标不断努力。因此，这也就是我们所说的“智囊团”。

在积累财富的阶段，我们需要力量！在得到财富后，如何守住财富也需要力量！

我们一起来看看究竟如何获得力量。既然力量是多种知识的组织表现形式，我们首先需要认识知识的各种来源：

1. 智慧。如人类极富创造性的想象力等。

2. 积累的经验。人类积累的经验（或经过组织和记录的部分）可以在设施齐全的公共图书馆中寻获。高等院校也会将这种经验的重要部分分类整理后传授给学生。

3. 实验和研究。在科学领域以及各行各业中，人们每天都在收集、分类和整理新的事实和经验。当知识无法通过“积累的经验”而获得时，就应考虑转向这种来源。此时往往需要借助创造性想象力的协助。

知识可以通过以上途径获得。获得的知识经过加工整理，制订出明确的计划，然后将计划付诸行动，知识便转化成力量。

从上述知识的来源不难想象，如果仅凭自己一人的力量来收集整理各种知识并进行后续工作，会遭遇到很大的困难。假如一个人的目标计划太大而难以制定得全面周密，则需要借助与别人的合作，为这个过程注入集体智慧的活力。

## 两种思想的碰撞，会产生第三种无形的力量

“智囊团”可以定义为“两人或多人为实现一个明确的目标而同心协力、团结一致，达成知识上和努力上的和谐合作”。

不依托“智囊团”的个人无法获得强大的力量。在前面一章中，我们讲到为了把欲望转化为金钱对等物，应该如何制订计划。如果你能持之以恒而且灵活变通地遵循这些做法，像伯乐相马一般地选择“智囊团”成员，那么无形中你已经实现了目标的一半。

因此，适当选取“智囊团”成员，你就可以更好地理解这种可以利用但又看不见、摸不着的力量潜能。我们先来解释智囊团的两个特性：一是经济特征；二是精神特征。

经济特征是显而易见的。如果一个人身边聚集着一群全心全意帮助他的人，他们提供有用的建议、计策、合作，那这个人肯定能创造经济价值。所有巨额财富的积累都是以这种合作联盟为基础，意识到这一点能使你的经济地位得到提高和改善。

智囊团的精神特征则比较难理解。我们试图从这句话中获得某些启示：两个人的思想智慧进行碰撞，会产生第三种看不见的无形力量，我们将这第三种力量称作“第三个思想智慧”。

人的思想智慧可以被视作一种能量，其中一部分本质上来说是属于精神层面的。当两人的思想处于和谐的状态时，他们的智慧能量会相互形成一种吸引力，从而构成了智囊团的“精神性”。

智囊团原则，或者更应该说是指其经济特性，是由安德鲁·卡内基在50多年前最先引起我注意的。依据该原则的指导，我做出了这辈子职业生涯的选择。

卡内基先生的智囊团约50人，起初组建这个团体是为了制造和销售钢铁这个明确的目的。卡内基先生将其获得的全部财富归功于这个“智囊团”的巨大动力支持。

通过观察所有财富积累者的经历，不管他是“巨富”还是“小富”，都不难发现这些人毫无例外地全部奉行了“智囊团”力量原则。

那是因为，除此之外，别无他物能帮助一个人获得如此巨大的力量了。

## 一组精诚协作的头脑产生的思想能量要大于单个头脑产生的思想能量

我们把人的大脑比作一个电瓶，显然，一组电瓶提供的电量大于一个电瓶的电量。另外，一

个电瓶的电量大小还与电瓶所含的电池数、单个电池容量成正比。

人脑的运作模式也是基于同样的道理。明白了这个就不难理解为何某些人的脑子比其他人更厉害，那是因为这些人善于集中多个人的智慧，将其组装到自己的头脑中。一组精诚协作的头脑产生的思想能量要大于单个头脑产生的思想能量。

依托这个比喻，我们理解智囊团原则就是将集体的智慧和自身的智慧融合在一起，搭建获取力量的平台。

智囊团原则的另一个精神特性是：一个群体贡献的不仅仅是一种集体智慧，它的另一个优点是，这种智慧能量能为智囊团内每个成员所吸收利用，每个人都能获得提高。

我们知道，亨利·福特是在贫穷、失学、无知的困境中开始事业的起步的。我们还知道，在不可思议的短短10年中，福特先生克服了这三大困难，又在25年内跻身美国巨富之列。

除此之外，还有一个值得关注的事实，就是福特先生是在成为托马斯·爱迪生的朋友之后，才开始显示出其迅猛发展之势的。

知道了这一点，就不难理解一个人对另一个人的重大影响了。进一步想一想，福特先生最杰出的成就始于他和这些人的结识：哈维·费尔斯通、约翰·伯罗斯和卢瑟·伯班克，这些具有极高智慧的人。所以，伟大的力量可以通过友善的智慧结盟而产生，这一点也得到了证实。

本着和谐的精神与他人交往，人们会在无形中学习朋友的秉性、习惯和能力。福特先生通过与爱迪生、伯班克、伯罗斯和费尔斯通等人的交往，他等于是在自己的头脑中注入了这4个人的智慧、经验、知识和精神力量。更重要的是，他通过此书所叙述的步骤和方法，恰当地运用了智囊团原则。

这一原则同样适用于你！

我们之前已经提到过圣雄甘地。

他所获得的巨大力量来自于哪里？不难发现，甘地有效地动员了2亿人民齐心协力为一个共同目标而奋斗。因此，这种集体的力量是无穷的。

在某种意义上，甘地上演了一个奇迹，一个引得2亿人全心合作致力奋斗的奇迹。倘若你不觉得，那请设法让两个人自愿自主地合作一下试试，看看能持续多长时间，这个过程有多艰难。

企业的管理者都有过这样的切身体会，让所有的员工都和谐地团结协作是多么地不容易。

## 获得财富的“巧合”并不是没有道理的

金钱、财富是害羞而胆怯的，难以琢磨。要想赢得“她”的芳心，需要你孜孜不倦地追求，就像小伙儿爱上一个姑娘时的热烈追求一样。这种类比听起来有趣而滑稽，但这种“巧合”并不是没有道理的。它们同样要求追求者具备欲望、信心和毅力。此外，还要有切合实际的计划来将它们付诸行动。

大笔财富到来时，它会像高山流水一般轻松地流向积累财富的人。其中蕴藏着一股强大无形的力量洪流，可以把它比喻为一道河流，不同的是，河流的一端带着进入其中的人向上向前，流往财富之地；另一端则带着不幸掉入其中且无法脱身的人以反方向流向悲惨和贫穷。

凡是积聚财富的成功者都深谙这股巨流的习性。它实际上是一个人思想过程的映射。积极的思想情绪会引领人流向财富之地；而消极的思想情感则使人堕入贫穷越来越深。

对于任何想致富而阅读此书的人，认识到这个理念显得尤为重要。

如果你正被卷入贫穷的那端，那本书蕴含的原则和思想就好比一把船桨，能助你击破巨流的阻力划至贫穷的另一端。不过，只有将这些原则加以运用且持之以恒，它们才能产生力量。那些持读读而已、走马观花乃至品头论足态度的人，很遗憾这些原则对你毫无用处。

贫富经常易位。想化贫穷为富裕，考虑周全、细致缜密的计划是不可或缺的，另外还需认真执行它。贫穷则不需任何计划，也不需任何协助，因为贫穷是胆大而鲁莽的，不比财富的羞怯与胆小。财富，是必须以“被吸引”的方式得到的。

幸福不仅仅在于拥有，还在于努力。

# 第十一章
# 性欲蕴藏了建设性的力量

## 借助性欲转换的力量，此乃思考致富的第十步

“转换”一词的简单定义就是“将一种元素或能量形式改变或转化为另外一种元素或能量形式”。

性欲的激情也可以是一种心理状态。

由于对这一问题的普遍无知，人们通常倾向于从生理的角度去看待性欲。而且由于多数人在获取性知识时受到不正确的影响，他们还误认为性欲是纯生理的东西。其实它与心理有很大的关系。

性欲蕴藏了3种潜在的建设性力量。它们是：

1. 人类的繁衍。

2. 维持健康（它的治疗作用可以说是任何药品都无可比拟的）。

3. 经由性欲转换产生的力量是巨大的。

性欲的转换其实简单又好理解。它是一种心态的转换，其过程是把通过生理表现的意念转化为其他意念。

性欲是人类所有欲望中最强烈的一种。当被这种欲望驱使时，人们会产生前所未有的深刻想象力、勇气、意志力、毅力以及在其他时候所没有的创造力。渴求性接触的欲望非常强烈和冲动，以至于使人甘冒生命和名誉的毁灭危险，而沉溺其中难以自拔。

这股激发力如果得到适当合理地控制和引导，就会保留其强烈的想象力和勇气等优秀特质，成为一股可应用于文学、艺术或其他专业领域的强大创造力，当然也可以用来创造财富。

性能量的转换需要坚忍的意志力，不过其带来的回报是值得的。性欲的表达是天生、自然的。这种欲望无法也不该被埋没或抹杀，但它应该以丰富人类生理与精神的表现方式来发泄。如果不能通过转换的渠道来宣泄，它就会转向纯肉欲角度的冲动。我们可以修筑堤坝来控制河水，但这只能维系一段时间，河水终究需要寻找突破口来倾泄自己。性欲也是如此，它可以被压抑一段时间，但其天性还是会不断地寻求其表达方式。如果不用创造性的方式加以引导和转化，它就会以无价值的方式宣泄出来，成就与性的关系。

那些懂得利用创造性工作来转移性激情的人，无疑是十分幸运的。

科学研究揭示了以下重要事实：

1. 成就非凡的人具有高度发展的性特质，他们深谙性欲转换的技巧。

2. 成功的财富积累者，以及在文学、艺术、建筑等各种行业中获得卓越成就的人，都有一个背后的女人在驱动和影响他们。这些结论是两千多年来伟人传记和历史发现的经验结晶，其中凡是有关重大成就获得者的证据，都无一例外地体现了这些人拥有高度发展性特质的特征。

性欲是一种“不可抗拒的力量”，即使将身体捆绑住也无法使之消失。如若受到此强烈情绪的驱动，人们会获得一股超级的行动力量。明白了这一事实，就能领悟“性欲转换蕴育着创造力的秘诀”这句话的意义了。

无论人还是动物，如果破坏了性腺，就等于失去了行动的源泉。证实这点不难，可以观察

一下动物被阉割后的情形。阉割后的公牛会变得像奶牛一样温顺。阉割会使雄性动物（无论人或兽）丧失斗志。去除雌性动物的卵巢也会产生类似的表现。

## 10种心灵刺激物

刺激会给人的心灵带来回应，这种刺激可以激发高强度的大脑震波，比如我们通常所说的热忱、创造性想象力、强烈的欲望等。最易于激发心理反应的刺激物包括：

1. 表达性的欲望
2. 爱
3. 对名利、权势、财富的炽烈欲望
4. 音乐
5. 同性或异性间的友谊
6. 为了实现精神或世俗的成就，两人或多人和谐组建的智囊团
7. 共同的苦难，如受迫害者的经历
8. 自我暗示
9. 恐惧
10. 毒品和酒精

可以看到，性欲的表达名列刺激物清单的首位。它能最大限度地“增强”心欲，驱动行为的“车轮”。这10种刺激物中，其中8种是自然且具建设性的，另外两种是破坏性的。列出此清单的目的在于使你能够对心灵刺激物的主要来源做一个比较研究。我们不难得知，性激情极有可能是所有心灵刺激物中最强大、最有力的一种。

某个自作聪明的人曾说过，天才是“留着长发、吃古怪食物、独居、供他人取笑”的人。也许，更恰当的定义应是：“天才，是懂得如何提升思想深度的人，因而他们能获得一般思想程度所无法触探和获得的知识。”

对天才的这个定义，善于思考的人都会心生疑问。第一个问题便是：“人怎么去接触一般思想无法获得的知识？”第二个问题是：“是否存在某些唯有天才清楚的知识来源，如果确有，那这些来源是什么？还有，究竟如何去获得它们？”

我们将提供一些事实证据，方便你进行自我实验和证实。这样一来，也等于我们自动回答了这两个问题。

## 借助第六感来孕育天才

我们已普遍认同第六感存在的事实。第六感就是创造性想象力。大多数人一生中从未使用过它，有也只是偶尔地运用。有意识有目的地主动运用创造性想象力的人，为数相当少。那些能遵照个人意愿来使用它、充分了解它的特性并加以利用的人就是天才。

创造性想象力是沟通人类有限心智和无穷智慧之间的桥梁。无论是宗教领域的启示，还是发明界的基本或最新原理，都是通过创造性想象力捕获的。

## 灵感来自何处

构想或观念通过我们常说的“灵感”浮现在脑海，它产生的来源如下：

1. 无穷的智慧。
2. 个人的潜意识。任何通过五官抵达大脑的感觉印象和意念冲动都存放在那里。
3. 他人的想法。这个人通过有意识地思想表达了其意念、构想或观念的轮廓。

4. 他人的潜意识宝库。

这是能够激发构想或“灵感”的全部来源。

当10种刺激物中的一项或多项激发了头脑的作用力时，它便能使个人的思想水平得到提升，使之超越普遍水平。它也使一个人能够拟想的意念深度、远景和特质超过了一般较低层次的思想所能到达的程度。这种境界，不是一个人在解决事业上的问题和处理专业事务时所需的思考能力所能企及的。

不管你通过何种刺激方式将思想水平提升到较高层次，你会发现自己好比登上了飞机。飞到一定高度后，你处于一个相对高的超越了地平线的位置，此时你会看到平时在地面上见不到的景象。此外，一旦到达这样的思想高度，那么平常为了满足吃穿住等基本生存需求时，那些对你的视野造成限制的刺激物，此时已不再对你形成妨碍和约束了。这个人现在抵达的思想境界里，已经有效消除了普遍、乏味的思想，正如随飞机上升时，地面的山丘、山谷以及其他视觉障碍顿时被抛在身后一样。

一旦抵达这种思想高度，大脑的创造功能得以自由发挥，从而为第六感发生作用开辟了道路，个人因而能接收到在其他环境下所无法得到的构想。“第六感”说白了就是区分天才与普通人的一种能力。

## 创造力只有经常使用，才能得到培养与发展

对于“个人潜意识”以外来源产生的原动力，创造力会更加敏锐，也更容易接受它们。个人越是使用这种能力，就越会依赖它，且需要它来产生意念冲动。创造力只有经常使用，才能得到培养与发展。

大家所称的“良心”完全是通过第六感来发挥作用的。

那些杰出的艺术家、作家、音乐家和诗人之所以伟大，是因为他们充分发挥了创造性想象力的天赋，培养了自身依赖心底发出的“细微声音”的习惯。有“敏锐”想象力的人都知道，他们最好的构想都是来自所谓的“灵感”。

有一位伟大的演说家每逢在激起全场轰动之前，总是习惯先闭上眼睛，任凭创造性想象力发挥作用。当有人问他为什么在演讲高潮到来前要闭上双眼时，他答道：“只有那样，我才能说出来自心底的想法。”

美国一位最成功、最有名的金融家也习惯于在决策之前闭上眼两三分钟。他对这种做法的解释同样是：“闭上眼睛时，我能更好地发挥智慧的力量。”

## 发明家的金点子从哪儿来

马里兰州已故的埃尔摩·盖茨博士曾发明了200多项专利，大部分基本上都是通过培养与应用创造力的方式产生的。对想成为天才的人来说，盖茨博士无疑是这类人，他的做法不仅具有重要性，还十分有趣。盖茨博士正是世上少数真正伟大但不出名的科学家之一。

他的实验室里面有个完全隔音和不透光的“个人沟通室”。沟通室里面摆有一张小桌，桌上放着一叠纸。桌前的墙壁上有一个电钮，用来控制光线。当盖茨博士需要唤醒头脑中的创造性想象力时，他就会进入这个房间，坐在桌前，关掉电灯，专注于待发明事物的已知条件。他就这样静坐着，直到与发明有关的未知因素“闪入”脑海为止。

有一次，构想源源不断地涌现至脑海，他几乎花了3个小时记录它们。

当意念不再泉涌时，他细细检查笔记，发现上面详细叙述了一些原则。但这些原则无法在科学领域已有的资料积累中找到相同点。此外，问题的答案也已巧妙地呈现在笔记中了。

盖茨博士凭借为个人或企业提供“坐待构想”服务的方式获得报酬。美国一些最大的公司也

是他的客户，他们会按小时为他的服务支付丰厚的报酬。

推理在很大程度上依靠个人累积经验的指引，因此这种方式具有缺陷性。因为通过经验所获得的知识并不完全正确。而通过创造力取得的构想则可靠得多，这是因为其来源要比推理的来源更为可靠。

## 天才的工作方法也适用于你

天才与狂热发明者的最大差别，在于天才是通过创造性想象力的天赋进行工作，而那些狂热者则对此不甚了解。科学界的发明家一般会既利用综合性想象力又利用创造性想象力。

举例来说，科学界的发明家在开始一项发明之前，一般会通过综合能力（比如推理能力）来组织运用已知的知识，和根据经验得到的原则。如果他发现累积的知识不足以完成这项发明时，就会激发自身的创造性能力以谋取知识来源。这项工作的完成方式因人而异，但一般都必须包括下面两个条件：

其一，他会选用10种心理刺激物中的一种或几种，或自选其他的刺激物来激励自己，以使自己能发挥高于一般水平的功能。

其二，他会专注于要发明对象的已知因素（这是已完成的部分），并在心中努力构建其未知因素（未完成的部分）的完美影像。他会将此影像保留在心中，直到被潜意识接管，然后通过潜意识清除心中杂念，等待答案自动“闪入”脑中。

在这种方式下，有时能迅速而准确地获得自己想要的结果；有时则不然，这完全取决于第六感或创造力。

爱迪生先生在综合性想象力的作用下尝试了一万多种不同的构想组合之后，才终于得到制造电灯泡的答案。发明留声机时，他也有类似经验。

足够的可靠证据显示，创造性想象力作为一种天赋是存在的。仔细分析一下各行各业中未受广博教育却能成为领军者的人物便能找到证据。林肯就是伟大领袖中的突出范例。

他就是通过发掘、运用创造性想象力而日趋伟大的。他是在遇到安妮·拉特利奇并遭遇了爱的刺激后，才得以发现并开始运用这种能力，这也为研究天才来源提供了相关的重要事实。

## 性的驱动力

透过丰富的历史记载，我们发现不少伟大领袖的成就直接来自于女性的影响力。通过激起他们心中的性欲，她们唤起了这些领袖心中的创造力。拿破仑就是其中之一。当受到他的结发妻子约瑟芬的激励，他变得所向无敌。当他的“较佳判断力”和所谓理性使得他抛弃约瑟芬后，他就开始走下坡路。

我们可以轻易举出数十位为美国人所熟知的知名人士，他们都是在妻子的激励下登上成就的巅峰，并非只有拿破仑一人认识到性的影响力比理性创造的任何替代之物更为强大。

人脑会对刺激作出反应!

性激情是一种最大最强的刺激。如果能加以控制且转换得当，这股动力可以帮助人们提升自己的思想水平，使人能够掌控产生于较低思想层次的焦虑与烦恼的来源。

为了加深印象，我们参阅了一些人传记中的相关事实。下面都是一些成就卓越人士的名字，他们被公认为具有高度的性魅力。他们的天才无疑是从性欲转换中找到了力量源泉，他们是：

乔治·华盛顿

托马斯·杰斐逊

拿破仑·波拿巴

艾伯特·哈伯德

威廉·莎士比亚
艾伯特·加里
亚伯拉罕·林肯
伍德罗·威尔逊
拉尔夫·爱默生
约翰·佩特森
罗伯特·彭斯
安德鲁·杰克逊
恩里克·卡鲁索

你也可以根据你阅读的传记资料来对此名单进行补充。如果有可能，请试着在整个文明历史中，找出一个在某一行业中取得卓越成就、但不具备高度发展的性特质的人。

假如不想以前人的传记作为参阅背景，那么试图列出你所知的当代知名人士，然后看看是否能在其中找出一位不善于运用性魅力的人。

性能量是所有天才的创造性能量。不会有任何一个伟大的领袖、建筑师或艺术家或其他杰出人士，不具备这种性魅力，过去没有，将来也不会有。

当然，认为所有具备高度性魅力者都是天才的观点显然是愚蠢而错误的。只有添加进创造性想象力，让它激生我们的智慧，使之能汲取一切力量，我们才能成为天才。产生这种“提升”的刺激物，最主要的就是性能量，但仅拥有这股力量还不足以成为天才，只有将这股能量从肉体接触的欲望转化为其他正确合理的欲望和行为方式，一个人才能成为天才。然而，大部分人不但无法借助强烈的性欲望成为天才，反而因误解而滥用这股强烈的力量结果自己把自己贬为低等动物。

## 为何人在40岁之前很少成功

我选取了超过25000名人士作为研究对象，发现取得卓越成就的人很少是在40岁之前实现其功名的，而事实上，更多的人在50岁之后才拥有如此地位。这一事实令人惊讶，所以我仔细地探究了其中的原因。

研究结果显示，大部分人无法在四五十岁以前成功的主要原因，在于他们沉缅于肉欲式的性激情表达方式，以致过度耗费精力。大部分人都不懂得性欲望有潜力这一说，而实质上这种潜力的重要性远远超过了肉体表现的重要性。而了解这一点的人也多半是由于在四五十岁之前的性能量高峰期浪费了许多时间，然后才醍醐灌顶的。意识到这个层面，他们才开始取得显著的成就。

在40岁甚至40多岁还在浪费精力的人不在少数，而那些精力原本可以转化为更为有收益价值的渠道。他们的确是曾经精力充沛、头脑敏锐，但这些潜在的财富都被自己挥霍掉了。“年轻放荡”这句话就是对男性这种习惯的最好写照。

总之，性欲望无疑是人类情感中最强烈且最具驱动力的。正因为如此，这股力量如果得以恰当的控制并转换为肉体表达以外的行动形式，这个人就会得到很大的思想提升，进而取得伟大成就。

## 最强大的心灵刺激物

历史上曾有人借助酒精和麻醉剂的刺激，使自己达到天才的境界，这样的例子比比皆是。爱伦·坡在酒精的作用下写出了《乌鸦》这一诗作，并且“梦到了凡人从来不敢做的梦”。詹姆斯·惠特科姆·赖利也在酒后创作出了自己的最佳作品。或许通过这种方式，他才能够看到“现实与梦境的理想结合，河上的磨坊，溪上的薄雾”，抵达平常所不能想象的境界。

但也有一点值得注意，这些人大多到最后毁了自己。大自然为人类准备了玉液琼浆，供人们尽情地激发心智，使其激生出超凡脱俗、积极向上的思想，这些思想来自无人知晓的地方。至今还没有找到满意的替代品可以取代大自然的激励。

人的情感统治着这个世界，决定着文明的命运。人们的行为无疑受到理智的影响，但更受“情感”的影响。心灵的创造能力完全靠情感来驱动，而非冷静的理智。我们知道人类所有情感中最强有力的就是性激情。当然也存在其他心理激励物（前面我们已列出来部分），但其中任何一项，甚至它们的总和都无法和性的驱动力相提并论。

所有能暂时性或永久性地提升思想强度的影响力，都可以称作心理刺激物。通过这些力量源泉，个人可以随意进入自己或他人的潜意识宝库，与智慧进行交谈，这就是天才产生的过程。

## 个人魅力的宝库

一个培训指导过3万余名销售人员的老师有一项令人惊讶的发现，即具有高度性魅力的人通常是最具效率的推销员。

唯一的解释便是，一般称为“个人魅力”的个性因素正是一种性的力量。性特质得到高度发展的人总是拥有无穷的魅力。通过培养和认识这股强大的力量，可以有效地推进人际关系。在人与人之间传递这股力量的方式包括：

1. 握手。手的接触可以立即显示一个人是否有吸引力。

2. 声音语调。魅力或性能量会使人的声音更加悦耳迷人。

3. 姿势和举止。高度性感的人行动轻快而且优雅轻松。

4. 思想的悸动。具有高度性能量的人会把性激情与思想融合起来，或者可以按照自己的意愿挥洒自如，而且还可以以这种方式影响身边的人。

5. 服饰。高度性感的人通常非常注重自己的外表。他们会选择适合自己个性、身材和肤色的服装，形成自己惯有的风格。

雇用推销员时，精明的销售经理会将应聘者的个性魅力作为选拔雇员的“第一标准”。缺乏性魅力的人永远无法具备热忱的品质，也无法以热忱去感染他人。无论一个人推销的是什么，热忱都是推销术中最重要且不可缺少的因素。

如果公众演说者、辩论家、律师或推销员缺乏性魅力，那么这个“大缺陷”会阻碍其影响他人的能力。我们将这一点与另一个事实结合起来考虑，你就会明白，性魅力作为推销员的一项必备特征是极其重要的。这个事实就是，大部分人只有通过情感的力量才能真正受到影响。推销大师之擅长于有意无意地将性魅力转化为销售热情，这就是他们精通推销术的秘诀所在！性欲转换的真正意义，或许可以从这个说法中可以得到一个实际的反映。

推销员如果懂得将性欲努力转化成热忱和决心，并用以贯穿自己销售工作的始终的话，他已有形或无形地掌握了性欲转换的技巧。大部分成功转化性欲的推销员并不确切知道自己在做什么，或者是如何做到的。

转换性能量需要非凡的意志力，而这超过了一般人为此目的而愿意付出的努力程度。如果你觉得一时很难拿出足够的意志力来转换性欲，可以逐渐地培养这一能力。虽然它以强韧的意志力代价作为前提，但它由此所得的回报是远胜过所耗费的努力的。

## 性常会遭到愚昧无知和心术不正的人误解、诽谤和讽刺

绝大部分人对于整个有关性的主题都表现出无法原谅的无知。性欲经常会遭到愚昧无知和心术不正的人的误解、诽谤和讽刺。

一般来说，如果某些人具有突出的性魅力，他们通常被认为是有幸享有此特征，他们是幸运的。他们虽然是人群的焦点，但事实上，他们通常受到的是非议，而不是赞誉。

即使在这个开明开放的时代，还是有太多人错把高度的性特质当成了一种不幸，从而深感自卑。当然，这些称赞性能量的说法也不应被解释为是在为放荡性欲作辩护。唯有在明智、有辨别力的情况下，性激情才能衍生成一种美德。它很可能且经常性地被误用，这造成的结果是，不但无法丰富身心，反而贬低了它。

几乎每位成就卓著的伟大领袖背后都有一位给予激励的女性。而且在许多情况下，“当事的女主角”通常都是个谦逊、富有牺牲精神的妻子，一般大众对她们了解甚少，甚至完全不了解。

每个明智的人都知道，酒精和麻醉剂带来的过度刺激是一种毁灭性的放纵方式。然而，过度沉溺于性也可能演变成一种习惯，对创造力而言，它具有类似酒精和麻醉剂的破坏性。这一点却是很多人所忽视的。

一个沉迷于性的人和沉迷于毒品的人没什么差异！两者都无法控制其理性与意志力。很多妄想症患者就是因为缺乏对性真实功能的了解，而养成了不良的习惯。

如果一个人在性欲转换方面是一个白痴，那一方面这个无知者会受到严厉的惩罚，另一方面他们也无法获得丰厚的利益。

由于性问题一直被包围在神秘和回避的处境中，所以造成了人们的普遍无知。神秘和回避对年轻人产生的心理影响就和禁令产生的心理状态是一样的。结果，这个“禁忌”话题更大程度地激发了好奇心与深入了解的渴望。然而，所有的立法者和多数心理学家，他们往往是训练有素的、最有资格教导青年人的，却应该感到惭愧，因为这方面的知识一直都不易取得。

## 40岁之后的光辉岁月

很少有人在40岁以前就开始从事具有高度创造性的工作。一般人要在40至60岁之间才能达到创造力的最强大阶段。

这个结论是经过对数千男女的仔细研究后得出的。

这种说法对那些没有在40岁以前取得成功的人，以及40岁左右就开始恐慌“老年”的人无疑是一种有利的鼓励。按理说，40岁至60岁是一个开花结果的时间段。接近这个年纪时，不应心怀恐惧、忧虑，而是应该满怀希望、热切期待。

假如你需要证据来相信大部分人取得卓越成就都是在40岁以后，我建议你不妨研究一下美国人所熟悉的成功人士记录。亨利·福特是如此，直到过了40岁才走向成功。安德鲁·卡内基也是如此，他开始享受努力的成果时已是40多岁了。而詹姆斯·希尔在40岁时还在敲电报键，他取得惊人的成就也是在这个年龄之后。在美国企业家的传记里，证据比比皆是，这些都足以说明40岁至60岁的这段岁月是创造人生业绩的黄金时期。

人们开始学习性欲转换的技巧时间一般是30岁到40岁。这种发现通常是偶然的，而且经常是完全不自觉的。在35岁到40岁左右，人们可能注意到自己的能力增强了，但在大部分情况下，人们都不知道这一改变是如何造就的。在30岁到40岁期间，一个人爱的情感和性的激情自然而然地开始趋于和谐，因此他可以将这些强大的力量联结起来，使之成为一种激励行动的力量。

## 开启情感的动力

性本身就是一股可以激励行动的强大动力，但其力量就像飓风一样难以处于人的掌控之中。但是，一旦爱开始和性激情相融合时，其所引致的结果就是目标专一、心态稳定、判断准确、身心平衡。一个人如果到了不惑之年，仍然无法深谙此间道理，无法通过自己的经验得到验证的话，那真可谓是最大的不幸。

如果仅基于性激情，比如说在取悦女性的欲望的驱使下，男人可能也会获得导向伟大成就的能力，但其行为可能显得紊乱、扭曲，而且完全可能具有破坏性。在纯粹的性动机之下，男人为了取悦女性，可能会产生坑蒙拐骗、偷盗抢杀的行为后果。可是当性激情里有了爱的情感之后，对同样一个人他却能更明智、更平和地引导自己的行为。

爱、浪漫和性都能驱使男人达到成就的巅峰。爱有保持身心平衡宁静、诱导出建设性工作的作用，就如同设置了一个安全阀。如果爱、浪漫和性这3种情感结合在一起，它们就有可能将一个人提升至天才的地位。

情感是一种心理状态。自然赋予了人类这种“心理催化剂”，它的作用原理近似于物质的化学变化。众所周知，通过化学变化，化学家可以将数种化学物质混合成一种药剂，可以成为致命的毒药。而同样的成分如果剂量适当，它们的任何一种本身都是没有任何危害的。情感也是如此，它们可以融合起来生成致命的毒素。比如性激情和嫉妒相结合时，可能会使人成为丧失理智的野兽。

当人的心中出现一种或数种破坏性情感时，它们通过心理的化学变化，能够生成一种破坏正义感的毒素。

通往天才之路包含了发展、控制以及运用“性”“爱”和“浪漫”这3种情感。这一过程大致如下：

应该鼓励这些情感的出现，让它们上升为心中的支配性意念，用来抑制所有破坏性情感的产生。心理是习惯的产物，它会依赖灌输于其中的主宰意念而茁壮成长。人借助意志力，既可以抑制任何情感的产生，也可以助长任何情感的产生。

通过意志力来控制心理其实并不难。控制来自于毅力和习惯。理解这个转换的过程就是控制的秘诀。当出现任何消极情感时，都可以通过改变个人思想这一简单过程，将其转化为积极的或建设性的情感。

要想成为天才的唯一途径就是依赖自我努力。一个人也许可以仅在性的驱动下，到达经济或事业成就的巅峰，但历史事实也充分显示，这些人可能（且通常如此）在性格上具有某些特质，从而剥夺他守住或享受财富的能力。我们应该对这一点进行深刻地思考和分析。因为它反映了一个事实，了解这一事实对女性和男性同样有帮助。而那些数以千计的拥有财富却失去了享受幸福权利的人，正是缘于对这个事实的疏忽和无知。

## 爱是一种闪耀着多个层面色彩的情感

关于爱的记忆永不会消逝，即使在刺激消失后，这种记忆依然会长久徘徊在心中，指引人并对人产生影响，这是一种真实常见的情形。每个被真爱打动过的人都知道，在内心深处永远都会为这份爱留出一个位置。爱的影响会长存，因为爱的本质是精神的。得不到爱的激励的人如同一具行尸走肉，他感受不到希望，也无法登上成就的高峰。

时常回味美好的曾经，让心沉浸在昔日爱的温柔光芒中，则会减轻眼前的忧虑和苦恼，让你暂时逃避不愉快的现实生活。甚至于在你经历了这趟短暂的回忆旅程之后，你的心灵会收获一些新的构想和计划，它们会给你带来人生经济地位或精神地位的飞跃，这些谁又敢说一定不是呢。

假如你因为自己爱过却又失去爱而觉得不幸，那么请抛弃这种想法。因为，凡是真正爱过的人都不可能完全失去爱。反复无常是爱的个性，它经常说变就变。有爱时，就好好地把握，尽情地享受，但不要时时忧虑它将离你而去，因为忧虑不起任何作用。

也不能抱有真爱只有一次的念头。爱去了还会再来，不会限定次数，但这个世界上不会存在两份相同的爱，它们会以各自差异的方式去影响人。通常，某一份爱的经历会在心中留下较为深刻的记忆。

但是，所有的爱都是财富，除非一个人在失去爱时变得愤世嫉俗。

假如一个人知道爱和性之间存在差异，就不应也不会对爱失望。二者的主要区别在于爱是精神的，而性是生理的。除非出于无知或嫉妒，否则以精神力量触动人心的体验是不可能有害的。

不置可否，爱是人生最重大的体验。当它与浪漫和性结合时，可以引领人表现出高度的创造性。如果说筑造成就的天才是个三角形，那么这个三角形的三条边分别是："爱"的情感、"性"的情感和"浪漫"这种情感。

爱是一种闪耀着多个层面色彩的情感。但在所有的爱当中，最强烈、最炽热的爱是当其与性融为一体时的体验。

婚姻中如果没有爱与性的和谐所产生的亲密感，就不可能幸福，而且很少能够维持长久。如果只有爱，或者只有性，都无法为婚姻带来真正的幸福。这两种美好情感通过互相融合所产生的婚姻，是世人一直渴望和追求的理想的精神境界。

## 妻子可以成就男人也可以毁灭男人

如果能正确理解这一问题的答案，许多婚姻就可以由混乱走向和谐。絮絮叨叨的抱怨以及由此带来的不和谐通常归因于对性缺乏了解。如果男女对于爱、浪漫、性激情的功能这三者有正确的理解，夫妻之间就会和睦相处。

如果妻子能深谙爱、性、浪漫三者间的关系，那作为她的丈夫无疑是幸运而幸福的。在三者相互交织融合产生的推动作用下，男人们不会觉得劳动是一种负担。他们觉得劳动也是基于爱的表现，哪怕是忙于最低级的劳动。

有句古语说得很好："妻子可以成就一个男人，亦可以摧毁一个男人。"其中的原因我们很难明确解释。但可以这样说，结果是"成就"还是"摧毁"，取决于妻子对爱、性、浪漫三者之间关系的理解与掌握程度。

对于一个女人来说，如果你和你的丈夫之间曾经真心相爱，最终却遭遇他喜新厌旧的变故事实，最通常的原因是做妻子的在性、爱、浪漫方面的无知与疏忽所引致的。这样的事实同样适用于遭遇妻子变心的男人。

已婚者经常为各种琐事争吵不休。细细想来，不难发现这些矛盾争吵的背后，一般都是由于双方不够了解、不够关心爱、性和浪漫的问题。

## 女人之于财富的价值

取悦女人是促使男人奋斗的最强劲动力。在文明之前的原始社会，男性猎手们勇猛狩猎争夺战绩，也是为了吸引女人的注意和青睐。从古至今，这都是男人的本性。只不过现代"猎手"争夺的"猎物"从古代的野兽、毛皮转变为如今的衣服、汽车和财富，但本质是都是为了赢得女人的芳心。改变的只是取悦女人的方式，男人们对女人的欲望从未改变。从这个角度说，现代男性争夺财富、追逐名利，实质上还是为了满足取悦女人的欲望。对大部分男人而言，一旦失去自己心爱的女人，即使拥有金山银山也索然无味，一切毫无意义。之所以说一个女人可以"成就"或"摧毁"一个男人，正是基于男人天生想取悦女人这点事实来考虑的。

熟悉并深知男人的本性，且懂得聪慧巧妙地迎合男人需求的女人，根本不用担心自己的男人被其他女人抢走。男人是一种奇怪的动物，在同性面前他可能是个具有钢铁般意志的"巨人"，但在自己选择的女人面前甘愿被摆布。

不过，雄性动物的天性是喜欢被尊视为强者，所以男人们大都不愿意承认自己会受制于自己的女人。而明智的女子当然知道这个道理并会加以利用，她们不会就此和自己的丈夫争个高低，也会欣赏称赞这种男子气概。

也有些男人知道自己易受生命中的女人（妻子、母亲或姊妹）的影响，但他们并不过度反感和抵触这种影响力。因为这些人很明智，知道如果没有一个合适的女人对其施加适度影响，他们就不会快乐，也是不完整的。不能清楚认识这一事实的男人，固然会失去取得成就所必需的这一类强大力量。

# 第十二章
# 潜意识——能量的发源地

## 利用这座桥梁，此乃思考致富的第十一步

潜意识包含有一个意识领域。通过人类身体的感官传递给潜意识的所有意念冲动，都会在这个意识领域中进行分类和记录。这个意识领域就像一个档案柜，函件可以从档案柜中自由取放，人的思想冲动也可以通过这个领域被唤醒或放回。

任何性质的思想冲动都会被潜意识所接受吸纳，并进行分类。任何你渴望转化为实质或金钱对等物的计划、意念或目的，都可以自动植入潜意识中。潜意识最先对与情感（例如信心）相结合的主导欲望作出回应。

请同时回顾“欲望”一章里的6个步骤，并按照“计划”一章里的要求去做，你能更加体会潜意识思想的重要性。

潜意识日以继夜地持续工作着。它按照一种不为人知的方式运作，结合各种媒介的力量，自动地将人类的欲望转化成实质对等物。

你无法完全控制潜意识，但你可以按意愿将你希望实现的计划、欲望或意向传达给它。请参阅“自我暗示”一章中有关“潜意识”应用的原则和要求。

## 潜意识是永不停歇地处于运转之中的

潜意识的创造能力是令人惊讶的，它能产生巨大的激励作用。

每次谈到潜意识时，我总不免自感渺小与卑微，也许人类对它的了解真的太微不足道了。

假如你承认潜意识的存在，并清楚它作为一种将欲望转化为实质或金钱对等物的媒介时，你就会了解“欲望”一章所揭示的全部含义。你也会明白，为什么作者会反复提醒你必须拥有明晰的欲望，并且把它们清楚地写在纸上。你当然也会了解在施行这些指示时毅力的必要性。这13项原则是一些激励物，依托它们你能获得接触与影响潜意识的能力。在第一次尝试时若失败了，一定不要灰心丧气。记住，在“信心”一章的指示下，潜意识只有通过习惯才能受到自己意愿的指引。也许目前你还无法建立信心，但只要有耐心、有毅力，建立信心就不是难事。

为了培养你的潜意识，我们对“信心”和“自我暗示”这两章中的许多重要道理进行重述。请记住，无论你是否努力对自己的潜意识施加影响，它都会自动起作用。这一点自然也是在暗示你，恐惧、贫穷以及其他类似的消极思想，也一样能充当潜意识的刺激物，除非你能很好地掌控这些冲动，并灌输给潜意识更适宜的养分。

潜意识是永不停歇地处于运转之中的。如果你疏于在潜意识中植入你的欲望，它便会接受任何思想。这一点我们已强调过多次，无论是积极的还是消极的意念冲动，它们都会源源不断地通过“性欲转换的奥秘”一章中提过的3种途径传达给潜意识。

现在，你要记住，你每天都生活在形形色色的意念冲动中，而它们在不知不觉中不断被传递给潜意识。这些意念冲动既有积极的，也有消极的。所以你现在要学会努力地抑制消极的思想冲动，并通过积极的欲望冲动对潜意识自发地施加影响。

当你能够做好这一点后，就自然拥有了开启潜意识之门的钥匙。

不仅如此，你还能完全控制潜意识这扇门从而使其免受任何破坏性意念的影响。

人创造发明的任何一件事物，都是始于意念。借助想象力的扶持，人的意念冲动可以生成计划。在适当的控制下，想象力可以为计划或目标的创建提供服务，从而引导个人在自己选择的事业上走向成功。所有意图转化为实质对等物而自动植入潜意识的意念冲动，都必须经过想象力与信心结合。换而言之，要将信心与计划或目标相结合，再传递给潜意识，唯有通过想象力才能实现这个过程。

综上所述，聪明的你应该已经体会到，想要自觉地利用潜意识，需要学会协调应用所有原则。

## 如何利用积极情感

与情绪或情感相结合的意念冲动，比单独由理性产生的意念冲动更容易影响潜意识。也就是说，只有结合情感的意念，才能对潜意识产生行动的影响力。这一理论的例证不计其数。众所周知，情绪或情感可以控制大多数人。如果说对融合了情绪的意念冲动，潜意识真会做出较快地回应，也较易受它们影响的话，那么认识这些重要的情感就变得十分必要。人类主要的积极情感有7种，消极情感也有7种。消极情感会自动注入意念冲动中，而这恰好是确保进入潜意识的通道。积极情感则需通过“自我暗示”原则才能注入个人希望传递给潜意识的意念冲动，具体原则可参见有关“自我暗示”一章。

这些情绪或情感冲动，可以比作制作面包用的发酵粉，它们的存在使得意念冲动由被动状态转成主动状态。所以，我们可以理解，为何经由情感结合的意念冲动，比仅靠“冷静理性”产生的意念冲动更加有效。

现在，你是正准备影响和控制潜意识的“内在听众”，以便能将自己的致富欲望传达给潜意识。所以你有必要了解接近“内在听众”的方式。你要掌握它能听懂的语言，否则它就无法接收你的召唤。那么，这种“内在听众”最了解的语言就是情绪或情感的语言，所以让我们在此列出7种主要的积极情感和7种主要的消极情感。这样，当你在给潜意识下达命令时，就可以主动利用积极情感而避免消极情感了。

## 7种主要的积极情感

1. 欲望
2. 信心
3. 爱
4. 性
5. 热忱
6. 浪漫
7. 希望

这是人类所有积极情感中最为主要、最为强大的7种，它们在创造性工作中得到了最广泛的应用。先学会掌控这7种情感（唯有通过使用方能掌控它们），然后在你需要的时候便能轻易掌控其他的积极情感。因此，要记住，你正在阅读的这本书会让你心中充满积极情感，这能培养你的“财富意识”。

## 7种主要的消极情感

1. 恐惧
2. 嫉妒

3. 怨恨
4. 报复
5. 贪婪
6. 迷信
7. 愤怒

积极情感和消极情感不会同时占据你的意识，一定只有一种居于支配地位。因此你务必使你的积极情绪成为内心意识的主宰，你应该承担这个责任。在这方面，“习惯法则”便十分有效。也就是说，你应该养成具备积极情感的习惯，将消极情感堵在心灵的门外。

只有刻意且持续地遵循这些指示，才能拥有影响潜意识的力量。意识中只要蹿出了一种消极情感，就足以使得所有来自潜意识的建设性机会通通毁灭。

人人都有权企求财富，
多数人都渴望得到财富，
但是只有少数人知道，
明确的计划加上对财富的强烈欲望，才是积累财富的唯一可靠途径。

# 第十三章
# 大脑拥有神奇力量

## 思想的发射站和接收站，此乃思考致富的第十二步

约40年前，本书的作者与E. R.盖茨博士、已故的亚历山大·格雷厄姆·贝尔博士合作研究发现：人类的大脑既是思想震波的发射站，也是思想震波的接收站。

与无线电广播原理相似，每个人的大脑都能够接收他人大脑释放出来的思想震波。

根据这个原理，我们将其与“想象力”一章中的创造性想象力来进行对比思考。创造性想象力是大脑的“接收装置”，它接收他人大脑释放出来的思想。这是意识或者理性思维与接收思想刺激的4个来源之间的沟通工具。

当人受到刺激，或思想震波的频率较高时，人的心智更易接受外界传递的思想。这个加快过程通过积极情感或消极情感而完成。情感的刺激作用能够加速思想震波的频率。

就情感的强烈程度和驱动力排名来看，性在这方面的作用高居所有情感之首。因此，大脑在受到性的刺激时，其活动频率远高于情绪稳定或无情绪时的状态。

性欲转化的结果是思想的提升，它使创造性想象力在接收意念时更加容易。另一方面，当大脑快速工作时，它不仅能够吸收他人大脑释放出来的思想和意念，也会在自己的思想意念中产生一种感觉，而这种感觉正是意念被潜意识接收并产生作用之前所必需的。

潜意识是大脑的“发射站”，创造性想象力则是“接收站”。思想震波通过前者发送出去，而后者的功能是接收思想能量。

我们知道，潜意识和创造性想象力，它们二者构成了大脑广播设备的发射站和接收站。除此之外，“自我暗示”也是必不可少的一项重要因素，它是使“发射站”发挥功用的工具。

通过“自我暗示”一章提供的指示，你已经知道了将欲望转化成金钱对等物的方法。

操纵大脑“发射站”使其进入作业状态，这个程序并不复杂。每当你需要使用“发射站”时，你要熟记并运用的只有3种原则：潜意识、创造性想象力和自我暗示。而欲望是刺激你将这3种原则付诸行动的关键，对此我在前文已做过详细阐述。

## 神奇的大脑

很重要的一点是：人们即使拥有显赫的文化与教育背景，却仍很少或完全不了解思想的无形力量。虽然对于有形大脑以及可用来将思想转化为物质对等物的复杂作用极大，但我们的所知仍是有限的。但值得庆幸的是，人类已进入思考此问题的启蒙阶段。科学家已经开始将注意力转向被称为“大脑”的这种具有惊人力量的器官上。虽然这方面的研究仍处于启蒙阶段，但科学家已经发现了足够的证据，可以证明在人脑的中枢里，用于连接脑细胞的线路数目为数字“1”后面加上1500万个“0”。

“这是一个比天文数字还要惊人的数据。”芝加哥大学的C.贾德森·赫里克博士说，“相比之下数亿光年的天文数字也不过如此了。据估计，人类的大脑皮层中有100~140亿个神经细胞，并且它们是按一定方式排列的。这些排列并非是随意的，而是遵循一定秩序的。最近发展起来的电生理学方法，它能从精确定位的细胞中，或具有微电极的纤维中，排除其作用电流，再以无线电管增强它，结果记录的潜在差异达到了百万分之一伏特。”

这样一个错综复杂的机能组织的存在，如果说其唯一功用就是延续身体成长和维持生理功能，这实在令人难以置信。这样的系统能够为数十亿个脑细胞提供彼此沟通的纽带，那么也很可能为我们提供彼此间无形力量的沟通了。

《纽约时报》的一篇社论报道，在精神现象领域，至少有一所伟大的大学和一位聪明的研究员正在进行一项有组织的研究，它得出的结论与本章及下章的内容大体相似。这篇社论简要地分析了莱恩博士及其在杜克大学的同事所做的工作。我们来看下面这篇社论。

## 何谓“心灵感应”

莱恩博士及其同事在杜克大学的研究产生了卓越的成果。通过数十万次的试验，他们证实了“心灵感应”和“超视觉”的存在。这些结果在《哈泼杂志》的前两篇文章中做了概述。在现在刊出的一篇文章中，作者E.H.赖特试图将有关这些“超感觉”的所有发现或者一些似乎合理的解释做了一个总结。

现在，基于莱恩博士的研究结果，一些科学家也表示认同，认为心灵感应与超感觉确实存在。在试验中，有多位具有超感力的人被要求在看不到且无法感觉到纸牌的情况下，将一副特定的纸牌尽可能地说出来。结果发现，约有60个人可以准确地识别出纸牌，这个数字使我们认为：“他们绝不可能靠运气或巧合而表现出这样的技巧。”

但他们是如何做到这一点的呢？假定他们确实拥有某种力量，那这种力量也是基于感官之外的。现有的器官不可能产生这样的感觉。在数百里之外进行此项实验，得到的效果和在室内进行的一样。赖特先生认为，这些事实倾向于使人试图通过物理放射理论来解释心灵感应与超感觉。

任何已知形式的放射能量都会随着距离的加大而减弱。但心灵感应和超感觉不是这样。心灵感应和超感觉会因人而异，正如其他精神力量在每个人的身上有所差异一样。与普遍的看法不同，具有超感觉的人处于睡眠或半睡眠状态时，这种现象不会增强，相反，当他们清醒或警觉时，这些力量最强。莱恩发现，使用麻醉剂会降低超感觉者的测试成绩，而使用刺激物能改善测试者的表现。即使是最可靠的试验对象，也必须尽其所能，否则难有良好的表现。

赖特极具信心地得出一个结论，即心灵感应和超感觉确实是同一种天赋力量使然。换句话说，“看出”扣在桌上的纸牌似乎和“读出”他人心中意念的能力是同一种力量。有几个理由可以证实这个观点。例如，在具有上述任何一种能力的人身上也会发现另一种能力。而且，到目前为止，一个人拥有这两种能力的强度几乎是一样的。屏障、墙壁和距离都无法对任何一种力量起阻碍作用。根据这一结论，赖特进而表示，他所提出的纯粹为“预感”的其他超感觉体验、预示性梦境、灾祸预感及类似情形都有可能实际上是同一种能力。我们并不要求读者接受这里的任何一种结论，除非他们认为有必要，但莱恩收集的证据给人留下了深刻印象，这点无疑是我们必须承认的。

### 心灵感应之于团队力量

莱恩博士的“超感觉”感应认为，在某些情况下大脑会对所谓的“超感觉”作出反应。就此，我和同事进行的一项实验正好为这一论点提供了事实证明。我们发现，在理想的情况下，大脑的确可以得到刺激，因而我们下章要讲述的“第六感”真的会因此而发生作用。

我说的理想情况是指我与两位同事间的密切合作。通过试验和练习，我们发现了一种激发智慧非常有效的方式（运用了下章中的“隐形顾问”原则），即，将3个人的智慧合而为一，共同应对客户提出的各种问题，合力思考解决办法。

这个过程非常简单。我们坐在会议桌前，说明所面临问题的性质，然后开始讨论。每个人都尽可能将自己的想法提出来。这种智慧激发方式的奇特之处，在于每个参与者都能与自身经验之外的其他未知知识来源进行沟通。

假如你了解过“智囊团”一章中所述的原则，那你应该能够看出此处的圆桌会议模式，本质上就是智囊团原则的运作表现。

3个人围绕同一个明确的问题各抒己见，这种激发智慧的方式是智囊团原则的最基础、最实际的应用。

学习该原理的任何一个人，通过采取类似的智囊团计划，都可以得到“作者的话”中所述的卡耐基秘诀，从而获得成功。如果你现在对此还没找到感觉，那么先将这页做个标记，暂时跳过，等阅读完最后一章后，再重新回到这里温习一遍。

成功的阶梯，越往上越不会拥挤。

# 第十四章
# 第六感：最接近奇迹的东西

### 打开智慧殿堂的大门，此乃思考致富的第十三步

思考致富的第十三项原则就是第六感。这项原则是本哲学的顶点。只有在熟悉掌握前面12项原则的条件下，才有可能吸收、理解和应用这一项。

第六感就是潜意识中被称为创造性想象力的那个部分。

它也是曾经提到过的大脑的“接收装置”，人的各种构想、计划和意念就是通过它进入脑海的。这种灵光乍现的情形就是我们称作的“预感”或“灵感”。

第六感无法形容，也无法向尚未掌握该哲学其他原则的人描述，因为这种人没有可以用来和第六感相参照的知识和经验。

一个人只有不断发展其心智，学会沉思冥想，方能对第六感有所认识。

掌握了本书的原则后，你会接受和认同原本认为不可思议的一些真实说法，它们是：

借助第六感，对于即将发生的危险，你能及时得到警告从而得以避免，而且你也能及时发现机会的来临并抓住它。

随着第六感的逐渐养成，你会感觉身边如同有一位“天使”在冥冥之中指引你，它服从你意志的吩咐，为你开启智慧殿堂的大门。

## 第六感是我最接近奇迹的东西

本人绝非奇迹的追捧者，亦非奇迹的鼓吹者，因为我对自然界有足够的了解和认识，知道大自然从来不会偏离它既定的法则。而有一些自然法则实在难以为人类所理解，所以产生了一些看似“奇迹”的东西。第六感就是我所经历过的最接近奇迹的东西。

作者知道，有一种力量或者说原动力，渗透于每种物质的原子之中，充斥着人们感受到的每个能量单位。由于这种力量的存在，橡树种子才得以成长为橡树，水流才得以遵循引力原理向低处流，才会有日夜更替、四季轮回，万物各得其所，相得益彰。运用这一哲学规律，欲望就可以转化为具体或实际形态。作者知道这一点，是因为他做过试验，具备这样的经验。

在阅读完前面各章的基础上，你已经被逐步引入最后这个原则。假如你已经掌握了前面各项原则，那么现在你可以毫不怀疑地接纳此处的惊人说法了。假如你还未掌握好其他原则，那么你必须先补上这一课，才可以明确地判断本章所说的是事实还是虚构。

当我处于曾经“英雄崇拜”的阶段，我也努力模仿过我最为敬佩的人。后来我发现，在我全力模仿偶像的过程中，是信心赋予了我强大的能力，使我得以实现目标。

## 让伟人塑造你的人生

我从未放弃过英雄崇拜的习惯。因为经验告诉我，如果无法成为真正的伟人，也要模仿伟人，在感觉和行动上尽可能地接近他们。

早在发表诗文或公开演讲之前，我就决心依靠模仿伟人来实现自我个性的重塑。我选定了9位伟人，他们是爱默生、潘恩、爱迪生、达尔文、林肯、伯班克、拿破仑、福特和卡内基，无疑他们的生平和成就对我产生了巨大的影响。在很长一段年月里，每个晚上我都和这些伟人们举行想象式的例会，我把他们当作看不见的咨询顾问。

会议是这样展开的。每晚临睡前，我闭上眼睛，然后尽力想象着我和这群人一起围坐在会议桌前。这时候，我不仅有机会置身于这群伟人之中，事实上我还担任主席来指挥他们。

每晚，我都怀揣着十分明确的目的去参加想象中的会议。这个目的就是我发誓要重塑自己的性格，使自己成为伟人们各种性格品格的结合体。这是因为我很早就认识到，必须要克服我出生时那个无知和迷信环境形成的障碍。所以我有意通过上述方法，以求重塑自我。

## 通过自我暗示打造个性

我当然知道，每个人的支配性意念与欲望决定了他们的性格样貌。我也知道，每个人心灵深处的强烈欲望都会促使其不断寻求外在表现，而通过这种表现，欲望才得以化为事实。我还知道，自我暗示在自身个性塑造的过程中是一项至关重要的强有力因素。而实际上，借助自我暗示也是塑造个性的唯一原则。

有了这些认识，我就具备了重塑个性所需的装备条件。在这些假想会议中，我要求每位会议成员为我提供我所需的知识，我会与他们交谈出声：

爱默生先生，我渴望从你那里获得了解自然的神奇力量，它曾使你的一生如此杰出不凡。我要求你将所有的品质，也就是那些使你了解自然并适应自然规律的品质，深植进我心灵的潜意识里。

伯班克先生，我请求你传授给我如何使得自身与自然规律协调一致的知识。你曾借助这些知识，使得仙人掌脱刺后变成可食之物。请告诉我你是如何使只长一个叶片的草现在长出了两片叶。

拿破仑，我要向你学习，我渴望获得你所具有的神奇才能，这种可以鼓舞他人，并唤醒人们更强大、更果断的行动精神的能力。同时，我还想获得促使你转败为胜、克服重重障碍的持久信心的精神。

潘恩先生，我渴望从你那里获得不同于凡人的那种自由思想，以及表达个人见解的勇气与清晰思维，它们让你如此卓尔不凡。

达尔文先生，我希望从你那里获得那种永不枯竭的耐心，以及你在自然科学领域中清楚示例、毫无偏见地研究因果关系的能力。

林肯先生，我希望在自己的性格中添加你所特有的强烈正义感、永不疲倦的耐性、幽默感，以及对人性的理解和宽容。

卡内基先生，我希望彻底了解你用来有效建立庞大工业企业的各项组织原则，希望知道是如何通过这些原则来达成合作努力的。

福特先生，我希望获得你的坚毅、决心、镇定和自信心，这些品质帮助你战胜贫困，组织、团结及简化人类的工作。我要效仿你来获得这种能力，帮助他人朝你看齐行进。

爱迪生先生，我希望从你那里获得发现无数自然奥秘的神奇自信心，以及你不辞辛苦、从无数失败中追寻成功的不懈精神。

## 开启灵感的源泉

在大脑细胞的组织结构中，存在一个接收思想意念震波（一般称为“预感”）的器官。但科学至今还不知道这个第六感官位于何处，但这并不重要。事实上，人类的确是在通过身体五官以外的来源来准确接收知识的。通常，这种知识的接收都是在大脑受到非凡刺激的情况下产生的。任何激发情感、让心跳加速的紧急状态通常都会刺激第六感，使其活跃起来并发生作用。曾在驾车时险些出车祸的人都知道，在这种场合，第六感总会在千钧一发之际突然驾到，从而挽救了本来要发生的事故。

我必须坦承的一个事实是，与“隐形会议成员”进行交谈时，我发现我的大脑最容易接收通过第六感传来的意念、思想和知识。

在我数十次面临紧急情况时，有些甚至严重到危及生命，我都是凭借“隐形顾问”的影响力，使得我奇迹般地渡过了难关。

我创造虚拟会议的初衷，只是想亲身体验自我暗示原则的魔力，让我渴望得到的一切个性品质在我的潜意识里留下深刻的印象。近年来，我的实验开始有了不同的做法。现在，我会拿困扰我和客户的难题来请教虚拟顾问。虽然我并不完全依靠这种咨询方式，它却经常有着惊人的效果。

## 一种缓慢增长的强大力量

第六感不是一个你呼之即来挥之即去的随意的东西。你需要掌握本书所述的各项原则，才能逐渐地、缓慢地获得运用这种非常力量的能力。

无论你是谁或怀揣何种目的阅读此书，即使你不了解本章所描述的原则，也一样能因它而受益。假如积累财富或其他有形物质恰巧是你的主要目的，那么你会格外受益。

本书之所以涵盖“第六感”这一章，是因为本书的宗旨乃是提供一种完整的哲学，让每个人都能借以正确地指引自己，实现自己追求的任何人生目标。任何成就的起点都是欲望。终极目标则是寻求认知：认识自我，了解他人，认识自然法则，认知和理解幸福。

只有通过熟悉和运用本章的第六感原则，这种了解认识才会日臻完善。

读完本章后，你肯定已经发现，自己已于无形中上升到了一个更高的精神刺激层次。真棒！请一个月后再回到这里，重读一遍，你会注意到自己的心将飞向更高的刺激层次。

温故而知新，不要太在意每一次的所得所感，而是要注重反复强化和积累，到最后你会自然而然发现自己拥有了一种力量，使你能够抛开失意气馁，驾驭恐惧，克服拖拉并自由地运用想象力。彼时，你会真正感受到曾经让你不可捉摸的那种未知力量，而它永远都是每位真正伟大的思想家、领袖、艺术家、音乐家、作家和政治家的驱动力。届时，凭借那股力量你就能够化欲望为实质或经济对等物，这种情形会如同你遭遇挫折就想立即放弃的情形一样容易。

# 第十五章
# 恐惧是一种自设的东西

## 剖析自我，找出成功路上的“拦路虎”

亲爱的朋友们，在成功运用本哲学的任何部分之前，我们必须先做好接受它的准备。准备工作并不难，开始时只需研究、分析和认识你必须除掉的3个敌人：犹豫、怀疑和恐惧。

只要头脑中有这3种或其中任何一种消极情感，第六感就无法发挥作用。这3种邪恶的情感就如同“三人行”一样形影不离，密切相伴，找到其中一个，另外两个就在不远处了。

请记住，犹豫是恐惧的幼苗！犹豫会发展成怀疑，而忧郁和怀疑结合在一起就是恐惧！这个“结合”的过程通常是缓慢的。三者在这个过程中不知不觉地发芽、成长，这也是它们三者非常危险的原因之一。

本章阐述了一个目标，该目标必须在这个哲学加以实际应用之前先行实现。本章还分析了导致许多人贫穷的情形，也讲述了一项所有致富者需要了解的事实。这种财富可以是金钱，还可能是大于金钱价值的心态。

本章的目的主要是分析六种基本恐惧的形成原因和补救方法。在征服敌人之前，我们必须知道它的名称、习性和所处位置。因此读完本章后，请对照检查自己，查看这6种常见的恐惧类型你是否沾染？沾染了哪几种？

不要被这些狡猾敌人的习性所欺骗。有时候，它们会藏匿于潜意识之中而难以发现，除掉它就更难了。

## 恐惧无非是一种心理状态，而每种心理状态都可以调控

人的基本恐惧可以概括为6大类，一般情况下，每个人都要受到其中一些恐惧的困扰。倘若有人能完全避免遭受这6种恐惧的侵袭，恐怕只是万幸。根据它们的出现频率从高到低排序，这6种恐惧依次是：

1. 对贫穷的恐惧。
2. 对批评的恐惧。
3. 对病痛的恐惧。
4. 恐惧失去爱情。
5. 对衰老的恐惧。
6. 对死亡的恐惧。

其他类型的恐惧都不及这6类常见，也大都可以归并于其中。

说到底，恐惧无非是一种心理状态，而每个人的心理状态都是可以调控和引导的。

如果没有任何冲动式的想法或意念，人类就不可能有任何创造的诞生。继此说法之后，还有一个更为重要的观点是：不管人的思想冲动是不是自发的，这种意念都能迅速转化为相应的实际对等物。无论这种思想意念是拾人牙慧的偶然所得，还是呕心沥血的自我设计创作，它都能决定一个人在社会经济领域的发展命运。许多人对这样一个普遍存在的重要事实感到不解：为何有些

人的成功显得如此“幸运”，而某些在能力、教育、履历和智力各方面具备相同条件甚至更优条件的人，在通往成功的路上却屡遭不幸。

我们也许可以这样解释，即每个人都具备控制自己心智的能力，这意味着他可以选择敞开或紧闭自己的心门。因此，有人选择“对外开放”，乐于并善于吸纳他人产生的各种游移不定的意念冲动。同样，也有人是“闭关锁国”，只允许那些经过自己选择的思想进入心门。

大自然赋予人类与生俱来的绝对控制能力，但它仅能掌控一样东西，那便是人的思想，或者说是意念。这一事实，与前文所述的“凡人类之创造，皆始于意念”的事实一结合，就使得人类朝克服恐惧的原则迈进了一大步。

假设所有的意念都有表现为实质对等物的趋向乃是真理（这确实毋庸置疑），那么恐惧和贫穷的思想冲动也就根本不可能转化为勇气和收益。

## 心态是一种自设的东西

贫穷和财富二者之间不存在折中点，因为它们通往两个完全相反的方向。假如你想要财富，就必须拒绝接受任何导致贫穷的环境（此处使用的“财富”一词，是最广义的解释，它指的是经济、精神、心理和物质的资产）。一切财富的起点都是欲望。在本书的第一章中，我们已经向你讲述了如何正确利用欲望。而在谈论“恐惧”这一章中，我们则展现给你在应用欲望的过程中所应有的心理准备。

那么，这里就给你提出一个挑战，让你准确测定自己对本哲学了解了多少。这也正是你可以成为先知，且准确预知未来的关键。如果你读完本章后，仍然决意安于贫穷，那我们无话可说也无权干涉。但是，你必须做出选择。

假如你要财富，那么请先决定你想要哪种形式的财富，以及你渴望的财富数量。你已经知道了通往财富之路，也得到了它的路线图，如果你循着路线图前进，就可沿路抵达。假如你踌躇不前或浅尝辄止，那么你自己就难辞其咎，无从抱怨他人。这是你自己所应承担的责任。假如你现在无力要求或拒绝要求人生的财富，那么你更没有借口逃避责任，因为接受财富只需一样东西，一样恰好能被你唯一控制的东西，那就是心态。心态是一种自设的东西。它无法用金钱购买，而必须由自身创造出来。

## 对贫穷的恐惧是一种最具破坏性的恐惧

对贫穷的恐惧仅仅是一种人的心态，不过如此！但是，它也足以扼杀一个人在任何事业领域的成功机会。这种恐惧会摧毁个人理性，弱化人的想象力，扼杀自信，吞噬热忱、阻抑人的进取心，导致目标不明确，摇摆不定，惰性滋生，最终丧失自制能力；它导致个人魅力削减，妨碍准确思考，破坏专注力；它会破坏毅力，使你的意志化为乌有，它侵蚀雄心和抱负，蒙蔽记忆力，最后招致各种方式的失败；它扼杀爱，破坏心中的良知和美好情感，阻挠友谊，引来各种灾难，害人失眠、悲痛和不快。其实，在我们生活的世界里，我们渴望得到的每样东西都很充裕。如果非要说有什么横在我们与欲望之间的话，那就是明确目标的缺位，这才是引致如上所述各种不幸现象的根源。

毫无疑问，对贫穷的恐惧是所有6种恐惧类型中最具破坏性的。它居于首位，只因它最难克服。对贫穷产生恐惧的原因，是因为人天生有一种对同类进行经济剥削与掠夺的倾向。那些比人类低级的动物都会受本能驱使，去捕猎其他动物以作肉食，这是由于这些动物的“思考”能力有限。而人类拥有直觉，具备更加优秀的思考推理能力，当然不会杀食同类，而是选择从金钱利益的角度去“捕杀吞食”同类来获取更大的满足感。正是人的巨大贪婪性，分门别类的法律才得以应运而生，构建起保护自己免遭危害的制度屏障。

最让人受苦受难、倍感屈辱的莫过于贫穷了！也许只有亲身经历过贫穷的人，才能深切体会到它所涵盖的全部意义。这样说来，也难怪人们恐惧“贫穷”。世代相传，老祖宗留下的真理使人笃信：总是有人不可信任，但充满世俗味儿的金钱、物质和财富是跑不掉的，是真真正正值得重视的。正因为人类如此渴望财富，他们才会想方设法、各尽其能地去获得它。如果可能，就依法而为，正当谋取财富。如果情急之需，抑或敛财方便，也不排除会采取其他非法或不道德的方式。

进行自我剖析可能会使一些自身原本不愿承认的弱点浮出水面，因此对一个渴望摆脱平庸和贫穷的人来说，这种自我审视甚为必要。请务必记住：在你逐条检查自己时，你既作为法官，又是陪审团；既是检察官，又是辩护律师；既是原告，又是被告；还有，接受审判的人也是你。你要面对客观事实，并向自己提出明确的问题，然后率直作答。通过这个自我剖析、自我审视的过程，你会更了解自己是一个怎样的人。

在这种自我审视活动中，如果你自认为不能胜任一位合格公正的法官，请找一位了解你的人担任法官，这样能更加客观地进行自省和剖析。你必须要努力地追寻和挖掘真相。不管付出多大代价，哪怕是让人尴尬窘迫至极也要追究到底。

对于大多数人，如果你问他们最怕什么，回答大都是：“我什么都不怕。”这显然不对，因为外人很少确切知道他们所遭受的来自恐惧的折磨：精神上的束缚和阻碍，肉体上的鞭笞或其他。

正因为恐惧情绪这种狡猾、隐蔽的特性，也许有人背负一生受其危害还浑然不知。所以只有当你敢于直面它并勇于对自身进行深度剖析时，恐惧这个全人类的敌人才会显露出原形。下面，列举一些值得我们注意的恐惧症状。

## 恐惧贫穷的迹象

1. 凡事漠不关心

通常的表现是：缺乏抱负；甘愿忍受贫穷；毫无异议地接受人生的任何不平；精神和肉体上的怠惰；缺乏主动性、想象力、热情和自制力。

2. 犹豫不决

容许他人代替自己思考。拿不定主意，总是持观望态度。

3. 怀疑

通常的表现是故意掩饰个人的失败或寻找托词和借口，有时表现为忌妒或批评别人的成功。

4. 焦虑

通常表现为对自己过度否定、对他人吹毛求疵，喜欢透支挥霍、忽视外表、蹙额皱眉、过度饮酒、神经紧张、缺乏镇定和自我意识。

5. 过度谨慎

过于关注所有事物的消极面，不注重寻找成功的方法，而是一味地思考和谈论失败的可能性。熟悉每条通往灾祸的途径，却从不寻求避免失败的计划。总要等待“时机适当”才将构想和计划付诸行动，结果等待成了永久的习惯。只记得那些失败者，而忘了成功者。只看到面包圈中间的空洞，却忽略了面包圈本身。心怀悲观态度，导致消化不良、排泄不畅、呼吸不顺以及脾气暴躁。

6. 拖拉

习惯将今天应该完成的工作拖到明天去做，将本来足以完成工作的时间花费在编织托词和借口上。这种症状与过度谨慎、怀疑、焦虑有密切的关系。只要能逃避，就拒绝承担责任。宁可妥协，不愿奋斗，不把困难当成进步的踏板，却向困难低头。向生活索求蝇头小利，而不放眼成功、机会、财富、满足和幸福。不肯破釜沉舟、勇往直前，却总是盘算如何面对失败。在自信心、明确的目标、自制力、主动性、热情、抱负、节约和健全的推理能力方面，比较缺乏甚至完全没有。不要求财富，却期待贫穷。与安于贫穷的人为伍，而不试图结交要求财富并获得财富的人。

## 金钱不是万能，但没钱却万万不能

有人会问："你为何要写这本关于财富的书？为何把金钱视为丈量财富的唯一标准？"有许多人认为这世上还有比金钱更宝贵的财富，对此我并不否认，我也愿意相信某些财富无法用金钱衡量。然而，也有很多人会说："给我足够的钱，我就能获得任何我想要的东西。"

我之所以写这本如何致富的书，是因为目睹了太多人由于这样或那样的贫穷恐惧而麻木崩溃。关于这一点，恐惧感是如何将人拉下水，韦斯特布鲁克·佩格勒阐述得非常明确。

金钱的载体不过是贝壳、金属或者纸张而已，而基于心灵或精神层面的财富则不是金钱能买到的。但生活中遭受贫穷的人们，很多都将这个道理抛之脑后，一任精神萎靡不振。当一个人没找着工作身陷穷困潦倒之时，他的精神会受到伤害。那低垂的双肩、耷拉的帽子、忙乱的步伐以及无力的眼神就是最好的说明。身处拥有固定工作的人之间，就算这些人在品格、才智和能力方面都着实不及自己，他还是被一种挥之不去的自卑感所萦绕。

而这些人，哪怕是他的朋友，都会滋生一种莫名的优越感，自然而然地将其视同受害者。他可以暂时借钱或贷款，可连应对日常生活中的开支都十分艰难，更别提长期借贷了。而且，事实上当一个人要依靠借钱贷款来维持生活时，借贷就已经不同于赚钱了，它不但不能振奋人心催人向上，反而是一种让人沮丧的经历。当然，那些游手好闲的懒汉或不务正业的人们可不会这么觉得，只有那些仍怀有抱负或正常自尊的人才会伤心。

而女人在面临此种困境时会显得不一样。当我们谈论穷困潦倒的可怜虫时，我们很少想到女人。是的，很难见到女人们挤在等待救济的长队里，很少见到她们一路沿街乞讨，就算她们存在，也不像潦倒的男人一样具有明晰可辨的特征。当然，我不是指那些蹒跚在城市街道里的老妇人，因为那和游手好闲的男性乞讨者一样都是例外。我指的是那些相当年轻、优雅和聪明的女人。这种人一定也存在，不过是她们的失意表现不及男性明显。

当人身陷贫穷困苦之中时，他同时也获得了思考、计划的可能性。可能他不远万里一心前往去求职，结果却是空缺职位已满。或者他终于找到了一份工作却没有底薪，只得费力销售一些没市场的商品来赚取提成，而这少得可怜的提成还要依赖顾客的怜悯获得。最后他放弃了这个工作，重新徘徊在大街上。天下之大，竟难觅容身之处。驻足于精美的橱窗外，和那些兴致盎然的人们并肩打量着这昂贵的奢侈品，却不知不觉地自卑离开。他也许还不知道，他这漫无目的的徘徊已经暴露出他是个失业者，即使他外形体貌表现良好。他或许身着以前工作时留下的体面衣裳，而这衣裳还是抵不过他自然流露的黯然神伤。

他看着那些有工作的人终日里纷繁忙碌，打心眼里羡慕他们。在他眼里，他们自立自强，拥有独立的人格和尊严，叫他如何去相信自己也是个好人，一个优秀的人。偶尔他也会相信自己，但大多数情况下他都争辩不过另一个颓废的自己。然而，使他不同于人的就是金钱。只需要一点点钱，他就能恢复到本来该有的面貌。

## 畏惧批评可以理解，但不能放纵

恐怕没人能说清楚：人的这种恐惧最初是如何产生的。但对批评的恐惧已得到高度发展，这一点是可以确定的。

作者倾向于这种观点：认为这种对批评的恐惧源自人的天性，是与生俱来的。因此，恐惧感不仅驱使人们掠夺同类的所有物，还会促使人们以批评他人来彰显自身的正确合理。就像我们熟悉的，被盗者会遭到小偷的批评，政客赢得选举不靠自身的品德或才华，而是采取诋毁对手名誉的手段。

怕遭批评的恐惧是人类的天性，聪敏的服装设计者很巧妙地利用了人类的这种心理。每个季节，流行的服装款式都会发生变化。究竟是谁来决定款式？答案是服装设计师，而非服装的购买者。而服装生产者之所以要求经常变化款式，就是利用了人们的心理，以达到销售更多服装的目的。

同样的道理，汽车制造商也会每季度更换车型。毕竟没人希望老开同一款旧车。

人们对遭受批评的恐惧会剥夺其创见性，挫伤其主动性，摧毁其想象力，限制了个性，夺走了自信，并使其受到其他多方面的伤害。父母不适当地批评孩子，会给他们造成无法弥补的伤害。我童年时代有一位好朋友，他经常遭受母亲的打骂，并且打完之后总是被批评："到不了20岁，你就会被关进牢房的。"结果是，他在17岁那年便被送进劳教所。

我们经常做的一件事就是批评他人。无论这批评应不应该，受批评的人能否接受，我们总是十分愿意提供一大堆免费批评。最亲近的人往往是给予我们最多批评的人。身为人父人母却给孩子施加并不必要的批评，会带给孩子自卑感，这实际上已经构成一种情节严重的罪行。懂得人性的聪明老板不会依靠批评来激励员工，而是转而采用提出建设性建议的方式来挖掘员工的效率和潜力。同样，父母教育孩子也可以借鉴类似的方式。批评只会将恐惧和憎恨的情绪种子植进心中，而不会栽培出爱和情义。

## 恐惧批评的迹象

这种恐惧和对贫穷的恐惧一样具有普遍性，它挫伤主动性，削减想象力，是一种阻碍成功的致命因素。这种恐惧类型的主要病征是：

1. 没有自我意识。通常表现为：人前紧张，怕见生人，交流胆怯，手足失措，眨眼频繁，目光游离。

2. 不够镇静。声音、语调控制能力不足，在他人面前不够安定，容易紧张、体态不佳、记忆力变差。

3. 缺乏个性。决断力不足，个性魅力黯淡，不能明确表达己见；不敢正视问题，习惯逃避；人云亦云，缺乏主见，不假思索地附和别人的意见。

4. 自卑。口头及行为上习惯表现出自我赞许，目的在于掩饰自卑感；使用"生僻字眼"以期给人留下印象，但经常并不了解那些字眼的确切含义；模仿他人的衣着、言谈和举止；夸耀虚构的成就，这一点有时会造成一种优越感的表象。

5. 奢侈。在入不敷出的经济状况下，还试图像有钱人一样挥霍。

6. 缺乏主动性。无法掌握自我提高的机会，害怕表达意见，对自己的构想缺乏信心，对上司的问题闪烁其词，言谈和态度犹豫不决，言行中暗藏欺骗。

7. 缺乏抱负。身心懒惰，缺乏主见，易受他人意见的影响；人后批评，人前奉迎，养成了毫无异议地接受失败的习惯，会因他人不满而中止工作；毫无根据地怀疑他人，行为言谈缺乏技巧，犯错误而不愿接受指责。

## 人因为脆弱，所以恐惧一切病痛

这种恐惧可溯源于身体和社会的遗传特性两个方面。而由于它会把人带到"恐怖世界"的边缘，人们往往会把它的根源和恐惧年老以及恐惧死亡的深层次原因密切地关联起来。人类对世界的了解甚少，对它的认识还停留在极为初步的阶段，而这个过程中会产生一些令人不安的事件。有一种看法相当普遍：就是某些不道德的人，通过提醒放大人们对病痛的恐惧感并从这种恐惧所带来的健康产业中获利。

总体说来，人恐惧病痛的原因不外乎是两点：一是因为心中对死亡所带来的后果的恐惧；一是对病痛所带来的经济负担的恐惧。

一位著名的医生做过一项调查，在所有的就医患者当中，有75%的人是忧郁症患者。事实证明，即使是对病痛的毫无理由的恐惧，也常常会产生相应疾病的病症。无奈，人类的心理暗示作用有其积极的一面也有其消极的一面。

多年以前曾经进行过一项实验调查，结论是：暗示可以导致疾病。

实验的内容就是请3个熟人依次拜访“受害者”，并让他们分别问他同样一个问题：“你怎么样了？看起来病得很严重啊。”实验对象对第一个发问者通常微笑着说：“哦，我没事，我很好。”当第二次面对同样的发问时，答案通常是：“我也不知道，但我好像有点儿不太舒服。”当第三次面对同样的发问时，实验对象通常会认为自己真的病了。

倘若你不相信这种心理暗示会致病的话，找个熟人试验一下即可，当然不可太过火。心理暗示致病的例子在古老的教会斗争中就出现过，通过在受害者身上“下咒”来报复敌人。

有充足的数据证实，消极的意念冲动可导致疾病的产生。这种冲动可以通过暗示从一个人的内心萌生出来，或者由一个人传给另外一个人。

曾经有个略显聪明的人说：“当有人对我的健康状况进行心理暗示时，我总想回敬他一拳。”

正是考虑到“心态”的重要性，医生往往会要求病人为了康复而改变环境。人们对病痛的恐惧源于每个人心中。焦虑、恐惧、沮丧、情场及事业失意，都会促使这种恐惧的产生。

在恐惧病痛的原因之中，事业以及情场的失意位居首位。曾经有一个年轻人因为失恋而住进了医院。在生死之间徘徊了数月。后来，一位心理治疗专家换掉了护士，请了一位非常漂亮的姑娘照顾他，而她的工作就是从第一天起，每天向这个病人表达爱慕之情（当然是专家的特意安排）。结果是不到3个星期的时间，病人康复出院了。但新的痛苦随之而来，他又恋爱了。专家的疗法是虚假的骗局，病人和护士的婚姻却成了不争的事实。

## 恐惧病痛的迹象

人们对病痛的恐惧极具普遍性，主要迹象有：

1. 消极的自我暗示。习惯于消极地利用自我暗示，总是想在自己身上找到各种疾病的前兆。“沉湎于”想象中的疾病，如有其事的则大加谈论。总是乐于实践他人所谓的有价值的“理论”和“学说”。极度关注他人的手术、意外以及其他疾病。盲目地进行各种节食、健身和减肥计划。迷信家庭药方、专利药品和“江湖郎中”的药。

2. 忧郁症。总是把疾病、疾病预防挂在嘴边，直至最后精神崩溃。药物是无法治疗这种情况的。它既然是由消极思想产生，也只有积极的思想才能产生疗效。据说忧郁症有时候如真正的疾病一样，会对人造成同样的伤害。大部分所谓的“精神”病例就是来自这种想象的疾病。

3. 缺乏运动。由于对病痛的恐惧，常常会使人懒于做户外活动，而缺乏适当的体育运动，容易使人肥胖。同时，对疾病的恐惧会破坏身体的抵抗力，为各种可能的传染病创造合适的环境。恐惧疾病通常和恐惧贫穷相关联，尤其是在臆想的情况下，人会不断地担心可能要付的医疗费用。这种人会把大量的时间花在做生病准备、谈论疾病、存钱买墓地和支付丧葬费等事情上。

4. 自怜。利用想象的疾病博得别人同情（人们经常用这种伎俩逃避工作）。用装病的理由来以掩饰自己的懒惰，或以此作为缺乏抱负的托词。习惯阅读有关疾病的文章，担心可能染上疾病。习惯阅读专利药品广告。

5. 自我放纵。习惯借助酒精或毒品消除头痛、神经痛等痛苦，而不求找到病因并根治。

## 如果恐惧失去爱，那就多爱一点儿

这项与生俱来的恐惧感，多是源于一夫多妻制带来的问题，即男人有窃取他人之妻的多妻习性，以及随时都有可能轻薄女人的习性。

由于人类天生恐惧失去爱，所以会相应产生嫉妒等相类似的精神疾病。这种恐惧是6种恐惧中最痛苦的。相比其他基本恐惧类型，它可能最具破坏性，容易摧毁人的身心。

对失去爱情的恐惧或许要追溯到石器时代，那时候，男人要靠蛮力窃取女人。而如今，男人仍然在变相地窃取女人，只是窃取的技巧和表现形式发生了改变。以前是用武力，现在是采用许之以华服、名车或其他更有效的诱饵的劝诱方式。男人的习性在文明曙光出现前后并无本质上的改变，只是不同时代的表现方式不同而已。

分析显示，女人比男人更易感受到这种失去爱的恐惧。这很容易理解。

## 恐惧失去爱情的症状

这种恐惧的明显症状有：

1. 忌妒。习惯毫无根据地怀疑周边的朋友和亲人。常常莫名其妙地指责妻子（或丈夫）不忠。容易对人心存怀疑，难以信任任何人。

2. 挑剔。习惯于因为一些鸡毛蒜皮的小事或根本就是毫无理由地挑剔朋友、亲人、同事和所爱的人。

3. 赌博。认为爱情是可以用金钱买得到的，习惯以赌博、偷窃、欺骗或冒险等方式获取金钱以换取所爱之人的欢心。习惯于透支或借贷，购买礼物给所爱的人，以博得美好印象。有诸如失眠、缺乏毅力、意志软弱、缺乏自制、缺乏自立和脾气暴躁之类的现象。

## 对衰老的恐惧说明害怕美好破碎

一般说来，对衰老的恐惧感主要有两方面的来源：第一，来自于想象层面的因素，认为人到老年可能面临贫穷；第二，是最普遍的一种来源，是来自过去虚伪而残酷的教训。

在人们对老年的恐惧中，有两个非常传统的理由：一是出于人们对同类的不信任，认为他人很可能侵占或掠夺自己的所有财物；二是出于他心目中对死后世界的恐怖印象。

人老多病已成为一种普遍的可能，这也是增加人们对衰老的恐惧感的原因。另外，情欲也在恐惧年老的原因之列，因为任何人都不希望自己的性吸引力衰减。

恐惧年老的最普遍原因，与可能遭受的贫穷有关。“养老院”并不是个美好的字眼。任何人只要一想到要在养老院中度过余生，心里就不免一片凄凉和恐惧。

害怕失去独立和自由，也是人们恐惧衰老的一个原因。因为年老很可能招致身体和经济两方面自由的丧失。

## 恐惧衰老的症状

这种恐惧最普遍的迹象是：

1. 早衰。40岁左右一般是心理得到成熟的年龄阶段，但身体倾向于行动迟缓，所以容易产生自卑感，错误地认为自己因为年龄的增长而变得不行。而实际上，40岁到60岁这个阶段恰好是一个人的黄金时期，身心两方面都是如此。只因自己四五十岁了就习惯满心遗憾地提到自己“老了”。而正确的做法应该是，为到了这个充满智慧和领悟的年龄而心存感激。

2. 不思进取。错误地认为自己年事已高，难以发挥进取心、想象力和自立能力等能力，从而养成了扼杀这些品质的习惯。

3. 故作年轻。一个不惑之年的人反而习惯模仿年轻人的穿着和行为，通常会招来朋友与陌生人的嘲弄。

## 对死亡的恐惧

对某些人来说，恐惧死亡是所有基本恐惧类型中最残酷的一种。

原因很明显。数亿年来，人们一直在求问两个没有答案的问题："我来自何处？"和"我又将去向何方？"所以说，对死后未知世界的不可感知，是产生这种恐惧的主要原因。

组成这个世界的只有两种东西，它们就是物质和能量。在基础物理学中，我们知道物质和能量（人类已知的两个仅有事实）都无法被创造或毁灭，但两者可以进行转化。

如果生命是一种东西，那么生命是一种能量。如果能量和物质都无法被毁灭，那么生命也是如此。生命就像其他任何一种能量形式一样，无法被毁灭，但可以通过不同的转化或变化过程传递下去。死亡只是一种转化形式而已。

如果死亡不只是改变或转化，那么死亡之后就只是漫长、永恒和宁静的睡眠，而睡眠是根本无须害怕的。所以，你可以放心地、永远地消除对死亡的恐惧。

## 治疗死亡恐惧的最佳良药就是追求成就的炽烈欲望

这种恐惧的一般症状表现为：总是忧心于死亡而不能正常地享受生活，这通常是因为缺乏目标或没有合适的工作所致。

上了年纪的人通常会产生这种恐惧，但有时年轻人也经常会想到死亡。治疗死亡恐惧的最佳良药就是追求成就的炽烈欲望，支持此欲望的就是对人类有益的工作。忙碌的人只会不断发现生命的活力，而没有时间去忧心死亡。

此外，对死亡的恐惧也与恐惧贫穷有关，因为一个人可能会担心自己的死亡让亲人陷入贫穷。有时，它也与疾病或身体抵抗力崩溃有关。产生对死亡的恐惧最常见的原因是：体弱多病、贫穷、没有合适的工作、爱情失意、精神错乱。

## 人的忧虑

忧虑是伴随恐惧而产生的一种心态，它发生作用的过程缓慢而持久。忧虑阴险而狡猾，它一步步渗入人的心灵，直至麻木你原本健全的理智，毁掉你的自信心和进取心。忧虑是犹豫不决引起的一种持续性恐惧，因此是一种可以控制的心理状态。

犹豫不决造成了不安定的心态，不安定的心是无助的。

实际情况是，大部分人都缺乏果断决策的能力和持之以恒的意志力。

然而，我们一旦下了决心，接着采取了明确的行动，我们就不会忧虑不止了。有一次，我会见了一个2小时后将被处死的犯人。在一同关在死牢的8个人当中，这个囚犯显得最为平静。这引发了我的好奇心，禁不住问他，知道自己即将面临死亡是一种什么样的感受？他的脸上泛着自信的微笑："感觉好极了，兄弟。想想，我的困扰马上就要结束了，不再需要为了衣食住行而奔波，是的，很快我就不需要这些东西了。自从确知必死的时候开始，我就感觉如释重负。那时我就决定要用愉快的心情去接受它。"

他一边说着话，一边享用完了几乎3个人的晚餐量，吃得精光，似乎很是香甜。这看起来好像根本没有任何灾难摆在面前一样。决心让这个人辞别了命运的摆弄！决心也可以让一个人拒绝接受逆境。

借助犹豫不决，这6种基本恐惧都能转化为忧虑。如果你承认死亡是不可避免的，就能使自己永远免于来自死亡的恐惧；如果下定决心靠所得财富过无忧无虑的生活，你就能消除对贫穷的恐惧；如果你决心不在意他人的想法、做法或说法，就可以战胜对批评的恐惧；如果下决心不再视年长和衰老为障碍，而将其视作一件能带来年轻时所没有的智慧、自制和领悟的幸事，就可以消除对年老的恐惧；如果你下决心忘记各种病痛，就可以免除对病痛的恐惧；如果下决心在必要时过没有爱的生活，就可以控制对失去爱的恐惧。

只要下决心去认识生活中其实没有一样值得忧虑的东西，你就能逐渐摒弃忧虑的习惯。有了这种决心，就能赢得内心的镇定与平静，拥有幸福的平和心态。

心中充满恐惧的人不仅会毁了表现自我的机会，还会将这些破坏性震波传递给接触他的人，同时也会毁了他们的机会。

譬如，当一个主人缺乏勇气时，事实上就连他的狗或马也能感觉到。牲畜也能接收到主人传来的恐惧震波，从而带动同样的情绪表达。就连智力水平较低的动物，仍然具备接收恐惧震波的能力。

## 魔鬼的工作室

在6种基本恐惧之外，还存在一种使人深受其苦的邪恶力量。它是失败种子生根发芽的沃土。由于它极其微妙，所以一般很难为人感知，因此这种痛苦也难以归类为某种恐惧类型。但这种恐惧类型比其他6种都更为隐蔽而且更致命。既然没有一个专业的名称，我们姑且称它为“对消极影响的易感性”。

成功地使自己避开了这种邪恶力量的人成为了富翁，而未能避免的人则沦落成了穷人。无论是哪个行业何种领域，凡是想取得成功的人都必须随时准备与这种力量对抗。假如你是揣着致富的目的而研读本哲学，就更应该仔细审视自己，衡量自己是否易受消极影响的感染。不能忽视自我分析，它将使你丧失实现欲望目标的权力。

这个自我分析要做得彻底。仔细思考这些问题得出答案，再好好想想你的答案。请用谨慎的态度面对这件工作，因为这性质就好比你在寻找一个潜藏的敌人，而且这个敌人正埋伏着伺机攻击你的弱点。

你可以很容易地免受公路强盗的袭击，因为法律提供的有组织合作可以保障你的利益，但这“第七种邪恶力量”不同，它控制起来要困难得多，因为它总是在你毫无察觉的情况下袭击你，不管你处在熟睡之中还是清醒之时。此外，因为它纯粹是一种状态，所以等于是拥有了一种无形的武器。并且它会以多种不同的方式发动攻击，这也是它的危险之处。有时候，它会以亲人善意的话语作为伪善的外衣而潜进你心中，有时它也通过自己的态度进入心中。

总之，这种邪恶力量像毒药一样可以致命。

## 如何防御消极思想的影响

无论是自身构造的消极影响，还是周围环境造成的消极影响，若要有效对抗它们，就要意识到自己有坚强的意志力，并经常运用这种意志力，直到在你心中筑起一道对抗消极影响力的免疫围墙。

请认识这一事实：你和其他人一样，在天性上都是懒惰冷漠的，而且倾向于接受与自己弱点相一致的暗示。

请认识这一事实：人从本性上很容易受到这6种基本恐惧的影响，所以你必须培养自己想要对抗这些恐惧的习惯。

请认识这一事实：消极影响力通常会暗自潜入人的潜意识而使人难以察觉。它还会使人紧闭心门，以对抗所有以任何方式打击或挫伤你的人。

清理你的药箱，丢掉药瓶子，不要助长你的感冒、疼痛和各种疑心病。

有意识地与能影响你、能鼓励你独立思考和行动的人为伴。

别期待麻烦困难，因为它们常常不会让你失望。

无疑，人类一大共同的弱点便是，习惯于敞开心怀接受他人的消极影响。这可是一种破坏性极强的弱点，因为大部分人难以察觉自己正被这些消极影响所折磨。而许多体会到它的人，却疏于拒绝或纠正这个问题，直到它演变成不可控的日常习惯时，才发现这张灾难的网已牢不可破。

为了帮助那些希望真正认识自我的人，我准备了一份问卷。请思考这些问题，然后大声地说出答案，要自己能听见大喊的声音，这样有助于你充分认识自己。

## 自我分析问卷

1. 你是否经常抱怨“不舒服”？如果是，原因何在？
2. 你会为小事发怒而去指责别人吗？
3. 你是否经常在工作上出错？如果是，为什么？
4. 你的言谈尖刻、伤人，充满讽刺和挑衅吗？
5. 你是否刻意避免与人交往？如果是，为什么？
6. 你是否有消化不良的烦恼？如果是，是何原因？
7. 你是否认为生活空虚无味、未来无望？
8. 你喜欢自己的工作吗？如果不喜欢，你喜欢什么样的？为什么？
9. 你是否经常自我怜惜？如果是，为什么？
10. 你忌妒那些比你优越的人吗？
11. 考虑成功或失败，哪一个你花费了更多时间？
12. 年龄越大，你是越有自信还是越不自信？
13. 你从错误中吸取过宝贵的教训吗？
14. 某位亲人或熟人正令你担忧吗？如果是，为什么？
15. 你是否有时兴高采烈，有时又失意沮丧？
16. 谁对你最具有激励作用？原因是什么？
17. 你能容忍本来可以避免的消极影响吗？
18. 你注重个人仪表吗？如果是，何时、为什么？
19. 你是否学会了靠忙忙碌碌来“湮没困难”从而摆脱其干扰？
20. 假如让别人来代你思考，你会称自己为“没主心骨的弱者”吗？
21. 你是否忽视了内心的净化，导致自身中毒，变得暴躁易怒？
22. 有多少本来可以预防的干扰令你苦恼？为何你要容忍它们？
23. 你有借助酒精、药品或香烟来安神的习惯吗？如果是，为何不借助意志力呢？
24. 有人对你“唠叨不休”吗？如果有，为什么？
25. 你有明确的人生目标吗？如果有，是什么？有何计划来实现这个目标？
26. 你有6种恐惧中的某一种吗？如果有，是哪些？
27. 你有抵御他人消极影响的方法吗？
28. 你曾刻意用自我暗示来激发积极心态吗？
29. 你最看重的是什么，是物质财富，还是控制自己思想的特权？
30. 你是否易受他人影响，结果违背了自己的判断力？
31. 今天你的知识宝库或心态添加过任何有价值的东西吗？
32. 你是客观地面对使你不快乐的环境，还是逃避责任？
33. 你是分析所有的错误和失败以从中受益，还是推诿责任？
34. 你能说出3种自己的最大弱点吗？你打算如何纠正？
35. 你是否因同情而助长他人将忧虑传染给你？
36. 你是否从日常体验中选择有助于自身提高的经验教训或影响？

37. 你的表现通常给他人带来消极影响吗？

38. 你最讨厌别人的什么习惯？

39. 你是有自己的主见，还是选择让他人影响你？

40. 你是否已经学会营造一种心态，以抵御所有令人气馁的影响力？

41. 你的工作能激发你的信心和希望吗？

42. 你是否意识到自己有足够的精神力量，而使内心免受各种形式的恐惧？

43. 你的信仰能帮助你常葆积极精神吗？

44. 你觉得有义务分担他人的忧虑吗？如果有，为什么？

45. 假如你相信“物以类聚，人以群分”，那么研究一下你结交的朋友，你对自己有何认识？

46. 你认为与你交往最密切的人和自己是一种什么关系？这种关系有可能造成任何不愉快吗？

47. 你视为朋友的人，却在心理上给你带来消极负面的影响，所以实际上他是你最大的敌人，可能如此吗？

48. 你用什么原则判断谁对你有益，谁对你有害？

49. 一天24小时，你如何分配时间？

（1）工作。

（2）睡眠。

（3）娱乐与休闲。

（4）获取有用知识。

（5）无所事事。

50. 你的朋友中谁

（1）最能激励你？

（2）最能提醒你？

（3）最能挫伤你？

51. 你最忧虑的事情是什么？能容忍它吗？为什么？

52. 当别人主动提供免费建议时，你会毫无疑问地接受，还是会分析其动机？

53. 你最渴望的东西是什么？你打算获得它吗？你愿意为它而将这个欲望置于其他欲望之上吗？为了得到它，你每天投入多少时间的努力？

54. 你经常改变主意吗？如果是，为什么？

55. 你做事通常都能善始善终吗？

56. 你是否容易对他人的事业或职业头衔、学位或财富而心生敬意？

57. 你容易受他人对你的评价所影响吗？

58. 你会因为别人的社会或经济地位而迎合他们吗？

59. 你认为谁是当今最伟大的人？这个人在哪方面比你出众？

60. 你花了多少时间研究与回答这些问题？你是否有诚心？（分析和回答全部的问题至少需要一天的时间）

假如你已经如实回答了所有问题，那你就比大多数人更了解自己。请仔细研究这些问题，每周温习一次，如此坚持数月。其实只要你坦诚地思考这些问题并作出回答，你就会惊讶地发现，凭着如此简单的方法就能获得极其珍贵的自我认识。如果对其中一些问题的答案难以定夺，可以请教一下周围了解你、且对你没有奉承动机的人，借助他们的眼睛认识自己。这绝对会是一种令人意外的体验。

## 55种“假如”式托词

不成功的人有一个显著的共同特征：他们心中都十分清楚失败的原因，而且他们也都有自认为无懈可击的托词来为其失败辩解。

有些托词是很聪明的，甚至有些是有事实可供验证的。但托词终究是托词，不能当作金钱来用。世人只想知道一件事：你成功了吗？

一位性格分析家曾经编了一份常用托词的单子。看这份单子时，请认真检讨反省自己，看看里面有多少项是为你所常用的。

还要记住，本书提出的哲学将使每项托词失去用武之地。

1. 假如我没有被家事所累。
2. 假如我有足够的关系。
3. 假如我有钱。
4. 假如我受过良好的教育。
5. 假如我能找到一份工作。
6. 假如我身体健康。
7. 假如我有充足的时间。
8. 假如这个时代好一点儿。
9. 假如别人能理解我。
10. 假如周围的环境不同。
11. 假如我能重生一次。
12. 假如我不在乎“他们”怎么说。
13. 假如我抓住了那个机会的话。
14. 假如现在我能有机会的话。
15. 假如他人没有对我“怀恨在心”。
16. 假如没有什么能阻碍我。
17. 假如我能更年轻。
18. 假如我可以做自己想做的事。
19. 假如我生在富有人家。
20. 假如我能遇到“贵人”。
21. 假如我具有别人的聪明才智。
22. 假如我能够自作主张。
23. 假如我抓住了过去的机会。
24. 假如别人不招惹我。
25. 假如我不用料理家务和照顾孩子。
26. 假如我可以存点儿积蓄。
27. 假如老板赏识我。
28. 假如有人能帮我。
29. 假如家人理解我。
30. 假如我生活在大都市。
31. 假如我现在就能开始。
32. 假如我有空。
33. 假如我有某人的性格。
34. 假如我不这么胖。
35. 假如别人知道我的才能。
36. 假如我运气好一点儿。
37. 假如我没有债务的拖累。
38. 假如我没有失败。

39. 假如我知道怎么做。
40. 假如没有人反对我。
41. 假如我没有这么多烦恼。
42. 假如我没有选错结婚对象。
43. 假如人们不这么笨。
44. 假如家人不这么奢侈。
45. 假如我相信自己。
46. 假如我不是时运不济。
47. 假如我不是生来命运不佳。
48. 假如事情发展顺利。
49. 假如我不用这么辛苦地工作。
50. 假如我不曾亏损。
51. 假如我住在另一个社区。
52. 假如我没有“过去”。
53. 假如我有自己经营的事业。
54. 假如他人肯听我说。
55. 假如……

哎，朋友，你还要说些什么呢？所有这些都只能证明你是弱者！此时不行动，更待何时？

假如我有足够的勇气面对我自己，就能找出并改掉自己的毛病，那么我就可能有机会从错误中受益，并能汲取他人的经验教训，因为我知道自己有些毛病。假如我不是花太多的时间为自己寻找托词，而是认真地分析自己的短处，现在早就达到理想的人生境界了。

人们都是很乐于为自己的失败寻找托词。自古以来，这就是成功的致命障碍！那为何人们还要抱残守缺、抓住这些托词不放呢？答案显而易见。他们只是在竭力守护着自己的想象力产物，为了掩饰自己的失败而创造的托词这是人的天性。

作为一个根深蒂固的习惯，编造托词是很难破除的，尤其当它们可为我们的行为提供辩护时更是如此。“如果说最大的胜利是战胜自我，那么被自我征服则是最耻辱和最不可救药的。”

当柏拉图说这番话的时候，他已经明白了这一真理。

还有一位哲学家同柏拉图有同样的见解。他说：“我非常吃惊地发现，我在别人身上看到的大部分丑恶的东西，竟只是我自己本性的反射。”

“我实在是想不明白，”艾伯特·哈伯德说，“人们花费了如此多的时间来制造托词，就是为了掩藏自己的弱点，愚弄自己？

倘若把这些时间用在克服自己的弱点上，又怎么用得着制造托词！”

最后，我要提醒你：“生命就像一盘棋，时间就是你的对手。时间是不会容忍你的犹豫不决，倘若你一再举棋不定或棋风懒散，你的棋子将终究无法摆脱被吃掉的命运。”

曾经你可能拥有种种借口去为自己没有努力争取而辩护，可现在是你将种种借口、托词抛之脑后的时候了，因为你已经掌握了开启人生财富之门的金钥匙。

这是一把充满无限力量的无形金钥匙！是它在你心中创造强烈欲望、给予你获取财富的能力。使用这把钥匙不会受罚，不使用它则需付出失败的代价。

假如你使用这把钥匙，就会得到惊人的回报。我们称这个回报为满足感，那些勇于征服自我，勇于向生活索取的人所特有的满足感。

这种回报真的值得你为之而努力。你相信吗？

不朽的爱默生曾说：“假如有缘，我们就会相遇。”最后，让我套用这句话：“假如有缘，通过本书，我们已然相遇。”

## 第五卷

# 向你挑战

[美]威廉·丹佛 著

# 第一章
# 无限的成功就是无限的挑战

我是在一个还没有排水管道的时代度过自己的童年的。那时的乡下，沼泽密布，疟疾流行，以至于直到我去城里读书的时候，很多人都还是脸色枯黄、身材干瘦的颓败模样。

乔治·瓦伦·克劳先生是我的一位老师，那时我们总戏称他为“健康狂想家”。我们曾经嘲讽他的那些想法，对他的言辞教诲不当回事。但乔治先生从没放弃过他的努力。

有一天，乔治先生把我单独叫了过去。他用他那明亮闪烁的眼睛直视着我，用他那有些好听而又有些让人害怕的声音对我说（种种这些，都给我留下了至今难忘的深刻印象）：

“孩子！我要求你从现在开始，去做一个全班最健康的男孩！”这句话强烈地震撼了我。

我？最瘦小的孩子——做最健康的男孩？班上的其他孩子都比我高大强壮得多，至少也得考虑一下我还患有因为那讨厌的沼泽地所导致的各种疾病呀！要我做全班最健康的男孩？这个人绝对是疯了！但在他言语的诱导下，我顿时感觉自己健康了起来，情不自禁地自言自语道（其实我以前常常这样希望自己）：嗯，是的，我要做全班最健康的男孩。

正在我默想的时候，乔治先生仍在对我说着：“你要挑战你自己，把那些伤寒和热病从你的身体中除掉，新鲜的空气、纯净的水、卫生的食品以及长期不懈的锻炼都能使你强壮，你要坚持，直到脸蛋变得红润、胸肌变得发达、四肢变得强劲为止！”

那一刻，他的话语如同掉入我心海的石子，在我的体内起到了某种作用，激起了我涌动的热血。是啊，我要向自己挑战。谁敢应战？！我激动地渴望着一场大的战斗。

于是我行动起来，通过锻炼，很快地将体内的毒素驱除掉，也终于成为全班最强壮最健康的男孩。那一天以后，我再没有因为疾病缠身而浪费掉宝贵时间。很显然，对于这位我人生成功路上的启蒙者——乔治先生，我充满感激。

许多年以后的一个早晨，我们公司最有前途的男孩之一，亨利·伍兹走进了我的办公室，到我面前时，他大胆地盯着我。

“我要辞职。”他坚决地说。

“这是怎么回事，亨利？”我感到疑惑。

他坦白道：“销售员并不适合我，因为我缺少那些耐心，也没这个能力，并且也不值得你再支付工资给我。”一个人能如此坦率地在自己的老板面前承认自己的失败，勇气可嘉。如果他没有勇气，不可能做到这样；如果他能把这份勇气运用到工作上，这该多好啊！突然，我又回想起孩提时代的情景：那时，一位老师要求一个瘦弱的小孩去挑战自己，做一个强壮的人，而这个小孩最终真的变得强壮了。我由衷地笑了，而让亨利感到诧异的是，我并没同意他的辞职，而是直视着他的眼睛说道：“我想我明白要怎样去用人，你是具备推销员素质的。亨利·伍兹，我向你挑战：做最好的！走出这间办公室，从现在开始，到今天晚上回来时，你要带回比你在之前任何一天的推销都要多的订单。”他呆呆地看着我。那一瞬间他的眼中迸出一道亮光（那一定是一束充满战斗力的火焰）——那是多年以前在回应老师的挑战时曾在我周身涌动过的同种物质。随后他转身走出了我的办公室。

那天晚上他回来的时候，我从他的眼中明显感受到那胜利的光芒取代了清晨时大胆无畏的神情。他完成了他的最好纪录——而且自从那天开始，他也一直在刷新自己的最好纪录。

他还成为对年轻的推销员来说最好的指导者和帮助者之一。他传授了自己的经验给很多人，这些人再据此来进行各自的实践和创新，也都获得了较大的成功。这个世界有许许多多像亨利·伍兹这样的人，他们所缺少的仅仅只是一个挑战，他们所等待的也是一个挑战，等待着来自别人或是自己的：

"我向你挑战！"

每年夏天，我都会在美国青年基金会所举办的夏令营中，接触到无数具备领导者素质的年轻人。几年前，我遇到一个在电子公司当技工的年轻小伙子。他在高中毕业后，被迫参加了工作。后来当他看到那些在高等技术学院学习过的人能力远高于自己，便感觉到非常失落。然而通过我的观察了解，这个小伙子很有天赋，具备发展潜力。于是我就向他挑战，要求他放弃当前工作，重新回到学校去。再一次地，我又从一个战士的眼中看到了那可贵的战斗火焰在闪烁。他很穷，但是即使困难重重，他还是去上了大学，并幸运的毕业。现在，那个原本或许一辈子都只会是一个技工的人已经成为了一位杰出的电子工程师。他一直在分享成功中成长，并且现在的他正满怀着热情投身于帮助别人获得教育的这一伟大事业中。

这些故事都是从我亲身经历过的生活中摘取得来的，当然还有其他很多类似的事例。不幸的是，也有许多相反的例子告诉我们关于一些人的另一种人生：他们拒绝接受挑战，甘于落后；或者他们已经被挑战去做更伟大的事情，但是在他们眼中没有那战斗的火焰在闪烁跳跃，依旧以失败告终。这些都是非常遗憾的，因为，他们没有有效地使用成功的资源。然而，"我向你挑战"这项开发计划还是已经在许许多多人身上产生效用，它也势必对你的将来影响深远。挑战！挑战！无限的成功即是无限的挑战，永远不要停止对理想的不懈追求。

希望我的读者能领悟这本书，并在每晚入睡前对自己坚定地说："向自己挑战！"你会马上获得所有的感觉，立即进入成功的状态中去。如果你想成为一名高贵的领导者、让自己事业获得不断的提升，那么就即刻向你自己挑战吧！——这是勇敢而伟大的，因为：

挑战自己，就是应战世界！

# 第二章
# 敢于去做最好的你

我正向茫茫人海中启动一次伟大的远航，去搜寻那些不平凡的冒险者。我正在寻找勇敢的你：我知道你能勇敢地面对生活，每一分每一秒都准备着与成功路上的任何艰难险阻奋力抗争，不达目的绝不轻言放弃。你坚信：只要我是正确的，我就是强大的，就没有什么是对我的所谓"致命一击"，不，我不是弱者，我不是甘愿被照顾的人；我是精英，我是精神强大、无所畏惧而有大能大才的人。

我正在寻找刚毅勇敢的你，世界都由你指引着向前发展。我将向你们展示一种神秘的、只有少数人才知道如何去使用的力量——迎接挑战，激情共享！这种力量来自哪里呢？精神！世界的精神、你的精神！这是没有穷尽的永恒之力！造化何其宏伟，终于成就了伟大的人类。毋庸置疑的一点，即我们是精英，或将是精英，但我们必须要通过更大的爱心、信念、恒志与责任感来实现自己的理想——力量的理想。一旦你拥有它，你就将不复从前。可这有什么可遗憾的呢？理想存在在未来的光明世界里，而成功就始于足下！生命始终永不停息，没有成功的生命可悲可叹；我们甚至可以认为：没有成功的生命不能称之为生命！生命是什么？生命就是一种生而伟大的使命！

那么，亲爱的朋友，我想请问，你努力地完成你的使命了吗？你敢向世界挑战吗？你是精英吗？请认真回答自己，考虑好以后开始行动！

从现在这一刻开始，你要明确自己的使命，你要敢于应对一切挑战，你要告诉自己：我是精英！一旦你明了了这一切，你也将获得所有的力量，你会变得越来越富有激情。你要把这些深植到你的性格中，输入到你的思想里，你必须点燃你自己，让你体内那一股跳动的火焰熊熊燃烧！不要畏惧自己的力量与激情，它带给你的只会是成功、它能让你成为的只是这世界上的精英！让这理性之光点亮你的生命吧，让这激情之火燃烧你的生命吧，你的生活都将因此而无比绚烂辉煌！财富、荣誉、正义、爱情都会朝你纷至沓来，并将长期伴随！而在你的照耀下，又会有千万个生命慕名追寻，吸取大地的光热从而获得无穷尽的力量，汇聚成生命的河流，在明媚的大地上流淌激荡，涌向那未来的阳光家园。

我们需要牺牲和勇气去点燃这些美好的激情。我确信：这个世界充满了永远不会被利用和被污染的无尽智慧和伟大潜能。请牢记：世界是永不停息地一直向前发展的，我们一定可以做得比现在更好，过得比现在更好！

然而只有极少的一些人敢于上下而求索。寻找真金的探矿者的经历让我们明白，金子会在人的智慧发光处同时出现。它总能被智慧的勇敢者寻找到，不管是埋藏在低洼的河床里、高耸的山巅上，还是寒冷的极地中、炎热的荒漠里。同样的，那个敢于接受挑战的人也可能在茅屋或牛棚中寻找到永恒。不论你在何方，不论你是何人，不论你拥有多少，只要你有勇气，你就会被挑战从而进入到一个伟大的事业中来。

H. G. 威尔斯的话告诉我们，一个人要怎样去确定自己是否取得成功。他说："财富、名誉、地位和权势，这些都不能充当测量成功的尺子，唯一真正能够衡量成功的尺度取决于以下两个事物之间的比率：一个是我们所能够做的和我们所能够成为的，另一个是我们已经做的和我们已经成为的。"

亲爱的朋友！我想让你在生活中发动一场圣战——敢于去做最好的你。我敢保证你将成为一个比你现在所展示出来的更优秀、更有能力的人。你还没成为你应该是的那种人的唯一原因在于你缺乏那样的勇气。一旦你敢于去做，一旦你停止亦步亦趋、去过真正的生活，你的生命必将展开一番全新的景象：全新的动力会在你心中成型，全新的能量会竭尽全力服务于你。

谁想去做那些不但不重要而且又折腾人的事？谁又想拒绝这个黄金世界赐予我们的一切美好欲望？为了获得生活的永恒，为了将自身的作用发挥体现出来，你必须向你自己挑战。你有一个潜藏的财富宝藏，但是或许你直到现在依然目标模糊；你有一支枪并配有充足的弹药，但是你一直不敢朝着目标瞄准射击。世界本来就已经充满各种忧患、困扰，再也不能这样了！再也输不起了！现在，我向你挑战！勇敢去实现你的最大价值吧！

过去的实践和经历使我确信：挑战和分享带来内心的丰盈和个性的成长，你要大胆利用你所拥有的才能和智慧。你将发现自己的形象会变得更强大、更伟岸！这不仅带来身体方面的改变，而且也会在思想、社交能力及信仰理念上得到体现。通过与他人分享挑战带给你的丰厚果实，你将会使它的效用扩大一百倍。你再把生命的信息广泛传递开去，看！那更多的多姿多彩的生命因此出现啦！迎接挑战，这条成功原理甚至将会促使你成为超人！

我们最值得拥有的其实是那些能够被分享而不会因此减少的东西，最不值得拥有的是那些一经分享就消散的东西。而那些愈经分享愈倍增的东西就是力量！

不论你现在是怎样的年纪、拥有多少财富，也不论你是怎样的性别，亲爱的朋友！只要你是那极少数勇敢者之一，只要你愿意去迎接挑战并与他人分享——那么我确信，你就肯定会成功的！这本书就是专为你而写。我对你的冒险满怀希冀，我深信你会拥有丰盈美满的人生。挑战者是何其勇敢，值得称道！

幸福的人将会获得成功，
幸福在于与他人分享，
幸福总会加倍出现。

# 第三章
# 最大的冒险就是不去冒险

冒险可以称得上是一切成功的前提。没有冒险，成功就无从谈起。冒越大的险意味着更大的成功机会（当然这需要一些条件）。成功始于冒险，对于一个对什么都了无兴趣、安于现状的人来说，冒险是唯一能解救他的东西；对于一个小有成就的人来说，冒险会让他的投资赢利更多（冒险本身就是一种投资）。我们的确不能肯定地说冒险就会成功（因为这其中还涉及很多因素），但我敢说那些连骑马都学不会或不敢报考学位的人注定没有前途。

那些不敢接受挑战的人，一开始就已经被战败。

冒险就意味着充分去生活。你会心甘情愿开始这次旅行，当你了解到它将带给你多么大的幸福和快乐时。我有一些年轻朋友，他们得过且过、自我感觉良好，在他们的眼中，随波逐流地活一生是件愉快的事，自我约束是世俗的，自我放纵才是自我的真正表达。我非常反对这样的错误观点。阻力最小的路线形成了弯曲的河流和扭曲的人格。逆流而上，才会激起千重浪，获得意想不到的重大突破！

不可否认的是，许多人都情愿选择以比较简单容易的方式存在，过平淡的生活。每当问他们为什么不去尝试一种更丰富更开阔的生活时，他们往往会因自己的这种“修养”而自矜，并骄傲于人前。其实这是一种错误的观念！常人所说的“修养”仅仅是得过且过、庸庸碌碌，“只有革命者才懂得修养”！真正的修养是生机勃发地去斗争！

懒惰者不会去思考怎样充实和提高自己，因此也绝对品尝不到胜利所带来的震撼与幸福。“一战”期间，一位上尉在一次偷袭荒岛撤回时受伤了。敌方狙击手和机枪手联合组成一个交叉火力网，借此挑战，让敢于前来营救那位筋疲力尽的上尉的人无法靠近。部队司令挑选了两名志愿者来完成这项营救伤员的危险任务，而整个部队则继续前进。这两个人之所以被选中来承担使命是由于其光荣的履历，以及在部队长期服役中表现来的“魔鬼般的斗志”。他们在黑夜里潜回荒岛上，匍匐前行，从枪弹密布中救回了他们的上尉。一个精锐的军团能勇敢地面对挑战，并出色地完成任务是一项至高的荣誉。一直待在战壕中没有特别的兴奋可言，但当你从掩体中探出头时会感觉到异常刺激。当你在众人面前昂首挺胸时，你的生活将不再枯燥、不再一成不变。

每年夏天，在密歇根由美国青年基金会所举办的夏令营里，我都向那些充满激情和热血的年轻领导者传达“我向你挑战，去大胆冒险”的信息。每年成百上千的男孩和女孩，年轻的绅士和淑女都会带着成为领导者的渴望来到这个夏令营。在特定的时间里，整个夏令营里各种激烈的竞赛活动接连不断。在棒球比赛、潜水竞赛或登高等各种比赛中，这些年轻人都力争上游，做最好的一个。而在另一段时间里，他们对一项思维方式的培训活动也表现出了紧张和感兴趣，因为这些年轻人是要成为未来的领导者，不消说，这无疑有益于他们的思维训练。晚上，大家围成一圈，分成小组就娱乐方面来竞争。每个未来的领导者要学会展示自己的艺术，在这一过程中他要使自己的同伴感到愉悦。他要通过吸引、领导和影响他人等多种方式来充分展示自我的个性。和在运动场、自习室围圈讨论时一样，这几百个年轻人在一个祈祷课程训练中，被引导着积极表达和发展自己的信仰。通过参与这些活动，年轻的营员们已经明白生活的各个方面都同样充满乐趣。比起没来前，那些给我展示的无论来自何处的男孩和女孩们都表现得更热爱生活、更有能力去做事情。这个夏令营以“独立自主的我无时无刻不在做最好的我”作为座右铭。在同一个项目下，他们尽量地发挥才智，勇敢地生活，共同被引导着在一段愉快的时间里接受培训。正确的生活方式能让你充实而有后劲，错误的生活方式只会使你像即将破灭的肥皂泡那样感觉空虚。对此，你愿意怎样选择？

在奋斗者看来，生活是伟大而光荣的挑战。每天清晨，当明媚的阳光从窗户照射进来，你如果马上精神百倍地跳下床，信心满满地开始向压抑你的人或环境挑战，那么你就已经走上了通往胜利的康庄大道；你能积极地面对问题，就代表它们已被解决了一半；如果你拥有更远大的抱负，那么这就更不消说了——困难挫折都是小事一桩，不值一提！

但你还是会疑惑，到底要怎么去做呢？答案是先要赞同这一点，即用积极的生活态度去简化整个生活的复杂性。潜意识里的种种“恐惧”使许多的人成为了生活的牺牲品，比如害怕失去工作、担心病痛的折磨和艰难困苦的日子、恐惧失败，等等。但是请牢记：勇者并非没有恐惧，关键是他能战胜恐惧，敢于用积极的生活态度去挑战恐惧。

为什么要挑战？因为你不这样做，就不可能获得胜利。每个人的内心深处都有种种渴望：渴望成为某种人，渴望获得某个地位。但我们习惯于坐等机会到来时，机会从来都只会被那些有所准备主动出击的人捕获，习惯守株待兔的人根本等不到其降临。

也许此时的你正坐在椅子上，读着这段话，并自言自语：“他说这些话很轻松，但是我个人的情况完全不同，要我去面对挑战是不可能的。”

为什么不可能？懦夫！我要挑战你脑海中的这种想法！我确信它就是你致命的敌人，正因其存在，你更应该比别人敢于迎接挑战。枯燥单调的生活最需要冒险。抛弃各种各样的借口吧，你的软弱会经由勇敢的行动来获得治愈。现在开始做一些事情！有必要的话，甚至就去打碎一扇窗户！

我向你挑战！你要让自己的思想变得更成熟，让自己的行动变得更果敢，让自己成为一个伟大的人。如果你做到了这些，我敢肯定你的生活会因而变得更加丰盈富足，更加振奋人心，你也将面对一个充满机会的世界。在这个世界里，你将通过挑战，获得丰富和抚慰人心的回报。所有的行业：科学、宗教、商业、教育……都在呼唤那些积极面对现实、敢于攻击、大胆进取而绝不退却的勇敢者。

亲爱的读者！在你决定读下去前，你要真诚地问问自己：你是怎样生活的？你是怎么评价自己的？你是否完全知晓自己所肩负的责任与自己所具备的能力？你是否能满意于你的后代看到你目前的生活评价说“这就是他所能做到的最好的了？”或者，你是那一直确信终有一天会成为领导层中一员的那个人吗？你是那少数伟大者之一的那个人吗？你是那将在某天创造出拥有最好的自我的那个人吗？如果你的回答是肯定的，那么我这次搜寻的远航就没有枉费，你就是我所寻找的人。

向自己挑战！接受自己的挑战！

# 第四章
# 世界由勇敢的人指引向前

在艰难的“一战”期间，1918年的时候，第六工兵营的诺曼上校是我当时的战友，我不解于他做事的方式，不明白他所做的一切，直到后来在美国我听到了他与他的儿子们告别的谈话时，我才深切地懂得了他这样做的原因。

诺曼说：“你们要挑战自己，孩子们。挑战自己，将会赋予你们做一切事的能力！”看到儿子们都因他的话语受到极大的鼓舞，诺曼带着严肃而兴奋的语气接着说：“孩子们，你们不要因过去的胆怯和自卑恐惧逃避别人，因为你们注定是战士、是斗士。逃离人生的战场不是勇敢者的行为。你们，具备做好任何事情的能力。我是你们的父亲，我了解这一切，所以你们完全可以相信我。当然你们更要相信自己！你们知道自己将来会成为怎样的人，将去什么地方。只要你们敢向前闯，任何社会都会为你们让出一条通途。当然，这中间也可能并非一帆风顺：或许有时道路会拥挤不堪，就像交通堵塞了，危机像脱了轨的火车一样呼啸而至；或许恐惧、失望、无援，还有那些狂乱的躁动与寂灭的沉静会时时萦绕在你的周围。这时候要怎么办呢？孩子们，你们会选择退却还是勇往直前？我是你们的父亲，绝不会让你们无时无刻都不顾危险迎上前去，不会的，我们也需要在必要时退却。我只是想强调：你们要实现成功，唯一的方式就是战斗、勇敢地去战斗。遇到困难时要努力振作、奋起抗争，快要成功时要不改初衷、勇往直前，已经胜利了要再接再厉、永不停止。总而言之，孩子们，请记住我的一句话：敢于向任何事物挑战、且敢于接受任何挑战的人，必然是社会的精英、人类的勇者。去勇敢地做事吧，总有一天会取得成功！”

成功者必然是勇敢者，勇敢者也必须是一个敢想敢做的人。而这一切都源于“爱”。

我曾经读过的一张报纸上刊载了这样一个故事：一位母亲在孩子的安全受到一只熊的威胁时，用斧头砍死了它。按普通人的逻辑，一位妇女不可能有能力杀死一只强于自己几倍的熊——但她真的做到了。

戈登·菲利普也给我讲了一个加拿大电车司机的故事。在第一次世界大战期间，这个司机被任命为某集团军的司令。其实他原本并不知道自己能够指挥别人，但是他确实做到了。在旁人看来绝对是可以称之为奇迹的事情：从司机变成司令，一旦他知道自己立刻就可以付诸勇敢的行动了，而这也就成为了可能。

多年前，一个年轻人在一条铁路上做养路工。由于其严谨认真的工作态度，得到了一次去运输办公室工作一段时间的机会。在那段时间里，高级主管向这位年轻的替补职员索要一些重要的工作数据。这个年轻人虽然没有任何整理和查询账簿的经验，但是他没日没夜地工作了3天，终于在那位高级主管回来时准备好了所需要的材料。对于那些自己还不了解却很重要的工作，他也以同样的勇气去处理。通过不断地学习与研究，他在自己所做的每件事中表现出了那种兢兢业业的工作态度和卓越不凡的成果业绩，这为他承担越来越大的责任奠定了坚实的基础。现在他已成为了公司的副总裁。

一位来自肯塔基山区的年轻小伙子在19岁以前都从未离开过自己的村镇，也从来没有看见过任何一条铁路，后来却成为了我们西部最大的一家银行委员会的主席（并且同时是美国银行联席会的前任主席）。当他被推选为贝利学院——著名的拥有三千名山区孩子的肯塔基学校的理事（这可是一个需要无偿服务和责任重大的职位）后，他可谓是勤恳用心、鞠躬尽瘁地踏实做过许多事情。这个现在已功成名就的乡村小伙子说：“这是我一生中所获得的最大荣誉。”过往的经历使他明白，真正的满足不在于物质的丰富或声名的显赫，而在于无私地奉献自我去为他人服务。

一个长期徒手工作的亚拉巴马州的采矿者，有一天突然意识到了自己缺少教育的熏陶。于是他每天晚上认真学习一些法律知识。当人们在育空岛发现金子时，他多番考虑后决定去那里淘金。在育空岛的地壳深处他发现了属于自己的宝藏，同时也找到了更伟大的事物。有一次他迷失在一次暴风雪中，在那个寒冷、荒凉的小岛上，他看到了远处由传教士设立的一个闪光的十字架。那样的动人场景鼓励他去追随一位新的主人，开启一种全新的生活。现在，他成为我们最具魅力的演说家之一，并将他所有的财产连同自己都奉献给了耶稣基督的神圣事业。

还有一次，我遇到一位乡村少年，他极富创造力。尽管他自认为缺少教育、缺乏自信心，也没有多少社交魅力。但后来也恰恰是他获得了成功，成为了集那些杰出品质于一身的人。不仅是我对此感到无法理解，他也同样觉得很惊奇，而其实这都是必然的。

我认识一位事业非常成功的商人，他很谦逊。在一次危急关头，他发觉自己有一种能使周围的人鼓起勇气、振作精神的杰出能力。

我所能给读者列出名字的以上所有人，都是真实存在的，而且我也非常了解他们。他们发现了自己所拥有的才能，并充分使之最大化。仅凭这一点，他们就超过了许多的普通人。

人们常常会在战争和危急关头，发现许多自己生活中从未开启过的门。为什么不在你的潜能下安装一颗炸弹？为什么不迫使生活出现一个危机？为什么不宣布发动一场你的战争？如果缺乏一些诸如此类的刺激来振奋精神使之行动起来，那位母亲就决不会了解到自己有多大力量，那个电车司机就绝不可能成为一名将军，还有那个养路工、探矿者、乡村小伙子、商人，他们生活到老到死也许都无法意识到在自己体内所蕴藏的巨大潜能。本书的目的首先就在于要帮助你发现你所蕴藏的能力，其次是向你挑战去充分发挥这些能力。“可怜的人”，请从心底下定决心，开始行动吧！

《成功心理学》的作者沃尔特·彼特金说：“只要唤醒了人们创造的胆识，成千上万的年轻人就能够增加两三倍甚至四倍杰出的才干。但是，他们当中有许多人缺少勇气，更深入来讲，这是因为他们缺乏挑战计划所需要的巨大的能量。”沃尔特告诉我，过去他常常在培训拳击手时发现：一个很聪明的拳击手在比赛中往往很难取胜——“他缺少力量”，因为他过早地出现身体疲劳，所以在长时间的攻击中导致能量消耗殆尽，从而失败，而有经验的竞技者会尽量避免这样的情况。

可悲的是一个满腔雄心的人努力追求某个他既无精力也没有能力达成的目标。但更加可悲的是：那些电车司机、养路工和旅馆招待员们根本从未注意过从他们身边经过的那些将军、总裁以及精神领袖们是怎样掌控自己、发挥出超越极限的才能的。这样的悲剧极其普遍，人类仍然存在着不能正确认识自己的巨大缺陷。

但你会疑惑，到底是什么使得一个电车司机成长为一名将军的呢？是通过怎样的方式成就的呢？难道就是他恰好投入到战争、并敢于成为一名将军，然后挺起胸膛，坐等授勋？不，先生，绝不仅仅是这样的！将军绝不可能通过这样简单的方式产生。而事实是，在这个人成为一名将军之前，他内心所经历的某些事促使他转变为将军。在战前，他长期生活的环境是司机们狭小的世界，长期所做的是和那些同一层次的朋友厮混，积聚些钱财。而当突然有一天，他进入到一个新的世界里，眼界也随之大开，在他内心沉睡的“巨人”被刺激从而获得觉醒。

而这些沉睡的“巨人”又是什么呢？首先是指身体素质方面的潜能。从前，他大部分醒着的时间都是在单调枯燥的车厢里虚耗；而现在，他每天都骑马驰骋，并有专门的体能教练来协助自己来做大量的练习，从而锻炼腹部和胸部。通过多食用粗茶淡饭，多进行户外活动，他找回了精神振奋、身体健康的感觉和能由自己随意支配的充沛体力。与此同时，他的精神世界也变得丰富了。在他的帐篷旁边住着一位教授，士兵连中也还有一位民用建筑师，这些人的思想都对他产生了深远的影响。在南北转战的征程中，他看到了伦敦和巴黎这些伟大的城市，接触到了许多国度中新鲜的社会生活。在进入到一所炮兵学校后，他发现自己不仅会算工资，还能运算一些更高层次的问题。在当司机的时候，他需使用到大脑的只是很少一部分，而现在他为了得到生存和发展，迫使自己开发另一半的大脑来应对几乎每个新的生活经历。最后一点，他让军中的每个人都明白：我们都是为了心中的一个神圣目的而参加战斗的，这一点让他深受喜爱。这样的生活真是激情四溢，与之前在电车上度过的日子比起来，真是千差万别。他开始通过以一个将军的素质来严格要求自己，进行自我激励。在一个宝贵的日子里，他突然真实而准确地察觉到自己果然拥有了全新的力量——领导别人的能力。工人、大学生、商人都拥戴他作为他们前进的领头人。一个电车司机可以做的是常常跟在队伍的后面，根本难以拥有这种机会。然而他已不再是过去的那个他了！尽管从来没有接受过任何正规的培训，但他从未放弃任何可以锻炼自己的机会。如今他欢欣鼓舞地投身于一项伟大而崇高的事业中去，几经挫折，最终取得了成功。

你会疑惑，为什么不是其他的电车司机成为了将军呢？他们的生活环境是相同的啊！答案是很明显的：抑或是他们不具备成为一名将军的能力，抑或是他们不具备勇气来使用这种能力。而只有这个成功的人发现了这一切：胜利没有什么奥秘，它就是百分之百的战斗。而一个战斗者必须具备：强健的体魄、开阔的思维、左右逢源的社交能力与正确的信仰。这样，一旦意识到这4个方面，他就有了勇气和胆识使之不断发展、日趋完善，从而使自己成为周围的那些人中的佼佼者、领导人物。

这个道理在那个19岁以前还没看见过一条铁路的小伙子身上同样适用。他确实是一个乡村少年，但绝不单单只是一个乡村少年，同时也是一个能肩负重大责任的男子汉。19年的农场生活使他拥有强健的体魄。后来，当机遇来临时，他又每天都不断地拓宽自己的思维方式，提高自己的社交能力，充实自己的信仰源泉，直至获得银行界的最高荣誉。

我们要去寻找的那蕴藏在世界深处的资源是什么呢？我们体内沉睡的巨人又是什么呢？总结起来，它们就是以下4点：身体素质、思维能力、社交能力和信仰力量。如果这4个方面没有得到全面发展，我们的生活将难以完整。而你一旦懂得，那么每个得到发展的方面都会同时刺激其他3方面的发展。“完善整体是为了让每一方面都得到更好地发展，而做好每一方面又能促进整体的提高。”在其后的内容中，我们挑选了来自于各个年龄段、拥有各自不同奋斗历程的历史上的伟人，他们向我们展示了生活的这4个方面的秘密。所有这些人的经历都向我们传达了同样一个道理——进步是生活这4个方面不断完善的一个完整过程。我们在人类历史发展长河中的问题正好在路加（基督门徒）给我们所提供的证据那里得到解释。在人类智慧的光芒照耀下，真理闪现了：“耶稣集智慧、境界、才干于一身，从而能得到上帝和人类的共同爱戴。”

现在让我们来听听威尔弗雷德·格伦费尔先生曾说过的话：“人类要在生活中通过游戏、工作、爱和信仰来获得一切。”请多读一次，是不是同样的道理？

亲爱的朋友，不要再犹豫，去挑战吧！如果迎接了挑战，你又怎么能在拥有这4个方面能力的时候不加以使用呢？这太荒唐与反常了，请不要这样。

我想让你完整地牢记这第一个原则：生活是一个涉及4方面的事物，你的自我挑战计划将是一场包括身体素质、思维方式、社交能力和精神信仰4个方面的历险。考验来的时候，挺过去！你需经历的不只有一种，而是4种不同的生活。这是一个发展你那4种能力的机会，我们借由身体、大脑、心灵、精神共同来生活。使用它们、挖掘自身新的能力，不会掠夺你的快乐，反而会带来新的财富，帮助你从各个方面来吸取力量、从各个角度来拥有生活，从而输送源源不断的能量充实你的生命。

还有一个现象很有趣：你输送给生活的越多，你会发觉自己能够输送的也就越多。这也就是：分享越多，享受就越多；而且奇怪的是，在生活中你给自己保留越多的财富，你实际拥有的会越少。你付出的越多，你得到的回报越多，这就是生活中伟大的规则之一。我并非在高谈阔论，而是这条原理源自于我自己的实践经验。我知道，一旦你敢于使用你所拥有的才智，你能感觉到自己在变得愈加强大，不论是身体素质、思维方式、社交能力，还是精神信仰。而且通过分享这些硕果，你的这些能力也会百倍地增长。看吧！你将迎来一个更富裕充实的生活。

我再将生活的伟大规则重复一遍：最值得我们拥有的是那些能够被分享而不会因此减少的东西（即是那些越经分享越成倍增长的东西），最不值得我们拥有的是那些一经分享就消散的东西。开始吧！假如你根据自己目前的生活绘制一幅抽象的图画，它会接近正方形吗？

从现在起，不管它曾经是多么的不匀称，你都要敢于使它变得方方正正，就像正方形一样。

我已经学会运用纸笔来梳理好自己的思路。我也想通过这种方法在你的大脑中形成正方形的思维，以便它能够内化成为你的一部分。如果我不能帮助你为自己制定出明确的行动目标，那么就说明我自己也还没做到。

在这里，我已画出了我的正方形的方格图案。现在，请拿出一张纸，画上你的图案；要让四边相等；将“身体素质”写在左边，“思维能力”写在顶端，“社交能力”写在右边，“宗教信仰”写在底部；在方格正中写上“我的方格”并签上自己的名字。

如果一个计划没能成功促使你开始做任何事情，那么它和印有这份计划的纸一样无价值可言。在生活中，我们常常只说不做。尽管这项完善自我的计划应该马上就开始实施，但如果你没有实际画出那个方格来并为它写上标签，就说明你并没有做下一步的诚意。

画完后，请认真地看着它，使它在你的脑海中成像，并时刻铭记这个看似平凡实则神奇的四方图案，它象征了更丰富、更充实的生活。在今后自我挑战的遥远征程中，你将会沿着这个标志不断前进。

你将会在接下来的章节找到一个明确的步骤，这个计划是针对那些下决心开拓自身潜能的少数敢于自我挑战的人制订的。如果你没有迫切感到需要这种挑战，那么就不要浪费时间继续下去了；如果你没有足够的勇气或信心，那么接下来的章节也难以帮助到你；但如果你能够并且愿意继续坚持迎接挑战，那么就请马上开始行动吧！

以前你度过的一直在保守着什么的日子将一去不复返。从现在开始，你将不再这样，抛开那些烦恼轻松上路吧！从现在开始，你已走上为自己安排的成功之路；从现在开始，你的目光不再盯向你的弱点而是注视你的能力；从现在开始，你在每天清晨醒来时不会再想些让人压抑的东西，而将是一些美好的计划与完成它的具体步骤。

当亨利·福特想找到一种不易破碎的玻璃安装在他的新车上时，他没有选择去找任何一位专家——专家总有无数的理由说它造不成。他告诉身旁的人“把这个问题交给那些有着雄心壮志的年轻人吧，他们有着满腔热情，绝不相信这种玻璃是造不成的”。最后他得到了这种玻璃。

啊！
力量之塔，
高高耸立，
四面迎风。

——丁尼生（英国诗人）

# 第五章
# 财富买不到健康，而健康却能换到财富

我常常会想，如果我以前的老师乔治先生没有向我挑战去做班上最健康的男孩，那么现在的我将会是什么样子呢？当然，缠身的疾病将把我的时间、勇气和金钱都夺去，我很可能没有勇气去做那些现在我已尽力完成的事。财富买不到健康，而健康却能换到财富。

当下的许多年轻人在开始踏上一条他渴望通向成功的道路时，看到那些走在自己前方的成功者，总会试图从他们身上找出某种特质能够引领自己也进入成功者圈子。然而，他却往往发现其实人们很难了解到什么是事业成功所必需的因素。领导者们有的身材高挑，有的长得矮小；有的来自乡村，有的来自城市；有的满腹经纶，而有的却鲜少接受教育；有的天赋异禀，而有的则只是勤勤恳恳、踏实做事。我在一本以财富为主题的杂志中读到这样一篇文章，它刊发了一打以上通用汽车公司领导人的图片，并附带简略的文字说明。可以看到，没有两个人是来自相同的环境，每个人都有其独特的个性。但是我确实在这其中发现了他们的共性——每个人都具有的一种可贵品质，即精力（工作能力与敬业精神）充沛。从而我认为，精力（精神）是任何一位成功的领导者最重要的推动力。诚然，你能偶然发现一个精力少却也同样取得成功的人，但在每发现这样一个人的同时，你也会发现20个或30个全是由于充沛精力而成功的人。

每次当我遇到沃尔特·彼特金，他都会以类似的问题朝我发问：

1. 我能够完成如此艰苦的工作吗？
2. 我可以长时间地坚持工作吗？
3. 在任何时候我都能保持有劲头和力量吗？
4. 我能够一直发挥较高水平吗？
5. 我所具备的用于最后冲刺的能量到底有多大？

这些问题带给我深深的震动，如果没有健康怎么可能保持精力充沛？在我们的公司，办公室和生产线上的每个雇员都必须通过一系列身体测验才可能被雇用。此后的每年，他们也都须通过一项严格的身体检查。这是为什么呢？因为人要把事情做好必须拥有一个健康的身体。就价值来说，健康者完全高于一个身体孱弱、不健康的人。

赫克斯利关于“生活是场竞赛”这一见解让我很赞同。他说：“诚然，生命、财富和我们每个人的幸福，的确依赖于我们对生活中游戏规则的无限了解程度。而这些规则相比于象棋规则往往更难理解也更复杂。这场游戏无数人都经历过，我们中的每个男人和女人都作为他或她自己游戏中的对象之一而存在。一个棋盘是世界，其中的棋格是宇宙中的各种现象，而下棋的规则是我们称之为自然定律的东西。棋盘那边的对手隐藏不出，但我们明白他公平参与竞赛、正确竞技并耐心十足。而当我们在付出某种交换后，也可以了解到他不容有失、杜绝疏忽。最善于利用规则的人会获得极高的荣誉，而那些错误地使用规则的人将会满盘皆输，与成功无缘。”

如果你致力于今年秋天成为足球队的一名成员，或者明年冬天成为一名篮球队队员，那么在决定性的测验到来时，你必须保持良好的状态，这样你还会拒绝到为体育锻炼人员专门设置的食堂中进餐，同时采取有规律的作息、且进行虽严格但能有效增强体质的项目吗？在生活这场竞赛中，时间越长，你就越能认清每天都面临着严苛考验这个事实。每次你对自己的身体有所损害，像吃喝了一些不合适的东西，或者休息得不好，你将会可悲地发现某天当你需要爆发力，或是需要保持一个高水平的竞技状态，或是需要表现得劲头十足和活力充沛时，你都因受制于身体的衰弱无法做到，并因此付出沉重的代价。

生活这场竞赛远比足球或篮球比赛重要，但是它们都遵循着同样的规则：如果你时刻保持身体健康，让自己充满活力、满怀热情，那么教练在必须赢球时所选中的人将会是你。但如果你漠视这些规则，毫不关心自己的身体健康，那么“喂，下场去，你被淘汰了！”教练将会无情地把你换下，找一个更适合的人选来代替你。

健康是一个人成功的重要基础，健康是一个人成就自身事业必不可少的最宝贵的财富。更进一步说，健康奠定了一个国家进步的基石。迪斯雷利在1877年写作的一本著名的传记中说道，“在一个国家中，人们所有的幸福和力量都建于健康这一块基石之上。对于一个王国而言，有一批能力强且积极活跃的人居住在其境内难能可贵。这样就会有众多的生产者从而使得商业兴旺，艺术繁荣、建筑学发达从而使得陆地到处为庙宇、宫殿和美观的民居所覆盖；甚至也会拥有足够的物质力量来保卫和巩固所有这些，包括精良的武器和庞大的舰队。但是，如果这个国家的人口不仅在数量上持续地、逐年地消减，身材和力量方面也不断衰退，那么这个国家就会衰亡。因此我认为，一个政治家需要关注和重视的首要问题就是人们的健康问题。”

当我写到这一章的时候，世界正经历着一场经济衰退。每个人都被迫来背负这沉重的包袱，每个国家、商业机构和家庭都遭遇着一场突然的危机。在紧张的运动中，精神容易紊乱、脾气容易焦躁，如果再缺少补给，人们的身体和精神终将垮掉，那些没有财富和健康储备的国家、企业和个人是多么不幸啊！而那些有着强健体格的国民、能够承担重负而不垮掉的国家则是坚强的、伟大的。

大脑发出命令后，身体应该服从。“身体啊，当你肌肉松弛、肠胃不适时，你可以做些什么呢？当你感到筋疲力尽时，你又该怎样？含胸、削肩绝不能帮你登上成功阶梯的顶端。转身！强壮你的肌肉！昂首挺胸！”一开始这样做是困难的，但很快地，由于精力充沛、身体健康所带来的蓬勃活力会大大地激励你，会回报你的努力付出，会安慰你的灵魂，会坚定你的信仰。因为你敢于自我挑战，让自己变得强壮和健康了。

然而，令人觉得十分遗憾的是：经常在我们意识到它之前，健康就已失去了。例如，年轻人由于精力过剩，常常没有从严格意义上重视健康，将自身的精神和体力肆意挥霍。但勇敢的圣战者，我向你挑战，认真对待自身的健康吧！我曾经看到过一些满怀雄心壮志的年轻人，他们历经拼搏终于迈向辉煌成功的门槛，但就在最后关头由于孱弱的身体而使梦想破碎。于他们而言，这是一个十分沉痛的教训。已跌落山底时，再爬上去就十分费力；躺在救护车内也显然很让人心痛。为什么不健康地屹立在世界的巅峰？

有一位麻省理工学院的杰出毕业生，在给学生演讲时，几乎只谈到关于保持健康的重要性。

他说，他如此强调健康的原因是由于他了解到有许多人恰恰是在他们将要收获长期奋斗的硕果时，因体力不济而使成功夭亡。

保持自身健康不会令人生厌。只要用你对待自己的汽车或狗的那种关心来对待你的身体就可以了，这并不困难。我还要向那些冷嘲热讽者挑战，他们竟然认为错误或反常的生活比正确的生活更刺激。这话是完全错误的！如果你能保持自身健康，你就可以享受到生活的无限乐趣，领悟到生命的无上意义。视生活为竞赛吧！从此抛却不良的习惯、不合理的饮食、无规律的锻炼、不正常的睡眠。你可以偶尔玩桥牌直到午夜，但不能每晚如此使得早晨困倦不堪，你要把握好作息时间。和每个人开车一样，我也可以开车去到任何地方，但我宁愿选择步行，因为这更有益于健康。我有很多类似微妙而有益的计划，坚持了保持健康的原则。

生活中，我一直满意于我的身体状况。为什么不为它感到高兴呢？健康是会创造幸福的。我的朋友常常对于我从未因疾病而浪费一天工作时间而感到羡慕。也同样是这些朋友，认为我是一个在健康方面很时髦的人。嘿！我竟然是一个时髦的人！这很值得。健康在我看来，一直是最有益、最令人愉悦的时髦事物，因为我每天都很健康，这不就是很新鲜的吗？一些追求时尚的人不愿参加锻炼，也不愿用规律的生活来约束自己，对于他们的生活方式，我宁愿选择自己实实在在的健康。

健康就是指通常那种好的感觉，并没有什么秘密可言。你不能要求你的车在没有适时供给汽油和定时检修的情况下，长年累月地跑动，又为什么会期望你的身体在没有获得这同样的最低要求下持续工作呢？你应该不会把一只狗或一匹马整天关在笼子里而不给它们一个活动的机会，那么当你以这种方式来对待自己这一台无价机器时，又怎么能期望它不出故障呢？每个人都深谙此中道理，但少有人会对此采取行动。我一直对人们为什么不愿意努力锻炼好自己的身体的行为感到难以理解。

就像不喜欢剃头刮脸一样，对于每天清晨从床上爬起后，弯下腰用手触地20次，接着进行千篇一律地看起来枯燥的这些运动，和以一定的姿势向上伸展全身的这些练习我也不感兴趣。但即使我不喜欢锻炼，也不喜欢刮脸，我还是会去做这两件事，我可不愿意带着满脸胡碴儿出现在办公室里，这将使我在同事眼中的形象大打折扣。一位苏格兰的朋友曾经跟我说，他不喜欢酒的味道。我问他：“那你为什么还要喝它呢？”他告诉我：“我喝酒就是为它带给我的那种效果。”同样的道理，尽管我不是特别喜欢早晨锻炼，但我确实喜欢它带给我的效果。甚至我的苏格兰朋友也同意这一点：锻炼会带来更多更持久的效果，有些还很奇妙，而且它也更利于人本身。

你要去锻炼，我向你挑战，去锻炼吧！你会享受到因为保持身体健康所带来的美妙境界！你会因此而重视生活（这是如此的不易而不凡），从而以正确的态度来投入战斗。看我举的这个例子：

约翰和乔治两个人同时开始进行锻炼。约翰每天清晨不情愿地慢慢从床上爬起，心想：“唉，太讨厌了！又要去做那些该死的练习。”然后他完全把锻炼当成是一种折磨，很不耐烦地把它们做一遍。这样，几天或几周后，他就开始敷衍了事了，逐步地减少运动量。有一次，他回家很晚，第二天清晨他感到非常困倦，就没有做。他甚至觉得：对自己来说，多睡几分钟相比做早操更有益。他对此感到很满意，很快就给自己找到了100个不做早操的理由。从而停止了锻炼，还欣然觉得这样做对自己是诚实而有益的。

现在我们再来了解一下乔治。他坚信每天清晨的锻炼能给自己带来一整天更好的感觉，而不做早操会让自己一天都感觉沉重。他把这种想法投射在脑海中并随时付诸行动。当闹钟一响，两个声音在他耳边响起，一个说：“你根本没必要做早操？”另一个声音说：“乔治，一切就绪，现在将开启你本周最伟大的一天。伸展四肢，因为你需要比昨天长得更高；用冷水沐浴，加强全身的血液循环，因为你需要一个强健的体魄。”这时他将听从哪个声音呢？对，后者。当他遇到像约翰一样回来得很晚的情况时，第二天清晨他就会这样告诉自己：“昨晚睡得比平时少，大脑有一些迟钝，正因如此更需要充沛的体力来迎接那可能正走向我的机会。我不可以变懒，快起来做早操。”这样，他得以坚持了下来。

我有一个年轻的朋友，他常常抽烟并且不愿进行日常锻炼。他告诉我说：“我讨厌自己站得笔直像一个警察一样，也讨厌经常对自己说不应这样做而该那样做。如果我成功戒烟是通过棍棒威胁自己的话，这根本不利于我。我喜欢做的是自己想做的事，也许强迫自己每天清晨锻炼能给我强健的身体，但这肯定会慢慢改变我的性情。我不愿意这样。”

这种想法也不无道理，大多数人都在这样做。但我向他建议，让自己喜欢上去做那些原本自己讨厌做的事。这听起来似乎有些自相矛盾，因此也换来了他对我的嘲笑。但不久以后医生就向他证明了应该这么做。在他的重病得到治愈后，那个把他从危险关头救出的医生对他说，“现在，你又可以回去继续抽你想要抽的烟，但每当你把一支香烟点燃时，你就告诉自己，这会让我更难以回到以前精力充沛的状态；当你早晨起床时，你就告诉自己说.我不做早操，又会很快回到病床上。”那位医生深刻地理解了人类的天性，知道他的病人只愿去做自己喜欢做的事情，他通过这样的话语让做错误的事变得困难而做正确的事变得容易。习惯控制了我们大多数人的行为，而这些习惯也大多与思维有关，因此改变人的思维方式能使一个坏习惯变好。

我曾在很久以前发现有一个日常的习惯正与我的见解相符。一位医师的文章“大气与肺结核之关系”中所提及的那位老作家，在下面这段话中谈到步行：

“啊！这一天3次2千米的有氧运动真是最好的药。它不仅最好而且方便廉价，对各种年龄、各种体质的人也都适合并且乐于服用。它是无穷智慧的专利，有着神授的金章的认证。它可以治愈四肢冰凉、头脑昏热、脸色苍白、肺部虚弱和坏脾气。两三个人一起步行，效果会更显著。这服药历来未曾失灵，它能使敌人和解，使夫妻间的争吵得到平息，使政见不同的党派成为一个国家双倍的财富。在大城市中虚假的东西随处可见，但是当你踏上乡间小路，置身于青草之上旷野之中，抑或站在山巅，你会感觉犹如处在完善的大自然实验室中那般完美。”

我遵照这段话来行动，每天步行500米。基于同样的原因，我尽量遵循自然规律，每天喝8杯水，保持7~8个小时的有规律的睡眠，而这些都使得我每天感觉良好。我每天遵循它们，并非因为我有头痛或心痛，而是为了促进体气畅通、血液循环，拥有明亮锐利的眼睛、安宁的梦境和上佳的胃口；我每年去看两次医生，并非因为我身体不适，而是为了确认自己更健康。

如果我们的“最值得拥有的财富是那些越经分享越加倍的东西”这一理论是正确的，那么个人身体健康所产生的光芒能够被分享吗？我们应如何使用生活中充沛的体力给我们带来的快乐呢？走在街上时，当我们迎面遇到一位昂首挺胸、肩膀宽阔的人，谁又不为他的神采飞扬感到精神振奋呢？这种健康的辐射不仅有益于整个群体，对辐射源（健康而开放的人）本身也是丝毫无损的。在他帮助别人的同时，他对美德与力量的爱好与追求又得到了增长。

约翰·比尔医生是我的朋友，他在培养拥有强健体魄的男人和女人方面成绩斐然，他本人也为自己的理论提供了活生生的例子。他拥有着优美的体型——个高身直、胸膛结实，明亮清澈的眼睛，红润透亮的双颊。同他的病人一道，他分享着杰出的自我。

医生向每个病人慢慢灌输热切渴望拥有强健体魄的思想，并广为流传。不难想象，大家都乐于接受我们向别人传播的这种健康福音。这真是太棒了！我们自身也会因而拥有越来越多丰富美好的健康。

我希望你会制订出一套较为完善的健康计划。在那些竞争激烈的战斗中，成功与否完全取决于你自己。丰富充裕的健康在你的事业中举足轻重，是何其大的资本与享受！充沛的体力就是你人生道路上事业成功、生活幸福的基石。现在你必须非常确定自己热切渴望身体强壮，我们从实践中认识到那些不让你正确与健康的东西就是你最凶险的敌人。因此，我们必须奋起抗争！一旦现在的你已经立即施行你的身体挑战计划，便可以将这本书舍弃。

就有关身体锻炼方面，我已经提出一些建议，这些规则对我的一生都大有裨益，而且都很简单易行。我不得不强调一直对身体健康做出重大贡献，让我受益一生的这些习惯：8小时的睡眠，开窗换气，早晚有规律的日常锻炼，适量吃符合自己胃口的食物，保持正确的行坐卧姿势，每天步行500米，中午参加户外活动，定期进行旅游度假，晒充足的日光浴等等。此外，我相信那个挺身走路、气度不凡的人也能端正地思考人生的所有问题。最后我想说的是，我一直跟我的雇员、我的家庭成员和每个我所遇到的人都谈到健康，正如我曾说过的，他们曾认为我有怪癖，但我希望鼓励我面前的每个人都能拥有良好的健康，所以在我去世前我都会始终坚持这样做。

但也不要认为我正试图帮你制订一个针对你身体发展的完整计划，因为那是你和你的医生或其他一些称职的人该做的。我想做的只是把这种想法输送到你的脑海中，让你自己产生挑战自身体质的迫切念头。如果你已决定塑造自己的身体，那么在接下来12个月的时间中，试着向你自己提出如下的问题：

1. 我现在的身体状况良好吗？

2. 如果不是，我将因此要做到哪些？

3. 今年我将需要克服什么缺点？（例如：不良姿势，平胆的胸部，过重，过轻，缺少睡眠，消化不良，便秘，头痛等）

4. 我要怎样去克服？

5. 新的一年开始后，我有哪些重大的挑战计划？

6. 我能否精力充沛，顺利度过“击败我的最好”的这一年吗？

7. 为此我将要具体做些什么？

8. 我能始终坚持这个挑战直至取得最终胜利吗？

我很肯定地对你说，当回答完上面这些问题后，你就能制订出一个非常明确的计划了。

我有一位同事一年内在身体素质方面获得了重大的改善。他给出我下面这些目标，这使他实现了由失败到成功的转变。

| 目标 | 要怎么去做？ | 我是否照做了？ |
|---|---|---|
| 消除陈年旧疾 | 在我生日——2月15日那天，做一次全身彻底检查，并且于3月30日前把医生推荐的方法一一付诸实施<br>遵照医生的建议一天只吃一次肉 | 2月15日做了检查，医生建议我治疗牙齿，3月10日我照做了<br>成功了 |
| 在一个月内逐渐减少吸烟次数，最终戒掉烟瘾 | 在大斋期不吸烟，减少吸烟次数 | 是的，我照做了 |
| 获得更充足的睡眠 | 每晚平均7小时，8小时更好 | 照做了 |
| 呼吸更多新鲜空气 | 睡觉时记得把窗户打开 | 只错过了两天 |
| 矫正便秘 | 每天早晚各进行10分钟锻炼 | 12月3日照做了 |
| 矫正弯曲的双肩 | 在办公桌上放一个提醒标志，写上“不要弯腰”。每天靠墙站立，做至少五次“收腹、直背、挺胸、颏”的训练——背、肩、头都应挨着墙 | 照做了 |
| 实行有规律的步行计划 | 每天步行1千米，不要给自己找借口说没时间 | 做到了 |

续表：

| | | |
|---|---|---|
| 平衡我的饮食 | 多读有关饮食和健康方面的书并从中受益<br>每天多吃一些有益健康并合乎卫生习惯的谷类食物<br>每天只吃一次肉，吃一盘蔬菜沙拉 | 做到了<br><br>做到了 |
| 减肥，去掉5磅体重 | 减去中午的甜食 | 做到了 |

我来补充一些例子，使你能保持自然的正确姿势，并给你推荐3个简单的方法来练习。

当一个人坐在我办公室的椅子上的样子是塌着腰像要从椅子上滑下来时，我真想提着他的脖子像鸭子一样拽起他来。

当一个人能坐得笔直，我相信他也能进行正确的思考。

当从一个昂头、展颜、宽肩、收腹的人身旁经过时，我也会受到激励而挺直身躯！

在吃饭的时候，当我看到坐在对面的一位女孩双肩无力地耷拉着，弯腰弓背的样子，我忍不住想对她吼一声："坐直了！"

你属于上面4种姿势中的哪一种呢？你不能随随便便、应付了事。如果姿势不正确，这就意味着你的身体观、生活观乃至人生观都不健全。我们大多数人都认为自己的姿势还行，但实际并非如此。尤其可笑的是，还有的人认为自己即使随便，姿势看起来也会很优雅。明天早晨洗完澡后，你可以站到一面长镜子前用一束光照照自己，通过投在白墙上的影子来观看自己的侧面像，让你的妻子或室友把你与以上4种姿势比较一下，然后告诉你属于哪一种。在一面墙上记下你的身高，因为你会观察到在以上几种姿势中最好的一种会使你显得更高。如果你将你的姿势矫正好，你的实际身材也就会"增高了"。应该没有什么能比你在新的一年中增长身高更划得来了吧？

你花了几年的时间形成了现在的姿势，所以不要期望一个晚上就矫正好，至少要允许几个月的时间来使它获得改善。记住，姿势在很大意义上其实是一个思想意识问题。如果你能记得时刻保持身体平直，那么某种意义上，你就做到思想正确了。为了帮你强化记忆，请每天尝试以下3个简单的动作。

3个简单易行的每日姿势训练：

1. 收好腹

在你每天早晨起床前，从头底下移开你睡的枕头，背仍躺在床上，两只手放到颈后，牵引你的腹部，尽量将你的肠牵引到两肋下。这样每天做10次，晚上睡觉前做10多次。

2. 站得直

站在床边，把手放在你的头顶，将全身向上伸展到最大限度并保持一秒钟，然后放松，重复10次。晚上睡觉时，也重复做这个动作。

3. 保持正确的走路姿势

在出门后，当你在平常行进的第一条街区上步行时，时刻记得提醒你自己，要像你正走在一队通过市民前接受检阅的士兵方阵中一样，收颌、挺胸、收腹。"突出你的第三个马甲纽扣。"而在其后的一周，试着在两段街区上做这一动作。如果你开车上班，也请在下车后以这种姿势步行一段距离。经过一段时间的训练，从此以后，无论你什么时候开始步行，你都会习惯挺直身躯走路（挺身走路的人会挺身而出）。你也会发现，挺直身体，步伐轻快会让你有脱离拘束的感觉，同时这也能使肺内吸进更多的新鲜空气，让你的血液循环更加流畅，也因而获得更棒的身体。

# 第六章
# 你是你自己思想的产物

喂，听好！如果你没有首先学会服从就不可能去成功指挥他人，如果你没有经过培训就不可能去动员和指导他人。脑子里满是帮厨思想的士兵只配待在厨房里，而具备一位将军的思维方式则可以使他真正成为将军，取胜的想法往往都是在上前线打仗前就已经产生的。思想是恒定的，当人自我挑战以获得伟大的成就作为奋斗目标来进行思考与行动时，这对于思想来说有着怎样的意味呢？这个问题你应该回答：我即思维，我即思想。

萧伯纳（1856~1950，爱尔兰剧作家，著有剧本《华伦夫人的职业》《康蒂姐姐》《魔鬼的门徒》等）教授在《皮格马利翁》（该书名源于希腊神话中一个人物，他热恋自己所雕刻的少女像）这一本书中，声称他能够使得一个在贫民窟中长大而相貌端正的女孩成为一名真正的淑女。他对那女孩说："你要像一位贵妇一样去思考，像一位贵妇一样言谈举止——蹩脚的英语只能使你永远活在贫民窟中。"而她回答："别来打扰我！我没有时间做这些事。我现在需要考虑的事情已经够多的了……"

你在说什么，你没有时间去做这些事？胡说！你拥有和别人一样多的时间。你最好找来阿诺德·贝内特的小书《一天二十四小时应怎样度过》读一读，花不到一美元就能为你开辟各种可能性。你已经做得很好？好吧，来看看你的研究课题进行得怎样了？你没时间去更深一步地研究吗？因你遵奉的真理使你没时间做其他的事？太荒唐可笑了！不敢接受挑战的思想一无是处！

种种无用或平庸的思想的确常会与你的行动相悖。就像你不应找自己不去锻炼的理由一样，敢于自我挑战的人不会找不思考的理由。高额的奖赏是准备给那些敢于思考、勤于思考，并且能进行创造性思维的人的。我已在商务中度过了大半生，接触过大量的人和事，但还从没有看到过一个人渴望与追求各种思想并都因此而获得。这太困难了，人的思想中似乎有很多是不可能的。但这又能怎样呢？我们坦然接受不可能之物，而对那些可能之物我们也绝不放弃！一直以来，带动着人类文明向前发展的始终是思想这部发电机。

史蒂芬孙在还没铺设铁路以前，就产生了发明火车的念头，但他的思想在许多年后才被接受。而在今天，各种想法都能很快获得一名听众。现代社会是伟大的，这个世界变得更加开阔宽广，任何的事物都有其存在与发展的机会。至于工业，也在思想家与劳动者们创造性思维的推动下，不断地发展前进。

若干年前，一位奥伯林大学的教授曾在课堂上，对自己班上学生预言说："未来的某一天，将出现一种称为铝的新金属，它会被大量生产，用于多种地方。"他又说道："到现在它一直没被发现，那个能提炼出它的人将因此获得一笔巨大的财富。"这番话被一个名叫查尔斯·霍尔的年轻人记到心中，并在其脑海中铭刻。他是一位去西印度传教的传教士的儿子，当时还不到20岁。他用那位教授为他准备的小炼炉开始了工作，并成功提炼出了一滴纯铝，然后又大胆地去研究，最终发现符合商业用途的大量的铝。是的，他做到了。当他去世时，他将自己大笔财富中的1/3给了奥伯林大学，1/3给了外国传教使团，其余1/3给了贝利学院和美国传教士联谊会。查尔斯·霍尔从奥柏林大学获得了一种想法和一项挑战，而他则以丰盛的果实回报了母校。查尔斯·霍尔本人勇于自我挑战并经由正确的奋斗获得成功，而整个世界也因此受益。

我们或许已经发现了这个世界大多数未开发的领域，但总还有一些领域处于前方，等候精神上的哥伦布、思想上的皮瑞（1856~1920，美国北极探险家）、有计划的伯德们前去探索。人类的幸福只能建立在思想之上，体能上的历险能带给我们的刺激与兴奋还不及思维历险会带给我们的一半。当然，健康的身体与创造性的正确思考是相辅相成的。而当我们先后或同时都掌握了它们，便能肯定成功与幸福就在不远处了。我很遗憾的是，有这样一种人（不论年轻还是年老），他们甚至都不能跳出现有的世界去静观一本书或反省自身，更谈不上去忘我地奋斗了！这类人是没有前途没有意义可言的，他们注定得不到成功的快感与幸福的体验。而严重的是，有如此多的人从学校毕业或结束一般工作后，依然不认真地去探寻，最终与生活无缘。他们活着的目的单纯是为了减少痛苦，而非获得幸福。这样的人是令人瞧不起的！

人们在西奥多·罗斯福去世时，发现其枕头下还压着一本书，直到人生的最后一刻他还不忘从他人的思想中汲取营养。你读过阿贝迪迈特的《思考的艺术》一书吗？如果没有，赶快去买一本；有的话，要记住是自己拥有一本，而不仅仅是到图书馆借着读一下，这样做不会浪费你的时间，它的每页内容都奇妙地带领你进入到一个崭新的思维王国中去；如果你早前已经有一本的话，请掸去上面的灰尘好好重读一遍。你进步的最大障碍往往就是停滞不前的思维。

卡勒斯·凯特林，时任通用汽车研究公司的总裁，并且是美国最具有敏锐创造力的人之一，我曾与他共度过一个下午。他搬到这座城市并出名后，听说他的母亲仍住在家乡村庄的老屋里点着煤油灯过日子。他一定要去弄清楚为什么她不能拥有自己在城中寓所那样的明亮灯光呢？他这样做了，远程传输系统因而产生，它照亮了我们乡村的农舍。这只是一件，在获得解决后，又出现了更多让人感觉不便的问题。

凯特林先生对要从车上跳下来才能发动汽车感到厌烦。他想：为什么不通过仪表盘上的一个开关来使汽车发动呢？一旦这样的创造性思想产生，经过一段时间的研制与试验，自动打火装置诞生了。后来，他又发现因为每层漆都需要一定的时间来风干，完成一辆汽车的喷漆需要31天之多。喷漆工人聚起来商议后认为，即使尽全力，全部喷漆完成最多也只能减少两天。凯特林却说他想在一小时内做完这项工作。他被认为简直是疯了，但令人惊奇不已的是，他竟然真的发现了这样一种方法。曾有一种在玩具上使用的瓷漆能快速风干玩具的颜色，却不能用在汽车上。原因是“它干得太快”——当用它往汽车上喷时，这种漆在到达汽车表层前就已经干了。于是凯特林先生继续寻找别的涂料，直到最后，终于诞生了“杜科”，使得整部汽车喷漆的完成只需一小时。这是真的。

在一次会议上，凯特林先生把一批汽车生产商带到他的会议室里。他让他们写下自己对今后4年所希望的发展预期，并把文件留在他的办公桌上，然后带他们去参观了他的研究实验室，展示给他们各项研究的进展情况。一回到办公室，就有一个人抓起原先他写的文件撕得粉碎。“嘿，你在干什么？”凯特林先生问道。那个人回答说：“现在我知道了，我们所希望的原来只是那不值一提的5%的进步，原来我们不知道该怎样取得足够的进展，你领先我们太多年了。”那个人以此表示了钦佩并反省了自己的不足，凯特林先生会心地笑了。

在圣路易斯的华盛顿大学，有一位杰出的脑科手术医生担任着脑科手术诊所的主任一职。他的手术简直可称之为一个奇迹，求医的病人甚至从几千千米外赶来。年轻的医科学生常称他为“幸运的家伙”并感叹“这个人的技术简直是与生俱来的”。但是请等一等，让我们一起来看看他——欧内斯特·萨克斯医生的成长经历。

若干年前，当他还是纽约一家医院的实习医生时，他们医院的一位领导慨叹于这样一个事实：绝大多数脑瘤都是致命的，几乎无治愈的可能。不过这位领导预言说，会有一位杰出的医生在未来的某一天勇敢地去探索出方法来挽救这些生命。啊，年轻的欧内斯特·萨克斯来挑战了！他就是那名后来能治愈脑瘤的杰出医生。他敢于面对一项几乎看不到任何希望的任务。要知道在当时，比同时代任何人都更了解大脑解剖学的是英国的医学专家、脑科手术的先驱维克托·霍斯利大夫，在美国，并没有多少成功的脑科手术的先例。因此，萨克斯医生只能去追寻他，获得在这位英国科学家手下从事研究的机会。但他先做了一件有趣的事后，才去英国开始研究工作。

他到德国某学院进修了6个月以使自己在应具备的知识和技能方面更加精深，很少有年轻学生主动愿意这样去做。显然，那位英国科学家对于这个勤恳真诚的年轻美国人勇敢攀登前沿科技的高峰并能花6个月时间预先准备很是感动，便把他带回自己家中。他们一起工作了长达两年，对几十只猴子做了长期而复杂的实验。他们最终成功地发现了克服脑瘤的技术与药物。而这段经历也为萨克斯医生未来事业的发展铺平了道路。

当他返回美国寻找机会去治疗脑瘤时，却得到了人们的冷嘲热讽。多年来，即使工作中他缺乏设备，身上那股一定要把事情做成做好的不可征服的冲动却从未失却，他一直不断地与挫折和困难作斗争。当然，现在的情况获得了改善，大多数脑瘤患者已经被他治愈。此外，萨克斯医生还培训了许多年轻医生并把他们分派到这个国家的不同地区，使得每个地区都有一个靠近居民家园的脑科医生。由此，他与他人分享着自己的才能。他的《诊断和治疗脑瘤》一书已被认为是在这个尖端领域里最具权威性的著作之一。

下面请来看看另一个故事：

黑夜里，“咚！咚！咚！……”一个塞尔维亚的牧羊童在敲击一把长刀的柄。刀刃被埋藏在牧场的土地里，这样声音不能被躲藏在附近高高玉米地里的抢劫者听到，但能传到散布在牧场里的其他牧童耳中——他们每个人都通过将一只耳朵轻轻地贴在地面上来接收这些声音。这些塞尔维亚的牧童们通过发明这种独具创意的以地面来传递信号的巧妙方法，机智地战胜了那些在黑夜中利用玉米林作掩护偷偷潜入的罗马尼亚的偷羊贼们。

有一位牧童一直记得这个通过地面传递信号的方法，尽管其他人长大后都忘记了。25年后，他把这个方法所基于的原理应用于实践，完成了那个时代最伟大的一项发明。由此，迈克尔·皮顿——那个原本出身低微的牧童，使电话从一种只能在一个城市之内通话的设备改变成为能在一个洲之内通话的长距离通信设施。

爱迪生和马可尼（1874~1937，意大利电机工程师，无线电报发明者，1909年获诺贝尔物理学奖）等人是过去社会思维能力非凡的思想家，现在的我们也渴望这样伟大思想家的出现！过去100个新发明产生的地方，会在未来诞生出1000个新发明。世界信息无穷无尽，聪慧的你可曾收到？请自我挑战！去发明它们。发明是什么？发明就是“发现光明”。如果人类不去发明创造，就仍将长期置身于深深的黑暗之中。

不久前，我读到过一篇文章上谈到有人在20年前预测20年后的境况：在人们的家中，和冬天可以人工加热一样，夏天也能人工制冷；交通运输将迥异于今日；人们的穿着会有不同；思考问题的方式也与现在不一致；生活方式也会大不一样。会不会出现这样的情况呢？要知道其实这些，今天都已经得到了实现。我赞美人类，赞美人类这些伟大的发明！由此可见，发明人类的正是人类本身而非其他。“劳动创造了人！”既然这样，我亲爱的朋友，你要做那个空等着然后让自己适应变化的被动者，还是即刻就成为那个带来这些新变化的勇敢者呢？

你这样辩解：“我没有创造发明的机会。”没有机会？简直是一派胡言！在每天的每分每秒里，创造的机会都在朝你招手致意。一些最伟大的发明可能来自于能够以一种不平常的方式来解释平常现象与平常问题的思维中。

一位教授在一次扣背心纽扣时突然产生出一个伟大的想法——这个想法的产生仅仅是由于他的背心没有扣上。他的小女儿把纽扣洞中的某些部分给缝合起来了。就像往常一样，他的手指进行着扣纽扣这一复杂细致的工作……你也可以亲自尝试一下，但你要保证将拇指和其余每个手指的每个动作以及它们的移动过程都记录下来，然后你就可能发生像这位教授一样的故事了。

他和平时一样扣着纽扣，这时，一件事发生了，一个纽扣没能扣上。他的手指无助地摸索了一会儿，然后发出一个求救信号，惊醒了意识，眼睛向下看……一种新的思想从而诞生，更准确地说，是一个对古老思想的新的理解出现了，这位教授发现手指能够记忆，也就是现在人们常说的生理记忆。

接着他开始在自己的班上演示同样的游戏，而结果都一样。他发现：如果人们持续着做他们平常所做的事，他们的思想不会运行，只有在发生诸如缝上他们的纽扣洞、偷拿他们的笔记本、打乱他们日常生活的顺序、使他们面临失败威胁这样的事时，思想才会做出反应，采取行动。

由此他得出了一个结论：人类的思想是“一种应付紧急事件的器官”，它尽可能长期地移交所能想到的事给身体的其他器官去完成，只有在旧的做事顺序不再运转时，它才会接替做这项工作。而这个理论也被证明是伟大的，被人们普遍接受。

我感激纽约《时代周刊》能做出以上关于一个人扣背心纽扣这样的报道，在历史上有太多诸如此类把我们的思想弄得混乱的平常事。

一天，丹麦的费赛斯（1860~1904，丹麦医师，曾获1903年诺贝尔医学奖）博士站在窗前，漫无目的地看着窗外。他发现，有一只猫躺在阳光下打盹。当树荫渐渐拉长使照在它身上的阳光被阻断时，这只猫醒了，站起来走到有阳光的地方。树荫又慢慢移过去，而这只猫又重新走到有阳光处。是什么使得这只猫一定要待在阳光下？这唤起了费赛斯博士的好奇心：如果光和热有益于猫，它们会不会对人类有益呢？这就引发了他发明闻名世界的日光治疗法。

托比飞行器的发明者伊戈·艾崔克，其灵感来自于印度一种叫亚那尼亚的种子的形状。这架天然“飞机”向上伸展的翼尖也成为战时德国著名战斗机的原理。

著名的心理学家霍姆斯博士说：“95%的人都在进行一种漫无目的、不着边际且飘浮的思考，而仅有5%的人有其思索目标的明确指向，并能得出明确的结论。”

你们——在思维的王国中勇敢的冒险家们，虽然并非你们每个人都会成为下一个豪斯、凯特林、萨克斯，或者是费赛斯博士，但你们并不胆怯去对付这种不可能的情况，是吗？那些害怕面对挑战者的最后回答是“这做不了”。而你们，勇敢的十字军骑士们，所有的易事早已完成，正在积极寻找的是那些不可为之事。现在，让我们勇敢地去面对这诸多不可为之事吧！

你必须亲自完成那些为对思维能力进行挑战而制订的计划和你思维能力的自我发展，在此请允许我向你提一些建议——它们是我在自己生活中发现的，很有价值。我认为没有人一出生就是一个天才。关于天才的定义，我越来越对托马斯·卡莱尔（1795~1881，英国作家、历史学家、哲学家）说的一种能勤奋工作的无限能力表示赞同。你已经听到这句话无数遍了，但你从中受益了吗？你藐视天才吗？如果你是天才的话。

有一次，我们的一位销售经理正谈及他一年前所雇用的年轻销售员中的一员。那个人看起来极富个性，仪表端正好像很有能力并且能持续地好好做事。但后来他没能继续做下去。这位销售经理告诉我，这个人只是个“平庸的笨蛋”并解雇了他。因为这个人看似对每件事都知道一些，而要与他进行有关专项问题的讨论时，他就说不出什么来——他就像漂浮在表面的泡沫。我由此回想起在印度洋上所看到的那种飞鱼，它们飞行到空中一分钟，在阳光下振翅颤动，闪烁不定，随即沉入海底。谁会愿意做一条闪烁一分钟，然后就消失在人们视野中的飞鱼呢？

不管现实怎样，让我们的思维服务于自己是如此容易，但此时最大的诱惑是不愿开动脑筋，这源自思想本身的惰性，所以我们也必须向思想挑战！我们看一下报纸标题，就认为能构成我们对问题的评价，却忽视去阅读月刊杂志上能给我们提供关于那个课题的丰富知识的学术文章；我们听了几分钟的广播就自我满足地认为自己对交响乐了如指掌；我们读了一篇关于某场话剧的报道，就决定自己没必要亲自去看话剧本身。这些都是常人的一般认识规律，但如果你能更深入阅读，我敢肯定你会超出常人的水平。

我向你挑战，你可否相当透彻地了解每件应该了解的事物？它是什么？为何这样？还会怎样？这需要你自己做出判断，然后下定决心把这件事弄明白，而且要做得优于其他任何人。做这件事时，你必须深思熟虑。当代社会在飞速发展，一切都在如光般超速流动，如果不进行绝对同步的思考（这要求思想者有极大的能量），没有人能获得对世界深层的了解。这样做不仅需要时间更要付出辛勤的劳动，但你从而会深刻地去理解一件事物，这件事对世界，对我们，对我都是意义非凡。

我记得有一个故事，是关于很早以前人们常常谈到的、住在我们村里的老比尔布朗的。每年春天，他通过向一对牛呼叫“向左”“向右”来犁地，但是这两头牛常常根本不理不睬。比尔布朗说："它们总是按照自己喜欢的方式乱走。"还埋怨道："整块地被犁得不成样子。"每位圣战者都不会放松对自己思维力量的控制。人是聪敏机灵的，又怎能被思想之牛引着到处乱走呢？生活必须继续行进，田地也必须被耕作，而生活和耕作的方式都应从长远来考虑。记住，你就是那些将成就一番事业的圣战者之一。即使只犁出这一块垄沟，你也必须犁得比以往任何人更好；即使你只获得几十升收成，你也必须获得比以往的更好。不要恐惧，你已经意识到没有充分思想和合作所导致的严重缺陷和更大危险，这更会促使你的思想广罗万象并与人分享由之而生的巨大力量。这种力量经分享不仅不会消失，反而会变得日益强大。你的力量之源，无穷无尽。

培训自己去参加战斗。通过利用业余时间进行学习能使你自己适合承担更大的责任，通过有选择性地阅读各类图书来提高你的文化修养并刺激你的大脑进行思考。就在此刻，为什么不把你必须一读的专业书籍的名字写下来……你明确自己需要前进的方向，那么请通过读书和写作来更深层次地探索这个领域。我愿意给你介绍我的这点粗浅的经验，帮助你筹备一项小的计划——"我将每月读一本书"。你可以在这本书的最后空白的一页写下可作参考的文字，便于日后看看这本书的要点，也许它们会给你带来灵感与益处。

为了让你的思维圣战顺利进行，你必须对自己进行培训，就像你必须培训自己来应付生活中的体能竞赛一样。如果你节省每日花在阅读报纸连环图画版的时间，并用到做这件事上来，你将会受益无穷。

我一直喜欢阅读好书。这些书的书名，和它的内容一样，可以不断激励我去冒险。印象里我读的第一本书叫《目标》，现在已经记不清是谁写的。当时我还是一个顽皮的孩子，从妈妈那得到的。深深激励我的，正是这个书名。后来，我又读了马格莱特·沙特利的《不可能的魅力》、迪龙·沃尔斯的《旷野的诱惑》，这些激动人心的书名震撼着人的灵魂，让你开始想有所作为。还有许多书名也深深吸引了我，像《永不停止的目标》《巨大》《伟大的人》《追求卓越》《你想你能你就能》《神奇的愿望》《男人如铁》等。我也很爱读彼特金的《成功心理学》、威格姆的《谁是成功者》。或许有人会嘲笑，但在某种意义上，和书的内容一样，这些书名给予了我挑战的勇气。

我曾听到一个人这么描述我——"他有随身携带笔记本的习惯"。是的，这是我长期以来养成的习惯之一，它已经在多件事上被证明是非常有益的，对提高人的记忆力确实非常有效。而且携带一个笔记本在我看来是一种最有效的记忆辅助手段。我经常在我的内衣口袋里揣一个，甚至放一个在我的枕边，许多次半夜醒来我会匆匆记下一些东西，如果我手边没有纸和笔的话，我或许将绝不会再记得这些事。

说到习惯，你将如何处理现在正愚弄你的某个老习惯呢？我认为该采取的对策是改变旧的做法并反过来也"戏弄戏弄"它。若不能按照自己的方式通过内在的力量来控制任何习惯，这种窘况真令人感觉可笑。

我们公司广告部的一位员工告诉我，他长期抽烟，这个习惯正在愚弄他——从他身上不断掠夺走他的"健康储备"。因此，他下决心反过来"戏弄"这个习惯。他通过以下方法，扭转形势：

他知道如果他踱来踱去难过于自己不能抽烟，便又会沉沦下去。那么通过强制他的意志力来控制呢？虽然方法是正确的，但这样会使得他脾气暴躁，工作也因之受到影响。因此，他决定每当自己想抽烟时，立刻用一个新习惯来取代。

他告诉我，现在我们可以知道当他站在一扇开启的窗前做深呼吸时就是他想抽烟的时候；当他"咔啦"地清喉时就是他想抽烟的时候；当他吃完饭后立即刷牙时就是他想抽烟的时候。通过这种方式，他利用新习惯代替了以前抽烟的老毛病。

约翰是一个伟大的梦想家，他将城堡构筑在千米的高空中——并把它留在空中。

比尔也是一位梦想家，他也同样建筑自己的空中楼房，但他有能力把这些城堡落到实地。他把它们堆积在自己面前，然后向它们发起进攻，并对它们的反攻予以回击。他毫不留情反复拷问自己：我的梦想能否实现？就像任何一位警官对待一名犯人那样严厉；他从城堡中除掉那些杂乱无章、毫无价值的梦想，就像从火堆中拖出一根湿木柴那样坚决。但他会立即执行那些有价值的思想，并命令它们变为现实。嗯，是的，比尔是一位梦想家，而此外，他还有能力去检测、挑选，然后使自己的梦想变为现实，这就是他的与众不同之处！

试试比尔的方法吧！你也有梦想，它们会变为现实的——但我想问你那将会是何时？也许你会有些难为情“不久……”，或者低声嘟囔着“我已经做过……”，我的朋友，难道你没有感觉到羞耻吗？现在，听我说：赶快去做那些你需要做的有意义的事吧，太多了！我希望听你说“我正在做！”

我们中的大多数人都想成为今日的萧伯纳或爱迪生，但又有多少人愿意去做多年前的那个萧伯纳或爱迪生呢？那时的他们不断地辛勤工作、学习、参加各种培训，如饥似渴地从他们所知的有益事物中汲取营养。只有具有了所有这些，才能与日后自己所成就的名声相符。去问问你的那些作家朋友们，有哪一本书不是经过几个月、甚至几年的辛勤工作才创作出来的？没有谁能不首先吸取就给予，你自己都没有怎么谈得上给予别人呢？在这里，请容许我给你一项挑战，一项明确的对你思想的挑战：在连续不间断的一个月时间里，无所畏惧地去探索某个未知的领域。在你读一本书时，不要让作者替你来思索那些本该是你自己来考虑的事。请在那些带给你震撼的句子处、章节的末尾停顿一下，联系自身生活，赋予这些思想以更明确的含义。想想你要怎么做才能在明天的工作中实际使用它？请勇敢地冒险一次，走进新的思维王国，闯入永恒的思维空间！人之所以为人，就在于他能进行独创性思考。如果你能贡献出一分的新颖思想，如果你能构想出一个新的主意，你自我挑战的训练也就做得很好了。为什么我们总是感觉全身疲倦精神困乏？没什么其他原因！我们不够积极，老是让思维处于防御的状态。启动你的思想，开始一场带有攻击性的战役吧！

最后，你要敢于不停地思考直至找到至少一个具有创造性的主意。创造性的思想只是小事一件，比如把一根针的末端固定在一点，但由此产生了缝纫机。突破马其诺防线并不容易，你必须在无人的荒岛上历经重重艰险，经过多次挖掘才能抵达目标。协约国的军队是这样做的，而他们也顺利突破了这道防线，猛冲了过去，终于赢得了胜利。

我向你挑战，我双倍地向你挑战，去做一位创造者——一位充满渴望的战斗者，一位微生物的狩猎者，去开启一场这样的征程吧！在直到你能清楚写下某个新颖的见解或做好某件富有创意的事情前，决不能放弃！

我想再就人类的潜意识补充一句。虽然作为一名商人，我对此所知甚少，但我会去了解它。每晚入睡前，如果我能像设定闹钟一样设置我的潜意识，那么当早晨醒来时，脑海中就会充满新奇的思想，我就会因此而一直待在自我挑战的环境里。在你的思维挑战计划中，最好能有一个项目把这种潜意识包含在内。

也许我所说到的目标听起来太大不能完成。“我非天才，我不具备那种能力可以成为一名充满渴望的战斗者、一位伟大科学家或一名作家。”喂！不要总想着你不能做什么，我所感兴趣的是你能做什么。迄今为止，你满意于你的思想所取得的成就吗？你的思想已尽力做到它所能做到的最好的了吗？我敢肯定它并没有做到这一点。那么你今后的工作就是发现你还有多少未加使用的思维能力，然后大胆地使用，让它服务于自己。

记住这一点：最有价值的财富是那些越经分享越加倍的东西。你思想的发展壮大与你分享它所产生的成果是同步进行的。从一本书中能够获得的最大乐趣，在于与人讨论它或传递它给你的朋友们。当你从晨报上剪下一个好主意并传递它给那个对其兴趣浓厚的人时，你就使它变成了两个；当你跟其他人说一个不寻常的故事时，你的思想也因此而得到再次梳理；当你给他人陈述一个问题时，这个问题就因思想经过你的概括总结而变得明确清晰。你跟你的朋友分享一个好主意，他也告诉你一个好主意，这样你们就都拥有两个，分享的事物就成倍获得了增多。

可惜的是，一些赞同所有这些观点的人会说“这些见解真棒”，却不肯去做一件事。或者，他们会接连尝试，但做事的方式并不专心，这样的人绝不会成功。而你，勇敢的圣战者，是会认真去做这些事的。因为你是这样的勇敢聪明而富有责任心，以及同情我们所在世界的遭遇，时刻准备着将之拯救。你已意识到没有充分使用思想所导致的愚昧无知以外的更严重后果；你已意识到没有思想与没有使用思想同样都很危险。从而，你就会促使你的思想去囊括更多并与他人分享它所产生的力量。这种力量经过分享不仅不会消失，你还会因此变得日益强大。

你应向你的思维挑战，在一张纸上概括总结出下面的或与之相似的计划，你会表现出与其他人相比质的不同。如果你有一个成熟的计划，而那些被击败的弱者将会停滞不前。这时在你耳旁低语的小鬼们或许又会嘲讽，“写下那些你该做的事情还真是愚蠢”，你将听从这些鬼话而忽然忘了行动呢，还是会白纸黑字地踏实写下该做的事、毫不退让直到你能说“做完了”为止呢？

| 思维挑战项目 | 已达成的 |
| --- | --- |
| 1. 一个得以改变的习惯 | 1. 在什么时候征服了它 |
| 2. 一个独具创造性的主意 | 2. 创造力得到了发展 |
| 3. 花一个月时间去探索未知的领域 | 3. 获得的成果 |
| 4. 我的计划在分享中成长 | 4. 取得了哪些方面的进步 |
| 5. 在一年的开始，我最重要的思维挑战项是什么 | 5. 具体要怎么去做 |

# 第七章
# 个性是后天培养出来的

如果你现在正在申请我们公司的一个职位，我将首先让医生给我报告你的身体条件，我需要确认你的身体是否健康，是否有充沛的精力和体力去完成你即将要开始的工作项目。然后我会让人事部门对你的思维能力和知识背景进行考察。在对你的身体和思维考察感到合适后，你认为这就是我想了解你的所有方面吗？远远不止。我想与你进行一次面谈。这么做的原因何在呢？难道在那引进报告中没有含括我们所需要了解的所有信息吗？是的，还有一些事情我必须知晓，而那些东西不能被简单地写在纸上。

当你走进我的办公室时，我会注意你的西服下摆，你梳头的方式，你的鞋，你的指甲，甚至你手指上的污处。我们经常会说“再来一次”，再互相给对方一次机会，是吗？但重要的是，要把你身上称之为个性的东西表现出来，要让别人感觉到你魅力里那种无法言喻的品质。如果你嘴角流露出一种闹别扭的情绪，如果你与我握手时毫无力气，那么我们就不会雇你了。令人喜爱的个性常常表现为面带微笑，吐字清晰，步伐有力，兴趣广泛。就这一点来说，在整个企业中以及我们周围的整个世界中，这些也同样吸引人。微笑的阳光能融化隔阂，具有能力的领导者能面对比性格孤僻的人多两倍的挑战。

个性是什么？它是指一个人与生俱来就拥有的而其他人没有的“那种东西”吗？还是能通过后天培养得到发展。答案当然是后者。毋庸置疑，有些人在生活方面与社交方面具有比其他人更大的能力，但这说明的是什么呢？比尔比我更富个性魅力，这并不意味着我不应该对我自己的个性加以发展。

我们的销售网络有许多乡村少年的加入，他们大多由于太过胆怯而不敢去拜访那些有着成功希望的顾客。而在一些年后，我却看到同样是这些小伙子，他们已经很大程度地拓宽和发展了自己的个性，现在的他们能充满信心地站在讲台前面对几百名听众，沉着有力地进行演讲。这些小伙子吸引住他们的听众的方法，并非通过默记他们的讲稿，而是通过发现一个社区的需要并以一位福音传教士的热情来使这些需要得到满足。服务是一个被滥用的词句，但发展真正的服务体现了个性的拓宽。

你疑惑“在社交方面自我挑战，我需要去做些什么呢”，做一头社交场上的雄狮？这种说法并不确切。也许你这场特殊的挑战并非这样。如果跳舞、打桥牌或棒球运动花费了你过多的时间，我向你挑战，把它们安排到合适的位置上，找合适的时间来进行。总之，你需要注重发展的是那种对完整的生活来说不可缺少的个性魅力。

你常常能在每天的报纸上了解到有关某位伟人离世的讯息。想想他已超越的那些人物，以及他在商业和教育方面的影响。谁有勇气去填补他离世后的位置？他的个性是怎样的？他身上有着什么特殊的东西能激励他的同事并把人们都吸引到他的周围？既然我们已发现由于个性的缺失，世界已丢失了某种东西，为什么我们不鼓起勇气再让它还原于生活呢？请延续那个人的生活吧！虽然你未必能完全按照他通常思考问题的方式去思考与行动，但我坚信你会尽己所能去填补他的位置。

当我还年轻时，我遇到了约翰·沃纳梅克，我记得最深的是他怀着美好的理想，并且在商务活动中表现出很强的个人能力。后来每当出现一个问题需要公正的裁决时，我常会问自己：“约翰·沃纳梅克会怎么去处理它呢？”尽力去填补已逝去的伟大人物的位置的计划也许会让你吓一跳，你似乎没有什么资本可以这样做，然而一定要确信你真的具有这种真实的能力。开始行动吧！狂妄些又如何？

个性从理论上来说，是一种模棱两可、难以捉摸的东西，但在我们的日常生活中，它却表现得那样真实和奇妙。对于海伦·吉尔洛弗特小姐（我们美国青年基金会所开办的夏令营中的一位教员）描述个性的方式，我很是欣赏。在她积极的教学生涯中，她通过运用来自不同源头的水来阐明4种不同的个性。

第一种个性好像新罕布什尔州的一股山涧溪流，它从山上一路歌唱着向下流淌，汇入湖中。无论在何处我们从中捧出的都是一汪清彻的纯水。有种个性如同这样的水：不论你在山顶还是山底的湖中遇到它们，它们都是那样的晶莹闪烁，一路欢歌。这样的个性能解除人们的愁闷，并鼓励我们与他们一起欢快地前进。他们在前方指引，所有人跟随其后；他们在快乐微笑，所有人都随之微笑。他们时常准备鼓励我们，并与我们分享他们的所有，以此来消除我们心灵的干渴。

美国青年基金会的一位长期指导P. G. 奥威格先生就具有这种类似山涧溪流的个性。他有个叫“机敏者”的印第安名字。不论你是在夏令营，还是在大街上、他的家中遇到他，我敢保证你所有的压抑与烦恼都能摆脱掉。“机敏者”会给他所遇到的每个人一个灿烂的微笑，一个极具感染力的大笑，还有在你背上带有精神抚慰作用的轻轻一拍。他这种能力并非天生。是通过他的给予，才发展起来的。他会为那些情绪低落，精神委靡的人开启阳光，驱走阴霾。我喜欢与“机敏者”共处。

在小溪汇入的湖边的那汪泉水，它代表了第二种个性。相比于一路欢歌的小溪，它显得恬静安详，但从它深处会有世间最清凉、最清新的甘露汩汩涌出。许多性格沉稳的生命中蕴藏着无穷的力量，当把它们拿来与他人分享时，确实会让人感到高兴，同时也是赐予我们的一种福音。

“父亲”怀特就具有类似这种泉水的沉稳个性，他是美国青年基金会的前任副指导，曾和P. G. 奥威格一起共事。他是一位心灵的抚慰者，以帮助别人为己任。“父亲”展示着自己的个性：充满同情心，乐于助人并能理解他人。对成千上万的年轻人来说，他就如同一位父亲。

在密歇根的营地中，有一台老水泵。每当它工作的时候，常会发出刺耳的尖声和令人讨厌的呻吟声，但如果你耐心着一直保持抽水的状态，它就能从一口深井中抽出纯净而清凉的水。

一些年前，在远赴法国马赛的路途中（我将在那里搭船去印度），我正在一节法国餐车上吃早餐。坐在我对面的是一个点了茶的英国人。他看起来不善交际。法国侍者上茶的速度很慢，他的怒火因此不断上升。后来侍者给他端上来一杯调好的咖啡，他既没放糖也没放冰块就把它喝了下去，并不停咆哮说他点的是茶。他们又给他端来了第二杯咖啡，他强迫自己喝下了那杯咖啡忍住没有爆发，接着对所有的法国侍者威胁说如果他再得不到他要的茶将会发生什么。如果我当时离开餐桌，就会因此而留下这样的印象：他是一个极其讨厌的人。但幸运的是，在侍者端上茶给他后，他的脾气也变好了。他向我介绍了自己，在闲谈中我得知我们将乘同一艘船去印度。其后，我们在远东又有许多次的不期而遇，这也让我在那里的访问旅途平添了极大的乐趣。此外，我们还建立了持久的友谊，我发现他是我所认识的人中个性最有趣的一位。

不要仅仅由于它所发出的刺耳声来判断一个泵的好坏，而要一直不停地挖掘出深藏于井底的财富。反之亦然。记住，情绪激动或脾气暴躁很可能会严重地遮盖掉你好的品质以至于赶走你身边的朋友。你塑造个性的任务是吸引，而非排斥。

水泵旁边是一个有纪念意义的人造喷泉，它由卵石堆砌而成，坚固而又堂皇，给人留下强烈的印象。它接连着一个水量充足的蓄水池，这座喷泉由此为饥渴的人带来凉爽的清水。去年夏天，人们采取了一个把喷泉和蓄水池相连的巧妙新方法，但这个连接出了问题：耸立地表的喷泉依旧美丽，其下的水也是纯净且充足的，但仅仅因一点小毛病，这座喷泉就没有了实际的用途。没有了共性，个性只是一种虚幻的事物。或许你已经拥有了漂亮的外表，良好的习惯，并接受过高等教育，身处在幸福美好的家庭之间，你想把它们组合成最完美的生活，但还缺少某种东西将这些事物联系起来，这是不行的。

我认识一个女孩，她的个性类似于这座喷泉。她能够给予的东西很多，但从不愿付出。现在，她整日愁眉不展，由于忧郁，她成天怨天尤人却不自责。实际上，真正应该受到谴责的是她的自私，她任其个性出轨，却从来也不想方设法加以调整。

如果你和我一样，你会需要一些具体的方法来帮助你收回下面的这番话。“你所说的这些关于个性的都是正确的。”我能听到你在说，“但我怎么去针对自身实际情况来发展自己的个性呢？”我能回答这个问题的唯一方式源自我的亲身经历。我要发展自己的社交才能，首当其冲就是要进行一次有意义的接触。

H. M. 弗拉格勒的名字在我还很年轻时就常被人们提起。他担任标准石油公司的财务主管，并且还是J. D. 洛克菲勒的一位密友。弗拉格勒先生把他的财富投资到佛罗里达，修建了贯穿佛罗里达干线的东海岸铁路，他的名下还有着一系列的旅馆。一次我来到棕榈泉度假区，那时他把那里刚建成的一座大理石宫殿作为自己的家。我认为这样一位成功人士所产生的激励作用会对我一生产生持久影响，于是我决定去拜见他。与和我处在同一层次上的人会面对我来说并不难，但我怎样才能见到一个像弗拉格勒先生这样的大人物呢？我想，如果我不与那些思想、行动、本身都很伟大，比我伟大得多的人会面，我怎么可能也会变得伟大呢？而此时就在这里，我与一位已成为美国最杰出的成功者之一的人住在同一座城市。尽管没有门路，没有人介绍，但是“傻子常闯入天使害怕踏入的地方”，我给他写了张便条，向他坦白说自己是一个充满抱负的年轻人，刚刚在商务方面有所起步，强烈希望能见见他。令人惊奇的是，我很快得到了答复，被邀请去他家与他会面。那天在我的记忆中写下了光辉的一页。直到现在，我仍感到有些不好意思，每当想起待在他的家中那么长时间。他带我参观了他的宫殿，在那之前我还从未到过那样美妙的胜地，从不知道还有那样壮观的东西存在。绕着那美丽的花园散步的同时，他向我谈起洛克菲勒先生以及事业刚刚起步的早期所伴随的巨大困难。我的大脑接受大量信息有点儿反应不过来了。我记得当时我短暂地停顿了一下，说道：“弗拉格勒先生，我非常荣幸能够与您会面。您的经历使我感到激动，我怕会忘掉您思想中的某些细则。您介意我把它们记在我的笔记本上吗？”（那时我已经随身带着一个小本，并已开始养成做笔记的习惯）弗拉格勒先生给了我“当然不介意”的回复。然后我写下“伟大的责任感——伟大的义务”，并一页接一页地记录下他的成功方式与思想细则。直到今天，每当我想起那次珍贵的采访，我都感到全身涌动着一股激情。

在我与弗拉格勒先生会面的那天以后，我已不可能再在从前那样的水平线上行动了。而且，这次会面也给我上了生动的一课：已经功成名就的人对那些正在努力取得成功的人负有一份责任。相信他也持同样的观点。

那天与弗拉格勒先生的会晤成为我人生的一个转折点；在法国餐车上与那个人会面的那次机遇，则使得我去印度的旅行成为了一次无比宝贵的经历而不单纯是一次普通的游览。我竭尽所能地从我所能接触的每个伟大个性中吸取一些有益的东西，如果没能从那个人身上学到一些，我会感到羞愧，因为这样，许多意义重大、有决定命运功能的伟大时刻将被我浪费。

例如，在见过芝加哥神学院的前任院长奥兹拉·戴维斯先生后，我问自己："这个人的个性中那种充裕的、催人向上的东西是什么呢？我要怎么做才能获得它，才能像他激励我一样去激励到其他人？"我一直努力捕捉舍伍德·埃迪身上的那种紧迫感，正是这种紧迫感的驱动，他为了一个找到激励人们取得伟大成就的"某些更重要的事"的目的而环游世界。当我与C. R. 布朗会面时，我尽量寻找他的某种吸引人的闪光点，以便我也能让我周围那些人的精神受到鼓舞。而从 J. E. 歌德斯威特身上，我尽力去捕捉那些促使男人和女人亲密地关心自己身体以便获得更好生活的秘密。是的，我已经获得了许多，来自于和这些伟大人物接触，而尽力去模仿他们个性中的优点则会得到更多回报。

我在《纽约时报》上读到过一则寓言，它通过举出一个生动的例子阐明了一条最好的个性准则：

北风和太阳就谁最有威力这一点上争论不休，各不相让。它们都同意谁能最先使旅行中的人脱掉衣服谁就是胜利者。

北风首先施展出它的威力，用尽全力使劲地吹，尽管它越来越急甚至变成吼叫，结果那个旅行者却将自己的外套裹得更紧。直到最后，北风放弃了获胜的希望，它呼唤太阳出来看看能做些什么。

太阳慢慢地释放出它的热量，这个旅行者一感受到它那渐暖的光热就开始一件件地脱去衣服；最后，为了完全消弭太阳带来的闷热，他把衣服都脱光了，在一条小溪中洗澡并躺在岸上纳凉。

"循循善诱胜于诉诸暴力。"

因此，我向你挑战，去循序渐进地发展你的个性，让它变得更具魅力，能够领导和鼓舞他人。只要你有足够强烈的愿望你就会拥有那种个性。你会变得和你想象中的人一样棒。

年少的时候，我看到关于一本书的一则广告，它保证只要读了这本书，就能使人发展有魅力的个性。我花3美元买下了这本书，尽管在当时我并没有更多的3美元可以去挥霍。书上写道："当你走进一间屋子，每个人都会说：'瞧，他来了'……"直到我意识到一本书仅仅能给人提供自己制订出计划的建议，个性是需要通过内心来发展时，已经读过许多页了。我确实获得了几点有价值的帮助，它们长期伴随着我，现在我把它们传递给你。"在街道上时经常走有阳光的那边，太阳所释放出的温暖和力量可以进入到你的整个身体系统，它的光线为你的脸庞蒙上一层光辉，而你也把阳光反射给了他人。"我带着这种潜意识，安静地走在街道上洒满阳光的路面。那本书接着说："当你把你的头放在脸盆里洗脸时，要经常保持向上洗脸，而不要向下；要面带微笑向上洗脸，不要面带愁苦地向下。"当然，个性的养成并不只是依赖于这些表面的事物，但是从中我得出的伟大思想是：如果你足够强烈地渴望阳光、微笑和有意义的生活，那么即使是步行和洗浴这样的每个小细节、小行动都能带来我们个性的成长。

有哪些发展个性的方法呢？它们说起来都极简单，却很容易被忽视。不过为了使生活更完整，在培养我们的社交才能时，它们又起到了至关重要的作用。在回顾那些具有伟大个性的人们时，我已经很肯定地了解到他们都具有的某些确定的共同性格特征。例如，弗拉格勒先生怀着一颗博大的同情心设身处地为我着想，并能够理解一个踌躇满志、渴望领先的年轻人。这也生动地教会了我：在发展个性的过程中，一个人不论来自生活的哪个阶层都必须培养对每个人的广博的同情心。

在我所接触的那些拥有伟大个性的人中间，我注意到他们的另外一个共同品质：经常去自觉发展一种领袖的特征。这不仅仅反映在大事上，也反映在日常的点点滴滴中。例如，我发现我如果遇到了一个真正的伟人并和他一起步行几段路后，他总能适时地提出一些问题激发我的思考。

那也许是他自己的一个问题，也可能是我的一个问题，或是有关怎样帮助妥善处理今年的社区基金，或是下个月的商务计划，或是有关教学的规划问题，或是任何其他的一种方案——显然，借由这些，他已带我的思想和我本人到了一个新的王国。这是一个应当记住的好准则：每当我们与另一个人产生接触，即使只同行了一小段路，我们的任务就是引导他到达一个比我们遇到他时他所处的水平更高一层的境界。

一天，一位年轻朋友到我家拜访并祝贺我的结婚周年纪念。当他特地来做这件小善事时，这让我想起伟大个性所具备的另一种品质——关心他人。这个年轻人正不知不觉地迅速发展一种良好的个性。经过再三思量，我认为这种对他人关怀的品质是促使他做这件事的原因之一。我们不能只自顾自进行一场辉煌的圣战，而忘记了和我们同行的圣战者伙伴。我们是不可能完善自己的个性，如果我们完全忽视坐在正对面那张桌子旁的人。思考生活中重大问题的同时也不要忽视那些小事情，因为关心他人的这种品质主要就体现在小事情上。

多年来，我发现一个小小的笔记本，能培养关心他人的品质，可以用它来记下生日、周年纪念、孩子的名字、有意义的事件等等。当你开启一次新的接触时，并不会花费太多时间来写下一些东西，记录表明你对它很感兴趣。对他人关怀无损于你本身，而由之带来的浓厚爱心和殷切情意能使你广受他人的喜爱。关心他人是你的一种义务！你只需打电话祝福你商业上的伙伴在他所承担的项目上工作顺利，早日获得成功，这很容易办到，也不会花费你很多的时间，却能使朋友的工作热情获得极大地高涨；你只需提前5分钟离开办公室捎带去探望一下那位生病住院的熟人，他会因你的关怀早日康复的；你只需今天晚上在你吃饭前，花10分钟写一封便笺给几天前到访的那位尊贵客人，这将会巩固你们之间的友谊，对你私人来说意义深刻。一个金钱意义上的百万富翁，无法与一个在交友方面的百万富翁相提并论。当你得到朋友时，你需要确保维持住这些友谊，长此以往你也能成为感情的富翁，而我知道的巩固友谊的最好方法就是从小事做起去关心他人。

我们还有许多好的品质能用来塑造自己的个性，上面所说的那几种只是这些杰出品质中的一部分。你必须亲身去了解它们，并逐步培养自身创造完整生活所必需的社会生活能力。在结束这章内容以前，我还要强调一点，我相信在你今后的生活中，它的价值会得到证明。这就是要平等待人，不管他生活在哪个阶层；要在所有人面前都表现真我，不论他们是王子或乞丐。也许这话好像听得太多，但实际情况确实如此。然而不幸的是，这个世界上仍有许多自私而可悲的人，他们经常逢迎位高者，而对那些地位低于自己的人则称王称霸。真正伟大的人则不然，他们会自然、坦白、诚实、热情地对待所接触到的每个人。

长期以来，我每年冬天都去浅水湾猎捕鸭子，我有很多时间在掩体中思考和等待。我发现自己一直想弄清究竟是什么原因促使这些野鸭子和其他候鸟在秋天开始从位于北岛的哈得逊湾南下长途飞行到浅水湾或者更远的地方？而接下来的春天，又是什么原因促使它们飞回北方？啊！我明白了，当叶子开始枯黄，某些内在的动力在它们耳边轻轻吹起；紧接着，当冬天伴随着一种不可战胜的坚定怒吼降临时，这种内在的推动力也在逐渐增长，直到它控制了这只鸟的每个行动，并且最终促使它展开飞越大洲的长途迁徙，是这样吗?还是因为仅仅是那个永不停息的领导者有这种要去飞翔的冲动、最后演变成了群体的行动呢？是因为他劝说其他人该动身出发了，是这样吗？总之，有某种紧迫而不可抗拒的东西在所有的鸭子身上发生了作用，所有鸭子都为之所动，不论老小，不论壮瘦——在内心深处某种自我挑战冲动的支配下，它们都出发了，竭尽全力朝目的地飞去。

这种势不可当的冲动你必须拥有，它的诱惑你甚至不能抗拒。一个“伟大的执着”带着为他人服务的渴望在清晨将你唤醒，你不能将它随意搁置。这种渴望会给你带来“我能给予什么”而非“我能从他们身上得到什么”的想法，从而融入到任何社会群体中去。

在社会生活这方面，“最值得拥有的财富是那些经分享而加倍的东西”，这项原理会产生双重的效果。的确是这样，你付出的越多，你所收获的也就越多。我向你挑战，通过真心付出自己的所爱、向他人展示自己的个性来发展自我，并巩固朋友之间的美好友谊。你要努力去寻找每个人身上的闪光点，学会去喜欢他人，发现他们感兴趣的事物。这个月挑出5个并不熟悉的人，通过带给他们一些特殊的小感动来表示你的友好，然后看看会发生什么。在月底时，你会又多了5个新朋友——而且在你结交友谊的能力得到增强的同时，一个更丰富、更有魅力的个性也得到了培养，一个全新的你将会以光彩照人的形象出现在众人面前。

毋庸置疑，在提高社交能力这方面，你能做得比现在更好。问题只取决于你对社会群体的热爱程度与对社会公德的理解程度。在社交能力的发展上，如果你不帮助别人共同提高的话，你自己也很难说得到发展。其实，我们在社交方面的挑战就这样的简单——脚踏实地、认真做事，理解他人、认识自我。

我向你挑战，用可爱的微笑代替老人般悲苦的慨叹；

我向你挑战，锻炼你那柔弱无力的手，让它在与人握手时变得温暖而有力；

我向你挑战，培养个性让自己成为一位处处受欢迎的客人；

我向你挑战，发展社交中的自我，培育出那会带领你走向魅力十足的生活的谦谦美德。

为了完成这些挑战并拥有那吸引人的难以捉摸的东西，我建议你考虑明确以下问题。应该把它们写在一张纸上并贴在你的镜框边。一旦你有了取得明显进步的答案，就请把它们添加到这张纸上。

| | |
|---|---|
| 1. 在我所居住的社区里，和一年或两年前相比，我是变得更伟大了呢，还是不如从前？ | 1. 我的打算是什么？ |
| 2. 在我的生活中，我是否曾经有一段时间对他人福利所做出的贡献比我现在所做出的多？ | 2. 我雄心勃勃，决心要改变现状的计划是怎样的？ |
| 3. 一年多来，我结交朋友的能力有什么变化？是上升了，还是下降了？ | 3. 要通过什么方法制订出交更多、更好的朋友的结交计划？ |
| 4. 在我的生活中，嫉妒、爱闹别扭、坏脾气或其他任何影响社交的毛病是增加了，还是减少了？ | 4. 根治它们的计划。 |
| 5. 描绘出一种环境，在其中我能更快取得更多的成就，我能做出这种描绘吗？ | 5. 这种能够获得改善的环境是什么？ |
| 6. 在社交方面，我重大的挑战是什么？ | 6. 我将何时勇敢地付诸行动？ |
| 7. 我有勇气自我挑战，去做一个和那些拥有伟大杰出个性的人物一样的人吗？ | 7. 取得的进步—— |

# 第八章
# 神性隐藏在我们自己的身上

在我们正沿着通向山顶的蜿蜒小道向上攀登时，我5岁的外孙吉米，正努力和我们保持步调。

“感觉累了吧，吉米？”我问。

“虽然我的两条腿觉得累了，但我自己并不累。”他回答我。

吉米说的“我自己”是指他的精神。登上这座高山，于5岁的吉米而言是一次历险。沿着这条弯曲的小径向上攀登，于20岁的吉米而言也将是一次历险，而对于30岁和50岁时的吉米来说，这也同样会是一次历险。但如果从现在开始，他始终以这样的精神一直保持下去，他就会继续攀登。会感觉累吗？当然，他肯定会感到累，他的身体会因此而疲劳，但他的精神会永不疲倦地帮助他登上越来越高的山峰。

一个古老的印度传说这样说到：曾经有一段时期，地球上所有的人原本都是神，但他们是如此罪恶并滥用神权，以至于众生之父梵天决定剥夺人类所拥有的神性。为避免再次遭到滥用，决定把它藏到人们永远也发现不了的地方。众神说：“我们将把它深埋于地下。”梵天说：“不，人类能挖掘到地层深处并发现它。”众神建议：“那么我们将把它沉到最深的海里去。”“不，”梵天说，“人类可以学会潜水去到海底发现它。”众神说：“我们将把它藏在最高的山上。”梵天依旧摇头，说：“人类总有一天能爬上地球的每座山峰从而重新获得神性，所以不行。”“那我们实在不知道要把它藏在哪儿去，人类才不会发现。”有小部分神说道。“我会告诉你们，”梵天说，“把它藏到人类自己身上，他们绝不会想到在自己身上寻找。”这样的提议得到了众神的赞同。

于是他们就这样做了，把“神性”藏在我们每个人身上。从那时开始，人类就一直遍访世界，通过挖掘、潜水和攀登去寻找那类似于神一样的品质，却不知道这种品质其实一直隐藏在自己身上。

正是由于有这束火花，我才敢于向你挑战，并将它变成一堆火焰。——“我们需要重新捕获的，正是由它所放出的光辉。”它是某种真实存在的东西，某种我们每天都在使用的东西。正是因这种精神的存在，你才能自然地在正确的时间里做正确的事；正是因这种精神的存在，才塑造了一个个绅士和淑女；正是这种看不见的东西的存在，才使得你不论是在足球场上还是在商业交易中都不能利用一个弱小于你的人；也正是由于这种在每个有价值的人内心存在的东西，使人能在面临诱惑时正确地作出公平、诚实可信的决定。

我正在谈论的这种精神并非躲躲闪闪藏在阴影中的东西，不是的！它极正大而富有力量，拥有它的人可以与将军和国王媲美，继承它的人会因此感到自豪和骄傲，它就像一面胜利的旗帜，高高飘扬。

布道者们在过去已经做了太多太多的事。生活中光彩的这一面就如同星期日的礼服，一周只穿一天就被搁置，其他日子依然平淡无奇，但这样的时代已经过去。作为一名有实际经验的商人，我仍要说：我向你挑战，去过一种完整的生活。有没有哪一位将军在已攻击了敌方三面后，在第四面上撤退呢？如果已经取得了3/4的胜利，却在即将大获全胜时退出，你觉得这对自己公平吗？

有年夏天，在美国青年基金会所举办的夏令营中（那时设在密歇根），我坐在高高的沙丘上观看那伴随日夜交替而不停变化的密歇根湖美景。日升日落，波光如银，繁星点点。湖水和天空从来都不是一成不变的，而那水天相交处的地平线最吸引我。有时候它看起来很远很远，而当水面升起一层层由淡渐浓的迷雾的时候，我就只能看到抛出一块石子那么远的距离了。谁愿意生活在一片浓雾下，并被限制在它的范围之内呢？我知道生活并非如此，许多重要的新领域如此的开阔丰富，并向我们的生命挑战。勇敢的人会抓住机遇应时而起，以更精彩的人生来笑看风云。

我所谈到的这些都是针对拥有强健体魄、敏捷思维、具有个性魅力的你来说的。如果没有一个内因的激励，以上所有这些的价值都无从谈起。自从天地生成以来，人类一直渴望拥有追求某种精神生活的能力。没有人容许部分的自我消亡仍继续生活下去，如果这一面没有得到发展、消亡了，那么生活的其他三方面也将会受到损害。如果你已经在我们的身体素质、思维能力和社交能力的成长过程中发动了有效进攻的话，为什么不在发展精神生活方面也同样保持执着的态度呢？

我记得有一位可爱的老太太，她一直在持续的祈祷中生活。一次她坐在人群当中，其他人都刻薄地批评教堂、宗教，后来甚至涉及耶稣本人。她突然站在他们面前，质问道：“你们怎么敢批评我的上帝！”像一位复仇的天使一样，她言辞犀利地平息了他们的喋喋不休。所有的肆言者都震惊了：的确，他们怎么能在一位虔诚的基督徒面前做这样的事。你不能当着安东尼·韦恩的面批评华盛顿将军；而当巴斯德（1822～1895，法国化学家、细菌学家）的同事站在一旁，谁又敢闲话巴斯德呢？那么当加利利的这位圣战者将带我们进行一次梦幻般的历险时，我们这些精神的圣战者又怎么可以消极以待呢？

勇气和力量对于缔造完整生活所需的身体素质、思维能力和社交能力这三方面是必不可少的。你难道还不肯承认在精神圣战的前线上你同样也需要这些品质吗？看看荣誉册上在塔瑟斯（古城名，在今土耳其南部，为圣保罗之故乡）那里的基督徒们会有一个软弱者吗？的索尔起初迫害基督徒们，直到来自天国的一束雷电之光将他的整个生活全都改变，他变成了布道者圣保罗。他开启了在死亡阴影笼罩下的古罗马大门，带给贫苦的人们主的信息。他的生活中缺少冒险吗？而桀骜不驯、脾气暴躁的彼得，不愿意为耶稣洗脚。因其虚伪人性的支配，他屡次否认他的主。同样是这个彼得，在获得了服务的激情后，被钉死在十字架上。唉，牺牲者是光荣而伟大的，做出超越这些古代圣贤们的更伟大的成功事业，没有人会反对！

“而这场精神的历险又是指什么呢？”你问道。噢，我的朋友，你这个问题真够愚蠢！我们精神的历险，除了寻找上帝（主，神）外别无其他！

下面是一个典型例子的佐证。在伦敦圣保罗教堂的一块为纪念查理·乔治·戈登的牌子——“中国的戈登”上，我读到了以下不朽的语句：

一个不论在何时何地都给予的人

把他的力量给予了穷人

把他的同情心给予了受苦受难的人

把他的心给予上帝。

威尔福雷德·格伦威尔先生也发现，所有的精神历险都有其基础，即：首先把自己的忠诚奉献给一位活生生的领袖，然后经由勇敢无畏的服务来表达这种忠诚。他写道：“真正的信仰包含真正的勇气，我曾经认为它毫无用处，这并非它的过错，而是我们本身所造成的。我们没有想过要真诚地对待耶稣基督，而信仰这种我自己都无法拒绝的力量能催人去行动。”

我并没有要求你成为像圣保罗和彼得一样的布道者，或像戈登一样的战士，或像格伦威尔一样的传教士，但我要求你认真去考虑他们的信仰以及由此而产生的力量。诸此种种起初时和我们非常相像，也曾错误地认为信仰只是一些适合小孩或老人、弱者或生病的人，或是宗教狂热者的东西，但当他们发现无论在哪一方面：锻炼身体、开发智力亦或激励人们进行社交，任何时候都存在一种真实而强大的力量后，情况又多么的不一样！

或许威尔福雷德·格伦威尔先生用来进攻精神前线的方法能带给我们一些帮助。他在《耶稣对我意味着什么》中写道：“那么我们应该用一幅耶稣的图像来抵御诱惑，引导人类走上正确的道路。真正的信仰所能想象的和预见到的各种使人完全陶醉的景象是非常真实与可能的，只有它才能以亲善、公正、君子般的美德和决断、勇敢、骑士般的气概来解决现实的一切问题。它满足了年轻人和进取者那种想从日常琐碎、无聊的生活惯性中摆脱出来的渴望，以及对自由的永恒追求。否则由放纵所引起的自我堕落就会慢慢地唤醒我们善良、平和的性情中那些令人讨厌的、可恶的一面……

“保罗的生活过得如同哈罗德·阿古利巴·利文斯通（1813~1873，旅居非洲的苏格兰探险家）、杰伊·古尔德或查理二世一样充满刺激。于我而言，耶稣不仅是一位精神领袖而且也是最好的朋友。如果基督是真实存在的，生活是一块充满荣誉的田园，加拉哈德爵士、内森黑尔和伊迪丝·卡维尔真的从中获得了乐趣，那么对于我们每个充满勇气的人来说，生活不断地在创造成功的机会，我们的家园会在灿烂的阳光下逐渐地转变成天堂。”

以上这些见解，源自一个把生活看作一个整体的人。在拉布拉多半岛，他成为最伟大的医疗专家，并且广受爱戴。他除了使人们拥有健康的双腿以外，还塑造出了一个个全新的人。他治愈的不仅是人们身体上的残疾，使他们能再一次直立行走，还包括他们心灵上的缺陷。

实际上，相比于做错误的事，做正确的事更加刺激。这一点在我们拉布拉多的英雄勇敢的行动上得到了证明。带着对拉布拉多荒野的向往，他开始了自己的精神历险。假如你能为了今晚的刺激而甘愿承受明日自责的危险，为什么不试试格伦威尔的那种刺激，用快乐来代替自责与悔恨呢？

请把你的思想觉悟提高到常人之上，去考虑那些高尚的事。很快地，你就会上升到一个更高的水平。如果你认为所有的信仰都是虚伪或无所谓有无的，那么它就会变成一种负担。实际上，拥有正确信仰的人具有很大优势：自由，执着，能与他人团结，思维开阔，诸此种种，对于成就事业的人而言，都极为可贵。

信仰通过反省而得到。

锻炼和学习对于一个处于不良精神状态的人来说痛苦万分，但如果你把对品质、伦理、道德或信仰（不论你选择哪种称呼）的培养看作是一次成长的机会，那么生活中这类看不见的事物就会为我们呈现出一种新的意义。

C. R. 布朗博士是我的一位奋发向上的朋友，他担任耶鲁神学院的名誉院长，曾对工作在我的工厂的合作伙伴们说，他通过欲望和要求去鉴定一个人。如果你不渴望成为一名精神上的历险者，那么你就绝不可能成为一位成功的人。但如果你的大脑、心灵和精神都充满了对生活中美好事物的渴望，从而迫切想要为自己的这场圣战寻求一个内部的动力，那么你实际已取得了进步来发动对这四方面的进攻。

要敢于在世间已存在的最美好的事物中生活。用一周的时间去努力过一种高雅的生活，让自己被这个世界已经提供的最好的东西环绕。吟诵一首优美的诗，阅读一本伟人的自传，欣赏一幅古代名画家的画作，用留声机播放一张动听的唱片，观赏一场高雅的演出或一部精彩的电影，听一场振奋人心的演讲，与一个积极进取、充满个性魅力的人会面，观看日出和日落的壮丽景色，努力将自己从生活中那些毫无价值的思想、行动和没有意义的关系中挣脱出来。在一周的时间内，看看在你身上将会发生什么，如果你真的只用那些最好的东西来填充你的生活的话。啊！最美好的文学作品，最优秀的艺术成果，最壮观的自然景象，造就了最杰出的你！只要我们让世界上最精彩的事物在我们身边陪伴，那么我们的生活会过得如同国王一般！

充沛的体力需要通过锻炼来获得，敏捷的思维需要通过不断地学习来达成，极富魅力的个性需要通过积极地参与服务来使之茁壮成长，而信仰的建立和发展则需要行动：在实际生活中做正确的事而不去做错误的事。我们只有通过真正采取实际行动才能取得生存的进展。

不管今晚你默念祈祷多少次，如果明天你无法依照它们采取行动，那么你所做的就无价值可言。E. S. 琼斯博士在他的著作《无处不在的基督》中讲述了这样一个故事：

“我曾经从阿尔摩沿着世界上最弯曲的一条公路坐车前行，那辆汽车的司机从来没有在喜马拉雅山脉上开过车。在他前一天的首次旅程中几乎从那些悬崖峭壁上翻过去，差点儿出了意外。他十分紧张，因此在开始返回前他走到机器前双手合十，向他的车默默祈祷。做完这些后，我们出发了。但没过多久，汽车开始过热，水箱中没水了！这得到了补给。但当我们行驶至距离目的地还有几十千米的地方时，这辆车在爬坡时熄火了，油箱中没油了！我们只好待在那里直到获得营救。这位司机对他的车做了祈祷，却忘了要给水箱添水、给油箱加油！”

为什么不马上就发动一场激烈的攻势呢？你难道不能通过把祈祷付诸行动来开始这场战斗吗？你将做什么明确的，并且是无误的事情来补救你以往的错事呢？你将把哪座特殊的堡垒攻占？为了理想，你会提前确定一个时间来攀越已成为你生活中障碍的那些高峰吗？把这些东西列入一个清单，然后针对它们制订出进攻的具体计划。想象自己是保罗或彼得、戈登或者格伦威尔一样的人，或者想象自己是身旁某位性情沉稳的朋友，他就像在深谷中缓缓流淌的溪流，而他的生命已盈满那些由他的好品行所带来的比财富更高的奖赏，以至于做什么事都能量十足。而更好的做法是，制订出这样一项计划，使你任何时候都满意于自己拥有最好的事物和最好的状态。

如果你在第一次的努力中没有取得成功，不要因此而灰心。纽约大学的米汉教练说：“我们实际上从一次胜利中学不到什么东西，而我们所能收集到的所有信息都源自于一场失败。一个取得胜利的人会忘却他大部分的失误。”

在北部学生联合会中，西点代表团在一个昏暗的帐篷里举行了一次小组会议。会上提出了一个使人困惑的问题——“什么是基督徒精神？”片刻沉默后，一个黑暗的角落里，有人得出了一个激动人心的答案——“基督徒精神就是西方人的奥斯卡。”大家一下子都变得活跃了。这个回答多么好啊——一位西点军校的学员，他的认识已是如此的深刻，他的信仰已是如此的坚定，他还把这些都传递给了别人。这种人极其不凡，以至于在他缺席时，大家都热烈地赞扬他是一个难得的基督徒和一个可爱的同伴。

保罗告诉他的朋友蒂莫西：“我之所以深深记得你，是因为你唤醒了我心中上帝的品质。”

其实你了解自己的生活，不应由我来告诉你，你的精神挑战应该是什么。我向你挑战去做的就是这样一件重大的事——击败你精神上的惰性。对精神的投资会换回千倍的回报，不要忧心你那少得可怜的私利。将你的所有都投资到这项挑战中，回报会大大超过你的预想。一些伟大的挑战甚至会成就“人类之王”或“人类之友”的美誉！人类就是在这样一种“伟大的执着”的引领下不断做出伟大的功绩的。

如果你写出以下这些问题并认真地作答，这样会帮你梳理好进行精神挑战的思路。

1. 我已经读过福斯迪克的《十二项品格测验》这本书，并将把自己划入到一定等级。

2. 在信仰方面，我具有的坚定不移的勇气是在常人之上还是在常人之下？

3. 我值得信任的程度多大？——在诚实和正直方面，我究竟怎么样？

4. 对我而言，上帝过去比现在更真实吗？

5. 精神是我最大的财富，我应极度关怀我的精神与思想。今年为了它的发展我将做些什么？我将怎样胜利完成一场圣战？

6. 我那伟大的精神挑战是什么？

7. 在生活中，我有一个伟大的动机吗？我怀揣着一种“伟大的执着”吗？

好的，现在你的思路已然清晰，那么请在一张纸上列出以下问题来记录你的进步。然后你要有勇气给自己划分等级，直至你将自己提升到你所满意的最高水平之前，都不要停下来。

1. 已做完了12项测验，3个月后给自己划分出了等级。

2. 为了鼓舞我在信仰上所具有的勇气，我已经去做的一件事是什么？

3. 我怎样发起挑战来提高我的可信任度——我的诚实和正直？

4. 为了取得进展，我所制订的计划是明确的吗？

5. 在过去的3个月中，通过什么方式可以显示出我精神的成长？

6. 为完成我的精神挑战，我已经做了哪些努力？

7. 与3个月前比起来，在树立伟大志向和提高生存能力方面我取得了更进一步的成就吗？

# 第九章
# 把分享当成一种生活信念

劳埃德·道格拉斯的《伟大的执着》一书，相信你们中有许多人已读过，这本书的情节独具特色，它十分有趣地揭示了一位拥有安逸生活的年轻人，是怎样掌握在实际社会生活中成长的奥秘的。他家境十分富裕，从小娇生惯养，过着毫无意义的生活，而后一次事故带给他很大的震动……在一家医院里，他醒来后发现自己曾经几乎被淹死，但最终还是得救了，因为利用了从一位世界著名的脑外科专家的别墅中匆匆取来的一个人工呼吸器。然而不幸的是那个脑外科专家却被淹死了，而这个本可以挽救其生命的人工呼吸器，却被用来挽救这个废物的生命。故事的后来谈到的是，当这个年轻人意识到了他对这位世界著名的伟大人物的死负有间接的责任后，下定决心要通过成为一个拥有同等能力的脑外科专家来填补这个伟大人物离世的缺憾。这个决心使他变得执着，最终，他成功了。而在这样做的过程中，他发现了自己的“伟大执着”——他有着成为超越一个脑外科专家的人的坚持。他要填充许多杰出人物逝去后所留下的缺憾。于是，他开创了伟大的事业与全新的生活。在公共生活中，有千千万万的人通过不同的方式从他那里得到了帮助，或是金钱上的资助，或是时间上的帮助，或是技能上的帮助。无须赘言，他是乐在其中的，但通常他都要求他们答应自己：在他的有生之年，不要揭示出自己帮助别人的这个事实。他的原则一直是把自己所拥有的无私给予他人，默默地奉献给世界。这个故事继续讲到他周围的那些年轻人，也怀揣了“伟大的执着”，践行着同样的原则，为获得同样的成功（即默默奉献）而艰苦前行。

我讨厌认为某种悲剧的发生对你的生活是必需的这种想法。在这个故事中的那位年轻人，当他发现自己漫无目的的生活是牺牲了一个有价值的人的生命而换回的时候，他唾弃过去的自己而找到了前进的动力。在那以后的日子里，他勇敢地将由于他而丢失了的东西归还给这个世界，甚至，他还贡献了更多。朋友，你可曾想到：现在你正享受的某些事物也是由他人的牺牲与奉献换来的？这难道不足以成为对你发起一场挑战、要求自己去做得更好的理由吗？

如果一个人愿意正当地参与分享，他就不会逃避承担服务的责任。必须有一些人来管理社区内公共基金和进行红十字救援行动。

许多年前我在巴哈马群岛发现了一种红蚕豆，当地人认为它是好运的征兆。许多年来，我一直随身携带这种红蚕豆。我发现我喜欢把这个世界称之为“助人为乐的蚕豆社会”——当一个人确实对我做了一件好事，就会获得我送的一颗红蚕豆。这样，每个人都乐于帮助他人从而携手进行我们伟大的社会事业，于是在我的意识中，社会里的每个人身上都携带有如此可爱的一颗红蚕豆。如果你知道我已用了多少颗这种蚕豆来补充我的供应你会感到惊奇。由此看来，整个世界是由做好事的人所构成的。如果我们不想成为社会的寄生虫，我们就必须多做事、多做好事，并且要超过别人对我们所做的。因为我们是领导者和圣战者，我们要比其他人更敢于尝试和冒险。

我们应在什么时候付出自己的思想和精力来满足社区的需要、尽力推动慈善事业并积极参与教堂所组织的各种活动呢？必须由那些不计报酬的人来完成所有这些服务项目，通过分享，回报会是丰富、充裕的。

“我们这些佛罗伦萨人，”乔治·埃利奥特所塑造的角色之一曾说，“一丝不苟地生活，我们会拥有很精彩的人生。”

我相信在福斯迪克博士的书《服务的意义》中所使用的一个例子能表达出这种与他人分享的思想。

“以色列哈蒙山（在叙利亚大马士革的西南方）上黎巴雪松的根部流下的水汇入到太巴列湖和死海，本来清冽的水是相同的。但太巴列湖风景秀丽，因为有一个出水口来调清它的水质。它付出了充足的河水用来灌溉约旦平原。而拥有同样的水质的死海，却使人感到恐怖，因为它一个出水口都没有，它只会保留，因而污浊不堪，真正地成为了‘一潭死水’。这就是自私的人和无私者之间最本质的不同。我们所有人都希望生命充满祝福和欢乐（我们应该这样，它们是上帝授予给我们的神圣权利），只是一些人如同太巴列湖那样时刻准备去给予；而另一些人却只知保留，如同死海和蛾摩拉城的盐湖。”

下面我将说两个真实的故事。故事是有关我的熟人的，主角一个是家境富裕的小女孩，另一个是家庭贫困的小女孩。通过积极地参与和分享，她们都从生活那里收获了丰厚的回报。

玛丽·布伦登是东部一位富有的钢铁生产商的女儿。当然，玛丽·布伦登并非她的真名。她会恨我的，如果我明确地告诉你她是谁。金钱、衣物、各种奢侈品——这个世界上她所有想要的东西都应有尽有。第一次世界大战爆发后，她决定去法国。当然，她的父亲不同意她去。尽管不是很情愿，父亲还是都有着作出让步的伟大方式（我是“父亲”嘛）。最后，她成功地到了法国。

那时的她已经是一位被基督教青年会接纳的有成就的音乐家，于是她带着自己的小提琴，随同伙伴一起来到了海外，工作在约瑟夫·迪斯克曼将军领导下的第三区。

当时基督教青年会的工作由我主管，在法国我们拥有大批最好的工作者，我认同这一点，但也必须承认我们的人员还是不足。那些身体虚弱或工作平庸的人，会立即遭到我的解雇。因此我在巴黎基督教青年会的大本营中，常被认为是冷酷无情的。你知道我因年龄太大不能入伍，但我也一直是一名商人，这满足了我对生活的战斗欲望。在选人方面我经验丰富，并且我想要加入基督教青年会，就是希望与人分享自己所拥有的能力。总之，我喜欢时常为自己的生活添加一些挑战和冒险。

一天，玛丽·布伦登抱着她的小提琴来了。她从我的朋友海伦·肯（她负责安排所有的姑娘）那儿带来一张纸条，上面说她能坚持下去。她紧抱着她的小提琴站在我面前，看上去似乎刮一股强风就能把她吹走。她被安置到了第七步兵团。现在我只要一想起那些姑娘们所干的活就感到无比的敬佩和自豪，因为我们这里没有简单轻松的工作。每天，她们要打扫食堂，然后准备满满的无数桶热可可奶，没有停歇地刷盘子。我敢肯定玛丽在此前的生活中没有洗过一只盘子。晚上，士兵们在一起以一种简单的方式娱乐。玛丽的身影出现在这里每个角落，她用自己的小提琴为大家演奏出美妙的乐曲。那些小伙子们伴随着她的曲子欢快地歌唱，他们完全都乐在其中了！而且也由衷地感激玛丽能通过这种方式尽力为他们提供精神食粮。她在这里坚持了如此之久，以至于我想把她调回巴黎时，她已安抚好家中的父亲，想继续待下去。

我们受命去前线，伟大的时刻终于来临。玛丽想一直跟着她的先生，不愿留在后方。新教与天主教的牧师想在我们即将接受第一场战火洗礼的前夕，为我们男人安排一个圣餐会。我甚至还动员了所有的基督教青年会的牧师来服务，牧师还是不够。可怜的小玛丽受到了冷落，她爱她的先生，也知道男人中有很多人将不会再回来。但是我们没能为她找到一个天主教或新教牧师，所以，她无法参加圣餐会。然而，事情并非这样。她恳求我说：“请帮帮我，丹佛先生，我将拿出冷面包和酒，我将用我的小提琴来演奏赞美诗，我们自己来帮助先生们。”说话的同时，她在胸前画十字为我们祝福。我感动了，在主的面前答应了她。在我的一生中，从没有哪一次圣餐让我如此记忆深刻。

对我们第三分团来说，1918年7月15日和16日那两天，是非常残酷的日子。德国人正从前线向后撤退，但我们的损失也十分巨大。基督教青年会的卡车被改为救护车，而我们的人员则做着英雄般地工作。在战地医院里，姑娘们被安排去参加各种救援活动，她们都从未退缩。玛丽·布伦登和其他姑娘一起没日没夜地照顾伤员不曾合眼。迪斯克曼将军特意颁发了一张精美的嘉奖令表彰我们第三分团青年会所做出的如此优异的工作。我还能说出更多有关这个能舍下富有家庭来到前线干又脏又累的活的小姑娘（她们的思想是多么伟大，而生活又是多么充满激情和幸福）的事，但通过以上这些，你不是已经足够了解到她生活中那种积极向上的精神态度了吗？

其实，她拥有着富有、聪敏、勤劳、勇敢等诸多美德，也付出了某种更多的东西。玛丽的这种精神活在所有那些与她共过事的人的心中。通过积极地参与服务，她穷其一生奉献于自己的国家和上帝。她为一个伟大的目标和一种始终不息的参与服务的激情而工作，并被其吸引，通过与他人分享自己所拥有的，她收获了一个更充实富有的生活。

我向你挑战，将这种相同的目的与相同的分享并其行动融入你的内心和精神中去。

接下来，让我说说有关那位家庭贫困但生活同样有意义的小姑娘的故事。我叫她露丝·亚当斯。当然，这也非她的真名。即使这样，当她读到这，她还是会向上帝发誓说在我的故事中没有一句真话，但这也正说明这些都是真实发生过的事。露丝的父亲是一位技术专家。严格地说，她既不富有也不贫穷，她健康、愉快地生活着，充满了各种幻想，尽管这些幻想不可能都在新英格兰获得实现。

第一次世界大战结束后，近东正开展一项旨在关怀那些种族战争中的受害者——土耳其、亚美尼亚和希腊的孤儿和逃难者们的救援行动。这项工作需要大量的人员来参与，但愿意做出自我牺牲的工作者很难找到。露丝·亚当斯曾在近东待过，她知道世界的那一端到处都肮脏不堪，衣衫褴褛的人随处可见，伤寒流行，黑暗、疾病和死亡肆虐，甚至有些去那里的人再也没有回来过！在那里根本无战争的魅力可言，也没有史诗般的英雄事迹，只有通过肮脏复杂的工作来尽力挽救那些孩子们。他们的家园被政治运动和战争毁坏，他们本应有权活下去的父母遭到了杀害。一股内心的冲动激发了露丝·亚当斯。她愿意去那里！

我曾到过君士坦丁堡的难民营，那些难民像乞丐般挤在一起。这些在战争中幸存的人，历经长途跋涉，衣着褴褛，形容憔悴，甚至在迈进门槛时瘫倒。他们被任意堆积在过分拥挤、通风极差的屋子里。而在第二天早晨，那些在晚上死去的人会像柴堆一样被垒起来，然后被马车运走。这种情景甚至比战争还糟糕。据我了解，在战争中无助的妇女和儿童们没有希望、没有力量，如同老鼠般奄奄待毙，这样的景象折磨着我们的心。露丝·亚当斯就在这里工作。

在一次难民营撤离行动中，负责清理她管辖下建筑物的土耳其士兵向她报告说没有人被留下。露丝不相信他们，自己亲自去看了看，在顶层她发现了两名妇女和一名儿童，那个实际上已8岁的小孩看起来顶多四五岁。露丝提出要求说她们应该被一起带走。士兵们却回答："没有用的，在明天早晨之前她们就会死去，我们会用车运走她们。救援需付出双倍的努力。"这种不负责的回答和行为（须知经常是这样！）激起露丝出奇的愤怒和勇气。于是她竭尽全力，在一名司机的帮助下，将那两位妇女从顶层搬到了车上，然后再一次回去带出那个失去知觉的用布包着的小女孩并轻轻地放在了车上。她带着她们匆匆赶到在其仁旦伯的美国医院。怀揣着一线希望，她把小孩轻轻放在医院的床上，并恳求医生与护士们，只要这个孩子还有生存的机会就请做最后一次努力。尽管护士们很清楚这与对待一具死尸差不了多少，但露丝还是劝说她们给这个小孩洗一次澡，并希望她们要像对待一个需要特别护理的病者一样给予精心地照料。

露丝离开医院后，又匆匆回到了她的岗位，她知道她的护士朋友们会尽全力去做的。她们也确实是那样做的，那个小孩奇迹般地被救活了，直到今天她仍活着。

几天以后，露丝·亚当斯感染了可怕的伤寒病，她被带到了同一家医院。在医生和护士的特别护理下，她顽强地同疾病作斗争。在与医生的治疗积极配合下，还有那种大无畏精神的鼓舞，她度过了这一关。我在大使馆见到了还在复原的她。从她那苍白的双颊可以看出她与疾病进行着顽强地斗争，但在她的双眼中却依然闪烁着跳动的火焰。她主动要求和我交谈，下面就是她所说的：

"丹佛先生，我知道您是很有影响力的，是吧？丹佛先生，请您催促医生让我早些回到自己的工作岗位，现在我已经完全康复了。那些苦难者的脸时常浮现在我的眼前，他们需要我的帮助。如果能回去，我就能做许多事……"

我绝不希望再次听到如此的恳求。我曾经都想让我的女儿带着她的孩子回家，但我知道她会以同样的方式恳求我。这种精神之火难以被熄灭，但在体力和健康没有恢复前，凭着一个虚弱的身体又能做到哪些呢?

"不，露丝，"我说道，"现在你还不能回到你的工作岗位。在过去那些闪光的日子里，你已经做出了奇迹般的成绩。要服从医生的指挥，做一个好战士。"她失望地低下了自己的头。

这个故事中还有许多值得说的地方。这位姑娘已将蕴藏在她体内的潜能发挥出来，不论身边的人是健康还是病弱，富有还是贫穷，遭遇困难还是已得到解脱，她都给予同等的热爱。在积极的服务过程中，她的生活充实而又丰富。"她工作起来时就好像每件事都依赖于她；她有着坚定不移的信仰，好像每件事都请示了上帝，而上帝认识她。"

像这样的经历会浮现在我们的脑海中，印象鲜明。在这里，富裕或贫穷都被遗忘，甚至于健康、思维、社交这些特权在无私的奉献者面前也被搁置。我向你挑战，要像玛丽和露丝那样，在不朽的生活中找到属于自己的位置，为自己的生活谱写一曲伟大的乐章。

一旦你勇敢地去发展与他人分享的这种能力，你就会懂得生活的伟大内涵。在生活中我们应遵循以下原则：最值得我们拥有的财富是那些经分享而因之不减少的东西，是那些越分享越加倍的东西；最不值得我们拥有的，是那些一经分享就消散的东西。当我们与人分享自己充沛的体力、敏捷的思维、富有魅力的个性和崇高的精神时，它们也会相应地成倍增长。

在生活中，你使用这条迎接挑战和与人共享的原则越频繁，你就会在你所接触的各处发现得更多。我有一位名叫J. T. 斯托克的朋友，他是一位受人爱戴的牧师，现在他已经去了他应得丰富嘉奖的地方。有一次，我听了他题为“投资生活”的讲道。这次布道让我印象深刻。他讲到的是“面包和鱼”的故事，但给它赋予了一个新的意义。他着重强调的并非用一些面包养活4000人这样的奇迹，而是深刻地思考了在困难中的资源分配问题。在那些充满险恶的日子里怎样迎接挑战？当耶稣的门徒们清点过人数后，他们不满地埋怨这一点面包根本供应不了这么多的人。

就像牧师说：“考量你所拥有的才能的大小，而非你所面对的问题的多少。”这时，耶稣说道：“你们现在有多少面包呢？不要向山边看，看你们手中的篮子；不要去清点人数，清点面包数。”他并没有低估这项任务的艰巨性，他只是建议如果这些面包不够供应这4000人，但至少能满足其中一些人饥饿的需求。在耶稣的指导下，门徒们开始尽其所能地分发这些面包给饥饿者，结果他们的获得超过了他们的拥有。

斯托克博士说：“在这里我们可以得出一个普遍规则，而这规则在人间和天堂都适用。那就是智慧和才能只会交给那些能够使用的人。我们的身体通过使用我们的肌肉力量变得更强壮；我们的智力通过使用我们的思想获得提升；我们的力量通过使用我们的精神力量也得到增强。我们不会因为思考而减退智力，也不会因为展示了爱和同情心而使精神感到疲倦。我们可以从周围所有人的实际经历中得出这样的结论：使用我们所拥有的东西，会得到更高的能力和更多的智慧——‘不要清点那些人，清点面包的数量’。”

圣雄甘地从没有要求人们做出超越自身能力的事，而只要求人们尽己所能地做事。

我的朋友哈金斯，贝利学院的名誉院长，向那些即将毕业的学生传授了以下这些想法：

*少数人建设城市——其他人住在里面；*

*少数人修建地铁——其他人乘坐在内；*

*少数人建筑摩天大楼和工厂——其他人辛苦工作其中。*

这本书就是为那些准备成就一番事业的少数人而写的。你，就是那敢于成为先驱者的少数人中的一员；你，就是那为满足人类需要而梦想建造基础设施和超级大厦的少数人中的一员。其他的人将听从你的领导，你是牧羊人——其他人是羊。牧羊人尽管时常面对危险，仍然爱自己的羊，任劳任怨，领回迷途的羔羊。闭上你的眼睛，然后告诉自己：“我是那些少数人中的一员。现在我面临着成为领袖的机遇。我肩负着成为牧羊人的责任，其他人都需要仰仗我。”

# 第十章

# 振作起来，就是再多走几步

在前面几章的内容里，我向你挑战去过一种完整的生活，尽管这实际做起来很困难，并不很容易办到。有95%的人都心满意足地按他们自己的方式继续生活，安于这样的平稳状态，为什么要打破它让自己变得兴奋起来呢？而那其余4%的人和有王者风范的1%的人，他们不愿满足于维持现状直至将自身潜力完全发挥出来。到底是什么点燃了他们心中的火炬，促使4%的人站到了更高一层，而使另外1%的人步入王者的殿堂呢？为什么那95%的人不能再次振作起来呢？如果习惯导致了那95%的人停滞不前，那么凭借坚定不移的决心并挖掘自己所拥有的神奇潜能，难道你就不能养成使你能生活在4%的领导者群体或1%的王者群体里的强大习惯吗？这一点，你必须付出真诚的努力才能达成。

当我在加勒比海上航行时，我时常回忆起老巴拿马的故事。当海岸这边提供了足够的财富用来消费，为什么还要去探求太平洋的彼端呢？那是因为在遥远的海岸那边有某种更好的东西——碧绿的原野、黄金的世界，而巴拿马海峡横在它们之间难以贯穿。托特来了，这位工程师历经5年漫长的岁月，终于在克服了无数的困难和挫折后建成了一条贯穿巴拿马海峡的铁路。在那浓密的丛林中，人们时刻都面临着被传染病感染的危险；在泥泞的沼泽地里，遍布着蚊虫蛇鼠和各种瘟疫。“巴拿马铁路的每块枕木都是某个人生命的象征，他用自己的生命来建筑。”托特患上了黄热病，长时间命悬一线。在工地的西班牙医生说没有希望后，托特仍坚持用他那不屈不挠的勇气与疾病作斗争，并以此激励自己，他说道：“先生，你说错了，一切还没有结束呢。黄热病不可能杀死托特。我一定会慢慢好起来的。”他确实做到了，因着他体内蕴藏的那只有少数4%和1%的人才拥有的高贵品质!

接下来要开始挖掘运河。此前一位著名的法国人德拉赛斯已经失败了。世人说：“这件事不可能办得到。”美国购买了巴拿马海峡，乔治·格沙斯上校接受了总统西奥多·罗斯福的任命来主管修建这条运河。他有着在困难面前从不退却的好名声，尽管世人轻率断定：“让别人来干吧，你干不了。”在这件事上，乔治上校充分检验了一个人所能具备的无畏勇气。运河竣工了，人们惊呼：“天哪，乔治办成了这件事！”在乔治身上绝看不到95%的人的那种平庸的品质。

但如果没得到另一个勇敢的人的帮助，乔治也不可能做成这件事——威廉·高加斯，一个被选派到这里和疟疾及黄热病作斗争的美国军医。他仔细察看了二万多由于身患传染性疾病而死亡的人的病历。一份报告显示有500名年轻的技术人员从法国来到巴拿马，而他们中“没有一个人能活到拿他们第一个月工资的时候”。接着高加斯医生开始了一项运动令人们感到惊异，被嘲笑成“追求蚊子者”。高加斯永不疲倦地致力于一个单一的目的——摧毁传染疾病的蚊子。终于，他取得了无愧为最伟大的胜利：发明了预防药品。这项实行不到6个月的运动消除了已经肆虐这个地区至少400年的灾难。如果他被嘲笑和反对击垮了勇气，那么巴拿马运河也许就无法建成了。

将你完成任务的决心和勇气拿出来吧。你不仅必须具备这样的勇气，而且也应长久保持下去。许多人站在起点处，但只有少数人才能到达终点；许多人“挥动着像鹰一样的翅膀向上飞跃”，但只有那精选出的少数人“不会昏倒在路边，而能一直继续向前”。

勇敢的冒险家们，你们在前进的道路上会遇到障碍，但你们要辨别出前进的方向，并据此描绘出生活的美好蓝图，而不要只因看到路途中的障碍就停滞而无法前行。

亚历山大听说印度有累累财富和灿烂文化后，出发前往那里。他没有地图，但他明确知道自己要去的方向。他面对河流、山川和沿途经过的那些好战的国度没有丝毫胆怯。他如同没有任何障碍般走过去了，他的眼睛一直注视着自己的目标。

由于具有明确的目标和方向感，恺撒看到的是大不列颠而非因长途跋涉产生的疲劳困顿、沿途凶恶的部落和到达目的地之前可能遭遇的各种危险；拿破仑看到的是意大利而非阿尔卑斯山；华盛顿看到的是殖民地的独立解放而非那被冰雪覆盖的特拉华河。

95%的人看到障碍，那4%和1%的少数人则看到目标。小人物喜欢着力于描述那些阻碍他们发展，缩小他们视野的障碍，而拥有方向感的伟人依靠着信心和决心把困难踩在脚下。

历史铭记了许许多多具有明确目标并拥有方向感的成功人士，而将那些被困难所征服的小人物或“大人物”无情遗忘。

通过你的挑战去过一种完整的生活，使那四个方面都得到同等地发展，这会给你明确的方向感并扫清前进道路上的障碍。你的冒险生涯才刚刚开始。嘴上说说你将去做它很容易，但真正去达成它需要付出艰苦的努力。西奥多·罗斯福曾说：“我们应当少呐喊多射击，少说空话多办实事。空话不能用来犁地，空话不能用来建筑房屋，空话也不会帮你塑造出一个伟大的个性，不能培养出一个伟大的民族，也不能建立一个伟大的国家。”一个人身着军服行进在部队的行列里，如果缺乏严明的纪律，也并不能成为一名真正的士兵。

让我们勇敢地开始吧！这个世界上，所有的计划都不会像这样小小的行动般能对你产生如此大的帮助。如果这本书没能成功使你开始过那种完整的生活，我也就没有达到自己的目的。你的挑战计划开始付诸行动的时间不应是下个月，也不应是下个星期，甚至不应是明天。我向你挑战，从今天开始，为努力过那种完整的生活而努力。

你具备英雄的品质，你必须是英雄！你必须成功！

有这样一则足球报道："……教练让每个人都回到足球场地上继续训练。他立在旁边，不停地督促他们来来回回地跑，每个人都累得大汗淋漓，气喘吁吁，队员们都认为自己已没有力气再跑下去了。然而教练仍催促他们再来一次，再来一次，最后以一个环跑道全速跑结束了这场训练。

"这样做的结果就是每个人体内所蕴藏的全部潜能都被激发出来。那些不称职的后卫会被奔跑迅速且勇敢无畏的人大步取代。最终诞生了一支伟大的球队、一场精彩的比赛和一个辉煌的战绩。那个能使这支球队在11月那个泥泞的日子中连胜两场的人成为了一名英雄，并且一生都保持着这个称号，这让球队中的每个成员都感到骄傲。"

"传球给我"，你说这话了吗？把球传给你，你会踢不好吗？你上场是来干什么的？要知道那个准备带球突破的人一直都是保持无懈可击的备战状态。再回到前面几章中，认真地读一读那些对从整体上完善自我所必需的硬性要求，一定要掌握它们。勇敢地面对挑战，积极地投身到你生活中的组织中去，开始行动。我们要勇于冒险，敢作敢为！

为了让你以后完成生活中那个伟大的、重要的并引人入胜的挑战项目，我愿意鼓励你先从那些小的挑战项目开始做起。我看着你，听你陈述自己的挑战，并了解它背后所隐藏的目标，我敢保证我能因此而对你做出判断。如果我在你眼中看到有渴望战斗的火焰在跳动，并且捕捉到某种支配性的内在驱动力，那么我就明白你已经在路上了。

许多人在一开始出发时常常能斗志昂扬，踌躇满志，但慢慢地热情就会消减，最终停下。前进的道路两旁满是匆匆出发却跌倒的人。可悲的是人们虽有了行动，但很难做到善始善终。开启你的船去远航的这一天值得庆贺，但海上的狂风巨浪是对你的严酷考验。一个在你耳边低语的小鬼头试图用"你大概是完成不了"这样的话来麻醉你，请击碎这样的鬼话！尔为何人，怎敢藐视我！那些敢于接受挑战的人需要冒一定的风险，而那些不敢接受挑战的人同样需要承担风险——这风险不是由挫折和失败所带来，而是由停滞和衰退所导致。你还记得那个越过平原驶向金色西方的有篷马车的故事吗？

懦夫从未开始，
弱者死于路上，
只有强者才能穿过！

你会想要退出去，你会想到停下来，你会感觉疲惫，这样的时刻多次出现在你前进的道路上。但你绝不能放弃！那些你尚待开发的潜能正在你的体内叫嚣呐喊。你拥有那4%的领袖人物所具备的品质——是的，也许你更属于那具有王者风范的1%的行列。约翰·保罗·琼斯在被命令投降时说道："我们现在才刚刚开始战斗！"然后他发出这样的命令："摧毁障碍，全速前进！"在这里，决心决定了结果。第一次世界大战期间，有一位法国官员在被问到"能顶住他们的进攻吗？"时回答道："我们能顶得住他们的进攻！我们会冲过去击垮他们。"而事实亦然。

我想再重复一遍：你的生活中那已得到充分发展的四个方面才是逆境之中力量的真正源泉——这个秘密我必须告诉你。那四个严肃的章节包含了生活的真正内涵，我通过商业事务和战争的经历对此进行了证实。在法国，我所在的第三区有一群来自田纳西州的山里小伙子。当战争进行到最艰苦的时候，他们很茫然。但他们清楚两件事：熟悉自己的来复枪并且知道怎样用来击中目标。当你开始遵循前面讲到的四边形生活原则时，所有的困难和挫折也许仍会不期而至，但你一定能勇敢地去达成自己的目的。

让我通过下面的方式来结束这章，即从一种商务上的观点出发来让你的印象得到加深，更深刻地体悟我已在前面几章努力阐明的观点。

你要像银行家和工厂主把他们的财富化作为资本一样，把生活中已得到充分发展的四个方面化为你的资本。增强你的身体力量，作为应对我的伟大挑战的坚强后盾，为应付紧急情况储备足够的体能。使用你充沛的精力会推动你向更远处进发。发挥你的思维能力，当你懂得面对事实进行正确思考时，你就能把聪慧的智力和健康的身体融合起来化为弦上之箭。广泛结交朋友，通过富有魅力的个性、机敏的思想和强健的体魄来吸引和巩固你们的友谊。这样，你就有了3个可以任意支配的才能。你应该大胆使用这些资源，而不要浪费。有一个可任你支配的身体，一个聪慧的大脑，一个在你所接触之处都闪光的个性以及一个真正、纯粹的信仰作为基础，并且你能够认真对待它们的话，你就将拥有一个具有完整意义的生活。

作为勇于接受挑战的你，会去使用它们中的一个，两个……还是全部呢?

决心坚定地去迎接挑战。如果不付诸行动，这些思想对你来说毫无意义。如果这些思想不能在世间光耀，那么有限的20世纪将永远停留在这个水平上。你将长期处于一个死亡中心，如果你不敢面对挑战。你甚至都从未派过一艘船起航又怎会期望它返回呢?对于大卫而言，与哥利亚战斗曾被认为是滑稽可笑的;对于哥伦布而言，试图环绕地球航行曾被认为是愚蠢的;对于怀特兄弟而言，梦想能够飞行曾被认为是异想天开，但假如他们都没有去试呢?

前面5个珍贵的章节请好好掌握，因为那里蕴含着人生的真谛。现在，如果我们不努力为拥有充沛的体力、敏捷的思维、富有魅力的个性和适合自己做出最好服务的信仰这些完整生活所提供的最佳状态而奋斗的话，怎么可以就知足呢?

只要你的紧迫感清晰而强烈，并具有超常的坚持不懈的能力，就会对自己充满信心:“我去试了，就能成就伟大的事。”通过具备:自我发展所需的高层次能力，维持长途远行所需的充沛体力，高涨的热情，知识分子的好奇心，对事物有深刻理解的渴望，眼、手、舌和身体的高度灵活，以及富有创造力的想象，所有这些去完成某些高贵的事，你将收获颇丰。以上各点来自于彼特金教授思想的一部分，他的这些观点和他对成就的定义将会为你开启无数的可能性:“成就就是在面对各种困难的时候表现出来的艰巨的努力。它本身始终具有两个特征:首先，是一个明确的目标;其次，是在贯彻执行这个目标方面所需要的特殊技能。”

亲爱的朋友，你要释放出自己的潜能，积极投身于工作，并要将果实与他人分享，不达目的誓不罢休。一个燃烧着的灵魂能够鼓舞人心，成百上千的人也将与之共同奋斗!

不论这种最高的效率如何，我想让你最大限度地提高自己的办事效率;我想让你的思想所能涉及的范围变得深远、宽广，并且想让你拥有丰富的想象力，能够比我所提到的这些看得更远。我会高兴于千人中有一个人获得了这种挑战的伟大思想，你同样也会，因为我们都很“伟大”。可是，迄今为止，我们仍缺乏对人类精力、智力等的储存，甚至连一些肤浅的认识都没有。你是不是仍疑惑我为什么鼓动你去迎接挑战呢?想象一下，如果有一个人看着那奔腾而来、跌宕起伏的、声势大到甚至超过了所有想象的尼亚加拉瀑布说道:“我要吸干它……”吸干它?这怎么可能呢!是的，这不可能(因为没有这个必要)，但我们可以做出其他同样的壮举，如:盖一座超级大厦、铺一条洲际铁路等等。我经常发现自己在默默祈祷:“上帝啊，请让我的志向更远大些吧!”

我向一位年轻的朋友读起《向你挑战》手抄本的一部分。他表示“很有意思”。天啊!如果这本我花费了大量时间和精力所写的书对一些人来说除了有意思以外没有更伟大的作用的话，那么我就彻底失败了。如果这本书不能激励你行动起来或让你去有所作为，那神奇的“四边形”生活就无缘于你。

对于已读过《向你挑战》这本书的人，我还有最后一句话要说:如果你不敢迎接挑战，那么这一定全是我的过错。但是，你必须面对挑战，你必须去做某些事情。如果你没有真的决定自己开始去做某些事情，就绝不可以把这本书扔到一边。其他人都已经在接受挑战后成长起来，你也必须这样。现在是你开始行动的时候了!来吧，告诉我，你要挑战什么?

# 第十一章
# 我的挑战和与人共享

我希望所有读者都已经从前面的几章内容中获得了某些东西。不过即使一些人还没有得到，我也不会放弃。在我的企业中，多年来我们一直在设置目标。起初这个主意并不是所有人都喜欢。比尔不想进行一项个人发明，玛丽不愿意确定一个目标并强迫自己去达到。但恰好是在那些最不喜欢这个主意的人中，有许多现在已经从中获得了极大的收益。事实就是如此，更不用说那些一开始就自觉去追求的人了。当然，制定任何一个目标对那些成天消沉低落的平庸者来说是没有吸引力的，但是对于真正雄心勃勃、严阵以待以获取巨大成功的人来说，制定一个目标以激励他们内心采取行动已经变为一个程序固定下来。

如果你迫切想要再前进一步，我想你需要回到前面几章的结尾部分，核实你在身体、思维、社交、信仰4个方面的挑战计划。为了敢于向“击败你的最好”挑战，你不应放松自己，而是要努力从这4个方面寻求。

往日已逝，就请用坚韧不拔的决心去筹划你生命中最健康、最激动人心、最浪漫并且是最富有精神的下一年。此生有命，奋斗不止！

勇敢而智慧的你必会获得成功，但允许我在此提出一个警告：不要因诱惑而去做超越自己能力的挑战，那样也许只会让你失望和沮丧；要通过你自己的方式来构筑你的挑战，而且要亲自面对，认真严肃地去完成它。另一方面，制订你的挑战计划使之与你的最佳状态相匹配。一匹用来拉车的马即使雄心勃勃也绝不可能在赛马场上获胜，只有那些良种的马才能主宰赛场。

我愿意送你——正充满热情地开始一个挑战计划的圣战者另一个忠告：任何一个计划都由开始和结束这两个伟大的部分构成。你已经迈出步伐，开始了征程，而我想督促你将之走完。整个世界都迫切需要那些能善始善终完成各种事业的人，只有这样才能形成一个完美的社会。一个朋友曾跟我说过下面这件事：

“去年秋天的时候，我在内布拉斯加州的交易会看到一场赛马比赛。一匹全身雪白的纯种马最先冲出起点跑在前面，当它跑到最后1/4圈时跌进了泥坑，紧随其后的那匹马超过它的身旁。一瞬间，它已明显地落后了些，但这时，它奋起一跃，勇敢地跑完了最后半里路，最终取得了胜利。”

人虽然不同于马，但道理一样。我知道，亲爱的朋友，你将满怀高涨的热情来开始这场比赛，也许你会掉落泥坑，一些人会超过你，但在那最后的半里中你必须使出从未有过的速度向前奔跑。在最后的阶段，你必须竭尽全力，拼命向终点冲刺。除此之外，你没有其他选择，失败理应是成功的猛士的最大耻辱，而你并不愿这样。

为了更加明确你的挑战计划，请把它们全部写下来，并设定一个完成期限。请不要感觉到恐惧，你那大无畏的精神将帮助你驱走它们，帮助你提前达成自己的目标。

最后，如果这个挑战计划已经对你有所裨益，为什么不把它也传递给别人呢？

我希望你做的、需要你做的是去激发出一种新的生活方式，而不仅仅是分发一本书，通过分享生活方式，我们携手缔造一个全新的美好世界。如果说迎接挑战的思想具有一定的价值，那么通过你我的影响宣传，这一价值会逐渐成长壮大的。

《向你挑战》这本书已由那些已采取挑战的人传播出去：由商务总裁们分发给他们的雇员；由大学、中学分发给学生；由基督教青年会散发给各地的学员；由广告公司经理分发给他们的雇员；并广泛流传在朋友之间。到目前为止，“向你挑战”委员会一直肩负着这个分发和传递的任务。

这本书是我送给生活在我们这块大陆上的可敬的年轻人的一份礼物。我并不需要任何荣誉或由此获得任何利益，只因这是我的职责与义务所在。我所得到的财富无论数量几何都将通过“向你挑战”委员会交纳过应付的费用后，捐赠给美国青年基金会。

如果你自认为是那些正在进行自我挑战的人当中的一员的话，那么你现在也将开始与他人分享“向你挑战”的这种生活。

读完了整本书，你将为此而做出哪些呢？

你，踌躇满志，时刻整装待发，准备战斗——

你，前方有一个光辉灿烂的事业在召唤——

你，拥有着许多尚未被发现的杰出创造力——

你，拥有注定让你走得更远的领导者思想——

你，能力卓绝而又胸怀美德的大商人、名作家或大科学家，世界由你缔造！

这是绝对的，而你又将付出怎样的努力，使自己在众人中脱颖而出并且从生活中吸取更伟大的东西？

你会向自己挑战吗？

你会传递这种挑战的精神给其他人吗？

啊，挑战者何其勇敢！应战者何其伟大！

成功万岁！

## 第六卷

# 思考的人

[美] 詹姆斯 · E. 爱伦　著

# 第一章
# 明天是今天思考的结果

有句箴言说：“我思，故我在。”这不仅概括了一个人存在的意义，也包含了一个人在生活中所处的环境和条件。简而言之，一个人是在思考中挺立起来的，他的性格是其思维的一个总和。

恰如一株植物从种子里萌芽而成，人的行为也都是由思想的因而结的果，内心潜伏的思想会通过行为表现出来。思维和行为是因果的两端。这不仅适合于那些经过精心策划而实施的行为，同样适用于“自发性的”和“无意的”行为。

若说行为是思考之花，那么，人之苦乐，就是不同思考所结的异样果实。

思考成就了我们，我们的存在就是因为懂得思考。如果一个人心存恶念，那么他的世界就会被痛苦包围，被各种不愉快压得喘不过气，就像是老牛被身后的车轮紧紧跟随……

如果一个人思想纯洁高尚，那么快乐也将如影随形地伴随着他，直到永远。

人类的成长有规律可循，并不是全部靠技巧的。在思维的世界里，因与果也是绝对的，毫无偏差。就像生活中我们看到的事实一样：高贵的品质不是来源于上帝的恩惠，或是机遇的关照，而是长期进行正确思考和神圣思考使然。卑贱性格的养成也会历经同样的过程，但是，其生成却因走了截然不同的道路——长期怀有卑劣的思想。

成败都在于人类自身思考的一瞬。人可以创造自己，也可以毁灭自己。在思维的兵工厂里，他锻造了毁灭自我、毁灭一切的武器，也打制了可以建造保卫家庭幸福、欢乐的工具。通过正确的选择和诚实的思考，人逐步迈向神圣和完美；错误的思想和毫无理性的选择却能将人降至禽兽不如的地步。这两个极端之间，有着各种不同层次的性格，而人正是这些性格的创造者和主人。

这个年代中揭示的所有关于灵魂的美丽真相，最令人兴奋和并给人信心的莫过于此——人是思维的主人，是性格的塑造者，是时代、环境和命运的创造者。

作为思想的主人，作为有智慧和爱的生命个体，你手中掌握着通向各种境遇的钥匙。那种转变和重塑的力量是人本身所具有的，由此他可以使自己成为他愿意成为的形象。

人永远是自己的主人，即使当他处于势单力薄、孤助无援的境地时，他也是自己的主人。只不过那时，他是一个对自己的“家业”管理不当的愚蠢的主人。当他开始反省，开始辛勤地寻找生命所依据的法则时，他就变成了一个聪明机智的主人，以智慧来引导自己的精力和行动力，将思想倾注于充满希望的事业上，这才是一个思维清晰的主人。想要成为这样的主人，就一定要善于思考、寻找法则。而正确的思考是建立在实践探索、自我分析和经历世事之上的。

人如果能够在自己灵魂的矿山深处发掘，那么他能够发现与自己的存在有联系的所有真理。他会发现自己是性格的制造者，是生活的塑造者，是命运的建构者。从他自身就可以证明：只要他愿意观察、控制和改变自己的思想，同时仔细探求自己的思想对自己、他人及对生活与周边环境的影响和作用，他就可以通过耐心的实践和细致的调查联系起因果；利用自己每次即使是最微不足道的经历和生活中的琐事，作为一种获取知识的途径。善于积累这样的知识，就更容易获得理解、智慧和权力。只有那些持之以恒、永无止境地追求的人，才能够步入幸福的殿堂。

# 第二章
# 环境生成于自己的思想

人的头脑好比是一座花园，既可以辛勤耕耘，让鲜花四季绽放，也可以任其荒芜，杂草丛生。无论是精心照料还是置之不理，花园都会长出嫩芽。如果没有播撒鲜花的种子，那么花园只会长满野草，不停地蔓延。

如果是用心照料自己花园的园丁，他就会定期地去除杂草，培育鲜花和果实；人们也像园丁一样，不停地照料自己头脑的花园，把所有错误、无用和肮脏的思想都清除，同时认真培养正确、有用和纯洁的思想。在这样的过程中，人们迟早会发现自己才是灵魂的园丁，是生活的导演。他也在自己身上找到思想的法则，并越来越清楚地认识到思考的巨大力量和头脑中的元素是如何作用于人，因此造就了自己的性格和命运。

人类的思想和性格其实是一体的。因为性格只能通过它周围的环境表现出来，所以一个人生活的外部环境与他的内心世界是紧密而又和谐地相联系的。当然，这并不是说，在任何环境或任何时候都能够表现他的性格，而是说环境因素与思维的一些至关重要的成分密切相连，在一定的时期，环境因素对于一个人的发展起着十分重要的作用。

每个人所处的位置都是由他自己的存在所决定的。那些植根于性格深处的思想会将他引至现在所处的位置。在生命的过程中，没有任何投机的成分，任何事情的发生都是一种有规律性的法则作用而产生的结果。这一点不仅适用于那些满意自己所处环境的人，也同样适用于那些感到自己与周围的环境“格格不入”的人。

一个有进步和发展空间的生命，他不可能永远都处在一个位置上，他还可以不断学习和成长。当他从周围的环境中学习到知识之后，那么这种环境就会慢慢地消失，一点点改变，最后变成与之前完全不同的环境。

如果一个人认为自己是外部条件的创造物，那么他就很容易受到外界环境的打击。但是，当他认识到自己是具有创造性的力量，能够主宰自己的命运，而外界环境只是生命个体的存在所依附的土壤，那么他才能够真正将命运掌握在自己的手中。

环境生成于思维，这是每个曾经试图控制自我和净化自我的人都清楚了解的。因为当他进行自我改造的时候，他将会发现，环境的改变与自己内心世界的改变，这二者之间的联系十分精确。当一个人迫不及待地修正自己性格中的缺陷，并迅速取得了显而易见的进展，那么，外部的变化也会随之体现出来，他会在很短的时间内经历一系列的起起落落、兴衰荣辱。

灵魂犹如人类心理的百宝箱，收藏着它珍惜和热爱的东西；灵魂也如人类的心理收纳箱，吸收着它所惧怕的东西。灵魂既能实现孜孜以求的理想，却也会堕落到不纯洁的欲望中去——无论灵魂通往哪条归路，自己所处的环境正是此间的途径。

如果在内心播撒或偶然散落一粒思想之籽，那么它们就会在此地生根、发芽，孕育出生命，开出行动的花朵，结出机遇和环境的果实。美丽的思想可以结出美丽的果实，丑陋的思想也会孕育丑陋的果实。

随着内心世界的思想变化，外部世界的形态也会不断地调整自己的形态。无论是一帆风顺的环境，抑或是曲折坎坷的道路，都能使一个人变得更加成熟。人类自己播种，自己耕耘，自己收获，从痛苦和快乐中学习累积生活的知识，变得理性而成熟。

人类的行为总是追随着自己内心最深处的欲望、理想和思维，所有的这些念头隐藏在人类内心，从不轻易显露，但却占据了他的灵魂的全部（可能是追求不纯洁的随心所欲，抑或是坚定不移地探索理想之路），人因此最终达到了他生命里所表现出来的外部形象的成熟与完整。生长与成熟的法则随时随地都适用。

有的人在济贫院里了却残生或身陷囹圄，那都不是命运或环境造成的，而是他自己卑贱的思想和下流的欲望所造成的结果。一个思想纯洁的人绝对不会因为一时的外部压力而突然坠入犯罪的深渊。犯罪的意念会无声无息地，难以察觉地在内心孕育滋长，并且在特定的时机展现出其长期聚积的能量。环境并不能造就一个人，环境的作用是慢慢将人的本性表现出来。没有邪恶的意念就不会滑入罪恶的深渊，并承受随之而来的折磨；同样，没有坚持不懈地追求崇高的理想，就不可能升华至高尚的境界，享受崇高、纯洁的幸福。因此，人，作为思想的主人和行动的支配者，是自身的创造者，是环境的塑造者。甚至在人刚刚出生时，灵魂就自行成长了；而当灵魂漫游于世间，在一步一个脚印中，它都引导各种外部环境的形成，反过来外部环境又揭示了灵魂的形象。外部环境可以反映出灵魂本身纯洁与否，是刚强还是软弱。

人们能吸引到自己身边的环境并不是他们想到的，而是他们自身具有的本能。他们的心血来潮、异想天开和野心勃勃每时每刻都可能遭遇挫折，但是，他们内心深处的思想和愿望无论是肮脏还是纯洁，却都在自然生长。“塑造我们的人生和生命的终极神性”就在我们内心深处，神性就是我们自己。只有人的思想能束缚住自己：如果思想卑贱，人将被其囚禁，噩运将会降临；如果思想高贵，人将会获得解放，获得自由。一个人想得到什么就能够得到什么，当他日夜祈祷的真正与他的思想行动和谐一致时，才能够真正得到回应和满足。

明白这个道理后，那么，人们平时所说的“与环境抗争”是什么意思呢？这意味着一个人不屈不挠地反抗着一种来自外部的压力，同时一直竭力培养和维护自己内心的期望。怎样才能实现这种期望，那么就要不断地修正自己的思想。

人们都偏向改变自己的环境，但很少有人愿意主动去改变自己，所以，他们总是处于被束缚的境地。一个勇于进行自我剖析的人在实现自己理想的道路上永远不会失败。这一真理适用于任何地方。即使一个人的唯一目标是获得财富，那么他在达到自己的目标之前必须做好充分地准备，准备随时付出巨大的个人代价。如果想要实现一个幸福、圆满的人生，那么又将会付出多大的代价呢？

如果有个人非常贫困潦倒，但他非常急切地想改变自己的生活条件，想要拥有舒适的家庭，可他总是逃避工作，总觉得自己得到的酬劳少得可怜，与付出不成正比，所以，他总是以各种理由欺骗雇主，为自己不努力工作找借口。这样的人根本不明白真正的兴旺发达所依据的最简单最基本的原则，他不仅不可能将自己从悲惨的处境中解脱出来，而且，正因他沉迷于懒惰、欺骗的思想中，他将处于一个更加悲惨的环境。

如果有个富人因贪吃的原因而长期痛苦地忍受疾病的折磨，他愿意花费大量的金钱来摆脱疾病的痛苦，却不愿意放弃自己贪吃的习惯。他想满足自己对珍馐美食的渴求，同时还想拥有健康的身体。鱼与熊掌怎能兼得？所以，这样的人享受不到健康，因为他连健康人生最基本的原则是什么都不知道。

如果有个雇主用不正当的手段来逃避支付工人的正常工资，甚至为了得到更多的利润还克扣工人的工资。这样的人是永远不会富裕发达的。当他在名誉和财富两方面都宣告破产时，他会归因于外部环境，却丝毫不会意识到是自己下流的思想所造成的。

举了这么多例子，就是为了证明：人是自己环境的制造者（尽管大多数人在正常情况下意识不到这一点）。当一个人致力于实现一个正当的目标时，如果他内心藏有一些与自己的目标格格不入的想法和欲望，那么在他实现目标的过程中就会不断地出现障碍，而且这些障碍大多数是他自己制造的。这样的事例举不胜举，这里不再冗述，因为你愿意，完全可以在自己的内心和生活轨迹中寻觅思想法则作用的痕迹。纯粹的外部事实是不足以作为推理的依据的。

由于外部环境复杂难辨，思想又深埋心里，而且从个人的角度来说，每个人对幸福的定义和标准都是不一样的，所以一个人全部的灵魂世界是不可能单从他生活的外部特征看出来的，尽管他本人对自己的精神世界已经了如指掌，但并不代表能真实地看清自己的思想。一个人可能在某些方面诚实优秀，但是却贫困潦倒；一个人可能在某些方面不诚实，但是却生活富足。通常人们得出的结论是“失败的人”是因为他诚实的品质，“发达的人”是因为他欺骗的本性，事实上这是一种肤浅的判断。其前提假定是不诚实的人毫无可取之处，而诚实的人是品行高尚的完人。如果以更深刻的知识和更广泛的经验作为推理的出发点，你会发现这样的判断是错误的。不诚实的人可能具有一些令人敬慕的美德，而且为诚实的人所不具备，而诚实的人可能有一些不诚实的人所没有的可悲的缺陷。诚实者因其诚实的思想和行动而获益，同时也要承受自己的缺陷所带来的痛苦，这就可能是导致他贫困潦倒的原因。这个道理对不诚实者亦然。

人们都认为一个人遭受折磨是因为他善于忍耐的优良品德，其实这是一个误区。只有当一个人清除掉心中所有肮脏、病态和下流的思想，洗刷掉自己灵魂中每个邪恶的污点，才能避免那些所谓的不幸。在他试图达到那种崇高完美境界的过程中，他很快就会发现伟大的法则在他心中、生活中无处不在。这一法则是绝对公正的，绝对不会以善报恶，以恶报善。有了这种意识，当他回首往事想到自己以往的无知和盲目，他就会明白自己的生活不论是过去、现在还是将来都是公正而有序的。

高尚的思想和行动不会产生坏的结果，卑劣的思想和行动也绝对不会产生好的结果。总而言之就是种瓜得瓜，种豆得豆。人们早已了解了这一法则在自然界中的作用，且能依其而行。但是很少有人明白它在精神和道德世界中的作用（尽管它在其中的运作就跟在自然界中一样简单）。这就是许多人为什么不懂得依照法则去处理事情的原因。

有些人之所以会饱受痛苦的折磨就是因为内心存在错误的想法。痛苦总是暗示一个人自己与生存的法则存在不和谐的地方。痛苦唯一有益的作用是使人变得纯洁，销毁生命中无用和肮脏的东西。对于一个品行纯洁高尚的人来说，生活中不存在痛苦与折磨。金子中的杂质被去除以后就没有必要再用烈焰对它进行锤炼，一个完美圣洁且洞察世事的人是不会遭受痛苦的折磨的。

有些人遭遇不幸就是因为他的头脑中产生了不和谐的想法。一个人能获得幸福也是他自己精神世界和谐的结果。幸福，并非物质上的占有，而是正确思想的测量尺度；悲凉，并非物质上的困乏，而是错误思想的测量标准。一个人可能遭受了诅咒仍然很富有；他也可能收到祝福却很贫穷。只有当财富被正确、明智地使用，幸福与财富的完美结合才能真正实现。而一个贫穷的人，只有当他认为自己的际遇是一种不公正的力量强加在他身上的负担时，他的人生才真正落入悲惨的境地。

一贫如洗与骄奢放纵是两种极端的悲惨形式，二者都同样违反了自然法则，都是精神世界里的秩序混乱造成的后果。一个人只有在幸福快乐、健康富足时，他才真正地找到自己的正确位置。幸福、健康与富裕是内心世界与外部环境相互协调的结果，是人本身与周围事物水乳交融的结果。只有当一个人不再一味哭诉和咒骂命运的不公，并开始静下心来审视自己，那么他才是一个真正懂得思考的人；当他开始了解了哪些因素对自己的发展具有约束力时，他就不会再轻易谴责别人造成他当前的处境，他会进行认真地思考，并在高尚而有力的思想中日益成熟；他不再反抗环境，而是学会利用环境以取得更快的进展，并试图通过环境变化发现隐藏在自身中的能量和可能出现的奇迹。

统治宇宙的是秩序，而不是混乱。生命的精神与实质是公正，而不是偏颇。在精神领域，占主导地位的是公正而不是腐败。世事如此，所以人只有坚持自身正确的思想和言行，才能发现宇宙的奥妙。当一个人在不断努力完善自身的过程中，他会发现，当他对事对人的想法改变时，事和人也会发生相应地改变。

每个人身上都能找到活生生的例子来证明这个真理。只要通过系统地反省和自我分析，就很容易得到这方面的证据。如果让一个人迅速地改变自己的想法，最终他会惊诧于自己内心的改变所引起的物质生活条件的急速变化。人们总是以为思想深埋于内心，可以隐藏起来不为人知，但事实并非如此。思想很快就会通过行为表现出来，形成习惯，习惯一旦成自然，环境也就这样生成了。一方面，卑贱的思想容易形成酗酒、贪食、好色的习惯，这些习惯容易形成充满困乏且肮脏的环境；肮脏的思想容易形成虚弱无力或混乱不堪的习惯，继而又形成坎坷、多磨难的环境；恐惧、多疑和难以决断的思想容易形成软弱、犹豫、毫无男子气概的习惯，这又会转化成充满挫败、懒惰和依赖他人的环境；懒惰的思想容易形成不整洁和不诚实的习惯，这会形成肮脏、谎话连篇的环境；仇恨与诅咒的思想容易形成指责他人或喜欢诉诸暴力的习惯，这又会形成充满伤害或迫害的环境；总是以自我为中心的思想会形成自私自利的习惯，继而导致孤立无援的困苦凄惨的环境。另一方面，各种各样美丽的思想容易形成优雅、仁慈的习惯，这些习惯会形成令人心情愉快、心态乐观的环境；纯洁的思想容易形成节制和自我控制的习惯，营造安静与平和的环境；勇敢、自信与果断的思想能够形成具有男子气概的习惯，继而创造出成功、富足与自由的环境；充满活力的思想会形成整洁与勤奋的习惯，形成令人身心愉快的环境；温柔、宽容的思想容易形成宽和的习惯，继而形成有包容力、有保护力的环境；博爱、无私的思想容易形成忘我的习惯，继而形成安全可靠的环境，实现真正的繁荣和富足。令人沉醉其中的思绪，无论好与坏都会对性格和环境造成一定的影响。人们不能直接选择自己所处的环境，但是他能够选择自己的思想，从而间接地塑造自己周边的环境，这是毫无疑问的事实。

正确的思想对每个人都是有益无害的，它会满足你的愿望，得到良好的机遇，以最快的速度将善与恶的思想引至表面，令人一目了然。

如果一个人停止他所有罪恶的思想，全世界都会以宽容之心对待他，做好准备帮助他，促使他尽快摆脱自己懦弱、肮脏的思想。瞧！机会唾手可得，身边的机遇也都帮助他坚定自己的信心，并避免悲惨与羞愧。世界是个万花筒，五颜六色的色彩组合变幻莫测地展现在眼前，但究其实质，其实就是脑海中随时变化的思想的反映。

“你会实现心中所愿，
只有失败的人才去责怪可怜的环境。
健康的精神傲然挺立，
在光明中自由飞翔。
她主宰时间，征服空间；
她降服了机会，那个自高自大的骗子；
并让狂暴的环境俯首称臣，
乖乖地做她的奴隶。
人类的愿望，无形无影的力量，
永恒的灵魂的孩子，
能够披荆斩棘实现任何目标，
即使中间有铜墙铁壁的阻隔。
在孤独的时刻不要失去耐心，
而要安静、耐心地等待；
当精神飞扬，号令天下时，
诸神都随侍在侧。”

# 第三章
# 人是自己身体的创造者

思想是身体的主人，指引着身体的行为，无论想法是经过深思熟虑或是灵光一闪，都会通过身体表现出来。如果存在罪恶的思想，这样的思想压力会使身体迅速堕落，散发出腐朽的气息，疾病就会缠身。如果有愉快、美好的思想作指挥，身体也会焕发出青春的气息，受到美丽的祝福。

疾病与健康都像环境一样，深深种植在你的思想当中。有些人会有疑问，怎么才能看出一个人的思想有缺陷呢？这其实并不难看出来。许多有缺陷的思想往往都会通过有疾病的躯体表现出来。众所周知，恐怖的想法杀死一个人的速度不低于一颗子弹。事实上，这些恐怖的想法也一直不停地消磨着成千上万人的生命。那些讳疾忌医，或惶惶不可终日的人其实心理上都有缺陷。比如焦虑会迅速地侵蚀身体的锐气，从而使身体虚弱无法抵御疾病的入侵。不纯洁的思想会很快破坏一个人的神经系统，即使这些想法并未付诸实践。

如果一个人拥有坚强、纯洁和快乐的思想，那么他的身体将会充满活力和魅力。身体如同体温计，它能敏锐感知思想的变化从而迅速做出反应。思想一旦成为习惯，就会对身体产生一定影响，可能是好的，也可能是坏的。

如果一个人拥有不洁的思想，那么，他的体内就会流淌着不洁净的血液。心灵的纯净会使生活和身体得到净化；肮脏的心灵也会使生活变得肮脏，身体开始腐化。思想是行动和生活表现的源泉。如果源头是干净纯洁的，那么，所有的一切都会是干净纯洁的。

纯净的思想培养纯净的习惯。如果圣徒不清洗自己的灵魂，那他就不是圣徒。只要是能够保证思想上的纯洁、坚强的人，就没有必要顾忌邪恶的细菌。

如果要想拥有一个完美无缺的身体，就要保持纯洁的思想。美化思想才能使身体焕发新姿。邪恶、嫉妒、失望、沮丧的想法会夺走身体原有的健康与优雅。忧愁的面容不是偶得，那是不愉快的思想作用在脸上的结果。那破坏了美丽线条的皱纹则是愚蠢、狂热与傲慢留下的痕迹。

有一个年逾90的老妪，却像少女一般明眸善睐。还有一个未至中年的男人，眉目间却布满沧桑。前者是因其甜蜜、灿烂的性格；后者是因为长期的狂热与不得满足的欲求。

一个房间里如果没有自由的空气、灿烂的阳光，那么就不可能成为温馨、健康的住所。同样的道理，只有当你的内心总是充满欢乐和美好的愿望时，你才能拥有一个强壮健康的体魄。

当我们随着岁月老去，脸上留下的皱纹，有的是仁慈留下的，也有的是坚强、纯洁的思想留下的，还有些皱纹是狂热刻画的，每个人都能区分这些皱纹。对于那些过着正直生活的人来说，即便年老了，也如同柔和、安详的夕阳一样，绽放着美丽的光彩。曾有一位老去的哲学家，从他的遗容上看不到一丝老态，脸色安详、宁静，可见他的一生是多么地幸福。

愉悦的思想是驱除身体病痛最好的医生；美好的祝愿和现实的幸福是赶走悲哀和内心阴影最好的安抚者。如果长期生活在贪欲、愤世嫉俗、怀疑与嫉妒的思想里，思想就会被禁锢在自己建立的牢笼里。如果能够善意地思考，以愉快的态度对待一切，耐心地去发现生活中的善——这样无私的思想才是天堂的入口。只有心中怀着平和的思想，你才能过上永恒安宁的生活。

# 第四章
# 所有成就源于正确的思想

一个人能平步青云或只是庸庸碌碌都是他自己的思想反映出来的最直接的结果。在一个公正规范的世界里，平衡是最主要的关键词，一旦失去平衡，就意味着彻底毁灭。人需要尽快对世界负起责任。勇敢与怯懦、纯洁与肮脏都是自己的思想，而不是别人的，因此也只能由自己来改变；一个人所处的环境也是自己的选择，不是别人，所以，一个人的痛苦和幸福都掌握在自己的手中。

一个强壮的人不可能通过外部因素去改变一个虚弱的人，除非弱者心甘情愿地配合和接受这种改变。尽管是这样，仅靠外力也是不行的，弱者必须通过自己才能变得强壮。他必须通过自己的努力，培养曾经羡慕不已、为强者所具备的力量。任何人都无法改变他的环境，只有自己做出选择才能改变。

有不少人这样想并且说过："人之所以成为奴隶是因为有一个压迫者，我们应该憎恨压迫者。"但现在开始有人越来越强烈地反对这一论断，他们认为："人之所以成为压迫者是因为有很多人甘于做奴隶，我们应该鄙视奴隶。"事实上，压迫者与奴隶同样都处于一种蒙昧的状态。看上去是压迫者在折磨奴隶，而实际上他们是在自己折磨自己。真正的智者能够发现被压迫者自身的软弱和压迫者滥用权力；真正的仁者看到了两者各自所经历的煎熬而不会随意谴责任何一方；真正具有同情心的人会拥抱、安抚压迫者和被压迫者。

只要能够克服软弱，摒弃自私，那么他就不是压迫者或被压迫者，而是一个自由者。

一个人想要飞黄腾达、征服世界、功成名就，他必须先使自己的思想得到升华。

一个人若是拒绝提高自己的思想，他将永远处于怯懦、悲观绝望的境地。

一个人无论是想获取任何成就，即使是世俗的成就，他也必须使自己的思想脱离兽性、奴性的趣味。成功并不需要完全放弃人的本性，但是至少要牺牲其中的一部分。如果一个人的思想充斥着兽性，那么他既不能够清晰地思考，也不能有条理地工作。一个人无法发现和发展自己的潜质，他就不容易取得成功。这样的人，无法真正控制自己的思想，也就不能控制任何局面，或是承担严肃的责任，无法独立地去行动。他被自己选择的思想所束缚，无法尽情挥洒自己的聪明才智去获取成功。

一个人不肯作出牺牲，那么就不可能有进步和成就。衡量一个人所获得的世俗成功的标准，应包括他所抛弃的浊乱的动物性思想。思想一脱离兽性和奴性，人就能将全身心贯注于实现他的计划，决断力和独立性也会大大增强。他的思想越是高尚，也就会越有男子气、越正直、越坚定，也就越容易获得成功，并且他的成就也会更持久。

世界厌恶贪婪者、虚伪者、恶毒者，尽管有时看似相反。世界钟情于诚实者、宽宏大量者、高尚者，各个时代所有的伟大导师们都以各种各样的形式证实了这一点。要想证实这一点就必须坚持正确的思想，使自己越来越高尚。

智力上的成就和满足是追求知识或是探求生命与自然的结果。有时，这些成就似乎与人们的虚荣和野心相联系，但是它们并非虚荣、野心所致，而是经过长期艰苦的努力、不断提高自己思想的自然收获。

精神上的成就是理想的实现。怀有崇高思想的人、心地纯洁和无私的人才能养成明智、高贵的品格，才能够升华至高尚、有号召力的位置。这一点是毫无疑问的，就好比太阳高挂空中的时候光芒照耀四方，十五月圆之时银光遍照大地一样。

一个人获得的成就，无论是哪种形式的成就，都是因为人具备了正确的思想。一个人若能通过果断、纯洁、正直和积极的思考和自我控制，他便能得到升华；如果兽性、懒惰、肮脏、腐化和混乱的思维始终围绕着他，这个人最终会堕落。

即使一个人已经取得了巨大的成功，甚至在精神王国达到了极高的地位，但如果他放松自己，允许傲慢、自私和腐化的思想占据他的头脑，那么他就会再次坠入软弱或悲惨的境况中。

因为正确的思想而最终获得的胜利更需要警惕地看护。很多人在取得成功后懈怠放松，结果很快就重新堕入失败。

所有成就——生意场的、智力上的，或是精神世界里的，都是目标明确、思想正确的结果。这样的成功都有同样的规则和同样的运行方法，唯一的区别就在于努力的目标方向不同。

无所成就的人一定是无所牺牲。想要有所作为就必须有所牺牲。有些人获得了巨大的成就，那么他的牺牲也就可想而知了。

# 第五章
# 有了梦想，你才伟大

梦想点缀世界。有了梦想，这个世界才变得更美好，梦想支撑我们去创造属于我们的“世界”。尽管有时会历尽千辛万苦，但只要有梦想存在，就可以滋养、抚慰我们的心灵。人类不会放弃梦想，也不会让自己的理想褪色、消逝。人类生存在理想之中，并坚信，总有一天自己的理想会变成现实。

作曲家、雕塑家、画家、诗人、预言家、智者，他们是天堂的建筑师，是精神世界的创造者。这个世界因他们的存在而美丽，如果没有了他们，人类就会在艰苦劳动的压迫下走向消亡。

心中怀有美丽梦想和崇高理想的人，经过不懈努力，终有一天能够将梦想变成现实。哥伦布梦想着另一个世界，他发现了新大陆；哥白尼梦想世界的多重性和一个更广阔的宇宙，他揭示了宇宙的奥秘，并将人类的视野扩展到了广袤的天宇间；释迦牟尼梦想着一个纤尘不染、宁静平和的精神世界，于是他觉悟成佛。

珍藏你的梦想，珍藏你的理想，珍藏你心中最纯洁的思想，珍藏曾经拨动你心弦的音乐，珍藏你心中圣洁的美，所有最令人快乐的环境，所有天堂的美好都来自于其中。只要你忠实于自己的内心，忠实于自己的理想，梦想终将照进现实。

渴望就是得到，向往就是获取。难道只有最卑贱的愿望能够充分地实现，而最纯洁的向往只能枯萎吗？世界上绝对没有这样的道理。

敢于做高尚的梦，勇于飞向自己的梦想，你的梦想预示着未来，理想是未来的预兆。

再伟大的成就，在最初时也只是一个梦。橡树沉睡在果壳里，小鸟在蛋里等待，在一个灵魂最美丽的梦想里，一个慢慢苏醒的天使开始行动。梦想，与现实相伴同行，如情侣般。

也许你的环境并不舒适，但只要你有理想，并且为了改变现实而奋斗，那么你的环境将很快得到改善。有一个年轻人，饱受贫穷与劳作的折磨，被长期困在一个环境恶劣的车间里，没有机会上学，缺乏艺术的熏陶。但是他梦想着更好的事情：他想到智慧，他想到优雅、高尚和美，他在心中建立了一种理想的生活模式，他梦想着更大的自由和更广阔的天空。心中的骚动促使他行动，他利用所有业余时间学习，无论时间多么短暂。他运用各种方法充分地展现自己潜在的力量与资质，很快他的生活发生了巨大的变化。小小的车间作坊已不能够满足他，于是像扔掉一件旧袍子一样，现实中的困苦被远远地甩在了身后。多年后，我们看到这个年轻人变得成熟理智，成了思想的主人，实现了年轻时的梦想，并与自己的理想融为一体。

朋友，请相信自己的梦想一定会实现。不论你的梦想是卑微还是绚丽，或是介于二者之间。只要你不断地朝着心中最渴望的目标努力，你该得到的，终将得到，这都是你自己思想的结果，虽不多，但也不会少。无论你现在的处境如何，你会追随自己的思想、梦想和理想浮浮沉沉或是原地踏步。也许，你会变得像曾经左右你的欲望那样渺小，也可能变得像你的最重要的抱负一样伟大。你可能是一个照看羊群的牧羊人，有一天你带着田野的芬芳漫游到了城市，在神灵的指引下进入大学的课堂，直到你对学生说“我已倾囊相授了”。现在，你成了老师，但在不久以前你还在牧羊，还在梦想伟大的事情。想要成就梦想，你就必须克服心理上的障碍，担当起改造世界的重任。

许多没有思想、愚昧、懒惰的人往往只看到事物表面的效果而不注重过程，他们认为一切都是运气、命运和机遇作用的结果。看到一个家境富裕的人，他们会说：“他真会投胎，多走运啊！”看到另一个成为知识精英的人，他们高呼：“命运对他是多么垂青啊！”看到一个圣徒般品质高尚、为众人敬仰的人，他们又会说：“机遇总是在他需要的时刻助他一臂之力。”他们看不到成功人士曾受的苦痛折磨，失败奋争，他们在逆境中求生的勇敢和付出的努力，他们所执着的信念和做出的牺牲，以及他们所征服的几乎是不可征服的困难。他们不知道黑暗与心痛，只看到光亮与欢乐，并称之为“运气”；他们看不到长时间艰苦的旅程，只看到美好的目标，称之为“好福气”；他们不会了解过程，只注重结果，认为这就是所谓的“机遇”。

人类所做的一切事情都包含了努力和结果。努力程度决定最终的结果，而不是机遇。所谓的“天赋”、力量、物质、智力和精神财富都是个人努力的结果：他们是完成的思想，是取得的成就，是实现的理想。

我们要明白，心中怀有的梦想是你一直珍藏内心的理想，这就是你生活的基础，也是你的未来。

## 第七卷

# 最伟大的力量

[美] 马丁·科尔 著

# 序

# 善于发现“最伟大的力量”

每个人都拥有力量，但不一定每个人都懂得主动去开发和利用。有些力量与生俱来，以至于你容易忽略它的存在，所以没有产生去开发利用它的意识。而这，恰恰是马丁·科尔所说的“最伟大的力量”。……力量这东西，你有，我有，人人都有。

身心健康……心平气和……事业成功……家庭幸福……只要你读过马丁·科尔写的《最伟大的力量》一书并有意识地对照书中的方法去做，拥有这一切并不难。

科尔的思想影响甚著，他是启发性自助丛书的传播者和出版者，如《思考与致富》《成功的定律》等，指引着成千上万人不断往好的方向发展变化着。科尔的一生，致力于追求能使自己和别人活得更好并走向成功的生活知识。也正是因为他的努力钻研、坚持不懈，才有了《最伟大的力量》中的发现。

身为美国联合保险公司及其附属公司总裁的我，曾讶异于这本书在我们的销售代表和办公室职员的工作、生活中产生的巨大的推动力。

身为芝加哥男孩俱乐部主席的我，曾用《最伟大的力量》一书所展示的方法来唤醒那些十八九岁的年轻人，使之自觉开发自己的潜力，学会自我管理，并学会发现学校生活、社交活动中能使自己出类拔萃的因素和生活中的真正财富。

身为成功协会的会员，《我的影子跑得快》一书的作者，我曾亲眼目睹《最伟大的力量》中的“力量”如何激励囚犯们有意识、有计划地使自己重返社会、获得新生。

身为几家心理健康组织的负责人，我切身感受到《最伟大的力量》一书给那些浮沉于情海、沉迷于酒色中的人的指引性力量。

《最伟大的力量》一书引人深思，但又通俗易懂。寥寥几语便直击内心，给人以启发、感动，从而采取行动。读完此书，学会挖掘自己身上“最伟大的力量”，并主动运用，你的生活也会变得更好。

美国联合保险公司董事长

克莱门特·斯通

# 第一章

# 每个人身上都有一种伟大的力量

每个人身上都拥有一种伟大的力量，这力量之巨往往令人惊叹。如果能够运用得当，它将一洗以往你的羞怯、混乱、无所适从，而变得自信、平静和泰然自若。

现实生活中，不少人抱怨自己时运不济，生活无味……以及周围这个世界运转的方式，但他们却没有意识到，每个人身上拥有的那种神奇的力量，足以令人获得新生。

如果能够意识到这种神奇力量的存在并运用得当，你的生活将会焕然一新，变成你梦寐以求的生活。悲伤的生活可以变得快乐，失败也可能转化为成功。当贫穷啃噬着你的生活的时候，你可以将它当成一种历练并感到庆幸。羞怯也可以转化为自信。把平淡的生活变得妙趣横生，充满乐趣。担惊受怕也能安然度过，从而获得自由。

在走向成功的过程中，我们难免会一次又一次地遇到困难和挫折，置身于逆境之中。一个人如果长期陷入一系列的困难中，不得不和这样那样的麻烦抗争。不久，他就会形成这样一种生活态度：人生是艰难的，人生就是战斗，生活总是给他设立一道又一道的坎……那么，做这么多的事情有什么用呢？……“你不可能成为赢家”。那么，这个人就会灰心丧气，认准无论自己再怎么努力，都“不会有什么好事”。他自己想获得成功的梦想破灭之后，便将注意力转移到子女身上，希望子女过上另一种生活。有时，这会成为一种解决问题的方式，然而孩子们又容易陷入和父辈们相同的生活方式中。最终这个人得出结论：唯一能够解决这个问题的办法，就是结束自己的生命——自杀。

从头到尾，这个人都没有发现自己身上那种能改变人生的巨大力量。他没能分辨出这种力量，甚至完全不知道这种力量的存在。当他看见成千上万的人和他一样，以相同的方式与命运抗争，他认为那就是生活。

莱莫多·德奥维斯曾经讲过这样一个故事：

亚里山德拉大图书馆被烧之后，只有一本书保存了下来。但这本书价值不高，于是一个识得几个字的穷人用几个铜板买下了这本书。这本书虽然不是很有趣，但里面有一个非常有趣的东西！那是一条窄窄的羊皮纸，里面写着“点金石”的秘密。

点金石虽只是一块小小的石头，却能将任何一种普通金属变成纯金。羊皮纸上的文字解释说，点金石就在黑海的海滩上，和成千上万的与它看起来一模一样的小石子混在一起，但秘密就在这儿。真正的点金石摸起来很温暖，而普通的石子摸上去是冰凉的。于是这个人开始变卖家产，买了一些简单的装备，在海边扎起帐篷，开始检验那些小石子。这就是他多年的计划。

他清楚，如果将摸起来冰凉的普通石子扔在地上，那么他很有可能几百次地重复捡到这块石子。所以，当他摸到冰凉的石子的时候，他就将石子扔进大海里。他这样忙碌了一整天，却没有捡到一块是点金石的石子。然后他又这样干了一个星期，一个月，一年，三年。可惜，他还是没能找到点金石。

有一天中午，他捡到了一块石子，并且是温暖的石子，但他随手就把它扔进海里。他已经形成了习惯，把他捡到的所有的石子都扔进海里。他已经习惯了扔石子的动作，以至于梦寐以求的“点金石”到手了，却还是将其扔进海里。

唉，有多少次我们已经触摸到这种巨大的力量却没有认出它？有多少次这种巨大的力量明明就在我们手中却被我们亲手扔掉？如果没有意识到它的存在进而抓住它，那么我们就不可能创造出伟大的奇迹。这正是我从前为什么要用这样一整篇专题论文来讨论这种巨大的力量的原因，这就是人类所拥有的伟大的力量。

康威尔曾在他的《钻石宝地》一书中讲过这样一个农夫的故事。农夫有一个温馨的家。他的土地为他赚进许多钱，每年他都能从种植作物的收成中存下一笔钱。他衣食不缺，生活过得不仅有价值，而且还很快乐。然而，有一天一个僧侣对他说：“如果你能找到这样一个地方，那里的沙子是白色的，有水从上面流过，你就能找到钻石。你的儿女会比任何一位王子公主都富有，而你将得到你所能想象到的所有财富。”那一夜农夫失眠了……这是许多年来的第一次。他在床上辗转反侧。最后，他决定天一亮就卖掉农场，离开家去寻找钻石。他这样做了。他把家人托付给一位邻居，带上钱，走遍全世界去寻找钻石。最后，当他口袋里只剩下几分钱的时候，他开始厌恶自己和自己的行为，于是自杀了。这时，那个僧侣又来到了农场。他走进房子，抬头看了看壁炉台，问道：“农场原来的主人回来了吗？”农场的新主人回答说：“没有，他没回来。”僧侣不相信，他坚持说：“他肯定回来了，要不那边壁炉台上怎么有宝石呢？”“啊，不，”农场的新主人说，“那不可能……这块石头是我在后院发现的。”僧侣还是坚持向农场的新主人保证说：“我没有骗你，那真的就是钻石。”

非洲的金伯利金刚石矿就是这样被发现的。

你应该读出了这个故事的意义所在。当我们跑遍全世界去寻找钻石时，而钻石其实就在我们的后院。我们穷其一生都在寻找可以彻底改变我们现有生活的能力，但许多人用一生的时间都没有找到。而其实，它就在我们面前。我们要做的就是认识它、利用它，它就在你的身边。

伟大力量令人惊讶的地方就在于每个人都可以运用它。它并不需要经过什么特殊的训练或教育。这不是那种你必须有特殊的资质才能成功地利用它的能力。这也不是某些人特有的一种能力，运用它不需要任何财富或威望。这是一种与生俱来的能力，无论贫穷或富有，成功或失败。我们认识到这种能力越早，步入正轨并一直走下去的进程也会越快。这对他人也能起到模范作用。

许多人走进鞋店时，往往不会意识到，他们可以买一双高跟鞋，也可以买一双平跟鞋；当他们走进服装店时，他们可以买一件浅色的裙子，也可以买一件深色的外套；当他们打开收音机的时候，他们可以把旋钮调到这个台，也可以把它调到那个台；当他们走进冰淇淋店的时候，他们可以买一个巧克力脆皮，也可以买一杯菠萝汽水；当他们要去看电影的时候，他们可以去一个附近的电影院，也可以去繁华城区的电影院。生活的确如此，如果你选择的话。当你想度假时，如果你选择了去海滨而不是去爬山，你就做出了选择。当你要买一辆小汽车的时候，你可以选择买某个奢侈品牌的车，也可以选择买价格亲民的车。也就是说，一个人掌握最大的力量就是选择的力量。

# 第二章
# 环境不能控制，但是可以选择

明智的人都知道一个人不可能控制周围的环境。但是，我们可以选择周围的环境。

对于大多数人来说，我们一定要承认自己控制不了外部条件这个事实。那么，我们能做什么呢？我们可以控制我们的想法，并且通过控制自己的想法，运用这种最伟大的力量——选择的力量，我们可以间接地改变周围的环境。

这是一个发生在战争时期的例子：

在战争期间，每个年轻人都要求去参军。这是特殊时期的特殊要求，他没有别的选择，他必须为自己的祖国作贡献。他被带到军营里，在那儿接受训练，他在为参加战斗做准备。到现在为止，他自始至终都没有任何选择的余地，他必须做他的上司让他做的事情，必须遵从命令，但是他仍然有选择自己的想法的权力。如果他选择了诸如他不可能活着打完仗，他会受伤致残这样的想法，而这些事情又恰恰发生了的话，那也没有什么好奇怪的。我们知道，事实上，一个人或一个士兵确实可以通过自己选择的力量来保护自己。英国最伟大的科学家之一，F.L.罗桑在《生活理解》一书中，给我们讲述了一个关于英国军团的故事。这个团在威特利斯上校的带领下，曾在第一次世界大战中服役4年而没有人员损失。军官和士兵们的积极配合使这种空前绝后的纪录成为可能。就因为他们不断地、有规律地背诵并重复《诗篇》第91条中被称作“保护诗篇”的文字。这也是一个关于选择力量的例子，通过运用人类拥有的最伟大的力量达到保护自己的目的。

外部的环境好坏变化无常，这是众所周知的。有的人甚至在情况好的时候都活不下去，情况糟时就可想而知了。这主要是因为他们没有运用这种最伟大的力量——选择的力量。当陷于困境时，许多人裹足不前，内心满是失意与落魄，等着政府采取措施来改变这种状况。但有些人则会运用这种最伟大的力量——选择的力量。这种人即使在困难时期也可能取得成功。许多最伟大的事业都是在“所谓的”困难时期开始并建立起来的。为什么会这样呢，因为这些成功的开创者拒绝迷信所谓的困难时期，无论如何他们总是要朝前走，所以他们成功了。在困难时期，我们也可能多次地遇到环境好的时候所不可能遇到的机遇。比如企业创办之初需要的经费较少；合伙人很容易找到，价钱也不贵；竞争不是那么激烈等，关键在于，那些满怀失望的人只要有一点点勇择不相信你遇到的每个人；你可以选择相信每个人都喜欢你，也可以选择相信“每个人都和你作对”；你可以选择做一个衣着得体的人，也可以选择做一个随便邋遢的人；你可以选择做一个有所抱负的人，也可以选择做一个好吃懒做的人。我们每个人都在作出自己的选择，选择的好坏往往会决定他一生的好坏。

以下就是一个很好的例子。

本杰明·富兰克林曾经很容易与人发生争执，好朋友都相继离他而去。临近新年的某一天，大家都在制订新年计划。富兰克林坐下来，开出了一张清单，清单上写着他让人讨厌的所有性格特点。他把这些一一列出来，并进行排序，把最有害的性格特点放在清单的第一位，然后依次排下来，害处最小的排在最后。他下定决心改掉这些不好的性格特点。每次他发现自己已经成功改掉一个坏毛病的时候，他就把这个毛病从清单上划掉，直到清单上所有的坏毛病都划完为止。最后，他成了全美国人格最为完美的人。每个人都尊敬他，崇拜他。当殖民地需要法国的帮助时，他们将富兰克林派到法国去。法国人非常喜欢富兰克林，以至于他要什么他们就给什么。今天几乎在所有关于性格塑造的书中都会有富兰克林的名字，他被当作最杰出的例子来引用。

试想一下，如果富兰克林选择终其一生不对自己的性格进行任何改造，而是和今天不计其数的人正在做的一样——父母给了什么样的性格就用什么样的性格处事；如果富兰克林继续以那种争辩的方式与人交往……那么，他绝不可能成功地说服法国人来帮助殖民地，也许整部美国历史都将改写。人的性格对于一个国家和民族来说都是非常重要的。但是，仍然有不少人很困惑：“我能怎么样呢？我该做些什么呢？”一年又一年过去了，你本来可以做些什么？你自己都搞不清楚。林肯说：“我要让自己准备好。总有一天我的机会会出现。”机会确实出现了。他选择了相信准备。至少我们要让那些生活在我们周围的人觉得生活是充满乐趣的，是合乎情理的，至少我们不会给周围的人带来麻烦。

有许多家庭就是因为一个性格有问题的成员，把家里所有人的生活搞得痛苦不堪。如果这个人能选择上帝赋予人类最伟大的力量——选择的力量，那么他就可以和家人过得快乐美满。

不少人都遇到过失去自己所爱的人的问题。有许多人在失去父母、兄弟、亲朋好友之后痛不欲生，了无生趣。他们会产生这样的疑问：“现在活着又为了什么呢？”世界各地有成千上万的人“行尸走肉”般地活着，他们就这样平静地走过人生的大街小巷。他们没意识到自己拥有一种伟大的力量——选择的力量，于是他们就会按照以前的方式生活。可见，选择过去的生活方式会使自己成为周围人的负担。我们不能责怪这些人，因为打击来得太突然，毫无预兆，又损失巨大，以致他们无法理智地进行分析，这也是情有可原的。有时，我们很难搞清楚为什么会发生这样的事情。无论我们能不能分析出来龙去脉，都要使自己的生活首先恢复平静。

当我们所深爱的人去世后，我们该怎么做呢？继续以一种人们所希望的方式生活。不管他们身在何方，都让他们为我们感到骄傲。当然，我们不能控制周围的环境，但我们能掌握自己选择的权利。通过正确的选择，让我们的生活充满乐趣和意义，这不仅是为了我们自己，也是为了我们周围的人。

当我们面临生活中的种种困难时，总是认为这种困难难以克服。我们四下观望，想知道自己生活得是否值得。有的人还会有一些极端的想法，以至质疑世界的变化不是往好的方向发展。一旦我们选择相信世界变得更美好，世界就会马上开始变得美好起来。不要总等着别人去改造世界。别等着你的邻居进行自我改造……而应该从你开始。如果我们每个人都选择改造自己，那么我们就可以改变自己的小世界。我们每个人都生活在一个属于自己的小世界中，这个小世界对于每个人来说是最重要的，也是我们可以对其进行改造的世界。每个人都可能直接或间接地与5个或者105个人有联系。如果我们给这5个或105个人留下的是一个令人愉快、乐于助人的印象，我们就可以影响他们了，使他们朝着好的方向发展，而这些人又可以以同样或类似的方式去影响别人，世界将被改造成一个更好的生存空间。这也许并不像你想象的那样艰难，也不需要花那么长的时间。

有一次，在报纸上看到一篇文章，说政府有意把某条街道改造成一条林荫大道。计划制订好了，每个人都等着权力机构发布命令，等着对这条街道进行必要的改造。这将是一条耗资百万美元的大道。但是，由于某些问题的出现，政府官员们发现继续进行该计划是“不可能的”。于是，这个改造林荫大道的计划没有实行。一个住在这条大街的人选择了做些事情来改变它。他想，如果政府官员们不再打算美化整条大街的话，至少他可以美化自己门前的那一段。他这样做了，于是他的门前成了那条大街最引人注目的景色。目睹了他所做的一切后，邻居们也开始美化自己的地盘；每个邻居都这样做，直到整条大街看起来像一条“百万美元大街”为止。谁促成了这件事？实际上就只有他一个人。他选择了带头这么做，每个人就都跟着他这么做了。千万不要说我们不能改变这个世界，你可以通过改变自己的小世界来影响整个大世界，这一点非常重要。你选择认为你可以改变它，后边的人也会有同样的想法，事情就会办成了。你可以选择成为那个带头人，从你的家庭、你的工作、你所在的社区、甚至你的国家做起。

事实上，只要我们愿意按照一些简单的建议去做，任何性格问题都是可以得到解决的。因为各种各样的分歧，很多夫妻的家庭生活并不和谐。因为分歧的形式多种多样，而人们总是忙于工作，没有空余的时间来消除分歧。甚至有些国家会发现，他们之所以卷入战争是因为有些分歧未得到解决。如果上述这些人们愿意运用选择的力量，那么我们会以另一种方式生活着。曾经有一位智者说：“如果我们实在无法同意的话……就让我们以一种不让人讨厌的方式不同意。”

假如我们意识到夫妻之间难免会有一些不同的意见，有些分歧完全是可以接受的，因此，两个人的世界将在一夜之间发生改变，婚姻就会变得比以前美满得多。家庭生活会变得有意义得多，这对孩子的影响将是惊人的。相对的，离婚率也会大大下降，而且下降的幅度也将是令人难以置信的。员工之间也往往存在意见分歧，以至于很多人在工作时感到很不愉快。许多人表示喜欢工作内容，喜欢工作环境，对薪水也很满意，但是他们无法和某些人共事。许多人不断地换工作，只是因为和别人意见不一致。如果这些人愿意运用选择的力量，而且以一种不让人讨厌的方式表达自己的不同意见的话，他们就会发现生活快乐得多。当他们投入工作的时候，会心无旁骛；当他们跟人交往的时候，也会表现得自在、轻松得多。他们会觉得肩上卸下了一副重担，因为他们不会再与周围的人发生争执，相反，他们更愿意理解别人，去倾听他们的意见。

我们有许多人经历过一些战争。有的人经历的多一些，有的人经历的少一些。我们发现赢得一场战争和赢得和平根本就不是一回事。如果你仔细思考一下这件事的话，就会发现这很有趣。在战争中被你打败的那个国家，你必须在战后供给它衣食，帮助它重新站立起来，给它金钱上的援助使之经济能够自给自足。这是为什么呢？没有人知道。要开始下一轮冲突？要再创造你曾经竭尽全力想要毁灭的东西？世界上的国家会不会有一天运用选择的力量，把他们自己从巨大的灾难中拯救出来？这当然是我们所希望的。世界上各个国家会不会将在某一天选择以一种不让人讨厌的方式来表达自己的不同意见？这当然也是我们所希望的。做到了这一点，就好比我们可以运用选择的力量，使我们自己的生活变得愉快而有意义一样，世界各国也可以把这个由他们组成的家庭变成一个快乐的大家庭。这是不是听起来过于美妙而显得不真实了？我们天生就具有这种能力，关键在于你做出什么样的选择。

为什么我们会这么自信呢？如果你去听交响乐，或者在电视上看一个大型交响乐团的演奏，你能看到什么？一百多个人同时演奏一支大型的曲子。如果你再仔细观察，你就会发现许多种不同的乐器在演奏过程中发出各自所特有的声音，为整支曲子的演奏贡献一份力量。不同的乐器发出不同的声音，但却没有一点儿不和谐。每个演奏者都是在为整体的良好效果而演奏，没有冲突，所有的一切都显得很和谐。每个演奏者都希望这支曲子能成为他演奏过的所有曲子中最辉煌的一支。每个人都希望从完美的演奏过程中感觉到快乐。当这支大型曲子的演奏快要结束时，每个人都会从心底升起一股自豪感。

如果更仔细地去分析一下这个大型交响乐团的演奏的话，你就会发现每个人都选择了在这个乐团演奏。每个人都选择了用他正在用的乐器演奏。每个人都选择了要与其他人保持一致的节奏。每个人都选择了能做多好就做多好。每个人都选择了跟着指挥棒走，因为在演奏过程中它自始至终起着引导的作用。

我们也是如此，上帝赋予了我们这种选择的力量。上帝是爱我们的。他希望我们和睦相处。的确，人与人之间总有许多不同的特点，不同的习俗，不同的爱好，不同的语言……但是并没有不同到无法共处的地步，只要我们以不令人讨厌的方式表达我们的不同意见。上帝是我们人生的导航者，他就像一位父亲一样。作为我们的父亲，他使我们和平地生活在大家庭里成为可能。他通过赋予我们选择的力量使之成为可能。我们要怎样来利用这种力量，明智地还是愚蠢地。我们有选择的力量。

# 第五章
# 决心为富足而战

在这个世界上，有许多人都在寻找财富。他们总是希望有一天可以不再为钱的问题而发愁。为了达到这个目的，他们制订了各种计划、方案，尝试过诸多方法，力图使自己富有并安定下来，可这一切都未能奏效。结果，他们灰心丧气，认定自己不是那块料，不可能占据这样一个令人羡慕甚至嫉妒的位置。他们曾做过各种尝试，但从来未曾有过改变自己的想法，而这很可能正是会使事情有所改变的途径。

不久前我认识了一个男人，他正面临着各种不同的财政问题。他妻子抱怨说，她害怕去开门，因为可能出现在门口的是债主。这种情形真令人泄气。我给了这家人一本书，认为这本书也许会帮助他们改变考虑问题的方式。这位妻子看了一眼那本书说："我是不会去读那玩意儿的……读那玩意儿没有任何用处。"丈夫说："我想读一读，把书留下吧。"结果，这个男人开始以一种新的方式思考问题，他以一种全新的精神投入到生活中去。一年后，他们搬到一个新的地方，开始了新的生活。

我没有给这个男人一分钱。尽管钱可能会对他有帮助，但这种帮助并不会长久，我们能做的，就是使这个男人走上选择自己的思想去改善自己的经济的道路。如果我们不改变考虑问题的方式，我们就很难去改变我们的经济状况。许多人都没有意识到牙总是由里向外长的。所以，我们必须改变自己的内在思想……如果我们改变了内在思想的话，外在的变化就一定会出现。所以，我们一定要选择好金钱和财政的思想。

如果能够正确看待这种巨大的选择的力量，那么你肯定能改变自己的金融和财政状况。但许多人都没能正确运用这种巨大的力量，而这正好使他们成了自己极力想躲避的那种东西的奴隶。

有一个年轻人失业了很长一段时间，生活极为艰难。最后他终于找到了一份工作，但这是一份丝毫不值得骄傲的工作。这个年轻人已有了妻儿，却总厚着脸皮说："我不想发财。"每天他都试图省下几便士存起来，留作儿子长大读大学的经费。这个年轻人看似明智，他选择了存一点儿钱留作孩子将来的教育基金。他从不去繁华的市区看电影而是去街道看放映的露天电影，因为这样可以省下两角五分钱；他拒绝去环境稍好一些的饭店，因为那里花的钱要多；他去看正统戏剧的时候，买的不是剧场正厅的前排座号，而是楼厅上的位置，因为票价相对便宜得多；当他买车的时候，选择的也是最省钱的那种；假期的时候，他往往宅在家里，因为出门总是多多少少要花钱。可这个人依然厚着脸皮说："我不想发财。"

许多人长期陷在贫困中，这一点儿都不出奇。但并不是别人让他陷入这种贫困的境地，而是他们选择了继续在贫困中生活。他们没能认识到选择的力量。没有人因为生活节俭而受到责备。许多人不得不节省着过，否则他们根本就过不下去。这些人本可以利用这种选择的力量。他们本可以从一开始就憧憬生活中那些美好的东西。

不过，生活中还是经常听到有人抱怨说：“我很想要那件东西，但是我买不起。”这是实话，但是别总是这么说。只要你继续说“我买不起”，这句话便将伴着你度过一生。选择一种更积极的思想，比方说：“我要买下它，我要得到它。”当你逐渐建立起了期待的想法。你就建立起了希望。你建立起了希望，就永远不要毁掉自己的希望。如果你将自己的希望毁掉，生活也将陷入失望和失意。

有个年轻人说：“总有一天，我要去欧洲。”当时在座的一个朋友笑了起来，说道：“看看是谁在说大话？”当时，这个年轻人没说：“我想去欧洲，但我觉得永远都支付不起这笔费用。”他怀有希望，这种希望给了他动力，这种动力促使他去做一些事情，使他去欧洲的梦想成为一种可能。当你说“我买不起”的时候，一切事情都停止不前。没有希望……头脑变得呆滞……动力没了……然后我们选择相信什么都不会发生。但是，有一种巨大的力量——这种选择的力量能带给你希望，带给你无限的动力，还将给你带来行动的勇气，它能够使你实现自己的理想和目标。

爱伦在他的《思考的人》一书中说：“思想就是物质。”我们把它改为“思想变为物质”。在电话机还没有诞生之前，它是贝尔头脑中的一种想法。收割机在真正变成收割机之前，也是麦克头脑中的一种想法。电灯泡在真正成为电灯泡之前是爱迪生头脑中的一种想法。J.D.洛克菲勒在口袋里没有一分钱的时候说：“有一天我要变成一个百万富翁。”而他后来确实成了百万富翁。因此，你要意识到生活中得到的东西在成为物质之前，首先它会是你大脑中的一些思想。我们的财政状况首先是一种想法，然后才是一种现实。如果我们想改变自己的财政状况的话，就必须先改变我们的想法。如果我们选择改变自己的内在想法的话，我们的外在状况就一定会发生变化。这是一条法则。当你选择了“我买不起”，你永远也不会得到它；当你以“我是个快乐的穷光蛋”的想法安然自居的时候，你就堵住了自己通往利益与价值的路。选择自己的想法，你可以做到；改变自己的想法，你也可以做到。如果必要的话，在一开始就充分运用你的想象力，你永远都不会为此而感到后悔。你从前认为绝不可能的事情重新地摆在你的面前，你从前认为绝不可能的变化现在出现在你的生活中，可见，你已经获得了一次重生的机会。

这种巨大的选择力量，如果能够运用得当，就能使一个人过上他所向往的生活。这的确令人诧异。有一位年轻人曾经有过一段不可思议的经历，他发现每当他存钱存到70美元的时候，总会发生点什么事情。他会发生车祸……某些意料之外的困难会突然出现……他简直不敢再去存70美元。如果这个年轻人继续这种思维，而不重新运用选择的力量，用另一种方式思考问题，他的一生将逃脱不了这样可怕的难题。

有一个年轻人无论做什么事都完成得很出色，不过，无论他做得再好，却仍然没有赚到一分钱。人们对此都很困惑。他性格好，讨人喜欢，又有抱负，但在金钱方面，他却一年又一年地徒劳着。最后，这个年轻人向人请教问题所在。他不断对人表白：“除了赚钱，什么事我都能干好。”一旦他开始意识到问题所在，知道自己对想法的选择有点儿糟糕的时候，事情就开始发生变化了。他不再说：“除了赚钱我什么事情都能干好。”而是开始说：“我什么事都能干好，包括赚钱。”几年过去了，他的财政开始有了新的变化。赚钱能力日益凸显，人们都说他是一个富翁。这个人本来可能一生都赚不到一点钱，但当他认识到自己的选择是一种错误的选择并且积极地改正时，他的财政状况就已经开始有了新的变化，不断地向前发展。可见，选择的力量能够为你带来一笔可观的财富。

# 第六章
# 没有谁能阻挡我们追求幸福

当我们意识到自己拥有选择的力量时，就会发现自己过得比以前快乐。许多人都在有过一点点幸福的感觉之后，就紧抓着这点儿幸福不放手。但也有些人一发现自己有快乐、幸福的感觉后，总觉得是不是什么地方出了毛病，并怀疑这种感觉能否持久。百老汇曾上演过这样一出戏：戏中的女主角刚度完蜜月归来，她觉得自己太幸福了，甚至“想死”。这多么令人难以想象。有的人追求幸福，当幸福降临后，“她想死”。这样滥用选择的力量是多么可怕啊！我们眼中所见的幸福那么少，还有什么好奇怪的吗？拥有幸福的人不是单纯的快乐，而是感到一种无法把握住幸福的强烈恐惧，生怕在获得幸福的刹那间就会失去它。

不久前，有个人和我讲过这样一个故事。他说：“我曾和一位年轻姑娘谈恋爱。我们彼此颇有好感，决定订婚。订婚时我们觉得非常幸福，于是我们决定将这种幸福推上顶峰。我们结婚了。我们商量着买下了一幢虽小但很舒适的公寓。确实，许多朋友都嫉妒我们的家，嫉妒我们的幸福生活。我妻子出去工作，我也出去工作。我们有一辆车，在银行里存了一点儿钱，我们的生活如在天堂般美好。但我和朋友们聊天时，他们总是认为我们的幸福不会长久。”他们会对我说：“看看琼斯两口子，刚刚结婚的那几个月他们多幸福呀！再看看现在，整天都有理不清的麻烦和烦恼；看看史密斯一家，他们刚结婚时也是要多甜蜜有多甜蜜，但你看看他们现在的生活，每天都是吵吵闹闹！”这样的话我听得太多了，以至于我觉得他们的生活是正常的，而我和我太太过的却是一种不正常的生活。我们这种人间天堂般的婚姻生活就像一只气球一样，随时都有可能爆炸。我每次和一个持“这种生活太美好了所以不能持久”的人聊过后，回到家我总是会问我的妻子：“亲爱的，我们的生活是不是太美好了？这种日子大概长不了。我们简直就像生活在天堂里一样。这样的生活不太可能继续下去。”没过多久，便发生了不幸的事情。我和妻子都失去了工作。我们不得不卖掉车子，不得不放弃那幢漂亮的小公寓，不得不回家和我母亲一起生活。而最糟糕的是，我们已经有了自己的孩子。“假如每次你刚把形势扭转过来，就会发生一点儿什么事把一切又毁掉的话，”他喊道，“活着还有什么意义呢？”他想自杀。他认为，如果这就是生活，那现在就可以将它结束。

最后，我告诉这个年轻人，如果他懂得运用选择的力量的话，那些不必要的难题就可以避免。我跟他说，那些告诉他婚后的幸福生活不会也不能持久的朋友的话未必要选择相信。我告诉他，有位女士曾在一本书中说过一句很精彩的话，这句话可以使他避免那些困扰。《生活游戏和游戏规则》一书的作者，同时也是《你的话就是你的魔杖》一书的作者弗洛伦斯·斯科沃·辛女士在后一本书中指出，没有任何东西会因为其美好而不长久。我跟他解释说，如果能够运用自己正确选择的力量，那么，任何会毁掉你美好生活的事情都不会发生。如果你运用自己的潜力，选择相信没有任何东西会因为其美好而不会长久的话，生活中的一切对你来说都会变得顺利而且美丽，甚至比你梦想的还要甜蜜。这虽令人难以置信，但却是千真万确的事情。这也就是让事情顺利发展的秘密。但是，当事情一往直前地发展时，你需要不断地提醒自己，事情应该就是如此。星星不会撞上月亮，月亮不会撞上太阳，太阳也不会撞上地球。既然高速运行的星星、月亮和地球彼此都不会发生冲突，为什么我们的生活不能顺利前进，为什么要受到那些许多人都遇到过的冲突因素的影响呢？只要我们能意识到这种选择的力量的真正含义，我们的生活就一定会变得顺利起来，而不会出现摩擦。如果你运用选择的力量，相信你美好的生活会长长久久，你的生活就会发生变化。其变化之大，远远超过你的想象。就好比说："人间天堂就在那儿，而大多数人的问题是没有去利用它。"

无论你在哪里似乎都能听到这样的例子，有些人本来过得挺好，后来遇上麻烦，幸福生活因此变得不幸。有的人事业有成，婚姻幸福，有车有房有存款，像是坐在"世界之巅"。但是他能承受得了这一切吗？不能！他从未见过任何人生活得像他这样顺利。他认为他比别人都强，他开始变得过于自信。由于过分自信往往使其变得非常粗心，这种粗心使他陷入麻烦。现在他完全没有自信了。但却也得不到他所想要得到的一切。以前他不是也很幸福吗？他不是去教堂并按教规生活吗？于是他开始想找点什么东西来责怪。他最终得出一个结论，是一些自身之外的东西使他陷入麻烦。他没做任何会导致这种麻烦的事情，确实没有。但是让我们来分析一下他的情形，看看我们能发现什么。他过去一直过得很好，什么都不缺。但却犯了个小小的错误，他放纵了自己，变得过分自信。他没有为自己的好运感谢上帝，并选择继续那样过下去，而是选择了变得粗心，并且……在自己没有意识到的情况下，有意无意地选择了做一些会使自己重新陷入麻烦的事情。如果一个人过分自信，那么就很容易破坏或毁掉这个人的生活。关于过分自信，人们很少会去说三道四，我们也不易觉察到这一点。我们没有意识到选择的力量，结果，在该细心时往往粗心。因此，我们就会由于过分自信而受到突然袭击。上帝虽然不希望我们做一个缺乏自信的人，但他也不希望我们做一个过分自信的人。许多人都有点儿过分自信，只不过他们并未意识到。如果他们认识不到这一点，他们就很可能被过分自信所击垮，并从此再也站不起来。当遇到困难时，他们不能理智地分析所发生的事情，就容易对生活完全丧失信心，以致一败涂地。

有一次，约翰涨了工资。回到家里兴高采烈地对妻子说："我们出去庆祝一下吧。"于是，他们叫上另一对夫妇到一家夜总会去庆祝。由于大家都很高兴，就多喝了几杯酒。没过多久，约翰夫妇就和另一对夫妇分别发生了性行为。过后，约翰对此事耿耿于怀，他们开始不断地争吵。回到家后整整吵了一夜。虽然事情过去了，约翰还是希望自己从来没有涨过工资。然后，他坐下来开始抱怨。他抱怨说，他的幸福不能长久，他的好运短命。但为什么会这样呢？难道是他自身之外的什么东西给他带来了不幸吗？还是上帝不希望他得到幸福？这一切为什么会发生？答案很简单，约翰的好运使他忘乎所以，他的过分自信导致生活出现意外，而这意外让他陷入了家庭生活的无休无止的争吵。

所以，要学会仔细，而且仔细并不难做到。你很在意会发生什么，这一点你要清楚，生活中就能仔细地处理问题。想问题的时候，也要朝积极的方向去想。多想一些会给你带来帮助而不是伤害的想法。这一点非常重要。善于运用选择的力量，生活才会变成你想要的那个样子。

我们的父母们，祖父母们，祖父母的祖父母们，上几代的长辈给我们灌输了很多诸如我们一定会遇上麻烦，美好的事一定不会太长久的想法。因此，我们这代人继承了太多精神上的束缚，这不利于我们运用选择的力量去改变生活。

选择的力量能够改变我们的生活，能够使我们像故事中的年轻人一样得到自由。当年轻人意识到没有任何他自身之外的东西试图伤害他或者是毁掉他的幸福时，他不再失眠了，他开始活跃起来，并发现一种新的生活出现在他面前。他开始意识到破坏生活的实际上是他自己的失败，他没有能够做出正确的选择。一旦他意识到了这种简单却又强大的力量，他的整个生活就会发生变化。他心如明镜般清楚自己的想法，他的选择将会给他带来什么样的麻烦，这并不是他自身之外的力量或能量所能左右的。

每个国家每个地区都有人会选择相信如果不发生这样的事情，就会发生那样的事情，到处都有人深受这种想法的折磨。一个人工作很扎实……一切都很顺利，没有任何麻烦……除了他自己的想法。于是，他开始胡思乱想了。他想："是的，现在我有工作，但这工作到底能持续多久呢？"没过多久，他就失业了。然后他开始为食品店的欠款发愁，为拖欠的租金发愁。如果小孩一生病，他还得面对一张巨额的医疗账单和其他各种家用开支。而他没了工作，没有收入，他愁得也病了，不得不住院治疗。可医院的账单让他更加难受了。后来，这个人重新找到工作，开始还清他所欠下的债。当情况开始好转起来，他快要付清所有账单的时候，往往又会有另一件意想不到的事情发生。然后，当他有过几次这样的经历后，他就会坚信：如果不发生这样的事情，就一定会发生那样的事情。美好的生活不会长久。

遇到麻烦时，他就会意外地发现，这段时间自己被麻烦牵着鼻子走。他从未清楚地思考，主要是因为从来没有人教他如何理智地去思考问题，而他自己也没有学会如何进行理智地思考。他有自己的“钻石宝地”，但他一直都未发现。在他的脑海里面，一直都有一些不好的想法，而后又会给他带来一些不好的结果。如果他发现了自己最伟大的力量——选择的力量的话，他就会意识到，他的许多麻烦都来自他自己不好的想法。那么，如果他意识到了没有任何东西会因其美好而不能持久的话，他可能就会避开那些麻烦，不会期望麻烦找上自己，而是期望能够长久地过这种顺利的日子。

当我们在生活中遇到麻烦、困难和失意时，想要平静地过日子并不是一件容易的事。然而，如果我们认识那些生活一团糟的人，他们不懂得或不恰当运用选择的力量，我们就能理解为什么他们总是生活得不如意。有那么多的人在一切不尽如人意的时候“用手碰木头”以求避邪，还有什么好奇怪的吗？这种对美好不能长久的担心与恐惧是普遍存在的。如果我们总是不断地提醒自己，没有任何东西会因为其美好而不能持久，不久我们就会开始相信这种想法。当我们中间有足够的人开始相信并且实践这种想法时，我们就会像哥伦布1492年发现新大陆一样，一种新的生活就会在我们身边开始。

我们的生活难免跌宕起伏，这无论是对个人还是国家都是普遍存在的。对很多人来说，国家经济顺利发展的那段日子还记忆犹新。那时候，很少有人失业。人们买车买房，消费力很高。股票价格很高，房地产价格也很高，似乎每个人都在赚钱。那时候，许多人都觉得好运常伴身边。在短暂的时间内，整个世界仿佛处在亘古以来的辉煌时期。但是，也有许多人开始感到这样的生活如此美好以致于它不可能长久，包括穷人、富人、弱者、强者，从社会最底层到社会最高层。渐渐地，这种想法开始深入到各行各业的人群中，事情也开始起了变化。他们变得谨慎起来，股票开始下跌，银行开始关门，黑暗与绝望弥漫着整个社会。一个昨天还繁荣昌盛的国家顷刻间陷入萧条的低谷。这一切不是个人造成的，所有的人，无论是富人还是穷人，都一致地认为快乐的时光不会长久，所以造成了这样的结果。

那些持美好时光不会长久观点的人，他们也运用了选择的力量，选择相信没有任何东西会因为美好而长久。但也有些人，无论出现什么样的情况，他们总有办法让事情顺利地发展下去。正像有一个人曾经说过的：“这的确是一个伟大的国家。”当整个国家似乎陷在一种停滞不前的状态下没有任何发展的时候，汽车出现了。它使每个人都忙碌起来，不断前进。当每个人都被卷入汽车的浪潮中似乎一切都停滞不前的时候，飞机的出现使生产从萧条状态中得到恢复。然后当飞机似乎满足了生产需求的时候，无线电将生产从萧条状态中拯救出来……无线电之后又出现了电视机。这个人同样也运用了选择的力量，并且选择相信没有任何东西因其美好而不能长久。

想象发生美好的事情，就跟想象发生糟糕的事情一样容易。我们必须运用这种力量进行正确的选择，否则，生活往往事与愿违。

在这个世界上，有很多人一无所有，居无其所，衣不蔽体，食不果腹。世界作为一个整体，仍有相当大一部分人处在未受教育的蒙昧状态。据报道，世界上有2/3的人至今不用餐具吃饭。即使在美国，也有不少人没有一个像样的住所，住所没有浴室，更严重的是缺少一种过更好生活的愿望。

我们要相信美好的事情随时都会发生，没有什么力量能阻挡我们去追求幸福的生活。那些古老的思维模式应该打破，要相信糟糕的事情不一定会发生。而这，取决于我们怎么运用选择的力量。

现在我们开始认识到，这种选择的力量自人类出现便已拥有。世界是现代发展的产物，它不断向前发展。人们开始逐渐掌握改造自然的力量，也相信通过人工的改造，生活将变得更舒适、完美。而且人类的这种力量是无穷尽的。掌握了自然规律，更艰巨的是掌握我们自己的意识。我们已经走过了石器时代、青铜时代、铁器时代，正在走过机器时代。现在，我们要进入一个新的时代——知性时代。那些经历过时代变迁的人们，其实一直都在运用选择的能力，只是他们并没有意识到这一点。现在我们意识到了这一点，我们就会有一个重大的发现，那就是所有的麻烦和痛苦都是我们自己造成的。

人类不断地为自己创造一种充满安逸享受的机械生活，同时，人类也经常把自己的精神生活复杂化。本来是不需要这样的。既然他已经意识到选择的力量，他就可以选择，像个真正的人一样生活。

我们必须意识到，责备自身之外的东西于事无补，所有的责任还是在自己身上。人做了他所做的一切是因为他选择了这样做。也许我们并不愿意承认这一点，但这却是事实。人们长年累月地从早工作到晚，有时甚至一天工作12到14个小时，没有或者很少有闲暇的时间。现代工业化发展带来的后果之一，就是人类有了更多的可供自己支配的时间。人们发现几年前还很困难的工作，现在已经被机器生产简单化了。人们现在可以有时间去学学生活的艺术了。于是，人类现在开始真正洞悉了生活的艺术。他必须学会生活的艺术，这样才可以打发空闲时间。只要他有了空闲时间，他就必须学会理智地去利用这些时间。如果不这样做，他的生活就可能陷入无序状态，有时还会招致灾难。而在学习生活的艺术时，人们从中发现，其中最重要的就是学会如何接受自己。当他开始运用他所拥有的选择的力量时，他就能够学会如何接受自己。

善用选择的力量，生活就会变成他向往的样子，甚至不用去依靠他自身之外的任何东西，只要依靠他自身内部的那种伟大的力量，这种上帝赋予他的、使他成为一个真正的人的力量。他将意识到，生活并不依赖于金钱、汽车、房产或所谓的“财富”而存在，生活是建筑在精神力量之上的，而赋予他力量的是一种万能的精神力量，他是其中的一分子，并通过这种力量使他得到自己想要的一切。

人必须意识到在生活中没有任何东西能比生命更重要，所以，我们首先要对自己的生命负责。如果我们认真地对待生命，生活也能变成我们所向往的样子。如果连我们自己都忽视生命，那生活怎会美好。选择怎样的生活方式会更幸福，取决于自己的选择。

这首小诗颇有哲理，与大家共享：

我到这个世界上只有一次。
能做的好事，
现在就做；
能给的帮助，
现在就给——无论是对谁。
让我现在就做吧，
不要拖延，
也不要忽略，
因为我到这个世界上只有一次！

既然上帝让我们来到这个世界上了，我们在选择生活时就应该自信一点儿，不要过于羞怯；选择让生活过得平静一些，而不要总是躁动不安；选择拥有静谧而不是混乱的生活节奏；我们应该选择尽量利用生活，既是为自己，也是为我们周围的人，千万不要把生命中美好的时光糟蹋。我们拥有选择的力量，让我们尽自己所能去利用它。当我们自主地去选择最佳方式的时候，我们会发现，万能的精神已经在我们无意识时帮助我们找到了最佳的方式。只有得到了它的帮助，我们才不会屡战屡败，而是一步一步走向成功！

# 第八卷

# 从失败到成功的销售经验

［美］弗兰克·贝特格　著

## 我的推荐理由

——戴尔·卡耐基

我在1917年就认识了弗兰克·贝特格（本书的作者）。自幼贫寒的他，从未拿过一份正式的毕业文凭，他仅仅在课堂上学了些基本的知识。而作为一个典型的美国式成功案例，他的人生经历显得极为特殊。

幼小的弗兰克·贝特格失去了父亲，他的母亲却要抚养5个年幼的孩子。为了帮助母亲，11岁的他得在凌晨4点半就跑到街上卖报，因为母亲靠替人缝补浆洗得来的报酬太过微薄了。贝特格先生多次对我提起，在那些难忘的日子里，他们享用不到丰盛的晚餐，只能用些便宜的玉米、蘑菇和脱脂奶来告慰一天的辛劳。

而当贝特格辍学时，他仅仅14岁，做了一个机械师的助手。在18岁这年，他成了一名职业棒球手。在圣路易丝·卡丁内尔斯队打三垒的日子并没有持续多久。在芝加哥，迎战当地出租车队时，他的手臂受了伤，不得不放弃了他的棒球梦想。

回到费城家乡的贝特格，遭遇了一次失败——他的人寿保险推销业绩很糟糕。可在以后的12年里他拥有了大笔财产，包括价值7万美元的不动产，这些足够让他在40岁时就可以安享清闲了。再说说我认识他时的情况——他29岁，已经成为全美国最成功的推销员之一，拿着大笔的薪水。美国商会主办了一个训练班，我建议他在那里开办一个系列讲座，让大家从他的经历中学到点儿经验。训练班的主题被定位成“领导、培训、人际关系和销售”。

弗兰克·贝特格是训练班中当之无愧的演讲人。在25年的销售生涯中，他完成了40000份人寿保险的合同（平均每天5份）。

他演讲的题目是“一个概念使我的收益和快乐倍增”。我不得不说，这是对“热情”的最好解释，迄今为止，还没有谁能解释得如此有灵性。一个可以扭转境遇的词语，依靠着它，贝特格从失败的边缘攀升为全美国薪酬最高的推销员之一。

诚然，贝特格在第一次演讲时显得有点儿不太适应，总有些结结巴巴的。可他的睿智总是掩埋不住，当我们从俄勒冈的波特兰到佛罗里达的迈阿密时，他的睿智已经让演讲充满了灵性。鉴于听众们着了魔似的热爱，贝特格似乎该写出一本书。我建议他把演讲的内容汇集起来，让他由推销一个产品，变成推销他的经验、技巧甚至是他的哲学。

现在你所打开的正是这样一本特别的书。也许你推销的是保险或是鞋子、甚至去推销一艘船，也或者是其他新开发的产品，你都会发现，这本书是如何的体贴，如何的实用。

我极力推荐此书。假设一下，我是一个从事推销的“菜鸟”.，我情愿从芝加哥步行到纽约去，只是为了能尽快得到这本书。因为从中汲取营养会让你由此走向成熟。

## 写作的缘由

——弗兰克·贝特格

我和戴尔·卡耐基的相识极为偶然，只是因为我们坐在同一列火车上。他去田纳西的孟菲斯，在那里有一场演讲。

很幸运，戴尔给了我一个绝好的机会："弗克兰，这是一个由美国商会主办的训练班，你可以去给学员们讲讲销售，我们一起在那儿做场演讲。"

当然，我以为这次直接的邀请仅仅是一次玩笑："戴尔，你知道我的情况，没有拿过一张正式的毕业文凭。你还要我去做什么演讲？"戴尔说："你只是去聊聊你的工作，你是如何摆脱了失败从而走向成功的，你在销售时都做了什么，说说这些就行了。"

戴尔的话让我觉得，也许值得考虑一下，"好吧，这样的话，我可以照做。"

随后就是巡回演讲，时间并不长。我和戴尔面对着全美国的听众，他们都那么热情，以至于我们每周似乎都有3天在演讲中度过。

戴尔又给了我一个不错的主意，他问我："弗兰克，你干吗不写本书？做销售工作的人需要一本书，可那些关于销售工作的书却还都是一些外行们写的，你知道的，他们从没有一次去推销过什么产品。你干吗不用你的经历告诉别人销售是什么？这该是一本崭新的书。你直接地告诉他们，你是怎样把销售做得像现在这么成功；告诉读者你的奋斗经历。这完全不同于讲座，你可以慢慢地去说，让那些读者仔细地听着你的人生经历：一个了不起的推销员。"

我很认真地想过，这种自吹自擂的做法让我接受不了，我拒绝了，"我不想写。"戴尔却又用他的令人信服的话语试图改变一切，他要我相信，我所写的仅仅是讲台上说过的那些东西。

戴尔说："在那些城市里，你的讲座总让小伙子们感到着迷，他们都问我'弗兰克·贝特格干吗不把这些写出来？'还记得是在盐湖城，就是那个小伙子问的，他打算投资40美元，做第一个购买你书的人。他说，这40美元就算做对他人生的一次投资，而他因此所获得的收益将远远大于他的投资。"这样的话他说了整整一个下午。

毫无疑问，我被戴尔劝服了，我很快就开始了人生的另一次尝试——做一个著书立说的人。我希望，经过反思过后的文字，可以告诉你们一些东西。比如说，我在人生旅途所犯下的错误以及那些我刚刚意识到的疏漏，我又是如何艰难地拒绝失败与绝望的诱惑。需要告诉你们，刚刚开始推销时，我们都会有些生疏。就像这里所提到的两点：首先，我们一点儿都不清楚自己推销的是什么东西，完全像是在打赌，而赌赢的可能性却只有千分之一；其次，千万别指望有谁一开始就会信任我们。

所以，很希望你们能翻翻这本书。也许你会觉得这是一篇讨厌的自吹自擂式的文字，还请原谅我，这确实不是写作本书的意图。我只想告诉人们一些有益的经历，希望对你也有用。

# 第一章
# 激情，将带来奇迹

## 一个想法使我的收益和快乐倍增

很遗憾，我没能继续我的职业棒球生涯，仅仅在刚开始，我就遭受了沉重的打击。那是在1907年的三州联赛，我正在宾夕法尼亚州的约翰斯顿打球。年轻气盛的我正急切地渴望着成功，可是却被莫名其妙地解雇。幸而，我找到了那个决定解雇我的球队老板，我要问个究竟。如果没有这次询问，我以后的生活就不可能像现在这样，而且也不会有这本书的出现了。

我急切地质问着球队老板。他的回答很直接，因为我懒惰，出现在球场上时总是无精打采，像是一个耗尽热情和精力的老球员。他反问我，如果不是因为懒惰，我的表现怎么会那么糟糕。我并不想这么安静地接受裁决，我辩解了，那些仅仅是因为我太过紧张，胆怯得想钻进人群里。我向老板保证，仅仅需要一段时间的努力，我完全可以不再紧张。我被拒绝了，他说："那样毫无帮助，在以后的职业生涯里，会拖你的后腿。"

"弗兰克，离开球队并没有什么可怕的，但无论你去哪儿，都要打起精神，让自己的工作充满生气，饱含热情。"

离开了约翰斯顿队，我丢掉了每月175美元的薪金。而我的新岗位——参加大西洋联赛的宾夕法尼亚州切斯特队，只给我提供了25美元的月薪。我尽力去做好每件事，尽管这点儿微薄的薪水实在很难让我拾起热情。在新球队的第三天，队里的老球员丹尼对我说："弗兰克，你干吗跑到这么低级别的联赛里？"我说："我也希望能找到更好的活儿，无论哪儿都愿意去。"

仅仅过了一周，丹尼就劝说康涅狄格州的纽黑文队给了我一个试用的机会。这是一个崭新的机会，在我的人生中，将永远得以铭记。联赛中没人熟悉我，当然我再也不必去负担一个懒惰的昨天。我要做联赛中那个最有激情的球员，这绝不是一句玩笑。

充满了能量，我在球场上成了最有活力的球员，这些改变好像从进入联赛的那一刻起，就已经开始了。我掷球飞快，强劲有力，甚至于几乎可以震掉内场接球同伴的手套。那是一次骄阳和酷热统治的比赛，温度足有100度（华氏）。我与对手在较量着机智，他接球失误了，我抓住机会奋力跑向主垒，拿下了关键的一分。害怕中暑就不去努力，肯定不会得到这至关重要的一分。

"激情"带来了奇迹，我至少感觉到了3种改变。

第一，我打得很好，完全出乎想象，几乎全部克服了恐惧和紧张。

第二，我用热情感染着其他队员，队员们都成了球场上的"斗牛士"。

第三，在酷热笼罩的球场上，我感觉到了前所未有的畅快。

好事有时也能传播千里，我在第二天早晨的报纸上看到这样的报道："这个新手充满了激情，我们的小伙子们都被点燃了。他们不但赢得了比赛，而且看来比任何时候都好。"这条赫然登载的消息，使我感到非常震惊，我简直成了那个高擎火炬的人了，实际上主导比赛的却是那片壮观的火焰——"激情"。

这家报纸附赠给了我一个小小的礼物——我的新绰号"锐气"，他们更是夸张地任命我为"灵魂"（他们为队里新设的职位）。我很兴奋，以至于慷慨地送出一份礼物，我把报纸剪开寄给那个老板，那个坚决开除我的约翰斯顿的阔佬。我在想象他的表情，看到报纸的时候他该会哭呢？还是摊开双手，无可奈何地笑笑。仅仅3周前，他为自己开除了一个懒惰的球员，可我为这个懒惰的球员赢来了一个崭新的绰号——“锐气”。

当然，我不得不说，我喜欢美元，当月薪从25美元涨到185美元的时候，我异常兴奋。这足足让我的月薪上升700%，只是在10天内。看来这个世界上，真的有一个万能的法师，他就是“激情”。毕竟在炫耀我出众的球技或是某些超强的能力时，我不得不说，在球场上，我长期充当了一个观看别人的“大菜鸟”，因为那时候的我不知道该用热情去驱动比赛。3年内，我从那个让人害怕的“25美元”再到月薪疯长后的纽黑文队，全拜激情所赐。大概“激情”是唯一拯救我的真神。

但不幸又是那么着急地迈开脚步。两年后的芝加哥，在与当地的“出租车”队比赛中，我遭遇了重创。当时我正在飞快跑动，很利索地接住了对方的一个短打球，很棒的表现，所以我信心满满地加足力量，将球掷出时，胳膊上却突然传来了钻心的疼痛，上帝啊！你又弄折了我的胳膊。大概他老人家认为我该换个行头，可我那充满速度的棒球连同那明亮而宽大的场地啊，再也不是我的舞台了。这确实是一场悲剧，当时的我除了诅咒毫无办法。可现在回过头来，上帝的决定是正确的，这完全是送给我人生旅途的珍贵礼物，只是我一时忘了去看看那个盒子里面装的是什么。

离开了棒球场地，我只能回到费城老家。你很难想象，戴着手套和棒球帽的我，现在要衣着整洁，连衣角都要收拾得棱角分明，为的是一份新工作。我当上了一名收款员，跟那些分期付款购买家具的人们打起交道，我得骑着自行车在街上慢慢转悠，只是为了每天能挣上1美元的辛苦钱。沉闷的日子持续着，甚至让我忘记了去清理草坪上疯长的野树莓。两年之后，我决定做点儿改变，为一家人寿保险公司去游说顾客。我不得不去回忆这段令人沮丧的日子，整整10个月我几乎毫无业绩可言，沉默，漫长，我不知道日子是怎么消磨掉的。也许我根本就不适合推销人寿保险，真的不很擅长跟那些显得挑剔又吝啬的人们打交道。于是我开始翻找招聘广告，从每页报纸的中缝和街头散发的每张招聘单页中，寻找自己适合的岗位。当个船员也不错，我在考虑着下面的行程。可我已经明显感觉到，无论做哪行，我都会恐惧，莫名的又像蔓藤一样蔓延的复杂情绪在左右着我。我需要帮助。于是我去听演讲，戴尔·卡耐基先生的演讲。在现场，轮到我发言时，卡耐基先生却打断了我，说：“等一等，等一等，贝特格先生，你的发言怎么连一丝激情都没有呢，这么干巴巴的语言怎么能勾起大家的兴趣呢？”卡耐基先生的语气带有强烈的鼓动性，他在给我讲解“激情”这个词，等讲到激动的时候，他抄起了一把椅子，狠狠地摔在地上，椅子腿从中间折断了。

真是难忘的一夜，我坐在床上想了整整一个小时，迟迟不能入睡，思绪开始飘浮。我又想到了棒球，那些在约翰斯顿队和纽黑文队度过的日子。我渐渐意识到，麻木和懒惰曾经差点毁了我的棒球生涯，而它们现在开始肆意颠覆我的新生活。我得改变，我决定重新拾起那些帮助过我的“激情”，像在纽黑文队打球时那样，重新开始我的推销员工作。毫无疑问，这晚的沉思成了我人生的又一个转折点。

第二天我打的第一个电话，让我兴奋异常。就如我昨晚暗下的决心，电话交谈时我充满了热情，我用“激情”策划了一场速战速决的战斗。遇到这样的热情轰炸，接电话的人大概感到非常意外。在我激情的劝说下，他丝毫没有打断的意思，其实，我很想让他打断我一次，好去问问我：“到底发生了什么，怎么来了这么一个疯狂的家伙。”可是他没有这么做。

面谈的时候，我仔细地注意着他。他挺直了身子，就这样直直地绷紧全身，睁大眼睛，开始仔细询问起人寿保险来。事情就像密西西比河的流水一样顺畅，他没有打断我的介绍，很自然地接受我的推销，给了我一份非常精彩的合同。爱尔·安蒙斯，费城的谷物商，成了我的一位客户。爱尔先生是我的好朋友，更是我最有力的支持者，我们之间的友谊在这次合作后就已经建立起来了。这是一个精彩的开端，从那以后，我开始了真正的推销。“激情”又替我创造了奇迹，我的新工作也像我的棒球生涯一样精彩了。

希望我没有给大家带来这样一种错觉：激情可以在无意间诞生。当然，你要是开始释放内心的激情时，“激情”似乎又那么轻易地来到你的身边。因为经历了这些，每当我走入困境，祈祷激情的来临时，它就会在突然间附着在我的身体上。12年的推销经历，让我目睹了许多推销员的成功，他们借着激情不断翻新自己的收入，同样也目睹了更多人的黯然离去，缺少热情的人终归一事无成。

不管怎样，我坚信一点，要想推销成功，激情绝不可少。我知道在保险业有一个权威，他写书告诉人们如何才能推销保险，但他却不能把自己的书推销出去，否则他就可以更体面地生活。看来是哪里出了点问题？其实原因很直接，他缺乏热情。我也认识另一个人，一个对保险业所知甚少的人，可他的推销却干得很棒。仅仅20年，他就可以在佛罗里达迈阿密海滨过着他的退休生活，悠闲自在的退休生活。可以想见，他的成功并不在于多么了解保险行业，而是，他有着无与伦比的热情，他的推销当然也带着巴哈马海滩上所特有的火热激情。

激情是上天的恩赐，还是你自己得来的呢？当然是你用臂膀拥抱而来的。就像那位成功人士，完全可以视为榜样。如同太阳的轮转，他的一天总在激情的工作中度过。在他20年的工作生涯中，几乎总是和着晨光默诵着一首诗，这早就是他每天生活的一部分了。我惊奇地发现这首诗竟如此令人振奋，我一遍又一遍地抄录在纸片上，毫不过分地说，共有数百次之多。请记住它的作者：赫伯特·卡夫曼，写下了这篇名为《胜利》的精美篇章。

你曾是一个自豪的人，
一天你获得了极大地成功。
你只想表现，
你的所知，
证明自己的能力。
又过了很多年，你又有了什么新思想，
你又成就了什么伟业？
又是十二个月的好时光，
你将如何享用？
机会、胆量，
你是否又将错过？
为什么没有机会？
你缺乏的是冲动。

是的，你丢失了什么，请牢牢记住它，这首值得你每天吟诵的诗，就这样，你可能会意想不到地攫取成功的花环。

我很好奇，去读了沃尔特·克莱斯勒的自传，果然是个很吸引人的家伙。我把书揣在兜里，一连几星期都是这样。我向上帝发誓，我能熟记里面的每个章节，因为我至少把它前前后后地翻了40遍。在这里，我向所有渴望成功的推销员推荐它。沃尔特·克莱斯勒在书里告诉了我们成功的秘密是什么，无非是那些所谓的能力、职位和权力等等，但他终于把手里的魔术棒指向了“激情”，还是“激情”。他说：“毫无疑问，热情更应该成为激情，我情愿所有的人们都激动起来，自己激动了，会使客户的激情也被感染，他也激动了。所以我们也就成交了。”

像热带的病毒，它可以迅速染遍我们的心房，“激情”是上帝创造的最好的宝物。你就是传染源，让那个听你谈话的人亢奋起来，尽管你不会花言巧语，没有关系，他已经被你征服了。可是，没有了激情，朋友们，你的推销像什么，老天啊，那就像一只湿漉漉的冰冻火鸡，无趣而丑陋。

激情可以被伪装吗？不，这不是简单的外包装，一旦你获得了它，你的心会燃烧起来。即使是安静地躺在客厅的沙发上，毫无声响，可是，在你的内心里，有了一个又一个的崭新想法……你要做的是完善、不断地完善，让它像花朵一样绽放……终于，你知道的，被点燃的你，还会在乎什么呢？所有的困境都不是问题了。

激情，让你抛去恐惧，它把芬香的桂冠顶在头上带给你，这就是你的，你可以赚更多的钱，去享受更好的人生，健康而富有不就意味着快乐吗?

点燃它，让激情带领你工作，它会告诉你：“哦，伙计，现在就开始了，做你自己的国王吧。”对自己说这一切！我们都能做得到。激情，激情，还是激情！

让生活激动起来，就30天，你会惊讶起来的，所有的变化都是你曾经不敢奢望的，你一直苦恼的沉闷生活会被彻底打碎。

## 使我重返推销的想法

我静静地想起过去，确实很吃惊，没有激动人心的伟大事件，我的人生仅仅因为一些小事就改变了。就如我前面所提及的，那是个连惊雷都无法催醒的噩梦，整整10个月，沉闷又近乎绝望，人寿保险，天啊，我都不知道这种东西还能有买家吗。所以我辞了职，又一次从早到晚地寻找新机会。还是去当个自由点儿的水手吧，那种工作我知道一些，小的时候我在美国散热器公司干过一阵，总跟船员们打交道，天天给箱子钉好钩子再装船运走。再说，就凭我读的那点儿书，也只好当船员。我很努力地找一份这样的工作，也失败了，很遗憾，今天你们没能听到水手的演讲。

这不是用消沉就能形容的，我甚至有些绝望。也许，我得继续骑着那辆破旧的自行车，再把衣服熨得笔挺，当个只负责收钱的小职员。这个选择还算不错，每周可以挣到18美元，困顿的我太需要一顿实在的晚餐了，得重操旧业。

一大早，我就走进保险公司的那间办公室，那里还有我的私人物品。得收拾一下，一切都是乱糟糟的，钢笔、削笔刀等等零七八落地摊在一边。我得赶快收拾好，越快越好，待上几分钟就足够了。公司总裁沃尔特·拉马·塔尔伯特走了进来，他要在办公室的外间召开一个会议，所有的推销员都参加了，我自然没办法离开。从没想到自己落入了如此尴尬的境地。只能坐在那里听着其他推销员的发言，而他们总是说着一些我做不到的事情。也许又是上帝的安排，听听塔尔伯特先生的发言：“先生们，你们的工作就是要面对各种各样的‘人’。你的能力并不出色，这没有关系，请记住，诚恳地跟他们打交道，每天5个人，我相信你的工作会越来越好。”原来就是这么简单，是的，深刻的转变只要简单却直接的一句话。

我猛然一震，他似乎看穿了我的一切。我相信塔尔伯特，他为四通公司工作时只有8岁，那家公司的所有部门他都待过，后来几年他又在街头上卖起保险，这是一个深谙销售之道的老家伙。我懂得他的意思。你可以想象，一个在雾霾里待了太久的人，第一眼看见灿烂阳光时的兴奋劲儿。塔尔伯特先生为我招来了太阳，我又为自己找到了方向，我要按他的话去做。我对着上帝说：“看看！弗兰克·贝特格，有两条腿，他会按着你的安排走出去，每天5个人，他们会见识到弗兰克·贝特格的诚意。上帝的安排总是有道理的，为着好日子加把劲！”

这是一年里最后的两个半月，我要为这一年画个完美的句号。我决定给自己留份记录，记下每个电话推销的情况，每天最少要跟4个人面对面谈谈。为了这份记录，我在电话里的交谈越来越有激情，次数也越来越多了。可真正让我觉得繁重的工作倒是每天和那4个人的面谈，天天都是如此，确实是一项很充实的工作。我也意识到，其实我真正认真面对的，也就是那么几个“家伙”。

这确实是个很大很圆的句号，短短的两个半月，我拿到了价值51000美元的人寿保险合同。这可比那前面的10个月多得多。你是知道的，这并不是一个非常出色的业绩，可坚冰破碎，阳光升起的一瞬间，你永远也不会忘记。我再次坚信，塔尔伯特果然是个英明的上司。

这两个半月的时间没有白费，它让我懂得时间是如此珍贵。至于那个毫无效果的电话推销，似乎只是摆设，完全不必要继续了。

有时确实有种被捉弄的感觉，随后的几个月，我又陷入平庸的销售业绩之中，上帝啊，他怎么又让我成了原地踏步的小白鼠。我得停下步子，好好想想清楚。周末的下午，我把自己锁在一间小屋里，在那3个小时里，我不停地追问自己："到底怎么回事？我的'车胎'怎么又爆了？"先生们，对自己逼供确实是个不错的法子，我的思路渐渐地清晰了。不得不承认，我又忘记了带着一颗诚恳的心，去面对那些"家伙们"（我的客户）。

"该如何去见他们呢？"我得想清楚，"我是个能走路的家伙，我可以把薪水堆得高高的，因为我天生不会懒惰。"

马上改变起来，我要继续记录，我要把电话推销的数字再次堆积起来。

随后的一年，我照做了。所以，我可以自豪地站在公司门口，用激情渲染起我这一年的经历。其实，我也是那么做的，在这长长的12个月里，我不停地记录，我确实把电话推销的数字堆得很高，当然，所有数字都是精确的，我甚至在计算每天的平均值。来看看吧，我总共打了1849个电话，见了828个人，拿到65份合同。我的回报是4251.82美元，每个电话2.30美元。这就是成绩。一年前，我还失望地辞了职，差点儿成了一个自由却贫穷的水手，可现在打一个电话就给我送来2.30美元，我甚至都没有跟一些客户见过面。

语言和简单的数字好像都应该忘记了，我只有喜悦。先生们，你们可以想想，你们求婚时突然意识到自己可以成为别人的丈夫时，该有多么地鼓舞人心。

不要着急，我还要告诉你们，只是简单的记录，让我的收益发生了变化，知道吗？从2.30美元到19美元，这是几何数字的增长。也仅仅是记录这些数字，我的成交率在变化：1/29、1/25、1/20、1/10，最后是1/3。天啊，你们可能要张大了嘴巴，没错，这些变化仅仅发生在一年内，我只是在不断地记录。

通过记录下来的数字，我对我成交的生意做了仔细地统计分析。第一次见面就成交的生意有40%；46%的生意是第二次见面时成交的；而在第三次见面以后我只能得到14%的生意。我突然发现，我们都犯了一个错误，为了那14%的生意我却花了50%的时间。我干吗不用所有的时间去抓住那86%的生意呢，2.30美元到4.27美元，就这样完成了。

天才不会忘记数字的魅力，没有基本的数字记录和分析，你永远不知道车胎是从哪开始漏气的。幸好，我知道该怎么做了，我开始沉迷于数据，不停地记录和分析。这远比翻那些时尚杂志有趣得多。格雷·W.哈姆林，他是世界上最有名气的推销员，曾经对我提起过，他失败了3次，才想起去寻找那些神奇的数据。

"伙计，拿起你的棒子，不然怎么击中球。"打棒球的人都知道这句话，当个推销员也应该知道。在红衣主教队打球时有个队友，史蒂夫·尹文斯，这是个力大无比的家伙。可说实在话，他击球的本事有时还不如小孩子。不可思议，他总是在"等待"，这个坏毛病让其他队友们很头疼，你总要催促他两次，他才会挥击手里的球棒。我清楚地记得，在圣·路易斯的那场比赛，各垒的队友都在急切地渴望拿下比赛。对方投出两个坏球。轮到史蒂夫了，只需要一个球，从史蒂夫手里击出一个球，我们就可赢得这场重要的比赛。史蒂夫在挑选球棒，一根使着最顺手的球棒，然后走到击球区内，站好。同伴们齐声高喊："加油啊史蒂夫！干它一棒！"对方投出了一个平稳的好球，好机会。可史蒂夫紧握着球棒没动。同样们又喊："打啊，打中这一个。"可史蒂夫还是没动。不知道是怎么了，全场只有他站得那么稳当，可队里只有他能使上劲儿，只要一球就够了！球队的老板在场外着急了起来，"该死的，见鬼，你还在等什么！"几乎是吼了出来，他太着急了。

你得努力去工作了，要知道，推销可能是世界上最容易干的活了。可是，当你一入行就这么想，先生们，它会变成世界上最头疼的职业。

你们都知道，当好医生不那么容易，他要仔细地寻找病因，头痛医头脚痛医脚可不行。我有切身体会，好的推销员总在诊断自己的工作情况。推销不成功就拿不到佣金，再往前一点，你不制订计划就自然不可能推销成功，而要制订计划你就必须跟顾客面对面，关键就是，你要成功地跟顾客会个面，你需要预约成功。一切都紧扣在链条中，起点就是成功预约。

## 战胜最强大的敌人

干了一年的推销员，我还是拿着很少的报酬，我只能找份兼职，做了斯古斯摩学院棒球队的教练。

意想不到的是，因为这项兼职，我接到了一份请柬，宾夕法尼亚州切斯特里基督教青年会寄给我的。这是一次他们主办的演讲，名字很特别——“干净的语言、干净的电话、干净的运动”，可能是当了教练更了解赛场的缘故，我被邀请了。我知道这是一次很有意义的演讲，所以无法推辞。可是我害怕了。对于一些害羞的先生们而言，在黑压压的人群面前露脸可能并不好受，我们的勇气仅限于躲藏在人群中，做个旁听者，碰到陌生人还会感到脸红。懦弱的性格让我很吃亏，起码生意场上，我会损失很多收入，更谈不上成功了。

第二天，我赶到费城的基督教青年会，想报名练习一下演讲技能。我得找人教教我，怎么样才能控制我的紧张情绪，别在大庭广众下丢脸。感谢教育主管，他答应了我，“你来得正好，跟我来。”穿过长廊，他带我走进一间房子，里面坐满了人。刚刚有人做完演讲，别人正在评论他的表现。我们在后排找了座位坐下，教育主管小声告诉我：“这个训练班专门练习公众场合下的演讲技巧。”很凑巧，刚才来报名时，我纯粹抱着试试看的心理，以前我可从没有见识过这种训练班。我们交谈的时候，又有人站起来做演讲，这也是一个经常在人前紧张的家伙。即便如此，还敢站起来，我被他的勇气所鼓动。“可千万别比他还糟糕，我要声音洪亮、做一次畅快的讲演。”我开始在心里鼓起劲儿来。

演讲的点评人走了过来，在别人的介绍下，我们彼此交谈起来。戴尔·卡耐基，这是他的名字。我说的第一句话就是：“我要参加这个培训班。”他的回答让我有些沮丧：“先生，培训班的课程都上了一多半了。”我没有想放弃的念头：“这没什么，我想马上参与进来，就是现在。”卡耐基先生显得很高兴，他握紧了我的手：“我同意。下一个就由你来讲，加油。”天啊，这个可有些意外，我什么准备都没有，突然又被紧张感拉住了身体，我只好在心里提醒自己：我是来干什么的，我来这里可不是学着躲藏。可此时，我连一句“你好”都说不出来。就这样，我参与了后面的活动。每周都有例会，可以提供系统地训练。

这是发生在30年前的一幕，因为太过激动，我总把它视为生命中的转折。你们是知道的，人的生命总不能永远没有起伏，那样太平淡了。

再说回那件事，我训练了两个月，轮到真正的演讲了。毫无疑问，我可以轻松地说起那些经历，甚至带上了感情，有时忧郁又突然让别人感受到我那时的兴奋来。我讲那些在棒球队的事情，讲到我遗憾地退出，甚至还讲了球队里的室友米勒·霍金斯了，用他那些有趣的事情感染着观众。整个演讲就这样结束了，差不多进行了一个半小时。我甚至没有感觉到时间流逝带来的疲倦，二三十个听众跑来要和我握手，他们非常受感动，所以要来感谢我。尽管我知道演讲成功了，可我只是在说着我的那些事情，可能很细小，甚至可以忽略，我真没有想到会取得这么好的效果。

演讲取得成功，我自然会感到高兴。最为关键的是，战胜自己后的自信，要远远超过任何赞美。我甚至将其视作为奇迹，要知道我曾经是一个躲在人群里的“局外人”，可现在却有千百人围坐在一起，聆听我的声音。我花了两个月，就可以跟别人一起分享自己的故事，让自己的喜怒哀乐去感动那些从来都不认识的人。我得感谢这两个月的训练，这是一次巨大的改变。即使我不分昼夜去听着别人的演讲，他的言辞再怎么犀利，富有煽动性，这与我又有什么关系呢？我宁愿花上25分钟去尝试着发出自己的声音，这就是我的心得。

幸运女神的礼物总是一个接着一个。在切斯特的演讲结束后，演讲的主持，伯顿·威克斯先生，这位德拉威尔县的著名律师竟然要亲自送我，他坚持要把我送上火车。而就在我登车时，他诚恳地表示感谢，邀请我再来到这里，当然不是来听别人演讲。先生们，知道他还说了什么吗？他说：“我和几个同事都在考虑买份保险。”当然，他说得迟了点儿，火车已经开动了。可是先生们，这么兴奋的话，我可不会在回程中慢慢品味，我可不想放过绝好机会。“一有机会就来”，告诉你，我的回答是：“扯淡，我现在就来，我来抓住机会。”

过了几年，伯顿·威克斯先生又有了新身份，克斯通汽车俱乐部的主席，他开始掌管着世界第二大汽车俱乐部。他还有另外一个身份——我最好的朋友，他对我的生意影响最大。

请记住，自信和勇敢是最珍贵的恩赐，这就是那次演讲训练告诉我的。因为这次至关重要的训练，我开始循着自己的激情把握生活，我畅快地表达自己的想法，无论何人。当然我先要驱逐一个可恶的罪犯——胆怯，其实它就是我自己，很长一段时间，我总是不敢去面对。

先生们，我可不是来做辅导班的代言人，你完全可以自己尝试，本·富兰克林早就教给我们诀窍了。自己去结识一帮人，组织起小团体，找一个你们都喜欢的地方去训练，不论在哪里，草坪、酒吧或者是你家的车库里。只要你们坚持每周碰碰面，记着大家轮流去主持，不要有一个局外人，这才是真正的相互交流。这样的尝试早在200年前就开始了，我们家乡现在还组织着一个。同样参加了那个训练班，已经去实践新理念的学员进步更大，因为训练本身就是为了要改善我们的生活状态。在训练期间，我曾负责指导一所周末学校里8个可爱的孩子。可能因为我践行着自己刚刚得来的启发，我的指导很有效，又成了这所学校的督导，一连干了5年。不能总在课堂上高喊改变，回到家里又变成一个安静的听众，记得这是人生的改变，全面的提升，这才是我学来的经验。

所有成功的人永远充满着激情，你可以叫他们“春天”，像泉水一样喷涌着勇气，散发着热情，他们都是自信的人。唯有这样，他们才能把自己的感受告诉别人，而那些听众又如此心悦诚服地聆听。

我们都知道，去扼住胆怯喉咙的最好办法，就是大胆地说话，在人多的地方说。确实如此，自从我感觉到在人群中讲话如鱼得水时，我更愿意与人私下交谈了，克服了羞怯，我总能与别人推心置腹，这种感觉非常美妙。一次勇敢的尝试，我触到了生命的极限，就像潜水爱好者经常描述的那样，当你的四周开始安静，呼吸急促时，你会突然发现炫目的光芒已经在头顶绽开。突破自己，会看到精彩的世界，当然，我的职业生涯也向我展开了美妙的图景，我可以做一个非常出色的推销员。

## 自我组织

我持续地进行这项工作（还在记录那些推销数据），继续改变着我。这次，我该收获些什么呢？我发现生活再次陷入混乱之中，一年中打上2000多个电话，平均每周我要记录下40个各种各样的角色，我开始胡乱地分派着时间，甚至可以说，我的大脑也开始有些紊乱。毫无疑问，我缺乏某种训练有素的能力，我需要训练自我组织能力。幸好，还没有彻底混乱，我意识到发生的一切都不应该归咎于工作，我只是应该想想，该怎么让自己的生活变得正常起来。糟糕的是，我想了很多办法，生活却像爆裂的枕头一样，依旧到处散落着细小又烦心的碎屑。

我干脆把更多的时间花在工作上，起码这样可以不用太烦心。我开始精心地做计划，在屋子里贴上整齐的卡片，再把所有的电话记录誊写在上面。花些时间，随便什么零碎时间，哪怕端起一杯咖啡发愣的机会，我也可以站在卡片面前，从头琢磨一遍。这可是个好主意，我每在卡片前停留一刻，总能安排下许多精彩的话题，我还可以根据每张卡片的轻重缓急，安排好日程。这张需要我去尽快约谈，那张需要我寄出一张诚恳的问候信，这几张该在周一去办，那些不用太着急，周五再联系他们。我在卡片前可以待上四五个小时，当然都包括了那些零碎时间，其实想想，我似乎没有额外占用自己的休息时间。

整理好一切，我开始见识到令人兴奋的效率来。星期一的早晨，我开始实施那些精心策划的约谈，用激情和自信搞定他们。想想以前，我似乎是一条失魂落魄的小狗，总在电话里急切地向那些客户求救。我应该用灵敏的嗅觉去揣测他们的想法，尽快给他们想要的建议，对双方而言，这些建议都是那么完美。所以，我开始变得急切，没有一周初始的疲惫，更没有早晨总是谈不成生意的沮丧，我只是见到他们，拿下合同。你要知道，这才是工作开端需要的心境，后面只会越来越顺利。

这样干了好几年，我也在不断地改进。我给自己定下规矩，星期五的早晨用来“整理自己”，我总喜欢把这些好习惯固定下来。所以我可以专心享受可爱的周末，遛遛我的小猎犬，亲手剪剪草坪，再给花坛施上肥料，生活本该如此。当然，先生们，你得花上足够的时间来安排工作，精彩的计划会让一切都变得润滑起来。我们用紧凑的四天半，去取代那混乱的5天，一周的工作就变得清澈了。想享受周末的阳光，而不是去烦心那些打不完的工作电话吗？照我的话做。

大企业家亨利·杜哈蒂有句名言：“我愿意花钱让别人做任何工作，除了思考和安排工作。”耽于思考，不知道工作的轻重缓急，这是平常人的痼疾。想要成功，我必须得克服它。我给你们的答案可能很简单，但够明确：花上足够的时间，去思考，去策划。你得为自己设计出一份合适的工作计划表，精确地表明时间。在这篇文章里，我附上了自己的时间表，你们可以对照它去做好你的计划。要知道，这样的表格得来不易，对我来说，我要去精心整理每份记录，再综合起来，尽量让一切清晰起来。请不要忘记我的墙上贴满了那些“推销记录卡”，每个月都可以清晰地标识出来。我想，有这样一个扎实的榜样，会让你相信——零碎的时间完全可以被整理出来。如果你这样告诉自己：“不，生活不能这样填埋在表格里，我是个自由的人，我可不想把快乐扼杀在无趣的表格数字里。我可不想当个死板的统计员！”你就误解了我的用意，听听我给你准备的一个小故事，这可是真事。

几年前，爱德华刚从学校毕业，作为名牌学校的一员，他雄心勃勃，一心要做个金领推销员。年轻人的干劲儿并没有帮助到他，当然更不要计较所谓的名校声誉，他几乎陷入了绝望，持续两年的可怜业绩已经伤害了他。“贝特格先生，我还要干下去吗？我适合做推销吗？”我并不怀疑他的能力：“爱德华，你完全适合，不要怀疑自己。”他似乎不相信任何安慰了，其实我并不是在安慰他。他的脸色开始阴沉，大概觉着我是个言不由衷的家伙。我没有中断我们的对话：“谁都可以干好这份活，可小伙子，我们也总是在拖累自己，我们在限制自己的能力。”爱德华依旧疑虑重重：“我搞不懂，我已经很卖力地干活了，天天忙碌，甚至我都没时间打理自己。”哦，他是个迟缓的人，我知道他总是在跟时间散步。我向他推荐了一个训练班——“6点钟俱乐部”。这个名称很别致，他很好奇：“6点钟俱乐部是干什么的？”“记得富兰克林的名言吗？‘许多人生活在古老的城堡里，他们看不见明亮的太阳，他们也从没有尝试着走出那座古堡。’知道是什么意思吗？很多人没有成功，是因为他们迟缓，甚至懒惰。你想做这样的人吗？把你的闹钟拨快一个小时或者半个小时，你就可以多出时间去读书。当然了，如果是我，我一定会早睡一会儿。”

爱德华真买了个闹钟，他要参加“6点钟俱乐部”。我把所有的办法都交给他，就像前面所提到的，他在星期六“整理自己”。这是个好兆头，有时间去思考，总错不了。跟上这样的节奏，他不会花宝贵的时间去怀疑自己，有了充足的精力，他会成功的。几年后他已经开始掌管东部的一家大公司了。

会晤IBM公司的一名负责人时，我想听听他对这种工作计划表的意见。他说：“我们只培养优秀的雇员，这里的推销员都配备最好的‘装备’——每周的工作计划表。里面会列举出所有要做的工作，这会清楚地告诉他们得见哪些人。我们拿着计划表的副本，帮助他们完善工作计划。”我问：“这种做法确实很不错，不过你们在29个国家都设有分部，可以保证都能得到有效执行吗？”“当然没问题。”我又问：“那么假设，你们碰到一个拒不执行的推销员，该怎么做呢？”他的回答很坚定：“那他得走人，我们不会让这样的事情发生，因为这样的人成不了优秀的雇员。”

成功的人士总会严格掌控着时间，起码我见过的是这样。这是芬伦斯·杜林先生（费城联邦人保公司负责人）的经历。他想约见西部分公司的经理，就给宾州分公司的经理迪克打了电话。

原打算在下周二会面，可迪克却说下周五前没有时间，虽然他也急切希望举行会晤。第二个星期五，芬伦斯与迪克共进午餐。他们在饭桌上轻声交谈着，“迪克，这一周你都在公司吗？”芬伦斯先生需要了解详细情况。“是啊，一直在公司。”芬伦斯先生希望了解更多点儿：“这么说周二你也没离开。”迪克笑着说他在，芬伦斯先生甚至觉得有些恼火，他一周的行程本来都安排得很妥当，可为了这一次会晤，他就像洲际航班一样来回折腾。“迪克，我又一次从康涅狄格赶来，今天晚上还得再赶回去，从那儿我还得再去底特律，全都是为了跟你吃这顿饭。”迪克知道得解释一番：“芬伦斯先生，接到你电话之前，我已经安排好了这一周的工作，这是周五的必修课，我花了5个小时把工作安排得满满当当。按照计划，这周二我得干一摞子事情，没有一点儿空闲，如果按你的安排，我就得重新打乱工作计划了。哈哈，老朋友多跑一趟，总好过我再安排5个小时去做计划吧，何况你的航班也许会有变化呢。请不要误会，既然做了安排，就是公司的总裁来了，我也是一样的态度。得感谢那些周密的计划，我才取得成功。随便打乱我的周五课程，可不怎么明智。”

芬伦斯·杜林先生说完了这些，并没有生气，他的原话是这样的：“很震惊，但并不生气。因为我一直在考虑这些经理的表现，难怪迪克可以这么成功！”芬伦斯先生确实很震惊，据他说，坐了一路的火车，他全然感觉不到疲惫，反而被激情感染，有了焕然一新的兴奋。回到公司，他决定，该把迪克的事说给那些小伙子们听听，让全公司的推销员震惊一下。

1926年的夏天，我认识了玛丽·罗伯茨女士，她可是全美国最能挣钱的作家之一，写了整整50多部小说。我们成了邻居，当然可以有机会去说说话。我非常佩服她的成就，很想知道她是怎么成功的。你们也都想听听她的回答：“我没有大把的时间，可我从来都相信自己，我会写出好东西。我有个非常棒的家庭需要照料，我要当好妈妈，因为我那3个孩子总那么调皮；我要当好妻子，我的丈夫那么深爱着我；请别忘记，我还是个好女儿，我可不想让美丽的母亲感到孤单，我要多陪陪她。唯一糟糕的是，我们碰到了金融危机，我们都快一贫如洗了，没有礼物，还要偿还贷款，我们只好继续借贷。不过没有关系，我还要写出好东西来，我得多练练笔。为了整理好那些琐碎的事情，我在计划表上排出了每个小时的工作，每周我都这样做。零碎的时间完全可以用起来，我可以忙活完厨房里的活，去写点儿，也可以在等待孩子们放学的路上写起来，孩子们起床后也有时间，我的丈夫打电话也照样影响不了我。”先生们，我知道你们的疑问。一个弱小的女人，值得这么紧张地跟时间较劲吗？她会累垮的，起码神经紧绷的感觉好像没那么美妙。她的回答是：“不，我没有垮，我的生活反而越来越舒服了，这是一个奇妙的境界。”

我总不能不如一个女士吧，她的话触动了我。我得去改动一下自己的计划表，它们还不够完善，也许可以更明确一些。请看看这个在几小时后诞生的“小宠物”（我的工作总结）：

一是务必“敲诈”自己，让你的双目圆瞪，这样看起来更有精神，强迫自己拿出激情来，不管它藏在多深的地方。用焦热的灵魂充斥你的工作，当然干家务的时候也要快起来，生活的每个角落都需要激情。不要担心激情燃爆或熄灭，后面你会收到成倍的回馈，你会收获前所未有的畅快。

二是想推销保险的小伙子们记住，每天四五个人，用激情感染他们，见到他们就诚恳地去说服。相信一点，被感染的人很容易被说服。当然，你就会拿到合同，这还不够精彩，你会发现后面的路上堆满了礼物。

三是来参加训练班吧，如果你还是个藏在人群里的旁观者。用大胆的演讲去放逐恐惧，你的勇气将倍增，信心就是你的代名词。记住，当你是人群的中心，用演讲去左右别人的心灵时，你的窃窃私语也能吸引别人的目光。你害怕面对面地交锋吗？

四是生活本就是为了乐趣，干一番事业，让自己去不断攀登，你会永远保有快乐。事业会出点儿小问题，没关系，好好去思考，学会“整理自我”。整理好自己，你会让一切有序进行，当然，你得多花点儿时间安排好事情，先分清轻重缓急再说。花上一天时间“整理自己”，磨刀不误砍柴工。我送给先生们一句话，宁愿多花时间去谋划，别在混乱中苦苦挣扎。

# 第二章
# 技巧不是生活的本真

## 最重要的推销秘诀

秋天的早晨，天很暖和。我走进费城的一家大型食品店，想见经理约翰·斯科特先生。他的儿子哈里接待了我："我爸爸非常忙，你预约了吗？""没有，你父亲想要点儿材料，他给我们公司打过电话，我过来把材料送给他。"哈里说："那你来的可真不是时候，父亲的办公室正坐着3个人，他们一直在谈着事情……"正说着斯科特先生走了出来，"爸爸，有个人想见您。"斯科特先生发现了我："年轻人，是你想见我吗？"转身就把我带进了办公室。"斯科特先生，我叫贝特格。这是您向我们公司索取的材料。里面有您签名的名片。"

"年轻人，这不是我要的材料，我要的是商业文件，你们公司答应给我准备好。"

"很抱歉，斯科特先生，我知道你索要的那几份商业文件，毫不隐讳地说，它们毫无用处，没帮我们公司多卖出一份人寿保险。当然，却给了我机会，我想这是个向您解释人寿保险的绝好机会，不知道您能否给我这个机会。"

"我的办公室里还有3个人正等着，我没有多余的时间，你跟我谈人寿保险是浪费大家的时间。年轻人，我已经63岁，几年前我就不再需要买保险了。你懂吗，我在享用那些买过的保险，我的孩子们已经长大了，他们不需要我的照顾了。只有我的妻子和一个女儿，跟我住在一起，不过，就算我有什么不测，她们的钱也足够生活了，生活得非常舒服。"

"斯科特先生，您的事业非常成功，像您这样的人，肯定不会只关注家庭或事业，您会有更多的兴趣，去投资医院，去资助教会，做些慷慨的慈善事业。可您是否想过，当您过世之后，这些因为您才支撑起来的事业，还能正常运转下去吗？"话说到这时，斯科特先生选择了沉默，我看得出来，他在等着我把话说下去，他已经动心了。

"这是为您精心准备的计划，斯科特先生，无论你是否在世，这项计划都会让你资助的事业持续运转下去。从计划实施的那天起，仅需要7年，你就会收到每月5000美元的回报，直到你过世。您可能不需要这笔钱，当然可以自由支配，可当您需要时呢？请您考虑一下，这笔回报足够支撑起您身后的那些事业了。"斯科特先生看了看手表："如果你能等一会儿，我们可以继续聊一会儿。"过了20分钟，我们的谈话又继续了。

"请问，怎么称呼你？"

"我叫贝特格。"

"贝特格先生，我们刚才谈到慈善事业，确实，我资助了3名尼加拉瓜传教士，每年都给他们提供大笔资金，对于虔诚的基督徒来说，没有什么比这个更重要了。按你刚才的说法，只要我接受了你们的保险计划，等我去世后，那3名传教士还可以继续得到资助，是这么回事吗？还有你说到，如果我现在买了保险，7年后，就可以按月收到5000美元的支票，那我需要花多少钱买保险呢？"具体的钱数确实不小，他知道后有些吃惊。"没必要，我没必要花这么多钱。"我没有直接反驳他，这么做无济于事，反而会促使他放弃。

我开始询问那3个传教士的情况，这会勾起他的兴趣。谈起传教士，他兴致勃勃，甚至有些激动。我顺便提到，他们双方是不是会过面，既然没见过，是否还打算去看看呢？他告诉我，有儿子和妻妹在尼加拉瓜，会照应好的，今年秋天他可能会亲自去一趟。你们可以听出来，这些都是很普通的事情，都跟我的保险没有多大的关系。可我还是跟斯科特先生聊着，他又说了许多其他事情，都与那些传教士有关。

是不是觉得，我找到了共同话题，可惜却像野马一样只能漫无目的地奔跑。先生们，耐下性子，听听后面的故事吧。我们兴致很高，到后来我只是诚恳地聆听，直到他叙述完一切，我才开口："斯科特先生，你去尼加拉瓜，是不是可以带上你儿子，让他的家人都跟着一起去？一同体会您的挚爱，体会家人的温暖。那么您现在做好妥善安排，即使发生什么不测，那些您关心的人还可以得到您的关怀，他们每个月都可以收到支票，再不会让生活陷入窘境。您是不是打算现在就写信告诉那些传教士，让他们知道这个慷慨而温暖的决定？"

当斯科特先生抱怨支出太多时，我就这样跟他说些有趣的事情，最后，斯科特先生买了6672美元的保险。

我走出他的办公室，飞速地跑出去，紧紧地抓住那张6672美元的支票，我才不舍得塞进冰冷的上衣口袋里。太过于兴奋，我把回程走得那么漫长，等回到办公室，我才意识到，平淡的业绩开始终结，噩梦已经过去，我该庆贺一下。这可是公司有史以来最大的一笔生意，是我卖出去的，鬼知道，两年前我还幻想当名自由的水手。

亢奋填饱了我，我整晚地翻来覆去，不想吃饭，也睡不着觉。这是1920年3月3日，在那一天，我庆贺自己成了整个费城最快乐的人。

几周后，我在波士顿参加销售会议，还被邀请做了一次演讲。演讲刚刚结束，克雷拉·霍思西克先生，这位几乎长我一辈的著名销售员，上前为我祝贺。和这位有着丰富经验的同行交谈，确实受益匪浅，他跟我聊了一些事，其实是想告诉我与人相处的诀窍，在后来的日子里我总是反复揣摩。对于我的那次创举，他也有所耳闻，很想多知道些："我到现在还在疑惑，你是怎么做到的，你就那么确信可以卖出这样巨额的保险？"

我一时没明白他这句话的涵义。

他在向我解释："我们都是做这一行的，推销的秘诀是迎合人们的需要，你先要确定他们需要什么，再去帮助他得到自己想要的，你只要替他指出一个适当的方法。而你刚刚见到斯科特先生，你拿不准他需要什么，然后又偶然发现了，接着，你再帮助他得到了那些想要的东西。你们一直在交谈，你不断提出的那些问题，都迎合了他的需要。假如你能一直'迎合'客户的需求，巧妙地运用这一原则，你的推销会越做越棒。"

在波士顿的这3天，我一直在思索霍思西克先生的话。他说的很对，尽管我做到了，可我却一直没弄明白，我是怎么做到的。也就是说，我推销出那笔保险多少带着一些偶然性。感谢霍思西克先生，没有他的指点，我不会清楚那笔生意是怎样成交的，那么稀里糊涂地过下去，我可能还会是一个平庸的推销员。想着霍思西克先生的话，我才意识到以往的推销方式竟是如此僵硬。我只是讨价还价，越想多卖出几份保险，越是像遭遇坚冰一样无法前行。一切的症结就在于，我从没有试着转换立场，替他们多想一想。"得为客户考虑"，我又学来了新理念，我真有些等不及，真想尽快去尝试一番。

"得为客户考虑"，请记住这句箴言。我开始有意识地贯彻这一理念，试着继续了解约翰·斯科特先生，我要做成一个经典的营销案例。

这位先生来到美国时刚满17岁，家乡爱尔兰没有给他备下什么财产。他在一家小杂货店干活，靠着自己的双手，创办了美国东部最好的副食商场。这是一位钟爱自己事业的人，事业是他生命的全部。在他的心目中，创立一个百年流芳的企业远胜过任何诱惑。我几乎可以肯定，他一直在担心——这个一手创办的事业，在他身后还能否继续发扬光大。

回到费城，我用了整整一个月的时间，为约翰·斯科特先生准备出了一份计划，按照计划，我选择了斯科特先生的"接班人"：他的儿女和8名得力员工，作为企业今后的运作保障，他们与企业紧紧相连。在费城创业俱乐部的午餐会上，望着众多"大佬"，约翰·斯科特先生情绪高昂，即席发表了简短而热情的演讲，谈到那一整套保险计划时，他满脸自豪："我用一个完美的计划延续着生命，先生们，我最为珍贵的企业和我建立的外国传教团——再也没有后顾之忧了。"

这可是个恰当的场合，我收到了丰厚的回报。那些"大佬"们都来找我，给我送来一打厚厚的合同。他们也需要量身定做的人寿保险，附带完善的财产保险。数额巨大，都足以和斯科特先生的那份相比。我用8年的辛劳等来了那一天，而当天的收入就足以超越8年的收入总和。

又是一个难忘的夜晚，我彻底领教了霍思西克先生的能量，他用一句话改变了我。以前，我只想卖些保险养家糊口，可现在却领悟到推销的真谛：找到人们的需要，帮助他们得到想要的东西。"得为客户考虑。"

我不止一次地描述激情的魔力，以及勇气的可贵，可这时，我却陷入了久久的沉思。还有什么可以比得上霍思西克先生的箴言呢？技巧永远不是生活的本真，我们需要用心体察。

## 抓住要领

领导层的集中出现，让波士顿的会场平添了几分隆重。他们来自美国各地，相隔遥远，有加利福尼亚的，也有德克萨斯的，还有佛罗里达州的。

我不禁好奇，想问问霍思西克先生，到底是什么吸引了这些业界的重磅人物？他私下里告诉我原委："这些头面人物可不是来观光的，他们也在学习，这可是业界的大聚会，怎么能随便错过呢？随便获得一个新想法，激发一下长久不变的思路，他们就可以让事业一直保持成功。对所有从业人员而言，大家都在平等地学习，不是这样吗？可别忽略了你的大脑，让它一直保持活力，这比什么样的'大投资'都有价值。保持灵魂常青的最佳方式就是去汲取新鲜水源。这次大会给你提供了很好的机会，去见见那些大人物，多跟他们私下沟通，听听他们的说法。灵感来临，信心和激情也会到来。"

霍思西克先生的睿智话语，完全打消了我的疑惑。确实该多结识一些像他这样的大人物，结识得越多越好。这些真知灼见，可是金钱换不来的。虽然我曾经因为困惑而错过了很多机会，可当我意识到这些，我可不愿意再白白浪费大好机遇了。霍思西克先生已经让我领教了这个伟大群体的无穷魅力了。

棒球圈里有句行话："看准了再打。"跟霍思西克先生的推销秘诀同出一辙，我也可以在推销东西时精确一击了。

几年后，新一届大会在克利夫里召开。一位与会者在做着演讲，尽管没有记住姓名，可我却被他的精彩讲述吸引住了。这是一段小故事：

一天夜里，伍思特大学的一座主楼烧毁了，年轻的大学校长路易丝·霍尔登要开始筹款重建。他找到卡内基先生。

谈话非常直接，没有多余的寒暄，霍尔登校长说明了来意："卡内基先生，既然事务繁忙，为了不占用您的宝贵时间，我就直入主题了。学校的主楼烧毁了，我需要您的帮助，从您这里募集10万美元的新建资金。"卡内基先生回绝了："抱歉，我并没打算捐助这笔资金。"霍尔登校长说："我来找您，因为您向来喜欢帮助年轻人，对不对？作为一名身处困境中的年轻人，我希望得到您的帮助。这两天我四处寻找适合的建筑商，不过看来，我的重建计划可能要泡汤了，缺乏资金支持，我们无能为力。卡内基先生，就像一个喜欢展望未来的年轻商人，在正风生水起的时候，我的工厂却毁了，换做是您，此刻的感觉也会同样痛苦吧？"卡内基先生妥协了："好吧，年轻人，我会帮助你，不过有个前提，如果你在一个月内筹到10万美元，我会按这个数目的100倍给你。"霍尔登校长说："这样吧，您给我两个月时间，我一定会来找您拿到那些资助。""成交了！"卡内基先生一语掷地。当霍尔顿校长拿起帽子走向门口时，卡内基先生再次提醒他："记住了，只有两个月，我给你60天！"霍尔登扭过头很冷静地回答："是的，谢谢您的提醒，我记住了。"

短短的见面只持续了4分钟。霍尔登校长知道该做些什么了，他只花了50天就筹集到了那10万美元。拿着支票找到卡内基先生时，他又接到了另外的10万美元支票，卡内基先生笑着说："年轻人，我可不会再跟你谈上几分钟了，要知道，为了说一分钟话我要花上2500万美元钞票。"

路易丝·霍尔登"准确地击中了目标"，因为他准确地做出判断，卡内基先生确实很愿意帮助年轻人。

至于这场谈话，其价值要远远超过那10万美元的支票，当然，卡内基先生付出的10万美元也起到了不小的作用，没有什么比资助教育更令人快乐了。

这件事似乎始终贯穿着霍思西克先生的销售秘诀——找准了人们的需求。看来这一秘诀对销售工作而言极其重要，不论你在兜售什么物品，甚至可以让自己的思想成为畅销商品。

最近我亲历了几件事，似乎也在解释着这条定律。我正在美国西海岸的一个大城市办事，一个名叫布朗的年轻人给我打来电话："贝特格先生，我是布朗，我们正准备办一所学校，培训那些年轻的推销员，下个月开课。今晚，我要主持一个有数百人参加的会议，就在您下榻的饭店里举行。先生，我们可花了不少钱去开这个会，真心地邀请您给我们说上几句。不过，除了您之外，我们还邀请了其他几位，所以您的讲话只安排了10分钟。其实我也是个业内老手了，也积累了不少销售经验，否则我怎么能办起一所培训学校呢？最后，还是诚心地邀请您，真希望您能来……"他喋喋不休地说了一遍。

我并不认识这个叫布朗的年轻人，干吗要帮助他？我不是来闲逛的，我要忙前忙后，有一大堆事等着去做，我得做好自己的事，况且我的行程早就准备好，明天就要返程。所以，我很客气地预祝他成功，也请他允许我按时返程。他那些喋喋不休的话语真让我感到不舒服。

没过多一会儿，又有一个叫怀特的青年给我打来电话，还是关于这个训练班的事。他这样跟我说："贝特格先生，我是乔·怀特，我知道布朗先生已经告诉您那些事情了，也知道您很忙，明天还要赶路，不过您要是能抽点儿时间和我们待上几分钟，我们将感激不尽。我知道您对青年人一直关心备至，而我们渴望着你的精彩讲话，让他们鼓足勇气，一往无前。您的讲话会给我们的培训班添个好兆头。这次我们邀请的其他演讲人，我都不太熟悉，可我清楚一点，您要比他们出色多了。"

第一个人犯了我曾经犯过的错误，那就是只坚守自己的立场，说自己知道的，提出自己想要的要求。第二个人根本没有提及自己想要什么，可他得到了，他懂得什么叫"准确出击"。既然被他的话感动了，我也没法说个"不"字。

戴尔·卡耐基说过："说起推销，要想成功，天下只有一种诀窍，那就是你要仔细想想别人需要什么，除了满足别人的需求，你还能找到其他什么好办法呢？"

二次大战前，我在西部做了一个系列演讲。当我提到上述问题时，有些人表示了兴趣，他们想确切了解。比如，在依阿华州，一个中年人发言："贝特格，您所说的原则，在销售人寿险方面确实有效，可我现在的工作，是给一家全国著名的杂志拉订单，我该如何使用您说的原则呢？"

这位先生已经干了些年头了，可他拉的订单并不太多。我给他提了些建议，但看得出来他的热情并不高。

星期六早晨，我正在饭店的美容室理发，他闯了进来。听着他慌忙地解释，我才知道，他要在我离开之前说点儿事。他说："贝特格先生，星期二晚上的谈话，当时我的确没什么兴趣。可后来我在反思，原来我只是向商人们征订杂志，可大多数人却说生意太忙没有时间看，虽然他们也订了。星期三我从客户那得到一打信，信里称我们杂志内容重要、编排有趣，值得花上一个晚上把它看完。要知道，这个客户可是城中最优秀的法官。随后我又列了一个名单，把客户中的杰出人物汇总在一起。现在，拉订单的时候，我就把法官的信和那份名单都拿给他们看，效果当然好了。您看，我可不再是个卖杂志的小角色了，我在销售更有意义的东西，他们需要我。"

短短的几天时间，这样一个怀揣着"宝贝"却又欲售无门的人，变成了一个让人刮目相看的人。自我提升，对自己的工作要有全新的感受。

同一个人在同一个城市里，销售同样的东西，似乎什么都没改变，可他却从一败涂地走向了成功。

前面说过，几年前我成了一所教会学校的督导。当时我认为这个学校要好好地“整理”一下，这可是当务之急，所以我向牧师提出要求，在开课前我用5分钟的时间做个开场白。我心里明白这也是一次“推销”。对我来说这是一次好机会，我能做得更好。我需要学校教师的配合，所以要揣摩好他们的想法。听听我的开场白：

“我需要花几分钟时间和你们一起讨论，你们究竟需要什么。你们中的许多人都有孩子，作为父母，都希望自己的孩子在周末学校遇到其他可爱的玩伴，在那里还能学到知识。我和你们一样，也希望自己的孩子健康地成长，别犯那些我们犯过的错误。既然这样，我们该做些什么呢？

“我们需要一个完善的组织。如你们所知，这里只有9名老师，还包括牧师本人，可我们至少需要25名教师。何况，那仅有的9名教师中已经有人在打退堂鼓。我知道原因，大家都有压力，就如一年前的我。那次执教男生班时我才发现，自己并不熟知《圣经》。虽然大家每次只教25分钟的课，却可以在6个月中，传授给孩子们丰富的知识，他们会深刻地领会《圣经》的神圣之处。假如没有了仅有的25分钟课程，你花再多的时间也未必能掌握这么多。任何人都需要指点。

“夫妻一起备课，这会增加你们的交流机会，婚姻是需要保养的，既然关系可以更亲密，干吗不去做呢？要是再让你们的孩子看到，那不是更好了吗？你们都是很有天赋的人，既然这样，干吗不在授课中发挥你们的天赋呢？没有什么事能比这个更有意义了。”

简短的开场白后不久，我们便开课了，我们有了21名教师。虽然来的孩子不多，可我还是按规定，把他们分成班，两三个人一个班也没关系。困难一直不断，由于没有足够的教室，我们只能在帐篷里开课，孩子们都被妥善安排好了。又经过一段努力，入学的孩子越来越多，帆布帐篷容纳不下，我们开始募捐。我们用了3个月，从当地372名居民手中募得18万美元，盖了一座新教堂。

让我们指明方向，帮助人们明确自己的需要，接下来，他们会竭尽全力，最终达成心愿。

本杰明·富兰克林了解这一切。他甚至祈求上苍，能把这一原则铭刻在他的脑海里。第一次阅读他的自传时，我就知道了，他向上帝祈祷了50年。

我曾对自己说：“如果本杰明·富兰克林的祈祷有效，那么我也去祈祷，事业一定会顺利起来。”虔诚祈祷，25年来我一直如此。本杰明·富兰克林在他的自传中写道：“……仁慈的上帝赐予我们智慧，我需要得到他的指引，去获得智慧，我写下这些诚挚的祈祷置于案头，永志不忘——啊，万能的上帝，如慈父般给我导航，赐予我智慧。”

## 15分钟内销售25万

聆听了克雷拉·霍思西克的销售秘诀，我的激情与日俱增。我认为现在要做的就是去见客户，见得越多越好，销售保险似乎是一件很容易的事。

可好景不长，随后的几个月，我的业绩停滞下来。其实有很多好机会，只是没法把握住，只好陷入困顿。我去出席在费城举行的推销员会议，遇见推销高手爱略特·霍尔。爱略特·霍尔先生早已退休，可这些年，他的销售记录仍高居榜首。我去和霍尔先生攀谈，他告诉我在推销上遭遇失败并不稀奇，他甚至想到过退出。他传授给我新的推销方法，使我茅塞顿开。

再说起他在那次大会上的发言，其实并不那么让人信服。“对顾客不屑一顾”，这种理论太过于奇特，震惊了广大听众。2000多名推销员，都反对其观点。可听了他的解释，与会者又变得激动起来，纷纷赞许。

当知道自己的观点受人排斥，霍尔先生并不试图辩解，他很清楚地意识到：给那些反对者判个大大的红叉，不会显得自己更为聪明。只是不停地提问，霍尔先生就达到了自己的目的，反对者们不得不就范，都同意了这个新奇的观点。

推销大师霍尔先生，给我上了意味深长的一课，让我彻底改变了以往的思考方式。他从不做强迫者，不会试图用自己的思考方式来影响别人，提出问题只是为了：帮助他人去明确自己的需要，再帮助他们下定决心，最终达成心愿。

我们一起回忆那次大会的细节。当时最强硬的反对意见之一是，“就算你知道我想要什么，我还没有下定决心去做，你能怎么办呢？”霍尔先生就像狡黠的猎人，恰到好处地击中目标：“我的工作就是帮助你坚定决心，不存在什么无计可施的情况。”

听了上述的对话，一个推销员还是陷入迷惑中：“您的见解很精彩，可是我还得仔细考虑一下。”

霍尔先生紧随其后：“我已经在帮助你考虑这一问题，你大可不必陷入困惑。”

霍尔先生始终在坚持自己的观点，也始终面对着争执，可他巧妙的处置方式，并没有让人丝毫不愉快，仿佛他从没有参加这场争辩一样。霍尔先生用强有力的态势，非常适当的力度，表明了自己的观点。当你欣然接受时，却不会觉得：他对了，而你却错了。

霍尔先生的推销方法可能就是不断地提问，用这种紧凑的方式帮助客户了解他们的需要。而在从前，我从没有这种经验，我自然应当牢记，以便汲取其中的智慧。

这种令人耳目一新的方法实在是太棒了，我应该试一试，只是，我还得向霍尔先生学习一些细节，真正掌握他那巧妙而有力的提问方式。

谈话后不久，我得到了一次尝试机会。一个朋友打电话告诉我，纽约的制造商正准备购买25万美元的人寿保险，有近10家大公司的头儿等着我们去报价。他问我对这一机会感不感兴趣。这么千载难逢的机会，我当然感兴趣，我马上请求这位朋友替我安排会面。过了几天我被告知，会面的时间已经被安排好了，就在次日上午10点45分。放下电话，我开始仔细筹划，想一想我该做什么，是不是可以按照霍尔先生的办法，他的那套方法太让人印象深刻了。我开始为这次会面准备一系列问题，希望它们能帮我制造一场华丽的演出。半小时过去了，我所准备的问题仍在原地打转，真是件繁重的工作。必须要让客户知道究竟想要什么，这些问题总要一环套着一环，我还要考虑到客户可能会有其他变数，做好准备。花了将近两个小时，得到14个问题。我仔细琢磨着，先写在笔记本上，再按照逻辑顺序把它们排列出来。

第二天早晨，我乘火车前往纽约，在车上我又一遍遍地琢磨起这些问题。太过投入，以至于当我到达宾夕法尼亚车站时，已激动得无法自持。为了增强自信，我决定冒一个险。我给纽约最大的一家体检中心挂了一个电话，替那些还没见面的客户们安排了一次体检，时间定在11点30分。

秘书小姐接待了我，她开门向总裁通报。我定了定神，站在门外等着。“博思先生，从费城来的贝特格到了，他和您约好的时间是10点45分。”

“是的，让他进来。”这是博思先生的声音。

这是我们的谈话：

我：“博思先生，您好！”

博思先生：“你好，贝特格先生，请坐。贝特格先生，冒昧地告诉你，这次见面只是在浪费时间。”

我：“何以见得？”

博思先生指着他办公桌上一摞文件说：

“纽约所有的大保险公司，都收到了我送呈的人寿保险计划。这其中有3家是我朋友开的，我和其中一位老板还是挚友，每个周末都在一起打高尔夫球，他掌管着纽约人寿保险公司，那可是一家不错的大公司。”

我：“是的，确实没有公司赶得上他们。”

博思先生：“好吧！贝特格先生，情况就是这样，如果你仍坚持，就按我现在的年龄，46

岁，做一个25万美元的大概方案，把它寄给我。过几个星期我对比了这些收到的方案，再做进一步的考虑。如果你的方案报价最低，质量又好，那么你就得到这笔生意了。不过我想你是在浪费自己的时间，也是在浪费我的时间。”

我：“博思先生，干过这行的人都知道真相，就像对待我的亲兄弟一样，我告诉您一些真话。”

博思先生：“说吧。”

我：“我是做保险这一行的，如果您是我的亲兄弟，我会直接让您把那些所谓的方案，打成碎片扔进废纸篓里去。”

博思先生：“你这话什么意思？”

我：“要想准确解释那些方案，您就需要成为一名保险统计员，而成为一名保险统计员要花上7年的时间，您可以说毫无解释权。您现在可以选择一家价格低廉的保险公司，可只需要5年，这家公司就有可能变成价格最高的一家公司。商业界向来如此。再说下一条，毫无疑问，您所选的公司都是世界上最好的公司，把这些公司的方案摊开放在办公桌上，闭上眼睛，随便拿起一份，似乎都是价格低廉的，您花上几个星期精心选择，其结果也几乎没什么区别。博思先生，我的工作就是帮助您做出最后的选择。为了帮助您做出这样的选择，我必须问您一些问题，您觉得可以吗？”

博思先生：“好吧！那就问吧。”

我：“换句话说，那些公司在您活着的时候，会非常信任您，可万一您去世了，他们还会像对待您一样对待您的公司吗？您看是不是这样？”

博思先生：“对，我想这是个问题。”

我：“那么可以这样说，当您购买了这项保险，您就把危险转移到了保险公司一方？确信这一点很重要，甚至是最重要的一点。设想一下，您半夜醒来，突然想到火险已经在昨天就到期了，您的农场里的大片作物就快不受保护了，您说什么再也睡不着了。第二天起床的第一件事，是不是会立即打电话继续购买保险，让您的保险经济人继续保护它们？”

博思先生：“当然了！”

我：“同农场中的作物一样，我们自己的安全也需要得到保障，难道您不觉得该买一份人寿保险，好把风险降到最低程度吗？”

博思先生：“这我还没仔细想过，我会去买一份的。”

我：“如果您没有买这样的人寿保险，您难道不觉得，随时存在的风险会让您损失大笔的钱财，您生意上的收益还能得到保障吗？”

博思先生：“你说的是什么意思？”

我：“今天早上，我跟纽约的著名医生卡克雷勒预约过了，为您安排一次全身体检。您是知道的，他所出具的体检结果可以得到所有保险公司的认可。他诊所里的先进仪器应有尽有，当然名声显赫。”

博思先生：“其他保险公司不能安排这样的体检吗？”

我：“今天早晨他们是不行了。博思先生，请您尽快确认，这次体检至关重要。设想一下，您今天下午给那些保险代理人打电话，让他们给您安排体检。首先，他们会给朋友打个电话，请来一位普通医生。在您办公室里做第一次检查，就算检查结果当晚就寄给一位主管医生，他们第二天早晨才能确知检查结果。当意识到这一检查结果价值25万美元时，他们还要安排第二次权威性的检查，当然，还未必有那些先进仪器，这样一天天地拖延，您觉得有必要吗？干吗要这样拖延，哪怕拖延一天呢？”

博思先生：“我还是再考虑一下吧！”

我：“还要考虑到，假如您明天早晨得了感冒，休息完一个星期，等痊愈后去做那次冗长的检查，保险公司可能还会说：‘博思先生，您现在的身体没事了，不过考虑到您之前的病史，我们还要观察您三四个月，确定您的病是急性还是慢性的。’这就意味着您还得拖下去，直到最后的检查完成。博思先生，我说的事情随时会发生。”

博思先生：“是的，经常会发生。”

我：“博思先生，现在是11点10分，我们立即动身，还能赶上和卡克雷勒先生的预约。您看上去很健康，如果体检也没什么问题，您所购买的保险将在48小时后生效。我相信您一定满意这样的安排。”

博思先生：“我现在感觉好极了。”

我：“难道您不需要这次至关重要的体检吗？”

博思先生：“贝特格先生，您为谁服务？”

我：“当然是您了！”

博思先生昂起头，点燃一支烟，从办公桌旁起身，走到衣帽架旁拿起帽子说道：“咱们走吧！”

我们赶到了卡克雷勒医生的诊所。在体检顺利地完成之后，我们成了朋友，博思先生极力邀请我共进晚餐。进餐时，他看着我，笑着问道：“你是哪家公司的？”

## 市场销售的惯常原则

善于分析工作，会帮你摆脱困惑。我知道你在想些什么，你一遍一遍地对自己说：“那些窍门可能是对卖保险的有用，对我有什么用处呢？我可不知道该怎么用。”先生们，其实有一点可以确定，无论你卖些什么，步骤总是一样。不管你是在卖鞋子，还是卖那些庞大的轮船，哪怕就是卖份火险合同，你都得按照下面的方法去做：

1. 预约

安排一场让人充满期望的约见，在心里暗下决心，一定要争取更多的利益。预约时，要告诉对方你很欣赏他的价值取向，用巧妙的暗示去影响对方，让他在不知不觉中开始看重这场约见。提前预约极其重要，我如果未经预约就去纽约，肯定一无所获。

2. 精心准备

你被邀请参加商业会议，要求在业内的大小人物面前，当然还要面对其他人士，发表演讲。作为报酬，他们每人要付给你100美元，你该怎么做呢？毫无疑问，你要花上几个小时来准备，仔细筹划一下演讲内容。这样郑重其事，原因何在？因为你明白，你要面对大阵势，足有三四百听众。可我要提醒你，三四百听众和一个听众没什么不同。你可以把三四百人当作一个人看待，也可以把一个人当作三四百人看待。所以，你和客户的每次见面都应该要精心准备一番，要把每次的商业约见都当成一桩大事。

还是说那次纽约之行吧，当朋友打电话给我，得知与博思先生的约会已经安排妥当时，我在办公桌前呆坐了差不多30分钟，脑子里一片空白，实在想不出该对博思先生说些什么？我甚至打算，实在太累就在去纽约的火车上再想吧，这些都是明天早晨的事。可另一个声音却说：“现在不想，明天早晨也许还是什么都没有，现在就该着手准备。如果毫无准备地去，你也就毫无所得。既然已经约好了博思先生，就要把握好机会，现在就开始准备，一定会取得胜利。”

问题想出来了。“见面时，他会最看重什么？”“答案不难猜。一定是贷款——博思先生肯定有贷款。债权人坚持要他买人寿保险，但是对于他而言，人寿保险真的那么重要吗？他是不是在冒险？”

有了这个基本的想法，我找到了一切问题的基石，立即开始准备。

3. 什么最重要

博思先生对什么最感兴趣？或者说，这些问题中，他认为哪一个最有价值？

我能准确地知道问题的答案，当然能够确保胜出，这就是我击败10家大公司的原因。

那天在与博思先生共进晚餐时，他对我说：“我想，那些做保险的朋友肯定大吃一惊。他们每个都缠了我几个星期，都试图告诉我，只有自己提出的价格是最合理的。而你并没有围着我转，可你知道我想要什么，你的话让我意识到了危险，继续等待下去，风险更大。如果在这顿饭之前，我还没有去体检，这简直是愚蠢至极。”

卖出这份保险的同时，我给自己上了一课：别太追究细枝末叶，问题太多会掩盖住关键点的，要直奔主题。

4. 关键点

当你在跟客户商谈要事时，不论是面对面或者只是打着电话，你只要能做到以下几点，就一定是个不寻常的人。

（1）牢记要点。

（2）谈话重点逻辑清楚。

（3）简明扼要不脱离主题。

在去见博思先生的路上，我一遍又一遍地琢磨那几个要点，直到准确记住所有内容，甚至考虑到很多细节，我还要把握好说话技巧。充分的准备给了我自信。会谈中，我心里一直牢记着事先确定的要点，从没动手翻阅那些事先记录的要点。当然，真要是记得不太牢靠，我还会毫不犹豫地拿出记录本，生疏点儿也好过漫无目的。

5. 提问

为了与博思先生会面，我准备了14个问题，可实际上我只用到了11个。全部15分钟的会谈，完全是由提问和回答完成的。如何提问题至关重要，这将决定销售的成败，关于这一点我在下一章会谈到。

6. 突破点

要让客户感到吃惊，很多时候，我们需要提醒他们去关注那些自身利益。需要说清楚一点，如果你没有实在的东西，请尽量不要这样做，仅仅依靠奇特的概念，你不可能达到目的。

在与博思先生会谈时，我说过：“您知道我是干保险这一行的，如果您是我的亲兄弟，我会直接让您把那些所谓的方案，打成碎片扔到废纸篓里去。”

7. 让客户担心

只有两项基本的要素可以驱使人们。一是渴望得到；二是担心失去。广告界的人告诉我们，这些忧虑越是具有危险色彩，就越具有无穷的活力。和博思先生的全部谈话都建立在一个基石上：他在冒险，担心失去25万美元的贷款。

8. 建立信心

如果你非常诚恳，可以有很多方式在陌生人面前建立自信。只是需要遵循4条原则。

（1）成为客户的助手。

在准备和博思先生的会面时，我转变了自己的角色，把自己设想成他麾下的一名职员，专门负责公司的保险事宜。在这种情境下，我用自己的保险知识，有针对性地去帮助博思先生弄清缘由。这一转变，打消了那些因为陌生所带来的紧张以及疑虑，在谈话中我始终投入激情。几年来，我在销售中一直扮演客户助手的角色，这种积极的态度使我受益匪浅。我非常愿意与你们分享这一奥秘，让销售员成为顾客的助手，这样一来，人们自然愿意购买你的东西。

（2）“就像对待我的亲兄弟一样，我告诉您一些真话……”

如果你有很强的自信心，你就会毫不犹豫地使用这一原则。这就是那天我对博思先生一开始所说的。当我平静地看着他说出了这寥寥数语，接着就等待他的回话，正如所期待的，他的回答是：“请说吧。”

（3）夸赞你的竞争对手。

“如果不能夸奖别人，那就不要讲别人的坏话”，这永远是销售中的一条原则。遵循这一原则，你可以用最快的速度获得客户信任。记住，尽量说别人的好处。当博斯先生提及他挚友所掌管的公司——纽约人寿保险公司，并且夸赞起来的时候，我马上说：“那可是一家不错的大公司。”好，还是回到正题上来。

（4）“我现在为您干的事别人都干不了。”

这是在销售中很有效的一句话。这句直截了当的话，会有惊人的效果。举个例子吧！

我和戴尔·卡耐基先生乘火车前往依阿华州演讲，一位叫拉塞尔·雷文尼的商会会员（他也是我们学校的资助者）前来道别。他说：“你的一句话帮我卖出了一货车的油。”我有些好奇，愿闻其详：“什么话？”

昨天，拉塞尔给一个客户打了电话：“我今天为您干的事别人都干不了。”“什么事？”客户吃惊地问道。拉塞尔说：“我可以给您弄一货车的油。”

“我不要！”

“为什么不要？”

“我没地方存放。”

“先生，就像对待我的亲兄弟，我得说，给您弄一货车油，是件多大的好事。”

“到底怎么回事？”

“您先买下这车油，很快就会出现油料供应短缺了，以后再想要也没有了，到那时您就知道现在的价格有多优惠。”

“是那样，但我确实没地方存放。”

“您可以租个地方吗？”

“不，我还是不想买。”

就在当天，拉塞尔回到办公室，那位先生已经打过电话还留了言。拉塞尔马上回电，客户在电话里说：“拉塞尔，我租了一个旧加油站，可以存放一货车油，你快点儿把那车油卖给我吧。”

9. 真诚赞许客户的能力

每个人都喜欢被重视，每个人都渴望被夸奖，他们渴望真诚的赞许。记住，赞许是发自内心的，千万不能做得过分。当我告诉博思先生：“当您活着的时候，那些保险公司信任您；可您去世了，他们不会像信任您一样，去信任您的公司了，我说得对吗？”

10. 尝试先斩后奏

你可以先斩再奏，替客户提前做些决定，但有一个前提，你要保证全局的稳定。在我还没把保险卖给博思先生的时候，就替他预约了卡雷勒医生……这次体检就是一次赌博，可我把宝押在自己的控制范围内。

11. 会谈时使用“您”这个字眼

在做成了博思先生那单生意后，我又花了几年更仔细地推敲销售原则。我分析了那次15分钟的推销过程，我前后69次用“您”和“您的”字眼称呼他。我也记不起自己怎么开始这样做的，这方法确实行之有效。请记住，在使用“您”这个字眼时应当作到：

从对方的视角去看问题，迎合他的需要。

您不想这样试试吗？把上次推销时的谈话写下来，再把那些“你”“你的”些字眼换成“您”“您的”，再去尝试一次。

## 用提问来提升你的销售

我的思维开始活跃，正在进行一场革命性的改变。以前，我的年销售目标是25万美元，只想通过艰苦而细致的工作去达成。可结果是，做成博思先生的那笔生意，我就完成了年销售目标，只用了一天，真是太棒了！一个星期之前距离目标还那么遥远，可现在我已经想卖出100万美元了。一切都让自己觉得那么不可思议，但这都是真事。

就这么胡乱地想着，让我在回费城的火车上坐立不安。一遍遍地重复着和博思先生的对话，满脑子都是“销售”。我想找个座位，把这些令人着魔的感想用笔写下来。车厢里挤满了人，我努力寻找着，直到把这些奇思妙想誊写在纸面上。

"如果我没有遇见爱略特·霍尔先生，没有学会用这一系列巧妙的提问来推销保险，这次可能就无功而返了，就如几天前一样，纽约的生意依旧与我毫无干系。"

我意识到：毫无技巧地推销，不会借助这些睿智的提问，不出3分钟我就被踢出门了。关键在于，在谈话过程中，我始终把握住方向，让博思先生处于购买者的位置，把我的主意糅合在那些精心准备的问题之中。我尽最大可能去争取主动，而不是无谓的抱怨，这才获得了成功。想想这次精彩的谈判吧，每当他有任何疑惑，我就立即回以精巧的问题，直到他最后说出"走吧！"我已经确定博思先生被我的主意"俘虏"了。

几天后，我通过朋友给一位年轻的建筑师发函。虽然年轻，这位建筑师已经做了好几个重大项目，他的事务所被本城人寄予厚望。

那位年轻的建筑师优雅地回复我："如果按信中所说，仅仅是为贵公司推介保险，那么我就丝毫不感兴趣。很不恰巧，一个月前我就买过许多保险了。"

他的言语中带着不可更改的决绝，我感到此人极为固执，却还是希望进一步了解他。我开始了精巧的提问。

"爱伦先生，您什么时候踏足建筑业？"

我耐心地听着他的回答，足足花了3个小时。女秘书拿来几张支票让他签名，在离开时一言未发地把我打量一番。而我只是平静地看着爱伦先生。

在离开时，我已经知晓，对他而言何谓希望，也懂得了他所不懈努力而建立起来的事业。在随后的面谈中他说道："我说了很多秘密以至于自己都很费解，要知道，我妻子都没你知道得清楚。"

相信那天，我让爱伦发现了从未认识的东西，他没有真正走进自己的内心，也没有透彻地了解那个真实的自我。

感谢爱伦先生对我的信任，我开始仔细研究，以便尽快告诉他结果。两周后我拿出了一份保险计划和两份相关文件。正值平安夜，下午4点我动身离开了公司，给爱伦先生送去10万美元的保险合同，此外，还有给副总裁准备的10万美元合同，行政总监也没有被忘记，他的保险金额是2.5万美元。

我和爱伦先生成了挚友，我们在10年里做了75万美元的生意。

我不是在推销东西，而是他们总在主动购买，这就是我此时的感觉。在接触爱略特·霍尔先生之前，我总在顾客面前充当一部强势的"百科全书"，好像什么都知道似的，而面对爱伦先生和他的同事们，我已经变成引导者，引导他们去回答我的问题。

25年来，我发现用问题去引导对方总是更有效果，不必试图控制他人的思维。我深刻地理解了霍尔先生的思想。实际上，150年前，在费城当地，已经有位伟人做过详细的论述，他就是本杰明·富兰克林。

读过富兰克林的著作，你会吃惊地发现，年轻时的他并不让人可敬，他树敌众多。他总与别人争论，又独断地试图支配他人。当富兰克林认识到这些，就开始研究苏格拉底的提问法，把它发扬光大并不断实践。富兰克林终于掌握了领导艺术，他在引导别人，站在对方的立场上去不断提问，不再激烈地与人相争，最终，令对方信服。

这一方法似乎简便可行，我开始把它应用于销售，其效果立竿见影。

回忆过去，我会为"我不能同意，因为……"这样僵硬的语句而感到脸红。不如换成"你干吗不想想"之类的话，避免去刻意支配他人。我们要用言语表明自己的立场——"我们不用过多的对立，可以多问些问题"。这就已经开始替别人着想了。其实我们还能说得更完美点儿："你不认为我们该避免对立，多问些问题吗？"

提问时应注意以下两点：

第一，让对方知道你所想的。

第二，问及对方的观点时要尊敬。

一位著名的教育家告诉我，学校教育中最重要的事情就是：明确提问的态度、学会合理表达意愿，以及掌握应变能力以应对突发事件。

我没有条件上大学，但我知道，恰当地提问可以帮助人们思考。在实际生活中，也应该提出切合实际的问题。

提问中应注意的6点：

第一，无须争论；

第二，不要喋喋不休；

第三，帮助对方明确需求，再确定路径；

第四，帮助对方理清思路，让他接受你的想法；

第五，找到销售时的突破口；

第六，让对方的观点受到重视，对方会更尊重你。

走出校门后最重要的事情之一是要学会提问题，有能力处理偶然事件。

## 确定人们购买保险的动机

这是个故事。为招揽顾客，纽约一家夜总会找了个家伙——一个身壮如牛的大个子，可以让顾客随便击打他的肚子。不少人都一试身手，可那个身壮如牛的家伙竟毫发无损。一天晚上，来了一位瑞典人，一句英语也不懂。人人都怂恿他，主持人最终用手势告诉那个瑞典人该做什么，瑞典人走了过去，脱下外套，挽起袖子。挨打的大个子挺起胸脯深吸一口气，准备接受那一拳。可拳头并没落在他肚子上，瑞典人朝他的下巴狠揍了一拳，这个可怜的家伙当时就倒在了地上。

那个瑞典人没有误解主持人的意思，他只是找到了大个子的软肋给予致命的一击。这正是销售行业的重要原则。

大部分人很难找到关键点。举博思先生的例子为证吧，博思先生所关心的是保险的价格。那些保险推销商整天围着他转，却总往那大块头肚子上出拳。而我是用提问引导他说出关键点。

阅读林肯的著作，让我发觉了这一诀窍：只有找到事情的关键点才能取得成功。他说："我能打赢官司，因为面对辩护律师时，我总能在许多事实中找出几点来反驳对方，找到关键点，最终取得胜利。"

罗克岛铁路案，这是一个典型的案例。终审的那天，对方律师花了两个小时总结陈词，如果林肯也花同样的时间在每一点上都针锋相对，必然冒着愚弄陪审团的危险，会对他不利。可他最终抓住关键点，只用了不到一分钟，就打赢了官司。

我与成百上千的推销员打过交道，大部分人丝毫不理会这个关键点。什么是关键点呢？简单地说：最基本的需求。换言之，就是最感兴趣的细节。

那么该如何把握关键点呢？这就需要你鼓动顾客不停地说话，一旦说出了四五条拒绝购买保险的原因，你就可以针锋相对地说服他们，不用急于推销保险。

如果一直和你交谈，他们就等于在帮你销售。因为他们所说的四五条原因中肯定有一条是关键点。有时甚至不用你说多少，他自己就会反复提到这个关键点。

几年前，匹兹堡的那场推销员大会上，雪莱汽车公司公关经理威廉·G.鲍尔讲了一个故事。他想买幢房子，找到房地产商。地产商可真是聪明绝顶，先和鲍尔先生闲聊，没多久就摸清楚了佣金情况，还知道了鲍尔先生想买一幢带树林的房子。然后，他们开车来到一所房子的后院。房子很漂亮，紧挨着一片树林。他对鲍尔先生说："看看院子里这些树吧，一共有18棵呢！"鲍尔先生夸了几句，开始询问价格，商人没有给出答案。鲍尔先生一再询问，他依旧含糊其辞。最后，那个商人就开始数那些树："一棵、两棵、三棵……"成交了，价格不菲，因为有那18棵树。

讲完这个故事，鲍尔先生说："这就是销售！他在聆听，确定了我的需求，然后完成了一次完美的表演。"

反观我的表现，思路总跟着对方走，不断地回答对方提出的问题。这样下去，我很难让彼此达成一致，即使碰到了关键时刻，对方想买保险了，也总是匆匆错过。

许多顾客想要误导你。在后面两节里我将告诉你，如何用两个简单的办法寻找顾客的真实想法，即使这些想法深藏不露。

## 销售中最重要的字眼

我想，“为什么”这个字眼有着惊人的魅力。我花了许多年，干了不少傻事，才发现这个简单的道理。以前，一旦有人与我意见相左，我会立即与他争辩，很多次销售都是如此。直到有一天，我才认识到这个字眼的真正含义。这是友人的亲身经历：这位费城再生物资公司的老板，因为朋友聚会，在乡下的一间小屋内过了难忘的一夜。朋友们在入睡前轮流讲故事，轮到他时，人们大都入睡，只剩下一名听众了。每当他因为困倦至极想要睡觉时，可那唯一听众就问一句“为什么”，他就不得不继续讲下去。直到那唯一的听众也鼾声如雷，他此时才明白，这唯一的听众就是存心引诱他继续说故事。

听到这里，我们捧腹大笑。朋友接着说下去：“我突然想起来，你卖给我平生第一份人寿保险时对你说的话，也都对其他推销员说过。而你并不与我争辩，只是不住地问为什么，我呢？只能不住地解释，防线最终被你的提问所击溃。其实，我解释得越多，就越被动，并不是你卖出保险，而是我去‘主动’购买。

“那次聚会结束后，我回到办公室，只是通过电话，就神奇地卖出了许多积压货物。我们都知道，不断提问是一种上佳策略。”

这位朋友为着事业四处奔波，在费城极有名望。感谢那次谈话，我才真正认识到这个字眼蕴涵的巨大能量。

让我大惑不解的是，许多推销员都害怕去问“为什么”。这个故事，几年前就在演讲中提到过。我让那些听过演讲的推销员，讲述他们的工作，讲讲他们如何使用这个字眼，都起了什么作用。佛罗里达的一位机器设备推销员发言了：“昨晚听了贝特格先生的演讲，当时我不很相信。今天上午，遇到顾客询问机器价钱，他嫌2700美元的标价太贵。我就追问原因：原来是不太相信这部机器带来的利润。我继续追问，他还是在怀疑机器的投资价值。我反问他为什么不像其他人一样去投资呢，他很不客气地回绝了我。我说：‘为什么不可能呢？所有买过这种机器的人都认可这笔投资。’他说负担不起。接下来，只要他提出疑问，我就问为什么，我让他尽量地多说，直到他再也找不到拒绝购买的理由，终于成交了。这是我最快完成的一次销售。如果还是用喋喋不休的推销语言，只会搞砸了这笔生意。”

曾经推着手推车上街卖糖果，后来生产巧克力成了百万富翁，这就是已故的密尔顿·何塞先生。他88岁去世，一生所推崇的就是不断地追问，终身为此而努力。听起来似乎是太过离奇，因为你没有继续往下看。密尔顿·何塞先生在40岁前经历了3次失败，他开始追问自己——“为什么别人成功我却总是失败？”经过长时间的思考，他找到了原因：做事的时候总把握不住事情的本质。如果有人说：“这件事没法干了。”他就问：“为什么？”“为什么不能呢？”一直问下去，直到找出所有原因。他还感叹：“又有一个人学会了追问。”

爱略特·霍尔先生有他的推销策略。推销中要不要追问，他从不强求，他的重要经验就是去“做”——实践胜于一切。

在下一节里，我会用两个实例说明，如何利用追问来掌控全局。还会告诉你，结合“为什么”这个字眼和另一个我们常用的口头禅，会带来令人惊奇的效果。

## 发现被隐藏的原因

我保留了5000多个销售谈话记录，用以探究销售成败的缘由。我发现，62%的顾客并不会说出拒绝购买的真正原因，只有38%的顾客才会告诉你。

人们在其他方面诚实可信，却不愿意坦诚地面对推销。原因何在？很长时间之后，我才解决了这一疑惑。

作为历史上最精明的商人之一，已故的皮耶蓬特·摩根勋爵曾经说过："人们做事的动机有两条，一条只是为了好听，而另一条才是真实的。"我保存了数年的记录，明白无误地证实了这点。几年来我不断测试，力图找到途径以辨别真伪。其实，这是一句简单的日常用语——"除……之外"，却有惊奇的魔力，并不是金钱所能媲美的。我来说说该如何使用吧。

几年来，我一直试图与一家大型地毯厂签订商业保险合同。3位创办人中，两人观念新潮，而很落伍的那个人上了年纪还有点聋。每当我提及保险，他的听力似乎就会变坏，一句也听不进去。

一天，我吃早饭时翻着报纸，突然看到这位老人去世的消息。

看完这条消息，我的第一反应是，卖保险的机会来了。

几天后，我打电话约见厂长，之前我们也谈过这桩生意。当我应约来到他的办公室时，发现他并不像以前那样高兴。

等我坐下来，他说话了："我想你是来谈那笔商业保险生意的。"

我轻轻笑了笑。

可他毫无笑容："我们绝不会买你说的保险。"语气决绝。

"那能不能告诉我原因？"

他解释说："购买这种保险，我们每年需要支付8000~10000美元。可我们出现亏损，财政赤字严重。所以，我们决定在财政状况好转之前，不再多花一分钱。"

经过几分钟的沉默，我说："让你如此犹豫不决呢？换句话说，是不是还有什么其他原因？"

他听了我的话露出了笑容："是还有点儿别的原因。"

"你能告诉我吗？"

"我有两个儿子需要照顾，他们爱这个厂，大学毕业后就在这里上班，从早晨8点干到下午5点。我不会傻到把利润都给保险公司，那样，我死后，两个儿子怎么办呢？"

对我而言，这笔生意的实际价值是3860美元。既然知道了真正原因，机会也就来了。我首先强调这份保险的重要性，接下来重新制订一份计划，把他的两个儿子考虑在内。这份保险计划让我们皆大欢喜，无论发生什么不测，他们的财产都不会流失。

得到回答后，我为什么还要追问他呢？我在怀疑吗？不，一点儿也不。第一个原因符合逻辑也很真实，我完全相信。但多年的经验告诉我，一定还有其他原因，这得益于我保存的那些珍贵记录。另外我养成了提问的习惯，追问顾客就像是例行公事，而这种发问方式又从没有招至反感。

既然探知对方的真正原因，我们该做些什么呢？不妨举个例子。我与两个朋友共进午餐。一位是费城桑托斯化学公司的经理，另一位是费城的房地产商。席间，他们提及，有位大老板——电器生产商唐·林德赛想买保险，保险金额大约是5~10万美元。他们建议我去试试。

第二天10点，我来到这个大老板的办公室，向秘书说明来意后，我被引见给林德塞先生。因而林德塞先生却一脸不悦。

我待了一会儿，见他一言不发，只得说："林德塞先生，有两位朋友说您要买人寿保险，所以我来看看。"

"你在说什么？"他的声音突然大起来。我想差不多整条街都听得见。"你是两天来他们送来的第五个了，他们是不是在开玩笑！"

听了这些话，我很震惊，又想大笑。可看着林德塞先生生气的样子，我没敢笑出来，只是说："您对我那两位朋友说了什么，让他们产生误解？"

"我说我决不会买任何一种保险，我根本就不相信这个。"林德塞先生还是大声喊叫着。

"您是个非常成功的商人，"我说道，"您这么决定肯定有非常充分的理由，如果不介意的话，您能告诉我为什么吗？”

听我这么一说，林德赛先生不再那么生气了，声音也放低了：“好吧，我告诉你，我现在赚的钱足够多了，即使有什么不测，我妻子和女儿也并不会缺钱用。”

我考虑着他的话，接着说：“除此之外，林德赛先生，还有没有其他原因呢？”

林德塞先生很肯定：“没有了，那是唯一的原因，这还不够吗？”

“我可以问您一个私人问题吗？”

“说吧。”

“您有负债吗？”

“我谁的钱都不欠。”

“如果您有负债，是不是就会考虑买份保险，以除隐忧呢？”

“我会考虑的。”

“如果您今天不幸去世了，联邦政府就会用您的不动产去抵押。按照联邦法律，您的家人在得到遗产之前，先要交给联邦政府一大笔遗产税。”

这天，林德赛先生买了他平生的第一份保险。

第二天共进午餐时，我把这个消息告诉了两位朋友。他们十分吃惊，始终无法相信这一事实。

“除此之外，是不是还有其他的原因呢？”这句简单的话语会舒缓大家的心情，再僵持的局面也会被打破。举一个不寻常的例子。某天早晨，一位年轻人咨询我。事情比较复杂：两年前，他的公司莫名其妙地失去了当地最大的客户，纽约总部的一位副总裁过来调查原因，可是毫无头绪。

“我一年前进入这家公司。”这个看起来很精明的年轻人说，“一进公司，上级就让我拉回这位客户。一年内，无论我怎么打电话，都毫无起色。”

我询问了那个客户的情况，特别是最近的一些谈话。

他说：“就在今天早晨，我又去见了他们的总裁，希望继续合作，但是他根本没有任何反应。经过长时间的沉默，我不得不窘迫地离开。”

我建议他立刻回去，告诉那位总裁，这次是公司总部派遣的。我帮他筹划好会谈内容，并嘱咐他尽快告诉我结果。

下午，年轻人激动地打来电话，几乎说不出话了：“我现在能去见你吗？我拿到订单了，所有的问题都解决了。公司总裁今晚就飞来。”

简直难以置信，我和那个年轻人一样激动：“快过来，告诉我一切。”

请听听他的经历：

一切都那么简单，简直难以置信。当我走进那家公司的办公室时，总裁吃惊地看着我。

“总裁先生，早上我离开您的办公室后，接到公司总部的指示，要我立即再来见您，为什么会失去您这样的重要客户，我要弄清楚一切细节。我们公司相信，您肯定有充足的理由拒绝与我们合作，我们公司里肯定有些人做错了什么。您能告诉我这一切吗？”

“告诉过你了。其他公司提供了更优惠的条件，我们已经和他们合作，不准备更改了。”

“总裁先生，除此之外还有其他什么原因吗？如果有，请您告诉我，即便是我们无法做到的，您也会因为自己的宽宏大量而感到欣慰。如果您能尽弃前嫌，给我们一个改正的机会，我们一定让您满意。”

“好吧，让我告诉你。你们公司不再提供特殊优惠，甚至连个招呼也不打，让我怎么跟你们合作？”

原因在这里。

该不该将此事列为范例？我犹豫了许久，也许读者会把这个例子当成阴谋诡计，尽管不是我的初衷。我不会使用诡计，因为诡计经不起时间的考验。我确信，忠诚不会被取代。

## 被遗忘的艺术——销售中的魔术

和戴尔·卡耐基先生在全美国巡回演讲时，我们以每周5场的频率接纳了数以千万计的听众。这些人来自各行各业，有速记员、教师、经理、家庭主妇、律师、推销员。他们都有一个共同的期盼，希望能提升自己的交际能力。对于从没有做过演说的我来说，这是一次让人兴奋的冒险。演讲结束后，我回到家中，急需做两件事：第一，继续销售保险；第二，诉说我的激动心情。

我打电话约别人聊天。第一位听众是费城牛奶公司的总裁，和我做过一笔小生意。当落座时，他递给我一支香烟："弗兰克，讲讲你的巡回演讲吧！"

"当然，"我说，"不过我更想听你说说，近来忙些什么？家人都好吗？生意怎样？"

他开始聊起了家里人，也聊了他的生意。他说，前一天晚上，和妻子约了一帮朋友打牌，玩的是"红狗"（一种玩法的俗称）。我以前从没有听过这种玩法，听着他的解释，我也乐了，那真的很有趣。说起来，我的初衷是找个听众，跟他说说巡回演讲的事。

在我起身要离开时，他说："弗兰克，我们正打算替工厂管理人员购买保险，28000美元够吗？"

没有机会讲自己的事，我却得到了一份订单，其他推销员都没来得及拿到。

这是记忆深刻的一堂课，它告诉我当好一名听众该有多重要。做一个真诚的听众，急切得想听他说话，这样做了，你的推销就会水到渠成。

试着在别人说话时直视着他，表现出自己的浓厚兴趣（即便那个人是你妻子），你就会看到神奇的结果！

其实这个方法并不新奇。两千年前，西塞罗就说过："沉默中有艺术，雄辩中也有。"但是"沉默"的艺术总被遗忘，因为好听众实在太少。

一个大型机构最近指出（主要面向推销员）：

看电影时，你注意一下男主角如何聆听他人讲话。一位名演员，首先是一个精明的听众。同样，想成为出类拔萃的演讲者，你的演讲效果就要像镜子一样反映在听众的脸上。一位著名的电影导演说过，许多演员没有成为明星，就因为他们没有掌握"聆听"的艺术。

只有演员和推销员们需要掌握"聆听"的艺术吗？其他人都不需要吗？你是否注意过，你说的话并没有给听众留下什么印象。很多次，他们只是听听，并没有用心。聆听者的注意力为零，说话的效果当然也就等于零了。所以我就告诉自己："下次和别人说话，如果对方不注意听讲，就别再说了。"我的确这么做了。

人们把交谈当成礼节，容忍了那些糟糕的听众。大多数情况下，聆听别人说话时，人们都想着自己的事，他们也想发言。当然，不会注意你的谈话，除非你说的内容可以引起他们的共鸣。

一位推销员曾带我去见过弗朗西斯·奥尼尔先生。这位造纸业的头面人物，从推销纸张起步，经过不懈的努力成了纸张批发商，又开办了自己的造纸厂。他受人尊敬，也很少讲话。

相互介绍后，我们开始谈正事。我向他讲解地产、生意以及税收之间的关系，虽然我在说他的事，可他看都不看我。我观察不到他的脸部反应，无从判断他是否认真听讲。谈话刚开始3分钟，我停了下来，这似乎是一种窘迫的沉默。我靠在椅背上等着。

对那个陪同的推销员而言，这段时间太过漫长，他如坐针毡。因为怕我触怒这样重要的人物，他想打破僵局。见此情形我真恨不得在桌下踢他一脚，向他摇头示意，万幸，他懂了我的意思，没再继续说下去。

持续的沉默，让那位总裁抬起头。我正舒服地仰靠在椅背上，等着他说话。

我们对视着，都希望对方开口。奥尼尔先生首先打破了僵局（只要你够耐心，对方会打破僵局的）。不善谈吐的他，说了足有半个小时。这个时候，我尽量不插嘴只是让他去说。事后，那个推销员告诉我，他从没有见过这样的场面，简直没法理解。

轮到我了。"奥尼尔先生，作为一位成功的人士，您说的重要信息很具思想性。我来此是为了替您解决问题。可您告诉我，为了解决这些问题您已经花了两年时间。尽管存在困难，我还是希望能协助您，下次再来的时候，我一定带些新想法。”

这次见面，开端很糟糕，结局却令人满意。转变的奥秘何在，其实并不复杂，我只是让奥尼尔先生说出了他的难处，而我一直仔细聆听，并借助一些有针对性的问题，了解了事情的全貌，确定他需要什么。我完成了一笔大生意。

我们应该这样祷告：“主啊，请让嘴巴不再喋喋不休！让我知道该说些什么，再去开口……阿门。”经验告诉我，在谈话开始可以自由地交谈。可涉及实质问题时，则要注意对方是否用心。与人交谈，一旦发现对方并不用心倾听，就应该立即打住，不管正在说多重要的话。不要忘记，大多数人都有要说的欲望，不如给他机会，限定一个范围，我们就能了解他们。

我们都讨厌耍小聪明的人，他们总喜欢打断别人，随意插话。往往不等你说完，他们就毫无顾忌地发言，指出你的错误，为什么错，还会在你弄清楚之前就忙着纠正你。遇到这种人，你恼火地恨不得揍他一顿。即使他是对的，你也不愿意接受。

碰到这类推销员，人们都会说些假话把他支走，宁愿跑点冤枉路多花点儿钱，去买别人的东西。

本杰明·富兰克林年轻时相当聪明。起初他总是想教导人们，给别人指错，以致人们都对他敬而远之。所幸，教友会的朋友给他指了出来。半个世纪后（他79岁），他在那本著名的自传里写了如下的话：

“总而言之，在言谈中，耳朵会比嘴巴更有用，沉默是种美德，我坚守沉默。”

你做得到吗？你是否时常反思自己的言论，想想自己在不在全神贯注地聆听呢？拿我来说，如果没有认真倾听别人的谈话，就会陷入混乱，常常就此做出错误的决定。

的确，你全神贯注地聆听，会让对方说出真实的想法，让自己了解一切。我和朋友去一位富商那儿谈生意。上午11点开始，过了整整6个小时，大脑都几乎要麻木了。当我们步出他的办公室，来到咖啡馆里放松的时候，朋友极力夸奖我，夸张地说就好像只谈了5分钟。他很满意我的措辞方式。

第二次谈判定在下午2点钟，一直谈到6点，幸亏富商的司机来提醒，否则还要谈得更晚。

这次谈判，谈我们的计划只用了半个小时，却有9个小时在听他的发迹史。他讲自己从无到有的艰辛，在年届50时失去了一切的绝望，而后东山再起时的坚韧。他把自己想说的事都对我们讲了，讲到最后他非常动情。

很显然，多数人用嘴代替了耳朵。这次我们只是用心去听，用心去感受。富商给他年届50的儿女投了人寿保险，也给他的生意投了10万美元的保险。

一位著名的牧师曾说过：“推销员需要聆听，牧师也是如此。从事一项原则性的工作就要倾听人们的心声。”

这是一位牧师的故事：

那位女士坐在我对面，讲她感兴趣的事，语速很快，她毫不理睬我的谈话。我知道，她讲的真不精彩。我只是在听，断断续续地听完后，她说：“感谢您的巨大帮助。您太好了，充满了同情心。”

这位牧师说：“虽然我说的话没起到作用，可我还是分担了她的孤独和不幸。当她离开时，给我报以最甜美的微笑。”

陶勒斯·狄克里，这位著名的作家曾说过：“通往成功的捷径就是借给别人耳朵，而不是你的嘴。别人不感兴趣的事，说了也没意义，不如换个方式——‘不能再多告诉我点儿吗？’”

我并不在意自己是不是聪明的谈判者，只是想做好旁听者。好的听众，总受人欢迎。

# 第三章
# 获取信任，首先得值得信任

## 如何建立自信

刚入行的时候，我的职业前景非常明朗。我受卡尔·科林斯指导，他的销售业绩在公司中一直遥遥领先，足足有40年。

科林斯先生非同寻常，他善于赢得别人的信任。甚至于，他一开口你就会感觉到，“这个人熟悉这生意，值得依赖，与他合作没问题”。这也是我最初的印象，随后我又理解了个中奥秘。

有一次去谈生意，进展不错。客户已经告诉我：“过一个月来吧，到时可能会签约。”因为缺乏勇气，我只想着退出，不得不向科林斯先生求助。科林斯先生看着我垂头丧气的样子，答应了陪我一起去见客户。

真没想到，他完成得如此轻松，真让我激动。作为回报，我将得到259美元的佣金。可坏消息很快就传来了，由于客户的身体原因，合约暂缓执行。

我很气愤，问科林斯先生：“我们是不是该告诉这位客户，这样做不合规范，得让他知道。”

科林斯先生表现得很平静。“不能这样做，保险业中允许客户的这种行为，只是你并不理解而已。”科林斯先生前去拜访，讲明了其中利害。临结束前，他再次强调：“我确信这份保险对你有益，希望你能认真考虑一下。”

那位客户很爽快地答应了，马上签了支票——足足一年的保险费。

关注卡尔·科林斯先生的一举一动，你就会明白他为何能博得他人的信任。毫不夸张地说，他的言行举止胜过任何激情的演讲，他用那真诚的目光征服了所有的观众。

“那样不行，我已经知道了。”寥寥数语饱含着科林斯先生的独特魅力，其中的深意让我永生铭记。在前景不明的时候，我能鼓起勇气，就是因为我坚信：别人是否相信并不关键，关键是你要相信。

这是乔治·马修·亚当斯说的，我写下了这几句话随身携带，反复阅读直至彻底融入我的思想：

“一个聪明的推销员总是直率地说出实情。他会真诚地看着客户，用真诚的言语打动别人，即便不能在第一次成交，也给人留下深刻的印象。巧舌如簧并不能取胜，再精心的小聪明也别想愚弄别人。先生们，请您牢记，推销员的目光中包含着言语，包含着那打动人心的直率，真诚永远是最保险的好办法。”

我的能力远远超过了一般推销员，可还是按规矩行事。任何推销员都应遵循的态度：让客户了解事情的全貌，了解一切细节，以及我们所能提供的服务。

如何赢得他人的信任？谨记住：首先得值得他人信任。

## 医生给我上的一堂课

星期六的早晨到达拉斯，我要准备下星期的演讲。按照日程，从下星期一开始，演讲要持续5个晚上。这时嗓子却发了炎，根本无法说话。去看大夫，诊断、开药，情况却继续恶化，看样子第二天的演讲只得取消了。

我只得找马茨曼大夫，这位当地最好的专科医生。治疗的中途，我们开始闲谈，当他听说我来自费城时眼睛一亮：“费城简直就是世界的医学中心，每年夏天我要在那待上一个半月，听演讲，去出诊。”

我很吃惊。他已是66岁了，可还对事业孜孜以求，也难怪，达拉斯没有比他更好的耳鼻喉科大夫了。

汽车公司采购部经理弗兰克·泰勒说过：“我愿意和那些有活力的人做生意，他们能准确提供我们需要的东西，谈起生意来从不拖泥带水。我还愿意认识一类人，可以给我好主意，让我用同样的钱买到质优价廉的东西。有这些人的帮助，我的工作会更顺心，更讨上司的欢心。我喜欢诚实的推销员，他们能诚实地介绍产品，从不让我怀疑。”

开始卖保险时，办公室里有6个人。干活最多的两人，可以干完全办公室70%的工作，广受其他推销员的欢迎，他们乐于提供业务咨询，无穷的工作热情感染了我。我开始向他们讨教，怎么能得到更多的销售信息。他们的回答很干脆——多参加公益活动，多看书报，善于用脑。我追问：“哪来时间去读书看报，反复琢磨呢？”回答是：“要会利用时间。”

我感到很惭愧，他们的时间利用率可是我的10倍。既然他们可以，我也应该做得到。根据建议我也参加公益活动，其效果极好。我全身心地投入其中，自得其乐。我建议另一个同事也这样做，可他却说挤不出时间。

第二天，我正要过马路时，险些被一辆豪车撞倒，抬头一看，开车人正是这位“忙碌”的同事。可没有多久，他就无力再养那辆豪车了。

我参加销售研讨会时跑遍了美国。接触更多的成功人士以后，我发现他们能身居高位，源于对事业的挚爱，他们都是自己行业内的专家。

有人说过：“这个时代属于专家们，他们凭自己的魅力与修养得到回报——每周30美元。当然，更为优秀的人才能得到更多。一定要熟知自己的事业。”

我们要学多久？66岁的马茨曼先生从未想过停顿。有人说过：“如果不去学习，20岁就会老去；只要学习不停，青春便会永驻。心灵要永远年轻，这才是生活的关键。”

如果要想获得自信并赢得他人的信任，请你记住：永远追逐自己的事业。

## 获取信任的诀窍

这个故事会告诉你一个好诀窍：如何尽快赢得他人的信任。

新泽西州一家大型肥料公司，财务主管康纳德·琼斯先生的办公室里。琼斯先生对我和我的公司毫不了解。

“琼斯先生，您在哪家公司投了保？”

“纽约人寿保险公司、大都会保险公司。”

“您选择的保险公司真的很棒。”

“你也这么认为？”（他掩饰不住得意）

“真是一次不错的选择。”

我开始介绍那几家保险公司和他们的投保条件。比如，作为世界上最大的保险公司，大都会保险公司的经营状况良好，甚至可以吸纳整个社区投保。

他听得很入神，丝毫没有觉得无聊，这些事情他从未听过。我看得出，他对自己的投资眼光感到很得意，他觉得自己做了件很明智的事情。

这样夸赞对手对我有什么好处呢？看看接下来发生了什么。

说完那些热情洋溢的话语，我接着说：“琼斯先生，在费城的大型保险公司可不止这几家，比如菲德利特、缨托尔等，他们也都享誉世界。”

如此了解又敢于夸赞竞争对手，让琼斯先生印象深刻。当我开始对比各家公司的投保条件时，我已经快达到目的了，他接受了我所讲的方案，因为这本就是为他准备的。

短短的几个月，琼斯先生带来了大笔生意——其他4名高级职员也购买了大笔保险。当这家公司总裁咨询菲德利特公司情况的时候，琼斯先生连忙插嘴："费城三家最好的保险公司之一。"这可是我告诉他的，一字不差。

可以这么说，不夸赞对手也就做不成生意。像打棒球一样，夸赞对方你就能安全地上一垒，尽管各队都有人在垒上，而只有我能幸运地回到本垒得分。

25年来，我一直喜欢夸赞对手，这样谈生意的效果很好。人生就如旅行，我们总要博得他人的信任，要想尽快做到这一点，请遵照我的方法。本杰明·富兰克林曾说过："我不会诋毁任何人，我将尽量说出他人的美德。"

所以，赢得他人信任的第三个原则就是："夸赞你的对手。"

## 怎么会出局

亚瑟·埃姆林掌管着费城一家著名的园林设计公司，出于礼貌，他决定与我进行最后一场商业谈判（这是桩大生意，竞争非常激烈）。除总裁之外，还有其他4个人一同参与了谈判。我一落座，就预感到不妙（事实也是如此），幸而有了这种预感，我成功地扭转了局面。请听听我们的谈话：

埃姆林："贝特格先生，我带来了坏消息，经过仔细研究，我们决定把这笔保险业务交给别人。"

我："我很想知道这是为什么？"

埃姆林："因为你们的计划都差不多，而他们的报价却低得多。"

我："我能看看具体数据吗？"

埃姆林："那样做似乎有失公平了。"

我："我想看，他们也看了我的计划书，是这样的吧？"

埃姆林："嗯……"

我："不过，我只是想能在他的计划里看到具体数据。您为什么不一视同仁，给我们一个宝贵的机会呢？"

埃姆林："（看了看他的助手）你们怎么认为？"

助手："这样做好像也可以。"

埃姆林把那份计划递给我，我立即发现了其中的错误：刻意夸大投保人的收益，完全是一种误导。

我："我能用您的电话吗？"

埃姆林："（略有些吃惊）请便。"

我："请您用另一部分机听听，埃姆林先生。"

埃姆林："可以。"

（很快我就接通了那家分公司的经理，他的下属提供了不精确的数据。）

我："你好，我是弗兰克·贝特格，我想向你核实一些数据，你手边有《收益手册》吗？"

经理："有的，请您随便问。"

我："请帮我核实，在新修改的人寿保险中，46岁投保人的收益是多少（46岁正好是埃姆林先生的年龄）？"

经理报出了收益数据，我开始核对手中的那份计划书。

我："第一阶段的收益是多少？"

经理报出了准确数据，我在继续核对。

我："请告诉我前20年的收益数据。"

经理："我没法向你提供，我们公司还没有这方面的收益数据。"

我："为什么？"

经理："这份人寿险合同刚刚制订，我们还不确定投保人的详细情况。"

我："你能不能通过计算给出答案？"

经理："希望您理解，我们没法预测未来的情况，法律上也不允许预测未来的收益。"

（可那份计划书却大把地核算出了未来的收益。）

我："谢谢，希望我们合作愉快。"

听完了整个谈话，埃姆林先生一言不发。我知道一切都在掌握中了，只是安静地等待。他抬头看着我们："非常好，我们知道了真相。"

毫无疑问，我拿到了生意。那位对手其实一开始只要简单地说明事实就能拿到生意。而现在，他失去的不只是这笔生意，还有与客户再次合作的机会。他失去了尊严，还有信任。

几年前我也犯过同样的错误。那次的竞争对手是我的朋友，我至少也可以坐享一半生意，只要说说实话就行了。可是客户是一家公司的总裁，这笔生意的诱惑实在太大，我想冒点儿风险：夸大收益，误导客户。有人充当侦探向我们公司核查此事。不用怀疑，我丢了那桩生意，还失去了人们的信任，在竞争对手面前失去了尊严。更糟的是，我失去了自尊。

那是些痛苦的经历。我彻底反思，过了好几年，才恢复过来。想想这次丢脸的经历，我反而有些庆幸，得感谢这些错误，我才真正懂得卡尔·柯林斯的哲学。我下决心不去欺骗，不做那些连自己都不相信的事。

## 赢得他人信任的正确方式

有一位律师朋友告诉我，律师做辩护时最关键的就是让证人来说服陪审团和法官。有时候律师在法庭上滔滔不绝的辩护词并不能让他们信服，甚至还要打点折扣。所以有一位可信的证人以及有力的证词会对法庭产生巨大的影响，这也能证明律师的辩护更为可信。

我从这里悟出了依靠"证人"的推销方法。那让我们用事例来看看"证人"在推销中的作用吧。

做保险推销的都知道，在我们与客户签约保险订单的时候，投保人都会在公司印制的"同意接受单"上签字。我就会将这些签过字的"同意接受单"影印一份，然后收集在文件夹中。这些具有签名的材料很有说服力，我想对于新客户还是有很大的影响力。比如在推销谈话即将结束的时候，我就会说："先生，也许你会觉得我说的话有些夸大。不过我很愿意您能投保获得一份保障。您可以找一个人谈谈，我可以借用一下您的电话吗？"然后我就从收集的那些资料里挑选一位"证人"，接通他的电话。这些"证人"可能是新客户的邻居、亲戚或者朋友，有时候这种电话可能会是长途，但是更有效。当然，借用客户的电话找"证人"，我需要自己付费。

其实，我初次尝试这种方法时，总是担心客户会拒绝我。幸好，至今还没有客户拒绝，他们反而更愿意和这些"证人"谈谈。有时"证人"是客户的老朋友，谈话往往还会偏离主题。

的确，我也是偶然才从朋友的谈话中发现"证人"的作用，然后在推销中运用的，确实很有用。我很少用空谈来获得成功，有时候客户需要的就是"证人"的实例。我想你也看到过其他推销者所列举的很多方法，但是我使用的推销方法往往是逐条解决。每当这时，我倒觉得用"证人"的方法更有效。

那么这是否会打扰到"证人"呢？其实，他们都很热心向客户提供指导。通过这种方式完成交易时，我都会立即向这些"证人"表示感谢。他们都很高兴，因为他们既帮助我做成了生意，也帮助朋友或者邻居选择了好的服务，从而很有成就感。

几年前，一位朋友要给家里添置燃油锅炉来供暖。他去市场回来后，收到很多公司的产品介绍，其中一份是这么写的："这里有一份使用我们锅炉的用户名单，他们都是你的邻居，你可以打电话问问琼斯先生，他有多喜欢我们的燃油锅炉。"这位朋友就按照名单给几个邻居打电话询问了情况，最后他也买了这种锅炉。事情已经过去几年了，但是他仍然记得那家公司推荐产品的方法。

前段时间，我在俄克拉荷马州土尔萨做了一次演讲，我就提到了上述的例子。后来一位推销员也运用这种方法取得了成功，他写信与我分享了他的故事：

"我在缅因州一家商店进行推销，我对店主说：'哈里斯先生，俄克拉荷马州也有一家和你的商店规模一样的商店。上个月这家商店的顾客激增了40倍，因为商店正在销售一种全国范围内受保护的商品。如果你不嫌麻烦，你可以听听那家店主的话。'哈里斯先生很爽快地说：'当然没问题。'我问：'可以借用下您的电话吗？'他示意我可以用，我立即接通了那家店主的电话，然后递给哈里斯先生，让他们自己在电话里交谈。其结果当然是成功的，这是我所用过的最好办法。"

再给大家说一个事例，这是我的朋友戴尔·卡耐基告诉我的。

"我想去加拿大旅游，希望能找到一个有美食、睡觉舒适、能够钓鱼、狩猎的宿营地。于是我就向加拿大的旅游地写了信，不久便收到了40封回信。很多来信都说自己的宿营地是最好的，这倒让我更加犹豫不决了。幸运的是，其中有一封与众不同的信，老板给我提供了一份名单，说这些来自纽约的人最近都去过他的宿营地，让我向他们询问一下情况。

"我看见名单中有一位值得信任的朋友，我就给他打了电话，他对那个宿营地赞不绝口。是的，那里能够满足我的一切要求。通过这位朋友，我还知道了很多老板没有提到的信息。"

我想，其实其他宿营地也有不少"证人"，可是他们并没有好好利用这一资源，所以失去了赢得卡耐基先生信任的机会。

赢得他人信任正确而快捷的方法是：利用你的"证人"们！

## 让自己看起来是最棒的

30年来我一直坚守着一种信念：让自己看起来是最棒的。为什么我会有这样的信念？这还得从我初入推销行业说起。当时我们公司一位很有成就的推销员曾对我说："我该跟你说说了，我看到你这副穿着打扮就忍不住发笑，简直有点儿像小丑。"虽然这个看起来像老油条的前辈说话让人不怎么舒服，不过我能理解他的一片好心。只是一个人的习惯很难改变，我起初也没太在意。

后来，他遇到我就用教训的口吻说："你看你的头发那么长，像个推销员吗？我看还是像个橄榄球运动员。你应该每周理一次头发，让人看起来更精神！你怎么连领带也不会系啊，哎，应该找个人教教你。你看看你穿的什么衣服？这颜色搭配得也不协调，看上去真可笑。无论如何你也要找个行家教教你。"

"打扮很费钱的，我可付不起！"我辩解道。

"付不起？"他回敬了我一句，"真正会打扮的人不会浪费钱，反倒能给你省钱。听我说，我给你推荐一个专营男装的老板，我的朋友斯哥特。你就说是我介绍你来的，你可以直接给他说你没钱买衣服，但是想穿得体面些。告诉他如果能给你些建议的话，你今后就在他店里买衣服。这样他自然就会认真地教给你该怎么打扮。这样，你就可以既省钱又省时间，你在推销的时候就更能够得到客户的信任，自然，也能赚更多的钱。"

这一番话让我顿时惊醒，是的，以前从来没有人批评我的打扮。我不得不承认：他说的真是不错。

我去了一家高级美发店，做了个像生意人的发型，而且还预约了今后每周都会来。虽然这比以前的理发店花钱多了点儿，但是在工作中获得了更多的收益，这笔投资是值得的。

我又去了那位前辈推荐的男装店，斯哥特先生很热情地教了我如何打扮自己。他教我打领带，给我选了一套西服以及搭配的衬衫、袜子、领带，当然这些都是给的折扣价。他每挑选一件就给我讲解为何要挑这种颜色、式样，甚至他还给了我一本教人着装打扮的书。此外，他还告诉我什么季节应该买什么衣服、买哪种合算。这帮我省下了不少钱。以前我真是不讲究穿着打扮，衣服穿得皱皱巴巴才换，斯哥特先生就说："衣服要常换，一套衣服不要穿好几天，即使你衣服少也要经常换。脱下来的衣服最好挂起来，裤子要熨直裤线，西服也要记得经常熨烫。"

此后不久，我已经不在意这些打扮所花费的钱了。因为斯哥特先生教我的打扮方法，已帮我节约了不少钱，而且我还添置了好几套衣服。

一位鞋店的朋友告诉我，和穿衣服一样，鞋也要经常换。勤换可以增加鞋子的使用寿命，而且使鞋子不易变形。

有人曾说过："不能以貌取人，但着装也说明问题。"是的，当你穿着打扮得体，你就会满怀自信，而且这种"衣着得体"也能帮你赢得他人的信任。记住：让人看起来你总是最棒的。

# 第四章
# 交友的第一要诀是真诚

## 向林肯学习如何交友

有一次，我向一位年轻的律师推销保险。很明显，他对我的推销不感兴趣。最后我只能礼节性地离开，不过，我离开的时候说了一句话，却让他顿时眼前一亮。

"巴内斯先生，我相信您前程远大。我就不打扰您了，如果您不介意，我会继续和您保持联系。"这就是我临走时说的话。"前程远大？不知道你从哪里看出我的前程远大了。"这位巴内斯先生似乎在怀疑我的真诚，就像我在巴结他似的。我诚恳地告诉他："我听过你在州长会议上的演讲，那是几个星期前吧，我至今记忆犹新。我想这是我听过的最好的演讲。哦，不仅我这样认为，我许多朋友也这样说啊。"他听了这话很高兴，可以说有些洋洋自得吧。我就借机进一步问他是如何学会在公共场合中演讲的，他很有兴趣地和我聊了起来。离开时，他满脸笑容地对我说："欢迎你随时来访，贝特格先生。"

在此后几年时间里，这位年轻的律师接手了不少重要的案件，并且做得非常出色。可以说他是本地最成功的律师之一。当然，我和他成为了好朋友，也一直保持着亲密联系，特别是在很多保险业务方面。他后来成为宾夕法尼亚州制糖公司、密德维勒钢铁公司等大公司的法律顾问，甚至进入了这些大公司的决策层。最后，他从一名律师转型成为宾夕法尼亚州最高法院的法官。

在这些过程中，我一直对他说："我从不怀疑，你会成为费城最好的律师。"当然，他也很乐于和我分享他成功的喜悦，我们是相互信任的好朋友。作为一位挚友，我对他的成功感到由衷的喜悦。不过，当他成为法官之后，我应该对他说：我相信你会成为本州最好的法官。我相信，我对他真诚的鼓励是相当有用的。我想，人们都会希望得到别人的信任，也希望被人期望"前程远大"。只要我们是出于真诚的信任和期望，我想他们也会真诚地回以感谢。

如何交友，我们伟大的总统亚伯拉罕·林肯曾经说过一段经典的话："如果你想赢得朋友，首先你要让人确信你是真诚的。言谈中要体现真诚。也许他的判断力会质疑你的真诚。不过，真诚始终是唯一的方法。"经典的话历经时间的洗礼仍然有着震撼人心的力量。这段话对我确实很有帮助。

几年后，有人托我打听一位年轻人的情况。这个年仅21岁的年轻人在基拉德信托公司工作。

我和他做了一笔小生意，发现他确实是一个年轻有为的优秀人才。有一天我很真诚地对他说：“你将成为基拉德信托银行的高层管理人员，甚至是总裁。”他以为我在开玩笑、痴人说梦。我不得不对他说：“我是认真的，你也该把我的话当真。什么能阻止你呢？你热情，有优秀的工作业绩，人际关系广泛，你拥有一切良好的素质。而且你很年轻，这是一笔宝贵的时间财富。你要明白，这家银行的所有高层都会退休，总有人要接替他们。你这么优秀，为什么不准备好做一个高层管理人呢？”

他似乎有些心动了。我就向他提出建议：参加银行业务学习；锻炼在公共场合演讲的能力。他听取了我的建议。一天，他所在的银行召集所有员工开会，负责人谈了银行现在面临很多困难，决策者们想听听下面员工们有什么建议。这位年轻人就勇敢地在会议上站起来，对着负责人和所有员工，说出了他解决银行困境的办法。他的话是那么令人信服和充满激情，所有与会者都感到震惊。会后许多朋友都向他祝贺。

第二天，会议召集人把他叫到办公室，高度评价了他的表现，并告诉他决策层已采用了他的部分建议。没过多久，他就升任为银行部门经理。如今，他已经是另一家大银行的总裁。

当然，作为朋友，他和他的公司购买了我推荐的保险。我根本不用担心有其他竞争者来抢保险订单。

多年前，我认识了两个年轻有为的朋友。他们的公司面临一些困难，所以他们感到很迷茫、压抑，甚至有了放弃的想法。我告诉他们，我经常在生意场听见他们的竞争对手评价他们的优秀成绩。我还询问了他们5年前开始创业起步时的情形，是的，万事开头难。他们就开始给我讲他们的创业故事。谈到过往的辛酸和喜乐，特别是说到是如何度过起步的艰难时，再看看现在遇到的问题，他们的脸上有了笑容。我鼓励他们说：“在这一行业中，你们就是最优秀的，你们不能放弃，因为有无数竞争者在你们身后。”实际上他们拥有出色的能力，只是年轻人容易迷茫，这时候正需要有人给他们适当的鼓励，鼓励他们走出低迷的情绪。

当我离开时，他们很热情地挽着我的胳膊，一直将我送到电梯门口。正当电梯门将要关闭的时候，他们提议：“您能否每周都能来我们这里一次？”以后的几年里，我常常去他们那儿，对他们说真诚的、激励的话语。当然，我也向他们推销保险。他们的公司发展得越来越好，他们获得了自己的成功，相应地，我的业务也增加了不少。

我从历史上的伟大人物身上获取过激励。当然，那些来自生意上的合作伙伴和朋友也给了我最大的鼓励，提供了最好的建议。当我告诉他们，我从他们那里得到了鼓励，并且取得了很好的成绩。他们总是愿意听我讲，他们是如何帮助我取得成功的。比如我和摩根先生的一次谈话。

摩根先生是某纸业公司的销售经理，有一次我和他聊天。我说：“摩根先生，你对我鼓励的作用太大了，让我赚了不少钱。”他以为我是在奉承他，并不相信我的话。他说：“你有什么就直说吧！别和我开玩笑。”我说：“我可不是开玩笑，我是真心的，记得几年前你们公司总裁对我说：您总是公司第一个上班的人，每天7点来公司，在其他员工来之前就打扫、整理好办公室。即便您升任销售经理后，您也坚持7点到公司。我当时就想，您7点到公司的话，那你在6点之前就起床了。所以我就向你学习，我参加了6点钟俱乐部。这令我感觉很好。这样，我每天就可以干更多的工作。多年下来，我就比别的推销员做得更好了。所以是您的行为鼓励了我，让我赚到更多的钱。”果然，摩根先生听我说完这些之后，非常高兴。然后很有兴致地和我聊了很多话题。当我离开后，我记下不少关于他的东西，比如他在哪儿出生，他妻子和孩子的名字，他未来的目标，他的爱好等。把这类信息记录在卡片上的习惯，我已经坚持了25年。所以经常有人很诧异，为什么我对他们了解那么多。这也帮助我认识了很多朋友。

“您是怎么开始您的事业的？”这是一个我问过无数次的问题，而且是一个很有魔力的问题。它帮助我打开了很多推销工作的困局。人们通常会回答：“说来话长了……”然后他们就会开始回忆：他们的事业如何开始，遇到了些什么困难，又是如何克服的。我总是着迷于这样的奋斗故事，我觉得这样的故事很浪漫，很激励人心。对于讲述者来说，他们更会觉得浪漫，那些过往的酸甜苦辣都是美好而浪漫的回忆。而且他们也乐于向你讲述，如果你真的感兴趣，他们会以他们的故事来鼓励你；他们认为自己的经验对你有益，他们会告诉你所有的细节。“您是怎么开始您的事业的？”通过提这样的问题，那些忙碌得无暇顾及你的人，也会停下来和你谈话。我来举一个典型的例子，罗斯先生总是很忙，他对推销员的态度是：离我远点儿。下面就是我第一次与他见面时的谈话：

我：“先生，您好！我是贝特格，保险公司推销员，您认识吉米·沃克先生吗？是他介绍我来的。”（我把吉米·沃克先生亲笔签名的名片递给他）

罗斯：“（一脸的不高兴，接过名片，看了一眼就扔在桌子上）又是一个推销员。”

我：“是的……”

罗斯：“（很没有耐心听我继续说下去，打断我的话）你已经是今天第十个推销员了。我还有很多事要做，哪有时间听你们这些推销员滔滔不绝的废话？别烦我了，我没有时间！”

我：“我只打扰您一会儿，如果您今天没空，我可以约一个时间再来，明天可以吗？实在不行，再晚些也行。您看上午还是下午呢？我不会耽误你太多时间，20分钟就行。”

罗斯：“我说过了，我根本没时间。”

我：“（我用了整整一分钟仔细看他正放在地板上的产品）您的工厂生产这些？”

罗斯：“嗯，（他看见我对这些产品很有兴趣）是的。”

我：“您做这一行多长时间了？”

罗斯：“哦，有22年了。”

我：“您是怎么开始做这一行的呢？”

罗斯：“（仰身靠在椅背，神态可亲）说来话长了。我17岁就开始到工厂干活，我在工厂里辛苦干了10年。积累了一点儿资本，然后自己开了现在这家公司。”

我：“您是在美国出生的吗？”

罗斯：“不是，我出生在瑞士。”

我：“那您肯定年纪不大就来美国了吧。”

罗斯：“嗯，是的，我14岁就离开了家，在德国短暂停留过，然后就来到了美国。”

我：“那您是带着一大笔资金来这里开创事业咯。”

罗斯：“哪里，呵呵，我最初只有300美元起家，干到现在，达到了30万美元。”

我：“那真是了不起，我想您的这些产品生产过程也很有趣吧。”

罗斯：“（站起来走到我身边）不错！我们的产品在市场肯定是最好的，我为我的这些产品感到骄傲。你愿意到我的工厂里去看看吗，看看这些产品是如何生产出来的？”

我：“太荣幸了，我很想去看看。”

然后，罗斯先生手搭在我肩膀上，陪着我一起去参观工厂。虽然这次见面，罗斯先生并没有购买我的保险。可是在这之后的16年里，我向他卖出了19份保险，还向他的儿子们卖出了6份。最重要的是，我们还成为了好朋友。

## 我为什么在各地都受欢迎

作为一个渴望改变命运的年轻人，我知道自己的问题在于：很难快速找到改正错误的方法。特别是在我苦难的童年时期，那些苦难的生活至今记忆犹新。

父亲很早就过世了，母亲拉扯着我们5个孩子生活。为了让我们活下去、上得起学。她不得不去做浆洗、缝补衣服的活。可是到了寒冷的冬天，由于家里没有暖气，除了厨房做饭时还有点儿温度外，室内和室外一样寒冷，而且房间里也没有地毯。天花、猩红热、伤寒等疾病随时会降临到我们身上。最后，饥饿、疾病夺去了我们家3个孩子的性命。这样的生活境况让我们的生活毫无乐趣，甚至我们生活的希望之火也在逐渐熄灭。

我不得不出去挣钱，沿街叫卖东西。可不久，我发现自己有很多的缺点。这些都是我叫卖东西时的弱点。我的表情总是愁苦孩子的忧郁，这是多年苦难生活的写照。然而，我不得不告诉自己，我必须做出改变。我努力去做，很快，无论是在家里、在社会上、在事业上都收到了效果。

最初，我每天早晨要花15分钟洗漱，强迫自己带着笑容出门。但是我发现这种虚伪的职业微笑也没让我多挣什么钱。这种强颜欢笑肯定不能取代那种发自内心的真诚的笑容。

不过即使是这种职业微笑我都难以坚持。因为在我每天早晨进行那15分钟的洗漱时，我的内心依然是带着疑虑、恐惧和担心。所以无论我怎么强颜欢笑，不久后，我又不知不觉地恢复到忧郁的神情。怎么才能让一个生活在苦难之中的孩子抛弃忧郁、面带微笑啊？我只能努力抓取那些快乐的回忆，来强迫我挤出微笑。

我这种矛盾的身心体验，可以用哈佛大学哲学家威廉·詹姆斯的理论来说明。他说："经历和感觉似乎截然不同，有了感觉才有经历。其实两者同时存在，我们限制感觉表现出来的行为，如表情，但是我们不能限制我们的感觉。"是的，我不能用虚伪的表情来欺骗自己内心的感觉，所以我必须用真心的欢乐来激发真诚的笑容。

后来，我就开始试着这样做。进入别人办公室进行推销前，我要事先想想该说些什么，然后面带着微笑走进去。在推销前后，我都一直保持着微笑。秘书小姐进去通知老板，然后引我进办公室。在我的微笑感染之下，她们也会面带微笑。

和擦肩而过的人打招呼的时候，也许你唠唠叨叨说了很多寒暄的话，但都比不上你简单而真诚的微笑更受欢迎。如果你和熟悉的朋友打招呼，那你就不妨面带真诚的微笑直呼其名，真诚的微笑具有无穷的魅力。不知你们是否注意到：好运气似乎总是偏爱那些真诚、富有激情的人，而歹运则总是与那些忧郁的人相伴。

电话公司做过一次声音与微笑的调查，发现带着微笑的声音能够获得更好的效果。你现在就可以拿起电话，来一次面带微笑的谈话，感觉一下不同。最好在你的电话前挂一面镜子，让你也看到自己的微笑，也许你就可以发现是否有微笑的差别。我曾在演讲的时候，对数以千计的人建议：在30天时间里，面带微笑去做所有事情，有25%的人表示愿意做这种尝试。最后的结果怎么样呢？这里我们不妨摘录一位男士的一封信来加以说明：

"……本来我已经和妻子决定要离婚了，因为我认为婚姻的失败全是她的错。我不仅在心里抱怨她的错误，而且经常在家里发脾气，数落她的不是。从此家里也就失去了往日的欢乐。后来，我才认识到，这都是由于我郁积的消极情绪，让我神情忧郁，失去了往日的积极态度。我的这些消极情绪最后伤害了我最亲爱的人——我的妻子和孩子。我意识到这不完全是妻子的错。自从认识到自己的缺点后，我开始努力改变自己，一年后我又成了积极向上、快乐阳光的人。我和我的妻子、孩子又重新欢乐地生活在一起。人们又看见了我的微笑，我的事业也有了惊人地发展。"这位男士对微笑所带来的结果是那么满意，以至于他持续不断地给我写了好几年的信。

陶鲁斯·狄克思曾说过："女性的微笑是击败脆弱男性的最好武器，当然也是鼓励脆弱男性的最好方式。然而很多女性却不把鼓励男性当成是美德和责任。因为她们认为最好是将丈夫留在家里，这样就可以更好地维持婚姻。当男人们知道家中有一个女性在等他，没有一个男人不赶紧回家的，她的笑容就是他所需要的灿烂的阳光。"

你也许还觉得这不可思议，带着笑容就会快乐？朋友，你不妨试试，面带着微笑去面对一切事物，你就会亲身感受到这其中的奥妙。你可以从自己身边最亲爱的人开始，看看自己面带微笑对着妻儿会有什么效果。面带微笑是拒绝忧郁最好的办法之一，面带微笑到哪里都会受到欢迎。

## 学会记住人们的姓名和面孔

我曾在费城男基督教青年会讲授过一年的营销课程。在这期间，我听过一位记忆专家讲授的记忆训练。这让我懂得了如何记住别人的姓名，以及记住别人名字的重要性。后来，我也阅读了有关书籍，听了一些讲座。在生意和社会交往中，我也有意识地去使用这些记忆方法。而且，真的产生了奇异的效果。这之后，我可以比较轻松地记住那些名字了。那位专家教给我记住名字和面孔的3条原则是：印象、重复、联想。

是的，这3条原则，看起来比较简单。不过在现实中，你如何去运用，还是一门需要学习的技艺。我不妨多花些笔墨来详细解释一下各条原则。

第一条，印象。心理学家说：人的记忆力问题其实是观察力问题。是的，我在现实中也认识到了这一点。我以前总是记不住一些名字，为什么？因为我很少注意，甚至毫不注意这些名字。所以在很短的时间里，这些名字只是在我眼前或者耳旁飘过，根本就没有被我的大脑存储。如果有人因为对我毫不在意而忘了我的名字，我就会觉得心里不舒服。同样，如果我也不能正确地牢记别人的名字，那简直是不可原谅的无礼。

怎样才能很好地记住别人的姓名呢？如果是因为你没有听清，你可以礼貌地说："您能再重复一遍吗？"如果你还是不能肯定的话，你就要很诚恳地说："抱歉，您可以告诉我怎么拼写吗？"我想，你要正确而清楚地记得他的名字，他是不会反感你这些问题的。所以记住别人的名字和面孔，首先你要提高你的注意力。是的，不要再想别的什么事。比如，你和陌生人见面，你多留意他的名字和面孔，这也有助于缓解你的约束、谨慎。

我曾经就遇到这样的情况。一次与几个人会面，其中一个人的名字叫克林克斯克尔斯，这个名字的发音不太容易。我说："您能再重复一下你的名字吗？"他重复了一遍，可还是含混不清。我又说："您能告诉我怎么拼吗？"他教了我怎么拼写。我说："您这个名字可不常见，您能不能再告诉我怎么才容易记住呢？"他感到厌烦了吗？他不但没有感到厌烦，反而是不厌其烦地教我怎么记。这样我怎么还会忘记他的名字呢？后来我们不期而遇时，我直接地叫出了他的名字，你想他能不高兴吗？当然我也是很高兴。注意他名字的发音和拼写，这有助于记住他的名字。

注意力，最重要的就是眼睛。我们常说眼睛就像是心灵的照相机，它会如实记录我们所留意的事物。这怎么来证明呢？很简单，你闭上眼睛，然后在你的头脑中放映你看到的面孔。你还可以将名字和这些面孔对应联系起来。这就是通过注意力加深印象来记忆人的名字和面孔。

第二条，重复。你可能经常遇到这样的情况，刚给你介绍的人，你很快就忘记了。即便当你不断重复好几遍之后，你可能还是会忘记。其实，重复是可以加深记忆的，只是需要使用合适的重复方法。

在和别人谈话的时候，你可以多次提及他的名字，而且是用多种谈话方式使用他人的名字。比如，莫斯格拉夫先生，您是不是在费城出生的？如果你很难读出这个名字的音，你千万不要不懂装懂。因为现实生活中，我总是遇到很多人采取回避的方式。如果我碰上一个较难发音的名字，我就会问："您的名字我念的对吗？"而且人们也很乐于帮你念出正确的名字。同样，如果你想让别人也轻易地记住你的名字，你也可以在他面前多次重复你自己的名字。

还有一种方法，我们刚刚见完一个人，离开后，就立即把他的名字记下来。这的确是一个很有用的方法。当然，有时候我们要同时见几个人，很难把他们的名字都记住，一位朋友教了我一个好办法。我的这位朋友记忆力很差，但他摸索出了自己的记忆方法，而且有很好的记忆效果。在参加一些大型会议时，他就经常演练自己创立的方法。

这种记忆方法大体如此：与一群人见面时，先记住三四个名字，当然，你可以花一点儿时间，把这些名字粗略地记下来。然后再记其他的人，试着把他们的名字编成一句话，或者一个故事，然后牢记在心。比如在一次有50个人参加的宴会上，这些名字有长斯尔、凯米尔、欧文斯、克德温、柯撒尔等。是的，你可以将这些名字的谐音编成一句话，而且记忆效果颇佳。当然，并不是所有的名字都能编成一句话，最关键的是你要记住这种方法，在合适的场合就可以好好运用。例如，最近我与牙医学会的4位医生见面。我想起了一个神话故事，并利用谐音把他们的名字编成了一句话，这样，我很容易就记住了他们的名字。

你也许经常会遇见这样的情况，与人见面时忽然想不起他的名字。我现在教给你一些避免这些尴尬情况出现的方法。

首先，不要着急，这种事谁都会遇上。你可以承认自己忘记了他的名字，当然你要用一种带着玩笑的语气说：“我从不忘记别人的名字，可是因为您太出众了，我竟一时忘记了您的名字。”

其次，和熟悉的人打招呼时，尽量叫出他的名字。我想人们也是乐意别人叫他的名字的。只要你每次见面都记得叫名字，不断地重复，加深记忆。今后你就不会觉得这人面熟而想不起名字了。

最后，你要去与某人见面前，最好先熟悉一下对方的名字。在记忆许多人的名字时，你可以运用“重复”的方法。你可以利用零散的时间，比如将需要记住的人名列一个名单，然后利用茶余饭后的时间常念念，我相信一个星期你就可以记住这些名字了。

第三条，联想。我们如何才能把一些需要记住的事物根深蒂固地锁在大脑里呢？无疑，联想是最重要的因素。我们经常会因为某些事物的触发，回忆起我们遥远的儿时情景。前不久，我在新泽西大西洋城的一个加油站加油，加油站的主人认出了我，虽然我们在小学的时候见过面——那也是40年前的事儿了。这太让我吃惊了，因为以前我从未注意过他。

“我叫查尔斯·劳森，我们曾经在同一所学校读书。”他很激动地望着我。而我，早就忘记了这个名字，我还在想是不是他认错人了。不过他很快就提到了我熟悉的一些名字。他见我还有些疑惑就接着说：“你还记得比尔·格林吗？还记得哈里·施密德吗？”

“哈里！当然记得，”我回答道，因为哈里是我最好的朋友之一。“你还记得吧，由于那段时间流行天花，贝尔尼小学停课了，我们一群孩子就去法尔蒙德公园打棒球，咱俩还是一个队呢？”哦，贝尔尼小学、法尔蒙德公园，这些关键词让我联想到了我的童年。我记起来了！“劳森！”我叫着跳出汽车，使劲儿握住他的手。我想这就是联想的魔力，它让我回忆起40年前的事了。

人们记住你的名字困难吗？你可以寻找联想的记忆。比如我的名字：贝特格，不怎么顺耳也不容易记住。幸好，有一家人寿保险公司的名称的发音和我的名字发音相近。于是在介绍我的名字时，我总是用这种联想、谐音的方法来告诉对方，这种方法还挺有效。

我相信人们都乐意记住你的名字，如果忘记了熟人的名字，这真是很尴尬的事情。只要你愿意，我想，人们也乐意告诉你怎样记住他的名字。此外，如果你与很久未见的朋友见面，你最好首先说出自己的名字，这样可以避免对他的窘迫，我想这对任何人来说都是好事。

你要知道，其实每个人的名字后面都有一个故事，是的，当你怎么也记不住一个名字时，你可以问问这个名字的来历。也许这个名字背后就有一个浪漫的故事，而且很多人也愿意谈论这个故事，毕竟这比谈论天气更有兴趣。

有时，当你记住别人的名字后，可能会获得超乎想象的回报。我有一位朋友，他19岁时从爱尔兰来到美国，在一家百货连锁店里清洁卫生。后来他成了总店的副总经理，一直到52岁退休。他就通过利用联想的办法记住了公司管理人员的名字，甚至还记住了他们妻儿的名字。无论是这些管理人员的家里出现了生病或是遇到困难，他都赶去帮忙。虽然记住人名和面孔并非他成为副总经理的唯一原因，但是我相信这是相当主要的原因。

我曾经问他是否专门训练过记忆力，他笑着回答：“我没有专门参加训练，在工作的时候，我总是带着一个笔记本，每当和一个负责人谈话之后，我就立即记下他的名字，有时候还有他们家人的姓名、年龄等信息。几年之后，我几乎认识了所有的负责人，也用不着用笔记本了，除非又有新人到来。”

其实，作为一名推销员也是如此，我们不但要记下客户的姓名与电话号码，还要记住他们的秘书与接线员的姓名。在谈话时，我们可以叫出他们的名字，让他们感到我们注意到他们的重要性了。这些人可能为你的工作带来很大的帮助，其价值是无法估量的。

很多人都告诉我他们记不住别人的名字，我对此并不吃惊。因为他们面对这些问题，习惯于束手无策。为什么不付出一些脚踏实地的努力呢？你可以运用印象、重复、联想的方式记住这些名字。只要你用心付出了努力，你很快就会发现自己的记忆力有所提高。你可以用卡片记下你每天遇到的人名，累积到一周的时间，你可以做一次回顾，看看你是否记住了更多的人名。

## 推销员失去生意的最重要原因

罗克岛铁路公司要在密西西比河上修建一座铁路大桥。那时候马克・吐温还在这条河上当船员。这座跨河铁路大桥会连接伊利诺可的罗克岛和爱荷华的达文波特。可是那时候的内河航运发达，各个地方用牛车、大篷车运来小麦、熏肉以及其他物资，抵达河岸的港口，然后用船运往大城市。轮船主们都依靠着这河上的运输权来赚钱。

然而，铁路大桥的修建将严重影响到轮船的航行，所以轮船公司便将铁路公司告上法庭，希望阻止修建大桥合约的签订。这是美国运输史上一桩著名的诉讼案。

法庭辩论的那天，旁听席座无虚席。轮船公司雇用了律师韦德，他曾经是河运界最著名的律师。韦德在法庭上滔滔不绝地对听众们讲了两个小时，他甚至暗示案件的判决可能引起工人的抗议或罢工。他的声音大得就连在法庭外面也听得到。

轮到罗克岛铁路公司一方的律师发言了，听众们无不为他感到惋惜。他怎么能够说得过滔滔不绝发言两小时的韦德啊？不，他的辩护仅仅用了一分钟，他不紧不慢地说道："首先要向控方律师的滔滔不绝辩护表示祝贺。然而跨河运输要远比内河航运重要。陪审团的先生们，你们要做出裁决，唯一要考虑的是：就未来的发展而言，跨河运输与河内运输，哪一种方式更为重要？"说完他就坐下了。

陪审团没用多少时间就作出了裁决。这位衣着简陋、身体瘦削的，来自穷乡僻壤的律师的话感染了陪审团。当然也就注定了裁决的结果。这位不起眼的律师，他的名字就是亚伯拉罕・林肯。

林肯总是能够快速而准确地抓住案件的核心，以简明扼要的语言辩倒对方。我是林肯总统忠实的崇拜者。我读过他在历史上的许多演说。在这次著名的诉讼案中，他以一分钟的辩护词驳倒对方两小时的长篇大论，给我留下了最深刻的印象。因为我知道喋喋不休是最坏的习惯。

我曾经就因为这种恶习，在生活中以及事业上屡屡失败。你知道，即便是对你最好的朋友这样喋喋不休，他也会表示厌烦的。我的一位好朋友曾私下里对我说过："你知道吗？你总是滔滔不绝地说，我都无法插嘴提问。明明一句话就能说清楚的事情，你却要说上15分钟。"当然更多的教训是在和客户谈生意的时候。有一次，客户很不耐烦地对我说："有话就直截了当地说出来，别给我东拉西扯地说那些琐碎的事情。"这让我认识到自己喋喋不休的恶习，让我失去了不少推销的订单，而且叨扰了朋友和客户，也浪费了自己的时间。

所以我开始要求自己长话短说，学会言简意赅地表达。我让妻子监督我，无论何时，只要发现我又在喋喋不休了，就往嘴唇上竖起食指。我就这样坚持使自己用简洁的语言表达自己。经过几个月的努力，我学会了言简意赅地说话。其实直到现在，我仍然在与喋喋不休的恶习作战。我总是用力压制着我那如簧的嘴舌，但偶尔也会忍不住，又开始用15分钟来谈话了。

你是不是也有这种恶习？你是否也这样说话停不下来？你是否也总是纠缠那些琐碎的细节？如果有，就赶快在自己的头脑里安一个闹钟。如果听话的一方已经感到厌烦，你就要立刻打住，尽量学会用简洁的语言达到最优的说服效果。

作为推销员，我知道，虽然我们知道的并不很多，然而话却可以说一大箩筐。最好的说明就是前不久通用电气副总裁说过："为什么推销员会失去销售的机会？对于这个问题，我们各个销售公司进行了一次表决，1/3的人认为是因为说得太多。"

是的，特别是在电话交谈的时候，更应该避免喋喋不休。那让我来告诉你如何把电话交谈时间减少一半。打电话之前把要说明的事项列在一张纸上，然后说："我知道您很忙，有这样几件事要讨论……"当你依次把几件事说完，对方也就知道了谈话即将结束。

《圣经》的《创世记》作者就是一位言简意赅的大师，他只用了442个字来讲述创造世界的故事，比我这一节的文字还少一大半。

# 如何消除对大人物的恐惧

有人曾问我面对那些大人物是否害怕过？我岂止是害怕，简直可以用惊恐万分来形容。不过那都是我刚入行做推销员时的情形了。当我刚刚开始做人寿保险的推销员时，我知道要想在人寿险推销方面成功，就必须和那些大人物打交道，向他们销售保险。换而言之，以前是做点小推销，现在可是要真正去做大订单了。

我面对的第一个大人物是海岸汽车公司的领袖人物——休斯先生，我可是经过了多次预约才有幸和他见一面。当他的秘书把我领进他装饰豪华的办公室，我突然变得紧张起来，浑身发抖，根本就说不出话来，我就战战兢兢地呆立在那里，休斯先生惊异地看着我。是的，我必须说话了，虽然是结结巴巴的，但是我也努力走出了第一步，承认自己的紧张。我结结巴巴地说："休……斯先生，嗯，我很早……就想看你了，对，我现在来来……可，可是我太紧张了。"

休斯先生很和蔼地对我说："这就对了，我年轻的时候，最初也像你刚才那样。来，坐下，放松一点儿。"当我承认自己紧张了，又听到休斯先生说他曾经也如此。我心里的恐惧、担心都不复存在了，思绪混乱的头脑也开始清醒，身体也就不发抖了。休斯先生似乎成了我的挚友。他鼓励我向他提出问题，是的，我可以向他提出保险的建议，我想他可以让我完成这次推销。

虽然我那次并没有向休斯先生卖出保险，但是我却收获了比一份保单更有价值的经验教训。我认识到了这样一条原则：当你感到害怕就应承认。

其实，不仅是像我这样的推销员会因为恐惧而紧张得说不出话来，即便是那些经常在公共场合抛头露面的成功人士也难免紧张。1937年春天，美国戏剧艺术学院在纽约帝国剧院举行毕业典礼，莫里斯·伊文斯，当时世界上最杰出的莎士比亚剧演员，将会作为主要发言人做演讲。不过，这个在舞台上能够流利表达莎翁剧作的人却紧张了。我当时听到他没说几句话之后就开始紧张得无法继续了。最后，他不得不说："我感到害怕，面对这么多重要的嘉宾，我说不出来了。我做了很多准备，可是我现在仍然不知道要说什么。"可听众们却依然喜爱伊文斯，他公开地承认他的恐惧，无论老幼都为之感动。

二战期间，在一次午餐聚会上，我听过一位海军军官的演讲。他在战场上以勇敢而闻名，当时很多听众都热切期待着他的演讲，希望他将前线充满惊险的战争场面讲给我们听。他慢慢走到讲台上，从衣袋里拿出演讲稿，然而他拿着讲稿的手却在不停地发抖，而另一只手不知道该放在哪里。他只是结结巴巴地念出了演讲稿的几句话，然后声音就慢慢的没有了。他沉默了许久，窘迫但诚实地说道："我太紧张了，面对着听众比我在战场上面对日军还要紧张。"听到这一番诚实的表白，在座的每个人都用微笑和掌声向他表示鼓励。他收起了演讲稿，开始了自信、充满激情的演讲。

这位海军军官所遇到的，也是莫里斯·伊文斯所遇到的，也是我所遇到的，同样也是我们其他人所曾遇到的。当我们感到恐惧、紧张而不知所言时，我们就要承认和接受，而且要毫不掩饰地承认和接受。

关于这一点，我曾撰写了一篇文章《当你感到恐惧，你要承认》，发表在《你的生活》杂志上，不久，便收到了一位来自太平洋前线的士兵的信，信是这样写的：

亲爱的弗兰克·贝特格：

我刚读完您发表的文章。对于一个刚刚走上战场的士兵来说，《当你感到恐惧，你要承认》是很好的文章。其实在入伍以前，我也存在您文中提到的那些情况。我在公众场合中容易感到紧张，比如在高中和大学的演讲；即便是去找工作，和雇主谈话也让我恐惧；甚至在我和一位女士约会时，我都感到紧张得无法交谈。

您可能会感到疑惑，我现在已经进入战场了，怎么还会在万里之遥给您写这封信？其实不论是在公共场合中演讲，还是在找工作中与雇主谈话，我一直在试图消除内心的恐惧。可是我一直没找到最好的方法。您知道，恐惧的情绪会影响人的很多行动。看过您的文章后，我明白了，

‘你要承认’这一建议在我们面对日军时也是正确的态度。

在战场上，很多人都不承认自己的恐惧，可是到了战斗时，他们就被看出来是说大话了。我想说大话欺骗自己也欺骗别人，不是正确的选择。我们只有承认自己的恐惧和紧张，这才是正确克服恐惧心理的第一步。感谢您的文章，我真心地希望那些幸运的学生们、工人们能够有机会去实践您的建议。

对于那些经历着公众恐惧的人，也许你现在正在阅读本书中的这封信——这封来自太平洋前线的信，你是否是他们中的一员？

回首往事，我曾经拥有那么多机会，然而因为恐惧而不敢冒险，不敢去与那些大人物打交道。我是多么懦弱啊！幸好，在我进入推销行业不久就遇见了休斯先生。我承认了自己的惊恐，他告诉我他年轻的经历，打消了我的顾虑。如果我不承认我的恐惧，恐怕我早就被轰出去了。

承认恐惧并不丢脸，不去努力克服才丢脸。所以不论你在公开场合面对成百上千的人，还是在办公室独自面对着某个大人物，一旦你觉得自己恐惧、紧张了，请记住这么简单的一句话：当你感到恐惧了，承认它！

# 第五章
# 先把自己推销出去

## 推销之前的推销

有一次度假时，我站在轮船甲板上看着轮船慢慢靠岸。当船靠近码头时，一位船员用细绳系着一个棒球大小的东西抛向码头。岸上的人伸出手接住，然后再慢慢拉住细绳将船往岸边拉，而细绳后面连着一段很粗的缆绳，一起拉向码头。这样，船就靠岸了。我向船长请教，他说：“那根细绳叫抛接绳，像棒球的东西叫猴子爪。没有抛接绳和猴子爪，我们就没办法把粗缆绳抛到岸上。”

眼前的一切让我学会了如何去接近客户，也让我明白了为什么以前会错过很多潜在客户。原因就在于我老是想直接地把粗缆绳抛向岸边。比如，前两天，一位面包批发商愤怒地把我轰出了他的面包房。因为我没向他提前预约就直接向他推销保险。当时，我直接走进他的面包房，他并不知道我是推销保险的，听我不停地推销，他顿时就发火了。让我吃惊的是，我自己怎么会如此愚蠢。

那次度假归来，对于如何接近客户的问题，我请教了一些资历丰富的推销员，他们都说这是推销中最艰难的环节。当然，我也找了相关的书籍来阅读。我开始明白，因为我不知道怎么接近客户们，又怕有的客户恼火将我轰出来，所以我总是在进门之前紧张、踌躇。

但是我得到如何接近客户的答案，并不是从推销员或者书上得来，而是从我们要接近的客户那里得到的。我从他们那里得到了以下两点有益的启迪：

第一，客户喜欢那些真诚、简单明确的推销员，厌恶那些身份不明、所在公司声誉不好的推销员。

第二，最好是提前预约来访。若未提前预约，推销员应该先表示歉意，询问是否打扰客户了。这样做的话，至少不会像我那样被轰出来。

几年后，我的一个朋友在培训推销员时说：“接近那些你们从未接触过的客户，你们最好先花10秒钟简单介绍自己，是的，这就是在推销之前的推销，先把自己推销出去。”

如果我要去造访一个未预约的客户，我会说：“您好，我是弗兰克·贝特格，是保险公司的推销员。我现在正在您的邻居家，他推荐我拜访您，您现在能和我谈12分钟吗？或是晚一点儿再给您打电话？”通常对方会说：“你想和我谈什么呢？”我会说：“谈谈您自己。”他就会惊异地问：“谈我的什么事呢？”这时候就是接近客户的最好机会了，所以在给未预约的客户打电话之前，一定要预备好你的问题，让客户有兴趣和你继续接触。

作为推销员，我们应该真诚地为客户着想。我们所推销的东西都需要客户掏钱，所以我们应该真实地告诉客户，这会增加他的负担。如果你要谈论关键的问题，他一定毫无保留地和你畅谈怎么节约开支。在与客户谈论话题时，还需要注意你的谈话对象。家庭主妇最关心的是肉类、黄油、鸡蛋、牛奶等的价格，所以她们乐于听到的是如何节约在食品方面的花销，而不是如何选购节约的冰箱、洗衣机；那些急于在事业上有所成就的青年人可能对商会不感兴趣，他们真正关心的是如何扩大交际、增加人脉、获得更多的认可，怎么能更出人头地、增加收入。

有时候，接近客户不需要准备什么好听的客套话，也许有一个和他共同的兴趣是最好的选择。举一个例子，这是我一位朋友的亲身经历。

“那是我第一次尝试着去大城市推销，是的，在此之前我从未去过纽约。我在纽约的一个站点下了车。我走进一家商店，我确定这家店主将是我的客户。他正招呼着其他顾客，他5岁的小女儿正在地板上玩耍。小家伙很是可爱，我很快就成为她的好朋友。当我的客户忙完手中的活，我立即作自我介绍。不过，他说他已经很久没购买我们的产品了。在这样的情况下，我并不急于谈生意，我们谈了他可爱的女儿。他很高兴，邀请我晚上去他们家作客，因为今天是她的生日。然后我在纽约逛了一圈，晚上就去参加小女孩的生日晚会。我在他们家度过了一个欢乐的夜晚，一直待到很晚我才离开。让我惊喜不已的是，我和他签订了一笔我当时拿到的最大订单。我并没有极力推销什么，只不过很友善地对待客户的小女儿，因此给客户留下了好印象，也建立了良好的关系。”

他后来总结说：“和客户聊他们喜爱的事，这是我25年推销的经验，我想，这就是接近客户最好的方式。”我的这位朋友后来成为公司的销售部经理，再后来是总经理、总裁。

当然，我们不是总能够和客户谈他们感兴趣的事，更难以和客户的小女儿玩。但是，我想，我们还是有办法和客户交上朋友的。前不久和一位朋友一起吃饭，他给我讲了他的故事，他是最成功的推销员之一。

“多年前，我还是年轻的推销员，我去纽约向一位大制造商推销产品，但是一直碰壁。一天我又来到他的办公室，他看见我，很不耐烦地说：‘我今天没时间，现在我正要去吃午饭。’看来我必须抓住这个机会了，于是我说：‘您能带我一起去吗？’他似乎有点儿惊讶，但还是说：‘那就一起去吧！’吃饭的时候，我压根就没有说推销的事。不过他回办公室后，就给了我一笔小订单。这可是我从他那里得到的第一笔订单，后来我又从他那里得到了源源不断的订单。”

1945年5月，俄克拉荷马一位鞋店推销员创下了一天销出105双鞋的记录，顾客是37名妇女和儿童。他的推销诀窍是什么？我特意去了他的鞋店，问他是如何做到这项纪录的？“每位顾客来到鞋店，他们是否买鞋，这就要看你如何接待他们了。”这就是他的回答。

后来我就用了一整天的时间来观察他如何接待顾客的。我发现，这关键在于他的接待态度。是的，每位路过的顾客，他都以真诚的微笑、轻柔的话语招呼着，这让顾客有宾至如归的感觉。在推销之前，他就让顾客拥有了一个好印象。

通过上面几位推销员的成功案例，我们可以总结出一个接近客户的重要原则，“推销自己”，是的，这是推销之前的推销。我从中受益匪浅，本节将要结束，我以一次推销的对话作为结语。希望你能够明白，并将这一原则运用到你的实际生活中。

我：“柯泽先生，我不能仅凭您的眼睛颜色或者头发颜色来评价您，这就像医生没法诊断一个一言不发的病人。”

柯泽：“（略带反感地）你说得没错。”

我：“我现在，希望您能对我说点儿什么。或者是，为了给您提供一个有力的保障，我需要了解您的一些情况，我可以问您几个问题吗？”

柯泽：“（有点儿不耐烦）有什么问题就问吧。”

我："有的问题若不愿回答，您可以不回答。我会对这些问题保密的，如果这些信息泄露出去了，我想，那肯定不是我的原因，所以我也希望您严守秘密。"

说完这些后，我便递给了柯泽先生一份问卷调查：

1. 如果你去世了，你妻子每月最少需要多少钱来维持生活？
2. 你希望65岁时每月最少能有多少收入？
3. 你的房产债是多少？
4. 你的股票、债券等有价证券价值多少？
5. 不动产价值多少？
6. 手头有多少现金？
7. 每年的收入是多少？
8. 你本人以及你的家人是否购买了人寿保险？
9. 每年支付多少保险费？

这是我通常的做法，在客户回答我的提问之前，先填写这样的问卷。我花费了数年的时间来设计这份问卷，虽然问题不多，但基本涵盖了客户的信息，包括了他现在的情况和未来的计划。然后我可以适当根据客户的回答来提问，这样的提问只需要花费5~10分钟，客户可能也会以极大的兴趣关注这些，谁不关注自己的未来利益呢？

然后我收回问卷，仅提出了一个问题："柯泽先生，退休后您打算做些什么呢？换句话说，您有什么嗜好吗？"听了他的回答，我就把问卷放回公文包，然后起身对他说："柯泽先生，谢谢您告诉我的这些。我会根据您的情况，为您制订一个对您很有益的保险计划。等我完成了这个计划，我会立即给您打电话，再约一次会面，您看这样行吗？"

如果您在实际推销中也遇到了这样的案例，你就可以直接提出那些至关重要的问题。

然后根据当时的情况，选择一个好的时机来约定下次约谈，而且还要预想好下次该说些什么。

你要注意，如同医生妥善保存病人的病历那样，你也要为你的客户保存好这些问卷。这份问卷是你为客户制订下次谈话内容的重要依据。而且，如果你真诚为客户着想、服务，随着客户事业的发展，他们也许会把未来的进程也告诉你。因为他们已经将你视为诚实可信的人，你既能和他们一起面对困难，也能分享他们的成功欢乐。

你应该将接近客户的谈话好好记录下来，可以每天看看。当然你不必时刻惦记着这些谈话，你只需要多运用这些原则，直到这成为你下意识地自觉行为。

## 预约秘诀

我每周五都会去名叫"红室时光"的理发店理发，这一习惯已经持续了31年。现在的店主，9岁时就开始在这里当学徒。当时他年纪小、个子矮，就站在凳子上给顾客理发。他的理发技术很棒，甚至很多顾客都认为他是世界上最好的理发师。

即便这家理发店有着如此优秀的理发师，可是在1927年的经济大萧条时期也面临着不小的困境。理发店的生意清淡，甚至有些入不敷出，欠了房东4个月的房租，如果再不交房租，他们就要被轰出去。

一个星期五下午，他正在给我理发，我从镜子里看到他面色惨淡。我就问他到底是怎么回事。他就对我说了理发店面临的困境，最要命的是，最近妻子又生了个儿子。我们正在谈话的时候，一位顾客走进来，问店主大概需要多久才能轮到他理发。店主说很快，这位顾客很不情愿地坐下来，边等边看杂志。

我突然想到一个主意，就对店主说："你可以提供预约服务啊！"他回答说："贝特格先生，理发这种事怎么能预约呢？我知道人们可以和医生、律师预约，却没听说过预约理发。"

我却不这样认为："为什么不行？以前我也认为推销工作根本不需要预约，可是后来一位推销员告诉我应该尝试预约的办法，我试了才知道好。既然顾客们喜欢你为他们理发，他们就不愿意在这里久等，我敢打赌，这位正在等待的先生肯定愿意预约每周某天来这里理发。”那位顾客听了我的话，肯定地点了点头，而且很快就向店主约定了时间。

我满意地说：“你看没错吧。我也预约下你的服务吧，我每星期五早上8点来。”

第二天，店主就开始给过去的老主顾们打电话，并且用一个预约本做了详细的记录。很多老主顾都有几个月时间没去他的理发店了，有了预约的理发服务，他们又回到了这家理发店。你可以想象，这些顾客们，不论是老主顾还是新客户，都接受了这种预约服务。人们来到这里理发，不会因为长时间的等待而浪费时间，理发店的资源也得到了最优的利用。自然，理发店的生意红火了，收入也高了。20年来他一直实行着这种预约服务。我曾在一个推销培训班讲过这个故事，班里有一名学员是出租车司机。学期结束时，他告诉我，他现在运用预约服务，成为一名商人了。我问他具体的情况，他说他听了理发店的故事后，就想在出租行业尝试预约服务。有一天，他载着一位大公司的总裁去火车站。他就问总裁什么时候回来，总裁说他当晚就赶回来。他就向总裁说他到时候来接他，总裁很高兴地答应了。总裁晚上到达时，看见出租车已经停在那儿等待他了，他很高兴地给了更多的小费。出租车司机发现总裁每周都在固定的时间自火车站来回，他就向总裁提供了预约服务。那位总裁还告诉他一些其他公司经常出差的人的姓名和电话。按照这个名单，出租车司机向这些人提供预约服务。现在他的预约服务登记本上排满了，生意很不错。所以他不无得意地告诉我：“我感觉自己也是个商人了。”

后来，我把这经验告诉了一家服装店的老板，他也开始运用预约服务，而且顾客们也欣然接受了这种服务方式。

通过这些不同行业的人成功实行的预约服务，我发现其实很多行业都可以运用这种服务，客户们也乐于接受。预约服务是双赢策略，对于推销员，其具体的好处在于：

第一，节约时间。既节约了推销员的时间，也节约了客户的时间。

第二，实行预约，客户们从忙碌的工作表里给出特定的时间接待我们。自然，他们也会珍惜这个机会，认真听取我们的推销建议。

第三，每次预约都会有相应的效果，也更能使推销员提高知识层次。

你可以将预约的服务，运用到销售收音机、吸尘器、书籍方面，当然还有保险，你会发现很多交易都变得轻松了。在我还是棒球运动员的时候，我一位朋友，米勒·霍令斯，因为其频繁而高质量的上垒（当然，平均得分也比其他人更高），在棒球界非常有名。我想预约服务就像是上垒。当我清楚地认识到预约服务的好处后，我就不再漫无目的、东奔西走的跑业务了，我只需要按照预约，努力地跑上“一垒”。

在预约时，如果和认识的客户打电话预约，这应该没有什么问题。但是如果你是跟不认识的客户预约，对方通常会问：“你见我想干什么？”如果你回答说你想推销什么，你可能会失去这次接近客户的机会，因为你不能确定接电话的人是否需要你推销的产品或者服务。所以你在打电话预约的时候，应该努力抓住机会约定一次见面的会谈。即使到了今天，我在打电话预约的时候也提醒自己，别去谈生意，确切地说我只是“推销预约”。

让我举个典型的例子。我曾向一名叫阿雷的客户进行电话预约，他非常繁忙，每个月大部分时间都要坐飞机到各地做生意。以下是我们的对话：

我：“阿雷先生，我是弗兰克·贝特格，是理查德·弗里克先生的朋友，您一定还记得他吧！”

阿雷：“是呀。”

我：“阿雷先生，我是人寿保险的推销员，理查德先生建议我拜访您。我知道您很忙，您能在本周拨出5分钟给我吗？”

阿雷：“你见我有什么事呢？保险吗？我已经接到太多保险公司的电话了。”

我：“那也没关系，阿雷先生。我不会向您推销什么的，希望您相信我。明天早晨9点您能不能给我几分钟的时间。”

阿雷："好吧，我9点半还有另一个约会。"

我："我只需要您宝贵的5分钟。"

阿雷："好吧，你最好在9点15分来。"

我："谢谢，我会准时到的。"

第二天早晨我准时到了他的办公室。我边和他握手边说："您9点半还有一个约会。我只占用您5分钟时间。"

5分钟内，我简单地提出了问题，然后就对阿雷先生说："5分钟到了，阿雷先生，您还有什么要告诉我吗？"接下来的10分钟里，阿雷先生告诉了我想知道的一切。

是的，关键在于这5分钟的提问，也有很多人在5分钟的提问后，很热情地和我又谈了一个多小时。当然，我也认识一些成功的推销员并不用电话预约的方式谈业务。他们只是在每周固定的时间给客户打电话，而且固定的时间也是和客户约定好的，我想，其实这也是一种预约。

在我的办公室墙上曾经写着这样一句话："客户们不会自己走进这间办公室。"一直以来我也这是这样认为的，只有我们主动出去约见客户才可能促成业务。可是一位成功的推销员在一次聚会上说："我65%的工作都是在我的办公室里完成的，我在办公室和客户进行谈话。在那里和客户的谈话可以避免打扰，谈话会很快，当然结果也更让人满意。"

我开始还对这种方法抱有怀疑，当我试着也这样做时，让我吃惊的是许多客户都欣然接受这种方式。我也开始在办公室里和客户约谈，有客户在我办公室时，为了避免打扰，我就会嘱咐接线员不要接任何电话。

如果客户谈完事，没有什么要紧事，我会把办公室里的其他人向他一一介绍，还告诉他如果他真的买了保险，这些人都乐于为他服务。这是推销员的习惯性推销，利用客户来访的机会带他们到办公室、车间或工厂里转转，借此机会向他们介绍一下所推销的东西。

当然，并不是所有的客户都会来你的办公室里会谈，很多客户可以说是难以约见的。但是一旦和这样的客户完成了约定、谈成了推销，他们将是最好的客户。这些人虽然难以约见，但是只要你尊重他们，他们是不会拒绝你的约见的。下面是我总结的一些和这样的客户打交道的办法：

其一，"布朗先生，您什么时间有空？早晨还是下午？或是本周的其他什么时间？"

其二，"这周由您安排时间，我们一起吃顿午饭好吗？12点或12点半都行。"

其三，如果客户工作繁忙，但又确实想见我，我就会这样问："您今天进城有车吗？"如果他说没有，我会用自己的车载他去，还要向他解释："这样我可以和你谈几分钟。"

其四，如果提前预约得过早，你要征询客户的意见确定见面的时间。例如，星期五早晨我完成下一周的工作计划，如果我给一个客户电话预约："您好，我下星期三会到您的邻居家去，我可以顺便去拜访您吗？"对方基本上不会拒绝，在我的建议下，他会定下具体的时间。

我们在竭尽全力的预约客户时，也要善于体察对方的态度。一旦对方毫无合作的诚意，我会毫不犹豫地放弃。我曾经有过几次具有典范意义的预约，而且都是和那些难以约见的客户。例如，有人向我介绍了一位承包商作为推销对象。打过几次电话之后，我才知道这位客户仅在早晨7点到7点半在办公室。所以我在早晨7点来到他的办公室，当时他正在翻看着桌上的信件。还未等我说话，他猛地站起来，拿起一个大文件袋就准备出门，然后回过头来，看着我说："你到底想和我谈些什么呢？"

我回答说："想和您谈谈您自己的事。"

他说："我现在有事出门，没空和你谈。"

我问："您现在要往什么方向走？"

他回答说："新泽西州的科林斯伍德。"

我向他建议："我用我的车送您去吧！"

他说："不用了，我车里放着我今天要用的资料。"

我说："如果您不介意的话，我能搭乘你的车一起去吗？我可以坐在旁边和您谈谈，这样也可以节约您宝贵的时间。”

他问：“那你怎么回来呢？我还要去其他地方。”

我说：“没问题，我自己会有办法的。”

他无可奈何地笑了笑说：“好吧，上车吧。”

他此时甚至还不知道我是谁，也不知道我要和他谈什么。我就利用在车上的时间和他进行了谈话，然后我在新泽西的惠明顿和他分手，到车站买了张票回到费城。用这种方法，我顺利地约谈了这些难以约见的客户。

最后我说说使用电话预约的重要性。我身上总是带着很多硬币，这样我就可以方便地使用公共电话。很多时候，如果办公室里有很多杂事打扰我，我就会到街上去打公共电话。特别是每周五，我完成下一周的工作计划后，就给下一周要见的客户打一遍电话预约。有时我对自己下一周要做那么多事都感到吃惊。

并不是每次打电话都能和客户联系上，这时候就需要用留言的方式，至少这也给客户留下了信息，希望他能回电。这就需要在留言中提示客户，我要告诉他的，正是他所需要的，而且还很重要。

当我认识到“推销预约”之后，此后的推销会谈我都能轻松应对。再次重复一遍那让我用了很长时间才悟出的道理：首先是推销自己，其次才是推销产品。

## 比秘书和接线员更聪明

林德赛先生，费城莫林创造集团总裁，曾在一次年会上给我们讲过这样一个故事：

一天早晨，一名推销员来我们工厂要见公司总裁。我的秘书问他是否提前预约了，他说没有，但是他执意说他有我需要的信息。我的秘书就问他的名字、来自哪家公司，然而他只说了自己的姓名，说其他的是私人事务，不方便告诉。我秘书明白这是推销员的伎俩，秘书说自己是总裁的私人秘书，可以处理总裁的私人事务，而且还告诉他我很忙。可是那位推销员一直纠缠着要直接和我谈。

正好我从工厂巡视完回到办公室，看见了那个推销员，然而我并不认识他。他主动跑过来，还作了自我介绍。我问他有什么事？他说他有一种避税的新方法要告诉我，这种新方法可以节省一大笔开支。如果我将我的相关信息告诉给他，我甚至可以免费使用这种新方法。他还要求我对此要绝对保密。紧接着他拿出一份问卷就开始发问。我赶紧打住他，说：“等一下，你肯定是想套取我的个人信息，然后向我推销产品，你是哪家公司的？”他顿时语塞，我继续问他到底是哪家公司的？他说是某保险公司的。我忍不住大怒：“你赶快离开儿，离开我的办公室，不然我就把你扔出去。”林德赛先生年轻时是宾夕法尼亚大学的摔跤队员，他可是个说到做到的人。

通过他的故事，我们可以看到那个倒霉的推销员给我们的教训。主要就在于他失败的接近客户的方式：

第一，他没有预约，且正碰上林德赛先生有事在身。这个时候没有预约的人是不受欢迎的。

第二，他仅仅告诉秘书其名字，却有意隐瞒所属公司及自己的目的，自然会让人怀疑。

第三，当秘书告诉他林德赛先生很忙时，他仍不相信，这让秘书很不满。

第四，当然最严重的是他以欺骗的手段接近顾客，这不仅让他失去了进一步约谈的机会，也损害了公司的声誉，可能公司的其他推销员也难以接近林德赛先生了。

以我的经验看来，要接近那些非常忙的客户，最重要的是真诚的态度，而不是用耍小聪明的伎俩。推销员首先要面对的就是秘书小姐们，你可别轻视了她们的巨大作用。她们是你联接客户的重要纽带，如果你想要见重要客户，往往是这些秘书小姐引导着你，她们甚至可以安排你和客户的见面时间。当然，是否引向成功，也在于她们对你的信任程度了。当我们和秘书们打交道时，我们要明白自己正在和大人物的左膀右臂打交道。所以你想要达到目的，最好以应有的尊重和真诚的态度来面对她们。

你知道我是怎样做的吗？我在和她们接触的时候，记住她们的名字，不仅在心里记住，而且将她们的名字写下来。再次打电话预约的时候，我可以直接叫出她们的名字，请她们帮助安排一次预约。

我知道秘书的工作之一就是将那些推销员拒之门外，我也知道靠小聪明和欺骗不能取得她们的信任。我当然知道怎么做能比那些秘书们更聪明，但我从来不会那样做。

## 锲而不舍地练习

我惊奇地发现我打棒球时用的方法也同样适用于推销。进入棒球界时，我完全是一个新手，球队老板就警告我说："弗兰克，如果你还学不会怎么击球，你就不要再在球队待了。"我问老板我该如何学习击球。

老板说："杰西·布鲁克特原来打得也不好，他后来下定决心要学好击球。每天早晨他都来球场练习击球300次，而且雇了几个小孩帮他捡球。他不是用蛮劲儿把球打出去就行了，而是在琢磨、计算击球的时机和角度，慢慢练习、用心领悟，击球的技术越来越好。他现在是最伟大的击球员之一了。"

我想我可以试试这个办法，经过练习，看看我的击球技术是否有长进。我先去请教了两个队友，一个是拉乔，另一个就是杰西·布鲁克特。他们两个都能在比赛中击出400码以上的球。然后我信心满满地去找球队的同伴一起和我练习，可是他们都拒绝了。因为我们大部分都是北方人，难以忍受南方夏季的烈日。还好，我同屋的瑞斯愿意和我一起试试。我们也雇了几个小孩给我们捡球，每天早晨太阳还没出来的时候，我们就去练习，我们坚持击球300次。虽然手打出血了，可我们仍然兴趣盎然。那个夏季我和瑞斯一起去了长丁内尔斯队。

你也许会说这和推销有什么联系啊？那我给你说说另一个故事吧。10年后，我早已不打棒球了，而且推销保险已经几年了。一个高大英俊的小伙子调到我们这里工作，他以前只是在亚特兰大办事处向南方农民推销过保险。这孩子来自北方，为人随和，于是就开始向我们学习推销，他开始向我学习。

我给他讲了杰西·布鲁克特以及我和瑞斯苦练击球的故事。小伙子听后信心倍增、雄心万丈，急切地要我教他提高推销语言的技巧。我就和他一起切磋、琢磨每句推销语言，还鼓励他运用到工作中。最后，不仅他的推销水平提高了，而且我也开始打出更多的电话。如果一个推销员没有打出足够的业务电话，其原因在于他失去了对推销工作的兴趣和热情。

约翰·巴里摩尔第56次扮演哈姆雷特之后，有记者到后台采访他。可是巴里摩尔一直在背台词，记者等了一个半小时才结束。记者采访巴里摩尔时就问："您已在这里演了56次哈姆雷特了，可以说您是最受欢迎的哈姆雷特扮演者，也是话剧舞台上的灵魂。演出了这么多次，您应该对这些台词都烂熟于心了，可是为什么您还要这么认真地背台词呢？"巴里摩尔却告诉记者："其实我的记忆力并没有你想象的那样好，我曾经用了5个月时间，每天9个小时，一遍遍地阅读、研究、背诵那些台词，但是我仍然记不住。你知道吗？有好几次我都失去信心了，不打算继续背了，也不想登上话剧舞台了。不过，那是一年前的事情，我现在仍然在坚持着背诵台词。你说我是话剧舞台上的灵魂，这简直有点儿滑稽。"

读完这篇新闻报道，我从中悟到了推销也需要不断练习。于是我立即向我们的经理请求，让我在办公室的同事面前来一次推销示范。经理最初很是疑惑，我想他很快明白了我的用意。他给我安排好一切，然后我就开始自己演练示范的内容。通过一段时间的演练，我的推销用语水平得到了提高。当然，我并没有停止演练，我在示范中加进了更多的内容。我就在这种不断示范过程中，不断涌现着推销的创意。是的，这种演练没有白费，我很快就完成了一个大订单。我也乐于向别的推销员示范我的推销，我告诉他们，不能仅仅做一个观众，你也要尝试着这样演练，这样你就会收获更多。我想是自尊心驱使我不停地准备和表演，直至我熟练地掌握一切。

我曾经在现场聆听到最有效果、最鼓舞人心的推销演讲，那是在全美销售协会上的一次演讲，演讲人是诺特达姆橄榄球队著名的教练昆特·罗可尼，演讲过后不久他就遗憾离世了。下面是演讲的核心部分：

“在诺特达姆，我带领着一支300人的橄榄球队伍进行训练、比赛。这些球员们，有的是久经沙场的老将，有的则是刚进球队的新人。但是，我不管他们是老将还是新人，都严格要求他们必须苦练基本功，即便他们已经熟练掌握了这些基本功。因为球员只有掌握了基本功，才能将我部署的战术灵活自如地运用在比赛中。我想，这同样适于推销员。如果你想成为推销竞赛中的明星，你也需要不断地苦练基本功，直至熟练运用这些基本功。怎样来判断你是否已经有熟练的基本功？即无论客户从何处打断你的谈话，你都可以自如地将谈话拉回你的主题里。不要指望有人一把一式地教你，也别指望公司等你学会了再表扬你，你必须锲而不舍地练。”

正是这种锲而不舍地练，巴里摩尔先生没有退出舞台，继续站在话剧舞台表演，使他成了那个时代最受欢迎的哈姆雷特扮演者。正是这种锲而不舍地练，杰西·布鲁克特从一个击球新手成为了棒球史上不朽的人物。这种锲而不舍地练，让我不论在棒球界还是在保险推销行业，都是一个成功的人。

## 让顾客帮你推销

俗话说：“百闻不如一见。”在推销中，好的演示就能达到这种效果。特别是让顾客自己来亲身感受，不需要你的演示或者推销语言，只需要让顾客们置身于情景之中。换而言之，就是：让顾客帮你推销。

那么，让我们来举几个实例，看看演示帮助推销的效果。

例一：多年来，通用电器公司一直在向小学学校建议更换教室黑板的照明设备，可是无数次的会谈和无尽的推销语言都无济于事。最后，一位推销员通过一个简单的演示，就让这一问题迅速地解决了。他站在教室黑板前，手里拿着一根细钢条，然后双手各持钢棍一端，一边用力弯钢条，一边对教室里的学校负责人们说：“先生们，你们看，这根钢条在我的手中，不断弯曲、伸直，但是只要我继续用力，它就会超过断裂的临界点，然后造成不能恢复的崩断。这钢条就像孩子们的眼睛，每天盯着这昏暗的黑板，眼睛承受着极大的压力。如果超过了临界点，视力就会遭到永久性损坏，也不可能再恢复了。”结果，学校立即拨款，更换了新的照明设备。

例二：即便是火柴这样简单的物件，也能成为推销冰箱的演示工具。推销员拿着一根点燃的火柴说：“您看，这根燃烧着的火柴多么安静，其实我们的冰箱在工作时也是这样无声无息。”

例三：我们都知道数字具有很强的说服力，我想，如果让顾客自己来计算数字，推销的效果更好，因为他们亲身计算，能够得到更好的理解和更深的印象。最后，顾客们会被自己计算出的数字说服。

例四：在俄勒冈州的波特兰，我向一位羊毛衫批发商做了一次推销演示：我如何向顾客推销一种新式牙刷。我先把新式、旧式两种牙刷给顾客，让他看看有什么区别，看得出来，他并没什么发现。然后我给他一只放大镜，说：“你再看看，在放大镜下两种牙刷的不同。”羊毛衫批发商学会了这一招，那些卖便宜货的竞争对手立刻土崩瓦解，不能与他相比。他也不需要费尽口舌向客户们解释为什么自己的价格高了，他只需要递给客户们一只放大镜，让他们自己去鉴定。不久后他对我说：“太让我吃惊了，客户们很快就接受了这种鉴别方法，我现在的批发销售量已经大幅增加了。”

例五：一位纽约的男装店老板告诉我，他在商店的橱窗里放了一部电视播放机，循环向过往的路人放映一部短片。电影里一个衣着一般的人去应聘，招聘公司看到他的穿着就将他否定了。然后出现一位衣着光鲜的人去应聘，很容易就获得了工作。影片的结尾出现一行字：好的衣着就是好的投资。这一招使他每个月的销售量猛增了40%。

例六：我的一位朋友是牙医，每次有就诊者来到他的办公室，他就会将就诊者的幻灯片投影到墙上，就诊者一坐下就可以看见自己牙齿损坏的状况。然后牙医就向就诊者建议：不要等牙坏到这个程度再来看病。

例七：最后一个例子是我经常在推销中使用的方法。我在向客户做未来利益分配时，就在他桌上放一支钢笔和一枚25美分的硬币，然后让客户猜猜这是什么意思。客户们一般都说不知道。我接着开始解释：那支钢笔代表去世之后的你，那25美分代表着你去世后扣除遗产税和其他费用后能给妻儿们留下的遗产。说完之后，我就问客户："假设你去世了，我是你遗嘱的执行人，我不得不变卖你3/5的房产来交税，你看，我该怎么办呢？"问完之后，我让客户自己解答。

当然，现在商业中的演示手段越来越多，也越来越进步了。演示，特别是让客户们自己亲身感受到的演示，是推销中很有成效的方法，希望你也能这样做。

## 如何发展新客户和让老客户保持热情

你知道我一共买过多少辆汽车吗？这结果让我也大吃一惊，我先后买了31辆汽车。你再猜一下，这么多辆汽车是多少个推销员卖给我的？也是31个。这是个很奇怪也很有意思的问题，你想想，他们卖完汽车后就没有再同我联系过。当然在我买车之前，他们很殷勤地联系我。可一旦他们收了买车的钱之后，就消失得无影无踪了。

这是不是有点儿不正常？我问了超过15个汽车推销员，多半的人都是推销完了就不再联系客户。难道汽车推销和其他产品的推销有区别吗？或者说汽车推销员忘掉老客户、发展新客户可以获取更高的工资？这让我想起一家大公司给推销员的座右铭：别忘了顾客，也别让顾客忘了你。

你应该猜到了，这是雷弗兰公司给他们的推销员的座右铭。正是这种服务精神，雷弗兰公司在同行业中的销售一直处于领先，过去15年中有13年是行业销售冠军。

回想我从事了多年的保险推销，我也没有再次联系客户，没有对他们的利益表示关心，这是我的最大遗憾。这是我发自真心的表示，我并没有做到这种真诚的服务精神。若我下辈子仍能从事推销，那我会信奉"别忘了顾客，也别让顾客忘了你"的服务精神，将它作为我的座右铭。

几年之前我花了不少钱买了一座大房子，虽然我很喜欢，但是代价很高。付完钱后我的心里一直很矛盾，这笔买卖是否划算。即便我和家人入住新居后，仍然感到闷闷不乐。不过就在此时，房产商打来电话说要来看我，我不禁有些好奇。在一个周六的早上，他刚进入我家就开始向我祝贺，因为我明智地选择了一座好房子。他还给我讲了不少这个地区的小掌故，后来他带着我在房子的附近走了一圈。他告诉我这个街区住着很多名人，所以我的房子也是非常出众。他的一番话打消了我心中的顾虑，我也感到很自豪。让我意想不到的是房产商热情的售后态度，甚至超过了当时出售房子的时候。我也感到他的热情并不过分，而是发自内心的真诚。从此以后，我们超越了一般的买卖关系，成了好朋友。

本来，他可以用造访我的时间去发展新客户，但是他仍愿意为我这位已付款的顾客花费一个上午。我想，这就是推销员推销后所必需的回访。一周后，我有一位朋友看中了我旁边的一座房子。自然我就把他介绍给了那位房产商。后来，我的朋友没有买看中的那座房子，因为那位房产商给他推荐了更好的房子。

在佛罗里达的一次演讲上，我给推销员们讲了这个故事。过了一段时间，一位听众给我分享了他的故事：

"一个早晨，一个普通的老太太来到我们的商店，她十分喜爱一枚钻石胸针，后来她开支票买了一枚。我在给她包装的时候，想起了你演讲的故事。所以，在我将胸针递给她后，又和她聊了许多除买卖之外的话。我告诉她胸针上的钻石来自南非最大的钻石矿，这是我们商店里最好的钻石。我自己也很喜欢这枚胸针，希望她也能喜欢。

"听完我说的话后，她竟然感动得流下了眼泪。她说她心里一开始还担心那颗钻石是不是真值那么多钱，听我一说就放心了。我把她送出了商店，真诚地对她表示感谢，希望她能再次光顾。一个小时后，她和另一位老太太来到了店里，并向这位老太太热情地介绍了我，说我就像她的亲生儿子。我这时候才知道，她们是一起来这里旅行的，住在附近的酒店。然后我陪着她们在商店里挑选商品，虽然她没有买什么昂贵的东西，但毕竟是花了点儿钱。把她们送出了门，我想我又结识了两个新朋友。”

下面我给你说说另一个年轻的售货员的故事。因为下雨，一位衣着普通的老太太来到店里躲雨，这位售货员很有礼貌地接待了她，后来他搀扶着老太太出门，还为她撑起雨伞送她上了出租车。几天后，一位富翁给商店的老板写了封感谢信，感谢这位售货员热情地接待了他年迈的母亲。最关键的是他还在这家商店为自己的新居定购了一大批昂贵的家具。而那位年轻的售货员，现在已经是美国东部一座大城市的百货商店经理了。

前一段时间，我拜访了全美最大的冰箱批发商，我问他如何做到这么好的销售量。他告诉我一个关键词：用户。然后他又给我稍加解释：“新的顾客永远是最好的资源。”是啊，我不是也在不停地发展新客户吗，可是这又有什么不同呢？他说：“你要知道，新顾客总是很喜欢他们刚刚购买的新商品，他们享受着这些商品带给他们的便利，而且还乐于向亲朋好友们炫耀、推荐。最关键的是我们的售后服务，在顾客购买了新冰箱后一周，推销员会询问其使用情况，还会提供使用注意事项之类的服务。这些新客户们感受到我们全面的服务，他们也会推荐身边的亲朋购买，这样我们就能通过顾客来发展新的顾客。”

这位批发商还给我提供了一份公司统计的数据，这种现象在全国范围内都很普遍。以一座典型的中西部城市为例，31%的新用户都会向推销员介绍新的客户，这样就会增加更多的销售额。这位批发商最后说道：“这么多年的销售经验告诉我一个道理：别忘了你所售出的商品。如果你关心你的顾客，他们也会关心你。”第二天，我以他的话为指导进行推销，结果非常有效。

在做推销的时候，我身上总是带着一封信。洽谈生意时，我用这封信完成了很多成功的订单。我可以告诉你，你可以稍加改动这封信，在以后的推销中也许用得上。信的内容是这样的：

亲爱的×××：

我想你该认识一下弗兰克·贝特格。我认为他是费城最好的保险推销员。我完全相信他，认为他的建议很为我们着想。即便你还没有考虑买保险，我想，你还是可以听听他的建议，这些建议都有益于你和你的家人。

那么，我是怎么使用这封信的呢？我介绍其中一个很典型的故事。有一天我在报纸上看到一位朋友的好消息，他的建筑公司刚刚获得了一个大型建筑项目。然后我就给他打电话，约定第二天去拜访他。翌日我准时来到了他的办公室，我高兴地向他表示祝贺。他惊异地问道：“祝贺什么？”我说：“我在报纸上看到你接手了兴建一座大楼的工程。”

他微笑着对我的祝贺表示感谢，然后又很有兴致地给我说了他是如何争取到这份合同的。我说：“我想，你这么大的工程，一定找了些工程分包商。”他点点头，随后我拿出了那封信，递给了他，说：“你肯定也允诺要给这些分包商一些工程吧！”他看完信后，已经明白了我的意图，就问我：“你想让我在这封信后签名吧？”是的，他很爽快地签好名。我就拿着这封信去约见那些分包商。在这些水管、暖气安装、油漆等分包商那里，我接连签到了几份订单。

当然，并不能总是要求别人在介绍信下签名，所以我准备了一些卡片，上面写好我的姓名，然后让别人签上他的名字和推荐客户的名字。这样我只需要用这些卡片，就可以去见新客户了。

不过，有时候也会遇到一些客户连这种签名的卡片都不乐意写。一年前我试着去接近一位客户，可是这个人很难被说服。最后，我希望他能给我介绍几个客户，他也坚决地拒绝。他说：“我最讨厌你们这些保险推销员，我一个也不会给你介绍。如果有推销员说是由我朋友介绍来的，我感觉自己就像是在地狱里，我还会将这种感受告诉那位朋友。所以，我从来不接待保险推销员，其他的人我还都可以接待。”

这一番话让我这个保险推销员无地自容，但我还是赔着笑脸对他说：“好吧，我能理解您的感受，但我还是希望您能给我介绍几个50岁以下、事业上蒸蒸日上的人士。我保证绝不会在他们面前提起您。”最后他妥协了，说：“我可以告诉你一位手术器械制造商的名字，他今年41岁，事业正是蒸蒸日上。”我再次感谢他，保证绝不提起他的名字。

我开车直接来到这位手术器械制造商的办公室，对他说：“我是弗兰克·贝特格，保险推销员，您的朋友介绍我来，抱歉我不能提他的名字。他说您现在事业很成功，与您交流会让人受益匪浅。不知道您现在可否给我5分钟的时间，或是再约个时间？”他有些警觉地问：“你想和我谈些什么呢？”我说：“您自己。”他有点儿诧异，说：“关于我？我对保险可没什么兴趣。”我很真诚地看着他，说：“我今天肯定不会谈保险，我只需要耽误您5分钟。”然后他点点头。就这样，我在5分钟里得到了自己想要的全部信息。

自此后，他向我购买了3次保险，而且保单都很大。当然，我们也成了好朋友，不过我仍然保守着我的诺言，并没有提及介绍我见他的那位朋友。

如果新客户给你了一点信息，你就要立即去联络。不要等到你收集完所有的信息，然后整理好存入档案，想以后再联系。这样你可能会失去立即联络、发展新客户的冲动，过了黄金的时间点，这种机会就像放久了的面包，已经失去了新鲜感。我们并不是对所有新客户的背景都清清楚楚，晚一步情况可能发生很大变化。联系客户一定要注意时效性。

如果有朋友或者客户信任你，给你介绍了新客户，你也去接洽了新客户。不论接洽的结果怎么样，你都应该向朋友或者客户说明一下，我想这是作为推销员的礼貌。如果不说明，就很容易得罪人，因为这事情如果别人不提，他也可能记在心里。对此，我有着很深的体会，只要有人给你介绍新客户，你就是处于两个人之间，不注意礼貌会得罪两个人。如果你经人介绍做成了生意，你把你的成功告诉介绍人，他会分享你成功的喜悦；如果失败了，你把情况告诉了他，他可能会帮着你再想办法。

前不久，我在某大银行看到一封写给客户的感谢信，因为这些客户都向银行介绍了新客户。这封信是这样写的：

亲爱的×××：

我们非常感谢您给我们介绍了×××先生，您所表现的友谊和合作精神令我们感动。我们一定为您提供更优质的服务，就像您所表现出的一样。

多年前，我遇到过一位台球世界冠军。我观察了他是怎样练习击球的，我发现他在练习时并不是简单的击球，也就是并非通过一个击球进洞得分。他总是通过击球来调整位置，这样，在下一个击球时就能获得更高的分值。所以在每次比赛时，他的对手似乎在每一杆球上都有优势，可是在整个局面上，这位冠军却更加灵活，经常成为最后的赢家。这就像下围棋时，对手只能想到一步棋，而他已经在思考两步、三步棋。

这位冠军给我们的启示是：在推销中，你要考虑你的下一步，并且调整好位置，这也是推销中最重要的环节。

## 完成销售的7条原则

一个星期六的早晨，我的推销遇挫，我感到非常沮丧。可能你还记得，我说过如果找不出失败缘由，我就打算从事其他职业了。

是的，我在不断地反思：到底是哪个环节出错了？回顾我电话推销的每位客户，我自认为一切都做得很好，可是到了最后的时候，客户们总是会说：“好吧，我会仔细考虑一下，什么时候再来谈谈吧。”可是客户总是这样推脱延迟，我就陷入了沮丧。

我似乎找到了症结所在，那就是与客户的会谈次数，那么接下来就是我如何去解决这个问题了。为了找到解决的途径，我仔细研究了我过去一年推销的电话记录。我从中有了惊人的发现：40%的生意都是在第一次会谈时谈成，46%在第二次，只有14%在三次以上。换而言之，我花费了太多的工作时间去争取那些成效不大的生意。我立即找到了解决的方法：放弃超过两次的会谈，用更多时间发展新客户。不久这种改变就有了明显的成效，我每次会谈的价值，从平均每次2.80美元提高到了每次4.27美元。

那么我这一发现是否适用于其他行业的销售呢？一家工业公司的推销团队研究了其两年的销售情况，最后发现：有25%的销售是在销售员5次推销以后完成的，而仅有17%的销售员坚持拜访客户超过5次。是的，看来每个行业的推销有不同的情况。但是，这也再次证明了完整地保存推销记录以及对记录进行分析研究的重要性。但是据我所知，很多公司和推销员都没有做推销记录的习惯。

通过分析我的电话记录，我放弃了需要两次以上的会谈才能达成的生意，这样使我的收入增加了一倍。但是，如果我让这14%的客户都能在两次会谈内敲定生意，那我不是能获得更多的收入吗？一个新的问题又摆在了我面前：如何让客户快速地作出决定，或者是我如何快速地完成推销。

我在费城男基督教会培训中心听到的一次演讲给了我启示。那次演讲的题目是《演讲的四条原则》，演讲人特别提到了第四条原则：付诸行动。这是许多想法得到实现的必须途径，也是很多成功人士的必备原则。我想到了我的推销，我就是缺乏付诸行动。后来我阅读了大量的销售书籍，请教了很多资深的推销员，答案也是要“付诸行动”。随着推销经验的增加，我总结出了让顾客较快地作出决定的7条原则：

1. 要素

一个成功的推销过程分为4个环节，也可以说是4个要素：礼貌、兴趣、渴望、成交。

这4个要素能够让客户信任我，对我提出的保险计划放心。这有助于消除推销员与客户之间的隔膜。在会谈即将成交的时候，要保持内心充实的自信，不要有强迫成功的焦虑。

2. 言简意赅

言简意赅能够帮你迅速进入推销的实质阶段。那么，怎样才能够做到言简意赅呢？有位经理是这样培训推销员的：手持一根点燃的火柴，在火柴燃尽之前，推销员必须介绍完所推销产品的优点，如果还能做一个综合的总结，那就更好了。

我在前面还提到了一个更好的办法：那就是推销员的演示，或者是顾客亲身的演示，让客户主动地加入到你的推销中来，帮你完成销售。

3. 一句有魔力的问话

向客户言简意赅地介绍完产品或者服务后，问一句：“你觉得怎么样？”

客户们通常会说：“我觉得还不错。”这个时候，客户基本就确定要购买了，我会再问一些必要的问题并填写相关的表格。如果客户乐意回答我的问题，我想他们很少会变卦了。

还需要特别说明的是，在提出问题的时候，尽量使客户作出肯定的回答。比如，我给客户描述了良好的收益之后，会接着问一句：“您觉得这个计划是个好主意吗？”通常的回答是肯定的。

4. 乐于听取反对意见

最初，我觉得那些不断与我唱反调的客户很难对付，可是后来我渐渐明白，这也是最好的推销对象。当客户提出反对意见时，就给了你说服他们的机会。例如客户经常说：“我付不起这个保单。”这时候你就可以用未来利益和现在付出来说服客户。虽然他们不喜欢推销员强迫他们接受什么，但是他们还是乐于接受推销员合理的建议，并充分尊重推销员。

5. “为什么”“除此之外”

在与客户的会谈中，要善于使用“为什么”“除此之外”这样的短语。这不是简单的询问，如果你在恰当的时机使用这些短语，将有助于你完成生意。

我举例说明。一位推销员正在说服客户参加某商业培训课程，可是会谈陷入了僵局，客户说：“你说的这个课程，我现在还不感兴趣，过段时间再说吧。”面对客户这样的拒绝，让我们看看这个推销员是如何应对的：

客户：“过段时间再说吧。”

推销员："先生，如果你的老板说要给你加工资，你会说过段时间再说吗？"

客户："当然不会。老板会认为我是个傻瓜。"

推销员："好吧，那就请你填一下这份表格。"

客户："算了吧，等我再仔细考虑下，下星期再联系你吧。"

推销员："为什么？"

客户："我真是付不起钱。"

推销员："除此之外，还有什么其他原因吗？"

客户："唯一的原因就是付不起钱。"

推销员："如果我是你的哥哥，我会说你……"

客户："说什么？"

推销员："现在就在这份表格上签上名字。"

客户："那我每个月需要支付多少钱？"

推销员："先交25美元，以后每月交10美元。谢谢你的签名，你已经成功地走出了第一步。"

6. 让客户签名

在申请保险的表格中，我会在客户签名的地方用铅笔标示出来。这样，在会谈的时候，只要一有时机，我就会将笔和表格递给客户："请您签上名字。"

7. 及时收款，不要怕收款

及时收款是推销员走向成功的重要因素之一。当你谈好一笔生意，你及时收款，客户也能及时享受到产品或者服务。在消费心理中，客户只有付完款，才会感到产品是他们的个人财产。当客户想推迟付款时，你就要告知其把握机会。因为只要他们付款后，就不会出现反悔的情况。

上面就是我总结的7条原则，也许你还是很疑惑：什么时候才可以完成会谈呢？我只能告诉你：有时候只需要几分钟，有时候即便花费一两小时也无法完成。寻找让客户快速决定交易，这需要你在实际的会谈中灵活把握最合适的时机。

在我多年的推销生涯里，我开始从有意识地完成推销，逐渐地成长为自然而然的做生意。在与客户会谈时，如果是按照我的方向在顺利进行，我会制造出足够的利益和需求的氛围，时机成熟时，客户就会准备付款了。

当然，世界上这么多行业的销售，我无法用几段文字就把如何完成生意说清楚。为了帮助你全面地了解生意谈判，我向你们推荐《成交的秘诀》，这本书由查尔斯·B.罗斯所著，由纽约的学者出版公司（Prenric-Hall，Inc.，New York）出版。

我随身携带着一张卡片，上面写着我提到的7条原则，而在卡片的上端，我写着这样一句话：

"这将是我推销经历中最好的会谈。"

我还有一个习惯，在进入客户的办公室之前，我也会在心里重复这句话。直到现在，我依然经常这样做。其实我每次的会谈，都是对自己这7条原则的实践。如果会谈不成功，我就会提醒自己错在哪一条，怎样做改变。我想，这也是对每个推销员的严格检验。

## 一个奇特的成交技巧

1924年，恩斯特·威尔克斯，一位推销界的前辈，教给我了一个很奇特的成交技巧。过去，威尔克斯先生的生活困顿，他微薄的工资仅够供养家人衣食。所以他常常穿着破旧的西装，就连领带也是皱皱巴巴的，他就以这样的穿着去敲开客户的办公室。可想而知，他的推销经常失败，这让他的生活更加窘迫。

威尔克斯先生告诉我，他与客户见完面后，客户总是说："我会仔细考虑你的建议，下周你再联系我吧。"可是当他下周去见客户时，他都不知道该怎么继续推销了，客户又开始敷衍他："威尔克斯先生，我已经仔细考虑过你的建议了，今年我不想买保险，明年再说吧。"

他的推销总是碰壁，可是有一天他突然想到了一个主意，这可是一个很奇特的想法。他与客户再次会谈时，这一方法竟然成功了，此后他不断运用这个方法，收获了不少订单。

当他告诉我这个奇特的成交技巧时，我还心存疑惑。正好第二天早晨，我要去和一位建筑商进行第二次会谈。10天前，我和这位客户有过一次会谈，不过进程不是很顺利。这一次，我就按照威尔克斯教给我的方法去做：在会谈前把该客户填的表格填好，姓名、住址、职业等，还填上了客户认为可接受的保险金额，然后在客户签名那一栏上重重地做上标记。

我准时来到建筑商的办公室，他正坐在办公桌前。他抬头看着我，认出我是保险推销员，便摇头说道："我还在考虑你的建议，过段时间再联系吧。"他已经示意我离开了。可是我并不在意，我很严肃地走到他面前。他带着商量的口气对我说："我现在不想买你推荐的保险，过半年再说吧！"就在他说话的时候，我拿出了事先准备好的表格，递到他面前。然后我按照威尔克斯教我的话说道："您看看，这样可以吗？先生。"当他低头看那份只需要签名的表格时，我拿出了钢笔，静静地站在那里。

他抬起头问我："这是一份申请表？"

我说："现在还不是。"

他说："这不是申请表又是什么呢？"

我说："在您签上名字后，这才是一份属于您的申请表。"说着我把钢笔递给他，用手指着做了标记的地方。

正如威尔克斯先生所说的那样，他接过笔后又开始认真看表格，甚至站在窗前一边看一边考虑。我只是静静地站在那里等待。5分钟过去了，他回转过身，来到桌前拿起了笔边签名边说："我想我最好还是签了吧，今后遇上什么麻烦了，也许用得上。"

我尽力地控制着内心的兴奋，问道："您是愿意交一年的呢，还是先交一半？"

他问："一年要多少钱？"

我说："只要432美元。"

他说："那我先交一年的吧。"

是的，我就这样完成了这一份订单，这真是不可思议。当我接过支票的时候，我真想好好拥抱一下威尔克斯先生，告诉他我的喜悦之情。他这个奇特的方法真是很有效果，后来我也继续运用这一方法，它经常能帮助我解决那些开局不顺利的会谈。

那么，对于客户来说，为什么他们在这种方式下都会选择签字呢？我想，可能是当我递给客户表格时，客户的注意力被吸引到如何签字上，而不是如何去拒绝我的建议；当然，也许是我们已经为客户预订好了计划，客户不需要过多地考虑，只需要签名确认就可以拥有保险服务了。

威尔克斯先生的方法看起来适用于第二次会谈，如果客户在初次谈话就明白了你的推销建议后，你是否在初次会谈中就能让客户签约呢？我后来也认识到了这个问题，而且也确信使用这个技巧肯定有机会成功。在后来的推销中，我也确实发现不需要再跑第二次就可以让生意成交了。

# 第六章
# 一切成功的理念关键在于付诸行动

## 本杰明·富兰克林成功的启示

这是本书最重要的部分，看起来，我应该将它放在书的开始。可是，我想将这最重要的部分作为本书的压轴。

1888年冬天，我出生在一个风雪交加之日。我家所在的街道西侧，每50码有一盏路灯。但是夜里的光线还是很暗，人们上街都会拿着火炬。让我记忆犹新的是，街上有一个点灯人，他在夜里穿梭在街头，哪盏路灯熄了，他就重新点燃它，好给行人们多些光明。

多年后，我进入保险推销行业，摸索着如何做好推销时，我读到了《本杰明·富兰克林自传》，这本书让我受益匪浅。富兰克林的事迹充满着智慧的光辉，就像那个点灯人一样，照亮了我人生前进的道路。

富兰克林还在做排版工人时，他已经负债累累。不过他并不气馁，虽然他自认为能力平庸，但是他相信只要通过正确的途径，仍然可以走向成功。他通过具有创造性的能力，总结出了获得成功的13个必要因素，而且我们每个人都可以掌握这些方法。

富兰克林总结出13个成功的必要因素，然后用一个星期去思考、掌握每个因素。就这样，他以13个星期为周期，一年重复4次，努力实践这些成功的因素。他在自传中用了50页的篇幅来说明这些因素对他的影响，而且他认为“我的后代们可能会以我为榜样，并从中受益”。

当我读到这段文字时，我赶紧在书中找到他解释的13个要素的地方。这几段文字就像伟人给我留下的嘱托，在之后的一年时间里，我反反复复阅读、揣摩着它。在以后的人生中，我也尽力以这样的成功要素要求自己。我想，富兰克林这样的天才都认为这13个要素是成功之必需，我就更应该尝试一下。这些要素看似简单平凡，我想，如果我上过大学或者自以为是，可能对此不屑一顾。可是我只上了6年的小学，所以我很愿意去试试。你要知道，富兰克林先生也仅仅上过两年学，但是在他逝世150年后，那些世界著名的大学还依然尊重他。

我将这13个成功的要素应用到我的推销中，并且结合推销行业和我自己的缺点作了修改。也可以说，这是推销员走向成功的13个要素。如果你阅读了本书，你就会发现我是按照如下的顺序去做的：

1. 激情
2. 有序：自我组织
3. 考虑他人的兴趣
4. 问题
5. 关键点
6. 平静：倾听
7. 真诚
8. 事业的知识
9. 欣赏和颂扬
10. 快乐
11. 记住姓名和面孔
12. 为客户服务
13. 成交：要付诸行动

我将这13个要素写在卡片上，并做了简单的注释。类似的东西在本书也有不少。我按照富兰克林先生的方法开始尝试，第一个礼拜我带着“激情”的卡片开始工作，在推销中我投入了更大的热情；第二个礼拜我再带上“有序：自我组织”的卡片……13个礼拜过去了，我也重新开始循环。此时，我的内心感到非常充实。在推销实践中，我对这13个要素有了更深刻地了解。对于曾经令我沮丧的推销，我也开始变得很有兴趣了，当然，更为重要的是我收获到了事业的成功。

我就按照富兰克林先生的办法，在一年的时间里循环4次学习这13个要素。我并不满足于一个学年或者几个循环，我一直学习、实践，直到我可以自然而然地在工作和生活中运用这些要素。我想，不论你是从事什么行业的推销，只要你能坚持运用这些要素，你就会成为充满激情的成功者。

是的，一切成功的理念关键在于付诸行动。我知道很多人都知晓本杰明·富兰克林的13个要素，可是很少有人说他们也这样试着做过。

为什么是每周掌握一个要素，而不是每天就掌握一个呢？我想，作为科学家的富兰克林有他自己的道理，而且这也更符合人类认知和实践的科学。这13个要素就像环环相扣的项链，每个要素都是相互关联的。若你要掌握这些要素，就要像攀登13级阶梯，只有一步步踏实地攀登，你才能走向成功。下面是本杰明·富兰克林的13个要素：

1. 节制——食不过饱，饮酒不醉
2. 沉默——言必有用，避免空谈
3. 有序——物有所处，事有所时
4. 决断——处理问题，当断即断
5. 节俭——少花费也能办成事
6. 勤勉——不浪费时间，戒除一切不必要行为
7. 诚实——永不欺诈，言辞公正
8. 公正——不错待人，勇于承担
9. 中庸——不走极端，学会自制
10. 清洁——不只是服饰、住所，还有行为
11. 稳重——遇事不慌，镇定自若
12. 贞节——切忌房事过度，不要损害自己或者他人的平静和名声
13. 谦逊——仿效耶稣和苏格拉底，越谦虚越伟大

## 心与心的交谈

如果你将我当作知心朋友，我要对你说：光阴似箭，不要再浪费时间和机遇了。

我不知道你现在的年龄，假设你现在35岁，那么离40岁还有几年呢？人过40天过午，现在我已经61岁了，你能想象吗？我40岁时还在感叹岁月如梭，而现在就已经过了花甲之年。

当你读完本书的时候，我想你一定也读过很多类似的书。你可能经历过很多事情，现在仍然感觉思绪混乱，不知该怎样做。

如果你读了这本书觉得没什么用，那就浪费了你的时间。

如果你觉得这本书很有用，也想试着这样做，我想你可能还是要面对失败。

如果你在最后学习到了本杰明·富兰克林的方法，这一定会让你受益匪浅。

无论你从事什么职业，你也可以总结助你走向成功的13个要素。如果你不断地在实践中去掌握，肯定也会不断地进步。你也可以用本杰明·富兰克林先生的方法，经过13个星期的努力，你肯定会为自己的进步感到惊奇，只需要一年时间，你就会重获自信。一段时间之后，所有人都会发现你发生了很大变化。也就是说，到那时你已经是一位成功者了。

写这本书的过程，也是我回顾从失败到成功的过程。我努力把真实的感受都写出来，我希望你们喜欢它。

第九卷

# 唤起心中的巨人

［美］安东尼·罗宾斯　著

# 第一章
# 人没有梦想，就注定会沦为失败者

我们每个人的心中都怀揣着梦想，比如有人想改善所生活的世界，而有人想过上高品质的舒适生活。然而琐碎的日常生活以及失意的人生挫折，逼迫着我们放弃了很多梦想，以致我们彻底没有实现的机会。你可明白，人生若没有了梦想，那么就注定会沦为失败者。

有一次我搭乘直升机从洛杉矶市到橘郡去作演讲，在飞行的途中，我竟然神奇地经历了一次“回望过去”。当直升机行经格兰岱尔市的上空时，我看见一幢似曾相识的高楼，我便让直升机绕着这幢楼飞行。我猛然回忆起，12年前落魄的我在这里当管理员，每天开着破车赶到这里工作，没有朋友，工作卑微而不安，怀揣梦想又感觉太过遥远。然而现在，我的人生在12年的岁月里急剧变化，我已经坐在了曾经遥不可及的梦想之巅。

直升机一路继续南飞，快要到达橘郡的演讲会场。我看见在通往会场的高速公路上，拥堵着一英里长的车流。当我走下直升机时，成百上千的人围在四周的栏杆外向我挥手，他们向我诉说他们获得的帮助。只能容纳5000人的会场，涌进了7000名观众。我刚走进会场，就响起了雷鸣般的掌声，我深深为之感动。

我使出浑身解数完成了演讲，离开时人们纷纷送我上机。当直升机升上漆黑的夜空，泪水模糊了我的双眼，感觉一切都在做梦。8年前我还只是一个仅有高中文凭，生活穷困潦倒的青年，我怎么会有如此惊人的变化？因为我学会了“能力集中之道”。是的，我们每个人都潜藏着可以立即支取的能力，这份能力就像一位沉睡的巨人，在等待你用心来唤醒。“用心”有如一束激光，唤醒你潜藏的巨人般的能力，排除一切成功路上的障碍。如果你能保持不断改进的心，对生活的每个层面严加要求，最终会开创出不同寻常的人生。

为此我希望你能好好地阅读这本书，这里面没有现成的成功方法，也不是所谓的一些死知识。请你不要小看本书，它能帮助你充分发挥潜能，做出不凡的成就。当然，这种改变不是突然发生的，它需要你持久不变地坚持，你才会从改变的经验中看到实质的改变。我告诉你几个让你产生持久改变的重要法则：

1. 提高你的期望值

人们问起我8年前是什么原因改变了我？我回答说那是因为我提高了对自己的要求，我写下了一切希望改变的事情。是的，我提高了对自己和未来的期望值，这一切便成就了现在的我。其实，历史上那些伟大人物也是如此，他们提高了对自己和事物的期望值，取得了令人惊叹的成就。其实你也拥有同他们一样的能力，只要你大胆、用心地支取它。同样，一个组织、一个企业或一个国家若是想有所改变，那么第一步便是从个人做起。

2. 驱除消极的信念

信念之于每个人，都是至高无上的，它甚至主宰我们的思想、感受以及行动。所以说，掌握自己的信念系统是关键。在你对自己和未来的期望值提高后，你要运用积极的信念去实现。如果当年甘地没有坚定的信念，他领导的“非暴力抗争”就不会取得成功。积极的信念可以给人明确的方向感，它是历史上一切伟大成就背后的推动力量。

3. 改变你的策略

你已经有了更高的期许和积极的信念，你还需要好的策略。最简单的好策略是模仿，模仿一位已经成功的人物，这可以节省你摸索的时间，而且你可能做得比他更好。好的策略其实就是做我们应该去做的事情，关键是你是否真正去身体力行。是的，运用你潜藏的能力，去行动。那么如何运用自己的能力获得最好的效果呢？你需要以下5个方面：

（1）情绪方面。

有的人总是因为消极的情绪，使自己产生挫折感和无力感。他们忽略了自己身上其实拥有解决问题的潜能。更有甚者自我沦落，靠着药物的麻醉来寻求暂时的解脱。只占全球人口5%的美国人，竟然吸食掉全球一半以上的可卡因。在本书中我会告诉你如何走出这些消极情绪，建立起积极的信念，完全发挥自己的潜能，以达成所企望的人生。

（2）健康方面。

如果为了追求一切而损害了健康，这是否值得呢？生活中充满了各种挑战，我们还要保持生龙活虎的精神。然而现实并非如此，据调查，心脏病、癌症已成为美国人最大的生命杀手。这是因为我们用各种垃圾食物来填充肚子，用各种酒类、香烟及毒品来戕害身体，成天坐在电视机前麻痹心灵。你想要有成功的人生，就得学会控制好自己的身体健康，使自己有充沛的活力去达成所要的人生。

（3）人际关系方面。

如果你的事业很成功，却没人与你分享成功的喜悦，那么，成功又有什么意义呢？本书将会告诉你如何建立起良好的人际关系。人际关系是人生中巨大的财富，当你和人们建立了最诚挚的关系，你会从中受益匪浅。

（4）钱财方面。

每个人都想过一个舒适的晚年生活，然而其一生却被钱财所困扰。因为人们总是被错误的观念误导，认为追求的钱财越多越好，甚至将其作为人生的追求目标，反而承受着越来越多的压力，让人生也失去了真正的快乐。本书将会告诉你，要对财富养成正确的认识及价值观，然后抱持这样的观念去拓展财富。

（5）时间方面。

伟大的事业都需要漫长的时间才能完成，你要注重策略和蓝图的制订，特别是长期的计划，而不要贪恋眼前的利益。若是所需的时间长些，就必须耐心等待，当有偏差时得顺势修正。当你熟悉运用时间后，你就会运用自己的想法和创作力，淋漓尽致地发挥你的潜能。

我上面所说的不一定是唯一的正确生活方式，但是我相信这些都是走向成功不可或缺的。因此，我希望你能反复地阅读这本书，选取你认为对你有用的部分，不断在生活中实践。我相信，你一定能做出惊人的成绩。

我写本书的目的是要帮助你完全改变自己的人生，进入更高的人生境界。因此书中包含着各种改变人生的观念及方法，它们都具有极其珍贵的价值，如果你曾阅读过《激发无限的潜力》，对它们就不会陌生。现在我们就开始展开人生之旅，去挖掘最真实、最丰富的潜能吧，下面我们将说到决定，这是开启未来的开始……

19岁时的我身上没钱，内心茫然。幸好，我自己摸索出一项本领：如何发挥自己的潜能。一年之内我的人生就出现了转折，我满怀信心朝着我的目标前进，现在我取得了事业和家庭的成功。我有了健康的身体、娶了位能干的娇妻、组织了幸福的家庭、建立了成功的事业。这一切10年前的我还难以想象，现如今我忙于到世界各地演讲授课，帮助他们开发潜藏于身上的能力，实现心中的梦想。

我人生最大的转折在于我做出了决定，我决定改变我的人生期望。你要明白，当你作出决定的那一刻，你的人生就已经注定。所以你可别把决定看成儿戏，而要全力去达成才行。我在第一章曾说过，你要制定更高的期望，让自己的人生境界更上一层楼。遗憾的是大多数人从不这么做，反而为自己的懦弱寻找借口：家境不好、没有背景，学历不足、没有机会，年纪大了或者年龄还小。其实这些借口都是在敷衍你自己的人生，它只会限制你能力的发挥，甚至毁掉你的一生。你要果断地作出决定，不再为自己找借口，你会感受到带给你的改变，不管家庭、事业、心态、健康，乃至人际关系。我们甚至可以说，“决定”是一切改变的动力，它可以改变一个人、一个家、一个国和整个世界。

艾德是一个不幸的人，14岁时因感染小儿麻痹症导致颈部以下瘫痪，他终日靠轮椅活动，白天他戴着一个呼吸设备过日子，晚上需要铁肺来维持呼吸。脆弱的生命几次与死神擦肩而过，他却从来不为自己的残疾感到难过，他决定要用自己的行动告诉社会大众：残疾不意味着无用。他同时也向社会呼吁，为残疾人提供方便。在他过去15年的推动下，社会和政府注意到了残疾人的权利，如今公共设施都设有专供轮椅行走的上下斜道、残疾人专用的停车位以及帮助残疾人行动的扶手，这都是艾德的功劳。艾德·罗伯茨还是第一个患有颈部以下瘫痪而毕业于加州大学柏克莱分校的高材生，随后他又担任加州州政府重建部门的主管，成为第一位担任公职的严重残疾人士。艾德·罗伯茨的事迹告诉我们肢体的残疾并不能限制人的发展，关键在于他为自己的人生做出什么样的决定。

很多人也许会试着为自己的未来做个决定，可是他们会问：“问题是我不知道怎么做？”其实你在做出决定的时候就应该考虑怎么做，因为在任何时刻，我们的人生都有3个主宰要素，它决定了日后我们的成就。这3个要素分别是：你要决定怎么看、你要决定怎么想、你要决定怎么做。

大部分人作决定时都未用心，更没有系统地考虑上面3个要素。这样，你可能要为此付出巨大的代价。对于这种人生的决定，我称之为“尼亚加拉瀑布症”。人生如同一条奔流的大江，我们漂流其中。有的人可能只看到当前怡人的风景、恐怖的险滩，浑浑噩噩的顺水漂到分岔口，却茫然不知何去何从，只能放弃自我的控制能力，随波逐流。直到一天如万马奔腾坠入悬崖，跌落到尼亚加拉瀑布，这时候你想转身已经来不及了。你只能无限恐惧地等待着撞进深渊，这可能会损失你的钱财或者健康、情感、事业。其实这一切，你都能够避免，只要你在上游作出决定。

1938年，本田决定全心研制先进的汽车活塞环，虽然他当时还只是一个学生，但他变卖了所有家当，义无反顾地扎进车间。身上整天都是油污，累了就倒头睡在工厂里。为了让自己的研究继续，他甚至变卖了妻子的首饰。他的产品出来了，他准备卖给丰田汽车，可是丰田认定产品不合格被退回来了。本田先生毫不气馁，他重新回到学校深造，虽然常常被同学或者老师嘲笑，但他仍然坚持自己的设计研制。两年后，他研制的产品获得了丰田的订单。可是不久，他遇到了新问题，时值二战，日本禁售水泥，他没法建厂生产产品。但他并没有退缩，他独出心裁，和工作伙伴研究出新的水泥制造方法，建好了工厂。战争期间，这座工厂两次被美国空军轰炸，大部分设备损毁。他迅即召聚了一些工人，去捡拾美军飞机所丢弃的汽油桶，称其为“杜鲁门总统所送的礼物”，因为当时日本物资匮乏，而汽油桶却为他提供了必需的制造材料。不久，一场地震夷平了整个工厂，这时本田先生不得不把制造活塞环的技术卖给丰田公司。

本田先生有好的制造技术，也深具信心与毅力，不断尝试并多次调整方向，虽然目标还不见踪影，但他始终不屈不挠。二战结束后，日本石油紧缺，人们无法开车出行。本田先生试着在自行车上装上马达，这样还真有用。邻居们也请他安装马达。是的，这就是最早的摩托车。他想到何不开一家专门生产摩托的工厂呢，但是他缺少启动资金。他想到了一个方法，向全国18000家自行车店写信求助。告诉他们他的摩托车生产计划。最后有5000家愿意出资，本田先生就开始生产摩托。从早期笨重的大摩托车到后来轻便的轻型摩托车。本田的摩托车畅销国内，获得了天皇的嘉奖。随后，本田摩托车远销欧美，成为战后一代人的流行坐骑。20世纪70年代本田开始生产汽车并获得佳绩。今天，本田汽车公司在日本及美国的员工超过10万人，是日本最大的汽车制造公司之一，其在美国的销售量仅次于丰田。可以说本田宗一郎的决心和不畏艰辛的毅力成就了今天的本田。

在我们作出决定的时候，你要考虑这是长远的打算还是短期的打算；你人生中的任何一个决定都非常重要，如果你决定失误，可能会遭受财产的损失、事业的挫折等不利情况。在此我告诉你6个能帮你作出决定的秘诀，这些会帮助你在人生中发挥出无尽的力量。

第一，记住作决定的真正能量。一个决定可能会注定你的一生，若是你遭逢人生的低谷，你可以做出改变的决定，再加上你后续的行动，你的决定蕴藉着巨大的能量，在改变着你的人生。

第二，作出真正、坚持的决定。大多数成功人士在作决定时都很快，因为他们早已清楚了自己的境况和需要，而且他们一旦决定，就不会轻易改变。然而，那些时常被失败困扰的人，在作出决定时犹豫不决、优柔寡断，甚至中途改变主意。我的建议就是思考清楚、迅速决定、坚持行动。

第三，要经常作决定。决定越多，你的决断能力越会得到提升。你会因此感到自己能力的逐渐强大。

第四，从所作的决定中学习。有时候作出决定之前我们已经考虑周详，可是难免会有意外情况。我们不必为自己的决定后悔，我们可以从中吸取教训，这可以帮助我们少走弯路。

第五，坚守决定的同时，保持行动的灵活性。在抱定自己决定的行动里，善于听取好建议，理性的人生应该是保持着终极方向的灵活变化。

第六，享受作决定的乐趣。你在做出可能改变一生的决定时，不要忘记你身后的那些朋友、家人，或者是飞机上坐在你一旁的人，甚至你接打的某个电话，所看的电影或者书籍，都会为你提供改变人生的契机，你要在生活中学会享受这种乐趣。

请记住，你的决定主宰着你的人生，而不是你生活的环境或者你的遭遇。你从这本书中所看到的一切都不管用，你从其他的书中所看到的也如此。只有你决定作出真正的改变，并为之行动，发挥出你的能力之时，你才可以开始改变你的人生……

# 第二章
# 很多时候，我们被心而非脑所指挥

一群来自贵族学校的纨绔子弟在纽约中央公园内强暴了一位28岁的女士，他们犯罪的理由让人震惊：找乐趣。而在离华盛顿不远的一场空难中，一架客机撞上一座处于下班高峰期的大桥，造成大灾难，一个人用自己的救生衣救起了不少落水者，而自己的躯体却在几天后被打捞起来。这是两个全然不同的真实新闻，为什么人性在善恶之间有如此大的差距？

我一直都在探索上述问题的答案。我认识到人不是无从捉摸的动物，我们每个人的所为必定有其原因，而这背后就有其推动力。虽然影响每个人行为的原因都各不相同，但是这力量不外乎来自“痛苦与快乐”。我们甚至可以说人生中所做的每件事，不是为了追求快乐就是为了逃避痛苦。

不少人经常说想要改变自己的人生，可是难以做到，反而徒增失望。其实只要你了解并利用痛苦和快乐的力量，你就能立即且永远地改变自己的行为，追求到所企望的人生。如若你不懂如何利用此力量，你就只能如动物般受制于环境。也许我说的偏激了点，但是不无道理。你不妨想一想，为什么有些事你明知道该去做而没做呢？

答案很简单，即便做这些事有利于你，可能还会收获快乐，但是你却在犹豫不决，瞻前顾后，所以错失了机会，从而让自己遭遇痛苦。正如塞尼卡所说：“一个人在事情还没做之前便想逃避，待事到临头时就会觉得更痛苦。”

经常会有人问我一个有趣的问题：既然痛苦的力量比快乐更大，为什么有的人仍然在痛苦中死性不改呢？那是因为他还没有吃够痛苦，即没达到需要急切改变现状的痛苦“临界点”，因而不足以使他改变旧有的行为。

## 人生中最重要的一课

痛苦与快乐的力量影响了唐纳德·特朗普和德丽莎修女的人生。也许有人会质疑我怎么将这两个人相提并论。事实上在于他们对痛苦和快乐的判断标准。在这里，我们要学到人生中最重要的一课，便是懂得什么使我们快乐，什么使我们痛苦。

唐纳德·特朗普希望买下最昂贵且最高的办公大楼、拥有世界上最大且最豪华的游艇及精明地成交每桩生意，总之，他一心想赚大钱，这就是他快乐的源泉。他最痛苦的是屈居第二，对他来说那简直是失败。然而德丽莎修女却完全不同，她看见那些受苦的穷人就如同自己也在受苦。她的快乐就是去帮助那些生活在贫困中的人们，抱着为疟疾和痢疾所苦的瘦弱孩童的躯体。她去帮助那些人脱离苦海，她的痛苦就能消减，这也才能使她感到快乐。她认为人生真正的意义，在于把自己奉献给需要帮助的人，那是人生中最高的情操。

特朗普是一个重视物质享受的人，德丽莎修女是高贵的人道主义者，两个人的人生选择可能与各自的家庭、环境、性格有关，但是其根本原因在于他们所认定的痛苦和快乐决定了不同的人生。

## 是你所认定的痛苦和快乐决定了你的人生

我小时候就认为求知是生命中最大的快乐。我认为只有自己找出改变人们行为和观念的知识，我就可以拥有快乐、逃避痛苦。这些年来我一直在追求知识，追求改变人类行为习惯的秘诀，这改变了我，也让我改变了不少人。因为我找到了更高的快乐，运用我的所知所能，帮助人们获得改变，得到高品质的人生。这就是我人生的目的，也是我人生最高层次的快乐。

最近媒体报道了一则新闻：有人将自己关在笼子里，进行了30天的绝食抗议。奇怪的是他还活着，而且还是快乐地活着。其实他在肉体上承受了巨大的痛苦，但是他引起了社会的关注，便得到了内心的快乐，结果所受的痛苦便为快乐所抵消。

切斯特·菲尔德曾说："不管是男人还是女人，经常都是被心而非脑所指挥。"也许你会不同意这句话，但实际上我们很多时候的行为的确受情绪控制，悲伤或者快乐，与理智无关。如我们都知道巧克力吃多了对身体不好，可是我们还是猛吃，为什么呢？因为我们的行为有时候不受理智管束，而是受控于神经系统中对痛苦或快乐的直接反应，虽然我们都相信做事当凭理智，然而很多时候却是受控于情绪，甚至有时决定了我们做事的想法。

很多时候我们希望自己是理智的人，可是很多人做不到，因为那样太痛苦，就像戒烟一样，明知道吸烟对身体有害，可还是难以戒除。因为人们都情愿逃避痛苦，获得短暂的快乐。其实我们只需要换个角度来思考，比如将戒烟看成是真正的快乐，而将吸烟看成是折磨自己肉体的痛苦，那么这样戒烟就会有效果。这个道理让我们明白，只要能把痛苦或快乐跟任何事物连接在一起，我们就可以很快地改变自己的想法、情绪或习惯。

## 情绪影响着一切，包括你的人生

纽约有一条麦迪逊大道，街道两边是广告公司或者公关公司——影响消费者认知的地方。他们就是通过人们对于痛苦和快乐的直接反应，达到营销的最佳效果。他们运用各种影视、图片等媒介来引逗消费者的情绪反应。

百事可乐公司也曾利用这一招，抢夺了可口可乐大量市场份额。百事可乐从迈克尔·杰克逊的表演中得到了灵感。迈克尔·杰克逊当时在流行界炙手可热，唱片热卖，歌迷们迷醉在他的歌声之中，处于兴奋的情绪里。百事可乐就重金邀请杰克逊为自己代言，这样歌迷们对迈克尔·杰克逊的热情也投射到百事可乐的身上了，他们就会去买百事可乐，犹如他们去买迈克尔·杰克逊的唱片一样。其实这一切都与巴甫洛夫著名的实验有关，19世纪末苏联科学家巴甫洛夫反复用摇铃来喂狗，摇铃就能够勾起狗的食欲。这是一个诱因反应的实验，反复的刺激让神经系统中产生神经链，只要巴甫洛夫一摇铃，狗就会不自觉地流下口水。

这样的营销例子很多，比如开宝马汽车暗示你是高品位的绅士，买韩国现代汽车就是最聪明的省钱者。这里面的奥妙就是将快乐的情感投射在产品上，诱导人们以为使用该产品就能产生快乐。

当然，其实这种手段不仅适用于有形的产品，也适用于政坛。罗杰·艾尔斯对此尤其擅长。罗杰是一个政客幕僚，他曾帮助里根赢得1984年的总统大选、帮助老布什打败杜凯赢得1988年的大选。特别是他利用媒体将杜凯塑造成一个不懂国防、环保不力，打击犯罪软弱的人，这让杜凯在选举中败北。虽然当时很多人对丑化杜凯的这些宣传不敢苟同，但是它仍然打击了对手。这正如罗杰所说："负面的消息往往更容易给人留下印象，就像大多数人不会放慢车速看路边的美景，但是会好奇地停下来看车祸一样。"无怪乎这就是罗杰·艾尔斯的策略，他帮助老布什赢得了历史上总统大选最大差距的胜利。

其实这个能影响消费者以及选票的力量，也可以影响我们的行为。我们可以运用这些情绪暗示来决定我们的行动，比如你将痛苦和不该做的行为连在一起，并且使这种意愿达到极强烈的程度，随之把快乐和该做的行为连在一起，通过这样反复地练习，最后你必然能够很自然地完成行为的改变。

一个暴力酗酒的父亲，因为杀人终身监禁。他的两个儿子，一个与父亲的下场一样；而另一个却是一家大公司的总经理，有幸福美满的家庭，不酗酒不吸毒。在相同的环境下，两个人的命运如此迥异。我发现，影响我们人生的绝不是环境，也绝不是遭遇，而是我们看待世界的信念。

为什么信念有这么大的作用？其实它是引导我们追求快乐、逃避痛苦的力量或者指南针。信念不是与生俱来的，而是我们从过去的经验中获取的。当然，信念可以创造奇迹，也可能具有毁灭力。洛杉矶市的蒙特利公园橄榄球队有几位球员在比赛时出现了食物中毒的症状，当时推测可能是自动售货机的汽水有问题，现场广播就警告球迷，不要去自动售货机买饮料，因为有人食物中毒了。顿时整个观众席发生了恐慌，有人开始反胃、昏厥，甚至只是路过自动售货机的人也会感到不适。那天救护车来回于球场和医院之间运送病人。后来证实自动售货机的饮料没问题，那些"病人"们都突然之间痊愈了。

信念就是如此神奇，有巨大的创造力，也会摧毁人的心理、健康。就在你看这本书时，你或许正在形成自己的信念，想要按照书中所说去改变自己。如果你希望主宰自己的人生，那么就必须好好掌握自己的信念。第一步就是你得知道信念是什么？它是如何形成的？

## 信念是什么

要想了解信念，不妨从信念的最初形式——念头——来谈起，每个人日常中都有许许多多的念头，不过可不都是深信不疑。一个念头如何才能成为信念呢，念头其实就如同没有腿的桌子，有了支撑才能成为桌子，念头若没有支撑就不足以称之为信念。只要有了足够的支撑，比如足够的依据或参考，念头就可以成为信念。信念也有积极和消极之分，下面这个故事就可以说明。

长久以来，人们都认为人类不可能在4分钟内跑完一英里。但是在1954年，罗杰·班尼斯特就打破了这个"信念障碍"。他的突破除了艰苦的体能训练之外，最重要的是精神信念的突破。他已经多次想象自己突破所谓的极限，在心中形成了坚定的信念，这个信念如同对神经系统下了一道绝对命令，帮助他完成了"不可能"的事情。班尼斯特的突破影响了其他运动员，随后一年有37人突破这一障碍，再一年则是300多人。

这个故事告诉我们，人们常常对自己的能力产生"自我设限"的信念，可能因为曾经失败过，所以就将此封闭起来，久而久之就成为恐惧、不可逾越的信念。当遇到事情时便踌躇不前，最后草草了事。当年有人设想要在加州橙谷建造一座有特色的游乐园，其主题是重回儿童世界，可是不少人觉得这是痴人说梦。但是沃尔特·迪斯尼却实现了这个"痴梦"，把童话里的世界带到了这个并不美丽的世界上。

我们每个人都要面对一个问题：如何面对"失败"。这可能决定你一生的命运。要记住这句话："面对人生逆境或困境时所持的态度，远比任何事都来得重要。"有的人在失败的挫折后就开始消沉，放弃了成功的尝试。这种消极的信念会让他觉得无力、无望、甚至无用。在心理学上，这种具有摧毁性的心态被称为“无用意识”。如果一个人在某方面多次失败，就可能出现这种心理，认为自己无用，停止一切尝试。

### 痛苦是改变信念最有效的工具

这里我们再次提到痛苦，而且我确信，痛苦是改变信念最有力的工具。在一次电视访谈节目中，一位女士当众声明脱离三K党。然而在一个月前，也在这档电视节目里，这位女士还是三K党的坚定拥护者，当时她大谈种族混乱，说非白人种族造成了国民素质的下降。为什么在一个月内，这位女士就转变了自己的信念呢？原来在节目后，这位女士的儿子不同意她的观点，表示有这样的母亲他很难过，一气之下就离家出走了。她在一个月的反省时间里，想起有观众告诉她：“不少有色人种的美国士兵仍然在波斯湾前线作战，他们不仅是为美国，也是为你。”这些痛苦让她自责，质问自己为什么会有这么激进的想法呢。所以，她第二次来到这档访谈节目，向观众们承认自己对种族的看法太过偏激，并且宣布从此退出三K党。并且说今后她会和各种肤色的人平等相处，有如自家兄弟姐妹。

人生中还有一个重要的必修课，那就是你要时常反省自己的信念，这些信念是否激励你奋发努力，勇敢地面对生命中的各种艰难？如果想拥有积极的信念，你不妨去请教那些成功的人，向他们学习成功的奥秘。

### 效法人生赢家的信念

上面提到向成功的人士学习，是改变你的信念、拓展人生的一个方法。其实本书中的许多观点就是从这些各个行业的成功人士中得来的。他们在成功之路上留下了脚印，我们遵循着前进就可以少走弯路的原则。所以在日常生活中你要注意身边的每个人，向他们学习能使你迈向成功的秘诀。

由此我们可以看出，信念具有的力量，它会影响我们作出的决定，影响我们的行动，包括事业和生活上的，从而主宰我们的未来。我们若希望有个成功且快乐的人生，有一个重要的信念必须接受，那就是：不断改进自己人生的品质，不断成长、不断拓展。

## 第三章
# 改变：释放你潜藏的能量

我一直希望自己有能力帮助人们改变人生，我也为此而终身努力。我从中学就开始涉猎大量的个人发展、心理学、行为学、生理学等方面的书籍。进入社会后，我接触到了格式塔治疗术、艾瑞克森诊断及神经语言学等，这些治疗方法功效神奇。我就开始学习这些学问和技巧，而且开始运用到自己以及别人身上。

我最早从神经语言学开始学习，不久，我就自信能治好别人的病。“我可以医好患有恐惧症的人！”当时我对一起上课的同学们说，他们认为这是天方夜谭。于是我利用广播、电视开始我的事业，先从加拿大开始，然后美国，其实我只是帮助人们克服恐惧、忧虑、悲观等消极情绪。很多人在多年的治疗中都没有改善，但是我告诉他们，我可以在短时间内让他们获得痊愈。

是的，当时有不少人对我的这套说辞表示怀疑，甚至强烈抨击。我认为要想建立自己的事业必须本着两个原则：一是专业素养，二是面对挑战。所以我毫不畏惧所有的挑战。

大约4年前，我在旧金山举行演讲会，会后有些人围着我给他们签名，人群散去之时一位先生走到我面前，我还记得他是我两年前在纽约治疗烟瘾的患者，于是我就说："我曾帮你戒掉了烟瘾，是吗？"他点了点头，我舒了口气说道："噢，那已经是两年前的事儿了，你现在还好吧？"他没答话，从裤袋里掏出一包烟并点燃了，然后带着嘲弄的口吻说："你失败了。"

他的话让我感到强烈的挫折，我一直对自己的治疗手段信心满满，认为这是绝对有效果的。不过，他接下来告诉我，他是在我治疗一年多后，无意点燃一根烟让他重陷烟瘾中。他的案例给了我一个反省自己的机会，为什么我的"神经语言学"治疗会有反复？不久，因为一件事我找到了答案：自我负责与调正。

一天，一位调音师为我女儿的钢琴调音，他仔细地调正每根琴弦。当他收拾工具的时候，他告诉我，接下来连续4周他都会来调音。我不禁愕然："不是已经调正了吗？"他告诉我：那只是暂时的，需要反复调正才能让琴弦保持在正确的音符上。这让我明白了我的治疗手段，同样也需要多次"调正"的强化，才能让神经系统中的神经链定型，做到真正改变一个人的行为模式。

## 人脑的能力

我们的大脑是潜藏着巨大能量的神奇天赐，历史上那些卓越的伟人，也仅仅用了脑力的极小部分。所以你要是留意开动你的大脑，你也能不断开创出各种所希望的未来。

现在最先进的计算机都无法与我们的大脑相比，大脑每秒钟可以处理300亿个指令，一个人的脑神经系统约含有280亿个神经元。这些神经元都很小，每个神经元可以同时处理100万个指令。如果你知道我们的大脑拥有如此强大的能量，就会感到那些酗酒、吸毒的恶习是对大脑的多大浪费。我们应有足够的底气去面对未来，不应沮丧、忧愁，而应该过着快活的日子。

## 神经科学：有效改变的入场券

神经科学，是我们对于人脑及神经系统探索的科学。我们的大脑就是神奇的神经系统中枢，它可使我们回想起某次雨后森林中的一朵牵牛花香，或者耳畔回响百老汇歌剧中的一段醉人乐曲，这个复杂的系统不仅让我们享受美好的世界，也能帮助我们应对这个残酷竞争的世界。

每当我们遇到什么让人痛苦或者快乐的事情，我们的大脑就会详细地将这件事情的前因后果记录在我们的脑海中。如果今后遇到了类似的情况，我们就能从大脑中提取信息，作出更好的决定。这里面起关键作用的就是神经链，某种行为模式会形成神经链，比如初生婴儿不知道火能灼伤人，如果触摸受到刺激，就会形成反应神经链，产生对火的拒绝行为。所以神经链能随时为我们的大脑提供有关的信号，让我们依靠过去的经验，平安地度过人生。

其实，我们若在生活中形成了某种行为或者情绪，我们的神经系统也会形成神经链。如果我们反复做某种行为或者长久沉溺在某种情绪中，就会加强神经链，出现的某种行为或情绪的频率就会提高，这就是那些沉溺毒瘾越久的人越难治愈的原因。但是一旦我们尝试着改变这些行为或情绪，久而久之，这些神经链就会减弱。所以说，神经科学是我们改变自己的科学依据。

下面，我将会运用神经链调正术的6大步骤，帮你消除消极的行为模式，在很短的时间内改变痛苦和快乐的神经链，从而产生新的、积极的行为模式，让我们继续往下看吧。

若你想改变自己的行为或者情绪，你都必须经过下述6个简单步骤。这6个步骤是神经链调正术的基础，能直接且有效地使我们改变，帮我们消除痛苦而得到快乐，只要我们坚持就不会出现反复以及任何不良的副作用。

第一步：确定你的改变方向。

你要清楚自己想要什么，什么阻碍了你。人们总是说自己不喜欢什么，而忽略了自己想要、喜欢什么。你要确定你真正想要的，这样才能引导你的未来改变的方向，而且这目标必须明确、具体，这样才能发挥你的能量，快速地达成目标。此外，清楚什么阻碍了你，就能知道什么让你痛苦，从而帮助你扭转痛苦的格局，走向快乐的行为模式。

第二步：找出改变的临界点。

人们总是满足现状，不愿意做出改变。甚至有的人在同样的事情上不断犯错，却依然不想改变。这是为什么呢？首先是外界的压力不够大，如果有人拿枪顶着你的脑袋，威胁你必须改，估计你才会行动。另外，最重要的是你的痛苦还没达到寻求改变的临界点。

在物理学上有杠杆的原理，利用它，可以达到四两拨千斤的神奇作用。其实某种行为或者情绪给我们的痛苦，也可以利用这个原理得到改变。如果我们交织于痛苦与快乐之间不愿意改变，那么我们只有一个改变的办法：让自己的情绪达到痛苦的临界点。这就如同贪吃导致肥胖的人，发现自己的血压太高、行动不便、引人嘲笑之后才开始痛苦地减肥。

第三步：终结旧有的行为模式。

你知道有一种对“精神病人”的解释吗？“反复做相同的事，却妄想有完全不同的结果。”其实，我们大多数人每天都过着一成不变的生活，近似于精神病人的生活，这极易埋没我们潜藏的能量。只要我们调整一下已成习惯的神经系统，就能释放出那潜藏的能量。所以你要终结旧有的行为模式，虽然它能带给你短暂的快乐。上一步我们已经帮你找到了改变的杠杆，那么现在就开始改变，开始你新的健康的行为模式。

第四步：建立新的健康的行为模式。

长久改变的关键就在于“立新”，建立新的健康的行为模式。有人经常在改变旧有行为时失败，为什么？那是因为未能找到取代的新行为模式。

当我们旧有的行为模式被中止了，我们的大脑就会自动寻找同样能够给我们刺激、快乐的新行为。比如有的人戒烟成功了，体重却增加了，因为吃东西开始取代吸烟。

第五步：让新的行为模式成为习惯。

反复调正，有助于你的改变持久且有效。反复新的行为模式，可以帮助你形成新的神经链，强化它成为根深蒂固的习惯。

要想加速调正的有效性，那么我们还得为“强化”新行为给予奖励。当你一有新的改变时要立即奖励自己。是的，要立即，这有助于强化调正的时效性。比如当某个篮球队员投出了一个3分球，场边的教练就会立即大喊：“好球！”而不是到了赛后再说什么赞赏的话。只要我们给新行为模式以及时的正面奖励，它便会调正成为自发性的行为，否则它就会慢慢地消逝。

第六步：测试一下效果。

你已经在不断调正你的新行为，使之成为习惯，那么下一步就是确定上述方法在未来是否继续有效。你可以想象自己身处旧习惯中，看它对你是否有吸引力。如果你再次陷入其中，那么你不得不再来一次上面的5个步骤；如果你成功否定了旧习惯，那么改变已经成功。

你还可以验证一下改变后的效果，看看这些新行为模式给你的生活、事业、人际关系带来了什么改变。最重要的是新习惯是否符合你的价值体系、信念及心则，否则新习惯就无法持久。

到此为止你已经学会了改变习惯的6个步骤，不过你还是要确定你所追求的是什么，所以下面我就要告诉你怎样找到你真正想要的追求。

我们在人生之中，总是会问自己：我们到底想得到什么？也许你想要美满的婚姻、可爱的孩子、大量的钱财、豪华的汽车，或者你想去世界各地旅行、观览名胜，或者你想成为德丽莎修女一样的人，帮助贫困、饥饿中的人们。

当你心中有这种想要的目标之时，你的注意力就会置于其上。对于这些目标相关的东西，你的感受便会变得强烈。而如何让你的这种感受转变成为动力，你可以有两种方式：

1. 形气是推动人生的力量

我们的动作、姿势、行为、情绪、面部表情都会形成一种形气，这就像物理中的场。特别是当一个人心情低落之时，形气就特别明显。所以，要想改变一个人，最重要的是借着形气改变其情绪、行为。可是很多人却习惯了自己生活中体现的形气，不知道这些形气对我们日常行为造成的巨大影响。

如果你是一个习惯利用形气的人，你就可以自如地体验各种情绪。比如当你的脸上绽放出笑容，你就能很快感觉到自己的信心。比如你垂着头、胳膊无力地行走，你的情绪就很低落，你的形气就非常委靡不振。那么如何改变呢？你得深呼吸，抬头挺胸，脸上堆满笑容，并且充满活力地大步前行。是的，如果你想持续有效地改变自己的形气，不妨每天早上都面对镜子摆出大大的笑脸。这个反复的动作能够在你的神经系统中形成神经链，从而成为习惯性的笑容和快乐。试试看，这会带给你很多的乐趣。

形气的改变还有一种重要的方法，即让自己经常处于“动”的状态，这可使你产生自信，人一旦拥有了自信，就会有各种各样的能力，得以灵活地面对复杂的环境。如果一个人的能力停止，乃至于失去了活动的能力，其活动量减到最后的结果便是死亡。

2. 意焦是能力集中的奥秘

还有一种能够使你找到快乐的方法，那就是把你的意焦放在快乐的记忆上。你的意焦转移会使你的形气得到改变，然后情绪、行为都得到改变。甚至，凭借我们的想象力，我们还可以想象那些即将到来的幸福和快乐，从而从心里溢出快乐的情绪。

（1）什么是意焦？

上面说到意焦，那什么是意焦呢？我们知道，人透过5种感觉器官来认识外部世界。不过每个人都会偏重其中一种感觉器官，这一般称为感元。比如说有的人偏重眼睛所见，即视觉器官的功能占首要地位；有的人则较偏重听觉器官或触觉器官。每个感元下又可分为数个次感元，当我们用感元系统去感受外界或者想象感觉时，我们就在运用意焦。这就像我们在用照相机的镜头去捕捉外界的色彩、光度等。意焦的转移就是我们的关注转移，它影响着我们的认识、行动乃至信念。

（2）意焦只是部分的事实。

其实我们用感元去感受的世界不是绝对的，或者说只是部分的事实。这个世界没什么绝对的事物。所以我们感受的世界肯定不是绝对地真实。你的意焦决定了任何一件事物在你心目中的意义。意焦并不是事物的本身，它只是接近部分事实的观点，只是你从某一角度认知事物的结果。还是用照相机作比喻，它在摄取景象时永远只是一个静止的部分，不是所有的真实。其实，我们可以通过我们的意焦转移，来关注那些让我们振奋、快乐、积极的事物或者信息。因为心中怎样呈现，感受就会怎样被控制。这一切的最后就会影响我们的行为和情绪，乃至于影响我们的人生。

（3）任何事物的意义取决于意焦所在。

意焦会影响我们对于事实的认知，甚至我们会被自己的意焦所欺骗，所以我们要好好控制意焦。提问题是控制意焦的最好方式，提问题是改变人生极具威力的一个利器，也是改变我们情绪有效且简单的方法。

曾经一个孩子从家里拿了一把手枪，准备去解决了那个经常欺负他的校园流氓。当时怒火在他的胸膛里燃烧，双眼全是逼人的杀气。当他看到了远处的那个小流氓，他问了自己一个问题，如果我杀了他，我的后果会怎样呢？这一转念之间让他放下了手枪。这个孩子后来成为了传奇的球星，他就是波・杰克逊。

不论是通过行为来改变形气，还是运用意焦来改变认识，其最终的目的都是告诉你如何调正自己的神经系统、身体和意焦，从而能不断地帮你找到有益的行为模式和追求目标。如果你仍然在低落的人生心态中，你的形气已成为习惯，那么你急需要改变意焦，转移到你力所能及的领域，让你获得真正的快乐和改变。在下一章里我将继续介绍问题和字眼对于改变人生的巨大作用。现在就让我们看下去……

# 第四章
# 把时间用在思考上

前面我已经说过，信念会影响我们的决定、行动乃至命运。其实这一切都在于我们如何思考，如何为人生作“认定和创造意义”的思考。如果我们想开创人生，就得不时地从“我如何思考”这个问题找出答案。

## 问题会主导我们的思考

我见过各种各样的人，成功的，不幸的。我常常想，什么原因决定了他们的命运。为什么有的人取得了巨大的成就，而有的人却消逝在“尼亚加拉瀑布”的激流之中？当然，我也会这样问自己：是什么决定了我的现在和未来？其实在我们思考这个问题的时候，我们就在对自己作出诠释与认定。我们对自己的遭遇提出什么样的问题，会影响我们所作的决定和行动，最终便注定了我们的命运。

我们对这个问题的思考就是问与答的过程，我们对自己提出人生之问，然后我们来回答。其实提问的方式、角度就反映了你解决问题的态度。所以如果你要想改变自己的人生，那么就必须改变自己的思考方式，或者说是改变你提问题的习惯。你提出什么样的问题，就可以看出你的意焦关注所在以及角度，从而影响到你的思考和情绪反应。

我们的学习就是从提问开始，苏格拉底就是用问题来引导学生的意焦，通过对问题的辩证来探索所要的答案。你也许不敢相信，“好的提问可以开创美好的人生”。但是我还是希望你谨记这句话，甚至让它成为你人生中的座右铭。

不同成就的人，会从不同层次、角度提出问题。当爱因斯坦进入时空相对的研究领域时，提出这个问题：“看似同时发生的事情难道就是事实真相？”就像当你听到几公里之外的爆炸声时，你不能认为就是听到之时就是爆炸发生的时候。爱因斯坦会告诉你，时间是相对的，它的长度往往得视受测者的感受而定。爱因斯坦就经常探索这类有意思的问题，所以他最后提出了相对论。

爱因斯坦的问题看似简单，却对后世造成了极大地影响。你可曾认识到，你提出的问题也可能同样简单，而且同样会对你的人生产生巨大的效果。“问题”具有极为神奇的力量，可以唤醒我们巨大的潜力，可以帮助我们实现心中的愿望。当然，这需要你运用自己的大脑提出实际且有意义的问题，这才有助于你的成功。

既然我们的脑子具有这样的威力，为什么那么多人还是提出愚蠢的问题、过着平庸的生活、经历着垂头丧气的低落呢？那些“快乐、健康、富裕和明智”的生活又在何处？一个重要的原因是人们提出了问题，可是没有顺着问题去寻找答案；或者是没有提出积极的问题，让自己积极找答案。比如有人抱怨“我怎么不受大家喜欢呢”，而不是积极地问自己：“我该如何获得别人的喜欢呢？”所以你若是想使人生过得更好，就必须改变你平常提问的习惯。你要用积极的、鼓舞人的问题来激励自己，朝向成功的人生迈进。

## 提出问题的功效

具体说来，提问有3种功效：

1. 提问能够转变一个人的意焦，从而影响其内心的感受

比如你总是抱怨；“火车为什么行驶得这么慢？”这种问题让你的旅程倍感煎熬；但是如果你换个角度，“为什么我不安心来欣赏窗外的风景”或是“安静地看书呢？”问题的提出，会转移你的意焦，让你摆脱这种无奈的状态，从而找到让自己振奋的方法。

所以你要不时向自己提出一些具有建设性的问题，特别是那些让你能够感到快乐、积极的问题。

2. 问题能使我们注意所忽略的事情

人类是一种善于忽视事情的生物，我们身边每天都会发生很多事情，可是我们只关注其中的少数。这样我们就能有选择性的做许多事情了。如果关注太多事情，反而会耽误我们做事。其实当我们对某些事关注时，我们就要提问。

提出问题会影响我们的信念，特别是面对外界有预设的提问之时。比如在提出的问题里有计划地选择使用字眼及先后顺序，往往会被人带入预设的陷阱里，这种提问方式我们称之为“预设立场”。

1988年总统大选，老布什提名奎尔作为竞选搭档，一家电视台便做了一项全国性的民意调查。其中有一个问题是这样的：“假设奎尔曾利用其家族的影响力，让他免去了去越南服兵役的义务，你是否仍然支持他作为副总统候选人？”这就是一个典型的预设立场问题，结果使很多受访者对奎尔的印象大打折扣，虽然事实上奎尔家族根本就没有做这样的事。其实，我们的周围有很多这种提问方式的问题，就像布满陷阱的猎场，你就会因为这些问题受伤，因而使自己消极。相反，你要尽可能去找那些能使你振奋的依据，以建立起积极的信念。

3. 问题能发掘出我们可用的资源

其实，一个好的提问可以提示我们利用更多的资源，从而开拓出更宽广的空间。福特汽车公司前总裁唐纳彼德森就是一个善于提问的人，他总是会问员工们：“你们有什么设想？”一次他就问汽车设计师杰克·特奈克：“你喜欢公司设计的哪一款汽车？”特奈克摇摇头说：“这些车型，我一点都不喜欢。”接着彼德森就向他提议说：“既然你不喜欢，你为什么不设计你喜欢的车型呢？其实你不用管高层的意见。”特奈克听见总裁这么问，自然心中感受到极大的鼓舞，于是他开始设计自己喜欢的车型，他设计出了福特雷鸟车型轿车，接着是金牛座和黑貂车型的问世。正是彼德森的一问，激发了设计师的创作热情，这让福特公司的利润一举超越了通用汽车公司。

由此我们可以看出好的提问可以激发人的潜能。其实我们每个人身上都有潜在的能量，只要你需要，随时等你去支用。这需要你改变旧的认知，用积极的问题唤醒你的能力，进而实现心中的美梦。如果你在任何事情上都能留心，秉持一种积极的提问方式，我想，没有什么是你做不到的。

## 人生之问

里奥·巴斯卡力是我尊敬的一位作家，他知识渊博。曾写过爱与人际关系的书，在美国相当知名。他之所以能有今日的成就，得益于其父亲的教育。每天晚饭后父亲都会问：“里奥，你今天学了些什么？”里奥就会说在学校学到了什么，如果没什么可说的，他就会去翻家里的大百科全书说给父亲听，然后睡觉。这种每天都要求学习新知识的习惯，他至今仍然保留着。所以他能写出那么多充满智慧和爱的书。

其实在人生这条大河上不断漂流的时候，我们会遇到各种情况，你如果想要做得更好，改变得更加美好，你就要积极地提问自己。接下来我将要告诉你，字眼对你人生的重要性，一个字眼可以改变你的情绪，甚至人生，你相信吗？现在让我们赶快看下去吧……

大文豪马克·吐温曾说过：“恰到好处的用字极具威力，用对了字眼，那电光火石之间，我们的肉体与精神都有神奇的变化。”

不知道你是否注意，当我们说话时用对了字眼就会获得人的好感，给人希望，甚至让那些

消沉的人幡然醒悟；如果我们说错了话，就会招人讨厌、刺伤人心，甚至给自己带来不幸。我们回望历史，其实历史中就有很多善于用字眼的事件，用对了的字眼激励了当时的人们，决心跟随着这些伟大的人物，塑造出今天的世界。派屈克·亨利站在十三州代表前慷慨激昂地说："不自由，毋宁死。"这句话掀起了美利坚民族的独立风潮，人们誓言要推翻殖民统治，于是美利坚合众国诞生了。正是因为200多年前的《独立宣言》，给予了我们生来平等的保障，才让我们享受到现在的自由和繁荣。

在生活中也是如此，选择使用积极字眼，最能振奋我们的情绪，反之，我们就会陷入消极的情绪影响中。遗憾的是我们很少留心自己所用的字眼，以致于我们错失了很多机会。因此我要劝告你，务必重视使用字眼的重要性，其实这并不难，只要你在运用字眼时注意选择就行。

## 使用什么样的字眼决定什么样的人生

如何避免用错字眼，陷入消极处境？那就是丰富你的词汇，让你的表达更准确、恰当。你知道吗？《圣经》用了7000个不同的词汇；诗人约翰·密尔顿一生的著作用了12000个词汇；大戏剧家莎士比亚则用了24000个词汇，有的词汇还是他自己发明的，而且成为了今天英语的常用字眼。有语言学家研究发现，我们选用的字眼决定了我们的人生。这话似乎太过绝对，你试着观察你周围人的说话用语，就会发现语言影响着我们的思考，从而影响我们的行为。有人研究过中国人的用语，他们十分看重"安定性"，所以他们的语言，包括方言，名词比动词的使用频率更高。

字眼，代表着我们大脑里存储的记忆观点，我们有什么样的感受，脑子里就会产生什么样的字眼。当然，每个人以及每个民族的储存记忆不同，故用字眼也不同。在我们的生活中常用的字眼，却在有的民族中不存在。比如有的印第安部族就没有"撒谎"这个字眼，因为他们的行为和观念中没有撒谎；菲律宾的塔沙迪部族语言中就没有"讨厌""战争"这样的字眼，可见这些民族过着很纯真的生活。也可以说正是他们没有这样的观念，没有这样的字眼，所以他们不会做出"撒谎""讨厌"乃至"战争"的行为。

我们在生活中难免有消沉的心理，这种消极情绪的出现就像一个周期。我曾经也为此而困扰，8年前的那段日子里，我感觉到自己被消极的情绪消耗着，生活中茫然，感觉此生毫无希望。幸运的是我终于被这种痛苦逼迫着要做出改变。我明显感到自己在心理上排斥这种痛苦的情绪，我的大脑在搜寻积极的字眼来振奋我。我就这样不断用积极的字眼来激励自己，自此之后，我就不曾有过消沉的感受。

你要相信，用积极的字眼来改变情绪是简单而有效的。你现在就可以试试，你会感觉到，它正在改变你的人生。

## 软化那些让人痛苦的字眼

字眼，不仅对我们自己有影响，同样也会影响我们周围人的情绪。这就需要你在用语的时候选择"软化性"的字眼。比如当你准备气愤地质问他人时，你最好先在心里思考，这是否有助于问题解决，你可以委婉地用语，即以一种软化的语言来询问。

特别是当你心情不好时，你就要注意说话的字眼选择。因为很多人的不恰当字眼，导致了人际关系的破裂，更危险的是会招来对方的报复。所以，你要提防祸从口出。另一方面，我们也要拒绝那些美丽的谎言，这些绝非真诚的字眼也容易让我们步入陷阱。历史上有很多残酷的暴行就是在所谓的美丽的字眼中进行的，比如希特勒宣扬的日耳曼民族理想。

我们在使用字眼时一定要恰当、准确，因为准确的字眼能够对我们自己，也对周围的人产生某种程度的影响。一旦选用了错误的字眼，你的人际交往就会陷入困难。在美国的演艺界一些不擅长用字眼的明星经常招来麻烦事。甚至有的政坛人物因为一句话引起众怒，而匆匆下台。

字眼如同标签，这些具有确定意义的“标签”会影响我们的认知。所以我们不仅要谨慎地在自己的经历上贴上正确的标签，也要提防他人将错误的标签贴在我们身上，因为一旦被贴上了，我们的心里就会出现相应的情绪反应。我们可以用医院的一个常识来告诉你这个道理，每当医生告知患者所患疾病时，特别是那些癌症、心脏病等高危疾病的患者的病情就会开始恶化。因为这些疾病的字眼让病人内心产生恐慌，甚至因情绪低落而失去求生的希望，最终影响自己的免疫系统，导致其他的并发症而加速死亡。

如果你的职业需要你不时地和人们接触，那么正确恰当地用字对你来说就尤其重要。你要经常使用积极、正面效应的字眼，将那些使你情绪有负面反应的字眼，从你的人生字典中删去吧。

# 第五章 好情绪蕴藏巨大能量

你的生活平静如水，你的身心没有遭受任何重大打击，也没遇到让你极度兴奋的乐事，日子过得平平淡淡。也许很多人还羡慕这样的生活，但是我曾听别人说：苟且活着跟埋在地里仅有数尺之差。这句话让很多生活庸碌的人感觉刺痛，或许依然是茫然。一个世纪之前，爱默生说：“多数人都是寂静地活在消沉之中。”直到现在，我们已经站在新世纪门口的时候，这句话仍然可以用来形容现在的我们。最近几年，我到世界各地举行演讲会，认识了各地各行业有成就的人，发现即便是这些表面风光的人物内心深处，也有潜藏的隐忧，他们也会遭遇情绪上的“低迷”，使自己的人生低落。

很多人都认为情绪无法控制，特别是消极的情绪，认为它就像某种生理周期，是自然的反应。我们将情绪视为大敌，认为它们是侵蚀我们心理防线的“病毒”，甚至还会被情绪冲昏了头脑，影响我们的理智，拖累理智所能发挥的力量。其实大多数时候，我们的情绪只不过是对别人所言所行的直觉反应。我们在面对情绪时总是不分好坏地一味拒绝、逃避或者否认，甚至屈服于某种消极情绪。其实我们完全可以学习和利用情绪。

要想有效利用情绪，你要在心里告诉自己：“一切情绪都可以积极地运用。”然后好好学习情绪，妥当运用，让积极的情绪助推你得到更美好的人生。还要记得这句话：“负面情绪，本质上都是要你拿出积极的行动。”所以这些所谓的负面情绪仅仅是“行动讯号”，下面我就告诉你掌控情绪的6个步骤，这些有助你解除消极情绪，走向积极的行动。

第一步：确认你真正的感受。人们总是不清楚自己的真正感受，有时候莫名的悲伤笼罩着心头，让你陷入深深的痛苦。其实只要你稍微后退，正视内心的真正感受，你就能避免自己饱受消极情绪的影响。然后你针对情绪提出一些问题，就能降低情绪的强度，以客观且较理性的态度处理问题，当然，下面就更容易解决了。

第二步：肯定情绪的功效，认清它所能给你的帮助。不要被别人的消极情绪感染，你要塑造自己的积极情绪，不要“扭曲”情绪的积极功能，更不要一味地被情绪压抑，要在情绪的推动下，走出另一片天空。

第三步：注意情绪所带来的讯息。当某种情绪来临，我们不是沉溺其中，而是寻找其带来的讯息。比如孤独感来临，说明我们需要多跟朋友联系。

第四步：要有自信。你对自己要有信心，确信你能够随时掌控自己的情绪。最简单迅捷且有效的掌控情绪的方法就是想想曾经遇到此类情绪时，自己是如何处理的。然后你可以根据目前的状况，拟出更好的方法去成功掌控情绪。

第五步：保持掌控情绪的持续性。你要确信你不但今天能掌控情绪，就是未来亦然。除了上面提到的自信，你还要记取成功的处理经验，今后可以将其发挥得更有效果。

第六步：要以振奋的心情拿出行动。振奋的心情最易掌控情绪；拿出行动，说明自己有能力掌控，“动”也是走出消极情绪的灵活选择。

别忘了，处理情绪问题最好是它刚出现时，“当怪物还不大，就得处理掉”。

我们在你的心灵花园除去了消极情绪的杂草，那么，接下来我要为你提供10颗优良的植物种子——10种有力的情绪。如果你每天都对它们勤加照顾，以殷切的期望注视它们，有一天必然能看见伟大的成果。这些种子蕴藏巨大的能量，能让你每天都如沐春风，使你过着积极、健康、丰富的人生。

1. 爱与温情：福克斯曾说过“只要你有足够的爱心！就可以成为全世界最有影响力的人”。爱可以融化任何消极、负面的情绪，就如大地春回，阳光消融冰雪。

2. 感恩：其实，感恩也是一种爱，而且是用爱去报答爱，我们珍惜、感谢一切的赐予、经历，即便是那些苦难的日子也值得我们感恩。在美国，我们有感恩节，感谢我们刚刚到达美洲得到的帮助。我们心存感恩，所以我们内心富足快乐，人生也充满了芬芳。

3. 好奇心：你知道吗？知识增长最快的是孩子，因为孩子的好奇心，他们对世界充满了疑问与探索的欲望。其实，只要我们保持着孩童般的好奇心，便会发现生活中到处都有美好的事物，到处都有值得我们探索、追求的美好事业。

4. 振奋与热情：19世纪英国首相迪斯雷利曾说过：“若想成为伟人，唯一的办法是抱着热情做任何事。”我们要如何才会有热情呢？其实这在前面我们已经提到过，只需要你改变形气：讲话要有力、看事情要远、以无比的决心去追求企望的目标。不要茫然地过着日子，那样的生活乏味，人生也注定贫瘠。做任何事情若是带着振奋与热情，它就会变得多彩多姿，因为它们能把困难化为机会。热情具有伟大的力量，鼓动我们以更快的节奏迈向人生的目标。

5. 毅力：毅力是我们面对困难时的态度和行动，那些困难、失败或者诱惑向我们扑来时，我们是被打倒在地还是屹立不动。这都得看你是否有足够的毅力。毅力让我们成就大事，反之，缺了毅力，我们就注定会失败。一个人敢于冒险去攀登高峰，凭借的就是他的勇气，而勇气源于毅力。

6. 弹性：在我们的人生中，难免会出现无法控制的情况，这就需要你在制订行动或者构想计划时，保持灵活的弹性。这样留有余地的回旋，有助于你的人生长久保持成功。狂风肆掠之下，芦苇因为能弯下身，所以才能茂盛生长；而榆树一直死守着站立，最后被吹折树枝乃至树干。

7. 信心：在现实生活中，我们总是害怕去做各种事情，特别是那些没有做过的事情。甚至很多人根本还没做就已经退缩了。没有信心去做事，特别是去做没尝试过的事情，那么你就无法成为成大事、立大业的人。因为成功的人，其成功的根本原因就在其拥有的信心。

8. 快乐：我说的快乐，是发自内心的快乐，而不是仅挂在脸上的快乐。内心的快乐代表着你充满自信、对人生心怀希望，能带给周围之人同样的快乐。

9. 活力：你是否常常觉得自己的身体疲惫、精力不足，然后一切坏的情绪也随之而来。其实，一切的情绪都与你的身体状态有关。你要保持充沛的精力，保持十足的活力以及积极的心态，那么你就要学会适度休息，以补充失去的精力。

10. 服务：我们是生活在社会中的动物，一个人不能够单独在自己的世界里生活。如果一个人能够做到独善其身，还能够兼济天下，这就是一个明白成功意义的人。金钱、名誉、赞誉都是虚荣，他拥有的服务精神才是无价的。如果人人都能如此，这个世界定会更加美好。

你得经常运用这10种有力的情绪，把那些消极情绪（行动讯号）转化为积极的行动。永远不要把痛苦的情绪当成敌人，其实它们只是在提醒你：你需要做出改变。而且你也有能力做出改变，更有力地把握自己的人生。

大多数人都知道自己要做的事情，或者是有自己的希望，可是我们缺乏行动。这是为什么呢？其根本原因在于，我们没有找到吸引我们的期望和目标。大概是现实磨去了我们的梦想，让它们变得模糊了，那么你不妨释放自己的想象力，让自己重新回到孩童时代，大胆表达出心中的梦想。只要你真心诚意，并愿意为之努力，你可以梦想成真。

## 伟大的目标带来积极的企图心

经常有人对我说："我的问题就在于没有目标。"其实他不明白，每个人都有目标，那就是追求快乐、避开痛苦。只是我们总是忽略自己的内心追求，茫然跟随现实，最后没有付出努力，去追求高素质的人生。

大多数人的梦想被庸碌的生活所掩盖，每个月面对的似乎都是恼人的账单，这样的人生根本谈不上什么人生规划。我们要记住，有什么样的目标就有什么样的人生。目标就像我们人生花园中的种子，如果我们不培育、打理好我们的目标，野草就会疯狂的生长，最后占据你的人生，你的人生花园也将荒芜一片。如果你想成为一个成功的人，那么此刻请仔细想想你的目标，你要订立一个远大的目标。这个目标能够催促你立即振奋、马上行动，发挥出你的潜能。那么现在就请你下定决心，给自己订出一个值得追求的目标吧！

## 订出超越自我的目标

将梦想转化为一个可以想见的目标，那就需要你拟订一个计划。目标引导着你人生行动的方向，也引导着你此刻的想法，而这些想法会影响你的行动。那么接下来，请订出一个超越自我的目标。

一个有足够难度的目标，才会对你有足够的吸引力，你才会愿意全心全力去完成。当你有了这样一个心动的目标之时，再加上你必然能够达成的信念，那么你就成功了一半。

## 毅力是达成目标的要诀

这么多年来，从我自己的成功故事或者我看见的那些成功的人物故事里，我都可以发现毅力在成功之路上的作用。如果一个人想要成功，不只需要才华、聪明和热情，最重要的还是毅力。因为不少人在到达目标5英尺之前就放弃了努力。

其实一个人的一生就是考验我们毅力的过程，只有那些能够坚持不懈的人，才能在成功的顶峰上看到最美的风景，收获充实的人生。你要记住，毅力可以移山，也可以填海，更可以助你走出一条成功之途。

## 借助资源锁定系统来达成你的目标

我们的大脑中有一套资源锁定系统（Reticular Activating System，简称为RAS）。五大感官系统接收的信息传入大脑，而RAS的主要功能，就是引导我们的意识去注意跟目标有关的信息。RAS的功能强大，可以帮助我们实现目标。当我们对目标投入更多的关注，我们就会得到更多的信息，RAS就越能精确地让我们锁定意焦之所在。比如当你想要购买汽车，你就会从各个渠道打听汽车的信息，而且这些信息在你的大脑中过滤分析，然后在你的头脑中逐步接近，你所想要的那一款汽车。只要你相信自己的RAS，它便会把你带向所需要知道的方向。

## 最重要的一步：行动！

把梦想转化为现实，最重要的一步就是：行动。然而现实是我们订立目标时很简单，可是要用行动去实现却很艰难。我以前就有过这样的经验，刚订好目标时颇有磨刀霍霍的热劲儿，可是过了3个星期后就没劲儿了，更别提达成目标的自信，早已荡然无存。

当你确定一个目标后，然后就是拟订具体的行动计划，一定要具体，便于指导你的行动。比如你拟订一个10天持续的行动。当你能这么做时我敢向你保证，这10天小小的行动必然会形成习惯，最终把你带向成功。

运用神经科学来解释目标的作用，你的意焦投射在目标之中，你的脑子便会形成一条神经渠道，沟通你的现在和期望的未来，让你对于未来和目标有强烈地把握，从而促使你做出有效且成功的行动。所以不要坐在那里空耗时间，现在就开始动起来吧！

目标，并非终点，它只是引导我们走向终点的工具。甚至在追求目标的过程中，我们享受的是追求路途中用汗水浇灌的花朵。我们在追求某一个目标的过程中，克服困难、学会成长、拓展人生，获得充实的快乐。当我们到达成功的彼岸时，就会拥有最真切与最持久的成就感。

其实这一章最重要的讯息是：制订一个让你动心的目标，拟订一个让你行动的计划，然后用自己的行动去实践梦想。如果没有梦想，我们只能算是苟且活着的人。所以动心的未来是每个人在人生中不可或缺的，我们不仅要收获成功，也要去体验付出和成长。

前不久我看到了一则报道：说美国不少人在退休后三四年里便去世了，这个统计说明如果一个人失去了生活的目标，其生存的意志很快就会被摧垮。所以你要寻找人生努力的目标，为自己的人生寻找生活的意义。

如果你已订好了要追求的目标，好好使用蕴藏在你身上的能力，拿出行动来吧，美好的人生永远属于积极行动的人。接下来让我们继续挑战未来的10天心理历程，我要告诉你如何排除任何妨碍你前进的心理障碍。

本书的目的是帮助你改变人生，改变旧有的不合理习惯，这些习惯可能就是你成功路上的绊脚石。我的目标就是帮助你改变自己，让你获得提高生活品质的经验和技巧。本章就主要说习惯。17世纪的英国桂冠诗人德莱敦曾说过："我们先养出了习惯，随后习惯造出了我们。"习惯造就了现在的你我，所以如果你想要拥有截然不同的新人生，那么你首先就要改变自己的习惯，改变那些拖累你人生进程的习惯，拥有一个积极、健康的行为模式。

在这里，我将带你去实现这个转变，让你挣脱旧有的行为模式，获得新的行为模式，从而让你的人生焕发出积极的活力。这就是"10天心理挑战"的调正计划，这需要你10天里严格控制自己的情绪和状态，不让消极情绪进入你的生活和内心。

首先，我要说明10天挑战调正过程的4个规定，如果你希望调正成功，那么就一定要牢牢记住这些规定。

规定一：在这10天时间里，你要尽量做到不让自己的心里出现消极情绪，你也要尽量不说带有消极情绪的字眼或者引喻。

规定二：当你发现自己陷入消极情绪之中时（这是难免的），你就要用我们所教的方法来解决，帮助自己将情绪转向积极或正面反应。

规定三：在这10天之中，你得始终把意焦放在解决办法上而非问题上。当你发现自己在为问题烦恼或生气时，你要立刻将意焦转移到如何寻求解决的办法上。

规定四：如果你发现自己经常不自觉地便会掉进消极或负面情绪的状态时，不要对自己的疏忽大为恼火，因为这无助于问题的解决。你要立即转变这种状态，是的，立即，不要等到怪物长大了到无法控制了你才处理。

我不得不说这是艰难的调正过程，因为我在第一次调正时，到了第三天我就被一件事情给惹恼火了。等我发现自己陷入消极情绪的陷阱时，我已经陷入很久了。我不得不重新开始。第二次我熬到了第六天，这一次我没有让怪物长大到我无法控制的地方，它刚刚萌芽就被我转化了，我感到由衷的喜悦，是的，这一次我坚持到了10天。之后，我经常用这样的方法来考验自己。到现在，不管遇到什么样的问题，我都敢接受挑战。

10天的调正过程会让你的改变初见成效，你尝试着改变那些你早已习惯的消极情绪或者态度。如果你继续维持这种状态，这个不断重复新行为模式和积极情绪的过程，会在你的大脑里形成一个信号，这个信号会在你的神经系统形成神经链。这条神经链越来越强化，最后就会成为你成功的阶梯。因为你总是积极、振奋地面对每一天。

这个挑战是一个艰难的过程，它可能不仅仅是10天，那些意志薄弱的人可能会不断触犯规则，不得不从头再来，可能到最后他自己也没有耐心坚持到底了。是的，这个挑战的调正过程是要帮助那些真正下定决心要调正自己神经系统的人，让他们能真正体验到成功所必须具备的情绪和态度。你是否认为自己是个意志薄弱的人？你是否要接受这10天的挑战呢？好好想一想，因为当你一进入这个调正过程，你就要时常注意自己情绪的反应，牢牢掌握自己的所言所行，还要将本书提到的改变方法用到你每天的生活中，直至成为你的习惯。如果你不敢进入这10天挑战的调正，我想不外乎是3个原因。

首先是懒惰。我们每个人都有自己的期望，知道自己应该做些什么事，但是有的人因为懒惰这个习惯，宁愿享受着那些短暂的"快乐"：每天坐在电视机或者计算机前，吃着垃圾食物，让自己的心灵和身体都蜷缩在那个可怜的世界里，不愿意拿出行动。

其次是畏惧。畏惧什么？畏惧失败，所以放弃了追求更好的生活品质。我们贪恋目前安稳的生活，对于那些只要我们付出努力就可以争取到的机会，鲜有人敢于冒险追求。最后他的一生就在庸庸碌碌中度过。你可千万不要有这样的人生。

最后是习惯。我们都有着自己的习惯模式，很多都是难以改变的习惯。这就好像设置了导航系统的飞机，沿着一条既定的路线飞行。习惯就是我们脑子里所设定好了的导航系统，一旦我们碰到问题时就会往里面钻，躲进习惯的保护，而不知去想办法解决。比如当我们失败时只知道难过，却不知道如何从里面汲取经验；犯了错时只知道自责，却不知道如何改进。

你要相信，10天挑战的调正过程会给你带来改变。我可以给你列举4点好处：第一，它能让你敏锐地知道哪些习惯绊住你；第二，它能让你寻找建立更好的习惯；第三，它能使你在面对未来的问题时，具有更大的自信；第四，这也是最重要的一点，它帮助你养成习惯，树立新的行为模式，产生新的期待，这些将拓展你的人生，让你的人生更上一层楼。

成功是渐进的，你不要希冀10天的短暂调正就能帮你取得巨大的成就。这10天只是一个开始。我们在一点点改变那些制约我们成功的消极情绪和习惯，只要这个努力开始启动，你能持之以恒。我相信：改变能推动我们不费力地迈向成功。这如同火车的开动一样，一开始它得费比较大的力气，只见它缓缓地往前挪动，后来就会越来越快，其所费的力气就越来越小。

最后我要告诉各位的是，当你改掉旧有的情绪或行为之后，你应该找到新的来取代，除了我在本书中所告诉各位的方法外，或许你还要努力让自己成为一个勤奋的读书人，你得知道成功的人都是乐于从阅读中汲取营养的人。多年前，我的启蒙老师吉姆·罗恩便教导我，我每天必须读一些有价值、有启发性和有营养的书，这比吃饭更重要。当时他规定每天必须有半小时以上的看书时间，并且郑重地告诉我："宁可少吃一顿饭，也千万别少看一次书。"阅读大量的书籍成就了今天的我，这得感谢我的启蒙老师，他的这番劝诫实在是给我莫大的帮助。如果你也想获得更多改变的能量，也不要忘了持续且积极地读些书，相信书里的信息能大大扩展你的视野，提供你面对人生所需的各种工具。

以上就是对你个人的挑战，这个挑战也是你对自己的人生投资，你要对自己有更高的期望，而不是让别人对你有所要求。用决心和毅力来收取你未来的成就，我们都在期待着……

# 第六章
# 主宰人生的5个因素

我们处于一个急剧变迁的时代，我们身边每天都发生着许多事情、出现许多问题。这需要我们不断地作出决定，本书的第二部分就是要教你在处理这些问题时，如何来控制自己的主宰系统，让你随时都能作出果断、正确的决定。

人类一切的行为都受控于主宰系统，这就好像一切物理或化学现象也都受控于某些定律或法则。我们人类的主宰系统由5大部分组成，我们每个人对周围一切所作的诠释或反应，都由这5大部分来掌控。它们有如化学里的周期表，我们每种行为都可分解成最基本的成分。

我们一切思考或者算念的基础是目标，目标指引着我们在人生的分岔口作出应有的选择，以期达成追求。在此我要跟各位介绍算念形成的5大要素，这也是我们的主宰系统操控算念形成的5个要素，这5个要素在接下来的章节也会作详细介绍，现在我们来简单认识一下。

影响我们主宰系统的第一个要素，就是当时的心理状态及情绪。很多时候我们的算念、思考受当时的心理状态、情绪影响。比如面对同一个玩笑，有时候你会不屑地表示那仅仅是一个玩笑；可是有时候你却勃然大怒，认为这个玩笑触痛了你。何以会如此呢？不过是因为你当时的心情不同罢了。

影响我们主宰系统的第二个要素，就是对自己提出什么样的问题。我们在前面已经详细讨论了提出问题的重要性，其实提问也会影响我们的算念，而什么样的问题就能产生什么样的算念。

影响我们主宰系统的第三个要素是我们的价值观。价值观是每个人都秉持的衡量标准，不同的人有不同的价值观。比如说有的人很看重稳健保守的做事风度；而有的人却不愿意保守，更愿意主动出击。我们所秉持的各种价值观，深深地影响着我们人生的每个决定。

影响我们主宰系统的第四个要素是信念。信念会决定我们对任何事物的期望，因此也会影响我们的算念。当我们信念不足，感觉自己无法达到预期的目标，这就会影响我们的算念，从而感觉非常痛苦。所以说，信念乃是我们一切算念的根本。

影响我们主宰系统的第五个要素，就是我们脑子里储存的丰富知识及经验。在我们作决定的时候，这些经验和知识就是重要的参考。因为它们在我们的生活中起着参考的作用，所以我们也将之称为“心范”。

在此我得郑重地告诉你，每天我们都得利用时间学一些新知识，用以建立有用的价值观、增强积极的信念、提出新的问题，让自己处在全力迈向目标的方向，以得到所企望的人生。

所谓的主宰系统就是全面的改变基础，它包含了情绪、提问、价值观、信念、心范等5个方面。这告诉你，如果你想实现人生真正的变化，你要从这个系统的要素进入，如改变你的情绪、增强信念、建立有用的价值观等等。有的技巧我们在本书的第一部分已经讨论过，有的技巧我们将会在下面的章节详细介绍。

每个人的主宰系统是不同的，为了测试出你的主宰系统如何运作，在此我要问你几个尖锐、敏感的问题。这有助于打开你思想的闸门，也能帮助你认识、利用自己的主宰系统，为自己更好的人生来作决定。

问题一：最值得你回忆的是什么？

问题二：若是牺牲一个无辜的人，就能拯救世界上所有人免于饥饿之苦，请问你将如何选择？请告诉我你这样选择的理由。

问题三：如果你的车撞坏了一辆昂贵的保时捷跑车，但现场并没有任何目击者，你是否会主动承担赔偿？不管你的回答是肯定或是否定，请说明原因。

问题四：如果只要你吃下一大碗的蟑螂，就可赢得一万美元奖金，你是否会试一试呢？不管你的回答是肯定的或是否定的，都请说明原因。

其实这些都是我在很多演讲会上经常问观众的问题，下面你带着自己的答案跟着我一起来解读这些问题吧。

当你回答第一个问题时，不用说，你要从你的记忆，也就是过往的经验中来挑选答案。所以这必然会运用到主宰系统中的心范。很多人都能从自己的某个重要时刻找到最值得的回忆，当然也有人认为此生美好的回忆太多；也有年轻人认为自己的美好回忆在未来，这就是需要信念和想象力了。

接下来让我们再看看第二个问题，这个问题就比较难回答，因为这里面有太多的道德、价值观的陷阱。每个人的价值观不同，所以思考的结果（或者说算念的结果）会不同，自然答案也不同。有人认为为了保全世界牺牲一个人是值得的；也有人认为人人平等，每个人的生命同样重要；还有更为意外的答案，有人说自己愿意成为这个无辜的人；还有人认为饥荒是天命，只能顺其自然。对于相同的问题每个人的反应皆不相同，其差异就在于各人所选择的5大算念要素不同。

至于第三个问题：这是考验一个人诚实的问题，当然也牵涉了价值观、信念、心范的作用。

现在来看看第四个问题：对于这个恶心大餐，最初在我的课堂上很少有人愿意，但当我不断提高奖金时，10万、100万、1000万，越来越多的人愿意尝试。当这个目标足够诱惑，人们也会愿意付出，这也考验着我们的信念、价值观，最后也影响了我们的算念。

当我们谈起主宰系统的5大算念要素时，有一点大家必须牢记心里，那就是不要过度思考算念。当你考虑分析太多，很多时机就已经错过了。

一切的算念，一切的考虑，其目的都是追求一个切实可行的行动计划。所以不要让自己的算念分得太细，这样只会使我们疲惫不堪，甚至耽误我们的行动。所以不要过分算念，要用行动去争取想要的结果。

在这里我们分析了主宰系统的5大算念要素，你将这些要素合起来看看，它们其实就在你的生活里发挥着重要作用。随后，你将有机会找出自我改变的杠杆，它能帮助你作出先前所未曾想到的改变。接下来，你首先面临的就是价值观……

什么叫作价值观？当我们说到什么东西有价值，那表示它对我们有某种程度的重要性。当你喜欢某样东西，那就表示它在你的心中具有一定的分量。而价值观也就是你衡量这些事物的标准。我们在上一章已经简单说到价值观在主宰系统中的地位。在本章里我跟各位谈谈人生的价值观，因为那是你生命中最重要的一些东西。

我们的价值观对于人生具有重要影响。我们知道，我们作出什么样的决定，可能造就我们什么样的命运，而影响我们作出决定的关键因素就是个人的价值观。比如一个政界的领导人，他的价值观就是站在自己的政党利益一方拉拢更多的支持者，他在公开场合的一言一行，也必然是为了这个目的。其实你也有自己的价值观，你也按照你的价值观观照你的人生。关键是你是否知道自己的价值观，你的价值观是否值得追求？

当你知道了自己最重要的人生价值所在，那么怎么下决定就易如反掌；反之，如果你不知道什么对你是最重要的，那么你会因无法作出决定而痛苦，也可能因为没有价值追求而茫然不知所措。你观察一下成功的人，他们之所以能够果断地作出决定，并且将决定付诸实践，就是因为他们清楚地知道自己人生最重要的价值何在。

如果我们不确知自己的价值观所在，就可能像只没头苍蝇似的乱撞。那么，有的人在追求光怪陆离的物质生活，这是否是我们值得追求的人生价值呢？其实我们要扪心自问，这些物质是否能够永远让你的人生得到满足。当你真正知道自己的人生价值所在，你才会将你的潜在才能充分发挥出来。

不论你有什么样的价值观，你都要谨记：价值观是你人生的指南针，掌握着你人生的去向。每当面临抉择的关头，你都是运用自己的价值观来衡量，然后根据你的价值观作出决定，引领自己拿出必需的行动。如果你的价值观指向正面、积极、健康的方向，它就会带给你无比的力量，人生充满自信。不论处在任何状况都持乐观态度，这是许多成功人士所共有的一个特质。反之，你的“人生指南针”是消极、负面的，它将会指引着你走向挫折、失望、沮丧，甚至人生就此掉进阴暗的世界。

如果你想要获得快乐且成功的人生，那么就按照正确的价值观生活，否则你必然会吃许多苦头。而且有些错误的价值观还会影响那些意志力薄弱的人，我们经常看到那些抽烟、酗酒、好吃、吸毒、动不动便想指使人、待在电视机前过久的人，他们都是相互传染恶习的人。这些坏习惯也是因为他们欠缺正确的价值观所致，结果人生过得浑浑噩噩，最后毁了自己。

人生要过得快乐，就一定要按照自己最高的价值标准过日子，每当你能符合自己的价值观，内心就会充满欢乐。真正的快乐不是来自我们物质上的满足、生理上的享受或是生活上的无所事事，而是来自生命本身的富足。

很多人在事业上拥有一番风光，然而内心却空虚茫然；还有许多人为了追求那些光亮的物质生活，痛苦地耗费心力。归根到底，这是因为他们没有弄清楚“实质价值”和“工具价值”之间的区别，常常在那些并非真正想要的工具价值上耗费心力，因此才会遭受那么多的痛苦。你的心灵只有得到了实质价值才会有成就感，才会让你的人生更丰盛、收获更多。今天我们的社会中会有那么多的问题，最大的原因就是每个人都在钻营自己的利益追求，从而忽略了自己的真正追求。很多人就像一只苍蝇跟随着一群苍蝇般乱投瞎飞。所以他们在得到了那些工具价值，比如金钱、名誉之后，却发现自己内心依然空虚，不禁感叹人生如梦。

不容否认，我们每个人都喜欢去追求能使我们快乐的事。然而只有那些能使我们真正快乐的东西，才能称其为我们应该追求的“实质价值”。因为它能激起我们“渴望去拥有”的情绪。我经常在我的演讲会上问观众，你最想要的情绪是哪些？大部分人都是回答这些，例如爱、健康、自由、成功、热情、安全、冒险、舒适等。

这些情绪都是我们人生中积极、正面，起着振奋人心作用的花朵，这些情绪让我们的心灵花园充满了阳光和温馨。事实上，在我们每个人的心中都有着不同的价值体系，所以如果我们按照自己的意愿来给上述情绪排名的话，你就会发现，每个人的排列顺序并不相同。每当你要作任何决定时，这些情绪在你心中的价值排列就会出现。比如有的人选择事业的时候，会将自由放在第一位，有的人则会选择安全或者健康，有的人更愿意尝试冒险。

千万记住，不管你所拥有的是什么价值，它们必然会影响你人生的方向。而且这些价值带来不同的情绪反应，也会带给你不同的人生感受，所以你要追求那些真正让你振奋、快乐的正面情绪。

有正面、积极的情绪就有负面、消极的情绪。我们都喜欢自己体验那些能带给我们快乐的情绪，对于那些让我们痛苦、难过的情绪则会退避三舍。在前面我曾跟各位说过，人们不仅是在追求快乐，相对地也在避开痛苦。我在演讲会上也经常问观众这样一个问题：到底有哪些情绪是你一直最想避开的呢？根据统计，下面这些情绪是我们最不愿意经历的：被拒绝、愤怒、挫折、孤独、沮丧、失败、被羞辱、不安。

那么现在，请你按照你的意愿将这些情绪排列，列出你最不想要的情绪。请问它告诉了你什么信息？我在前面说过，消极情绪是行动讯号，它们的出现都是要求你做出改变。比如孤独是你最想避开的情绪，那么你就得主动去结交朋友，让他们喜欢你，愿意与你为伍，最后你便会发现周围都是你的好朋友。

我相信很多人都遇到过价值观的冲突，而这种冲突不是指你和他人的价值观冲突，而是你自己的内心。比如我经常看到很多人投入巨大的努力去追求成功，然而却在最后的关头放弃努力。他的心里可能有两个声音在激烈地冲突，一个说：“往前冲！”可是另一个却又说：“前面只有苦头等着你吃！”这种犹豫不决就反映了价值观的冲突。

为什么一个拥有自己的价值体系的人会出现这种矛盾冲突？其内心的价值观冲突，归根到底，还是因为自己没有建立稳固的价值观体系。因而随着周遭环境的变化以及施加的压力，你就会变得没有原则和定见。如果你正受着价值观冲突的痛苦，我给你提出两个步骤的方法，可能帮助你改变这个现象：

首先，你要确定自己心中冲突的价值观是什么，特别是什么消极价值观阻碍了你的前进。这样你才能清楚自己为何会有目前这种行为模式。

其次，你就是要作出最后的选择，选择你是退出还是继续。当然这得看你打算过什么样的人生，然后才能确定追求这种人生所应持有的价值。最后就是全心全意地按照这些价值的标准生活。

在很多演讲会上，我都会提到我的价值观，我也在本书中多次提及。我之所以做目前这个工作，是希望人们的心灵得到自由、生活品质得到提升。这样我才觉得自己对这个社会有所奉献，特别是从我的观众、读者那里得到了肯定的回应。这样我就会迸发出更多的潜能，去做更多的事情；这样我也能不断成长，也会有成就；而如何让自己保有健康和发挥创造力，更是我人生乐趣的动力所在。就是因为知道这些价值，所以这些年我始终一致地按照这些价值生活，它们也确实丰富了我的人生。

你要相信，改变你的价值观就能改变你的人生。价值观是能塑造你人生命运的力量，你要把它当成礼物送给自己，而且要用心练习这些改变的方法。如果你懂得了改变和利用自己的价值观，你若要真正快乐的成功，你就跟随着我进入心则与心范的改变……

# 第七章
# 心则和心范

这个夏天，我和我的家人来到夏威夷，也正是我写作此书的时候，我站在酒店房间里正往窗外望着深邃蔚蓝的太平洋。我和许多人来这里的目的一样，都是为了这百年一遇的天文奇观——日全食。日全食将要到来的那个早晨，大家都挤在最佳的观景点上，有的是带着妻儿的全家出游、有的是来此浪漫消夏的情侣，还有带着望远镜的天文爱好者、有的是在火山口扎营的旅行者。他们来自世界各地，花了好几千美元，为的只是感受不过4分钟的短暂天黑。也许有人要问：花这么多钱来到千里迢迢之外，为的只是找一块“有短暂阴影”的土地，这是否值得？

然而那天天公不作美，多云的天气挡住了这种天文奇观的效果，最后只是陷入短暂的黑夜，感觉太阳被淹没了。很多人失望不已，但是也有人感到很高兴。为什么会出现这样的差别？这就是不同的人拥有不同的心理期望，或者说是心则，这就决定了他们会有不同的情绪反应和认知结果。也就是不同的心则，决定了每个人不同的反应。

在继续讨论心则的重要性之前，让我问你一个问题：“什么能让你感到快乐？”有的人会觉得金钱很重要，有的人不惜金钱来看天文奇观。如果你的心则并没有认定什么叫作快乐，那么你就永远得不到快乐。我们生存的世界和人生都处于变化之中，我们只有依靠自己的心则，才能去适应人生、去享受人生并从中得到成长。

你的心则在帮助你，还是在阻碍你？我们每个人都会给自己或者别人订立心则，这会促使我们督促自己拿出行动，坚持到底，得到最后的成功和快乐。但是有的时候，心则却是限制我们的能力发挥的不利因素。比如很多年轻的情侣，总是订立一些不可能做到的心则，譬如说，他们给“相爱”订下的是：如果你爱我，你会愿意为我做任何事。这就是不合理的心则，甚至只会取得欺骗性的答案或者让自己受伤的结果。

你是不是也有一些不合理的心则呢？那如何来确定你内心的心则是在帮助你，还是在阻碍你？下面有3个标准可以帮你判断、确认：

首先，仔细思考，这个心则你能否做到。如果你无法做到，那么它就只能阻碍你，让你痛苦。所以你的心则必须避免不切实际、不近情理、没有定向，这可能会导致你无法达成人生的目标。

其次，你对这个心则是否有把握。如果它让你对达成目标毫无把握，那么它也是一个阻碍你的心则。不过，有的心则是我们无法掌握的，比如对方的反应，或者是天气的情况。所以我们在设定自己的心则时，应该适当地预想可能面临的不可控情况。这就是我们应该持有的合理心则。就像上面提到的日全食，我们明明知道这天气无法掌握，而你却抱着满腔希望想见到日食，事实只能让你的心则落空，让你失望。

最后，衡量这个心则给你带来快乐还是痛苦。如果这个心则让你承受的是更多的痛苦，那么它就是个阻碍你的心则。

接下来，你要改变阻碍你的心则。人们经常在自己的成功路上感觉失意、受挫，很大程度上与我们的心则有关。当过高的心理期望压迫着我们时，我们就会出现痛苦的心理或者情绪。我们在与他人交往时，出现冲突，很大一部分的原因就在于此。事实上，因为信念或者心则的冲突和矛盾，造成了许多内心的或者是人际的问题及争执。就以夫妻感情为例，很多微不足道的小事，经常引发两个人的口角，最后影响两人的感情，让彼此遭受伤害。要想化解这种现象的最好方法，就是建立促进人际感情为目标的心则。

上面说到过，人际关系的冲突可能是心则的不合。如果你想跟他人建立感情，你要做的就是让对方知道你处事的心则（或是观点），同时也尽量去了解他们的心则。当你这样去做了，你会觉得你们的所做越来越合拍，这也将使你的前行之路更加轻松。

友谊是我们生活和事业的必须，我给友谊下了一个简单的定义：你要无条件爱你的朋友，要尽力去帮助朋友。如果你的朋友遇上了麻烦，从而有求于你，你要立即伸出援手；如果你们是感情深厚的朋友，你不会觉得长时间未联络，会减淡你们之间的友谊。我就是凭着这样的认识去结交朋友，而且这些朋友在我的事业和生活中都对我帮助颇多，当然我也会尽力帮助我的朋友。

记住，把你的心则告诉对方很重要，不论对方是你的伴侣、伙伴还是朋友。你都要拿出足够的诚意，告诉你的心则，也许这些心则是关于爱、友谊或是事业。因为坦诚相告，可以避免今后发生很多冲突，当然冲突很多时候是不可避免的，但是你只要以这种坦诚的态度，就会帮助你解决这些问题。为了避免这种误会的发生，你要学会沟通，而且是积极、经常的沟通，千万不要凭借自己的主观臆想来揣度别人的心则。

这里，我和大家分享一下我追求的价值及心则：

第一，健康与活力：任何时候我都要觉得身心均衡、精神集中、活力充沛；任何时候我都要做那些能增强自己体力、耐力及脑力的工作；任何时候所做的事都得有助于身体的健康；我得尽量吃含丰富水分的食物，并且按照自己的健康理念生活。

第二，爱人与谦和：任何时候我都得对朋友、家人或陌生人谦和；任何时候我都得注意有没有我能帮助别人的地方；任何时候我都要努力去爱自己；任何时候我都要设法提高别人对我的观感。

第三，学习与成长：任何时候我都要学习一些新的有用事物；任何时候我都要尽量拓展自我的能力；任何时候我都要比先前更老练；任何时候我都要把所知道的用在积极的层面。

第四，成就：任何时候我都要谨记所订的目标；任何时候我都要设法把所订的目标付诸实践；任何时候我都要努力学习，为自己或别人创造出价值。

下面请你做一个练习，这个练习可以帮助你确定正确的心则。你务必要将你的答案尽可能写得周全，这将有助于你心则的正确制订。

问题一：你觉得怎么样才会觉得自己成功了？

问题二：在你和伴侣、孩子、父母或者朋友相处时，你怎样才会觉得有爱？

问题三：你怎样才会觉得自信？

问题四：你如何才算是在各方面都表现优秀？

当你在回答这些问题的时候，你就已经开始在心里设立心理期望，也就是心则。当你在制订心则时，你一定要保持轻松的心情，帮你延伸自己的想象力和希望空间。如果你曾因订过不当的心则而遭遇不快，那么此时，你可以大笑三声，重新订立你的心则，这对你会有莫大的帮助。

如果你的心则改变产生了作用，你也不妨将这种方法推荐给周围的人，伴侣、孩子或者朋友。再次强调，你除了明白自己的心则之外，你也得去发掘周遭人的心则，千万不要主观臆测，而且要以轻松的心情。

我们在前面已经探讨了主宰系统的几大算念要素。我们了解到了情绪状态的重要，明白了如何提问来引导我们的意焦和算念，知道了价值观和心则对我们人生的影响，那现在让我们继续了解下一个重要的元素——心范。

乔治·布什在二战期间是一位历经生死考验的英雄，他曾在轰炸南太平洋的一个日军基地时险遭俘虏。这些经历极大影响了后来的他，这些经历——我们称为心范，让他构建了自己的价值观和信念，让他在40年后成为了美国总统。

一个曾历经数次大风大浪而安然度过的人，所拥有的克服逆境的心范无疑会使他有很强的信心，敢于面对日后人生更大的挑战。而心范就是构成我们主宰系统的第五大要素，也是建构我们信念、心则和价值体系不可少的“砖块”。如果我们没有它，就无法构建一个完整的主宰系统。我们的主宰系统少了它就没有意义。

什么是心范？我们在前面已经简单提及过心范，它就是我们的经验和知识的结晶。我们拥有的超级机器——大脑能够储存海量的信息，这些信息从视觉、听觉、嗅觉、触觉等各个感官系统汇聚而来，甚至我们想象的内容也被作为一种记忆保存。这就像一个庞大的档案柜。当我们需要作决定或者计划的时候，我们的大脑会迅速地从我们的心范中找到参考依据。这些海量的经验和我们每天都在汲取的营养——知识，构成了心范。但是我们必须明白，我们所谓的心范，并不是数据的原始采录，我们的大脑进行了加工，甚至是扭曲。比如有的并非是你的亲身经历，而是从别人那里听来的或从别处看到的，你的大脑加入了自己的想象补充，有种自己亲身经历的错觉。心范就跟经验一样，当储存在脑神经系统里时，多多少少会有些被扭曲、增减，亦即并非它的真貌。

心范也是支撑信念的重要支柱，甚至可以说，我们的心范萌发了我们的信念。我们的信念都是从经历的生活或者学到的知识中升华而出。而这些心范支持自己的信念。既然心范是构成信念所不可少的“砖块”，那我们就应该不断扩大自己的心范，使自己的能力及人生都朝积极的方向推进。

如果我们的人生是无数个人经历织成的一大块布匹，那心范就是透过个人主宰系统——包括情绪状态、提问、价值体系及信念，所裁剪出来的各种花样。这些心范无论是好是坏，都会影响我们人生中所作的各种决定。只要你生活在这个世界上，你就在不断地经历，不断地编织人生这块大布匹。其实，心范还与智慧直接关联，你的心范所裁剪的花样越多样，就说明你的经历丰富、知识深厚，你可以用这些美丽的花样布匹裁成一片窗帘，或是裁成一张魔毯好带你遨游蓝天。

我们说过，不仅是个人的生活经验能够构成心范，你的想象内容也会被脑海储存，成为心范的一部分。你还记得罗杰·班尼斯特4分钟跑完一英里的事迹吗？他就是运用想象的方式，在脑海里浮现自己4分钟跑完一英里的画面。当然，这些想象不是空中楼阁，它从现实中升华而来。不过，这也增强了班尼斯特的自信和打破纪录的信念，直到他确信自己能够成功。我们千万不可忘记这一点：人类的想象力可以帮助我们体验无法达到的时空。

我们的经验，也可以说是心范为我们的行动提供了参考。那么，是否我们所有的想法和行动都要受制于此。我的答案是否定的，爱迪生的故事就能说明这个道理。当时很多人都认为发明电灯的想法很荒谬，这是从我们的人类经验中得来的，只有太阳和火才能给我们光明。但是爱迪生在面对失败的可能时，信念能使他坚持下去。我们很幸运，就因为他的坚持，在几千次失败之后依然的坚持，他为我们的世界带来了稳定的光明。所以，朋友，请不要把过去的经验当成后视镜，来轻易否定我们的想法，也不要完全依仗它来指引人生，而是要从其中学习、突破，让自己能维持积极振奋的精神。

我给你一个好的建议：读书能滋养心灵、扩大心范。

心范的另一个重要组成是知识，知识其实也是一种经验，它是经验的结晶。个人的经历本来就很渺小，如果我们能够涉猎古今各国的名著，我们就能够超越时空的限制，将这些宝贵的经验和知识收入我们的大脑，形成我们的心范。我曾经还花大量时间阅读、研究了伟人们的传记，发现他们创造伟业的背景和条件，以及他们奋斗的故事，这些都是伟大的经验，于是我从他们身上撅取他们的心范，针对我自己想要的人生，建构出自己的中心信念。

此外，阅读名著所带给你最大的好处，是你跟随着作者的描述和想象，从中去思考，随之便经历了奇妙的时刻。你可以跟随着莎士比亚的步伐去穿过阿登（Arden）森林；你从史蒂文生那里，看到沉船和金银岛的画面；甚至你也有一把椅子坐在华顿湖旁，和梭罗聆听大自然的声音。

你开始像他们一样地思索、一样地感受、一样地去想象，他们书中的经历和知识成为你的心范，甚至本书也成为你的心范来源，这就是阅读的力量。同样的，一部好电影，一首好的音乐，也具有这种力量。正因为如此，我们有很多方式来不断地拓展自己的心范。

当然，你还可以参照其他人来审度自己的人生。很多时候，我们需要成功的人物来指引我们的前进。你可以聆听一位伟人的精神讲话，看他是如何能够无视别人的冷嘲热讽，而用自己的努力来证明自己的伟大之处；你也可以去了解成功的理财人士或者企业家，看看他们是如何累积惊人的财富。

不管我们的生命中有多少经验，我们都必须用积极的方式去汲取知识和经验，重要的是必须主动，去扩大我们的心范。我之所以能有今天，乃是基于拥有丰富的心范，这是因为我不断通过上面的方法获得的每天不曾间断地拓展自己的心范。虽然我目前才31岁，但是我却汲取了人类数百年的经验和知识。

此外，你还可以尝试新事物，拓展自己的心范。旅行，也是一个很好的认知方式，特别是走出你的小世界，去外面广阔的世界里遨游时，你会感到一个“我”的充实和成长。比如去探索一些你先前未曾有过的地方，潜水看看海底的世界，认识千门百种的水族；去异国他乡，或许你可以去接触其他民族的文化，从他们的角度来看这个世界；或许你可以去斐济群岛玩一趟，加入土著一同庆祝他们的节日。如果你觉得象牙塔中有着更为广阔的知识海洋，你可以去继续学习那些你感兴趣的知识。不管是生物学、生理学、社会学、经济学还是管理学，这能使你对人体构造或文化变迁有更多的认识。

为了拓展心范，我做了许多尝试，其中充满了刺激和启发。我曾经学习过跆拳道，我发现它能有效控制情绪状态，在跟一位跆拳道大师学了8个月之后，我不但系上了黑带，同时也学会了如何凝聚注意力。这让我领悟了一个道理，如果我在跆拳道这方面经由严苛训练而能迅速有成，那么这个心范就可扩散到其他各方面。只要我付出专注的努力，我也可以在其他领域获得成就，事实证明的确如此。

记住，我们要努力地去学习、去经历，才会扩展我们的心范，才会更好地塑造出我们的人生，才会享受到成功的那一刻。因此我们必须去追求、去创造这样的一刻，这样人生才有意义。

现在我们已经学会了能力释放的方法、主宰系统的影响因素，那么我们接下来就要通过一个挑战来测验你的掌握程度。这是一项长达7天的挑战，每天我会给你一项小小的练习，让你运用到前面所学的。这是一个让你验证所学到的方法是否有效的机会。现在就让我们展开塑造你人生的7天……

# 第八章
# 塑造成功人生的7天挑战（上）

第一天，掌控情绪：走向成功的第一步。

你的目标：控制你的情绪反应，将你生活遇到的所有问题，转变为积极的人生经验，让它们给你带来正面、积极的情绪效果。

如果你想成为一个成功的人，那么首先你要在控制自己的情绪方面获得成功。在我们的词典中，用以形容各种情绪的词竟有3000个之多。可是我们大多数人在一星期里能体验到的情绪在15个以内。其实这就是说我们被自己的情绪所控，没有真正了解和运用到更多正面、积极的情绪，从而限制了我们的意焦和形气。

我们曾在本书探讨了多种掌控情绪的方法，你现在熟练掌握的有几种呢？比如形气、信念、意焦、期望的未来、提出问题、价值观、次感元、心则、心范以及自我认定等。今天你就是要通过上述方法来控制自己的情绪，让自己保持着快乐、健康的情绪。

今天这个练习的目的，是让你清楚自己目前的情绪状态，然后运用上述技巧来改变阻碍你成功的消极情绪。只要你用心去运用这些方法，你能感受到带给你的变化，保证可以每天都过得很愉快。

今日作业：

1. 记录在最近一周经历的各种情绪。

2. 记录影响你情绪反应的事情或者状况。

3. 记录下你最近遭遇的消极情绪，运用你熟悉的改变技巧，看自己是否能够顺利解决。

今天的主要任务是控制情绪，是的，抛掉那些阻碍你的消极情绪，运用你熟悉的改变方法，代之以能使你振奋的正面情绪，让改变后的积极成为习惯。如果你在第一天顺利控制了情绪，你就在成功之路上迈出了第一步，明天我们就可以从你的情绪到你的健康了……

第二天，身心健康：走向成功人生的基础。

你的目标：在昨天你已经学会了情绪的掌控，接下来，你要锻炼你的身体，特别是进行健康而持续的有氧运动。你要锻炼肢体和调整新陈代谢，让你的身体健壮，精力充沛。

我们说到的健康运动，并不是要你将身体锻炼成健美教练那样大块的肌肉，而是身体处于健康的状态。很多人虽然也参加锻炼，但是依然没产生6块腹肌，失望之下，他们腹部的赘肉又开始生长了；更糟糕的是那些不断在大量运动的人，本来是为了追求更健康，最后却发现自己满心疲惫、肌肉拉伤，甚至脾气也开始变得暴躁了。因为这两种人都没有认识到健康和壮硕的区别。

到底健康与壮硕之间的差别是什么呢？其实，壮硕指“能从事体育运动比赛的体能”；而健康则是指“人体各个部分（包括神经、肌肉、骨骼、消化、淋巴、内分泌等系统）以及心理都处在良好的状态”。大多数人都认为只要身体壮硕，那身体就肯定健康。其实这是一种误解。很多身体壮硕的体育运动员由于激烈的比赛而导致身体受伤，这就不是健康。一个人很难能够同时兼有健康和壮硕，所以，如果你不是参加竞技体育的运动员，你就一定得把健康放在第一位。因为健康是保证你一生都能平安的基本。如果你为了体格健壮，结果却损害了自己的健康，有的伤害可能会让你终身受苦。

作为一个普通的人，适当的运动很有必要。我们知道，氧气是我们生命的必需。每天我们大约要吸进2500加仑的空气，用以支应体内各个组织所需的氧气。如果我们身体里的细胞欠缺氧气，就会衰弱乃至死亡。如果你具有很强的呼吸量，或者说是肺活量，它就能让更多的氧气支持你的体力和精力。所以你在每天锻炼时，最好选择有氧运动。这是增强你有氧能力的好方法。

首先，你可以去专门的体育用品店，购买一个简便的心跳测量计。带着这个测量计，慢慢地暖身，让自己的身体逐渐到达最佳的有氧状态。

其次，你要保证每次的有氧训练运动都在半小时以上，这样你才会达到锻炼效果。不要花费太长时间，因为这项练习，关键在于你的长期坚持。

最后，当你完成了这个练习，你需要花12—15分钟来冷却身体，比如你可以慢慢走动，做些温和的动作，让自己的心跳恢复正常。如果你有氧运动之后突然停止，血液大部分会留存在运动的肌肉当中，无法及时地回到全身进行正常的循环。这样就可能无法正常供应氧气、运送养分和排放废物，最后会使血液里的毒性增加。

很多人都懒于运动，特别是在这个忙碌的时代，人们总是说自己没有时间，或者觉得运动之后肌肉酸痛，要好几天才能恢复。其实只要我们从事简单的有氧运动，就能达到健康的目的。你可以按照我上面所说的方法去做，你会发现有两个好处：其一，你每天只需要花费不多的时间就能获得愉悦的锻炼效果；其二，这种锻炼的持续，会让你感受到从未有过的活力。

你可能要问：有氧运动难道是我们唯一的运动方式吗？当然不是，如果你能达到健康和壮硕兼得是最好的，即便我们不追求壮硕，但是我们也要追求体力和耐力。各位都不要忘了，无氧运动才会大量消耗你的体力，考验你的耐力。当你在运用有氧运动锻炼自己的身体时，大概在三四个月后，你就会明显感到，遇上了瓶颈而无法突破。这时你不妨增加一些无氧运动来增强体力，例如重量训练。但是增加的量和进程，根据你的体质及体能来确定。比如当你在海滩上慢跑时，突然有快跑冲刺的想法，那么你就快速奔跑吧！要学着认识自己的身体，随时注意它的发展，有了健康的身体和充沛的精力，你才能发挥出最佳能力去面对各种各样的挑战。

和你生活中的其他习惯一样，运动也能让你将其纳入生活，成为你人生的一种习惯，而且这种习惯是一个健康、积极的习惯。最开始你可能会觉得这种运动很无聊，可是当你坚持一段时间后（你在运动时不妨听听音乐或者收听新闻），你就可能会迷上了它。有研究发现，一个人若能持续从事某项运动一年以上，那么这极可能成为终身喜欢的嗜好。即便今后中间停顿了一段时间，也可以随时继续下去。我们会因为身体的健康而心理健康，感到快乐，我们的能力也会因为健康而发挥得淋漓尽致。可以说，身体的活力改变了人生的品质。

今日作业：

1. 学会区别身体的健康与壮硕。

2. 要下决心成为健康的人。

3. 了解自己的身体状况，看你以前从事的运动是有氧还是无氧，你运动是为了减肥还是健康？

4. 购买一个简便的心跳测量计，这是一项极为划算的健康投资。

5. 拟订一个有氧运动训练计划，一定要坚持这种训练，你才会感受到身体正在调整新陈代谢、燃烧脂肪。你的身体也会产生充足的活力，那么现在就开始吧。

6. 将运动锻炼成为自己的习惯，这样可以让你长期保持精力旺盛。因为精力旺盛是通往卓越的动力。

7. 有氧运动之后，用无氧运动突破自己的体力和耐力。经过长期的运动，你能够收获生命给予你的丰富果实。

第三天，重视亲密关系：成功的人生懂得分享与关怀。

你的目标：重视你的人际关系，培养你个人的亲和度，运用6项拉近人际关系的基本法则，来帮助你增强人脉关系，加深与亲近的人的感情联系。

我们无法成为孤立的人，不管是我们在奋斗路上，有人与我们并肩作战，有人鼓励我们奋勇前行；还是在我们取得成功之时，有人来同我们一起分享快乐。如果我们以一己之力，不可能取得成功，我们也不是独孤者，所以我们最渴望的就是能与他人的心灵交会。你要明白，拥有亲密而正常的人际关系，对你的重要性。它能影响你的人格塑造、价值体系、信念及人生品质。今天这个练习的设计，就是为了你拥有良好的人际关系。现在我告诉你关于亲密关系的6项重点。

第一，你要了解你亲近之人的价值体系和心则。知己知彼，才能找到融合的切入点，才能帮助你找到亲近人的途径。如果你与他人有僵化的关系，你也可以通过了解心则和价值体系来找到解决的办法，你要相信人可以融洽相处。我们也明白，越亲密的关系越容易产生摩擦、引发冲突，其实如果你明白对方的心则，你就能避开冲突与不快的发生。

第二，亲密关系最大的隐忧，在于你只想从对方那里获得，而不知道付出。其实你想要获得持久的关系，你就要学会：与人交往，是一个有“舍”有“得”的过程。

第三，要想使亲密关系更亲密，就得寻求共同的追求。人生有了契合点，才会更加亲密，这就像数学中的集合，当两者的相交之处越多，其亲密的可能性就越多。同时你要注意亲密关系中的警告讯号，让问题在萌芽阶段被处理。以免问题像气球一样越来越大，最后严重到破裂、分手。

第四，将你的另一半置于你今天生活的首要位置。不要让双方的关系冷却，否则感情就会随之慢慢冷淡下来，乃至于消失殆尽。更不要因为双方已经很熟悉了，就疏忽了对方的热情。

第五，不要轻易结束关系。一旦你出现想要结束亲密关系的念头，你就会在实际生活里渐渐疏远对方。这是维系亲密关系的大忌。你要充满信心，相信你们一天要比一天好。不仅你要这样积极思考，还要让这种积极的情绪影响对方，让其受到感染。

第六，回忆美好的过往，憧憬未来的前途是拉近亲密关系的好方法。如果是恋人，你应时常回忆你们相爱的地方，加强相互厮守的念头，时时更新这种相亲相爱的感觉。你要对你的伴侣给予未来的希望，你可以这样说："我多么有幸，能够与你共度一生。"

今日作业：

1. 今天你要和你的伴侣进行一次深入的谈话，找出彼此觉得最重要的事，关心双方最高的价值是什么？如何实现这个价值？

2. 不要与对方争论，相亲相爱更为重要。如果发现你在坚持己见时，要提醒自己马上停下来，当你心情平静，你才能和对方继续讨论。

3. 安排定期的晚间约会，最好是每周一次，不要隔太久，而且要以罗曼蒂克且愉悦的方式给对方一个惊喜。

4. 每天给自己爱的人一次深长的拥吻，至少3分钟。

这只是今天的作业而已，如果你付诸实践，你就会收到美好的回报。当然，如果你想让这种亲密美好持续，那你还需要进入下一章……

# 第九章

# 塑造成功人生的7天挑战（下）

第四天，致富之路：通往大小财富的阶梯。

你的目标：掌握致富的5个道理，真正明白如何理财致富。

如果稍有点儿经济学常识，我们就明白，所谓的金钱仅仅是一种交换的介质。这个介质方便我们的价值交换，这样我们的财富也方便进行移转和分享。金钱的出现，让物物交换成为历史，这种简洁的交换方式推进了人类的发展，让我们能够专注于自己的专长领域，而不必操心是否有人来以物易物。金钱的产生也衍生出了资本、金融等行业，这让财富神话更容易产生，当然，财富的噩梦也更容易发生，只要我们想想那些金融危机便可知道。

作为这个资本世界上生存的你，如果要想拥有恒久的财富，就必须懂得以下5个基本道理：

第一，要想致富，你得知道怎样创造财富。创造财富的关键在于创造更多的价值，价值就是这个商品社会所需要的，比如你有更先进的技术、更出众的能力、更专业的知识，甚至你能组建更优秀的团队。这样你就拥有了价值，也就有了创造财富的条件，你就有可能赚得更多的钱。

第二，要想致富，你得知道怎样维持财富。我们肯定都听说过，有人突然发财了，可是不久又变成了穷光蛋。为什么？因为他不懂得怎么控制自己的支出。保值最基本的道理就是不要让你的支出超过收入，否则你就会制造债务，反而欠下了财富。

第三，要想致富，你得知道怎样增加财富。我们都知道，有一定资本后，要让这些资本生钱，继续增值，那我们就必须多方寻找安全的投资。记住，不要将你的所用家当都拿来投资，最好是用赚到的钱再用来投资，这就是我们常说的复利法。

第四，要想致富，你得知道怎样安全保护财富。今天，很多有钱人都没有安全感，甚至比没有钱时更没安全感，他们每天都处于惶恐之中，害怕遭受非法的财产损失。安全保护财产，每个国家的银行都有为这些富人们专门开辟的贵宾服务，不仅为你提供存储业务，也为你提供投资咨询和建议。你实在不相信银行，也有保险箱这种司空见惯的保险措施。

第五，要想致富，你就得懂得享用财富。很多人在没钱的时候拼命追求财富，等自己拥有了财富之后，却觉得内心空虚。为什么？这是因为你之前一直都在为钱奔波，甚至将金钱当成了人生的目的。你要明白，金钱只是一种介质，只是手段。如果你将金钱用于造福我们身边的人，服务于社会中需要帮助的人，你就会体会到人生的最大快乐。我说过，最好的人生是独善其身和兼济天下都能够做到的人生。如果你守着一堆金钱虚度生命，你的人生也不会有什么价值。

此外，有的人盲目追求财富，多少财富都无法填满他的欲望，他的目标就是拥有更多。其实他不明白真正的富足，真正的富足是发自内心感受的富足。我们没必要为富裕设定一个数额，因为只要你觉得自己内心满足，你就是富足的人。我们不必成为什么都拥有的人，你想想看，我们不能绘画，但是却能看到伟大的作品；我们不会作曲，却能听到动人的音乐；我们不用走出多远，就能感到大自然给我们的赐予。所以一个富裕的人，是一个内心富足的人，也是一个会享受生活、抱着感恩之心报答社会的人。

让我简单地以大诗人惠特曼的这句话作为本章的结束："行善和充实自我乃是人生最好的投资。"

今日作业：

1. 审视一下自己的信念，看看有没有什么消极的信念，如果有，请立即运用调正技巧去改变。

2. 在你的本职工作中，你还要不断让自己的个人价值得到提升，比如你的工作能力、领导能力、协作能力。你不要计较这会给你带来实际的报酬，它总会有一天让你收获成功，只要你努力去做了。

3. 从你的薪水中至少抽取10%，用于你的投资计划。

4. 找个好的理财顾问，请他为你拟出安全可靠的投资理财计划。你最好也要学习理财的知识，去书店找几本理财书籍并不困难，这样有助你作出聪明而周详的投资决定。

5. 如果担心会遭遇投资的失败，你就要准备应对风险的方案。

6. 记得时刻奖励自己，赚钱不是什么苦差，你要享受赚钱的过程，也要小小地奖励奋斗的自己。

第五天，完美无瑕：你的行为信条。

你的目标：依据你的人生信条生活，你的人生信条就是你的价值体系。同时你还要评估你今天所做的事情，是否达到了你所订的价值目标。

我们很多人都知道富兰克林的人生信条。我也是在《富兰克林自传》中看到这13条信条，他曾经用一年的时间不断实践这些原则，最后成就了他伟人的丰碑。我在学习富兰克林人生信条中受益匪浅。在这里，我要给大家介绍的是另一个人的人生信条。

约翰·伍登是著名的加州大学洛杉矶分校篮球队教练。他12岁小学毕业，他的父亲给他了7条"丰富人生"的人生信条。正是这些看似普通的信条，帮助伍登在日后的人生及事业上取得了应有的成绩。这些信条伴随着他的成功，即便他现在是篮球界的大明星。

约翰·伍登"丰富人生"的7个信条：对自己诚实，也对他人诚实；认真地过好每一天；尽你所能帮助他人；深入阅读每本好书；珍惜友谊；要作长远考虑，未雨绸缪；寻求上帝的指引，献上你每天的感谢。

今日作业：

1. 列出一张希望每天体验到的情绪状态表，这些情绪都符合你自己的原则和价值。

2. 当你完成了这张情绪状态表之后，在每项后面写下如何才能做到。

3. 随时确定自己的所作所为是否符合人生信条，将你的人生信条写在小纸片上，放在皮夹中、抽屉里或枕头下。有空便拿出来看一看，同时问问自己是否已经做到。

同时，我要提醒你，你要给自己订立一个更高标准的人生信条。因为只有这样，你才会努力去做好，才能把你身上潜藏的特质呈现出来。也就是给自己适当的压力，让自己的好品质得以体现。别忘了，你的个性和自我认定是基于每天所做的各样小事及偶尔的大事，你要真正发挥自己的潜藏能力，那么就继续下一步……

第六天，善于利用你的时间，充实生命。

你的目标：合理利用时间充实自己，而不是在时间里茫然，碌碌无为。

当我们的意焦被卡在某个时间，我们的心理就会承受极大的压力。比如一个人对未来悲观，他的意焦就被锁定在悲观的未来，而忽略了现在。你若想帮助他，就可以让他把意焦转到他能控制的现在。其实我们的意焦不仅会被卡在某个时间里，也会被卡在某项任务，某个事件里。如某个人被分派一项任务，但此前他有过失败的经历，他就会对此耿耿于怀，觉得压力很大，如果他将意焦转移到吸取教训、寻求成功的办法上来，他的情绪就能够改观。人的情绪是个很有意思的东西，它受我们意焦以及意焦所在的时间影响。

时间，特别是每个人的感觉时间，会对我们的心理产生影响。这是因为我们的意焦影响了我们的情绪。对于感觉时间，我们常常有错觉，比如你在长长的队伍里排队买票，你就会觉得时间过得缓慢，受煎熬；而有时候和自己心爱的人在一起，即便是两三个小时，你也会感叹时间过得太快。这就是意焦所在的时间影响。信念也会影响我们对时间的认知，比如时间观念强的人会争分夺秒的学习、做事；而对另外的人来说，他们觉得时间无所谓，30分钟和一年没有区别。有时候我们从人们走路的方式、说话以及追求的目标，就可以看出其时间观的不同。由此可见，如何正确地利用时间，在一定时间内有效的实现目标，才是人生应该学习的技巧。你若能够灵活地调整自己的时间观，那么就越能妥善取用人生的经验。

上面我们提到了通过转变意焦，改变感觉时间或者时间观的方法。很多时候，我们需要在一定的时间段里，完成几项任务，那么我们就要分辨任务的重要性和急迫性。

我们在作决定或者选择行动时，都会考虑到时间的紧迫性和事情的重要性。特别是对于时间的考虑，需要我们在紧迫的时间里做重要的事情，这对我们的人生具有深远的影响，它会影响到个人的成就。所以改变时间观最重要的就是改变你的选择——做对你重要的事情。何以我要这么说呢？也许你是忙忙碌碌的上班一族，你每天甚至加班熬夜把自己的工作处理好了，每件事情都做完了。然而当你总结这一天时，却没什么成就感？那是因为你当时所做的虽都是紧迫的，可是没有一件是重要的。如果你长期重复着这种生活，就必然会淹没在时间里。相反地，有时候你仅在一天内做了一点点事，却感到很有成就感。那是因为你做的虽然不是很紧迫的，可却是很重要的。我们总感觉自己的生活不是自己能够主宰的，我们总是被紧迫的事所缠，每当我们在做一件重要的事情时，电话铃声响了，我们不得不去接听。善于利用时间的人，总是很有计划地安排自己的日程，因为他们会把重要的事情，安排在恰当的时间里完成。

还有一种节约时间的方法，那就是向成功的人学习，汲取他们的经验。在我们人生中的学习和成长，如果想依靠自己的努力来摸索，这需要花费很多的时间。如果你向那些成功的人学习，就可以少走弯路，让你以更快的速度去实现自己的目标。你知道吗？我就是听取了那些成功的先行者的建议，不断在有限的时间里充实自己，所以我拼命地看书、听录音带及参加研讨会，这些在我心里一直认为是增长智慧必需的，不可以轻易错过。这些成功之人多年累积的宝贵经验，我也衷心希望你，尽可能多地去学习别人的经验，并把它们用在自己的人生之中。

今日作业：

1. 今天你的任务是学习改变自己的时间观。当你的意焦被时间限定的时候，不管被限定在什么时间，即便你觉得改变需要压力时，你也要停止陷入其中，而应该改变意焦，去想一个让你快乐的时间段，譬如说去想使你动心的未来，好像美好的未来触手可得；或者你可以让自己的思绪回到过去，重温你的初吻、第一个小孩的出生、与朋友的真诚交谈等等。你若能快速通过改变时间观来调整自己的心态，你就会越来越轻松，不会被压力所羁绊，而情绪也会随之积极、振奋。这个练习你得常做，直到你能一改变意焦就能立即改变你的情绪状态。

2. 学习如何有技巧地扭曲时间。特别是当你在一个时间段里需要完成两项工作时，你可以运用紧迫性、重要性的序列来安排。当然，若是事情较为轻松，你还可以同时做两件事情，这可缩短你感觉上的时间。例如当我跑步时，我会带着一副耳机，这样我可以一边听着音乐，一边跑步。当我在跑步机上慢慢行走时，可能会一边打电话谈事情或看电视新闻，这样我就永远找不到借口说自己抽不出时间运动。

3. 有计划地做事，能够帮助你节约时间。我们很多时候是因为做着这件事，心里惦记着别的事情，从而导致办事效率降低。其实你可以按照事情的重要性列出“待处理事项”的优先顺序表，把时间安排得有条理而充实，这样你就可以安心完成每件事了。你可别洋洋洒洒地写上一大堆，你要确定列出真正重要的事情。

能做好上述这些要求固然是很好，不过我们还得花时间去……

第七天：休息与娱乐：就算是上帝也会休息一天。

你的目标：《圣经》中说上帝创造了世界，第七天就是休息日。我们的生活也要学会张弛有度的平衡之道。记住工作的时候你已经很努力了，那么今天你的目标就是尽情的休闲。

今日作业：

你今天一定要找点儿有趣、能让身心放松的事情来做。或者你不必刻意去搜寻，只需要随兴地做点儿事情。不管做什么，只要让自己快乐就好。因为明天，我会告诉你，如何去完成自己的自我认定，还有你的终极挑战……